---------- 徐森林 薛春华 编著 ----------

U0369395

数学分析

第一册

MATHEMATICAL
ANALYSIS

清华大学出版社
北京

内 容 简 介

本书共分 3 册来讲解数学分析的内容. 在深入挖掘传统精髓内容的同时, 力争做到与后续课程内容的密切结合, 使内容具有近代数学的气息. 另外, 从讲述和训练两个层面来体现因材施教的教学理念.

第 1 册内容包括数列极限, 函数极限与连续, 一元函数的导数与微分中值定理, Taylor 公式, 不定积分, Riemann 积分. 书中配备大量典型实例, 习题分练习题, 思考题与复习题三个层次, 供选用.

本套书可作为理工科大学或师范大学数学专业的教材, 特别是基地班或试点班的教材, 也可作为大学教师与数学工作者的参考书.

图书在版编目(CIP)数据

数学分析. 第 1 册/徐森林, 薛春华编著. —北京: 清华大学出版社, 2005.9 (2024.5重印)
ISBN 978-7-302-11746-9

Ⅰ. 数… Ⅱ. ①徐… ②薛… Ⅲ. 数学分析－高等学校－教材 Ⅳ. O17

中国版本图书馆 CIP 数据核字(2005)第 101191 号

责任编辑: 刘　颖　王海燕
责任印制: 杨　艳

出版发行: 清华大学出版社
　　　　　网　　　址: https://www.tup.com.cn, https://www.wqxuetang.com
　　　　　地　　　址: 北京清华大学学研大厦 A 座　　　　邮　　编: 100084
　　　　　社 总 机: 010-83470000　　　　　　　　　　邮　　购: 010-62786544
　　　　　投稿与读者服务: 010-62776969, c-service@tup.tsinghua.edu.cn
　　　　　质量反馈: 010-62772015, zhiliang@tup.tsinghua.edu.cn
印 装 者: 北京鑫海金澳胶印有限公司
经　　销: 全国新华书店
开　　本: 185mm×230mm　　印　张: 28.5　　　　字　　数: 606千字
版　　次: 2005 年 9 月第 1 版　　　　　　　印　　次: 2024 年 5 月第 14 次印刷
定　　价: 86.00 元

产品编号: 018894-04

前　　言

　　数学分析是数学系最重要的基础课.它对后继课程(实变函数、泛函分析、拓扑、微分几何)与近代数学的学习与研究具有非常深远的影响和至关重要的作用.一本优秀的数学分析教材必须包含传统微积分内容的精髓和分析能力与方法的传授,也必须包含近代的内容,其检验标准是若干年后能否涌现出一批高水准的应用数学人才和数学研究人才,特别是一些数学顶尖人物.作者从事数学分析教学几十年,继承导师、著名数学家吴文俊教授的一整套教学(特别是教授数学分析)的方法(科大称之为"吴龙"),并将其发扬光大,因材施教,在中国科技大学培养了一批国内外有名的数学家与数学工作者.目前,作者徐森林被特聘到华中师范大学数学与统计学院,并在数学试点班用此教材讲授数学分析,效果显著.

　　本书的主要特色可归纳为以下几点:

1. 传统精髓内容的完善化

　　书中包含了实数的各种引入,七个实数连续性等价命题的论述;给出了单变量与多变量的 Riemann 可积的各等价命题的证明;讨论了微分中值定理,Taylor 公式余项的各种表达;介绍了积分第一、第二中值定理的描述,隐函数存在性定理与反函数定理的两种不同的证法等内容.

2. 与后继课程的紧密结合,使内容近代化

　　本书在介绍经典微积分理论的同时,将近代数学中许多重要概念、理论恰到好处地引进分析教材中.例如:在积分理论中,给出了 Lebesgue 定理:函数 f Riemann 可积的充要条件是 f 几乎处处连续且有界;详细讨论了 $\mathbb{R}^n$ 中的拓扑及相应的开集、闭集、聚点等概念,描述了 $\mathbb{R}^n$ 中集合的紧致性、连通性、可数性、Hausdorff 性等拓扑不变性,使读者站到拓扑的高度来理解零值定理、介值定理、最值定理与一致连续性定理.引进外微分形式及外微分运算,将经典 Newton-Leibniz 公式、平面 Green 公式、空间 Stokes 公式与 Gauss 公式统一为 Stokes 公式,并对闭形式、恰当形式与场论的对偶关系给出了全新的表述.这不仅使教材内容本身近代化,而且为学生在高年级学习拓扑、实变函数、泛函分析、微分几何等课程提供了一个实际模型并打下良好的基础.这为经典数学与近代数学架设了一座桥梁。

3. 因材施教、着重培养学生的研究与创新能力

同一定理(如零值定理、一致连续性定理、Lagrange 中值定理、Cauchy 中值定理、隐函数存在性定理与反函数定理等)经常采用多种证法;同一例题应用不同定理或不同方法解答,这是本书又一特色.它使学生广开思路、积极锻炼思维能力,越来越敏捷与成熟.书中举出大量例题是为了让读者得到一定的基本训练,同时从定理的证明和典型实例的分析中掌握数学分析的技巧与方法.习题共分 3 个层次:练习题、思考题与复习题.练习题是基本题,是为读者熟练掌握内容与方法所设置的.为提高学生对数学的浓厚兴趣及解题的能力,设置了思考题.为了让读者减少做题的障碍,增强对数学的自信心,其中有些题给出了提示.实际上,该节的标题就是最好的提示;进而,在每一章设置了大量复习题,这些题不给提示,因此大部分学生对它们会感到无从下手,这些题是为少数想当数学家的学生特别设置的,希望他们能深入思考,自由发挥,将它们一个一个地解答出来,为将来的研究培养自己的创新能力.如有困难,我们还可撰写一本精练的学习指导书.

本书共分 3 册.第 1 册内容包括数列极限,函数极限与连续,一元函数的导数与微分中值定理,Taylor 公式,不定积分以及 Riemann 积分;第 2 册内容包括 $\mathbb{R}^n$ 中的拓扑,n 元函数的极限与连续,n 元函数的微分学,隐函数定理与反函数定理,n 重积分,第一型曲线、曲面积分,第二型曲线、曲面积分,Stokes 定理,外微分形式与场论;第 3 册内容包括数项级数和各种收敛判别法,函数项级数的一致收敛性及其性质,含参变量反常积分的一致收敛性及其性质,Euler 积分(Γ 函数与 B 函数),幂级数与 Taylor 级数,Fourier 分析.

在写作本书的时候,得到了华中师范大学数学与统计学学院领导和教师们的热情鼓励与大力支持,作者们谨在此对他们表示诚挚的感谢.博士生邓勤涛、胡自胜、薛琼,硕士生金亚东、鲍焱红等对本书的写作提出了许多宝贵意见,使本书增色不少.

特别还要感谢的是清华大学出版社的曾刚、刘颖、王海燕,他们为我们提供了出版这本数学分析书的机会,了却了我多年的心愿.

徐森林

2005 年 6 月于武汉

目　录

第 1 章 数 列 极 限

数学分析主要的研究对象是实变量的一元或多元函数. 众所周知, 正负十进位有限小数与无限循环小数(即正负分数)称为**有理数**; 无限不循环小数称为**无理数**. 由反证法可知 $\sqrt{2}, 0.1010010001\cdots$ 均为无理数. 有理数与无理数统称为**实数**. 有理数的全体称为有理数集. 由代数学的知识知, 它关于通常的加法、乘法具有结合律、交换律与分配律, 并成为一个域, 称为有理数域, 记为 $\mathbb{Q}$. 实数的全体称为实数集, 它关于通常的加法、乘法具有结合律、交换律与分配律, 并成为一个域, 称为实数域, 记为 $\mathbb{R}$.

19 世纪建立的极限理论包括数列极限与函数极限. 极限理论是微分学、积分学的根本, 是数学分析的基础, 也是入数学分析之门的关键. 本章先引进数列极限的概念, 用大量具体的、典型的数列实例, 使读者熟悉 $\varepsilon\text{-}N$ 法及证明数列极限的各种方法. 然后, 在第 2 章中研究函数极限的 $\varepsilon\text{-}\delta$ 法及其重要的性质. 本章还证明了实数连续性的七个等价命题. 实数连续性与数学分析的每一概念都有十分密切的关系, 而且还是不可缺少的理论基础. 它的证明方法也将贯穿整个数学分析的学习过程并延续到分析数学的其他分支中.

1.1 数列极限的概念

依次排列着的一列实数 $a_1, a_2, \cdots, a_n, \cdots$ 称为一个**实数列**或**数列**, a_n 称为该数列的第 n 项或通项. 记此数列为 $\{a_n\}$, 简记为 a_n.

数列实际上可视作一个实值函数或特殊映射 $f: \mathbb{N} = \{1, 2, \cdots, n, \cdots\} \to \mathbb{R}$, $n \mapsto f(n) = a_n$.

考察下列数列 $\{a_n\}$ 可以看出, 当项数 n 无限增大时, 有些数列会有一个趋向(定数 a, 或 $+\infty$, 或 $-\infty$, 或 ∞), 有些则无这种趋向. 为区别这种现象, 定义极限概念如下: 如果当 n 趋于 $+\infty$ 时, $\{a_n\}$ 趋于实数 $a(+\infty, -\infty, \infty)$, 则称 $a(+\infty, -\infty, \infty)$ 为 $\{a_n\}$ 的极限, 记作 $\lim\limits_{n \to +\infty} a_n = a(+\infty, -\infty, \infty)$. 否则, 称 $\{a_n\}$ 无极限.

$$\left\{\frac{1}{n}\right\}: 1, \frac{1}{2}, \cdots, \frac{1}{n}, \cdots, \lim_{n \to +\infty} \frac{1}{n} = 0;$$

$$\left\{\frac{(-1)^{n-1}}{n}\right\}: 1, -\frac{1}{2}, \cdots, \frac{(-1)^{n-1}}{n}, \cdots, \lim_{n \to +\infty} \frac{(-1)^{n-1}}{n} = 0;$$

$$\left\{\frac{n}{n+1}\right\}: \frac{1}{2}, \frac{2}{3}, \cdots, \frac{n}{n+1}, \cdots, \lim_{n \to +\infty} \frac{n}{n+1} = 1;$$

$$\left\{\frac{1}{2^n}\right\}:\frac{1}{2},\frac{1}{2^2},\cdots,\frac{1}{2^n},\cdots,\lim_{n\to+\infty}\frac{1}{2^n}=0;$$

$$\{n\}:1,2,\cdots,n,\cdots,\lim_{n\to+\infty}n=+\infty;$$

$$\{-n\}:-1,-2,\cdots,-n,\cdots,\lim_{n\to+\infty}(-n)=-\infty;$$

$$\{(-1)^{n-1}n\}:1,-2,3,-4,\cdots,(-1)^{n-1}n,\cdots,\lim_{n\to+\infty}(-1)^{n-1}n=\infty;$$

$$\{(-1)^{n-1}\}:1,-1,1,-1,\cdots,(-1)^{n-1},\cdots,\text{无极限}.$$

以上所举数列有无极限,极限是什么,一眼就能看出,但是大多数是无法看出的. 例如,数列 $\{(1+\frac{1}{n})^n\}$ 有无极限,极限是什么,不易确定。因此,必须对数列的极限给出确切的定义.

定义 1.1.1(ε-N 法)   设 $\{a_n\}$ 为实数列,a 为实数,如果对任意给定的正数 ε($\forall\varepsilon>0$),总有自然数 $N=N(\varepsilon)$($\exists N=N(\varepsilon)\in\mathbb{N}$(自然数集)),当 $n>N$ 时($\forall$ 表示"对任何",$\exists$ 表示"存在"),有

$$|a_n-a|<\varepsilon,\quad\text{即}\ a-\varepsilon<a_n<a+\varepsilon,$$

则称 a 为数列 $\{a_n\}$ 的**极限**,或称数列 $\{a_n\}$ 以 a 为极限,或称数列 $\{a_n\}$ **收敛**于 a,此时,$\{a_n\}$ 称为**收敛数列**. 并记为 $\lim\limits_{n\to+\infty}a_n=a$,或 $a_n\to a(n\to+\infty)$. 否则称数列 $\{a_n\}$ **发散**.

根据实数理论(1.3 节),实数集与实数轴上的点能建立一一对应关系. 于是,上述定义可几何表述如下:$a_n(n>N)$ 都在区间 $(a-\varepsilon,a+\varepsilon)$ 内,而在 $(a-\varepsilon,a+\varepsilon)$ 外至多有 a_1,a_2,$\cdots$,a_N 中的 N 项(如图 1.1.1 所示).

类似地,用 A-N 法得到下列定义.

如果 $\forall A>0$,$\exists N=N(A)\in\mathbb{N}$,当 $n>N$ 时,有 $a_n>A$,则称 $+\infty$ 为数列 $\{a_n\}$ 的**极限**,或称 $\{a_n\}$ 以 $+\infty$ 为极限,或 $\{a_n\}$ 发散于 $+\infty$,并记为 $\lim\limits_{n\to+\infty}a_n=+\infty$ 或 $a_n\to+\infty(n\to+\infty)$. 此时,在 $(A,+\infty)$ 外至多有 a_1,$\cdots$,a_N 中的 N 项(如图 1.1.2 所示).

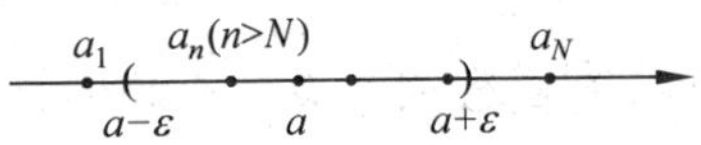

图 1.1.1

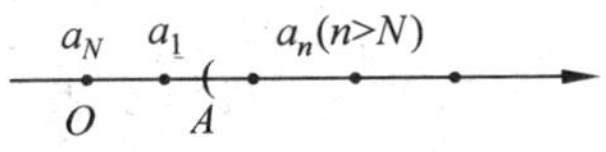

图 1.1.2

如果 $\forall A>0$,$\exists N=N(A)\in\mathbb{N}$,当 $n>N$ 时,有 $a_n<-A$,则称 $-\infty$ 为数列 $\{a_n\}$ 的**极限**,或称 $\{a_n\}$ 以 $-\infty$ 为极限,或 $\{a_n\}$ 发散于 $-\infty$,并记为 $\lim\limits_{n\to+\infty}a_n=-\infty$ 或 $a_n\to-\infty(n\to+\infty)$. 此时,在 $(-\infty,-A)$ 外至多有 a_1,$\cdots$,a_N 中的 N 项(如图 1.1.3 所示).

如果 $\forall A>0$,$\exists N=N(A)\in\mathbb{N}$,当 $n>N$ 时,有

$$|a_n|>A,$$

则称 ∞ 为数列 $\{a_n\}$ 的**极限**,或称 $\{a_n\}$ 以 ∞ 为极限,或 $\{a_n\}$ 发散于 ∞,并记为 $\lim\limits_{n\to+\infty}a_n=\infty$ 或

$a_n \to \infty (n \to +\infty)$. 此时,在 $(-\infty, -A) \bigcup (A, +\infty)$ 外,即 $[-A, A]$ 中至多有 $a_1, \cdots, a_N$ 中的 N 项(如图 1.1.4 所示).

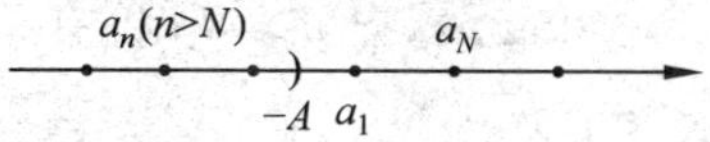

图 1.1.3

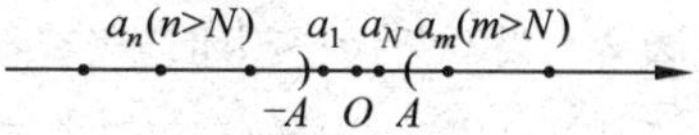

图 1.1.4

综合上述各种情况可知,一个数列 $\{a_n\}$ 或者收敛(即 $\lim\limits_{n \to +\infty} a_n = a \in \mathbf{R}$),或者发散(即 $\lim\limits_{n \to +\infty} a_n = +\infty, -\infty, \infty, $ 无极限).

显然,改变数列 $\{a_n\}$ 的有限多项,或去掉有限多项,或添加有限多项,不会改变数列 $\{a_n\}$ 的收敛和发散性.

例 1.1.1 对常数列 $\{a_n\}, a_n = a$,有 $\lim\limits_{n \to +\infty} a_n = \lim\limits_{n \to +\infty} a = a$.

证明 $\forall \varepsilon > 0$,取任意的自然数 n,有

$$|a_n - a| = |a - a| = 0 < \varepsilon,$$

所以,

$$\lim_{n \to +\infty} a_n = \lim_{n \to +\infty} a = a. \qquad \square$$

例 1.1.2 $\lim\limits_{n \to +\infty} \dfrac{1}{n^\alpha} = 0 \ (\alpha > 0)$.

证明 $\forall \varepsilon > 0$,取 $N \in \mathbf{N}$, s.t. (such that,使得) $N > \left(\dfrac{1}{\varepsilon}\right)^{\frac{1}{\alpha}}$ 或者 $N = \left[\left(\dfrac{1}{\varepsilon}\right)^{\frac{1}{\alpha}}\right] + 1$(其中 $[x]$ 表示不超过 x 的最大整数),当 $n > N$ 时,有

$$\left|\frac{1}{n^\alpha} - 0\right| = \frac{1}{n^\alpha} < \frac{1}{N^\alpha} < \varepsilon,$$

所以,

$$\lim_{n \to +\infty} \frac{1}{n^\alpha} = 0. \qquad \square$$

当 $\alpha = 1$ 时,$\lim\limits_{n \to +\infty} \dfrac{1}{n} = 0$,取 $N = \left[\dfrac{1}{\varepsilon}\right] + 1$(或 $N > \dfrac{1}{\varepsilon}, N \in \mathbf{N}$).

例 1.1.3 $\lim\limits_{n \to +\infty} q^n = 0, |q| < 1$.

证法 1 当 $0 < |q| < 1$ 时,$\dfrac{1}{|q|} > 1$,可设 $\dfrac{1}{|q|} = 1 + \alpha (\alpha > 0)$. $\forall \varepsilon > 0$,取 $N \in \mathbf{N}$, s.t. $N > \dfrac{1}{\alpha \varepsilon}$,当 $n > N$ 时,有

$$|q^n - 0| = |q^n| = \left(\frac{1}{1+\alpha}\right)^n = \frac{1}{(1+\alpha)^n}$$

$$= \frac{1}{1 + n\alpha + \cdots + \alpha^n} < \frac{1}{n\alpha} < \frac{1}{N\alpha} < \varepsilon,$$

所以，$\lim\limits_{n\to+\infty} q^n = 0$.

当 $q=0$ 时，由例 1.1.1 知，$\lim\limits_{n\to+\infty} q^n = \lim\limits_{n\to+\infty} 0 = 0$.

证法 2 当 $0<|q|<1$ 时，$\forall \varepsilon>0$，取 $N\in\mathbb{N}$，s.t. $N>\log_{|q|}\varepsilon$，当 $n>N$ 时，有

$$|q^n-0|=|q|^n<|q|^N<\varepsilon,$$

所以，$\lim\limits_{n\to+\infty} q^n = 0$. □

注 1.1.1 在例 1.1.3 的证法 1 中，通过初等数学不等式的放大得到简单的不等式 $\dfrac{1}{N\alpha}<\varepsilon$，并解得 $N>\dfrac{1}{\alpha\varepsilon}$，这一系列不等式称之为主线. 在 ε-N 方法中是很关键的，读者应学会这种方法.

在证法 2 的主线中，解不等式 $|q|^N<\varepsilon$ 得到 $N>\log_{|q|}\varepsilon$，用到了函数 $\log_{|q|} x$ 的单调减性质.

例 1.1.4 证明：

$$\lim_{n\to+\infty} q^n = \begin{cases} 0, & |q|<1, \\ +\infty, & q>1, \\ \infty, & q<-1, \\ 1, & q=1, \\ \text{无极限}, & q=-1. \end{cases}$$

证法 1 当 $q>1$ 时，令 $q=1+\alpha(\alpha>0)$. $\forall A>0$，可取 $N=N(A)\in\mathbb{N}$，s.t. $N>\dfrac{A}{\alpha}$，当 $n>N$ 时，有

$$q^n=(1+\alpha)^n=1+n\alpha+\cdots+\alpha^n>n\alpha>N\alpha>A,$$

所以，$\lim\limits_{n\to+\infty} q^n = +\infty$.

当 $q<-1$ 时，$|q|=1+\alpha(\alpha>0)$. $\forall A>0$，取 $N=N(A)\in\mathbb{N}$，s.t. $N>\dfrac{A}{\alpha}$，当 $n>N$ 时，有

$$|q^n|=(1+\alpha)^n=1+n\alpha+\cdots+\alpha^n>n\alpha>N\alpha>A,$$

所以，$\lim\limits_{n\to+\infty} q^n = \infty$.

证法 2 当 $q>1$ 时，$\forall A>0$ 取 $N=N(A)\in\mathbb{N}$，s.t. $N>\log_q A$，当 $n>N$ 时，有

$$q^n>q^N>A,$$

所以，$\lim\limits_{n\to+\infty} q^n = +\infty$.

当 $q<-1$ 时，$\forall A>0$，取 $N=N(A)\in\mathbb{N}$，s.t. $N>\log_{|q|} A$，当 $n>N$ 时，有

$$|q^n|=|q|^n>|q|^N>A,$$

因此，$\lim\limits_{n\to+\infty} q^n = \infty$.

此外,当 $|q|<1$ 时,由例 1.1.3 知, $\lim\limits_{n\to+\infty} q^n = 0$;当 $q=1$ 时,由例 1.1.1 知, $\lim\limits_{n\to+\infty} q^n = \lim\limits_{n\to+\infty} 1 = 1$;最后,当 $q=-1$ 时,由下面的例 1.1.12 推得 $\lim\limits_{n\to+\infty} q^n$ 不存在. □

例 1.1.5 设 a 为实常数,则 $\lim\limits_{n\to+\infty} \dfrac{a^n}{n!} = 0$.

证明 显然, $\exists N_0 \in \mathbb{N}$, s. t. $N_0 > |a|$, $\forall \varepsilon > 0$, 取 $N \in \mathbb{N}$, s. t. $N > \max\left\{ N_0, \dfrac{|a|^{N_0+1}}{N_0!\,\varepsilon} \right\}$. 当 $n>N$ 时,有

$$\left| \frac{a^n}{n!} - 0 \right| = \frac{|a|^n}{n!} = \frac{|a|^{N_0}}{N_0!} \frac{|a|}{N_0+1} \cdots \frac{|a|}{n} \leqslant \frac{|a|^{N_0}}{N_0!} \frac{|a|}{n} \leqslant \frac{|a|^{N_0}}{N_0!} \frac{|a|}{N} < \varepsilon,$$

所以, $\lim\limits_{n\to+\infty} \dfrac{a^n}{n!} = 0$. □

例 1.1.6 $\lim\limits_{n\to+\infty} \sqrt[n]{a} = \lim\limits_{n\to+\infty} a^{\frac{1}{n}} = 1 (a>0)$.

证法 1 当 $a=1$ 时,由例 1.1.1 可知, $\lim\limits_{n\to+\infty} \sqrt[n]{a} = \lim\limits_{n\to+\infty} 1 = 1$.

当 $a>1$ 时, $\forall \varepsilon > 0$, 取 $N = N(\varepsilon) \in \mathbb{N}$, s. t. $N > \dfrac{1}{\log_a(1+\varepsilon)}$. 当 $n>N$ 时,有

$$1-\varepsilon < 1 < \sqrt[n]{a} < \sqrt[N]{a} = a^{\frac{1}{N}} < 1+\varepsilon,$$

所以, $\lim\limits_{n\to+\infty} \sqrt[n]{a} = 1$.

当 $0<a<1$ 时, $\forall 0<\varepsilon<1$, 取 $N = N(\varepsilon) \in \mathbb{N}$, s. t. $N > \dfrac{1}{\log_a(1-\varepsilon)}$. 当 $n>N$ 时,有

$$1-\varepsilon < a^{\frac{1}{N}} = \sqrt[N]{a} < \sqrt[n]{a} < 1 < 1+\varepsilon,$$

所以, $\lim\limits_{n\to+\infty} \sqrt[n]{a} = 1$.

证法 2 当 $a \geqslant 1$ 时,令 $\sqrt[n]{a} = 1+\alpha_n$, $\alpha_n \geqslant 0$, 则

$$a = (1+\alpha_n)^n = 1 + n\alpha_n + \cdots + \alpha_n^n > n\alpha_n,$$

$$\alpha_n < \frac{a}{n}.$$

于是, $\forall \varepsilon > 0$, 取 $N = N(\varepsilon) \in \mathbb{N}$, s. t. $N > \dfrac{a}{\varepsilon}$, 当 $n>N$ 时,有

$$|\sqrt[n]{a} - 1| = \alpha_n < \frac{a}{n} < \frac{a}{N} < \varepsilon,$$

所以, $\lim\limits_{n\to+\infty} \sqrt[n]{a} = 1$.

当 $0<a<1$ 时,由下节的定理 1.2.3 得到

$$\lim_{n\to+\infty} \sqrt[n]{a} = \lim_{n\to+\infty} \frac{1}{\sqrt[n]{\dfrac{1}{a}}} = \frac{\lim\limits_{n\to+\infty} 1}{\lim\limits_{n\to+\infty} \sqrt[n]{\dfrac{1}{a}}} = \frac{1}{1} = 1.$$

□

例 1.1.7　$\lim\limits_{n\to+\infty}\sqrt[n]{n}=1.$

证法 1　令 $\sqrt[n]{n}=1+\alpha_n,\alpha_n\geqslant0$,则当 $n>1$ 时,

$$n=(1+\alpha_n)^n=1+n\alpha_n+\frac{n(n-1)}{2}\alpha_n{}^2+\cdots+\alpha_n{}^n>\frac{n(n-1)}{2}\alpha_n{}^2,$$

$$\alpha_n{}^2<\frac{2}{n-1}.$$

于是,$\forall\varepsilon>0$,取 $N=N(\varepsilon)\in\mathbb{N}$,s. t. $N>1+\dfrac{2}{\varepsilon^2}$,当 $n>N$ 时,有

$$|\sqrt[n]{n}-1|=\sqrt[n]{n}-1=\alpha_n<\sqrt{\frac{2}{n-1}}<\sqrt{\frac{2}{N-1}}<\varepsilon,$$

所以,$\lim\limits_{n\to+\infty}\sqrt[n]{n}=1.$

证法 2　应用几何-算术平均不等式得到

$$1\leqslant\sqrt[n]{n}=n^{\frac{1}{n}}=(1\cdots1\sqrt{n}\sqrt{n})^{\frac{1}{n}}\leqslant\frac{(n-2)+2\sqrt{n}}{n}$$

$$=1+\frac{2(\sqrt{n}-1)}{n}<1+\frac{2}{\sqrt{n}}.$$

于是,$\forall\varepsilon>0$,取 $N\in\mathbb{N}$,s. t. $N>\dfrac{4}{\varepsilon^2}$,当 $n>N$ 时,有

$$|\sqrt[n]{n}-1|<\frac{2}{\sqrt{n}}<\frac{2}{\sqrt{N}}<\varepsilon,$$

所以,

$$\lim\limits_{n\to+\infty}\sqrt[n]{n}=1.\qquad\square$$

例 1.1.8　设 $a_n=0.\underbrace{33\cdots3}_{n\uparrow}$,则 $\lim\limits_{n\to+\infty}a_n=0.\dot{3}=\dfrac{1}{3}.$

证明　$\forall\varepsilon>0$,取 $N\in\mathbb{N}$,s. t. $N>\lg\dfrac{1}{\varepsilon}$,当 $n>N$ 时,有

$$|a_n-0.\dot{3}|=|0.\underbrace{33\cdots3}_{n\uparrow}-0.\underbrace{33\cdots33}_{n\uparrow}\cdots|<\frac{1}{10^n}<\frac{1}{10^N}<\varepsilon,$$

所以,

$$\lim\limits_{n\to+\infty}0.\underbrace{33\cdots3}_{n\uparrow}=0.\dot{3}=\frac{1}{3}.\qquad\square$$

例 1.1.9　$\lim\limits_{n\to+\infty}\dfrac{1}{\sqrt[n]{n!}}=0.$

证法 1 $\forall \varepsilon > 0$，由例 1.1.5 知，$\lim\limits_{n \to +\infty} \dfrac{\left(\dfrac{1}{\varepsilon}\right)^n}{n!} = 0$. 故 $\exists N \in \mathbb{N}$，当 $n > N$ 时，有

$$\frac{\left(\dfrac{1}{\varepsilon}\right)^n}{n!} < 0 + 1 = 1,$$

所以，

$$-\varepsilon < 0 < \frac{1}{\sqrt[n]{n!}} < \varepsilon,$$

$$\lim_{n \to +\infty} \frac{1}{\sqrt[n]{n!}} = 0.$$

证法 2 应用几何-算术不等式有

$$0 < \frac{1}{\sqrt[n]{n!}} = \sqrt[n]{\frac{1}{1} \cdot \frac{1}{2} \cdot \cdots \cdot \frac{1}{n}} \leqslant \frac{\dfrac{1}{1} + \dfrac{1}{2} + \cdots + \dfrac{1}{n}}{n},$$

再由下面的例 1.1.15 知，

$$\lim_{n \to +\infty} \frac{\dfrac{1}{1} + \dfrac{1}{2} + \cdots + \dfrac{1}{n}}{n} = \lim_{n \to +\infty} \frac{1}{n} = 0 = \lim_{n \to +\infty} 0.$$

根据下节的夹逼定理 1.2.6 就得到

$$\lim_{n \to +\infty} \frac{1}{\sqrt[n]{n!}} = 0.$$

证法 3 应用后面的例 1.4.11 中的不等式

$$\left(\frac{n+1}{e}\right)^n < n! < e\left(\frac{n+1}{e}\right)^{n+1},$$

$\forall \varepsilon > 0$，取 $N \in \mathbb{N}$，s.t. $N > \dfrac{e}{\varepsilon}$，当 $n > N$ 时，有

$$\left| \frac{1}{\sqrt[n]{n!}} - 0 \right| = \frac{1}{\sqrt[n]{n!}} < \frac{e}{n+1} < \frac{e}{n} < \frac{e}{N} < \varepsilon,$$

所以，$\lim\limits_{n \to +\infty} \dfrac{1}{\sqrt[n]{n!}} = 0.$

例 1.1.10 $\lim\limits_{n \to +\infty} \dfrac{3n^2}{n^2 - 3} = 3.$

证明 $\forall \varepsilon > 0$，取 $N \in \mathbb{N}$，s.t. $N > \max\left\{3, \dfrac{9}{\varepsilon}\right\}$，当 $n > N$ 时，有

$$\left| \frac{3n^2}{n^2 - 3} - 3 \right| = \left| \frac{9}{n^2 - 3} \right| \overset{n \geqslant 3}{=\!=\!=} \frac{9}{n^2 - 3} \leqslant \frac{9}{n} < \frac{9}{N} < \varepsilon,$$

所以，$\lim\limits_{n\to+\infty}\dfrac{3n^2}{n^2-3}=3$. □

例 1.1.11 $\lim\limits_{n\to+\infty}\dfrac{3\sqrt{n}+1}{2\sqrt{n}-1}=\dfrac{3}{2}$.

证明 $\forall\varepsilon>0$，取 $N\in\mathbb{N}$，s.t. $N>\dfrac{25}{\varepsilon^2}$，当 $n>N$ 时，有

$$\left|\frac{3\sqrt{n}+1}{2\sqrt{n}-1}-\frac{3}{2}\right|=\frac{5}{4\sqrt{n}-2}\leqslant\frac{5}{4\sqrt{n}-2\sqrt{n}}<\frac{5}{\sqrt{n}}<\frac{5}{\sqrt{N}}<\varepsilon,$$

所以，$\lim\limits_{n\to+\infty}\dfrac{3\sqrt{n}+1}{2\sqrt{n}-1}=\dfrac{3}{2}$. □

为了论述的统一和简单，我们引进开邻域，ε 开邻域的概念.

$a(a\in\mathbb{R})$ 的开邻域为 $(a-\varepsilon,a+\varepsilon)=\{x\mid\rho(x,a)=|x-a|<\varepsilon\}=U(a;\varepsilon)$，也记为 $B(a;\varepsilon)$.它表示直线上以 a 为中心，ε 为半径的开球或开区间，其中 $\rho(x,a)$ 为直线上 x 与 a 两点间的通常距离；$+\infty$ 的开邻域为 $U(+\infty,A)=(A,+\infty)$；$-\infty$ 的开邻域为 $U(-\infty,A)=(-\infty,-A)$；$\infty$ 的开邻域为 $U(\infty,A)=(-\infty,-A)\bigcup(A,+\infty)$.

对 $a\in\mathbb{R}$ 的去心 ε 开邻域为 $U^\circ(a;\varepsilon)=U(a;\varepsilon)\backslash\{a\}$ 或 $B(a;\varepsilon)\backslash\{a\}$；$a$ 的 ε 右开邻域为 $U_+(a;\varepsilon)=[a,a+\varepsilon)$ 或 $B_+(a;\varepsilon)$；a 的去心 ε 右开邻域为 $U^\circ_+(a;\varepsilon)=(a,a+\varepsilon)$ 或 $B^\circ_+(a;\varepsilon)$；a 的 ε 左开邻域为 $U_-(a;\varepsilon)=(a-\varepsilon,a]$ 或 $B_-(a;\varepsilon)$；a 的去心 ε 左开邻域为 $U^\circ_-(a;\varepsilon)=(a-\varepsilon,a)$ 或 $B^\circ_-(a;\varepsilon)$.

定理 1.1.1 数列 $\{a_n\}$ 有极限 a 的充分必要条件是它的偶数项数列（偶子列）$\{a_{2k}\}$ 和奇数项数列（奇子列）$\{a_{2k-1}\}$ 有相同的极限 a，即 $\lim\limits_{n\to+\infty}a_n=a\Leftrightarrow\lim\limits_{k\to+\infty}a_{2k}=\lim\limits_{k\to+\infty}a_{2k-1}=a$.

证明 （$\Rightarrow$）对 a 的任何开邻域 U，因 $\lim\limits_{n\to+\infty}a_n=a$，故 $\exists N\in\mathbb{N}$，当 $n>N$ 时，有 $a_n\in U$.取 $K=N$，当 $k>K$ 时，有 $2k>2K=2N>N$，$2k-1>2K-1=2N-1\geqslant N$，故

$$a_{2k}\in U,\quad a_{2k-1}\in U.$$

从而，

$$\lim\limits_{k\to+\infty}a_{2k}=a,\quad\lim\limits_{k\to+\infty}a_{2k-1}=a.$$

（$\Leftarrow$）对 a 的任何开邻域 U，因 $\lim\limits_{k\to+\infty}a_{2k}=a$，故 $\exists K_1\in\mathbb{N}$，当 $k>K_1$ 时，有 $a_{2k}\in U$.又因 $\lim\limits_{k\to+\infty}a_{2k-1}=a$，故 $\exists K_2\in\mathbb{N}$，当 $k>K_2$ 时，有 $a_{2k-1}\in U$.于是，当 $n>N=\max\{2K_1,2K_2-1\}$ 时，必有

$$a_n\in U,$$

所以，

$$\lim\limits_{n\to+\infty}a_n=a.$$ □

注 1.1.2 定理1.1.1的证明采用了统一表达，用 U 表示 a 的开邻域.这种论证方式

读者应熟练掌握,如果对 a 为实数,$+\infty$,$-\infty$,∞ 四种情形分别论述,则当 $a\in\mathbb{R}$ 时,$U=U(a;\varepsilon)$;当 $a=+\infty$ 时,$U=U(+\infty,A)$;当 $a=-\infty$ 时,$U=U(-\infty,A)$;当 $a=\infty$ 时,$U=U(\infty,A)$.余下的与定理 1.1.1 证明中所述相同.因此,也可对一种情形证明后,其他三种情形类似.

定理 1.1.2 $\lim\limits_{n\to+\infty}a_n=a\Leftrightarrow$ 对 $\{a_n\}$ 的任何子列 $\{a_{n_k}\}$(当 $n_1<n_2<\cdots<n_{k-1}<n_k<\cdots$ 时,称 $\{a_{n_k}\}$ 为 $\{a_n\}$ 的一个子列),有 $\lim\limits_{k\to+\infty}a_{n_k}=a$.

证明 ($\Leftarrow$)令 $n_k=k$,则 $\{a_n\}=\{a_k\}=\{a_{n_k}\}$ 为 $\{a_n\}$ 的一个子列,所以,

$$\lim_{n\to+\infty}a_n=\lim_{k\to+\infty}a_k=\lim_{k\to+\infty}a_{n_k}=a.$$

($\Rightarrow$)对 a 的任何开邻域 U,因 $\lim\limits_{n\to+\infty}a_n=a$,故 $\exists N\in\mathbb{N}$,当 $n>N$ 时,$a_n\in U$.当 $n_k\geqslant k>K=N$ 时,有 $a_{n_k}\in U$,所以,$\lim\limits_{k\to+\infty}a_{n_k}=a$. □

定理 1.1.3 数列 $\{a_n\}$ 有极限(实数 a 或 $+\infty$ 或 $-\infty$)的充要条件为 $\{a_n\}$ 的非平凡子列($\{a_n\}$ 本身以及 $\{a_n\}$ 去掉有限项后得到的子列称为 $\{a_n\}$ 的平凡子列;不是平凡子列的子列称为 $\{a_n\}$ 的非平凡子列)都有极限(实数 a 或 $+\infty$ 或 $-\infty$).

证明 ($\Rightarrow$)即定理 1.1.2 中的必要性.

($\Leftarrow$)由右边条件,$\{a_n\}$ 的非平凡子列 $\{a_{2k}\}$,$\{a_{2k-1}\}$,$\{a_{3k}\}$ 均有极限.由于 $\{a_{6k}\}$ 既是 $\{a_{2k}\}$,又是 $\{a_{3k}\}$ 的子列,故由上述必要性,可知

$$\lim_{k\to\infty}a_{2k}=\lim_{k\to\infty}a_{6k}=\lim_{k\to\infty}a_{3k}.$$

此外,$\{a_{6k-3}\}$ 既是 $\{a_{2k-1}\}$ 又是 $\{a_{3k}\}$ 的子列,同样可得

$$\lim_{k\to\infty}a_{2k-1}=\lim_{k\to\infty}a_{6k-3}=\lim_{k\to\infty}a_{3k}.$$

于是,$\lim\limits_{k\to\infty}a_{2k-1}=\lim\limits_{k\to\infty}a_{2k}$,即 $\{a_n\}$ 的奇子列 $\{a_{2k-1}\}$ 和偶子列 $\{a_{2k}\}$ 有相同的极限 a.由定理 1.1.1即得 $\{a_n\}$ 有极限. □

定理 1.1.3 的特例是如下定理.

定理 1.1.4 数列 $\{a_n\}$ 收敛 $\Leftrightarrow\{a_n\}$ 的任何非平凡子列都收敛. □

定理 1.1.5 $\lim\limits_{n\to+\infty}a_n=a\Leftrightarrow a$ 的任何开邻域 U 的外边 $\mathbb{R}\backslash U$ 至多含数列的有限多项.它等价于 $\lim\limits_{n\to+\infty}a_n\neq a\Leftrightarrow$ 存在 a 的某个开邻域 U,在 U 的外边含 $\{a_n\}$ 的无限多项.

证明 ($\Rightarrow$)由极限的定义 1.1.1,在 U 的外边 $\mathbb{R}\backslash U$ 中至多含 $a_1,a_2,\cdots,a_N$ 的若干项,当然是有限项.

($\Leftarrow$)对于 a 的任何一个开邻域 U,根据右边条件,$\{a_n\}$ 中至多只有有限多项位于 U 的外边,设它们依次为 $a_{n_1},a_{n_2},\cdots,a_{n_k}(n_1<n_2<\cdots<n_k)$.令 $N=n_k$,则当 $n>N$ 时,必有 $a_n\in U$,所以 $\lim\limits_{n\to+\infty}a_n=a$. □

例 1.1.12 数列 $\{a_n\}$,$a_n=(-1)^{n-1}$ 无极限,当然不收敛.

证法 1 因为 $\lim\limits_{k\to+\infty}a_{2k-1}=\lim\limits_{k\to+\infty}(-1)^{2k-1}=-1\neq 1=\lim\limits_{k\to+\infty}(-1)^{2k}=\lim\limits_{k\to+\infty}a_{2k}$,所以由定

理 1.1.1 或定理 1.1.2 知,$(-1)^{n-1}$ 无极限.

证法 2 $\forall a \neq \pm 1$,则 $\varepsilon_0 = \min\{|a-1|,|a+1|\} > 0$,且 $(-1)^{n-1}$ 全在 a 的开邻域 $U = (a-\varepsilon_0, a+\varepsilon_0)$ 外边.

当 $a=1$ 时,$-1 = (-1)^{2k-1}$ 都在 1 的开邻域 $U = (1-2, 1+2) = (-1, 3)$ 的外边.

当 $a=-1$ 时,$1 = (-1)^{2k}$ 都在 -1 的开邻域 $U = (-1-2, -1+2) = (-3, 1)$ 的外边.

当 $a=+\infty$ 时,$(-1)^{n-1}$ 全在 $+\infty$ 的开邻域 $U = (1, +\infty)$ 的外边.

当 $a=-\infty$ 时,$(-1)^{n-1}$ 全在 $-\infty$ 的开邻域 $U = (+\infty, -1)$ 的外边.

当 $a=\infty$ 时,$(-1)^{n-1}$ 全在 ∞ 的开邻域 $U = (-\infty, -1) \cup (1, +\infty)$ 的外边.

根据定理 1.1.5,任何实数 a,$+\infty$,$-\infty$,∞ 均不为 $a_n = (-1)^{n-1}$ 的极限. $\square$

例 1.1.13 数列 $\{\sin n\}$ 无极限.

证明 $\forall k \in \mathbb{N}$,因为区间 $\left(2k\pi + \dfrac{\pi}{4}, 2k\pi + \dfrac{3\pi}{4}\right)$

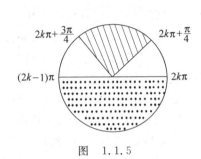

图 1.1.5

的长度为 $\dfrac{\pi}{2} > 1$,所以必存在 $n_k \in \left(2k\pi + \dfrac{\pi}{4}, 2k\pi + \dfrac{3\pi}{4}\right) \cap \mathbb{N}$.同理,必存在 $n_k' \in ((2k-1)\pi, 2k\pi) \cap \mathbb{N}$.

显然,$n_1 < n_2 < n_3 < \cdots, n_1' < n_2' < n_3' < \cdots$,且

$$1 \geqslant \sin n_k > \frac{\sqrt{2}}{2}, \quad -1 < \sin n_k' < 0, \quad k \in \mathbb{N}.$$

所以,这两个子列 $\{\sin n_k\}$ 与 $\{\sin n_k'\}$ 不可能有同一个极限(如图 1.1.5 所示).根据定理 1.1.2 知,数列 $\{\sin n\}$ 无极限. $\square$

定理 1.1.6 设 $\lim\limits_{n \to +\infty} a_n = a > b$(或 $<b$),则 $\exists N_0 \in \mathbb{N}$,当 $n > N_0$ 时,有 $a_n > b$(或 $<b$).

特别地,有保号性定理:设 $\lim\limits_{n \to +\infty} a_n = a > 0$(或 <0),则 $\exists N_0 \in \mathbb{N}$,当 $n > N_0$ 时,有 $a_n > 0$(或 <0).进一步,如果 $a \in \mathbb{R}$,则 $a_n > \dfrac{a}{2} > 0$(或 $a_n < \dfrac{a}{2} < 0$),$n > N_0$.

证法 1 对 $a, b \in \mathbb{R}$ 证明.

因为 $\lim\limits_{n \to +\infty} a_n = a > b$,对 $\varepsilon_0 = \dfrac{a-b}{2} > 0$,$\exists N_0 \in \mathbb{N}$,当 $n > N_0$ 时,有

$$a_n > a - \varepsilon_0 = a - \frac{a-b}{2} = \frac{a+b}{2} > b.$$

其他情形类似证明.

证法 2 (统一论证)因为 $a > b$,所以存在 a 的开(区间)邻域 U,而 $b \notin U$(b 在 U 的左边).又因 $\lim\limits_{n \to +\infty} a_n = a$,故 $\exists N_0 \in \mathbb{N}$,当 $n > N_0$ 时,有 $a_n \in U$,此时,$a_n > b$. $\square$

例 1.1.14 设 $\lim\limits_{n \to +\infty} a_n = 0$(极限为 0 的变量称为无穷小量),$|b_n| \leqslant M$(此时,称 b_n 为有界量),则 $\lim\limits_{n \to +\infty} a_n b_n = 0$,即无穷小量与有界量之积仍为无穷小量.

证明 $\forall \varepsilon > 0$，因 $\lim\limits_{n \to +\infty} a_n = 0$，故 $\exists N \in \mathbb{N}$，当 $n > N$ 时，有 $|a_n - 0| < \dfrac{\varepsilon}{M+1}$. 于是，

$$|a_n b_n - 0| = |a_n b_n| \leqslant M|a_n - 0| \leqslant M \cdot \frac{\varepsilon}{M+1} < \varepsilon,$$

即 $\lim\limits_{n \to +\infty} a_n b_n = 0$. $\qquad\qquad\qquad\qquad\qquad\qquad\qquad\qquad\qquad\qquad\qquad\qquad\qquad\quad$ □

为了进一步提高读者使用 ε-N 法与 A-N 法的证明能力，下面再举一些例子.

例 1.1.15 设 $\lim\limits_{n \to +\infty} a_n = a$（实数，$+\infty$，$-\infty$），则

$$\lim_{n \to +\infty} \frac{a_1 + \cdots + a_n}{n} = a.$$

问：当 $a = \infty$ 时，结论如何？

证明 当 $a \in \mathbb{R}$ 时，$\forall \varepsilon > 0$，因 $\lim\limits_{n \to +\infty} a_n = a$，故 $\exists N_1 \in \mathbb{N}$，当 $n > N_1$ 时，$|a_n - a| < \dfrac{\varepsilon}{2}$. 固定 N_1，当 $n > N \geqslant \max\left\{ N_1, \dfrac{2|a_1 + \cdots + a_{N_1} - N_1 a|}{\varepsilon} \right\}$ 时（$N \in \mathbb{N}$），有

$$\left| \frac{a_1 + \cdots + a_n}{n} - a \right| = \frac{|a_1 - a + a_2 - a + \cdots + a_n - a|}{n}$$

$$\leqslant \frac{|a_1 - a + \cdots + a_{N_1} - a|}{n} + \frac{|a_{N_1+1} - a| + \cdots + |a_n - a|}{n}$$

$$\leqslant \frac{|a_1 + \cdots + a_{N_1} - N_1 a|}{N} + \frac{n - N_1}{n} \cdot \frac{\varepsilon}{2}$$

$$< \frac{\varepsilon}{2} + \frac{\varepsilon}{2} = \varepsilon,$$

所以，

$$\lim_{n \to +\infty} \frac{a_1 + \cdots + a_n}{n} = a.$$

当 $a = +\infty$ 时，$\forall A > 0$，由于 $\lim\limits_{n \to +\infty} a_n = +\infty$，故 $\exists N_1 \in \mathbb{N}$，当 $n > N_1$ 时，$a_n > 2A + 2$. 固定 N_1，因 $\lim\limits_{n \to +\infty} \dfrac{n - N_1}{n} = 1 > \dfrac{1}{2}$，$\lim\limits_{n \to +\infty} \dfrac{a_1 + \cdots + a_{N_1}}{n} = 0 > -1$，由定理 1.1.6 知，$\exists N \in \mathbb{N}$，$N > N_1$，当 $n > N$ 时，$\dfrac{n - N_1}{n} > \dfrac{1}{2}$，$\dfrac{a_1 + \cdots + a_{N_1}}{n} > -1$. 于是，

$$\frac{a_1 + \cdots + a_n}{n} = \frac{a_1 + \cdots + a_{N_1}}{n} + \frac{a_{N_1+1} + \cdots + a_n}{n}$$

$$> -1 + \frac{n - N_1}{n}(2A + 2) > -1 + \frac{2A + 2}{2} = A.$$

这就证明了 $\lim\limits_{n \to +\infty} \dfrac{a_1 + \cdots + a_n}{n} = +\infty$.

当 $a=-\infty$ 时，$\forall A>0$，由于 $\lim\limits_{n\to+\infty}a_n=-\infty$，故 $\exists N_1\in\mathbb{N}$，当 $n>N_1$ 时，$a_n<-2A-2$.
固定 N_1，因 $\lim\limits_{n\to+\infty}\dfrac{n-N_1}{n}=1>\dfrac{1}{2}$，$\lim\limits_{n\to+\infty}\dfrac{a_1+\cdots+a_{N_1}}{n}=0<1$，由定理 1.1.6 知，$\exists N\in\mathbb{N}$，
$N>N_1$，当 $n>N$ 时，$\dfrac{n-N_1}{n}>\dfrac{1}{2}$，$\dfrac{a_1+\cdots+a_{N_1}}{n}<1$. 于是，

$$\frac{a_1+\cdots+a_n}{n}=\frac{a_1+\cdots+a_{N_1}}{n}+\frac{a_{N_1+1}+\cdots+a_n}{n}$$

$$<1+\frac{n-N_1}{n}(-2A-2)<1+\frac{-2A-2}{2}=-A.$$

这就证明了 $\lim\limits_{n\to+\infty}\dfrac{a_1+\cdots+a_n}{n}=-\infty$.

还可应用 $\lim\limits_{n\to+\infty}a_n=+\infty$ 的结论，当 $a=-\infty$ 时，有 $\lim\limits_{n\to+\infty}(-a_n)=+\infty$，所以

$$\lim_{n\to+\infty}\frac{a_1+\cdots+a_n}{n}=-\lim_{n\to+\infty}\frac{(-a_1)+\cdots+(-a_n)}{n}$$

$$=-\lim_{n\to+\infty}(-a_n)=-\infty.$$

当 $a=\infty$ 时，结论不一定成立. 有反例：$a_n=(-1)^{n-1}n$，显然 $\lim\limits_{n\to+\infty}a_n=\infty$. 但

$$\lim_{k\to+\infty}\frac{a_1+a_2+\cdots+a_{2k}}{2k}$$

$$=\lim_{k\to+\infty}\frac{(1-2)+(3-4)+\cdots+(2k-1-2k)}{2k}$$

$$=\lim_{k\to+\infty}\frac{-k}{2k}=-\frac{1}{2}\neq\infty.\qquad\qquad\Box$$

例 1.1.16 数列 $\{a_n\}$ 无上界 $\Leftrightarrow\{a_n\}$ 必有子列 $\{a_{n_k}\}\to+\infty(k\to+\infty)$.

证明 ($\Leftarrow$)设 $\{a_n\}$ 有子列 $\{a_{n_k}\}\to+\infty(k\to+\infty)$，则 $\forall A>0$，$\exists K=K(A)\in\mathbb{N}$，s.t.
当 $k>K$ 时，$a_{n_k}>A$，所以 A 不为数列 $\{a_n\}$ 的上界. 从 A 任取知，数列 $\{a_n\}$ 无上界.

($\Rightarrow$)设 $\{a_n\}$ 无上界，则 1 不是数列 $\{a_n\}$ 的上界，故 $\exists a_{n_1}>1$. 又因 $\max\{2,a_1,\cdots,a_{n_1}\}$
不是数列 $\{a_n\}$ 的上界，故 $\exists a_{n_2}>\max\{2,a_1,\cdots,a_{n_1}\}$，显然，$n_1<n_2$. 依此类推就得到 $a_{n_k}>$
$\max\{k,a_1,\cdots,a_{n_{k-1}}\}$，显然，$n_{k-1}<n_k$. 所以 $\{a_{n_k}\}$ 为 $\{a_n\}$ 的一个子列，且 $a_{n_k}>k$. 由极限定
义知，$\lim\limits_{k\to+\infty}a_{n_k}=+\infty$. $\Box$

最后，我们用 $\varepsilon\text{-}N$ 法与 $A\text{-}N$ 法来描述 $\lim\limits_{n\to+\infty}a_n\neq a$（即 a 不是 a_n 的极限）. 应注意的是
这种描述恰与用 $\varepsilon\text{-}N$ 法与 $A\text{-}N$ 法描述 $\lim\limits_{n\to+\infty}a_n=a$ 相对立. 具体叙述如下.

$\lim\limits_{n\to+\infty}a_n=a\in\mathbb{R}$：$\forall\varepsilon>0$，$\exists N\in\mathbb{N}$，$\forall n>N$，有 $|a_n-a|<\varepsilon$；

$\lim\limits_{n\to+\infty}a_n\neq a\in\mathbb{R}$：$\exists\varepsilon_0>0$，$\forall N\in\mathbb{N}$，$\exists n_N>N$，有 $|a_{n_N}-a|\geqslant\varepsilon_0$.

$$\lim_{n \to +\infty} a_n = +\infty : \forall A > 0, \exists N \in \mathbb{N}, \forall n > N, \text{有} \ a_n > A;$$

$$\lim_{n \to +\infty} a_n \neq +\infty : \exists A_0 > 0, \forall N \in \mathbb{N}, \exists n_N > N, \text{有} \ a_{n_N} \leqslant A_0.$$

对于 $\lim\limits_{n \to +\infty} a_n = -\infty$, $\lim\limits_{n \to +\infty} a_n \neq -\infty$, $\lim\limits_{n \to +\infty} a_n = \infty$ 和 $\lim\limits_{n \to +\infty} a_n \neq \infty$ 等情形请读者自己写出. 统一描述如下.

$$\lim_{n \to +\infty} a_n = a : \forall a \text{ 的开邻域 } U, \exists N \in \mathbb{N}, \forall n > N, \text{有} \ a_n \in U;$$

$$\lim_{n \to +\infty} a_n \neq a : \exists a \text{ 的开邻域 } U_0, \forall N \in \mathbb{N}, \exists n_N > N, \text{有} \ a_{n_N} \notin U.$$

练习题 1.1

1. 用数列极限定义证明：

(1) $\lim\limits_{n \to +\infty} 0.\underbrace{99 \cdots 9}_{n \uparrow} = 1$;   (2) $\lim\limits_{n \to +\infty} \dfrac{3n + 4}{7n - 3} = \dfrac{3}{7}$;

(3) $\lim\limits_{n \to +\infty} \dfrac{5n + 6}{n^2 - n - 1000} = 0$;   (4) $\lim\limits_{n \to +\infty} \dfrac{8}{2^n + 5} = 0$;

(5) $\lim\limits_{n \to +\infty} \dfrac{\sin n!}{n^{1/2}} = 0$;   (6) $\lim\limits_{n \to +\infty} (\sqrt{n + 2} - \sqrt{n - 2}) = 0$;

(7) $\lim\limits_{n \to +\infty} (\sqrt[3]{n + 2} - \sqrt[3]{n - 2}) = 0$;   (8) $\lim\limits_{n \to +\infty} \dfrac{n^{3/2} \arctan n}{1 + n^2} = 0$;

(9) $\lim\limits_{n \to +\infty} a_n = 1$, 其中 $a_n = \begin{cases} \dfrac{n - 1}{n}, & n \text{ 为偶数}, \\[2mm] \dfrac{\sqrt{n^2 + n}}{n}, & n \text{ 为奇数}; \end{cases}$

(10) $\lim\limits_{n \to +\infty} (n^3 - 4n - 5) = +\infty$.

2. 设 $\lim\limits_{n \to +\infty} a_n = a$. 证明：$\forall k \in \mathbb{N}$, 有 $\lim\limits_{n \to +\infty} a_{n+k} = a$.

3. 设 $\lim\limits_{n \to +\infty} a_n = a$. 证明：$\lim\limits_{n \to +\infty} |a_n| = |a|$. 举例说明, 这个命题的逆命题不真.

4. 设 $x_n \leqslant a \leqslant y_n$, $n \in \mathbb{N}$, 且 $\lim\limits_{n \to +\infty} (y_n - x_n) = 0$. 证明：

$$\lim_{n \to +\infty} x_n = \lim_{n \to +\infty} y_n = a.$$

5. 设 $\{a_n\}$ 为一个收敛数列. 证明：数列 $\{a_n\}$ 中或者有最大的数, 或者有最小的数. 举出两者都有的例子；再举出只有一个的例子.

6. 证明下列数列发散：

(1) $\{n^{(-1)^n}\}$;   (2) $\{\cos n\}$.

7. 证明：数列 $\{a_n\}$ 收敛 $\Leftrightarrow$ 三个数列 $\{a_{3k-2}\}, \{a_{3k-1}\}, \{a_{3k}\}$ 都收敛且有相同的极限.

8. 设 $\lim\limits_{n \to +\infty} (a_n - a_{n-1}) = d$. 证明：$\lim\limits_{n \to +\infty} \dfrac{a_n}{n} = d$.

9. 设 $\lim\limits_{n\to+\infty} a_n = a$. 用 ε-N 法, A-N 法证明:

$$\lim_{n\to+\infty} \frac{a_1 + 2a_2 + \cdots + na_n}{n^2} = \frac{a}{2} \quad (a \text{ 为实数}、+\infty、-\infty).$$

思考题 1.1

1. 设 $\lim\limits_{n\to+\infty} a_n = a$, $|q| < 1$. 用 ε-N 法证明:

$$\lim_{n\to+\infty} (a_n + a_{n-1}q + \cdots + a_1 q^{n-1}) = \frac{a}{1-q}.$$

2. 设 $\lim\limits_{n\to+\infty} a_n = a$, $\lim\limits_{n\to+\infty} b_n = b$. 用 ε-N 法证明:

$$\lim_{n\to+\infty} \frac{a_0 b_n + a_1 b_{n-1} + \cdots + a_{n-1} b_1 + a_n b_0}{n} = ab.$$

3. 设 $\lim\limits_{n\to+\infty} a_n = a$, $b_n \geqslant 0 (n \in \mathbb{N})$, $\lim\limits_{n\to+\infty} (b_1 + b_2 + \cdots + b_n) = S$. 证明: $\lim\limits_{n\to+\infty} (a_n b_1 + a_{n-1} b_2 + \cdots + a_1 b_n) = aS.$

4. (Toeplitz 定理) 设 $n, k \in \mathbb{N}$, $t_{nk} \geqslant 0$ 且 $\sum\limits_{k=1}^{n} t_{nk} = 1$, $\lim\limits_{n\to+\infty} t_{nk} = 0$. 如果 $\lim\limits_{n\to+\infty} a_n = a$, 证明:

$$\lim_{n\to+\infty} \sum_{k=1}^{n} t_{nk} a_k = a. \text{ 说明例 } 1.1.15 \text{ 为 Toeplitz 定理的特殊情形.}$$

5. 设 a, b, c 为三个给定的实数, 令 $a_0 = a, b_0 = b, c_0 = c$, 并归纳定义

$$\begin{cases} a_n = \dfrac{b_{n-1} + c_{n-1}}{2}, \\[2mm] b_n = \dfrac{c_{n-1} + a_{n-1}}{2}, \quad n = 1, 2, \cdots. \\[2mm] c_n = \dfrac{a_{n-1} + b_{n-1}}{2}, \end{cases}$$

证明: $\lim\limits_{n\to+\infty} a_n = \lim\limits_{n\to+\infty} b_n = \lim\limits_{n\to+\infty} c_n = \dfrac{a+b+c}{3}.$

6. 设 a_1, a_2 为实数, 令

$$a_n = pa_{n-1} + qa_{n-2}, \quad n = 3, 4, 5, \cdots,$$

其中 $p > 0, q > 0, p + q = 1$. 证明: 数列 $\{a_n\}$ 收敛, 且 $\lim\limits_{n\to+\infty} a_n = \dfrac{a_2 + a_1 q}{1 + q}.$

7. 设数列 $\{a_n\}, \{b_n\}, \{c_n\}$ 满足 $a_1 > 0, 4 \leqslant b_n \leqslant 5, 4 \leqslant c_n \leqslant 5$,

$$a_n = \frac{\sqrt{b_n^2 + c_n^2}}{b_n + c_n} a_{n-1}.$$

证明: $\lim\limits_{n\to+\infty} a_n = 0.$

1.2 数列极限的基本性质

在定义了数列极限之后,我们会用 ε-N 法证明一些数列的极限,但从上节知道,这必须在已知数列有无极限的前提下才能应用,且某些证明还相当复杂,有些甚至还无法用 ε-N 法证明. 所以,我们必须进一步了解数列极限有哪些性质,还有什么方法可以使用. 为此,本节将逐一给出数列极限的惟一性,收敛数列的有界性,极限的四则运算性质,不等式性质以及重要的夹逼定理.

定理 1.2.1(极限的惟一性) 设数列 $\{a_n\}$ 有极限(实数,或 $+\infty$,或 $-\infty$),则极限是惟一的.

证法 1 设 $\lim\limits_{n\to+\infty} a_n=a$ 及 $\lim\limits_{n\to+\infty} a_n=b, a,b\in\mathbb{R}$.

(反证)反设 $a\neq b$. 令 $\varepsilon_0=|a-b|>0$,根据数列极限的定义 1.1.1,$\exists N\in\mathbb{N}$,当 $n>N$ 时,

$$|a_n-a|<\frac{\varepsilon_0}{2}, \quad |a_n-b|<\frac{\varepsilon_0}{2},$$

所以,

$$|a-b|\leqslant|a-a_n|+|a_n-b|<\frac{\varepsilon_0}{2}+\frac{\varepsilon_0}{2}=\varepsilon_0=|a-b|,$$

矛盾.

值得注意的是这种证法不能应用到极限为 $+\infty$ 或 $-\infty$ 的情况,因此还必须给出能推广到 $+\infty$ 或 $-\infty$ 的证法,于是有下面证法.

证法 2 设 $\lim\limits_{n\to+\infty} a_n=a$ 及 $\lim\limits_{n\to+\infty} a_n=b, a,b\in\mathbb{R}$.

(反证)反设 $a\neq b$,不失一般性,设 $a<b$. 令 $\varepsilon_0=\dfrac{b-a}{2}>0$. 由极限定义 1.1.1 知,$\exists N_1\in\mathbb{N}$,当 $n>N_1$ 时,$a-\varepsilon_0<a_n<a+\varepsilon_0$;$\exists N_2\in\mathbb{N}$,当 $n>N_2$ 时,$b-\varepsilon_0<a_n<b+\varepsilon_0$. 所以,当 $n>N=\max\{N_1,N_2\}$ 时,

$$\frac{a+b}{2}=b-\frac{b-a}{2}=b-\varepsilon_0<a+\varepsilon_0=a+\frac{b-a}{2}=\frac{a+b}{2},$$

矛盾.

其他情形类似证明.

证法 3 (统一描述) 设 $\lim\limits_{n\to+\infty} a_n=a$ 及 $\lim\limits_{n\to+\infty} a_n=b$.

(反证)反设 $a\neq b$,不妨设 $a<b$,则 $\exists a$ 的开邻域 U_a 与 b 的开邻域 U_b,s.t. $U_a\bigcap U_b=\varnothing$. 由极限定义 1.1.1 知,$\exists N_1\in\mathbb{N}$,当 $n>N_1$ 时,$a_n\in U_a$;$\exists N_2\in\mathbb{N}$,当 $n>N_2$ 时,$a_n\in U_b$,所以,当 $n>\max\{N_1,N_2\}$ 时,$a_n\in U_a\bigcap U_b\neq\varnothing$,矛盾. $\square$

定义 1.2.1 如果存在实数 $M>0$,使得对任何自然数 n,有 $|a_n|\leqslant M$,则称数列 $\{a_n\}$ 有界. 如果存在实数 B,使得 $a_n\leqslant B$,$\forall n\in \mathbb{N}$,则称数列 $\{a_n\}$ 有**上界** B. 如果存在实数 A,使得 $a_n\geqslant A$,$\forall n\in \mathbb{N}$,则称数列 $\{a_n\}$ 有**下界** A.

显然,$\{a_n\}$ 有界的充要条件是 $\{a_n\}$ 既有上界又有下界.

定理 1.2.2 数列 $\{a_n\}$ 收敛,则 $\{a_n\}$ 必有界. 反之不真.

证明 设 $\lim\limits_{n\to +\infty}a_n=a\in \mathbb{R}$. 取 $\varepsilon_0=1$,$\exists N_0\in \mathbb{N}$,当 $n>N_0$ 时,$|a_n-a|<\varepsilon_0=1$,所以,

$$|a_n|=|(a_n-a)+a|\leqslant |a_n-a|+|a|<1+|a|.$$

于是,$\forall n\in \mathbb{N}$,有

$$|a_n|\leqslant \max\{|a_1|,\cdots,|a_{N_0}|,|a|+1\}=M,$$

即数列 $\{a_n\}$ 有界.

反之则有反例 $a_n=(-1)^{n-1}$,满足 $|a_n|\leqslant 1$,有界. 但由例 1.1.12 已知,$a_n=(-1)^{n-1}$ 时数列发散. $\qquad\square$

定理 1.2.3(极限的四则运算) 设 $\{a_n\}$,$\{b_n\}$ 都收敛,则 $\{a_n\pm b_n\}$,$\{a_nb_n\}$ 也收敛. 又若 $\lim\limits_{n\to +\infty}b_n\neq 0$,则 $\left\{\dfrac{a_n}{b_n}\right\}$ 也收敛. 且

(1) $\lim\limits_{n\to +\infty}(a_n\pm b_n)=\lim\limits_{n\to +\infty}a_n\pm \lim\limits_{n\to +\infty}b_n$;

(2) $\lim\limits_{n\to +\infty}a_nb_n=\lim\limits_{n\to +\infty}a_n\cdot \lim\limits_{n\to +\infty}b_n$,特别有 $\lim\limits_{n\to +\infty}ca_n=c\lim\limits_{n\to +\infty}a_n$;

(3) $\lim\limits_{n\to +\infty}\dfrac{a_n}{b_n}=\dfrac{\lim\limits_{n\to +\infty}a_n}{\lim\limits_{n\to +\infty}b_n}$($\lim b_n\neq 0$).

证明 (1) $\forall \varepsilon>0$,因 $\lim\limits_{n\to +\infty}a_n=a\in \mathbb{R}$,$\lim\limits_{n\to +\infty}b_n=b\in \mathbb{R}$,所以,$\exists N_1\in \mathbb{N}$,当 $n>N_1$ 时,$|a_n-a|<\dfrac{\varepsilon}{2}$,$\exists N_2\in \mathbb{N}$,当 $n>N_2$ 时,$|b_n-b|<\dfrac{\varepsilon}{2}$. 于是,当 $n>N=\max\{N_1,N_2\}$ 时,

$$|(a_n\pm b_n)-(a\pm b)|=|(a_n-a)\pm (b_n-b)|$$
$$\leqslant |a_n-a|+|b_n-b|$$
$$<\frac{\varepsilon}{2}+\frac{\varepsilon}{2}=\varepsilon,$$

由此就有 $\lim\limits_{n\to +\infty}(a_n\pm b_n)=a\pm b=\lim\limits_{n\to +\infty}a_n\pm \lim\limits_{n\to +\infty}b_n$.

(2) 因为 $\lim\limits_{n\to +\infty}b_n=b\in \mathbb{R}$,由定理 1.2.2 可知,$|b_n|<M(\forall n\in \mathbb{N})$. 又因 $\lim\limits_{n\to +\infty}a_n=a\in \mathbb{R}$,故 $\forall \varepsilon>0$,$\exists N\in \mathbb{N}$,当 $n>N$ 时,

$$|a_n-a|<\frac{\varepsilon}{2M},\quad |b_n-b|<\frac{\varepsilon}{2(|a|+1)},$$

及

$$|a_nb_n-ab|=|a_nb_n-ab_n+ab_n-ab|\leqslant |b_n||a_n-a|+|a||b_n-b|$$
$$<M\frac{\varepsilon}{2M}+|a|\frac{\varepsilon}{2(|a|+1)}<\frac{\varepsilon}{2}+\frac{\varepsilon}{2}=\varepsilon.$$

这就证明了

$$\lim_{n\to+\infty} a_n b_n = ab = \lim_{n\to+\infty} a_n \cdot \lim_{n\to+\infty} b_n.$$

（3）先证：如果 $\lim\limits_{n\to+\infty} b_n = b \neq 0$，则 $\lim\limits_{n\to+\infty} \dfrac{1}{b_n} = \dfrac{1}{b}$．事实上，$\forall \varepsilon > 0$，$\exists N \in \mathbb{N}$，当 $n > N$ 时，

$$|b_n - b| < \min\left\{\frac{|b|}{2}, \frac{b^2}{2}\varepsilon\right\}.$$

则当 $n > N$ 时，有

$$|b_n| = |(b_n - b) + b| \geqslant |b| - |b_n - b| > |b| - \frac{|b|}{2} = \frac{|b|}{2},$$

$$\left|\frac{1}{b_n} - \frac{1}{b}\right| = \frac{|b_n - b|}{|b_n||b|} < \frac{|b_n - b|}{\frac{|b|}{2}|b|} < \frac{2}{b^2} \cdot \frac{b^2}{2}\varepsilon = \varepsilon.$$

这就证明了

$$\lim_{n\to+\infty} \frac{1}{b_n} = \frac{1}{b}.$$

由此得到

$$\lim_{n\to+\infty} \frac{a_n}{b_n} = \lim_{n\to+\infty} a_n \cdot \frac{1}{b_n} = a \cdot \frac{1}{b} = \frac{a}{b} = \frac{\lim\limits_{n\to+\infty} a_n}{\lim\limits_{n\to+\infty} b_n}. \qquad \Box$$

定理 1.2.4 设 $\lim\limits_{n\to+\infty} a_n = a$，$\lim\limits_{n\to+\infty} b_n = b$，$a < b$．则存在自然数 N_0，当 $n > N_0$ 时，有 $a_n < b_n$．

证法 1 当 $a, b \in \mathbb{R}$ 时，令 $\varepsilon_0 = \dfrac{b-a}{2} > 0$，因 $\lim\limits_{n\to+\infty} a_n = a$，$\lim\limits_{n\to+\infty} b_n = b$，则存在自然数 N_0，当 $n > N_0$ 时，有

$$\frac{3a-b}{2} = a - \frac{b-a}{2} < a_n < a + \frac{b-a}{2} = \frac{a+b}{2},$$

$$\frac{a+b}{2} = b - \frac{b-a}{2} < b_n < b + \frac{b-a}{2} = \frac{3b-a}{2},$$

所以，

$$a_n < \frac{a+b}{2} < b_n.$$

其他情形类似证明．

证法 2 （统一描述）因为 $\lim\limits_{n\to+\infty} a_n = a < b = \lim\limits_{n\to+\infty} b_n$，所以存在 a 的开邻域 U_a，b 的开邻域 U_b，s.t. $U_a \bigcap U_b = \varnothing$．并且 $\exists N_0 \in \mathbb{N}$，当 $n > N_0$ 时，$a_n \in U_a$，$b_n \in U_b$，所以 $a_n < b_n$． $\qquad \Box$

定理 1.2.5 设 $a_n \leqslant b_n (n = N_0, N_0 + 1, \cdots)$，$\lim\limits_{n\to+\infty} a_n = a$，$\lim\limits_{n\to+\infty} b_n = b$，则 $a \leqslant b$．

证明 （反证）反设 $a > b$，根据定理 1.2.4 知，$\exists N \in \mathbb{N}$，$N > N_0$，当 $n > N$ 时，有 $a_n > b_n$，这与 $a_n \leqslant b_n (n \geqslant N > N_0)$ 矛盾． $\qquad \Box$

定理 1.2.6（夹逼定理） 设数列 $\{a_n\},\{b_n\},\{c_n\}$ 满足 $a_n \leqslant b_n \leqslant c_n (n > N_0)$，$\lim\limits_{n \to +\infty} a_n = a$ $= \lim\limits_{n \to +\infty} c_n, a$ 为实数、$+\infty$ 或 $-\infty$，则 $\lim\limits_{n \to +\infty} b_n = a$.

证法 1 当 a 为实数时，$\forall \varepsilon > 0$，因为 $\lim\limits_{n \to +\infty} a_n = a = \lim\limits_{n \to +\infty} c_n$，所以，$\exists N \in \mathbb{N}, N > N_0$，当 $n > N$ 时，

$$a - \varepsilon < a_n < a + \varepsilon,$$
$$a - \varepsilon < c_n < a + \varepsilon.$$

再由已知可得

$$a - \varepsilon < a_n \leqslant b_n \leqslant c_n < a + \varepsilon,$$

这就证明了 $\lim\limits_{n \to +\infty} b_n = a$.

其他情形类似证明.

证法 2 （统一描述）对 a 的任何开邻域（区间）U，因为 $\lim\limits_{n \to +\infty} a_n = a = \lim\limits_{n \to +\infty} c_n$，所以，$\exists N \in \mathbb{N}$，当 $n > N$ 时，有 $a_n \in U, c_n \in U$. 又由已知 $b_n \in [a_n, c_n] \subset U$，这就证明了 $\lim\limits_{n \to +\infty} b_n = a$.

□

注 1.2.1 夹逼定理对 $a = \infty$ 不成立.

反例：$a_n = -n, b_n = 0$ 或 $(-1)^{n-1}, c_n = n$，则 $\lim\limits_{n \to +\infty} a_n = \infty = \lim\limits_{n \to +\infty} c_n$，但 $\lim\limits_{n \to +\infty} b_n \neq \infty$.

定理 1.2.7 （1）设 $a_n \geqslant b_n (n \geqslant N_0)$，$\lim\limits_{n \to +\infty} b_n = +\infty$，则 $\lim\limits_{n \to +\infty} a_n = +\infty$；

（2）设 $\lim\limits_{n \to +\infty} a_n = +\infty$，$\lim\limits_{n \to +\infty} b_n = +\infty$，则 $\lim\limits_{n \to +\infty} (a_n + b_n) = +\infty$；

（3）$\lim\limits_{n \to +\infty} a_n = a \in \mathbb{R}$，$\lim\limits_{n \to +\infty} b_n = \pm\infty$，则 $\lim\limits_{n \to +\infty} (a_n + b_n) = \pm\infty$；

（4）$\lim\limits_{n \to +\infty} a_n = a > 0$，$\lim\limits_{n \to +\infty} b_n = \pm\infty$，则 $\lim\limits_{n \to +\infty} a_n b_n = \pm\infty$；

（5）$\lim\limits_{n \to +\infty} a_n = a < 0$，$\lim\limits_{n \to +\infty} b_n = \pm\infty$，则 $\lim\limits_{n \to +\infty} a_n b_n = \mp\infty$；

（6）$\lim\limits_{n \to +\infty} a_n = +\infty \Leftrightarrow \lim\limits_{n \to +\infty} (-a_n) = -\infty$；

（7）$\lim\limits_{n \to +\infty} a_n = \infty \Leftrightarrow \lim\limits_{n \to +\infty} \dfrac{1}{a_n} = 0$.

证明 只证明（4），（7），其他读者自证.

（4）因为 $\lim\limits_{n \to +\infty} a_n = a > 0$，由定理 1.1.6 可知，$\exists N \in \mathbb{N}$，当 $n > N$ 时，有 $a_n > \dfrac{a}{2}$. 又因 $\lim\limits_{n \to +\infty} b_n = +\infty$，故 $\forall A > 0$，$\exists N_2 \in \mathbb{N}$，当 $n > N_2$ 时，$b_n > \dfrac{2A}{a}$. 于是，当 $n > N = \max\{N_1, N_2\}$ 时，

$$a_n b_n > \frac{a}{2} \cdot \frac{2A}{a} = A,$$

这就证明了 $\lim\limits_{n \to +\infty} a_n b_n = +\infty$.

（7）（$\Rightarrow$）$\forall \varepsilon > 0$，取 $A = \dfrac{1}{\varepsilon} > 0$，因 $\lim\limits_{n \to +\infty} a_n = \infty$，故 $\exists N \in \mathbb{N}$，当 $n > N$ 时，有 $|a_n| > A =$

$\dfrac{1}{\varepsilon}$,即

$$\left|\frac{1}{a_n}-0\right|=\frac{1}{|a_n|}<\varepsilon,$$

这就证明了 $\lim\limits_{n\to+\infty}\dfrac{1}{a_n}=0$.

($\Leftarrow$) $\forall A>0$,取 $\varepsilon=\dfrac{1}{A}>0$,因 $\lim\limits_{n\to+\infty}\dfrac{1}{a_n}=0$,故 $\exists N\in\mathbf{N}$,当 $n>N$ 时,有

$$\frac{1}{|a_n|}=\left|\frac{1}{a_n}-0\right|<\varepsilon=\frac{1}{A},\quad |a_n|>A,$$

这就证明了 $\lim\limits_{n\to+\infty}a_n=\infty$.

应用这些性质和定理,求下面数列的极限就比较容易.

例 1.2.1 求 (1) $\lim\limits_{n\to+\infty}\dfrac{n^3-n+1}{4n^3+n^2-1}$; (2) $\lim\limits_{n\to+\infty}\dfrac{2n^2+n+1}{2n-1}$.

解 (1) $\lim\limits_{n\to+\infty}\dfrac{3n^3-n+1}{4n^3+n^2-1}=\lim\limits_{n\to+\infty}\dfrac{3-\dfrac{1}{n^2}+\dfrac{1}{n^3}}{4+\dfrac{1}{n}-\dfrac{1}{n^3}}$

$$\xlongequal{\text{定理 1.2.3}}\frac{3-0+0}{4+0-0}=\frac{3}{4}.$$

也可以用 ε-N 法证其极限为 $\dfrac{3}{4}$.

(2) $\lim\limits_{n\to+\infty}\dfrac{2n^2+n+1}{2n-1}=\lim\limits_{n\to+\infty}\dfrac{n^2\left(2+\dfrac{1}{n}+\dfrac{1}{n^2}\right)}{n\left(2-\dfrac{1}{n}\right)}$

$$=\lim\limits_{n\to+\infty}n\cdot\frac{2+\dfrac{1}{n}+\dfrac{1}{n^2}}{2-\dfrac{1}{n}}\xlongequal{\text{定理 1.2.7(4)}}+\infty.$$

更一般地有以下例子.

例 1.2.2 设 $a_0\neq 0,b_0\neq 0$,则

$$\lim\limits_{n\to+\infty}\frac{a_0n^k+a_1n^{k-1}+\cdots+a_{k-1}n+a_k}{b_0n^l+b_1n^{l-1}+\cdots+b_{l-1}n+b_l}=\begin{cases}\dfrac{a_0}{b_0}, & k=l,\\[2mm]0, & k<l,\\[2mm]+\infty, & k>l,\ \dfrac{a_0}{b_0}>0,\\[2mm]-\infty, & k>l,\ \dfrac{a_0}{b_0}<0.\end{cases}$$

证明　$\displaystyle\lim_{n\to+\infty}\frac{a_0 n^k+a_1 n^{k-1}+\cdots+a_{k-1}n+a_k}{b_0 n^l+b_1 n^{l-1}+\cdots+b_{l-1}n+b_l}$

$$=\lim_{n\to+\infty}n^{k-l}\frac{a_0+\dfrac{a_1}{n}+\cdots+\dfrac{a_{k-1}}{n^{k-1}}+\dfrac{a_k}{n^k}}{b_0+\dfrac{b_1}{n}+\cdots+\dfrac{b_{l-1}}{n^{l-1}}+\dfrac{b_l}{n^l}}$$

$$=\begin{cases}1\cdot\dfrac{a_0+0+\cdots+0}{b_0+0+\cdots+0}, & k=l,\\[2mm] 0\cdot\dfrac{a_0+0+\cdots+0}{b_0+0+\cdots+0}, & k<l,\\[2mm] +\infty, & k>l, \dfrac{a_0}{b_0}>0,\\[2mm] -\infty, & k>l, \dfrac{a_0}{b_0}<0 \end{cases}=\begin{cases}\dfrac{a_0}{b_0}, & k=l,\\[2mm] 0, & k<l,\\[2mm] +\infty, & k>l, \dfrac{a_0}{b_0}>0,\\[2mm] -\infty, & k>l, \dfrac{a_0}{b_0}<0. \end{cases}$$
□

例 1.2.3　求 $\displaystyle\sum_{n=0}^{\infty}q^n=\lim_{n\to+\infty}(1+q+q^2+\cdots+q^{n-1})$.

解　当 $q\neq\pm1$ 时,

$$\sum_{n=0}^{\infty}q^n=\lim_{n\to+\infty}(1+q+q^2+\cdots+q^{n-1})=\lim_{n\to+\infty}\frac{1-q^n}{1-q}$$

$$=\begin{cases}\dfrac{1-0}{1-q}=\dfrac{1}{1-q}, & \text{当}|q|<1,\\[2mm] +\infty, & \text{当}q>1,\\[2mm] \infty, & \text{当}q<-1. \end{cases}$$

当 $q=1$ 时, $\displaystyle\lim_{n\to+\infty}(1+q+q^2+\cdots+q^{n-1})=\lim_{n\to+\infty}n=+\infty$.

当 $q=-1$ 时,因为

$$S_n=1+q+q^2+\cdots+q^{n-1}=\begin{cases}0, & n\text{ 为偶数},\\ 1, & n\text{ 为奇数}, \end{cases}$$

所以, $\displaystyle\lim_{n\to+\infty}(1+q+q^2+\cdots+q^{n-1})$ 不存在.

综上所述得到

$$\lim_{n\to+\infty}(1+q+q^2+\cdots+q^{n-1})=\begin{cases}\dfrac{1}{1-q}, & |q|<1,\\[2mm] +\infty, & q\geqslant1,\\[2mm] \infty, & q<-1,\\[2mm] \text{不存在}, & q=-1. \end{cases}$$
□

例 1.2.4　计算由曲线 $y=x^2,y=0,x=1$ 所围曲边三角形的面积 S.

解　为求出图 1.2.1 中曲边三角形的面积,我们采用"以直代曲"的方法.将 $[0,1]$ 区

间 n 等分,分点依次为 $0=x_0<x_1<\cdots<x_n=1$,易知 $x_i=\dfrac{i}{n}$,$x_i-x_{i-1}=\dfrac{1}{n}$,$i=1,2,\cdots,n$.

由直线 $x=x_i$,$i=0,1,\cdots,n$ 将曲边三角形分成 n 条,每一条用直线 $x=x_{i-1}$,$x=x_i$,$y=0$ 和 $y=y_i=x_{i-1}^2=\left(\dfrac{i-1}{n}\right)^2$ $(i=1,\cdots,n)$ 围成的矩形来近似代替.容易看出,n 越大,小矩形面积之和就越逼近曲边三角形的面积,因此我们就用矩形面积之和当 $n\to+\infty$ 时的极限作为该曲边三角形的面积.第 i 条小矩形的面积为 $\Delta S_i=y_i(x_i-x_{i-1})=\left(\dfrac{i-1}{n}\right)^2\dfrac{1}{n}$,$i=1,2,\cdots,n$,于是曲边三角形的面积为

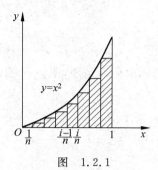

图 1.2.1

$$S=\lim_{n\to+\infty}(\Delta S_1+\Delta S_2+\cdots+\Delta S_n)$$

$$=\lim_{n\to+\infty}\frac{1}{n}\left[\left(\frac{1}{n}\right)^2+\left(\frac{2}{n}\right)^2+\cdots+\left(\frac{n-1}{n}\right)^2\right]$$

$$=\lim_{n\to+\infty}\frac{1^2+2^2+\cdots+(n-1)^2}{n^3}=\lim_{n\to+\infty}\frac{(n-1)n(2n-1)}{6n^3}$$

$$=\frac{1}{6}\lim_{n\to+\infty}\left(1-\frac{1}{n}\right)\left(2-\frac{1}{n}\right)=\frac{1}{3}.$$

例 1.2.5 求下列极限:

(1) $\lim\limits_{n\to+\infty}(\sqrt{n+3}-\sqrt{n+1})$;

(2) $\lim\limits_{n\to+\infty}(\sqrt[3]{n+3}-\sqrt[3]{n+1})$;

(3) $\lim\limits_{n\to+\infty}\sqrt[n]{\lg n}$;

(4) $\lim\limits_{n\to+\infty}\sqrt[n]{a_1^n+a_2^n+\cdots+a_m^n}$ $(a_i\geqslant0,i=1,2,\cdots,m)$;

(5) $\lim\limits_{n\to+\infty}[(n+1)^k-n^k]$ $(0<k<1)$;

(6) $\lim\limits_{n\to+\infty}\left(\dfrac{1}{\sqrt{n^2+1}}+\cdots+\dfrac{1}{\sqrt{n^2+n}}\right)$;

(7) $\lim\limits_{n\to+\infty}\dfrac{n^k}{a^n}$ $(a>1)$.

解 (1) 因为

$$0<\sqrt{n+3}-\sqrt{n+1}=\frac{2}{\sqrt{n+3}+\sqrt{n+1}}<\frac{1}{\sqrt{n}}\to0(n\to+\infty),$$

所以,由夹逼定理(或 ε-N 法)知

$$\lim_{n\to+\infty}(\sqrt{n+3}-\sqrt{n+1})=0.$$

(2) 因为

$$0 < \sqrt[3]{n+3} - \sqrt[3]{n+1} = \frac{2}{(\sqrt[3]{n+3})^2 + \sqrt[3]{n+3}\sqrt[3]{n+1} + (\sqrt[3]{n+1})^2}$$

$$< \frac{2}{3(\sqrt[3]{n})^2} = \frac{2}{3n^{\frac{2}{3}}} \to 0 (n \to +\infty),$$

所以,由夹逼定理(或 ε-N 法)知,

$$\lim_{n \to +\infty}(\sqrt[3]{n+3} - \sqrt[3]{n+1}) = 0.$$

(3) 因为

$$10^n = (1+9)^n > 9n > n \Leftrightarrow 10 > n^{\frac{1}{n}} \Leftrightarrow 1 > \lg n^{\frac{1}{n}} = \frac{\lg n}{n} \Leftrightarrow \lg n < n,$$

所以,

$$\sqrt[n]{\lg 2} \leqslant \sqrt[n]{\lg n} < \sqrt[n]{n}.$$

再由 $\lim\limits_{n \to +\infty} \sqrt[n]{\lg 2} = 1 = \lim\limits_{n \to +\infty} \sqrt[n]{n}$ 及夹逼定理就得到

$$\lim_{n \to +\infty} \sqrt[n]{\lg n} = 1.$$

注意:虽然数列 $\{\sqrt[n]{a}\}$ 与数列 $\{\sqrt[n]{n}\}$ 的极限相同,但二者之间留有很大的空隙,这使得应用夹逼定理有极大的施展余地.

(4) 由下列不等式

$$\max\{a_1, a_2, \cdots, a_m\} = \sqrt[n]{(\max\{a_1, a_2, \cdots, a_m\})^n} \leqslant \sqrt[n]{a_1^n + a_2^n + \cdots + a_m^n}$$

$$\leqslant \sqrt[n]{n \cdot (\max\{a_1, a_2, \cdots, a_m\})^n}$$

$$= \sqrt[n]{n} \max\{a_1, a_2, \cdots, a_m\} \to 1 \cdot \max\{a_1, a_2, \cdots, a_m\}$$

$$= \max\{a_1, a_2, \cdots, a_m\} \quad (n \to +\infty)$$

和夹逼定理知,

$$\lim_{n \to +\infty} \sqrt[n]{a_1^n + a_2^n + \cdots + a_m^n} = \max\{a_1, a_2, \cdots, a_m\}.$$

(5) 因为有不等式

$$0 < (n+1)^k - n^k = n^k\left[\left(1 + \frac{1}{n}\right)^k - 1\right] < n^k\left[\left(1 + \frac{1}{n}\right) - 1\right]$$

$$= \frac{1}{n^{1-k}} \to 0 (n \to +\infty),$$

所以,由夹逼定理(或 ε-N 法)得

$$\lim_{n \to +\infty}\left[(n+1)^k - n^k\right] = 0.$$

(6) 由不等式

$$\frac{1}{1 + \frac{1}{n}} < \frac{1}{\sqrt{1 + \frac{1}{n}}} = \frac{n}{\sqrt{n^2 + n}} \leqslant \frac{1}{\sqrt{n^2 + 1}} + \cdots + \frac{1}{\sqrt{n^2 + n}} \leqslant \frac{n}{\sqrt{n^2 + 1}} < 1,$$

$$\lim_{n \to +\infty} \frac{1}{1+\frac{1}{n}} = 1 = \lim_{n \to +\infty} 1, \text{以及夹逼定理立即可得}$$

$$\lim_{n \to +\infty} \left(\frac{1}{\sqrt{n^2+1}} + \cdots + \frac{1}{\sqrt{n^2+n}} \right) = 1.$$

(7) 因 $a > 1$，故 $\alpha = a - 1 > 0$. 从而

$$0 < \frac{n^k}{a^n} = \frac{n^k}{(1+\alpha)^n} \leqslant \frac{n^{[|k|]+1}}{C_n^{[|k|]+2} \alpha^{[|k|]+2}} \to 0 \quad (n \to +\infty),$$

再根据夹逼定理，就得 $\lim\limits_{n \to +\infty} \dfrac{n^k}{a^n} = 0$. □

例 1.2.6 (1) 设 $a_n \geqslant 0 (n \in \mathbb{N})$, $\lim\limits_{n \to +\infty} a_n = 0$, 则 $\lim\limits_{n \to +\infty} \sqrt[n]{a_1 a_2 \cdots a_n} = 0$;

(2) 设 $a_n > 0 (n \in \mathbb{N})$, $\lim\limits_{n \to +\infty} a_n = a > 0$, 则 $\lim\limits_{n \to +\infty} \sqrt[n]{a_1 a_2 \cdots a_n} = a$.

证明 (1) 由 $0 \leqslant \sqrt[n]{a_1 a_2 \cdots a_n} \leqslant \dfrac{a_1 + a_2 + \cdots + a_n}{n} \to 0 (n \to +\infty)$, 及夹逼定理, 立即可得 $\lim\limits_{n \to +\infty} \sqrt[n]{a_1 a_2 \cdots a_n} = 0$.

(2) 当 $a > 0, a_n > 0 (n \in \mathbb{N})$ 时, 有

$$\frac{1}{\left(\frac{1}{a_1} + \frac{1}{a_2} + \cdots + \frac{1}{a_n} \right) \big/ n} = \frac{n}{\frac{1}{a_1} + \frac{1}{a_2} + \cdots + \frac{1}{a_n}} \leqslant \sqrt[n]{a_1 a_2 \cdots a_n} \leqslant \frac{a_1 + a_2 + \cdots + a_n}{n},$$

再由 $\lim\limits_{n \to +\infty} \dfrac{1}{\left(\frac{1}{a_1} + \frac{1}{a_2} + \cdots + \frac{1}{a_n} \right) \big/ n} = \dfrac{1}{\frac{1}{a}} = a = \lim\limits_{n \to +\infty} \dfrac{a_1 + a_2 + \cdots + a_n}{n}$ 和夹逼定理, 可得

$$\lim_{n \to +\infty} \sqrt[n]{a_1 a_2 \cdots a_n} = a.$$ □

例 1.2.7 设 $\lim\limits_{n \to +\infty} \sqrt[n]{|a_n|} = r > 1$, 则 $\lim\limits_{n \to +\infty} a_n = \infty$.

证法 1 取 $\varepsilon_0 > 0$, s.t. $r - \varepsilon_0 = 1 + \alpha > 1$. 因为 $\lim\limits_{n \to +\infty} \sqrt[n]{|a_n|} = r > 1$, 故 $\exists N_1 \in \mathbb{N}$, 当 $n > N_1$ 时, 有

$$1 + \alpha = r - \varepsilon_0 < \sqrt[n]{|a_n|}, \quad |a_n| > (1+\alpha)^n > n\alpha.$$

$\forall A > 0$, 取 $N \in \mathbb{N}$, s.t. $N > \max\left\{ N_1, \dfrac{A}{\alpha} \right\}$, 当 $n > N$ 时, 有

$$|a_n| > n\alpha > N\alpha \geqslant A.$$

这就证明了 $\lim\limits_{n \to +\infty} a_n = \infty$.

证法 2 由上述, 当 $n > N_1$ 时, 有

$$1 + \alpha = r - \varepsilon_0 < \sqrt[n]{|a_n|} < r + \varepsilon_0$$
$$= (r - \varepsilon_0) + 2\varepsilon_0 = 1 + \alpha + 2\varepsilon_0, \quad (1+\alpha)^n < |a_n| < (1 + \alpha + 2\varepsilon_0)^n,$$

所以，从 $\lim\limits_{n\to+\infty}(1+\alpha)^n=+\infty=\lim\limits_{n\to+\infty}(1+\alpha+2\varepsilon_0)^n$ 与夹逼定理可知，

$$\lim_{n\to+\infty}|a_n|=+\infty\Leftrightarrow\lim_{n\to+\infty}a_n=\infty.$$

例 1.2.8　设 $a_n\geqslant0(n\in\mathbb{N})$，$\lim\limits_{n\to+\infty}\dfrac{a_1+2a_2+\cdots+na_n}{\sqrt{n}}=a$，则

$$\lim_{n\to+\infty}\sqrt{n}\cdot\sqrt[n]{a_1a_2\cdots a_n}=0.$$

证法 1　因为

$$0\leqslant\sqrt{n}\sqrt[n]{a_1a_2\cdots a_n}=\sqrt{n}\frac{\sqrt[n]{a\cdot2a\cdots na}}{\sqrt[n]{n!}}$$

$$\leqslant\frac{\sqrt{n}}{\sqrt[n]{n!}}\frac{a_1+2a_2+\cdots+na_n}{n}$$

$$=\frac{1}{\sqrt[n]{n!}}\frac{a_1+2a_2+\cdots+na_n}{\sqrt{n}}\to0\cdot a=0(n\to+\infty),$$

所以，根据夹逼定理，得到

$$\lim_{n\to+\infty}\sqrt{n}\cdot\sqrt[n]{a_1a_2\cdots a_n}=0.$$

证法 2　由 $k(n-k+1)=(k-1)(n-k)+n\geqslant n(1\leqslant k\leqslant n)$ 推得

$$(n!)^2=(n\cdot1)[(n-1)\cdot2]\cdots(1\cdot n)\geqslant\underbrace{n\cdots n}_{n\uparrow}=n^n$$

（或用数学归纳法证明）. 于是，

$$0\leqslant\sqrt{n}\cdot\sqrt[n]{a_1a_2\cdots a_n}=\sqrt[n]{a_1a_2\cdots a_nn^{\frac{n}{2}}}\leqslant\sqrt[n]{a_1a_2\cdots a_nn!}$$

$$=\sqrt[n]{a_1\cdot2a_2\cdots na_n}\leqslant\frac{a_1+2a_2+\cdots+na_n}{n}$$

$$=\frac{1}{\sqrt{n}}\frac{a_1+2a_2+\cdots+na_n}{\sqrt{n}}\to0\cdot a=0(n\to+\infty).$$

根据夹逼定理知，$\lim\limits_{n\to+\infty}\sqrt{n}\cdot\sqrt[n]{a_1a_2\cdots a_n}=0.$

练习题 1.2

1. 应用数列极限的基本性质求下列极限：

(1) $\lim\limits_{n\to+\infty}\dfrac{4n^2-n+5}{3n^2-2n-7}$；　　(2) $\lim\limits_{n\to+\infty}\dfrac{3^n+(-2)^n}{3^{n+1}+(-2)^{n+1}}$；

(3) $\lim\limits_{n\to+\infty}\left(1-\dfrac{1}{n}\right)^{\frac{1}{n}}$；　　(4) $\lim\limits_{n\to+\infty}(2\sin^2n+\cos^2n)^{\frac{1}{n}}$；

(5) $\lim\limits_{n\to+\infty} (\arctan n)^{\frac{1}{n}}$;

(6) $\lim\limits_{n\to+\infty} \dfrac{1+a+\cdots+a^{n-1}}{1+b+\cdots+b^{n-1}}$, $|a|<1$, $|b|<1$;

(7) $\lim\limits_{n\to+\infty} \left(\dfrac{1}{1\cdot 2}+\dfrac{1}{2\cdot 3}+\cdots+\dfrac{1}{n(n+1)} \right)$;

(8) $\lim\limits_{n\to+\infty} \left(1-\dfrac{1}{2^2}\right)\left(1-\dfrac{1}{3^2}\right)\cdots\left(1-\dfrac{1}{n^2}\right)$;

(9) $\lim\limits_{n\to+\infty} \left(\dfrac{1}{2}+\dfrac{3}{2^2}+\cdots+\dfrac{2n-1}{2^n} \right)$;

(10) $\lim\limits_{n\to+\infty} \left(1-\dfrac{1}{1+2}\right)\left(1-\dfrac{1}{1+2+3}\right)\cdots\left(1-\dfrac{1}{1+2+\cdots+n}\right)$;

(11) $\lim\limits_{n\to+\infty} \left[\dfrac{1^2}{n^3}+\dfrac{2^2}{n^3}+\cdots+\dfrac{(2n-1)^2}{n^3} \right]$;

(12) $\lim\limits_{n\to+\infty} (1+x)(1+x^2)(1+x^4)\cdots(1+x^{2^{n-1}})$，其中 $|x|<1$;

(13) $\lim\limits_{n\to+\infty} (\sqrt{n+2}-2\sqrt{n+1}+\sqrt{n})$.

2. 设 $a_n>0$, $n\in\mathbb{N}$, $\lim\limits_{n\to+\infty}\dfrac{a_{n+1}}{a_n}=a$. 应用例 1.2.6 证明: $\lim\limits_{n\to+\infty}\sqrt[n]{a_n}=a$.

3. 设 $\lim\limits_{n\to+\infty}a_n=a$. 应用夹逼定理证明: $\lim\limits_{n\to+\infty}\dfrac{[na_n]}{n}=a$, 其中 $[x]$ 表示不超过 x 的最大整数.

4. 设 $a_n\neq 0$ 且 $\lim\limits_{n\to+\infty}\left|\dfrac{a_{n+1}}{a_n}\right|=r>1$. 证明: $\lim\limits_{n\to+\infty}a_n=\infty$.

5. (1) 应用数学归纳法或 $\dfrac{2k-1}{2k}<\dfrac{2k}{2k+1}$ 证明不等式:

$$\dfrac{1}{2}\cdot\dfrac{3}{4}\cdot\cdots\cdot\dfrac{2n-1}{2n}<\dfrac{1}{\sqrt{2n+1}};$$

(2) 证明: $\lim\limits_{n\to+\infty}\left(\dfrac{1}{2}\cdot\dfrac{3}{4}\cdot\cdots\cdot\dfrac{2n-1}{2n}\right)=0$.

6. 设 $a_n>0\,(n\in\mathbb{N})$ 且 $\lim\limits_{n\to+\infty}a_n=a>0$. 应用夹逼定理证明: $\lim\limits_{n\to+\infty}\sqrt[n]{a_n}=1$.

7. 证明: $\lim\limits_{n\to+\infty}\dfrac{\sum\limits_{k=1}^{n}k!}{n!}=1$. $\left[\text{提示}: 1+\dfrac{1}{n}\leqslant\dfrac{\sum\limits_{k=1}^{n}k!}{n!}\leqslant 1+\dfrac{2}{n}\right]$.

8. 设 $\lim\limits_{n\to+\infty}a_n=a$, $\lim\limits_{n\to+\infty}b_n=b$. 记

$$S_n=\max\{a_n,b_n\}, \quad T_n=\min\{a_n,b_n\}, \quad n=1,2,\cdots.$$

应用 $\varepsilon\text{-}N$ 法 (分 $a<b$, $a>b$, $a=b$) 或 $\max\{a_n,b_n\}=\dfrac{1}{2}(a_n+b_n+|a_n-b_n|)$ 与

$$\min\{a_n,b_n\}=\frac{1}{2}(a_n+b_n-|a_n-b_n|),证明:$$

(1) $\lim\limits_{n\to+\infty}S_n=\max\{a,b\}$;   (2) $\lim\limits_{n\to+\infty}T_n=\min\{a,b\}$.

9. 应用例 1.1.7 与例 1.1.15 证明:

$$\lim\limits_{n\to+\infty}\frac{1+\sqrt{2}+\sqrt[3]{3}+\cdots+\sqrt[n]{n}}{n}=1.$$

10. 证明: $\lim\limits_{n\to+\infty}\left(\sin\frac{\ln2}{2}+\sin\frac{\ln3}{3}+\cdots+\sin\frac{\ln n}{n}\right)^{\frac{1}{n}}=1$.

11. 证明: $\lim\limits_{n\to+\infty}\sum\limits_{k=n^2}^{(n+1)^2}\frac{1}{\sqrt{k}}=2$.

思考题 1.2

1. 用 $p(n)$ 表示能整除 n 的素数的个数. 证明: $\lim\limits_{n\to+\infty}\frac{p(n)}{n}=0$.

2. 设 $x_n=\sum\limits_{k=1}^{n}\left(\sqrt{1+\frac{k}{n^2}}-1\right)$. 证明: $\lim\limits_{n\to+\infty}x_n=\frac{1}{4}$.

1.3   实数理论、实数连续性命题

前面已讲过,实数是数学分析研究对象的根.为了进一步讨论数列极限的重要性质,必须要引进实数连续性命题,而实数连续性命题有七个,它们是彼此等价的.证明等价性的方法是极其重要的,以后经常要引用.要想学好数学分析,一定要牢牢掌握这些内容和方法,以便今后灵活应用实数连续性的等价命题.

定义 1.3.1   如果数列 $\{a_n\}$ 满足:对任何自然数 $m,n,m<n$,有 $a_m\leqslant a_n$(或 $a_m\geqslant a_n$),则称数列 $\{a_n\}$ 为**单调增(或减)数列**,也称为**递增(或减)数列**.

如果数列 $\{a_n\}$ 满足:对任何自然数 $m,n,m<n$,有 $a_m<a_n$(或 $a_m>a_n$),则称数列 $\{a_n\}$ 为**严格增(或减)数列**,也称为**严格递增(或减)数列**.

单调增与单调减数列统称为**单调数列**;严格增与严格减数列统称为**严格单调数列**.

定义 1.3.2   设 A 为实数集 $\mathbb{R}$ 的子集(即 $A\subset\mathbb{R}$).如果存在实数 M,使对任何 $x\in A$,有 $x\leqslant M$(或 $x\geqslant M$),则称 M 为数集 A 的一个上(或下)界.

如果数集 A 既有上界又有下界,则称 A 为**有界集**.

显然,A 有界的充分必要条件是存在实数 M,使得对任意 $x\in A$,有 $|x|\leqslant M$.

由下面的实数连续性命题(一),有上(下)界的非空数集必有最小(大)上(下)界.因此

可以定义上(下)确界.

定义 1.3.3 如果非空数集 A 有上(下)界,则称其最小(大)上(下)界为 A 的上(下)**确界**,记为 $\sup A(\inf A)$.

如果非空数集 A 无上(下)界,则定义 A 的上(下)**确界**为 $+\infty(-\infty)$,即 $\sup A=+\infty(\inf A=-\infty)$.

对自然数集 $\mathbb{N}$,有理数集 $\mathbb{Q}$,实数集 $\mathbb{R}$,容易看出:$\inf \mathbb{N}=1,\sup \mathbb{N}=+\infty,\inf \mathbb{Q}=-\infty,\sup \mathbb{Q}=+\infty.\inf \mathbb{R}=-\infty,\sup \mathbb{R}=+\infty.$

例 1.3.1 $\inf[0,1)=0,\sup[0,1)=1.$

$\inf(0,1)=0,\sup(0,1)=1.$

$\inf\{\sin x \mid x\in \mathbb{R}\}=-1,\sup\{\sin x \mid x\in \mathbb{R}\}=1.$

$\inf\{\arctan x \mid x\in \mathbb{R}\}=-\dfrac{\pi}{2},\sup\{\arctan x \mid x\in \mathbb{R}\}=\dfrac{\pi}{2}.$

$\inf\left\{\dfrac{1}{n} \,\middle|\, n\in \mathbb{N}\right\}=0,\sup\left\{\dfrac{1}{n} \,\middle|\, n\in \mathbb{N}\right\}=1.$

$\inf\{a_1,a_2,\cdots,a_m\}=\min\{a_1,a_2,\cdots,a_m\},$

$\sup\{a_1,a_2,\cdots,a_m\}=\max\{a_1,a_2,\cdots,a_m\}.$

$\inf\{x\in \mathbb{Q} \mid x^2<2\}=-\sqrt{2}\notin \mathbb{Q},\quad \sup\{x\in \mathbb{Q} \mid x^2<2\}=\sqrt{2}\notin \mathbb{Q}.$

定义 1.3.4 设 $U\subset \mathbb{R}$,如果对任意的 $x\in U$,存在 $\delta(x)>0$,使得集合 $B(x;\delta(x))=\{y\in \mathbb{R} \mid \rho(y,x)=|y-x|<\delta(x)\}=(x-\delta(x),x+\delta(x))\subset U$,则称 U 为 $\mathbb{R}$ 中的**开集**,含 $x\in U$ 的开集称为 x 的**开邻域**.显然,任何(有限或无限)开区间都为 $\mathbb{R}$ 中的开集.

如果 $F(\subset \mathbb{R})$ 的补(余)集 $F^c=\mathbb{R}\setminus F$ 为 $\mathbb{R}$ 中的开集,则称 F 为 $\mathbb{R}$ 中的**闭集**.例如,$[a,b],(-\infty,a],[a,+\infty)$ 都为闭集.

定义 1.3.5 设 $A\subset \mathbb{R}$,$x_0\in \mathbb{R}$(未必 $x_0\in A$).如果对 x_0 的任何开邻域 U,均含有 A 中异于 x_0 的点,即 $U\bigcap(A\setminus\{x_0\})\neq\varnothing$,则称 x_0 为 A 的一个**聚点**.A 的聚点的全体记为 A'.$\overline{A}=A\bigcup A'$ 称为 A 的**闭包**.

易证,x_0 为 A 的聚点 $\Leftrightarrow x_0$ 的任何开邻域 U,均含 A 中无限个点.

显然,$\mathbb{Q}'=\mathbb{R}$,$(\mathbb{R}\setminus \mathbb{Q})'=\mathbb{R}$.

定义 1.3.6 设 $\{a_n\}$ 为 $\mathbb{R}$ 中的一个数列,如果 $\forall\varepsilon>0,\exists N\in \mathbb{N}$,当 $m,n>N$ 时,有
$$\rho(a_n,a_m)=|a_n-a_m|<\varepsilon,$$
则称 $\{a_n\}$ 为 **Cauchy 数列**或**基本数列**.它等价于 $\forall\varepsilon>0,\exists N\in \mathbb{N}$,当 $n>N$ 时,$\forall p\in \mathbb{N}$,有
$$\rho(a_n,a_{n+p})=|a_n-a_{n+p}|<\varepsilon.$$

下面将给出七个彼此等价的实数连续性命题,它渗透到微分学与积分学,即数学分析的每一个角落,是数学分析的极其重要的基础.读者必须清楚它的理论知识与方法,更重要的是能熟练地应用它.

实数连续性命题（一）　有上（下）界的非空数集必有属于 $\mathbb{R}$ 的最小（大）上（下）界. 即有有限的上（下）确界.

实数连续性命题（二）　单调增（减）有上（下）界的数列必收敛.

实数连续性命题（三）（闭区间套原理，Carton）　设递降闭区间序列

$$[a_1,b_1]\supset[a_2,b_2]\supset\cdots\supset[a_n,b_n]\supset\cdots,$$

其长度 $b_n-a_n\to0(n\to+\infty)$，则 $\exists_1 x_0\in\bigcap\limits_{n=1}^{\infty}[a_n,b_n]$，即 $x_0\in[a_n,b_n]$，$\forall n\in\mathbb{N}$（$\exists_1$ 表示存在惟一）.

实数连续性命题（四）（有界闭区间的紧致性，Heine-Borel 有限覆盖定理）　$[a,b]$ 的任何开覆盖 $\mathscr{I}$（$\mathscr{I}$ 中的元素均为开集，且对 $\forall x\in[a,b]$，必有开集 $U\in\mathscr{I}$，使得 $x\in U$，或 $[a,b]\subset\bigcup\limits_{U\in\mathscr{I}}U$）必有有限子覆盖（有 $\{U_1,U_2,\cdots,U_n\}\subset\mathscr{I}$ 覆盖 $[a,b]$，即 $[a,b]\subset\bigcup\limits_{k=1}^{n}U_k$）.

实数连续性命题（五）（列紧性，Weierstrass 聚点定理）　有界无限数集 A 必有聚点 $x_0\in\mathbb{R}$.

实数连续性命题（六）（有界闭区间 $[a,b]$ 的**序列紧性**，Bolzano-Weierstrass）　有界数列必有收敛子列.

实数连续性命题（七）（$\mathbb{R}$ 的完备性，Cauchy）　Cauchy 数列（基本数列）必收敛（此时，$(\mathbb{R},\rho)$ 称为完备度量空间）.

定理 1.3.1（实数连续性等价命题）　七个实数连续性命题是彼此等价的.

证明　（一）$\Rightarrow$（二）　设数列 $\{a_n\}$ 单调增有上界，根据实数连续性命题（一），它有有限的上确界 $\alpha=\sup\limits_{n\in\mathbb{N}}a_n<+\infty$.

$\forall\varepsilon>0$，根据 α 为上确界的定义，$\alpha-\varepsilon(<\alpha)$ 不是数列 $\{a_n\}$ 的上界，因此存在 $n_\varepsilon\in\mathbb{N}$. s.t. $a_{n_\varepsilon}>\alpha-\varepsilon$. 又因 $\{a_n\}$ 单调增，故当 $n>n_\varepsilon$ 时，有

$$\alpha-\varepsilon<a_{n_\varepsilon}\leqslant a_n\leqslant\alpha<\alpha+\varepsilon.$$

所以，$\lim\limits_{n\to+\infty}a_n=\alpha=\sup\limits_{n\in\mathbb{N}}a_n$.

对单调减有下界的情形类似可证 $\lim\limits_{n\to+\infty}a_n=\inf\limits_{n\in\mathbb{N}}a_n$，或者应用上述结论于 $\{-a_n\}$.

（二）$\Rightarrow$（三）　由题设得到两个单调有界数列

$$b_1\geqslant b_2\geqslant\cdots\geqslant b_n\geqslant\cdots\geqslant a_1,$$

$$a_1\leqslant a_2\leqslant\cdots\leqslant a_n\leqslant\cdots\leqslant b_1.$$

根据实数连续性命题（二）知，数列 $\{a_n\}$ 与 $\{b_n\}$ 均收敛. 又由题设，有

$$\lim\limits_{n\to+\infty}b_n-\lim\limits_{n\to+\infty}a_n=\lim\limits_{n\to+\infty}(b_n-a_n)=0,$$

$$\lim\limits_{n\to+\infty}a_n=\lim\limits_{n\to+\infty}b_n,$$

即数列 $\{a_n\}$ 与 $\{b_n\}$ 收敛于同一数，记为 x_0. 再由实数连续性命题（二），

$$\sup_{n\in\mathbb{N}} a_n = \lim_{n\to+\infty} a_n = x_0 = \lim_{n\to+\infty} b_n = \inf_{n\in\mathbb{N}} b_n.$$

所以，

$$a_n \leqslant \sup_{m\in\mathbb{N}} a_m = x_0 = \inf_{m\in\mathbb{N}} b_m \leqslant b_n, \ \forall n\in\mathbb{N},$$

即

$$x_0 \in \bigcap_{n=1}^{\infty} [a_n, b_n].$$

如果还有 $x_1 \in \bigcap_{n=1}^{\infty} [a_n, b_n]$，则

$$|x_1 - x_0| \leqslant b_n - a_n, \ \forall n\in\mathbb{N}.$$

从而

$$0 \leqslant |x_1 - x_0| \leqslant \lim_{n\to+\infty} (b_n - a_n) = 0,$$
$$x_1 - x_0 = 0, \ x_1 = x_0.$$

这就证明了 $\exists_1 x_0 \in \bigcap_{n=1}^{\infty} [a_n, b_n]$.

（三）$\Rightarrow$（四）　（反证）反设区间 $[a,b]$ 不能被 $\mathscr{I}$ 中有限个开集所覆盖，将 $[a,b]$ 等分为两个闭区间 $\left[a, \dfrac{a+b}{2}\right]$ 与 $\left[\dfrac{a+b}{2}, b\right]$，则此两个区间中必有一个不能被 $\mathscr{I}$ 中有限个开集所覆盖，记此区间为 $[a_1, b_1]$. 再将 $[a_1, b_1]$ 等分为二，二者中又必有一个不能被 $\mathscr{I}$ 中有限个开集所覆盖，记此区间为 $[a_2, b_2]$. 如此下去，得一递降闭区间序列：

$$[a_1, b_1] \supset [a_2, b_2] \supset \cdots \supset [a_n, b_n] \supset \cdots,$$

其中每一个都不能被 $\mathscr{I}$ 中有限个开集所覆盖，且长度

$$b_n - a_n = \frac{b-a}{2^n} \to 0, \ (n\to+\infty).$$

因此，由连续性命题（三）（闭区间套原理），$\exists_1 x_0 \in \bigcap_{n=1}^{\infty} [a_n, b_n]$. 由于 $\mathscr{I}$ 覆盖 $[a,b]$，故必存在 $U_0 \in \mathscr{I}$, s.t. $x_0 \in U_0$. 但 U_0 为开集，显然，$\exists N\in\mathbb{N}$，当 $n>N$ 时，有

$$x_0 \in [a_n, b_n] \subset U_0.$$

于是，区间 $[a_n, b_n]$ 被 $\mathscr{I}$ 中的一个（当然是有限个）开集所覆盖. 这与上面构造 $[a_n, b_n]$ 不被 $\mathscr{I}$ 中有限个开集所覆盖相矛盾.

（四）$\Rightarrow$（五）　设 A 为有界无限集，即 $A \subset [a,b]$. （反证）反设 A 无聚点，则 $\forall x\in [a,b]$，x 不为 A 的聚点，故必有开区间（当然它为开集）$I_x \ni x$，且 I_x 中最多只含 A 的一个点 x. 显然，开区间族

$$\mathscr{I} = \{ I_x \mid x\in [a,b] \}$$

覆盖了 $[a,b]$. 根据连续性命题（四）（紧致性）知，$\exists \{I_{x_1}, I_{x_2}, \cdots, I_{x_m}\} \subset \mathscr{I}$, s.t. $[a,b] \subset \bigcup_{k=1}^{m} I_{x_k}$.

因此，$\bigcup\limits_{k=1}^{m} I_{x_k}$ 也覆盖住 A. 但是，每个 I_{x_k} 至多含 A 的一个点. 由此推得 $\bigcup\limits_{k=1}^{m} I_{x_k}$ 至多只含 A 的有限个点，而不能覆盖住整个无限集 A，矛盾.

（五）⇒（六）　设数列 $\{a_n\}$ 有界，即 $a \leqslant a_n \leqslant b$，$\forall n \in \mathbb{N}$. 如果 $\{a_n \mid n \in \mathbb{N}\}$ 为有限集，则数列 $\{a_n\}$ 必有无限项相同，这些项依下标从小到大排列得到 $\{a_n\}$ 的一个收敛子列；如果 $A = \{a_n \mid n \in \mathbb{N}\}$ 为无限集，根据连续性命题（五）知，这个无限集 A 必有一个聚点 x_0. 由聚点定义，$(x_0 - 1, x_0 + 1)$ 中必有 A 中一点 $a_{n_1} \neq x_0$. 令 $\delta_1 = \min\left\{\dfrac{1}{2}, \rho(a_i, x_0) > 0 \,\middle|\, i = 1, 2, \cdots, n_1\right\} > 0$，再由聚点定义知，$(x_0 - \delta_1, x_0 + \delta_1)$ 中必有 A 中一点 $a_{n_2} \neq x_0$. 显然，$0 < \delta_1 < \dfrac{1}{2}$，$n_1 < n_2$. 依此类推，令 $\delta_k = \min\left\{\dfrac{1}{k+1}, \rho(a_i, x_0) > 0 \,\middle|\, i = 1, 2, \cdots, n_k\right\} > 0$. 由聚点定义知，$(x_0 - \delta_k, x_0 + \delta_k)$ 中必有 A 中一点 $a_{n_{k+1}} \neq x_0$. 显然 $0 < \delta_k < \dfrac{1}{k+1}$，$n_k < n_{k+1}$. 容易看出 $\{a_{n_k}\}$ 为收敛于 x_0 的数列 $\{a_n\}$ 的子列.

（六）⇒（七）　设 $\{a_n\}$ 为 Cauchy 数列（基本数列）. 先证 $\{a_n\}$ 有界. 取 $\varepsilon = 1$，故 $\exists n_1 \in \mathbb{N}$，使得当 $m, n > n_1$ 时，有

$$|a_m - a_n| < \varepsilon = 1.$$

于是，当 $n > n_1$ 时，

$$|a_n| \leqslant |a_n - a_{n_1+1}| + |a_{n_1+1}| < 1 + |a_{n_1+1}|.$$

由此得到

$$|a_n| \leqslant \max\{|a_1|, \cdots, |a_{n_1}|, 1 + |a_{n_1+1}|\} = M < +\infty,$$

即数列 $\{a_n\}$ 是有界的.

根据实数连续性命题（六）（序列紧性）知，有界数列 $\{a_n\}$ 有收敛子列 $\{a_{n_k}\}$. 设 $a = \lim\limits_{k \to +\infty} a_{n_k}$. 下面证 $\{a_n\}$ 也收敛于 a.

事实上，$\forall \varepsilon > 0$，$\exists K_\varepsilon \in \mathbb{N}$，当 $k > K_\varepsilon$ 时，有 $|a_{n_k} - a| < \dfrac{\varepsilon}{2}$. 又因 $\{a_n\}$ 为 Cauchy 数列（基本数列），所以又有 $n_\varepsilon \in \mathbb{N}$，当 $m, n > n_\varepsilon$ 时，

$$|a_m - a_n| < \frac{\varepsilon}{2}.$$

再取 $k \in \mathbb{N}$，s.t. $k > \max\{K_\varepsilon, n_\varepsilon\}$，则 $n_k \geqslant k > \max\{K_\varepsilon, n_\varepsilon\}$. 当 $n > n_\varepsilon$ 时，

$$|a_n - a| \leqslant |a_n - a_{n_k}| + |a_{n_k} - a| < \frac{\varepsilon}{2} + \frac{\varepsilon}{2} = \varepsilon,$$

从而，$\{a_n\}$ 收敛于 a.

（七）⇒（一）　设非空数集 A 有上界 M（有下界的情形类似证明；或考虑数集 $-A = \{-x \mid x \in A\}$）.

若 $M \in A$，则显然 $M = \sup A$.

若 $M \notin A$，在 A 中任取一个数 m，则闭区间 $[m, M]$ 有 A 中之数. 将 $[m, M]$ 等分为二：$\left[m, \dfrac{m+M}{2}\right]$，$\left[\dfrac{m+M}{2}, M\right]$. 如果 $\left[\dfrac{m+M}{2}, M\right]$ 中有 A 中之数，取 $a_1 = \dfrac{m+M}{2}$，$b_1 = M$；反之，取 $a_1 = m$，$b_1 = \dfrac{m+M}{2}$. 于是，b_1 为 A 的上界，$[a_1, b_1]$ 有 A 中之数. 将 $[a_1, b_1]$ 等分为二：$\left[a_1, \dfrac{a_1+b_1}{2}\right]$，$\left[\dfrac{a_1+b_1}{2}, b_1\right]$. 如果 $\left[\dfrac{a_1+b_1}{2}, b_1\right]$ 中有 A 中之数，取 $a_2 = \dfrac{a_1+b_1}{2}$，$b_2 = b_1$；反之，取 $a_2 = a_1$，$b_2 = \dfrac{a_1+b_1}{2}$. 于是，b_2 为 A 的上界，$[a_2, b_2]$ 有 A 中之数. 如此下去，得到两个数列 a_n 与 b_n，它们满足：

(1) $b_n (n \in \mathbf{N})$ 都为 A 的上界；

(2) $[a_n, b_n] (n \in \mathbf{N})$ 都有 A 中之数；

(3) $b_n - a_n = \dfrac{M-m}{2^n} (n \in \mathbf{N})$；

(4) $|a_n - a_{n+1}| \leqslant \dfrac{M-m}{2^{n+1}}$，$|b_n - b_{+1}| \leqslant \dfrac{M-m}{2^{n+1}} (n \in \mathbf{N})$.

易见，$\{a_n\}$ 与 $\{b_n\}$ 都为 Cauchy 数列（基本数列）. 事实上，$\forall \varepsilon > 0$，取 $N \in \mathbf{N}$，s.t. $N > \log_2 \dfrac{M-m}{\varepsilon}$，当 $n > N$ 时，$\forall p \in \mathbf{N}$，有

$$|a_n - a_{n+p}|$$
$$\leqslant |a_n - a_{n+1}| + |a_{n+1} - a_{n+2}| + \cdots + |a_{n+p-1} - a_{n+p}|$$
$$\leqslant \frac{M-m}{2^{n+1}}\left(1 + \frac{1}{2} + \cdots + \frac{1}{2^{p-1}}\right)$$
$$= \frac{M-m}{2^{n+1}} \frac{1 - \dfrac{1}{2^p}}{1 - \dfrac{1}{2}} < \frac{M-m}{2^n} < \frac{M-m}{2^N} < \varepsilon,$$

故 $\{a_n\}$ 为 Cauchy 数列. 类似可证 $\{b_n\}$ 也为 Cauchy 数列.

由实数连续性命题（七），已知 $\mathbf{R}$ 是完备的，因此 Cauchy 数列 $\{a_n\}$ 与 $\{b_n\}$ 均收敛. 于是，由(3)，$\{a_n\}$ 与 $\{b_n\}$ 收敛于同一数 a. 又由(1)可知，a 为 A 的上界，所以区间 $(a, b_n) (n \in \mathbf{N})$ 皆无 A 中之数. 根据(2)，$[a_n, a] (n \in \mathbf{N})$ 都有 A 中之数，而 $a_n \to a (n \to +\infty)$，故 a 为 A 的上确界（$\forall \varepsilon > 0$，$\exists a_n$，s.t. $a - \varepsilon < a_n \leqslant a$，从而 $a - \varepsilon$ 不为 A 的上界）. $\qquad \square$

定理 1.3.2 设数列 $\{a_n\}$ 单调增（减）无上（下）界，则 $\lim\limits_{n \to +\infty} a_n = +\infty (-\infty)$.

证明 设 $\{a_n\}$ 单调增无上界，$\forall A > 0$，它不是 $\{a_n\}$ 的上界，故 $\exists N \in \mathbf{N}$，s.t. $a_N > A$.

当 $n > N$ 时,由 $\{a_n\}$ 单调增,可得

$$a_n \geqslant a_N > A,$$

这就证明了 $\lim\limits_{n \to +\infty} a_n = +\infty$.

类似可证,当 $\{a_n\}$ 单调减无下界时 $\lim\limits_{n \to +\infty} a_n = -\infty$. 或应用上述结果于 $\{-a_n\}$,并由定理 1.2.7(6) 推得. □

推论 1.3.1 单调数列 $\{a_n\}$ 必有极限.

证明 由定理 1.3.1(二) 及定理 1.3.2 知,当 $\{a_n\}$ 为单调增时,

$$\lim_{n \to +\infty} a_n = \sup_{n \in \mathbb{N}} a_n \begin{cases} \text{收敛于数} \sup\limits_{n \in \mathbb{N}} a_n, \text{当} \{a_n\} \text{有上界时}, \\ \text{发散于} +\infty, \text{当} \{a_n\} \text{无上界时}; \end{cases}$$

当 $\{a_n\}$ 为单调减时,

$$\lim_{n \to +\infty} a_n = \inf_{n \in \mathbb{N}} a_n \begin{cases} \text{收敛于数} \inf\limits_{n \in \mathbb{N}} a_n, \text{当} \{a_n\} \text{有下界时}, \\ \text{发散于} -\infty, \text{当} \{a_n\} \text{无下界时}. \end{cases}$$ □

推论 1.3.2 单调数列收敛 $\Leftrightarrow$ 单调数列有一个收敛子列.

证明 ($\Rightarrow$) 设单调数列 $\{a_n\}$ 收敛,显然 $\{a_n\}$ 为一个特殊的子列 $\{a_{n_k}\}$ $(n_k = k)$. 因此,$\{a_n\}$ 本身为 $\{a_n\}$ 的一个收敛子列.

($\Leftarrow$) 不妨设数列 $\{a_n\}$ 是单调增的,它有一子列 $\{a_{n_k}\}$ 收敛. 记 $\lim\limits_{k \to +\infty} a_{n_k} = a$. $\forall \varepsilon > 0, \exists K \in \mathbb{N}$,当 $k > K$ 时,

$$a - \varepsilon < a_{n_k} \leqslant a < a + \varepsilon.$$

令 $N = n_{K+1}$,则对任意的 $n > N$ 时,必有 $K' \in \mathbb{N}$,s.t. $n_{K'} > n$,则

$$a - \varepsilon < a_{n_{K+1}} \leqslant a_n \leqslant a_{n_{K'}} \leqslant a < a + \varepsilon,$$

$$\lim_{n \to +\infty} a_n = a.$$

这就证明了数列 $\{a_n\}$ 收敛于 a. □

定理 1.3.3 (数列的 Cauchy 收敛准则或收敛原理) 数列 $\{a_n\}$ 收敛 $\Leftrightarrow \{a_n\}$ 为 Cauchy 数列(基本数列).

证明 ($\Rightarrow$) 设 $\{a_n\}$ 收敛,记 $\lim\limits_{n \to +\infty} a_n = a$,则 $\forall \varepsilon > 0, \exists N \in \mathbb{N}$,当 $n, m > N$,有

$$|a_n - a| < \frac{\varepsilon}{2}, |a_m - a| < \frac{\varepsilon}{2},$$

因而,

$$|a_n - a_m| \leqslant |a_n - a| + |a - a_m| < \frac{\varepsilon}{2} + \frac{\varepsilon}{2} = \varepsilon.$$

这就证明了 $\{a_n\}$ 为 Cauchy 数列(基本数列).

($\Leftarrow$) 由定理 1.3.1(六) $\Rightarrow$ (七). □

为揭示有理数与实数之间的本质差别,我们引入至多可数集与不可数集的概念.

定义 1.3.7 与自然数集 $\mathbb{N}$ 一一对应的集合称为**可数集**. 有限集与无限集统称为**至多可数集**. 不是至多可数集的集合称为**不可数集**.

引理 1.3.1 (1) 至多可数集的子集仍为至多可数集;

(2) 有限个至多可数集的并仍为至多可数集;

(3) 可数个至多可数集的并仍为至多可数集;

(4) 设 $A_1, A_2, \cdots, A_n$ 都为至多可数集,则积集合 $A_1 \times A_2 \times \cdots \times A_n = \{(a_1, a_2, \cdots, a_n) \mid a_i \in A_i, i = 1, 2, \cdots, n\}$ 为至多可数集.

证明 (1) 设 X 为至多可数集. 记 $X = \{x_1, \cdots, x_n, \cdots\}$,则它的子集可记为 $\{x_{n_k} \mid n_1 < n_2 < \cdots\}$,显然,它仍为至多可数集.

(2) 设有限个可数集为

$$A_1 = \{a_{11}, a_{12}, a_{13}, \cdots\},$$
$$A_2 = \{a_{21}, a_{22}, a_{23}, \cdots\},$$
$$A_3 = \{a_{31}, a_{32}, a_{33}, \cdots\},$$
$$\vdots$$
$$A_n = \{a_{n1}, a_{n2}, a_{n3}, \cdots\},$$

则 $\bigcup\limits_{i=1}^{n} A_i = \{a_{11}, a_{21}, \cdots, a_{n1}, a_{12}, a_{22}, \cdots, a_{n2}, \cdots\}$,如有重复者只排第 1 个,由此知 $\bigcup\limits_{i=1}^{n} A_i$ 仍为至多可数集.

或者按斜线排列为 $\bigcup\limits_{i=1}^{n} A_i = \{a_{11}, a_{21}, a_{12}, a_{31}, a_{22}, a_{13}, \cdots\}$,如有重复者只排第 1 个,由此知 $\bigcup\limits_{i=1}^{n} A_i$ 仍为至多可数集.

(3) 仿照(2)中第二种证法.

(4) 设

$$A_1 = \{a_1^1, a_1^2, a_1^3, \cdots\},$$
$$A_2 = \{a_2^1, a_2^2, a_2^3, \cdots\},$$
$$A_3 = \{a_3^1, a_3^2, a_3^3, \cdots\},$$
$$\vdots$$
$$A_n = \{a_n^1, a_n^2, a_n^3, \cdots\}.$$

则 $A_1 \times A_2 \times \cdots \times A_n$ 按 $(a_1^{i_1}, a_2^{i_2}, \cdots, a_n^{i_n})$ 中 $i_1 + i_2 + \cdots + i_n$ 从小到大排列,故积集合 $A_1 \times A_2 \times \cdots \times A_n$ 为至多可数集. □

引理 1.3.2 有理数集 $\mathbb{Q}$ 为可数集.

证明 将 $\mathbb{Q}$ 按如下箭头方向：

$$
\begin{array}{ccccc}
\dfrac{1}{1} & \dfrac{2}{1} & \dfrac{3}{1} & \dfrac{4}{1} & \cdots \\[2mm]
\dfrac{1}{2} & \dfrac{2}{2} & \dfrac{3}{2} & \dfrac{4}{2} & \cdots \\[2mm]
\dfrac{1}{3} & \dfrac{2}{3} & \dfrac{3}{3} & \dfrac{4}{3} & \cdots \\[2mm]
\dfrac{1}{4} & \dfrac{2}{4} & \dfrac{3}{4} & \dfrac{4}{4} & \cdots \\[2mm]
\vdots & \vdots & \vdots & \vdots &
\end{array}
$$

排列为 $\mathbb{Q}=\left\{0,\dfrac{1}{1},-\dfrac{1}{1},\dfrac{1}{2},-\dfrac{1}{2},\dfrac{2}{1},-\dfrac{2}{1},\dfrac{1}{3},-\dfrac{1}{3},\dfrac{3}{1},-\dfrac{3}{1},\dfrac{1}{4},-\dfrac{1}{4},\dfrac{2}{3},-\dfrac{2}{3},\dfrac{3}{2},\right.$ $\left.-\dfrac{3}{2},\dfrac{4}{1},-\dfrac{4}{1},\cdots\right\}\left(\text{遇到重复元素如}\dfrac{1}{1},\dfrac{2}{2},\dfrac{3}{3},\cdots,\text{只保留第 1 个遇到的元素,如}\dfrac{1}{1}!\right)$,因此,$\mathbb{Q}$ 为可数集. $\square$

问：实数集 $\mathbb{R}$ 是否为可数集？即是否可将 $\mathbb{R}$ 与 $\mathbb{N}$ 一一对应,或者是否可将 $\mathbb{R}$ 依次全部排列出来？答：否.

定理 1.3.4 实数集 $\mathbb{R}$ 为不可数集.

证法 1 （反证）反设 $\mathbb{R}$ 不是不可数集,则无限集 $\mathbb{R}$ 为可数集.于是,$\mathbb{R}$ 的无限子集 $[0,1]$ 也为可数集,记为 $[0,1]=\{x_1,x_2,\cdots,x_n,\cdots\}$.将 $[0,1]$ 三等分,则至少有一等分不含 x_1.记此等分为 $[a_1,b_1]$,又将 $[a_1,b_1]$ 三等分,则至少有一等分不含 x_2,记此等分为 $[a_2,b_2]$.以此类推得到一个递降的闭区间套：

$$[0,1]\supset[a_1,b_1]\supset[a_2,b_2]\supset\cdots\supset[a_n,b_n]\supset\cdots,$$

s.t. $b_n-a_n=\dfrac{1}{3^n}$,$x_n\notin[a_n,b_n]$,根据实数连续性命题（三）（闭区间套原理）可知,$\exists_1 x_0\in\bigcap\limits_{n=1}^{\infty}[a_n,b_n]$,显然 $x_0\in[0,1]$ 但 $x_0\neq x_n$,$\forall n\in\mathbb{N}$,所以 $x_0\notin\{x_n\mid n\in\mathbb{N}\}=[0,1]$,矛盾.

证法 2 （反证）反设 $\mathbb{R}$ 不是不可数集,则无限集 $\mathbb{R}$ 为可数集.于是 $\mathbb{R}$ 的无限子集 $(0,1]$ 也为可数集,记 $(0,1]=\{x_1,x_2,\cdots,x_n,\cdots\}$,

$$x_1=0.x_{11}x_{12}x_{13}x_{14}\cdots,$$
$$x_2=0.x_{21}x_{22}x_{23}x_{24}\cdots,$$
$$x_3=0.x_{31}x_{32}x_{33}x_{34}\cdots,$$
$$\cdots,$$

其中所有的 x_{ij} 都是 $0,1,\cdots,9$ 十个数字中的一个,并且对每个 i,数列 $\{x_{ij}\mid j=1,2,\cdots\}$ 中有无限个不为 0（即 x_i 若有两种表示,则用一种.如 0.5 采用 $0.4999\cdots=0.4\dot{9}$,而不用 $0.5=0.500\cdots$）.

作十进位小数

$$\alpha=0.\alpha_1\alpha_2\alpha_3\cdots,$$

s. t. $\alpha_i \neq x_{ii}$, $\alpha_i \neq 0$, $\forall i \in \mathbb{N}$（如果 $x_{ii}=1$，令 $\alpha_i=2$；如果 $x_{ii}\neq 1$，令 $\alpha_i=1$）. 于是 $\alpha \in (0,1]$，但 $\alpha \neq x_i$，$\forall i \in \mathbb{N}$（因为 $\alpha_i \neq x_{ii}$）. 从而 α 未被排列出来，矛盾. □

定义 1.3.8 设 $A \subset \mathbb{R}$，如果对 $\forall r \in \mathbb{R}$ 及 r 的任何开邻域（含 r 的开集）U，均有 $x \in A \cap U$，即 $\overline{A}=\mathbb{R}$，则称 A 为 $\mathbb{R}$ 中的**稠密集**.

定理 1.3.5 有理数集 $\mathbb{Q}$ 与无理数集 $\mathbb{R} \setminus \mathbb{Q}$ 均为 $\mathbb{R}$ 中的稠密集.

此外，$\forall r \in \mathbb{R}$，必有有理数列 r_n 收敛于 r；也必有无理数列 s_n 收敛于 r.

证法 1 $\forall r \in \mathbb{R}$，$\forall \varepsilon > 0$，则必有 $n \in \mathbb{N}$，s. t. $\frac{1}{10^n} < \frac{\sqrt{2}}{10^n} < \varepsilon$，从而必有 $m \in \mathbb{Z}$，$s \in \mathbb{Z} \setminus \{0\}$，s. t.

$$\frac{m}{10^n} \in \mathbb{Q} \cap (r-\varepsilon, r+\varepsilon)$$

与

$$\frac{s\sqrt{2}}{10^n} \in (\mathbb{R}-\mathbb{Q}) \cap (r-\varepsilon, r+\varepsilon).$$

因此，$\mathbb{Q}$ 与 $\mathbb{R} \setminus \mathbb{Q}$ 均为 $\mathbb{R}$ 中的稠密集.

证法 2 $\forall r \in \mathbb{R}$，记 $r = \pm r_0.r_1 \cdots r_n \cdots$，则有理数列 $\pm r_0.r_1 \cdots r_n \to r$，无理数列 $\pm r_0.r_1 \cdots r_n + \frac{\sqrt{2}}{10^n} \to r+0=r$. 因此，$\forall \varepsilon > 0$，必有 $N \in \mathbb{N}$，当 $n > N$ 时，有

$$\pm r_0.r_1 \cdots r_n \in (r-\varepsilon, r+\varepsilon) \text{ 及 } \pm r_0.r_1 \cdots r_n + \frac{\sqrt{2}}{10^n} \in (r-\varepsilon, r+\varepsilon),$$

这就证明了 $\mathbb{Q}$ 与 $\mathbb{R} \setminus \mathbb{Q}$ 均为 $\mathbb{R}$ 中的稠密集. □

定义 1.3.9 设 $A \subset \mathbb{R}$，$a \in A$，如果存在开集 U，使得 $a \in U \subset A$，则称 a 为 A 的一个**内点**. A 的内点的全体记为 $\dot{A}$ 或 A° 或 A^i 或 $\text{int}A$. 例如：闭圆的内点集为其开圆部分. $\dot{\mathbb{Q}}=\varnothing$，$(\mathbb{R} \setminus \mathbb{Q})^\circ=\varnothing$.

定理 1.3.6（Baire） 设 $A, A_m \subset \mathbb{R}$，$A = \bigcup_{m \in \Gamma} A_m$（$\Gamma$ 为至多可数集），闭集 A_m 的内点集 $\dot{A}_m=\varnothing$，则 $\dot{A}=\varnothing$.

由此，$\mathbb{R}$ 中任何含内点的集合都不能表示成至多可数个无内点的闭集的并.

证明（反证）假设，$x_0 \in \dot{A}$，则 $\exists \delta_0 > 0$，使闭球（闭区间）$\overline{B(x_0;\delta_0)}=[x_0-\delta_0, x_0+\delta_0] \subset A$. 因 $\dot{A}_1=\varnothing$，$\exists x_1 \in B(x_0;\delta_0) \setminus A_1$. 又 A_1 为闭集，所以可取 $\delta_1 \in (0,1)$. s. t.，$\overline{B(x_1;\delta_1)} \cap A_1=\varnothing$，$\overline{B(x_1;\delta_1)} \subset B(x_0;\delta_0)$. 再从 $B(x_1;\delta_1)$ 出发，以类似的推理应用于 A_2，可得

$$\overline{B(x_2;\delta_2)} \cap A_2=\varnothing, \quad \overline{B(x_2;\delta_2)} \subset B(x_1;\delta_1), \quad \delta_2 \in \left(0, \frac{1}{2}\right).$$

如法炮制可得到闭球(闭区间)套:

$$\overline{B(x_1;\delta_1)}\supset\overline{B(x_2;\delta_2)}\supset\cdots\supset\overline{B(x_m;\delta_m)}\supset\cdots,\delta_m\in\left(0,\frac{1}{m}\right).$$

根据闭球(闭区间)套原理 $\exists_1\xi\in\bigcap\limits_{m=1}^{\infty}\overline{B(x_m;\delta_m)}\subset A$,显然,这与构造有 $\xi\notin\bigcup\limits_{m=1}^{\infty}A_m=A$ 相矛盾(如果 Γ 为有限集,其元素个数为 k,则 $A_m=\varnothing,m>k$). □

上面已证明了七个实数连续性命题是彼此等价的,但必须证明其中一个命题是正确的,从而其他六个命题也是正确的.反复仔细琢磨,问题归纳为实数的如何引入.

下面,从有理数域 $\mathbb{Q}$ 出发,介绍 3 种引进实数的方法.

(1) 用十进位小数定义[①]

有理数集 $\mathbb{Q}=\left\{\dfrac{p}{q}\mid p\in\mathbb{Z},q\in\mathbb{N}\right\}=\{$无限循环小数 $\pm\alpha_0.\alpha_1\cdots\alpha_n\dot\beta_1\cdots\dot\beta_m$,包括有限小数 $\pm\alpha_0.\alpha_1\cdots\alpha_n=\pm\alpha_0.\alpha_1\cdots\alpha_n\dot 0=\pm\alpha_0.\alpha_2\cdots(\alpha_n-1)\dot 9\}$.

无限不循环小数称为无理数.用反证法可证 $0.1010010001\cdots,\sqrt{2}=1.4142\cdots$,以及下面出现的 $e=2.71828\cdots,\pi=3.14159\cdots$ 都为无理数.

实数集 $\mathbb{R}=$有理数集 $\mathbb{Q}\cup$无理数集$(\mathbb{R}\setminus\mathbb{Q})$.

推论 1.3.3　无理数集 $\mathbb{R}\setminus\mathbb{Q}$ 为不可数集.

证明　(反证)假设 $\mathbb{R}\setminus\mathbb{Q}$ 为可数集,由引理 1.3.2 可知,$\mathbb{Q}$ 为可数集,根据引理 1.3.1(2),$\mathbb{R}=\mathbb{Q}\cup(\mathbb{R}\setminus\mathbb{Q})$ 为可数集,这与定理 1.3.4 的结论相矛盾. □

推论 1.3.3 表明,无理数比有理数多得多.

观察下面的对应:

实数集 $\mathbb{R}$	←　　—→	实数轴
α_0		$[\alpha_0,\alpha_0+1]$
$\alpha_0.\alpha_1$		$\left[\alpha_0.\alpha_1,\alpha_0.\alpha_1+\dfrac{1}{10}\right]$
$\alpha_0.\alpha_1\alpha_2$		$\left[\alpha_0.\alpha_1\alpha_2,\alpha_0.\alpha_1\alpha_2+\dfrac{1}{10^2}\right]$
$\cdots$		$\cdots$
$\alpha_0.\alpha_1\cdots\alpha_n$		$\left[\alpha_0.\alpha_1\cdots\alpha_n,\alpha_0.\alpha_1\cdots\alpha_n+\dfrac{1}{10^n}\right]$
$\cdots$		$\cdots$
确定惟一的实数 $\alpha=\alpha_0.\alpha_1\cdots\alpha_n\cdots$		套出实数轴上的一点.

---

①　参阅参考文献[6],《数学分析》第一册 4 页,何琛、史济怀、徐森林.

这就是实数集 $\mathbb{R}$ 与实数轴之间的一一对应.

采用十进位小数,按通常的方法定义了 $+,\times$,然后派生出 $-,\div,\cdots$.这样就可证明实数连续性命题(一),再根据实数连续性等价命题 1.3.1 推得所有七个实数连续性命题都是正确的.

定理 1.3.7(实数连续性命题(一)) 有上(下)界的非空数集有最小(大)上(下)界,即有上(下)确界.

证明 设数集 A 非空有上界.不失一般性,可假定 A 中至少有一个正数(否则用 $A+|a|+1=\{x+|a|+1\},\forall x\in A\}$ 代替 A,其中 $a\in A$ 为一个固定数).考虑 A 中各数的整数部分.设最大的整数部分为 α_0.由于 A 有上界,这最大的整数部分显然是存在的.又由 A 中有正数,所以 $\alpha_0\geqslant 0$,记

$$A_0=\{x\in A\,|\,[x]=\alpha_0\},$$

其中 $[x]$ 表示 x 的整数部分,即不超过 x 的最大整数.则 $A_0\neq\varnothing$.

若 $x\in A$,而 $x\notin A_0$,则 $x<\alpha_0$;若 $x\in A_0$,则 $\alpha_0\leqslant x<\alpha_0+1$.

再考虑 A_0 中各数的第一位小数,设最大的第一位小数为 α_1,记

$$A_1=\{x\in A_0\,|\,x\text{ 的第一位小数为 }\alpha_1\},$$

则 $A_0\neq\varnothing$.

若 $x\in A_0$,而 $x\notin A_1$,则 $x<\alpha_0.\alpha_1$;若 $x\in A_1$,则 $\alpha_0.\alpha_1\leqslant x<\alpha_0.\alpha_1+\dfrac{1}{10}$.

再考虑 A_1 中各数的第二位小数,设其最大者为 α_2,记

$$A_2=\{x\in A_1\,|\,x\text{ 的第二位小数为 }\alpha_2\},$$

则 $A_2\neq\varnothing$.

如此下去,就得到一串递降非空数集

$$A\supset A_0\supset A_1\supset A_2\supset\cdots,$$

同时也得到一串有理数集

$$\alpha_0,\alpha_0.\alpha_1,\alpha_0.\alpha_1\alpha_2,\alpha_0.\alpha_1\alpha_2\alpha_3,\cdots.$$

于是,它惟一确定了一个实数

$$\alpha=\alpha_0.\alpha_1\alpha_2\alpha_3\cdots=\lim_{n\to+\infty}\alpha_0.\alpha_1\cdots\alpha_n.$$

先证 α 为 A 的一个上界.事实上,若 $x\in A$,而 $x\notin A_0$,则 $x<\alpha_0\leqslant\alpha$;若 $x\in A_n$,而 $x\notin A_{n+1}$ 对某个 $n=0,1,2,\cdots$ 成立,则 $x<\alpha_0.\alpha_1\cdots\alpha_n\alpha_{n+1}\leqslant\alpha$.

若 $x\in A_n,\forall n=0,1,2,\cdots$,则 $\alpha_0.\alpha_1\cdots\alpha_n\leqslant x<\alpha_0.\alpha_1\cdots\alpha_n+\dfrac{1}{10^n},n=0,1,2,\cdots$.令 $n\to+\infty$ 可得

$$\alpha=\lim_{n\to+\infty}\alpha_0.\alpha_1\cdots\alpha_n\leqslant\lim_{n\to+\infty}\left(\alpha_0.\alpha_1\cdots\alpha_n+\frac{1}{10^n}\right)=\alpha+0=\alpha,$$

所以, $x=\alpha$.

综合上述, 可得 α 为 A 的上界.

再证 $\alpha=\sup A$. 事实上, 任取 $\beta<\alpha$, 由 $\alpha=\alpha_0.\alpha_1\alpha_2\alpha_3\cdots=\lim\limits_{n\to+\infty}\alpha_0.\alpha_1\cdots\alpha_n$ 知, $\exists N\in\mathbb{N}$, s. t.

$$\beta<\alpha_0.\alpha_1\cdots\alpha_N\leqslant\alpha.$$

因此, 当 $x\in A_N(\neq\varnothing)$ 时,

$$x\geqslant\alpha_0.\alpha_1\cdots\alpha_N>\beta,$$

从而, β 不为 A 的上界, 而 β 是任取的, 故 α 为 A 的最小上界, 即 $\alpha=\sup A$.　　　□

(2) 用有理数的 Cauchy 数列定义[①]

设 $\{a_n\}$ 为有理数列, 如果 $\forall\varepsilon\in\mathbb{Q}$, $\varepsilon>0$, $\exists N\in\mathbb{N}$, $\forall m,n\in\mathbb{N}$, 当 $m,n>N$ 时, $|a_m-a_n|<\varepsilon$, 则称 $\{a_n\}$ 为**有理 Cauchy(基本)数列**. 令

$$E=\{\text{有理 Cauchy 数列}\{a_n\}\}.$$

显然, 有理 Cauchy 数列 $\{a,a,\cdots\mid a\in\mathbb{Q}\}\in E$, 所以 $E\neq\varnothing$. $\forall\{a_n\},\{b_n\}\in E$, 定义

$$\{a_n\}\sim\{b_n\}\Leftrightarrow\forall\varepsilon\in\mathbb{Q},\varepsilon>0,\exists N\in\mathbb{N},\text{当}\ n>N\ \text{时}, |a_n-b_n|<\varepsilon.$$

易见, "$\sim$" 为 E 上的一个等价关系, 即

① $\{a_n\}\sim\{a_n\}$;

② 若 $\{a_n\}\sim\{b_n\}$, 则 $\{b_n\}\sim\{a_n\}$;

③ 若 $\{a_n\}\sim\{b_n\}$, $\{b_n\}\sim\{c_n\}$, 则 $\{a_n\}\sim\{c_n\}$.

我们称 $\{a_n\}$ 的等价类 $\widetilde{\{a_n\}}$ 为一个实数, 例如 $\widetilde{\{a,a,\cdots\}}$ $(a\in\mathbb{Q})$ 为一个**有理数**(当然 $\widetilde{\left\{a+\dfrac{1}{n}\right\}}$ 也为该有理数), 简记为 a. 再如:

$$a_1=1, a_2=1.4, a_3=1.41, a_4=1.414, a_5=1.4142,\cdots$$

定义了一个有理数列 $\{a_n\}$, 它的等价类确定了一个实数 $\sqrt{2}$(它不是有理数, 称它为一个无理数).

由有理数列 $\left\{\left(1+\dfrac{1}{n}\right)^n\right\}$ 的等价类 $\widetilde{\left\{\left(1+\dfrac{1}{n}\right)^n\right\}}$ 确定了一个实数 e(下节将证明它不是有理数. 也称它为一个无理数, 并且 e=2.7182818$\cdots$).

我们称 E 关于 $\sim$ 的商集合

$$\mathbb{R}=E/\sim=\{\widetilde{\{a_n\}}\mid\{a_n\}\in E\}$$

为**实数集**.

---

① 参阅参考文献[7],《数学分析》上册第 41~42 页, 邹应.

设 $\{a_n\},\{b_n\}\in E$，则 $\widetilde{\{a_n\}},\widetilde{\{b_n\}}\in\mathbb{R}$，定义

$$\widetilde{\{a_n\}}+\widetilde{\{b_n\}}=\widetilde{\{a_n+b_n\}},$$

$$\widetilde{\{a_n\}}\times\widetilde{\{b_n\}}=\widetilde{\{a_nb_n\}}.$$

易见，上述加法与乘法与等价类中代表的选取无关！因此它们的定义是合理的.

从上述定义出发可以证明下面的定理.

定理 1.3.8（实数连续性命题（七））　$\mathbb{R}$ 是完备的，即 $\mathbb{R}$ 中任何 Cauchy 数列必在 $\mathbb{R}$ 中收敛.

证明参阅参考文献[7]第 92 页.   □

（3）用 R. Dedekind 分划①（割）定义.

如果有理数集 $\mathbb{Q}=A\cup B,A\cap B=\varnothing,A\neq\varnothing,B\neq\varnothing$；且 $\forall a\in A,b\in B$，有 $a<b$，则称它为有理数集 $\mathbb{Q}$ 的一个分划（割），并记作 $A\mid B$. A 称为此分划（割）的下组，B 称为此分划（割）的上组.

易见，分划（割）有 3 种类型：

① 下组 A 中无最大数，而上组 B 中有最小数；

② 下组 A 中有最大数，而上组 B 中无最小数；

③ 下组 A 中无最大数，而上组 B 中也无最小数.

①、②两种分划（割）都定义了有理数. ③的分划（割）定义了一个新的数——无理数. 有理数与无理数统称为**实数**，并用 $\mathbb{R}$ 记实数的全体.

例如：由

$$A=\{x\in\mathbb{Q}\mid x^2<2\}\cup\{x\in\mathbb{Q}\mid x<0\},$$
$$B=\{x\in\mathbb{Q}\mid x^2>2,x>0\},$$

确定的分划（割）$A\mid B$ 属于③，它定义了无理数 $\sqrt{2}$.

再如：由 $B=\left\{x\in\mathbb{Q}\mid x>\left(1+\dfrac{1}{n}\right)^n,\forall n\in\mathbb{N}\right\},A=\mathbb{Q}\setminus B$ 确定的分划（割）$A\mid B$ 属于③，它定义了无理数 e（参阅下一节关于 e 的知识）.

用 R. Dedekind 分划（割）可定义 $\mathbb{R}$ 中的 $+,\times$，然后派生出 $-,\div$，并讨论其性质. 还可证明定理 1.3.7，证明参阅参考文献[1]（《微积分学教程》一卷一分册第 17 页，菲赫金哥尔茨）.

上面已经介绍了 3 种实数引入的方法，无论用何种方式引进实数，都应证明七个实数连续性等价命题之一成立，因此其他六个也成立，进而还应从此种方式论述实数的四条

---

① 参阅参考文献[1]，《微积分学教程》一卷一分册第 8～9 页，菲赫金哥尔茨.

公理：

(1) $(\mathbb{R},+,\times)$ 为一个域,称为**实数域**.

若 $a,b,c\in\mathbb{R}$,有 $a+b\in\mathbb{R}$,且

① $a+b=b+a$(交换律)；

② $(a+b)+c=a+(b+c)$(结合律)；

③ $a+0=0+a,\forall a\in\mathbb{R}$,$0\in\mathbb{R}$ 称为**零元**；

④ $a+(-a)=0=(-a)+a,\forall a\in\mathbb{R}$,$-a\in\mathbb{R}$ 称为 a 的**负元**.

则 $(\mathbb{R},+)$ 成为交换群(Abel 群).

若 $a,b,c\in\mathbb{R}$,满足

① $ab=ba$(交换律)；

② $(ab)c=a(bc)$(结合律)；

③ $a\times1=a=1\times a,\forall a\in\mathbb{R}$,$1\in\mathbb{R}$ 称为**单位元或幺元**；

④ $a\times a^{-1}=1=a^{-1}\times a,\forall a\in\mathbb{R}\backslash\{0\}$,称 $a^{-1}=\dfrac{1}{a}$ 为 a 的**逆元**；

⑤ $a(b+c)=ab+ac$(左分配律)；

⑥ $(b+c)a=ba+ca$(右分配律).

则 $(\mathbb{R},\times)$ 成为交换半群.

从加法与乘法可派生出减法与除法：

$$a-b\overset{\text{def}}{=\!=}a+(-b),\qquad \frac{a}{b}\overset{\text{def}}{=\!=}a\times b^{-1}(b\neq0).$$

(2) $\mathbb{R}$ 为一个全序集.

设 X 为非空集合,$\leqslant$ 为一个关系。如果满足

① $x\leqslant x,\forall x\in X$(自反性)；

② $x\leqslant y$ 且 $y\leqslant x\Rightarrow x=y$(反对称性)；

③ $x\leqslant y,y\leqslant z\Rightarrow x\leqslant z$(传递性).

则称 $\leqslant$ 为 X 上的一个**偏序关系**.定义了偏序关系的集合 X 称为一个**偏序集**,记作 $(X,\leqslant)$.如果该偏序关系还满足：对 $\forall x,y\in X$,$x\leqslant y$ 与 $y\leqslant x$ 中至少有一个成立,则称关系 $\leqslant$ 为**序关系**,定义了序关系的集合 X 称为**全序集**.

对全序集 $X,\forall x,y\in X$,定义

$$x<y\Leftrightarrow x\leqslant y,\quad \text{且 } x\neq y.$$

考虑实数集 $\mathbb{R}$,对 $\forall x,y\in\mathbb{R}$,定义

$$x\leqslant y\Leftrightarrow y-x\geqslant0.$$

通常将 $\leqslant$ 记作 $\leqslant$,则 $(\mathbb{R},\leqslant)$ 为全序集.且 $\forall x,y\in\mathbb{R}$,下列三个关系：

$$x<y,\quad y<x,\quad x=y$$

中有且只有一个成立.

(3) $\mathbb{R}$ 满足 Archimedes 公理: $b \in \mathbb{R}$, $a > 0$ 则 $\exists n \in \mathbb{N}$, s.t. $na > b$.

(4) $\mathbb{R}$ 有连续性: $\mathbb{R}$ 是完备的, 即 $\mathbb{R}$ 中一切 Cauchy 数列都收敛.

由等价性, 所有七个实数连续性命题都成立.

四条公理可综合为实数公理.

实数公理   实数空间 $\mathbb{R}$ 是一个完备的 Archimedes 序域.

练习题 1.3

1. 在实数连续性等价命题中, 证明: (三)$\Rightarrow$(一), (三)$\Rightarrow$(二), (三)$\Rightarrow$(五), (三)$\Rightarrow$(六), (四)$\Rightarrow$(二), (四)$\Rightarrow$(五), (四)$\Rightarrow$(六), (四)$\Rightarrow$(七), (六)$\Rightarrow$(二), (七)$\Rightarrow$(二).

2. 证明: (1) 有界数列 $\{a_n\}$ 必有一个收敛子列;

     (2) 无上(下)界的数列 $\{a_n\}$ 必有一个子列, 其极限为 $+\infty (-\infty)$;

     (3) 有界发散数列 $\{a_n\}$ 必有两个子列收敛于不同的数;

     (4) 发散数列 $\{a_n\}$ 必有两个子列有极限, 且它们的极限不相同.

3. 指出下列数集的上确界、下确界, 并指出它们是否为该集合的最大值与最小值:

     (1) $\{-1, 3, 8, 9, 2000\}$;   (2) $\{a_1, a_2, \cdots, a_n\}$;

     (3) $\{x \in \mathbb{Q} \mid x^2 < 3\}$;   (4) $\left\{x \mid \sin \dfrac{\pi}{x} = 0, x > 0\right\}$;

     (5) $\left\{\sin \dfrac{\pi}{n} \mid n \in \mathbb{N}\right\}$;   (6) $\left\{\left(1 + \dfrac{1}{n}\right)^n \mid n \in \mathbb{N}\right\}$;

     (7) $\left\{x \mid x > \left(1 + \dfrac{1}{n}\right)^n, n \in \mathbb{N}\right\}$;   (8) $\{x \mid |\ln x| < 1\}$.

4. 设函数 f 在 $[a, b]$ 上有定义, $x_0 \in [a, b]$, 如果 $\exists \delta_{x_0} > 0, M_{x_0} > 0$, s.t.
$$|f(x)| \leqslant M_{x_0}, \forall x \in (x_0 - \delta_{x_0}, x_0 + \delta_{x_0}) \bigcap [a, b],$$
则称 f 在 x_0 近旁有界. 证明: 如果 f 在 $[a, b]$ 上每一点近旁有界, 则 f 在 $[a, b]$ 上有界, 即 $\exists M > 0$, s.t.
$$|f(x)| \leqslant M, \quad \forall x \in [a, b].$$

5. (1) 验证: 数集 $\left\{(-1)^n + \dfrac{1}{n}\right\}$ 有且只有两个聚点 1 与 -1;

     (2) 证明: 任何有限数集都无聚点;

     (3) 在直线上, 证明: x_0 为 A 的聚点 $\Leftrightarrow x_0$ 的开邻域 U, 均含 A 中无限个点.

6. 设 $\{[a_n, b_n] \mid n \in \mathbb{N}\}$ 为一个严格闭区间套, 即满足
$$a_1 < a_2 < \cdots < a_n < b_n < \cdots < b_2 < b_1,$$
且 $\lim\limits_{n \to +\infty} (b_n - a_n) = 0$. 证明: $\exists_1 \xi \in (a_n, b_n)$, $\forall n \in \mathbb{N}$, 即 $\xi \in \bigcap\limits_{n=1}^{\infty} (a_n, b_n)$.

7. 证明：(1) 单调增（减）数列 $\{x_n\}$，若它无上（下）界，则集合 $\{x_n \mid n \in \mathbb{N}\}$ 无聚点；

(2) 单调增（减）有上（下）界的数列 $\{x_n\}$，当集合 $\{x_n \mid n \in \mathbb{N}\}$ 为有限集时，它无聚点；当集合 $\{x_n \mid n \in \mathbb{N}\}$ 为无限集时，它有惟一的聚点 $\lim\limits_{n \to +\infty} x_n = \sup\{x_n \mid n \in \mathbb{N}\}$ $(\inf\{x_n \mid n \in \mathbb{N}\})$.

8. 证明：(1) 直线上两两不相交的开区间族是至多可数个；

(2) 直线上有理开区间（两个端点都为有理数）族至多可数个；

(3) 直线上以有理点为中心，正有理数为半径的开区间族至多可数个.

思考题 1.3

1. 证明：直线上任何区间 I（开的，闭的，半开半闭的）都是连通的，即
$$I \neq (U \cap I) \bigcup (V \cap I),$$
其中 U, V 为直线上的开集，但 $(U \cap I) \cap (V \cap I) = \varnothing$，$U \cap I \neq \varnothing$，$V \cap I \neq \varnothing$（提示：应用确界定理）.

2. 若函数 $f: \mathbb{R} \to \mathbb{R}$ 逐点严格增（即 $\forall x \in \mathbb{R}$，$\exists \delta > 0$，当 $x_1, x_2 \in (x - \delta, x + \delta)$ 且 $x_1 < x < x_2$ 时，必有 $f(x_1) < f(x) < f(x_2)$），则 f 在 $\mathbb{R}$ 上严格增（即 $\forall x_1, x_2 \in \mathbb{R}$，当 $x_1 < x_2$ 时，必有 $f(x_1) < f(x_2)$）（提示：应用实数连续性等价命题）.

3. 应用反证法与闭区间套原理证明：直线上任何开区间（有穷开区间或无穷开区间）不能表示成至多可数个两两不相交的闭区间的并.

如果将"闭区间"改为"闭集"，上述结论是否仍正确.

4. 设 $f: \mathbb{R} \to \mathbb{R}$ 为实函数，如果 $\forall x_0 \in \mathbb{R}$ 都为 f 的极大（小）值点，即 $\exists \delta > 0$，当 $x \in (x_0 - \delta, x_0 + \delta)$ 时，有
$$f(x) \leqslant f(x_0) \qquad (f(x) \geqslant f(x_0)),$$
则 f 的函数值的全体 $\{f(x) \mid x \in \mathbb{R}\}$ 为至多可数集.

如果上述"f 的极大（小）值点"改为"f 的极大或极小值点"，其结论是否仍成立.

1.4 Cauchy 收敛准则（原理）、单调数列的极限、
数 $\mathrm{e} = \lim\limits_{n \to +\infty} \left(1 + \dfrac{1}{n}\right)^n$

实数连续性命题（二）指出单调增（减）有上（下）界的数列 $\{a_n\}$ 必收敛.定理 1.3.2 表明单调增（减）无上（下）界的数列，有 $\lim\limits_{n \to +\infty} a_n = +\infty(-\infty)$.有时讨论一个数列的收敛性比求出它的极限还重要，事实上，目前还有不少收敛数列的极限还不能确切地求出.本节将

应用 Cauchy 收敛准则：（上节的定理 1.3.3）数列 $\{a_n\}$ 收敛 $\Leftrightarrow \{a_n\}$ 为 Cauchy 数列（基本数列）和单调数列必有极限（推论 1.3.1）来讨论数列的极限，并引进无理数 $e = \lim\limits_{n \to +\infty} \left(1 + \dfrac{1}{n}\right)^n$. 我们先来讨论典型的具体实例.

例 1.4.1 证明数列 $S_n = 1 + \dfrac{1}{2^2} + \dfrac{1}{3^2} + \cdots + \dfrac{1}{n^2} = \sum\limits_{k=1}^{n} \dfrac{1}{k^2}$ 收敛.

证明 因 $S_{n+1} = S_n + \dfrac{1}{(n+1)^2} > S_n$，故 S_n 严格增. 又因为

$$S_n = 1 + \frac{1}{2^2} + \frac{1}{3^2} + \cdots + \frac{1}{n^2} \leqslant 1 + \frac{1}{1 \cdot 2} + \frac{1}{2 \cdot 3} + \cdots + \frac{1}{(n-1)n}$$

$$= 1 + \left(1 - \frac{1}{2}\right) + \left(\frac{1}{2} - \frac{1}{3}\right) + \cdots + \left(\frac{1}{n-1} - \frac{1}{n}\right) = 2 - \frac{1}{n} < 2,$$

所以，S_n 有上界 2，根据实数连续性命题（二），数列 S_n 收敛. □

更一般地，有下面例题

例 1.4.2 数列 $S_n = 1 + \dfrac{1}{2^\alpha} + \dfrac{1}{3^\alpha} + \cdots + \dfrac{1}{n^\alpha} = \sum\limits_{k=1}^{n} \dfrac{1}{k^\alpha}$，当 $\alpha \leqslant 1$ 时发散；当 $\alpha > 1$ 时收敛.

证明 当 $\alpha \leqslant 1$ 时，因 $S_{n+1} = S_n + \dfrac{1}{(n+1)^\alpha} > S_n$，$S_n$ 严格增. 又因为

$$S_{2^k} = \sum_{n=1}^{2^k} \frac{1}{n^\alpha} \geqslant \sum_{n=1}^{2^k} \frac{1}{n} = 1 + \frac{1}{2} + \left(\frac{1}{3} + \frac{1}{4}\right) + \left(\frac{1}{5} + \cdots + \frac{1}{8}\right) + \cdots$$

$$+ \left(\frac{1}{2^{k-1}+1} + \cdots + \frac{1}{2^k}\right) > 1 + \frac{1}{2} + \left(\frac{1}{4} + \frac{1}{4}\right) + \left(\frac{1}{8} + \frac{1}{8} + \frac{1}{8} + \frac{1}{8}\right) + \cdots$$

$$+ \frac{2^{k-1}}{2^k} = 1 + \frac{k}{2},$$

所以，S_n 无上界，根据定理 1.3.2，$\lim\limits_{n \to +\infty} S_n = \lim\limits_{n \to +\infty} \left(1 + \dfrac{1}{2^\alpha} + \cdots + \dfrac{1}{n^\alpha}\right) = +\infty$，即 S_n 发散于 $+\infty$.

当 $\alpha > 1$ 时，因 $S_{n+1} = S_n + \dfrac{1}{(n+1)^\alpha} > S_n$，$S_n$ 严格增. 又 $\forall n \in \mathbb{N}$，$\exists i \in \mathbb{N} \cup \{0\}$，s.t. $2^i \leqslant n < 2^{i+1}$，所以

$$S_n = \sum_{k=1}^{n} \frac{1}{k^\alpha} \leqslant \sum_{k=1}^{2^{i+1}} \frac{1}{k^\alpha}$$

$$= 1 + \left(\frac{1}{2^\alpha} + \frac{1}{3^\alpha}\right) + \left(\frac{1}{4^\alpha} + \frac{1}{5^\alpha} + \frac{1}{6^\alpha} + \frac{1}{7^\alpha}\right) + \cdots + \left[\frac{1}{(2^i)^\alpha} + \frac{1}{(2^i+1)^\alpha} + \cdots \right.$$

$$\left. + \frac{1}{(2^i + 2^i - 1)^\alpha}\right] < 1 + 2 \cdot \frac{1}{2^\alpha} + 4 \cdot \frac{1}{4^\alpha} + \cdots + 2^i \cdot \frac{1}{(2^i)^\alpha}$$

$$= 1 + \frac{1}{2^{\alpha-1}} + \cdots + \frac{1}{(2^{\alpha-1})^i}$$

$$= \frac{1 - \left(\frac{1}{2^{\alpha-1}}\right)^{i+1}}{1 - \frac{1}{2^{\alpha-1}}} < \frac{1}{1 - \frac{1}{2^{\alpha-1}}},$$

从而 S_n 有上界 $\dfrac{1}{1 - \dfrac{1}{2^{\alpha-1}}}$，根据实数连续性命题(二)知，$S_n = \displaystyle\sum_{k=1}^{n} \frac{1}{k^\alpha}$ 收敛. □

注 1.4.1 例 1.4.2 中，当 $\alpha > 1$ 时，证明了 $S_n = \displaystyle\sum_{k=1}^{n} \frac{1}{k^\alpha}$ 收敛，但看不出其极限值是什么，以后，应用 Fourier 级数可以得到

$$\sum_{n=1}^{\infty} \frac{1}{n^2} = \lim_{n\to+\infty} \sum_{k=1}^{n} \frac{1}{k^2} = \frac{\pi^2}{6}, \sum_{n=1}^{\infty} \frac{1}{n^4} = \lim_{n\to+\infty} \sum_{k=1}^{n} \frac{1}{k^4} = \frac{\pi^4}{90}.$$

但一般的 $\displaystyle\sum_{n=1}^{\infty} \frac{1}{n^\alpha} (\alpha > 1)$ 不一定能明确求出其值！

定义 1.4.1 设 $\{a_n\}$ 为实数列，$S_n = \displaystyle\sum_{k=1}^{n} a_k$ 为数项(无穷)级数 $\displaystyle\sum_{n=1}^{\infty} a_n$ 的**第 n 个部分和**(它也是数列 $\{a_n\}$ 的前 n 项之和). 如果 $\displaystyle\lim_{n\to+\infty} S_n = \lim_{n\to+\infty} \sum_{k=1}^{n} a_k$ 存在(实数,$+\infty$,$-\infty$,∞)，记为 S，且称 S 为无穷级数 $\displaystyle\sum_{n=1}^{\infty} a_n$ 的**和**，即

$$S = \lim_{n\to+\infty} S_n = \lim_{n\to+\infty} \sum_{k=1}^{n} a_k = \sum_{k=1}^{\infty} a_k = \sum_{n=1}^{\infty} a_n.$$

如果 $S \in \mathbb{R}$，则称无穷级数 $\displaystyle\sum_{n=1}^{\infty} a_n$ **收敛**. 否则称其为**发散的**(发散于 $+\infty$,$-\infty$,∞ 或 $\displaystyle\lim_{n\to+\infty} S_n$ 不存在). 由数列的 Cauchy 收敛准则立即有级数的 Cauchy 收敛准则.

$$\sum_{n=1}^{\infty} a_n \text{ 收敛} \Leftrightarrow \text{数列 } S_n = \sum_{k=1}^{n} a_k \text{ 收敛} \Leftrightarrow \forall \varepsilon > 0, \exists N \in \mathbb{N}, \text{当 } n > N \text{ 时,有}$$
$$| a_{n+1} + \cdots + a_{n+p} | = | S_{n+p} - S_n | < \varepsilon, \forall p \in \mathbb{N}.$$

定理 1.4.1 $\displaystyle\sum_{n=1}^{\infty} a_n$ 收敛的必要而不充分条件是 $\displaystyle\lim_{n\to+\infty} a_n = 0$.

证法 1 ($\Rightarrow$) 设 $\displaystyle\sum_{n=1}^{\infty} a_n$ 收敛于 S，则 $\displaystyle\lim_{n\to+\infty} a_n = \lim_{n\to+\infty}(S_n - S_{n-1}) = \lim_{n\to+\infty} S_n - \lim_{n\to+\infty} S_{n-1} = S - S = 0$.

($\Leftarrow$) 反例：$\{a_n\}, a_n = \dfrac{1}{n}$，已知 $\displaystyle\lim_{n\to+\infty} a_n = \lim_{n\to+\infty} \frac{1}{n} = 0$，但由例 1.4.2 知，$\displaystyle\sum_{n=1}^{\infty} a_n = \sum_{n=1}^{\infty} \frac{1}{n}$

不收敛,发散于 $+\infty$.

证法 2 ($\Rightarrow$) 设 $\sum\limits_{n=1}^{\infty} a_n$ 收敛于 S,根据级数的 Cauchy 收敛准则,并取 $p=1$ 知,$\forall \varepsilon > 0$,$\exists N \in \mathbb{N}$,当 $n > N$ 时,有 $|a_{n+1}| < \varepsilon$,所以,

$$\lim_{n \to +\infty} a_n = \lim_{n \to +\infty} a_{n+1} = 0.$$
  □

例 1.4.3 设 $|q| < 1$,应用实数连续性命题(二)证明 $\lim\limits_{n \to +\infty} q^n = 0$.

证明 因为 $|q|^{n+1} = |q| \cdot |q|^n \leqslant |q|^n$ 单调减且有下界 0,根据实数连续性命题(二)知,$|q|^n$ 收敛,记 $\lim\limits_{n \to +\infty} |q|^n = a$. 于是,

$$a = \lim_{n \to +\infty} |q|^{n+1} = \lim_{n \to +\infty} |q| \cdot |q|^n$$

$$= |q| \cdot \lim_{n \to +\infty} |q|^n = |q| \cdot a,$$

$$(1 - |q|)a = 0.$$

再由 $1 - |q| > 0$,推得 $\lim\limits_{n \to +\infty} |q|^n = a = 0$. 应用 ε-N 法可知 $\lim\limits_{n \to +\infty} q^n = 0$.
  □

例 1.4.4 设 $a_1 = \sqrt{2}, a_2 = \sqrt{2+\sqrt{2}}, a_3 = \sqrt{2+\sqrt{2+\sqrt{2}}}, \cdots, a_n = \sqrt{2+a_{n-1}} (n \geqslant 2)$,求 $\lim\limits_{n \to +\infty} a_n$.

解 先证 $\{a_n\}$ 严格增,且以 2 为上界.

(归纳法)当 $n=1$ 时,$a_1 = \sqrt{2} < 2$,且 $a_1 = \sqrt{2} < \sqrt{2+\sqrt{2}} = a_2$.

假设 $n=k$ 时,$a_k < 2$,且 $a_k < a_{k+1}$.

当 $n = k+1$ 时,由归纳假设得到

$$a_{k+1} = \sqrt{2+a_k} < \sqrt{2+2} = 2,$$

$$a_{k+1} = \sqrt{2+a_k} < \sqrt{2+a_{k+1}} = a_{k+2}.$$

根据实数连续性命题(二),$\{a_n\}$ 收敛,记 $\lim\limits_{n \to +\infty} a_n = a$. 则由

$$a_n = \sqrt{2+a_{n-1}},$$

$$a_n^2 = 2 + a_{n-1},$$

$$a^2 = \lim_{n \to +\infty} a_n^2 = \lim_{n \to +\infty} (2 + a_{n-1}) = 2 + a,$$

解方程 $(a+1)(a-2) = a^2 - a - 2 = 0.$

考虑到 $a_n > 0$,故 $a = \lim\limits_{n \to +\infty} a_n \geqslant 0$,因此有 $a - 2 = 0, \lim\limits_{n \to +\infty} a_n = a = 2$.
  □

例 1.4.5 设 $a > 0, x_0 > 0, x_n = \dfrac{1}{2}\left(x_{n-1} + \dfrac{a}{x_{n-1}}\right)$,求 $\lim\limits_{n \to +\infty} x_n$.

解 显然 $x_n > 0$,因为

$$x_n = \frac{1}{2}\left(x_{n-1} + \frac{a}{x_{n-1}}\right) \geqslant \sqrt{x_{n-1} \cdot \frac{a}{x_{n-1}}} = \sqrt{a}, n \geqslant 1,$$

$$x_n = \frac{1}{2}\left(x_{n-1} + \frac{a}{x_{n-1}}\right) \leqslant \frac{1}{2}\left(x_{n-1} + \frac{x_{n-1}^2}{x_{n-1}}\right) = x_{n-1}, n \geqslant 2,$$

所以, $\{x_n\}$ 单调减有下界 $\sqrt{a}$ (或 0). 根据实数连续性命题(二)知,记 $\lim\limits_{n\to+\infty} x_n = x \geqslant \sqrt{a}$. 于是,

$$x = \lim_{n\to+\infty} x_{n+1} = \lim_{n\to+\infty} \frac{1}{2}\left(x_n + \frac{a}{x_n}\right) = \frac{1}{2}\left(x + \frac{a}{x}\right),$$

$$x^2 = a, x = \sqrt{a}. \hspace{3cm} \square$$

例 1.4.6　设 $a_1 = 3, a_{n+1} = \dfrac{1}{1+a_n}, n \in \mathbb{N}$. 求 $\lim\limits_{n\to+\infty} a_n$.

解法 1　由 $a_1 = 3, a_2 = \dfrac{1}{4}, a_3 = \dfrac{4}{5}, a_4 = \dfrac{5}{9}$,并应用数学归纳法易知 $\{a_{2k-1}\}$ 单调减和 $\{a_{2k}\}$ 单调增,且 $0 < a_n < 4$,根据实数连续性命题(二), $\{a_{2k-1}\}$ 与 $\{a_{2k}\}$ 均收敛. 记

$$\lim_{k\to+\infty} a_{2k-1} = a, \qquad \lim_{k\to+\infty} a_{2k} = b.$$

于是,对

$$a_{2k} = \frac{1}{1+a_{2k-1}} \text{与} a_{2k+1} = \frac{1}{1+a_{2k}}$$

两边取极限得到

$$\begin{cases} b = \lim\limits_{k\to+\infty} a_{2k} = \dfrac{1}{1 + \lim\limits_{k\to+\infty} a_{2k-1}} = \dfrac{1}{1+a}, \\[3mm] a = \lim\limits_{k\to+\infty} a_{2k+1} = \dfrac{1}{1 + \lim\limits_{k\to+\infty} a_{2k}} = \dfrac{1}{1+b}, \end{cases}$$

即

$$\begin{cases} b + ab = 1, \\ a + ab = 1. \end{cases}$$

两式相减得 $a - b = 0, a = b$. 根据定理 1.1.1 知, $\{a_n\}$ 收敛于 $a = b$. 进一步再由

$$a + a^2 = 1,$$

$$a^2 + a - 1 = 0,$$

得到 $a = \dfrac{-1 \pm \sqrt{5}}{2}$. 因 $a_n > 0$,故 $a = \lim\limits_{n\to+\infty} a_n \geqslant 0$,从而

$$\lim_{n\to+\infty} a_n = a = \frac{\sqrt{5}-1}{2}.$$

解法 2　如果 $\{a_n\}$ 收敛,记 $\lim\limits_{n\to+\infty} a_n = a$,则

$$a = \lim_{n\to+\infty} a_{n+1} = \frac{1}{1 + \lim\limits_{n\to+\infty} a_n} = \frac{1}{1+a},$$

$$a^2 + a - 1 = 0,$$

$$a = \frac{\sqrt{5}-1}{2} \text{(由 } a_n > 0, \text{故 } a \geqslant 0).$$

在估量出 $\{a_n\}$ 的极限为 a 后，再用 ε-N 法证明 a 确实为 $\{a_n\}$ 的极限，这也是求数列极限的常用方法．依本题为例，$\forall \varepsilon > 0$，取 $N \in \mathbb{N}$，s.t. $N > 1 + \dfrac{|a_1 - a|}{\varepsilon a}$，当 $n > N$ 时，有

$$|a_n - a| = \left| \frac{1}{1 + a_{n-1}} - \frac{1}{1 + a} \right| = \frac{|a_{n-1} - a|}{(1 + a_{n-1})(1 + a)}$$

$$\leqslant \frac{|a_{n-1} - a|}{1 + a} \leqslant \cdots \leqslant \left(\frac{1}{1 + a}\right)^{n-1} |a_1 - a|$$

$$= \frac{1}{(1 + a)^{n-1}} |a_1 - a| \leqslant \frac{1}{(n-1)a} |a_1 - a|$$

$$< \frac{1}{N-1} \frac{|a_1 - a|}{a} < \varepsilon,$$

所以，$\lim\limits_{n \to +\infty} a_n = a = \dfrac{\sqrt{5} - 1}{2}$.　　　　　　　　　　　　　　　　□

作为实数连续性命题（二）的应用，下面讨论一个重要极限 $\lim\limits_{n \to +\infty} \left(1+\dfrac{1}{n}\right)^n$.

定理 1.4.2　设两个有理数列 $\{e_n\}$ 和 $\{e_n'\}$：

$$e_n = \left(1 + \frac{1}{n}\right)^n, \quad e_n' = \left(1 + \frac{1}{n}\right)^{n+1}.$$

证明：

(1) $\{e_n\}$ 与 $\{e_n'\}$ 均收敛，且 $\lim\limits_{n \to +\infty} e_n = \lim\limits_{n \to +\infty} e_n'$，记作 e；

(2) $\left(1 + \dfrac{1}{n}\right)^n < e < \left(1 + \dfrac{1}{n}\right)^{n+1}$；

(3) $\dfrac{1}{n+1} < \ln\dfrac{n+1}{n} < \dfrac{1}{n}$，$\dfrac{1}{2} + \dfrac{1}{3} + \cdots + \dfrac{1}{n+1} < \ln(n+1) < 1 + \dfrac{1}{2} + \dfrac{1}{3} + \cdots + \dfrac{1}{n}$；

(4) $x_n = 1 + \dfrac{1}{2} + \cdots + \dfrac{1}{n} - \ln n > 0$，则 $\lim\limits_{n \to +\infty} x_n$ 存在，记 $C = \lim\limits_{n \to +\infty} x_n \xlongequal{\text{可证}} 0.57721\cdots$ （Euler 常数）；

(5) $\lim\limits_{n \to +\infty} \dfrac{1 + \dfrac{1}{2} + \cdots + \dfrac{1}{n}}{\ln n} = 1$；

(6) 设 $y_n = 1 + 1 + \dfrac{1}{2!} + \cdots + \dfrac{1}{n!}$，则 $e > y_n > e_n$，且 $\lim\limits_{n \to +\infty} y_n = e$；

(7) $e = 1 + 1 + \dfrac{1}{2!} + \cdots + \dfrac{1}{n!} + \dfrac{\theta_n}{n \cdot n!}$，其中，$0 < \dfrac{n}{n+1} < \theta_n \leqslant \dfrac{n^2 + 2n}{n^2 + 2n + 1} < 1$；

(8) e 为无理数.

证明 （1）由几何-算术平均不等式得到

$$e_n = \left(1 + \frac{1}{n}\right)^n = 1 \cdot \left(1 + \frac{1}{n}\right)^n < \left[\frac{1 + n(1 + \frac{1}{n})}{n+1}\right]^{n+1}$$

$$= \left(1 + \frac{1}{n+1}\right)^{n+1} = e_{n+1},$$

即 $\{e_n\}$ 严格增. 或者,

$$e_n = \left(1 + \frac{1}{n}\right)^n \xlongequal{\text{二项式定理}} \sum_{k=0}^{n} C_n^k \frac{1}{n^k}$$

$$= 1 + \sum_{k=1}^{n} \frac{n(n-1)\cdots(n-k+1)}{k!} \cdot \frac{1}{n^k}$$

$$= 1 + \sum_{k=1}^{n} \frac{1}{k!}\left(1 - \frac{1}{n}\right)\left(1 - \frac{2}{n}\right)\cdots\left(1 - \frac{k-1}{n}\right)$$

$$< 1 + \sum_{k=1}^{n} \frac{1}{k!}\left(1 - \frac{1}{n+1}\right)\left(1 - \frac{2}{n+1}\right)\cdots\left(1 - \frac{k-1}{n+1}\right)$$

$$\quad + \frac{1}{(n+1)!}\left(1 - \frac{1}{n+1}\right)\cdots\left(1 - \frac{n}{n+1}\right)$$

$$= 1 + \sum_{k=1}^{n+1} \frac{(n+1)n(n-1)\cdots(n+1-k+1)}{k!} \cdot \frac{1}{(n+1)^k}$$

$$= \left(1 + \frac{1}{n+1}\right)^{n+1} = e_{n+1},$$

即 $\{e_n\}$ 严格增. 又

$$e_n = 1 + \sum_{k=1}^{n} \frac{1}{k!}\left(1 - \frac{1}{n}\right)\cdots\left(1 - \frac{k-1}{n}\right)$$

$$< 1 + \sum_{k=1}^{n} \frac{1}{k!} = 1 + 1 + \sum_{k=2}^{n} \frac{1}{k!} < 1 + 1 + \sum_{k=2}^{n} \frac{1}{(k-1)k}$$

$$= 2 + \sum_{k=2}^{n} \left(\frac{1}{k-1} - \frac{1}{k}\right) = 3 - \frac{1}{n} < 3,$$

即 $\{e_n\}$ 有上界 3.

根据实数连续性命题（二）知, $\{e_n\}$ 收敛. 记 $\lim\limits_{n \to +\infty} e_n = e.$

因为

$$\frac{1}{e_n'} = \frac{1}{\left(1 + \frac{1}{n}\right)^{n+1}} = \left(\frac{n}{n+1}\right)^{n+1} = \left(1 - \frac{1}{n+1}\right)^{n+1}$$

$$= 1 \cdot \left(1-\frac{1}{n+1}\right)^{n+1} < \left[\frac{1+(n+1)\left(1-\dfrac{1}{n+1}\right)}{n+2}\right]^{n+2}$$

$$= \left(\frac{n+1}{n+2}\right)^{n+2} = \frac{1}{\left(1+\dfrac{1}{n+1}\right)^{n+2}} = \frac{1}{e'_{n+1}},$$

等价于 $e'_n > e'_{n+1}$，即 $\{e'_n\}$ 严格减. 又 $\{e'_n\}$ 有下界 1. 根据实数连续性命题(二)知，$\{e'_n\}$ 收敛.

或者

$$\lim_{n\to+\infty} e'_n = \lim_{n\to+\infty}\left(1+\frac{1}{n}\right)^{n+1} = \lim_{n\to+\infty}\left(1+\frac{1}{n}\right)^{n} \cdot \lim_{n\to+\infty}\left(1+\frac{1}{n}\right)$$

$$= e \cdot 1 = e = \lim_{n\to+\infty} e_n. \text{且 } 1 < e \leqslant 3,$$

(2) $\left(1+\dfrac{1}{n}\right)^{n} < \left(1+\dfrac{1}{n+1}\right)^{n+1} \leqslant e \leqslant \left(1+\dfrac{1}{n+1}\right)^{n+2} < \left(1+\dfrac{1}{n}\right)^{n+1}.$

(3) 由 $\left(1+\dfrac{1}{n}\right)^{n} < e < \left(1+\dfrac{1}{n}\right)^{n+1}$ 得，

$$n\ln\left(1+\frac{1}{n}\right) < 1 < (n+1)\ln\left(1+\frac{1}{n}\right),$$

$$\frac{1}{n+1} < \ln\left(1+\frac{1}{n}\right) < \frac{1}{n},$$

$$\frac{1}{n+1} < \ln(n+1) - \ln n < \frac{1}{n},$$

$$\frac{1}{2} + \frac{1}{3} + \cdots + \frac{1}{n+1} < \ln(n+1) < 1 + \frac{1}{2} + \cdots + \frac{1}{n}.$$

(4) 由

$$x_n = 1 + \frac{1}{2} + \cdots + \frac{1}{n} - \ln n$$

$$> 1 + \frac{1}{2} + \cdots + \frac{1}{n} - \ln(n+1) > 0$$

可得，$\{x_n\}$ 有下界 0. 又因为

$$x_{n+1} - x_n = \frac{1}{n+1} - \ln(n+1) + \ln n$$

$$= \frac{1}{n+1} - \ln\left(1+\frac{1}{n}\right) < 0,$$

即 $x_{n+1} < x_n$，$\{x_n\}$ 严格减. 根据实数连续性命题(二)知，$\{x_n\}$ 收敛. 记

$$C = \lim_{n\to+\infty} x_n = \lim_{n\to+\infty}\left(\sum_{k=1}^{n} \frac{1}{k} - \ln n\right).$$

(5) 由于 $\{x_n\}$ 严格减，且 $\lim\limits_{n \to +\infty} x_n = C$，故

$$\varepsilon_n = \left(1 + \frac{1}{2} + \cdots + \frac{1}{n} - \ln n\right) - C > 0,$$

且

$$\lim_{n \to +\infty} \varepsilon_n = \lim_{n \to +\infty} (x_n - C) = \lim_{n \to +\infty} x_n - C = C - C = 0.$$

从而

$$\lim_{n \to +\infty} \frac{1 + \frac{1}{2} + \cdots + \frac{1}{n}}{\ln n} = \lim_{n \to +\infty} \frac{\varepsilon_n + \ln n + C}{\ln n}$$

$$= \lim_{n \to +\infty} \left(\frac{\varepsilon_n}{\ln n} + 1 + \frac{C}{\ln n}\right) = 0 + 1 + 0 = 1.$$

(6) 因为 $y_{n+1} = y_n + \frac{1}{(n+1)!} > y_n$，所以 $\{y_n\}$ 严格增. 又

$$e_n = \left(1 + \frac{1}{n}\right)^n = 1 + \sum_{k=1}^{n} \frac{1}{k!} \left(1 - \frac{1}{n}\right)\left(1 - \frac{2}{n}\right) \cdots \left(1 - \frac{k-1}{n}\right)$$

$$< 1 + \sum_{k=1}^{n} \frac{1}{k!} = y_n,$$

且

$$e > e_n > 1 + 1 + \frac{1}{2!}\left(1 - \frac{1}{n}\right) + \frac{1}{3!}\left(1 - \frac{1}{n}\right)\left(1 - \frac{2}{n}\right) + \cdots$$

$$+ \frac{1}{k!}\left(1 - \frac{1}{n}\right) \cdots \left(1 - \frac{k-1}{n}\right), k < n,$$

固定 k，令 $n \to +\infty$，得到

$$e \geqslant 1 + 1 + \frac{1}{2!} + \frac{1}{3!} + \cdots + \frac{1}{k!} = y_k,$$

$$e \geqslant y_k > y_{k-1}, k = 2, 3, \cdots.$$

由此推出

$$e > y_n > e_n.$$

再由 $\lim\limits_{n \to +\infty} e_n = e = \lim\limits_{n \to +\infty} e$ 及夹逼定理立知，$\lim\limits_{n \to +\infty} y_n = e$.

(7) 由 $y_n = 1 + \sum\limits_{k=1}^{n} \frac{1}{k!} < e$，易见，

$$\frac{1}{n!n} \cdot \frac{n}{n+1} \cdot \frac{n+3}{n+2} = \frac{1}{(n+1)!}\left(1 + \frac{1}{n+2}\right) \leqslant y_{n+m} - y_n$$

$$= \frac{1}{(n+1)!} + \frac{1}{(n+2)!} + \cdots + \frac{1}{(n+m)!}$$

$$= \frac{1}{(n+1)!}\left[1 + \frac{1}{n+2} + \frac{1}{(n+3)(n+2)} + \cdots + \frac{1}{(n+m)\cdots(n+2)}\right]$$

$$< \frac{1}{(n+1)!}\left[1+\frac{1}{n+2}+\frac{1}{(n+2)^{2}}+\cdots+\frac{1}{(n+2)^{m-1}}\right]$$

$$= \frac{1}{(n+1)!}\frac{1-\left(\dfrac{1}{n+2}\right)^{m}}{1-\dfrac{1}{n+2}},\quad m=2,3,\cdots.$$

固定 n，令 $m\to+\infty$，得到

$$\frac{1}{n!\,n}\cdot\frac{n}{n+1}\cdot\frac{n+3}{n+2}\leqslant \mathrm{e}-y_{n}\leqslant\frac{1}{(n+1)!}\frac{n+2}{n+1}$$

$$=\frac{1}{n!\,n}\frac{n(n+2)}{(n+1)^{2}}.$$

记 $\mathrm{e}-y_{n}=\dfrac{\theta_{n}}{n!\,n}$，则

$$0<\frac{n}{n+1}<\frac{n}{n+1}\frac{n+3}{n+2}\leqslant\theta_{n}<\frac{n^{2}+2n}{n^{2}+2n+1}<1,$$

$$\mathrm{e}=y_{n}+\frac{\theta_{n}}{n!\,n}=1+1+\frac{1}{2!}+\cdots+\frac{1}{n!}+\frac{\theta_{n}}{n!\,n}.$$

(8)（反证）反设 e 不为无理数，则 e 为有理数，记 $\mathrm{e}=\dfrac{m}{n}$，$m,n\in\mathbb{N}$. 由(7)得到

$$\frac{m}{n}=\mathrm{e}=1+1+\frac{1}{2!}+\cdots+\frac{1}{n!}+\frac{\theta_{n}}{n!\,n}\quad(0<\theta_{n}<1),$$

所以，

$$n!\,m=n!\,n\left(1+1+\frac{1}{2!}+\cdots+\frac{1}{n!}\right)+\theta_{n},$$

显然，左边为自然数，而右边不为自然数，矛盾，从而 e 为无理数. 经过更进一步的研究知 $\mathrm{e}=2.7182818\cdots$. 　　　　□

　　例 1.4.7　设 $n\in\mathbb{N}$. 证明：

$$\frac{k}{n+k}<\ln\left(1+\frac{k}{n}\right)<\frac{k}{n},\quad k=1,\cdots,n.$$

　　证明　由定理 1.4.2(3)，可得

$$\frac{1}{n+1}<\ln\frac{n+1}{n}<\frac{1}{n},$$

推得

$$\frac{k}{n+k}<\frac{1}{n+k}+\frac{1}{n+k-1}+\cdots+\frac{1}{n+1}$$

$$<\ln\frac{n+k}{n+k-1}+\ln\frac{n+k-1}{n+k-2}+\cdots+\ln\frac{n+1}{n}$$

$$< \frac{1}{n+k-1} + \frac{1}{n+k-2} + \cdots + \frac{1}{n} < \frac{k}{n},$$

$$\frac{k}{n+k} < \ln \frac{n+k}{n} = \ln\left(1 + \frac{k}{n}\right) < \frac{k}{n}. \qquad\qquad \square$$

例 1.4.8 求下列极限:

(1) $\displaystyle\lim_{n \to +\infty} \left(1 - \frac{1}{n}\right)^n$;

(2) $\displaystyle\lim_{n \to +\infty} \left(\frac{n+1}{n+2}\right)^{2n+4}$;

(3) $\displaystyle\lim_{n \to +\infty} \left(1 + \frac{k}{n}\right)^n, k \in \mathbb{N}$.

解 (1) $\displaystyle\lim_{n \to +\infty} \left(1 - \frac{1}{n}\right)^n = \lim_{n \to +\infty} \left(\frac{n-1}{n}\right)^n$

$$= \lim_{n \to +\infty} \frac{1}{\left(1 + \dfrac{1}{n-1}\right)^{n-1}\left(1 + \dfrac{1}{n-1}\right)}$$

$$= \frac{1}{\mathrm{e} \cdot (1+0)} = \mathrm{e}^{-1}.$$

(2) $\displaystyle\lim_{n \to +\infty} \left(\frac{n+1}{n+2}\right)^{2n+4} = \lim_{n \to +\infty} \left[\left(1 - \frac{1}{n+2}\right)^{n+2}\right]^2 = (\mathrm{e}^{-1})^2 = \mathrm{e}^{-2}.$

或者

$$\lim_{n \to +\infty} \left(\frac{n+1}{n+2}\right)^{2n+4} = \lim_{n \to +\infty} \frac{1}{\left[\left(1 + \dfrac{1}{n+1}\right)^{n+1}\right]^2 \left(1 + \dfrac{1}{n+1}\right)^2}$$

$$= \frac{1}{\mathrm{e}^2 \cdot (1+0)^2} = \mathrm{e}^{-2}.$$

(3) 由

$$\left(1 + \frac{k}{n}\right)^n = 1 \cdot \left(1 + \frac{k}{n}\right)^n < \left[\frac{1 + n\left(1 + \dfrac{k}{n}\right)}{n+1}\right]^{n+1}$$

$$= \left(\frac{n+1+k}{n+1}\right)^{n+1} = \left(1 + \frac{k}{n+1}\right)^{n+1},$$

推得 $\left(1 + \dfrac{k}{n}\right)^n$ 严格增.

$\forall n \in \mathbb{N}, \exists n_1 \in \mathbb{N}, \mathrm{s.t.}\ n_1 k < n \leqslant (n_1 + 1)k.$ 显然,

$$\left[\left(1 + \frac{1}{n_1}\right)^{n_1}\right]^k = \left(1 + \frac{k}{n_1 k}\right)^{n_1 k} < \left(1 + \frac{k}{n}\right)^n$$

$$\leqslant\left[1+\frac{k}{(n_1+1)k}\right]^{(n_1+1)k}=\left[\left(1+\frac{1}{n_1+1}\right)^{n_1+1}\right]^k,$$

$$\lim_{n\to+\infty}\left[\left(1+\frac{1}{n_1}\right)^{n_1}\right]^k=\lim_{n_1\to+\infty}\left[\left(1+\frac{1}{n_1}\right)^{n_1}\right]^k=\mathrm{e}^k$$

$$=\lim_{n_1\to+\infty}\left[\left(1+\frac{1}{n_1+1}\right)^{n_1+1}\right]^k=\lim_{n\to+\infty}\left[\left(1+\frac{1}{n_1+1}\right)^{n_1+1}\right]^k,$$

根据夹逼定理得

$$\lim_{n\to+\infty}\left(1+\frac{k}{n}\right)^n=\mathrm{e}^k. \qquad\qquad \square$$

注 1.4.2 如果应用函数的两个重要极限之一 $\lim\limits_{x\to+\infty}\left(1+\dfrac{1}{x}\right)^x=\mathrm{e}$ 及归结原则(定理 2.1.3),则有

$$\lim_{n\to+\infty}\left(1+\frac{k}{n}\right)^n=\lim_{n\to+\infty}\left[\left(1+\frac{k}{n}\right)^{\frac{n}{k}}\right]^k=\mathrm{e}^k.$$

例 1.4.9 求 (1) $\lim\limits_{n\to+\infty}\left(\dfrac{1}{n+1}+\dfrac{1}{n+2}+\cdots+\dfrac{1}{n+n}\right)$;

(2) $\lim\limits_{n\to+\infty}\left[\left(1+\dfrac{1}{3}+\dfrac{1}{5}+\cdots+\dfrac{1}{2n-1}\right)-\left(\dfrac{1}{2}+\dfrac{1}{4}+\cdots+\dfrac{1}{2n}\right)\right]$.

解 (1) $\lim\limits_{n\to+\infty}\left(\dfrac{1}{n+1}+\dfrac{1}{n+2}+\cdots+\dfrac{1}{n+n}\right)$

$$=\lim_{n\to+\infty}\left[\left(1+\frac{1}{2}+\cdots+\frac{1}{2n}\right)-\left(1+\frac{1}{2}+\cdots+\frac{1}{n}\right)\right]$$

$$=\lim_{n\to+\infty}\left[(x_{2n}+\ln 2n)-(x_n+\ln n)\right]$$

$$=\lim_{n\to+\infty}x_{2n}-\lim_{n\to+\infty}x_n+\lim_{n\to+\infty}\ln 2$$

$$=C-C+\ln 2=\ln 2.$$

(2) $\lim\limits_{n\to+\infty}\left[\left(1+\dfrac{1}{3}+\dfrac{1}{5}+\cdots+\dfrac{1}{2n-1}\right)-\left(\dfrac{1}{2}+\dfrac{1}{4}+\cdots+\dfrac{1}{2n}\right)\right]$

$$=\lim_{n\to+\infty}\left[\left(1+\frac{1}{2}+\cdots+\frac{1}{2n}\right)-2\left(\frac{1}{2}+\frac{1}{4}+\cdots+\frac{1}{2n}\right)\right]$$

$$=\lim_{n\to+\infty}\left[\left(1+\frac{1}{2}+\cdots+\frac{1}{2n}\right)-\left(1+\frac{1}{2}+\cdots+\frac{1}{n}\right)\right]$$

$$\xlongequal{\text{由(1)}}\ln 2. \qquad\qquad \square$$

例 1.4.10 证明: $a_n=\left(1+\dfrac{1}{2}\right)\left(1+\dfrac{1}{2^2}\right)\cdots\left(1+\dfrac{1}{2^n}\right)$ 收敛.

证明 因 $a_{n+1}=a_n\left(1+\dfrac{1}{2^{n+1}}\right)>a_n$,故 $\{a_n\}$ 严格增.

又因

$$a_n = \left(1 + \frac{1}{2}\right)\left(1 + \frac{1}{2^2}\right)\cdots\left(1 + \frac{1}{2^n}\right)$$

$$\leqslant \left[\frac{\left(1 + \frac{1}{2}\right) + \left(1 + \frac{1}{2^2}\right) + \cdots + \left(1 + \frac{1}{2^n}\right)}{n}\right]^n$$

$$= \left[1 + \frac{\frac{1}{2} + \frac{1}{2^2} + \cdots + \frac{1}{2^n}}{n}\right]^n$$

$$= \left(1 + \frac{1 - \frac{1}{2^n}}{n}\right)^n < \left(1 + \frac{1}{n}\right)^n < e(\text{或} 3),$$

所以,根据实数连续性命题(二)知,$\{a_n\}$ 收敛. □

例 1.4.11 证明:

(1) $\left(\dfrac{n+1}{e}\right)^n < n! < e\left(\dfrac{n+1}{e}\right)^{n+1}$;

(2) $\lim\limits_{n\to+\infty} \dfrac{n}{\sqrt[n]{n!}} = e$.

证明 (1) 将不等式

$$\left(\frac{n+1}{n}\right)^n = \left(1 + \frac{1}{n}\right)^n < e < \left(1 + \frac{1}{n}\right)^{n+1} = \left(\frac{n+1}{n}\right)^{n+1}$$

从 1 开始排到 n,有

$$\frac{2}{1} < e < \frac{2^2}{1^2},$$

$$\frac{3^2}{2^2} < e < \frac{3^3}{2^3},$$

$$\cdots$$

$$\frac{(n+1)^n}{n^n} < e < \frac{(n+1)^{n+1}}{n^{n+1}}.$$

将各式相乘就得到

$$\frac{(n+1)^n}{n!} < e^n < \frac{(n+1)^{n+1}}{n!},$$

$$\left(\frac{n+1}{e}\right)^n < n! < e\left(\frac{n+1}{e}\right)^{n+1}.$$

(2) 由(1)知,

$$\frac{n+1}{e} < \sqrt[n]{n!} < \frac{n+1}{e}\sqrt[n]{n+1},$$

$$e\frac{n}{n+1} > \frac{n}{\sqrt[n]{n!}} > e\frac{n}{n+1}\frac{1}{\sqrt[n]{n+1}}.$$

再由 $\lim\limits_{n \to +\infty} e\dfrac{n}{n+1} = e = \lim\limits_{n \to +\infty} e\dfrac{n}{n+1} \cdot \dfrac{1}{\sqrt[n]{n+1}}$ 及夹逼定理,有

$$\lim_{n \to +\infty}\frac{n}{\sqrt[n]{n!}} = e.$$

或者,令 $a_n = \dfrac{n^n}{n!} > 0$,则

$$\frac{a_{n+1}}{a_n} = \frac{(n+1)^{n+1}}{(n+1)!} \bigg/ \frac{n^n}{n!} = \left(1 + \frac{1}{n}\right)^n.$$

于是,

$$\lim_{n \to +\infty}\frac{n}{\sqrt[n]{n!}} = \lim_{n \to +\infty}\sqrt[n]{\frac{n^n}{n!}} = \lim_{n \to +\infty}\sqrt[n]{a_n} = \lim_{n \to +\infty}\sqrt[n]{a_1 \cdot \frac{a_2}{a_1}\frac{a_3}{a_2}\cdots\frac{a_n}{a_{n-1}}}$$

$$= \lim_{n \to +\infty}\frac{a_n}{a_{n-1}} = \lim_{n \to +\infty}\frac{a_{n+1}}{a_n} = \lim_{n \to +\infty}\left(1 + \frac{1}{n}\right)^n = e. \qquad \square$$

例 1.4.12 证明:$S_n = \dfrac{\sin 1!}{2^1} + \dfrac{\sin 2!}{2^2} + \cdots + \dfrac{\sin n!}{2^n}$ 收敛.

证明 $\forall \varepsilon > 0$,取 $N \in \mathbb{N}$,s.t. $N > \dfrac{1}{\varepsilon}$,当 $n > N$ 时,$\forall p \in \mathbb{N}$,有

$$|S_{n+p} - S_n| = \left|\frac{\sin(n+1)!}{2^{n+1}} + \cdots + \frac{\sin(n+p)!}{2^{n+p}}\right|$$

$$\leqslant \left|\frac{\sin(n+1)!}{2^{n+1}}\right| + \cdots + \left|\frac{\sin(n+p)!}{2^{n+p}}\right|$$

$$\leqslant \frac{1}{2^{n+1}} + \cdots + \frac{1}{2^{n+p}} = \frac{1}{2^{n+1}} \cdot \frac{1 - \dfrac{1}{2^p}}{1 - \dfrac{1}{2}}$$

$$< \frac{1}{2^n} < \frac{1}{n} < \frac{1}{N} < \varepsilon,$$

所以,$\{S_n\}$ 为 Cauchy(基本)数列.根据实数连续性命题(七),$\{S_n\}$ 收敛. $\square$

更一般地,有下面结论.

例 1.4.13 设级数 $\sum\limits_{n=1}^{\infty} b_n$ 收敛,$|a_n| \leqslant b_n$,$\forall n \in \mathbb{N}$,则 $\sum\limits_{n=1}^{\infty} a_n$ 也收敛.

证明 $\forall \varepsilon > 0$,因为 $\sum\limits_{n=1}^{\infty} b_n$ 收敛,故由级数的 Cauchy 收敛准则知,$\exists N \in \mathbb{N}$,当 $n >$

N 时，有

$$b_{n+1} + \cdots + b_{n+p} = |b_{n+1} + \cdots + b_{n+p}| < \varepsilon, \forall p \in \mathbb{N}.$$

于是，

$$|a_{n+1} + \cdots + a_{n+p}| \leqslant |a_{n+1}| + \cdots + |a_{n+p}| \leqslant b_{n+1} + \cdots + b_{n+p}$$
$$= |b_{n+1} + \cdots + b_{n+p}| < \varepsilon,$$

再根据级数的 Cauchy 收敛准则知，$\sum\limits_{n=1}^{\infty} a_n$ 收敛. 　　　　　　　　　　□

因为等比级数 $\sum\limits_{n=1}^{\infty} q^n (|q| < 1)$ 收敛，故从例 1.4.13 立即推得例 1.4.12 中 $\{S_n\}$ 收敛.

例 1.4.14　设 $\lim\limits_{n \to +\infty} \alpha_n = 0$，且 $\forall n, p \in \mathbb{N}$，有 $|a_{n+p} - a_n| \leqslant \alpha_n$，则 a_n 收敛.

证明　$\forall \varepsilon > 0$，因 $\lim\limits_{n \to +\infty} \alpha_n = 0$，故 $\exists N \in \mathbb{N}$，当 $n > N$ 时，$0 \leqslant \alpha_n < \varepsilon$. 于是，$\forall p \in \mathbb{N}$，有

$$|a_{n+p} - a_n| \leqslant \alpha_n < \varepsilon,$$

根据数列的 Canchy 收敛准则知，$\{a_n\}$ 收敛. 　　　　　　　　　　□

由此推得下面的结论.

例 1.4.15　设 $\lim\limits_{n \to +\infty} \alpha_n = 0$，且 $\forall n, p \in \mathbb{N}$，有 $|a_{n+1} + \cdots + a_{n+p}| \leqslant \alpha_n$，则 $\sum\limits_{n=1}^{\infty} a_n$ 收敛.

证明　令 $S_n = a_1 + \cdots + a_n$，则 $\forall n, p \in \mathbb{N}$，有

$$|S_{n+p} - S_n| = |a_{n+1} + \cdots + a_{n+p}| \leqslant \alpha_n,$$

故 $\{S_n\}$ 收敛，即 $\sum\limits_{n=1}^{\infty} a_n$ 收敛. 　　　　　　　　　　□

例 1.4.16　应用级数的 Cauchy 收敛准则证明 $\sum\limits_{n=1}^{\infty} \dfrac{1}{n}$ 发散.

证明　（反证）反设 $\sum\limits_{n=1}^{\infty} \dfrac{1}{n}$ 收敛，则对 $\varepsilon_0 = \dfrac{1}{2}$，$\exists N \in \mathbb{N}$，当 $n > N$，$\forall p \in \mathbb{N}$，有

$$\left| \frac{1}{n+1} + \frac{1}{n+2} + \cdots + \frac{1}{n+p} \right| < \varepsilon_0 = \frac{1}{2}.$$

特别当 $p = n$ 时，

$$\frac{1}{2} = \frac{n}{2n} < \left| \frac{1}{n+1} + \frac{1}{n+2} + \cdots + \frac{1}{2n} \right| < \varepsilon_0 = \frac{1}{2},$$

矛盾. 　　　　　　　　　　□

例 1.4.17　应用数列的 Cauchy 收敛准则证明数列 $\{a_n\}$，$a_n = (-1)^{n-1}$ 不收敛.

证明　（反证）反设 $a_n = (-1)^{n-1}$ 收敛，根据数列的 Cauchy 收敛准则知，对 $\varepsilon_0 = 1$，$\exists N \in \mathbb{N}$，当 $n > N$，$\forall p \in \mathbb{N}$ 时，有

$$1 - (-1)^p = |(-1)^{n+p-1} - (-1)^{n-1}| = |a_{n+p} - a_n| < \varepsilon_0 = 1.$$

特别当 $p = 2k - 1(k \in \mathbf{N})$ 时,

$$2 = 1 - (-1)^{2k-1} < \varepsilon_0 = 1,$$

矛盾.   □

练习题 1.4

1. 证明下列数列收敛:

(1) $\left(1 - \dfrac{1}{2}\right)\left(1 - \dfrac{1}{2^2}\right)\cdots\left(1 - \dfrac{1}{2^n}\right), n \in \mathbf{N}$;

(2) $\dfrac{10}{1} \cdot \dfrac{11}{3} \cdots \dfrac{n+9}{2n-1}, n \in \mathbf{N}$.

2. 设 $0 < a_n < 1$ 且 $a_{n+1}(1 - a_n) \geqslant \dfrac{1}{4}, n \in \mathbf{N}$. 证明: $\{a_n\}$ 收敛, 且 $\lim\limits_{n \to +\infty} a_n = \dfrac{1}{2}$.

3. 给定两正数 $x_0 = a$ 与 $y_0 = b$, 归纳定义

$$x_n = \sqrt{x_{n-1} y_{n-1}}, \quad y_n = \frac{x_{n-1} + y_{n-1}}{2},$$

$n = 1, 2, \cdots$. 证明: 数列 $\{x_n\}$ 与 $\{y_n\}$ 收敛, 且 $\lim\limits_{n \to +\infty} x_n = \lim\limits_{n \to +\infty} y_n$, 并称此极限为 a 与 b 的**算术-几何平均数**.

4. $\forall n \in \mathbf{N}$, 用 x_n 表示方程 $x + x^2 + \cdots + x^n = 1$ 在闭区间 $[0, 1]$ 上的根. 求极限 $\lim\limits_{n \to \infty} x_n$.

5. 设 $c > 0, x_1 = \sqrt{c}, x_2 = \sqrt{c + \sqrt{c}}, x_{n+1} = \sqrt{c + x_n}$. 证明: 数列 $\{x_n\}$ 收敛, 且 $\lim\limits_{n \to +\infty} x_n$

$= \dfrac{1 + \sqrt{1 + 4c}}{2}$.

6. 设 $x_1 = c > 0$, 令 $x_{n+1} = c + \dfrac{1}{x_n}, n \in \mathbf{N}$. 求极限 $\lim\limits_{n \to +\infty} x_n$.

7. 证明: $\sqrt{1 + \sqrt{1 + \sqrt{1 + \cdots}}} = \dfrac{1 + \sqrt{5}}{2} = 1 + \dfrac{1}{1 + \dfrac{1}{1 + \cdots}}$.

8. 设 $c > 0, a_1 = \dfrac{c}{2}, a_{n+1} = \dfrac{c}{2} + \dfrac{a_n^2}{2}, n = 1, 2, \cdots$. 证明:

$$\lim_{n \to +\infty} a_n = \begin{cases} 1 - \sqrt{1 - c}, & 0 < c \leqslant 1, \\ +\infty, & c > 1. \end{cases}$$

9. 设数列 $\{a_n\}$ 单调增, $\{b_n\}$ 单调减, 且 $\lim\limits_{n \to +\infty}(a_n - b_n) = 0$. 证明: $\{a_n\}$ 与 $\{b_n\}$ 都收敛, 且 $\lim\limits_{n \to +\infty} a_n = \lim\limits_{n \to +\infty} b_n$.

10. 设数列 $\{a_n\}$ 满足: 存在正数 $M, \forall n \in \mathbf{N}$, 有

$$A_n = |a_2 - a_1| + |a_3 - a_2| + \cdots + |a_n - a_{n-1}| \leqslant M.$$

证明：数列 $\{a_n\}$ 与 $\{A_n\}$ 都收敛.

11. 应用 Cauchy 收敛准则证明下列数列收敛：

(1) $x_n = \dfrac{\cos 1!}{1 \cdot 2} + \dfrac{\cos 2!}{2 \cdot 3} + \cdots + \dfrac{\cos n!}{n(n+1)}$；

(2) $x_n = 1 + \dfrac{1}{2^2} + \dfrac{1}{3^2} + \cdots + \dfrac{1}{n^2}$；

(3) $x_n = \dfrac{\arctan 1}{1(1 + \cos 1!)} + \dfrac{\arctan 2}{2(2 + \cos 2!)} + \cdots + \dfrac{\arctan n}{n(n + \cos n!)}$.

12. 应用 $\lim\limits_{n \to +\infty} \left(1 + \dfrac{1}{n}\right)^n = e$ 与 $\lim\limits_{n \to +\infty} \left(1 - \dfrac{1}{n}\right)^n = e^{-1}$，求下列极限：

(1) $\lim\limits_{n \to +\infty} \left(1 + \dfrac{1}{n-3}\right)^n$；   (2) $\lim\limits_{n \to +\infty} \left(1 - \dfrac{1}{n-2}\right)^n$；

(3) $\lim\limits_{n \to +\infty} \left(\dfrac{1+n}{2+n}\right)^n$；   (4) $\lim\limits_{n \to +\infty} \left(1 + \dfrac{1}{2n^2}\right)^{4n^2}$；

(5) $\lim\limits_{n \to +\infty} \left(1 + \dfrac{3}{n}\right)^n$.

13. $\forall n \in \mathbb{N}$，证明：

(1) $0 < e - \left(1 + \dfrac{1}{n}\right)^n < \dfrac{3}{n}$；   (2) $\lim\limits_{n \to +\infty} \left[e - \left(1 + \dfrac{1}{n}\right)^n\right] = 0.$

14. 设 $\alpha < 1$，证明：

(1) $0 < n^\alpha \left[e - \left(1 + \dfrac{1}{n}\right)^n\right] < \dfrac{e}{n^{1-\alpha}}$；

(2) $\lim\limits_{n \to +\infty} n^\alpha \left[e - \left(1 + \dfrac{1}{n}\right)^n\right] = 0.$

15. (1) 设 $0 < a < b$，$\forall n \in \mathbb{N}$. 证明：
$$b^{n+1} - a^{n+1} < (n+1)b^n(b-a),$$
$$a^{n+1} > b^n[(n+1)a - nb];$$

(2) 在 (1) 中，令 $a = 1 + \dfrac{1}{n+1}$，$b = 1 + \dfrac{1}{n}$ 推出 $\left(1 + \dfrac{1}{n}\right)^n$ 为严格增的数列；

(3) 在 (1) 中，令 $a = 1$，$b = 1 + \dfrac{1}{2n}$ 推出当 n 为偶数时，有 $\left(1 + \dfrac{1}{n}\right)^n < 4$；由此得到 $\forall n \in \mathbb{N}$，有 $\left(1 + \dfrac{1}{n}\right)^n < 4$，即 4 为该数列的上界，从而 $\left(1 + \dfrac{1}{n}\right)^n$ 收敛.

16. 应用不等式 $b^{n+1} - a^{n+1} > (n+1)a^n(b-a)$，$0 < a < b$，证明：数列 $\left(1 + \dfrac{1}{n}\right)^{n+1}$ 是严格增减的，并由此推出 $\left(1 + \dfrac{1}{n}\right)^n$ 为有界数列.

17. 证明：$\left(1+\dfrac{1}{n}\right)^{n+1}<\dfrac{3}{n}+\left(1+\dfrac{1}{n}\right)^{n}$，$\forall n\in\mathbb{N}$.

18. 设 $\{a_n\}$ 为有界数列. 记

$$\bar{a}_n=\sup\{a_n,a_{n+1},\cdots\},\underline{a}_n=\inf\{a_n,a_{n+1},\cdots\}.$$

证明：(1) $\forall n\in\mathbb{N}$，有 $\bar{a}_n\geqslant\underline{a}_n$；

(2) $\{\bar{a}_n\}$ 为单调减有界数列；$\{\underline{a}_n\}$ 为单调增有界数列，且 $\forall n,m\in\mathbb{N}$ 有 $\bar{a}_n\geqslant\underline{a}_m$；

(3) 设 $\bar{a}=\lim\limits_{n\to+\infty}\bar{a}_n$，$\underline{a}=\lim\limits_{n\to+\infty}\underline{a}_n$，则 $\bar{a}\geqslant\underline{a}$；

(4) $\{a_n\}$ 收敛 $\Leftrightarrow\bar{a}=\underline{a}$.

思考题 1.4

1. 设 $a_1\geqslant0$，$a_{n+1}=\dfrac{3(1+a_n)}{3+a_n}$，$n=1,2,\cdots$. 证明：$\{a_n\}$ 收敛，且 $\lim\limits_{n\to+\infty}a_n=\sqrt{3}$.

2. 设 $a>0$，$x_1>0$，$x_{n+1}=\dfrac{x_n(x_n^2+3a)}{3x_n^2+a}$，$n=1,2,\cdots$. 证明：$\{x_n\}$ 收敛，且 $\lim\limits_{n\to+\infty}x_n=\sqrt{a}$.

3. 设 $a>0$，$x_1=\sqrt[3]{a}$，$x_n=\sqrt[3]{ax_{n-1}}(n>1)$. 证明：$\{x_n\}$ 收敛，且 $\lim\limits_{n\to+\infty}x_n=\sqrt{a}$.

4. 设 $0<a_1<b_1<c_1$. 令

$$a_{n+1}=\dfrac{3}{\dfrac{1}{a_n}+\dfrac{1}{b_n}+\dfrac{1}{c_n}},\quad b_{n+1}=\sqrt[3]{a_nb_nc_n},\quad c_{n+1}=\dfrac{a_n+b_n+c_n}{3}.$$

证明：$\{a_n\}$，$\{b_n\}$，$\{c_n\}$ 收敛于同一实数.

5. 设 $a_n>0$，$S_n=a_1+\cdots+a_n$，$T_n=\dfrac{a_1}{S_1}+\cdots+\dfrac{a_n}{S_n}$，且 $\lim\limits_{n\to+\infty}S_n=+\infty$. 证明：$\lim\limits_{n\to+\infty}T_n=+\infty$.

6. 设 $a_1=1$，$a_{n+1}=\dfrac{1}{1+a_n}$，$n=1,2,\cdots$. 证明：$\lim\limits_{n\to+\infty}a_n=\dfrac{\sqrt{5}-1}{2}$（应用(1)例 1.4.6 中方法；

(2) $|a_{n+1+k}-a_{n+1}|\leqslant 2\cdot\left(\dfrac{4}{9}\right)^{n+1}$ 及 Cauchy 收敛准则).

7. 设 $a_n\geqslant0$，$S_n=\sum\limits_{k=1}^{n}a_k$ 收敛于 S. 证明：$b_n=(1+a_1)(1+a_2)\cdots(1+a_n)$ 收敛.

1.5　上极限与下极限

这一节介绍上极限与下极限的概念，并应用其是否相等来刻画数列有没有极限.

定义 1.5.1　如果 $a\in\mathbb{R}_*=\mathbb{R}\cup\{+\infty,-\infty\}$ 的任何开邻域内都含数列 $\{x_n\}$ 的无限项，则称 a 为数列 $\{x_n\}$ 的一个**聚点**. 易知，数列 $\{x_n\}$ 的聚点实际上就是 $\{x_n\}$ 的某个子列的

极限.

显然,数集 $\{x_n \mid n \in \mathbb{N}\}$ 的聚点 a 必为数列 $\{x_n\}$ 的聚点.但反之不真,见例 1.5.1(1)(4).

定义 1.5.2 数列 $\{x_n\}$ 的最大聚点 $a_大$ 与最小聚点 $a_小$(由定理 1.5.1 知,它们一定存在)分别称为数列 $\{x_n\}$ 的**上极限**与**下极限**,记作

$$a_大 = \varlimsup_{n \to +\infty} x_n, a_小 = \varliminf_{n \to +\infty} x_n.$$

由定义,显然有

$$a_小 = \varliminf_{n \to +\infty} x_n \leqslant \varlimsup_{n \to +\infty} x_n = a_大.$$

例 1.5.1 (1) 常数列 $\{a, a, a, \cdots\}$ 只有一个聚点 a,但其对应的数集 $\{a\}$ 无聚点.

(2) 数列 $\left\{\dfrac{1}{n}\right\}$ 只有一个聚点 0,其对应的数集 $\left\{\dfrac{1}{n} \middle| n \in \mathbb{N}\right\}$ 的聚点也只有一个 0.

(3) 数列 $\left\{(-1)^n \dfrac{n}{n+1}\right\}$ 的聚点集为 $\{-1, 1\}$,其对应的数集 $\left\{(-1)^n \dfrac{n}{n+1} \middle| n \in \mathbb{N}\right\}$ 的聚点集也为 $\{-1, 1\}$.

(4) 数列 $\left\{\sin \dfrac{n\pi}{4}\right\}$ 的聚点集为 $\left\{-1, -\dfrac{\sqrt{2}}{2}, 0, \dfrac{\sqrt{2}}{2}, 1\right\}$,其对应的数集 $\left\{\sin \dfrac{n\pi}{4} \middle| n \in \mathbb{N}\right\} = \left\{-1, -\dfrac{\sqrt{2}}{2}, 0, \dfrac{\sqrt{2}}{2}, 1\right\}$ 无聚点.

易见, $\varlimsup\limits_{n \to +\infty} a = a = \varliminf\limits_{n \to +\infty} a$;

$$\varlimsup_{n \to +\infty} \frac{1}{n} = 0 = \varliminf_{n \to +\infty} \frac{1}{n};$$

$$\varlimsup_{n \to +\infty} (-1)^n \frac{n}{n+1} = 1, \varliminf_{n \to +\infty} (-1)^n \frac{n}{n+1} = -1;$$

$$\varlimsup_{n \to +\infty} \sin \frac{n\pi}{4} = 1, \varliminf_{n \to +\infty} \sin \frac{n\pi}{4} = -1.$$

例 1.5.2 (1) $\varlimsup\limits_{n \to +\infty} [(-1)^n + 1]n = +\infty, \varliminf\limits_{n \to +\infty} [(-1)^n + 1]n = 0$;

(2) $\varlimsup\limits_{n \to +\infty} n = +\infty = \varliminf\limits_{n \to +\infty} n$;

(3) $\varlimsup\limits_{n \to +\infty} [(-1)^{n+1} - 1]n = 0, \varliminf\limits_{n \to +\infty} [(-1)^{n+1} - 1]n = -\infty$;

(4) $\varlimsup\limits_{n \to +\infty} (-n^2) = -\infty = \varliminf\limits_{n \to +\infty} (-n^2)$;

(5) $\varlimsup\limits_{n \to +\infty} (-1)^{n-1} = 1, \varliminf\limits_{n \to +\infty} (-1)^{n-1} = -1$.

定理 1.5.1 (1) 有界数列 $\{x_n\}$ 至少有一个聚点,存在最大聚点与最小聚点,且这两个聚点都为实数,它们分别为上极限 $\varlimsup\limits_{n \to +\infty} x_n$ 与下极限 $\varliminf\limits_{n \to +\infty} x_n$.

(2) 如果数列 $\{x_n\}$ 无上界,则 $\varlimsup\limits_{n \to +\infty} x_n = +\infty$,此时 $+\infty$ 为数列 $\{x_n\}$ 的最大聚点.

如果数列 $\{x_n\}$ 有上界 b.

① 若 $\forall a<b$, $[a,b]$ 中含数列 $\{x_n\}$ 的有限项,则 $\lim\limits_{n\to+\infty} x_n = -\infty = \varlimsup\limits_{n\to+\infty} x_n$(此时, $\varliminf\limits_{n\to+\infty} x_n = -\infty$).

② 若 $\exists a<b$, $[a,b]$ 中含数列 $\{x_n\}$ 的无限项,则数列 $\{x_n\}$ 以实数为最大聚点,它就是 $\varlimsup\limits_{n\to+\infty} x_n$.

(3) 如果数列 $\{x_n\}$ 无下界,则 $\varliminf\limits_{n\to+\infty} x_n = -\infty$,此时 $-\infty$ 为数列 $\{x_n\}$ 的最小聚点.

如果数列 $\{x_n\}$ 有下界 a.

① 若 $\forall b>a$, $[a,b]$ 中只含数列 $\{x_n\}$ 的有限项,则 $\varliminf\limits_{n\to+\infty} x_n = +\infty = \varlimsup\limits_{n\to+\infty} x_n$(此时, $\varlimsup\limits_{n\to+\infty} x_n = +\infty$).

② 若 $\exists b>a$, $[a,b]$ 中含数列 $\{x_n\}$ 的无限项,则数列 $\{x_n\}$ 以实数为最小聚点,它就是 $\varliminf\limits_{n\to+\infty} x_n$.

证明 (1) 因数列 $\{x_n\}$ 有界,令 $\{x_n \mid n\in\mathbb{N}\}\subset[-M,M]=[a_1,b_1]$. 将 $[a_1,b_1]$ 两等分,则必有一等分含数列 $\{x_n\}$ 的无限多项,记此子区间为 $[a_2,b_2]$,则 $[a_1,b_1]\supset[a_2,b_2]$,且

$$b_2-a_2=\frac{1}{2}(b_1-a_1)=M.$$

再将 $[a_2,b_2]$ 两等分,则必有一等分含数列 $\{x_n\}$ 的无穷多项,记此子区间为 $[a_3,b_3]$,则 $[a_2,b_2]\supset[a_3,b_3]$,且

$$b_3-a_3=\frac{1}{2}(b_2-a_2)=\frac{M}{2}.$$

如此下去,得到一个递降闭区间套:

$$[a_1,b_1]\supset[a_2,b_2]\supset\cdots\supset[a_k,b_k]\supset\cdots,$$
$$b_k-a_k=\frac{M}{2^{k-1}}\to0(k\to+\infty),$$

且每个闭区间 $[a_k,b_k]$ 都含数列 $\{x_n\}$ 的无限多项.

由实数连续性命题(三)(闭区间套原理)知,$\exists_1 x_0\in\bigcap\limits_{k=1}^{\infty}[a_k,b_k]$. 对 x_0 的任何开邻域 U,$\exists\varepsilon>0$, s. t. $B(x_0;\varepsilon)=(x_0-\varepsilon,x_0+\varepsilon)\subset U$,则 $\exists N\in\mathbb{N}$,当 $k>N$ 时,$[a_k,b_k]\subset(x_0-\varepsilon,x_0+\varepsilon)\subset U$,从而 U 中含数列 $\{x_n\}$ 的无限多项,所以 x_0 为数列 $\{x_n\}$ 的聚点.

至于最大聚点的存在性,只需在上述证明过程中,当每次将区间 $[a_{k-1},b_{k-1}]$ 等分为两个子区间时,若右边一个含数列 $\{x_n\}$ 的无限项,则取它为 $[a_k,b_k]$;若右边一个含数列 $\{x_n\}$ 的有限项,则取左边的子区间为 $[a_k,b_k]$. 于是,所选 $[a_k,b_k]$ 都含数列 $\{x_n\}$ 的无限项,同时在 $[a_k,b_k]$ 的右边却至多含数列 $\{x_n\}$ 的有限项,其中 $b_k-a_k=\frac{1}{2}(b_{k-1}-a_{k-1})=\cdots=$

$$\frac{1}{2^{k-1}}(b_1-a_1)\to 0(k\to +\infty).$$

再根据闭区间套原理知，$\exists_1 x_0 \in \bigcap\limits_{k=1}^{\infty}[a_k,b_k]$. 下证 x_0 为数列 $\{x_n\}$ 的最大聚点.（反证）若不然，设另有数列 $\{x_n\}$ 的聚点 $x_0^* > x_0$. 令 $\delta = \frac{1}{3}(x_0^* - x_0) > 0$，则在 $B(x_0^*;\delta) = (x_0^*-\delta, x_0^*+\delta)$ 内含数列 $\{x_n\}$ 的无限多项. 但当 k 充分大时，$B(x_0^*;\delta) = (x_0^*-\delta, x_0^*+\delta)$ 完全落在 $[a_k,b_k]$ 的右边. 这与上述 $[a_k,b_k]$ 右边至多含数列 $\{x_n\}$ 的有限项相矛盾.

类似可证最小聚点的存在性，或用 $\{-x_n\}$ 代替 $\{x_n\}$.

（2）如果数列 $\{x_n\}$ 无上界，根据例 1.1.16 可知，$\{x_n\}$ 有子列 $\{x_{n_k}\}$，s. t. $\lim\limits_{k\to +\infty} x_{n_k} = +\infty$. 因此，$+\infty$ 为数列 $\{x_n\}$ 最大聚点，从而 $\overline{\lim\limits_{n\to +\infty}} x_n = +\infty$.

如果数列 $\{x_n\}$ 有上界 b.

① 若 $\forall a < b$，$[a,b]$ 中只含数列 $\{x_n\}$ 的有限项. 则根据极限为 $-\infty$ 的定义立知，$\lim\limits_{n\to +\infty} x_n = -\infty = \overline{\lim\limits_{n\to +\infty}} x_n$.

② 若 $\exists a < b$，$[a,b]$ 中含数列 $\{x_n\}$ 的无限项. 由（1）的结果，数列 $\{x_n\} \bigcap [a,b]$ 有最大聚点，显然它也是数列 $\{x_n\}$ 的最大聚点，即为 $\overline{\lim\limits_{n\to +\infty}} x_n$.

（3）类似（2）证明，或用 $\{-x_n\}$ 代替 $\{x_n\}$. □

定理 1.5.2 $\lim\limits_{n\to +\infty} x_n = a \Leftrightarrow \overline{\lim\limits_{n\to +\infty}} x_n = \underline{\lim\limits_{n\to +\infty}} x_n = a$.

证明 （$\Rightarrow$）设 $\lim\limits_{n\to +\infty} x_n = a$，则对 a 的任一开邻域 U，$\exists N \in \mathbb{N}$，当 $n > N$ 时，$x_n \in U$，从而 a 为数列 $\{x_n\}$ 的一个聚点.

$\forall b \neq a$，则存在 a 的开邻域 U_a，b 的开邻域 U_b，s. t. $U_a \bigcap U_b = \varnothing$. 由于 $\lim\limits_{n\to +\infty} x_n = a$，故 $\exists N \in \mathbb{N}$，当 $n > N$ 时，$x_n \in U_a$，所以，$x_n \notin U_b$，从而 U_b 中至多含数列 $\{x_n\}$ 的有限项（如 $x_1, \cdots, x_N$）. 因此，b 不为数列 $\{x_n\}$ 的聚点.

综上可知，a 为数列 $\{x_n\}$ 的惟一聚点. 所以，

$$\overline{\lim\limits_{n\to +\infty}} x_n = a = \underline{\lim\limits_{n\to +\infty}} x_n.$$

或者，因 $\lim\limits_{n\to +\infty} x_n = a$，故 $\{x_n\}$ 的任何子列 $\{x_{n_k}\}$ 也必有 $\lim\limits_{k\to +\infty} x_{n_k} = a$. 因此，数列 $\{x_n\}$ 有惟一的聚点 a，从而

$$\overline{\lim\limits_{n\to +\infty}} x_n = a = \underline{\lim\limits_{n\to +\infty}} x_n.$$

（$\Leftarrow$）设 $\overline{\lim\limits_{n\to +\infty}} x_n = \underline{\lim\limits_{n\to +\infty}} x_n = a$，则数列 $\{x_n\}$ 只有一个聚点 a. 因此，对 a 的任何开邻域 U，在 U 外只含数列 $\{x_n\}$ 的有限项 $x_{n_1}, \cdots, x_{n_k}$（否则数列 $\{x_n\}$ 在 U 外还有异于 a 的聚点，这与数列 $\{x_n\}$ 只有一个聚点相矛盾）. 于是，当 $n > N = \max\{n_1, \cdots, n_k, 1\}$ 时，有 $x_n \in U$. 这

就证明了 $\lim\limits_{n \to +\infty} x_n = a$.

定理 1.5.3 设 $\{x_n\}$ 为有界数列,则下列结论等价:

(1) $a_\star$ 为数列 $\{x_n\}$ 的上极限.

(2) $\forall \varepsilon > 0, \exists N \in \mathbb{N}$, s.t. 当 $n > N$ 时,有 $x_n < a_\star + \varepsilon$;且 $\exists$ 子列 $\{x_{n_k}\}$, s.t. $x_{n_k} > a_\star - \varepsilon, \forall k \in \mathbb{N}$.

(3) $\forall \alpha > a_\star$,数列 $\{x_n\}$ 中大于 α 的项至多有限个;$\forall \beta < a_\star$,数列 $\{x_n\}$ 中大于 β 的项有无限多个.

证明 (1)$\Rightarrow$(2)

因 $a_\star$ 为数列 $\{x_n\}$ 的聚点,故 $\forall \varepsilon > 0$,在 $B(a_\star; \varepsilon) = (a_\star - \varepsilon, a_\star + \varepsilon)$ 内含数列 $\{x_n\}$ 的无限多项 $\{x_{n_k} \mid n_1 < n_2 < \cdots\}$,则有 $x_{n_k} > a_\star - \varepsilon, \forall k \in \mathbb{N}$.

又因 $a_\star$ 为数列 $\{x_n\}$ 的最大聚点,故在 $a_\star + \varepsilon$ 的右边至多只有数列 $\{x_n\}$ 的有限项(否则必有数列 $\{x_n\}$ 的聚点 $\geq a_\star + \varepsilon$,这与 $a_\star$ 为数列 $\{x_n\}$ 的最大聚点相矛盾). 设此有限项的最大指标为 N,则当 $n > N$ 时,有 $x_n < a_\star + \varepsilon$.

(2)$\Rightarrow$(3)

$\forall \alpha > a_\star$,令 $\varepsilon = \alpha - a_\star$,由(2)知,$\exists N \in \mathbb{N}$,当 $n > N$ 时,有 $x_n < a_\star + \varepsilon = a_\star + (\alpha - a_\star) = \alpha$. 故数列 $\{x_n\}$ 中大于 α 的项至多有限个.

$\forall \beta < a_\star$,令 $\varepsilon = a_\star - \beta$,由(2)知,存在 $\{x_n\}$ 的子列 $\{x_{n_k}\}$, s.t. $x_{n_k} > a_\star - \varepsilon = \beta, \forall k \in \mathbb{N}$,故数列 $\{x_n\}$ 中大于 β 的项有无限多个.

(3)$\Rightarrow$(1)

设 U 为 $a_\star$ 的任一开邻域,则 $\exists \varepsilon > 0$, s.t. $B(a_\star; \varepsilon) = (a_\star - \varepsilon, a_\star + \varepsilon) \subset U$. 由于 $\alpha = a_\star + \varepsilon > a_\star$,根据(3),$\{x_n\}$ 中大于 $\alpha = a_\star + \varepsilon$ 至多有限个. 而对 $\beta = a_\star - \varepsilon < a_\star$,根据(3),$\{x_n\}$ 中大于 $\alpha = a_\star - \varepsilon$ 有无限项. 因此,$(a_\star - \varepsilon, a_\star + \varepsilon)$ 中含 $\{x_n\}$ 的无限项,从而 U 中含 $\{x_n\}$ 的无限项. 这就证明了 $a_\star$ 为数列 $\{x_n\}$ 的一个聚点.

另一方面,$\forall \alpha > a_\star$,记 $\varepsilon = \dfrac{1}{2}(\alpha - a_\star)$. 由(3)可知,$\{x_n\}$ 中大于 $a_\star + \varepsilon (> a_\star)$ 的项至多有限个. 故 α 不为数列 $\{x_n\}$ 的聚点. 这就证明了 $a_\star$ 为数列 $\{x_n\}$ 的最大聚点,即 $a_\star$ 为数列 $\{x_n\}$ 的上极限.

定理 1.5.4 设 $\{x_n\}$ 为有界数列,则下列结论等价:

(1) $a_\triangle$ 为数列 $\{x_n\}$ 的下极限.

(2) $\forall \varepsilon > 0, \exists N \in \mathbb{N}$, s.t. 当 $n > N$ 时,有 $x_n > a_\triangle - \varepsilon$;且 $\exists$ 子列 $\{x_{n_k}\}$, s.t. $x_{n_k} < a_\triangle + \varepsilon, \forall k \in \mathbb{N}$.

(3) $\forall \beta < a_\triangle$,数列 $\{x_n\}$ 中小于 β 的项至多有限个;$\forall \alpha > a_\triangle$,数列 $\{x_n\}$ 中小于 α 的项有无限多个.

证明 类似定理 1.5.3 证明,或用 $\{-x_n\}$ 代替 $\{x_n\}$.

定理 1.5.5（1）（上、下极限的保不等式性） 设数列 $\{a_n\},\{b_n\}$ 满足：$\exists N_0 \in \mathbb{N}$，当 $n > N_0$ 时，有 $a_n \leqslant b_n$，则

$$\varlimsup_{n \to +\infty} a_n \leqslant \varlimsup_{n \to +\infty} b_n, \quad \varliminf_{n \to +\infty} a_n \leqslant \varliminf_{n \to +\infty} b_n.$$

特别地，若 α, β 为常数，又 $\exists N_0 \in \mathbb{N}$，当 $n > N_0$ 时，有 $\alpha \leqslant a_n \leqslant \beta$，则

$$\alpha \leqslant \varliminf_{n \to +\infty} a_n \leqslant \varlimsup_{n \to +\infty} a_n \leqslant \beta.$$

（2）设 $\{a_n\},\{b_n\}$ 为有界数列. 则

$$\varlimsup_{n \to +\infty} (a_n + b_n) \leqslant \varlimsup_{n \to +\infty} a_n + \varlimsup_{n \to +\infty} b_n.$$

举例说明

$$\varlimsup_{n \to +\infty} (a_n + b_n) < \varlimsup_{n \to +\infty} a_n + \varlimsup_{n \to +\infty} b_n.$$

证明 （1）如果 $a_{\star} = \varlimsup\limits_{n \to +\infty} a_n = +\infty$，则数列 $\{a_n\}$ 无上界. 由 $a_n \leqslant b_n (n > N_0)$，故 $\{b_n\}$ 也无上界，从而

$$a_{\star} = \varlimsup_{n \to +\infty} a_n = +\infty = \varlimsup_{n \to +\infty} b_n = b_{\star}.$$

如果 $a_{\star} = \varlimsup\limits_{n \to +\infty} a_n = -\infty$，则显然 $\varlimsup\limits_{n \to +\infty} a_n = -\infty \leqslant \varlimsup\limits_{n \to +\infty} b_n$.

如果 $-\infty < a_{\star} = \varlimsup\limits_{n \to +\infty} a_n < +\infty$. 根据定理 1.5.3(2)，$\exists \{a_n\}$ 的子列 $\{a_{n_k}\}$，s. t. $a_{n_k} > a_{\star} - \varepsilon, \forall k \in \mathbb{N}$. 故由题设可知，

$$b_{n_k} \geqslant a_{n_k} > a_{\star} - \varepsilon, n_k > N_0.$$

于是，数列 $\{b_n\}$ 必有聚点大于 $a_{\star} - \varepsilon$，由此知 $\{b_n\}$ 的最大聚点（上极限）

$$b_{\star} = \varlimsup_{n \to +\infty} b_n \geqslant a_{\star} - \varepsilon.$$

令 $\varepsilon \to 0^+$，得到 $\varlimsup\limits_{n \to +\infty} b_n \geqslant a_{\star} = \varlimsup\limits_{n \to +\infty} a_n$.

类似可证 $\varliminf\limits_{n \to +\infty} a_n \leqslant \varliminf\limits_{n \to +\infty} b_n$.

或者，因 $a_n \leqslant b_n$，故 $-a_n \geqslant -b_n$，由上述结论得到

$$-\varliminf_{n \to +\infty} b_n = \varlimsup_{n \to +\infty} (-b_n) \leqslant \varlimsup_{n \to +\infty} (-a_n) = -\varliminf_{n \to +\infty} a_n,$$

$$\varliminf_{n \to +\infty} b_n \geqslant \varliminf_{n \to +\infty} a_n.$$

当 $\alpha \leqslant a_n \leqslant \beta$ 时，

$$\alpha = \varliminf_{n \to +\infty} \alpha \leqslant \varliminf_{n \to +\infty} a_n \leqslant \varlimsup_{n \to +\infty} a_n \leqslant \varlimsup_{n \to +\infty} \beta = \beta.$$

（2）设 $\varlimsup\limits_{n \to +\infty} a_n = a_{\star}$，$\varlimsup\limits_{n \to +\infty} b_n = b_{\star}$. 由定理 1.5.3 知，$\forall \varepsilon > 0, \exists N \in \mathbb{N}$，当 $n > N$ 时，有

$$a_n < a_{\star} + \frac{\varepsilon}{2}, \quad b_n < b_{\star} + \frac{\varepsilon}{2},$$

两式相加得

$$a_n + b_n < a_{\star} + b_{\star} + \varepsilon.$$

再由上极限的保不等式性,得

$$\varlimsup_{n \to +\infty} (a_n + b_n) \leqslant a_{\star} + b_{\star} + \varepsilon.$$

令 $\varepsilon \to 0^+$,得到

$$\varlimsup_{n \to +\infty} (a_n + b_n) \leqslant a_{\star} + b_{\star} = \varlimsup_{n \to +\infty} a_n + \varlimsup_{n \to +\infty} b_n.$$

例如:$a_n = (-1)^n, b_n = (-1)^{n-1}$,则

$$\varlimsup_{n \to +\infty} (a_n + b_n) = \varlimsup_{n \to +\infty} 0 = 0 < 1 + 1 = \varlimsup_{n \to +\infty} a_n + \varlimsup_{n \to +\infty} b_n. \qquad \square$$

定理 1.5.6(上、下极限的等价表达)

$$a_{\star} = \varlimsup_{n \to +\infty} x_n = \lim_{n \to +\infty} \sup_{k \geqslant n} \{x_k\} \stackrel{\text{记作}}{=\!=\!=} \limsup_{n \to +\infty} x_n;$$

$$a_{\scriptscriptstyle \text{小}} = \varliminf_{n \to +\infty} x_n = \lim_{n \to +\infty} \inf_{k \geqslant n} \{x_k\} \stackrel{\text{记作}}{=\!=\!=} \liminf_{n \to +\infty} x_n.$$

因此可用 $\lim\limits_{n \to +\infty} \sup\limits_{k \geqslant n} \{x_k\}$ 与 $\liminf\limits_{n \to \infty} \limits_{k \geqslant n} \{x_k\}$ 分别定义数列 $\{x_n\}$ 的上极限与下极限.

证明 如果 $\lim\limits_{n \to +\infty} \sup\limits_{k \geqslant n} \{x_k\} = +\infty$,由于 $\sup\limits_{k \geqslant n} \{x_k\}$ 关于 n 单调减,所以 $\sup\limits_{k \geqslant n} \{x_k\} = +\infty$,$\forall n \in \mathbb{N}$. 于是,可取 $n_1 \in \mathbb{N}$,s. t. $x_{n_1} > 1$. 又可取 $n_2 \in \mathbb{N}$,$n_2 > n_1$,s. t. $x_{n_2} > 2$,…. 所以,得到数列 $\{x_n\}$ 的子列 $\{x_{n_k}\} \to +\infty (k \to +\infty)$. 这就证明了 $+\infty$ 为数列 $\{x_n\}$ 的聚点,且为最大聚点. 由此得到

$$\varlimsup_{n \to +\infty} x_n = +\infty = \lim_{n \to +\infty} \sup_{k \geqslant n} \{x_k\}.$$

如果 $\lim\limits_{n \to +\infty} \sup\limits_{k \geqslant n} \{x_k\} < +\infty$,则 $\lim\limits_{n \to +\infty} \sup\limits_{k \geqslant n} \{x_k\} = -\infty$ 或实数.

设 a 为数列 $\{x_n\}$ 的任一聚点,则必有 $\{x_n\}$ 的子列 $x_{n_i} \to a (i \to +\infty)$. $\forall n \in \mathbb{N}$,当 $i \geqslant n$ 时,$n_i \geqslant i \geqslant n$,有

$$x_{n_i} \leqslant \sup_{k \geqslant n} \{x_k\},$$

$$a = \lim_{i \to +\infty} x_{n_i} \leqslant \sup_{k \geqslant n} \{x_k\},$$

$$a \leqslant \lim_{n \to +\infty} \sup_{k \geqslant n} \{x_k\},$$

所以,数列 $\{x_n\}$ 的最大聚点满足

$$\varlimsup_{n \to +\infty} x_n \leqslant \lim_{n \to +\infty} \sup_{k \geqslant n} \{x_k\}.$$

另一方面,$\forall y > \varlimsup\limits_{n \to +\infty} x_n$. 易见,$[y, +\infty)$ 中最多含数列 $\{x_n\}$ 中的有限项(参阅定理 1.5.3(1)). 因此,$\exists N \in \mathbb{N}$,当 $k > N$ 时,有 $x_k < y$. 从而,当 $n > N$ 时,有

$$\sup_{k \geqslant n} \{x_k\} \leqslant y,$$

由此得到

$$\lim_{n \to +\infty} \sup_{k \geqslant n} \{x_k\} \leqslant y.$$

令 $y \to (\varlimsup\limits_{n \to +\infty} x_n)^+$,推出

$$\limsup_{n\to+\infty}\{x_k\}\leqslant \varlimsup_{n\to+\infty}x_n.$$

综合上述,有

$$\varlimsup_{n\to+\infty}x_n=\limsup_{n\to+\infty}\{x_k\}.$$

类似证明,或应用上式于$\{-x_n\}$可证得

$$\varliminf_{n\to+\infty}x_n=\liminf_{n\to+\infty}\{x_k\}.\qquad\square$$

例 1.5.3 设数列$\{x_n\}$为实数列. $\forall n,m\in\mathbb{N}$,有

$$a_n\geqslant 0, a_{m+n}\leqslant a_m+a_n.$$

证明:数列$\left\{\dfrac{a_n}{n}\right\}$收敛.

证明 设 k 是任一固定的自然数,则 $\forall n\in\mathbb{N}, n\geqslant k$,有

$$n=mk+l, l=0,1,\cdots,k-1, m\in\mathbb{N},$$

所以,

$$\frac{a_n}{n}=\frac{a_{mk+l}}{n}\leqslant\frac{a_{mk}}{n}+\frac{a_l}{n}\leqslant\frac{ma_k}{n}+\frac{a_l}{n}\leqslant\frac{a_k}{k}+\frac{a_l}{n},$$

再令 $n\to+\infty$(固定 k),可得

$$\varlimsup_{n\to+\infty}\frac{a_n}{n}\leqslant\varlimsup_{n\to+\infty}\left(\frac{a_k}{k}+\frac{a_l}{n}\right)=\frac{a_k}{k}+0=\frac{a_k}{k}.$$

由此推得

$$\varlimsup_{n\to+\infty}\frac{a_n}{n}=\varliminf_{n\to+\infty}\frac{a_n}{n}.$$

根据定理 1.5.2 可知,数列$\left\{\dfrac{a_n}{n}\right\}$有极限(实数或$+\infty$).

又因 $\forall n\in\mathbb{N}$,有

$$0\leqslant\frac{a_n}{n}\leqslant\frac{na_1}{n}=a_1,$$

所以,

$$\lim_{n\to+\infty}\frac{a_n}{n}=\varlimsup_{n\to+\infty}\frac{a_n}{n}=\varliminf_{n\to+\infty}\frac{a_n}{n}$$

为实数,即数列$\left\{\dfrac{a_n}{n}\right\}$收敛. $\qquad\square$

广开思路:请读者想一想,是否能找到其他证明$\left\{\dfrac{a_n}{n}\right\}$收敛的方法.

例 1.5.4 设 $y_n=x_{n-1}+2x_n$,数列$\{y_n\}$收敛.证明:数列$\{x_n\}$也收敛,且 $\lim\limits_{n\to+\infty}x_n=\dfrac{1}{3}\lim\limits_{n\to+\infty}y_n.$

证法 1　设数列 $\{y_n\}$ 收敛于 y，则 $\forall \varepsilon > 0$，$\exists N_1 \in \mathbb{N}$，当 $n > N_1$ 时，$|y_n - y| < \dfrac{\varepsilon}{2}$．于

是，当 $n > N > N_1 + \log_2 \dfrac{\left|x_{N_1} - \dfrac{y}{3}\right| + 1}{\varepsilon} + 1$ 时，有

$$
\begin{aligned}
\left| x_n - \frac{y}{3} \right| &= \left| \left(\frac{y_n}{2} - \frac{x_{n-1}}{2} \right) - \frac{y}{3} \right| \\
&= \left| \frac{1}{2}(y_n - y) - \frac{1}{2}\left(x_{n-1} - \frac{y}{3} \right) \right| \\
&\leqslant \frac{1}{2} |y_n - y| + \frac{1}{2} \left| x_{n-1} - \frac{y}{3} \right| \\
&\leqslant \frac{\varepsilon}{2^2} + \frac{1}{2^2} |y_{n-1} - y| + \frac{1}{2^2} \left| x_{n-2} - \frac{y}{3} \right| \\
&\leqslant \frac{\varepsilon}{2^2} + \frac{\varepsilon}{2^3} + \cdots + \frac{\varepsilon}{2^{n-N_1+1}} + \frac{1}{2^{n-N_1}} \left| x_{N_1} - \frac{y}{3} \right| \\
&< \frac{\varepsilon}{2} + \frac{\varepsilon}{2} = \varepsilon,
\end{aligned}
$$

所以，$\{x_n\}$ 收敛于 $\dfrac{y}{3}$．

证法 2　由 $\{y_n\}$ 收敛知，$|y_n| \leqslant M$，因为 $x_n = \dfrac{y_n}{2} - \dfrac{x_{n-1}}{2}$，所以

$$
\begin{aligned}
|x_n| &= \left| \frac{y_n}{2} - \frac{x_{n-1}}{2} \right| \leqslant \frac{|y_n|}{2} + \frac{|x_{n-1}|}{2} \\
&\leqslant \frac{|y_n|}{2} + \frac{1}{2}\left(\frac{|y_{n-1}|}{2} + \frac{|x_{n-2}|}{2} \right) \\
&\leqslant \cdots \leqslant \left(\frac{|y_n|}{2} + \frac{|y_{n-1}|}{2^2} + \frac{|y_{n-2}|}{2^3} + \cdots \right) + \frac{|x_1|}{2^{n-1}} \\
&\leqslant M\left(\frac{1}{2} + \frac{1}{2^2} + \frac{1}{2^3} + \cdots \right) + |x_1|.
\end{aligned}
$$

于是，$\{x_n\}$ 有界，从而 $\varlimsup\limits_{n \to +\infty} x_n$，$\varliminf\limits_{n \to +\infty} x_n$ 均为实数．再根据练习题 1.5.2，有

$$
\begin{aligned}
\varlimsup_{n \to +\infty} x_n &= \varlimsup_{n \to +\infty} \left(\frac{y_n}{2} - \frac{x_{n-1}}{2} \right) = \lim_{n \to +\infty} \frac{y_n}{2} + \varlimsup_{n \to +\infty} \left(-\frac{x_{n-1}}{2} \right) \\
&= \frac{1}{2} \lim_{n \to +\infty} y_n - \frac{1}{2} \varliminf_{n \to +\infty} x_{n-1}.
\end{aligned}
$$

同理，

$$
\begin{aligned}
\varliminf_{n \to +\infty} x_n &= \varliminf_{n \to +\infty} \left(\frac{y_n}{2} - \frac{x_{n-1}}{2} \right) = \lim_{n \to +\infty} \frac{y_n}{2} + \varliminf_{n \to +\infty} \left(-\frac{x_{n-1}}{2} \right) \\
&= \frac{1}{2} \lim_{n \to +\infty} y_n - \frac{1}{2} \varlimsup_{n \to +\infty} x_{n-1}.
\end{aligned}
$$

整理得到

$$\begin{cases} 2\varlimsup_{n\to+\infty} x_n = \lim_{n\to+\infty} y_n - \varliminf_{n\to+\infty} x_{n-1}, \\ 2\varliminf_{n\to+\infty} x_n = \lim_{n\to+\infty} y_n - \varlimsup_{n\to+\infty} x_{n-1}. \end{cases}$$

两式相减得

$$2\left(\varlimsup_{n\to+\infty} x_n - \varliminf_{n\to+\infty} x_n\right) = \varlimsup_{n\to+\infty} x_{n-1} - \varliminf_{n\to+\infty} x_{n-1}$$
$$= \varlimsup_{n\to+\infty} x_n - \varliminf_{n\to+\infty} x_n,$$

即

$$\varlimsup_{n\to+\infty} x_n - \varliminf_{n\to+\infty} x_n = 0,$$
$$\varlimsup_{n\to+\infty} x_n = \varliminf_{n\to+\infty} x_n.$$

这就证明了数列 $\{x_n\}$ 是收敛的. 于是,有

$$\lim_{n\to+\infty} y_n = \lim_{n\to+\infty} (x_{n-1} + 2x_n) = 3\lim_{n\to+\infty} x_n,$$
$$\lim_{n\to+\infty} x_n = \frac{1}{3} \lim_{n\to+\infty} y_n.$$

证法 3　根据练习题1.5.2,有

$$\varliminf_{n\to+\infty} x_n + 2\varlimsup_{n\to+\infty} x_n = \varliminf_{n\to+\infty} x_{n-1} + \varlimsup_{n\to+\infty} 2x_n \leqslant \varlimsup_{n\to+\infty} (x_{n-1} + 2x_n)$$
$$= \varlimsup_{n\to+\infty} y_n = \lim_{n\to+\infty} y_n = \lim_{n\to+\infty} (x_{n-1} + 2x_n)$$
$$\leqslant \varlimsup_{n\to+\infty} x_{n-1} + \varliminf_{n\to+\infty} 2x_n = \varlimsup_{n\to+\infty} x_n + 2\varliminf_{n\to+\infty} x_n,$$

所以,

$$\varliminf_{n\to+\infty} x_n = \varlimsup_{n\to+\infty} x_n.$$

由证法 1 知,数列 $\{x_n\}$ 有界,故 $\{x_n\}$ 收敛.

广开思路:读者想一想,能否不用上、下极限证明 $\{x_n\}$ 收敛,且 $\lim_{n\to+\infty} x_n = \dfrac{1}{3} \lim_{n\to+\infty} y_n$.

证法 4　易见,

$$y_1 - 2y_2 + 2^2 y_3 - 2^3 y_4 + \cdots + (-2)^{n-1} y_n$$
$$= y_1 + \sum_{k=2}^{n} (-2)^{k-1} y_k = y_1 + \sum_{k=2}^{n} (-2)^{k-1} (2x_k + x_{k-1})$$
$$= y_1 - \sum_{k=2}^{n} (-2)^k x_k + \sum_{k=2}^{n} (-2)^{k-1} x_{k-1}$$
$$= y_1 - \sum_{k=2}^{n} (-2)^k x_k + \sum_{k=1}^{n-1} (-2)^k x_k$$
$$= y_1 - 2x_1 - (-2)^n x_n,$$

所以,

$$\lim_{n\to+\infty} x_n = \lim_{n\to+\infty} \frac{2x_1 + \sum_{k=2}^{n}(-2)^{k-1}y_k}{-(-2)^n}$$

$$\xlongequal[\text{Stolz 公式}]{\text{定理 1.6.1}} \lim_{n\to+\infty} \frac{(-2)^{n-1}y_n}{-(-2)^n + (-2)^{n-1}}$$

$$= \lim_{n\to+\infty} \frac{y_n}{-(-2)+1} = \lim_{n\to+\infty} \frac{y_n}{3} = \frac{y}{3}.$$ □

练习题 1.5

1. 求 $\varliminf_{n\to+\infty} a_n$ 与 $\varlimsup_{n\to+\infty} a_n$:

(1) $a_n = \dfrac{(-1)^n}{n} + \dfrac{1+(-1)^n}{2}$;   (2) $a_n = n^{(-1)^n}$;

(3) $a_n = \left[1 + 2^{(-1)^n n}\right]^{\frac{1}{n}}$;   (4) $a_n = \dfrac{n^2}{1+n^2}\cos\dfrac{2n\pi}{3}$;

(5) $a_n = \dfrac{n^2+1}{n^2}\sin\dfrac{\pi}{n}$;   (6) $a_n = \sqrt[n]{\left|\cos\dfrac{n\pi}{3}\right|}$;

(7) $a_n = \begin{cases} 0, & n \text{ 为奇数}, \\ \dfrac{n}{\sqrt[n]{n!}}, & n \text{ 为偶数}. \end{cases}$

2. 证明下面各式当两端有意义时成立:

(1) $\varliminf_{n\to+\infty} a_n + \varliminf_{n\to+\infty} b_n \leqslant \varliminf_{n\to+\infty} (a_n+b_n) \leqslant \varliminf_{n\to+\infty} a_n + \varlimsup_{n\to+\infty} b_n$,

$\varliminf_{n\to+\infty} a_n + \varlimsup_{n\to+\infty} b_n \leqslant \varlimsup_{n\to+\infty} (a_n+b_n) \leqslant \varlimsup_{n\to+\infty} a_n + \varlimsup_{n\to+\infty} b_n$;

(2) 设 $\lim_{n\to+\infty} b_n = b$,则

$\varliminf_{n\to+\infty} (a_n+b_n) = \varliminf_{n\to+\infty} a_n + b$,

$\varlimsup_{n\to+\infty} (a_n+b_n) = \varlimsup_{n\to+\infty} a_n + b$;

(3) $\varliminf_{n\to+\infty} (-a_n) = -\varlimsup_{n\to+\infty} a_n$,$\varlimsup_{n\to+\infty} (-a_n) = -\varliminf_{n\to+\infty} a_n$;

(4) 设 $\{a_n\}$ 与 $\{b_n\}$ 均为非负数列,则

$\varliminf_{n\to+\infty} a_n \cdot \varliminf_{n\to+\infty} b_n \leqslant \varliminf_{n\to+\infty} a_n b_n \leqslant \varliminf_{n\to+\infty} a_n \cdot \varlimsup_{n\to+\infty} b_n$,

$\varliminf_{n\to+\infty} a_n \cdot \varlimsup_{n\to+\infty} b_n \leqslant \varlimsup_{n\to+\infty} a_n b_n \leqslant \varlimsup_{n\to+\infty} a_n \cdot \varlimsup_{n\to+\infty} b_n$;

(5) 设 $\{b_n\}$ 非负,且 $\lim_{n\to+\infty} b_n = b$,则

$$\overline{\lim_{n \to +\infty}} a_n b_n = b \lim_{n \to +\infty} a_n, \ \overline{\lim_{n \to +\infty}} a_n b_n = b \overline{\lim_{n \to +\infty}} a_n;$$

(6) 设 $a_n > 0 (n \in \mathbb{N})$，$\lim\limits_{n \to +\infty} a_n > 0$，则

$$\overline{\lim_{n \to +\infty}} \frac{1}{a_n} = \frac{1}{\lim\limits_{n \to +\infty} a_n}.$$

3. 设 $a_n > 0 (n \in \mathbb{N})$，且 $\overline{\lim\limits_{n \to +\infty}} a_n \cdot \overline{\lim\limits_{n \to +\infty}} \frac{1}{a_n} = 1$，证明：数列 $\{a_n\}$ 收敛.

4. 设数列 $\{a_n\}$，$a_n \leqslant 1, n = 1, 2, \cdots$，且满足：

$$a_m + a_n - 1 < a_{m+n} < a_m + a_n + 1.$$

证明：(1) $\lim\limits_{n \to +\infty} \dfrac{a_n}{n} = \omega$，其中 ω 为有限数；(2) $n\omega - 1 \leqslant a_n \leqslant n\omega + 1$.

（提示：将例 1.5.3 的结果用到数列 $\{a_n + 1\}$ 与 $\{1 - a_n\}$ 上.）

5. 设 $a_n \geqslant 0, n \in \mathbb{N}$. 证明：

$$\lim_{n \to +\infty} \sqrt[n]{a_n} \leqslant 1 \Leftrightarrow 对任何 \ l > 1，有 \overline{\lim_{n \to +\infty}} \frac{a_n}{l^n} = 0.$$

如果删去"任何"两字，结论如何？

思考题 1.5

1. 设数列 $\{x_n\}$ 有界，且 $\lim\limits_{n \to +\infty} (x_{n+1} - x_n) = 0$，令

$$l = \underline{\lim_{n \to +\infty}} x_n, \ L = \overline{\lim_{n \to +\infty}} x_n.$$

证明：$\{a \in \mathbb{R} \mid 有子列 \ x_{n_k} \to a (k \to \infty)\} = [l, L]$. 如果删去条件 $\lim\limits_{n \to +\infty} (x_{n+1} - x_n) = 0$，结论如何？

2. 设 $0 \leqslant a_{n+m} \leqslant a_n \cdot a_m (n, m = 1, 2, \cdots)$. 证明：$\overline{\lim\limits_{n \to +\infty}} \sqrt[n]{a_n} = \lim\limits_{n \to +\infty} \sqrt[n]{a_n}$ 且 $\sqrt[n]{a_n}$ 收敛.

1.6　Stolz 公式

下面介绍一种求极限时非常重要而且使用方便的方法，它就是 Stolz 公式：

$$\lim_{n \to +\infty} \frac{y_n}{x_n} = \lim_{n \to +\infty} \frac{y_n - y_{n-1}}{x_n - x_{n-1}}.$$

当 $y_n = \sum\limits_{k=1}^{n} a_k$ 时，特别有效.

定理 1.6.1 $\left(\dfrac{\cdot}{\infty} 型\ Stolz\ 公式 \right)$　设有数列 $\{x_n\}, \{y_n\}$，其中 $\{x_n\}$ 严格增，且 $\lim\limits_{n \to +\infty} x_n =$

$+\infty$(注意：不必 $\lim\limits_{n\to+\infty} y_n = +\infty$). 如果

$$\lim_{n\to+\infty}\frac{y_n - y_{n-1}}{x_n - x_{n-1}} = a \text{（实数，} +\infty, -\infty \text{）,}$$

则

$$\lim_{n\to+\infty}\frac{y_n}{x_n} = a = \lim_{n\to+\infty}\frac{y_n - y_{n-1}}{x_n - x_{n-1}}.$$

证明 （1）a 为实数.

$\forall \varepsilon > 0$, 因为 $\lim\limits_{n\to+\infty}\dfrac{y_n - y_{n-1}}{x_n - x_{n-1}} = a$, 所以 $\exists N_1 \in \mathbb{N}$, 当 $n > N_1$ 时, 有

$$\left|\frac{y_n - y_{n-1}}{x_n - x_{n-1}} - a\right| < \frac{\varepsilon}{2},$$

即

$$a - \frac{\varepsilon}{2} < \frac{y_n - y_{n-1}}{x_n - x_{n-1}} < a + \frac{\varepsilon}{2},$$

$$\left(a - \frac{\varepsilon}{2}\right)(x_n - x_{n-1}) < y_n - y_{n-1} < \left(a + \frac{\varepsilon}{2}\right)(x_n - x_{n-1}).$$

类推有

$$\left(a - \frac{\varepsilon}{2}\right)(x_{n-1} - x_{n-2}) < y_{n-1} - y_{n-2} < \left(a + \frac{\varepsilon}{2}\right)(x_{n-1} - x_{n-2}),$$

$$\cdots$$

$$\left(a - \frac{\varepsilon}{2}\right)(x_{N_1+1} - x_{N_1}) < y_{N_1+1} - y_{N_1} < \left(a + \frac{\varepsilon}{2}\right)(x_{N_1+1} - x_{N_1}).$$

将上面各式相加得到

$$\left(a - \frac{\varepsilon}{2}\right)(x_n - x_{N_1}) < y_n - y_{N_1} < \left(a + \frac{\varepsilon}{2}\right)(x_n - x_{N_1}),$$

$$a - \frac{\varepsilon}{2} < \frac{y_n - y_{N_1}}{x_n - x_{N_1}} < a + \frac{\varepsilon}{2}.$$

对固定的 N_1, 因为 $\lim\limits_{n\to+\infty} x_n = +\infty$, 所以, $\exists N > N_1$, s.t. 当 $n > N$ 时, 有

$$\left|\frac{y_{N_1} - a x_{N_1}}{x_n}\right| < \frac{\varepsilon}{2}, \quad 0 < \frac{x_{N_1}}{x_n} < 1.$$

于是,

$$\left|\frac{y_n}{x_n} - a\right| = \left|\frac{y_n - y_{N_1}}{x_n} + \frac{y_{N_1} - a x_{N_1}}{x_n} - a\left(1 - \frac{x_{N_1}}{x_n}\right)\right|$$

$$= \left|\frac{y_{N_1} - a x_{N_1}}{x_n} + \left(1 - \frac{x_{N_1}}{x_n}\right)\left(\frac{y_n - y_{N_1}}{x_n - x_{N_1}} - a\right)\right|$$

$$\leqslant \left| \frac{y_{N_1} - a x_{N_1}}{x_n} \right| + \left| \frac{y_n - y_{N_1}}{x_n - x_{N_1}} - a \right| < \frac{\varepsilon}{2} + \frac{\varepsilon}{2} = \varepsilon.$$

这就证明了

$$\lim_{n \to +\infty} \frac{y_n}{x_n} = a.$$

(2) $a = +\infty$.

因为 $\lim\limits_{n \to +\infty} \dfrac{y_n - y_{n-1}}{x_n - x_{n-1}} = a = +\infty$，所以 $\exists N \in \mathbb{N}$，当 $n > N$ 时，$\dfrac{y_n - y_{n-1}}{x_n - x_{n-1}} > 1$，$y_n - y_{n-1} > x_n - x_{n-1} > 0$，即 $\{y_n\}$ 严格增. 又由于

$$y_n - y_N = (y_n - y_{n-1}) + (y_{n-1} - y_{n-2}) + \cdots + (y_{N+1} - y_N)$$
$$> (x_n - x_{n-1}) + (x_{n-1} - x_{n-2}) + \cdots + (x_{N+1} - x_N)$$
$$= x_n - x_N,$$

根据 $\lim\limits_{n \to +\infty} x_n = +\infty$，知 $\lim\limits_{n \to +\infty} y_n = +\infty$. 应用 (1) 的结果得到

$$\lim_{n \to +\infty} \frac{x_n}{y_n} = \lim_{n \to +\infty} \frac{x_n - x_{n-1}}{y_n - y_{n-1}} = \lim_{n \to +\infty} 1 \bigg/ \frac{y_n - y_{n-1}}{x_n - x_{n-1}} = 0.$$

于是，

$$\lim_{n \to +\infty} \frac{y_n}{x_n} = \lim_{n \to +\infty} 1 \bigg/ \frac{x_n}{y_n} = +\infty = \lim_{n \to +\infty} \frac{y_n - y_{n-1}}{x_n - x_{n-1}}.$$

(3) $a = -\infty$.

由 (2) 知，

$$\lim_{n \to +\infty} \frac{-y_n}{x_n} = \lim_{n \to +\infty} \frac{(-y_n) - (-y_{n-1})}{x_n - x_{n-1}}$$
$$= - \lim_{n \to +\infty} \frac{y_n - y_{n-1}}{x_n - x_{n-1}} = +\infty,$$

即

$$\lim_{n \to +\infty} \frac{y_n}{x_n} = - \lim_{n \to +\infty} \frac{-y_n}{x_n} = -\infty = \lim_{n \to +\infty} \frac{y_n - y_{n-1}}{x_n - x_{n-1}}. \qquad \square$$

注 1.6.1 当 $\lim\limits_{n \to +\infty} \dfrac{y_n - y_{n-1}}{x_n - x_{n-1}} = \infty$ 时，$\{x_n\}$ 严格增且 $\lim\limits_{n \to +\infty} x_n = +\infty$ 时，并不能推出 $\lim\limits_{n \to +\infty} \dfrac{y_n}{x_n} = \infty$.

反例：$x_n = n$，$y_n = [1 + (-1)^n] n^2$，此时，

$$\lim_{n \to +\infty} \frac{y_n - y_{n-1}}{x_n - x_{n-1}} = \infty,$$

但 $\lim\limits_{n \to +\infty} \dfrac{y_n}{x_n} \neq \infty$.

定理 1.6.2 $\left(\dfrac{0}{0}$ 型 Stolz 公式$\right)$ 设 $\{x_n\}$ 严格减，且 $\lim\limits_{n\to+\infty} x_n = 0$，$\lim\limits_{n\to+\infty} y_n = 0$. 若

$$\lim_{n\to+\infty} \frac{y_n - y_{n-1}}{x_n - x_{n-1}} = a(\text{实数}, +\infty, -\infty),$$

则

$$\lim_{n\to+\infty} \frac{y_n}{x_n} = a = \lim_{n\to+\infty} \frac{y_n - y_{n-1}}{x_n - x_{n-1}}.$$

证明 （1）a 为实数.

$\forall \varepsilon > 0$，因为 $\lim\limits_{n\to+\infty} \dfrac{y_n - y_{n+1}}{x_n - x_{n+1}} = \lim\limits_{n\to+\infty} \dfrac{y_n - y_{n-1}}{x_n - x_{n-1}} = a$，所以 $\exists N \in \mathbb{N}$，当 $n > N$ 时，有

$$a - \frac{\varepsilon}{2} < \frac{y_n - y_{n+1}}{x_n - x_{n+1}} < a + \frac{\varepsilon}{2}, \quad x_n - x_{n+1} > 0,$$

$$\left(a - \frac{\varepsilon}{2}\right)(x_n - x_{n+1}) < y_n - y_{n+1} < \left(a + \frac{\varepsilon}{2}\right)(x_n - x_{n+1}).$$

类似定理 1.6.1(1) 的证明有

$$\left(a - \frac{\varepsilon}{2}\right)(x_n - x_{n+p}) < y_n - y_{n+p} < \left(a + \frac{\varepsilon}{2}\right)(x_n - x_{n+p}).$$

令 $p \to +\infty$，则由 $x_{n+p} \to 0$，$y_{n+p} \to 0$，得到

$$\left(a - \frac{\varepsilon}{2}\right)x_n \leqslant y_n \leqslant \left(a + \frac{\varepsilon}{2}\right)x_n.$$

由于 $x_n > 0$，有

$$a - \varepsilon < a - \frac{\varepsilon}{2} \leqslant \frac{y_n}{x_n} \leqslant a + \frac{\varepsilon}{2} < a + \varepsilon,$$

所以，

$$\lim_{n\to\infty} \frac{y_n}{x_n} = a.$$

（2）$a = +\infty$.

$\forall A > 0$，因为 $\lim\limits_{n\to+\infty} \dfrac{y_n - y_{n+1}}{x_n - x_{n+1}} = \lim\limits_{n\to+\infty} \dfrac{y_n - y_{n-1}}{x_n - x_{n-1}} = +\infty$，所以 $\exists N \in \mathbb{N}$，当 $n > N$ 时，有

$$\frac{y_n - y_{n+1}}{x_n - x_{n+1}} > 2A,$$

类似上述论证有

$$y_n - y_{n+p} > 2A(x_n - x_{n+p}).$$

令 $p \to +\infty$，由 $y_{n+p} \to 0$，$x_{n+p} \to 0$，得到

$$y_n \geqslant 2A x_n, \quad \frac{y_n}{x_n} \geqslant 2A > A,$$

所以，

$$\lim_{n \to +\infty} \frac{y_n}{x_n} = +\infty.$$

(3) $a = -\infty$.

类似(2)的证明或将(2)的结论应用到 $\{-y_n\}$ 即得. □

现在我们给出应用 Stolz 公式的典型例题.

例 1.6.1　设 $\lim\limits_{n \to +\infty} a_n = a$(实数, $+\infty$, $-\infty$),则 $\lim\limits_{n \to +\infty} \dfrac{a_1 + a_2 + \cdots + a_n}{n} = a$.

证法 1　应用 ε-N, A-N 法,参阅例 1.1.15.

证法 2　令 $y_n = a_1 + a_2 + \cdots + a_n$, $x_n = n$,则由 Stolz 公式得到

$$\lim_{n \to +\infty} \frac{a_1 + a_2 + \cdots + a_n}{n}$$

$$= \lim_{n \to +\infty} \frac{(a_1 + a_2 + \cdots + a_n) - (a_1 + a_2 + \cdots + a_{n-1})}{n - (n-1)}$$

$$= \lim_{n \to +\infty} \frac{a_n}{1} = \lim_{n \to +\infty} a_n = a. \qquad \square$$

例 1.6.2　设 $\lim\limits_{n \to +\infty} a_n = a$,则 $\lim\limits_{n \to +\infty} \dfrac{a_1 + 2a_2 + \cdots + na_n}{n^2} = \dfrac{a}{2}$($a$ 为实数, $+\infty$, $-\infty$).

证法 1　应用 ε-N, A-N 法,参阅练习题 1.1.9.

证法 2　因为 $\lim\limits_{n \to +\infty} a_n = a$,根据极限定义易证数列: $a_1, a_2, a_2, a_3, a_3, a_3, \cdots, \underbrace{a_n, \cdots, a_n}_{n \uparrow}$,

$\cdots$的极限也为 a.应用例 1.1.15,有

$$\lim_{n \to +\infty} \frac{a_1 + 2a_2 + \cdots + na_n}{n^2}$$

$$= \lim_{n \to +\infty} \frac{a_1 + 2a_2 + \cdots + na_n}{\dfrac{n(n+1)}{2}} \cdot \frac{\dfrac{n(n+1)}{2}}{n^2}$$

$$= \lim_{n \to +\infty} \frac{a_1 + 2a_2 + \cdots + na_n}{\dfrac{n(n+1)}{2}} \cdot \frac{1}{2}\left(1 + \frac{1}{n}\right)$$

$$= a \cdot \frac{1}{2}(1 + 0) = \frac{a}{2}.$$

证法 3　$\lim\limits_{n \to +\infty} \dfrac{a_1 + 2a_2 + \cdots + na_n}{n^2} \xlongequal{\text{Stolz 公式}} \lim\limits_{n \to +\infty} \dfrac{na_n}{2n-1}$

$$= \lim_{n \to +\infty} \frac{1}{2 - \dfrac{1}{n}} a_n = \frac{a}{2}. \qquad \square$$

例 1.6.3　设 k 为自然数.证明:

(1) $\lim\limits_{n\to+\infty}\dfrac{1^k+2^k+\cdots+n^k}{n^{k+1}}=\dfrac{1}{k+1}$;

(2) $\lim\limits_{n\to+\infty}n\left(\dfrac{1^k+2^k+\cdots+n^k}{n^{k+1}}-\dfrac{1}{k+1}\right)=\dfrac{1}{2}$.

证明 (1) $\lim\limits_{n\to+\infty}\dfrac{1^k+2^k+\cdots+n^k}{n^{k+1}}\xlongequal{\text{Stolz 公式}}\lim\limits_{n\to+\infty}\dfrac{n^k}{n^{k+1}-(n-1)^{k+1}}$

$$\xlongequal{\text{二项式定理}}\lim\limits_{n\to+\infty}\dfrac{n^k}{C_{k+1}^1 n^k-C_{k+1}^2 n^{k-1}+\cdots+(-1)^{k+1}}$$

$$=\dfrac{1}{C_{k+1}^1}=\dfrac{1}{k+1}.$$

(2)
$$\lim\limits_{n\to+\infty}n\left(\dfrac{1^k+2^k+\cdots+n^k}{n^{k+1}}-\dfrac{1}{k+1}\right)$$

$$=\lim\limits_{n\to+\infty}\dfrac{(k+1)(1^k+2^k+\cdots+n^k)-n^{k+1}}{(k+1)n^k}$$

$$\xlongequal{\text{Stolz 公式}}\lim\limits_{n\to+\infty}\dfrac{(k+1)n^k-[n^{k+1}-(n-1)^{k+1}]}{(k+1)[n^k-(n-1)^k]}$$

$$\xlongequal{\text{二项式定理}}\lim\limits_{n\to+\infty}\dfrac{\dfrac{k(k+1)}{2}n^{k-1}+\cdots}{(k+1)\cdot kn^{k-1}+\cdots}=\dfrac{1}{2}.$$　　□

注 1.6.2 当 $k\in(-1,+\infty)$ 但 k 不为自然数时，不能应用二项式定理. 但例 1.6.3 的结论仍成立，这就要用到后面的知识：

(1) 可由函数极限 $\lim\limits_{x\to0}\dfrac{(1+x)^{k+1}-1}{x}=k+1$ 推得，或用定积分定义及 Newton-Leibniz 公式得到.

(2) 可由 $(1+x)^a(a>0)$ 在 $x=0$ 处的 Taylor 展开求得.

例 1.6.4 设级数 $\sum\limits_{n=1}^{\infty}a_n$ 收敛，又 $\{p_n\}$ 为严格增的正数数列，且 $\lim\limits_{n\to+\infty}p_n=+\infty$. 证明：

$$\lim\limits_{n\to+\infty}\dfrac{p_1 a_1+\cdots+p_n a_n}{p_n}=0.$$

证明 令 $S_n=a_1+\cdots+a_n,n\in\mathbb{N}$，由 $\sum\limits_{n=1}^{\infty}a_n$ 收敛，记 $\lim\limits_{n\to+\infty}S_n=S$. 于是，$a_1=S_1,a_n=S_n-S_{n-1},n=2,3,\cdots$，且

$$\lim\limits_{n\to+\infty}\dfrac{p_1 a_1+\cdots+p_n a_n}{p_n}$$

$$=\lim\limits_{n\to+\infty}\dfrac{p_1 S_1+p_2(S_2-S_1)+\cdots+p_n(S_n-S_{n-1})}{p_n}$$

$$= \lim_{n \to +\infty} \left[\frac{S_1(p_1 - p_2) + S_2(p_2 - p_3) + \cdots + S_{n-1}(p_{n-1} - p_n) + S_n}{p_n} \right]$$

$$\xlongequal{\text{Stolz 公式}} \lim_{n \to +\infty} \left[\frac{S_n(p_n - p_{n+1})}{p_{n+1} - p_n} + S_n \right]$$

$$= \lim_{n \to +\infty} (-S_n + S_n) = \lim_{n \to +\infty} 0 = 0. \qquad \Box$$

练习题 1.6

1. 设 $C_n^k = \dfrac{n!}{k!(n-k)!}$ 为组合数. 应用 Stolz 公式证明：

$$\lim_{n \to +\infty} \frac{\sum\limits_{k=0}^{n} \ln C_n^k}{n^2} = \frac{1}{2}.$$

2. 应用 Stolz 公式证明：

(1) $\displaystyle \lim_{n \to +\infty} \frac{\sum\limits_{k=1}^{n} \sqrt{k}}{n^{\frac{3}{2}}} = \frac{2}{3}$;

(2) $\displaystyle \lim_{n \to +\infty} n \left[\frac{\sum\limits_{k=1}^{n} \sqrt{k}}{n^{\frac{3}{2}}} - \frac{2}{3} \right] = \frac{1}{2}.$

思考题 1.6

1. 设 $0 < x_1 < 1, x_{n+1} = x_n(1 - x_n), n = 1, 2, \cdots$. 证明：$\displaystyle \lim_{n \to +\infty} n x_n = 1$. 进而设 $0 < x_1 < \dfrac{1}{q}$, 其中 $0 < q \leqslant 1$, 并且 $x_{n+1} = x_n(1 - q x_n), n \in \mathbb{N}$. 证明：$\displaystyle \lim_{n \to +\infty} n x_n = \dfrac{1}{q}$.

2. 由 Toeplitz 定理导出 $\dfrac{\infty}{\infty}$ 型的 Stolz 公式.

3. 设数列 $\{a_n\}$ 满足 $\displaystyle \lim_{n \to +\infty} a_n \sum_{i=1}^{n} a_i^2 = 1$. 证明：$\displaystyle \lim_{n \to +\infty} \sqrt[3]{3n}\, a_n = 1$.

复 习 题 1

1. 设 $a_0 = 1, a_{n+1} = a_n + \dfrac{1}{a_n}, n = 0, 1, 2, \cdots$. 证明：$\displaystyle \lim_{n \to +\infty} \frac{a_n}{\sqrt{2n}} = 1$.

2. 设 $\lim\limits_{n \to +\infty} x_n = \lim\limits_{n \to +\infty} y_n = 0$，并且存在常数 K 使得 $\forall n \in \mathbb{N}$，有

$$|y_1| + |y_2| + \cdots + |y_n| \leqslant K.$$

令

$$z_n = x_1 y_n + x_2 y_{n-1} + \cdots + x_n y_1, n \in \mathbb{N}.$$

证明：$\lim\limits_{n \to +\infty} z_n = 0$.

3. 设数列 $\{a_n\}$ 与 $\{b_n\}$ 满足：

(1) $b_n > 0, b_0 + b_1 + \cdots + b_n \to +\infty (n \to +\infty)$；

(2) $\lim\limits_{n \to +\infty} \dfrac{a_n}{b_n} = s$.

应用 Toeplitz 定理证明：

$$\lim\limits_{n \to +\infty} \frac{a_0 + a_1 + \cdots + a_n}{b_0 + b_1 + \cdots + b_n} = s.$$

4. 设 $p_k > 0, k = 1, 2, \cdots$，且 $\lim\limits_{n \to +\infty} \dfrac{p_n}{p_1 + p_2 + \cdots + p_n} = 0$，$\lim\limits_{n \to +\infty} a_n = a$. 证明：

$$\lim\limits_{n \to +\infty} \frac{p_1 a_n + p_2 a_{n-1} + \cdots + p_n a_1}{p_1 + \cdots + p_n} = a.$$

5. 设 $\{a_n\}$ 为单调增的数列，令 $\sigma_n = \dfrac{a_1 + a_2 + \cdots + a_n}{n}$. 如果 $\lim\limits_{n \to +\infty} \sigma_n = a$，证明：$\lim\limits_{n \to +\infty} a_n = a$. 若"单调增"的条件删去，结论是否成立.

6. 设 $\{S_n\}$ 为数列，$a_n = S_n - S_{n-1}$，$\sigma_n = \dfrac{S_0 + S_1 + \cdots + S_n}{n+1}$. 如果 $\lim\limits_{n \to +\infty} n a_n = 0$ 且 $\{\sigma_n\}$ 收敛，证明：$\{S_n\}$ 也收敛，且 $\lim\limits_{n \to +\infty} S_n = \lim\limits_{n \to +\infty} \sigma_n$.

7. 设数列 $\{x_n\}$ 满足：$\lim\limits_{n \to +\infty} (x_n - x_{n-2}) = 0$. 证明：$\lim\limits_{n \to +\infty} \dfrac{x_n - x_{n-1}}{n} = 0$. $\left(\text{提示：先证 } \lim\limits_{n \to +\infty} \dfrac{x_n}{n} = 0.\right)$

8. 设 $u_0, u_1, \cdots$ 为满足 $u_n = \sum\limits_{k=1}^{\infty} u_{n+k}^2 (n = 0, 1, 2, \cdots)$ 的实数列，且 $\sum\limits_{n=1}^{\infty} u_n$ 收敛. 证明：$\forall k \in \mathbb{N}$，有 $u_k = 0$.

9. 设 $\lim\limits_{n \to +\infty} a_n = a$. 证明：$\lim\limits_{n \to +\infty} \dfrac{1}{2^n} \sum\limits_{k=0}^{n} C_n^k a_k = a$.

10. 给定实数 a_0, a_1，并令

$$a_n = \frac{a_{n-1} + a_{n-2}}{2}, \quad n = 2, 3, \cdots.$$

证明：数列 $\{a_n\}$ 收敛，且 $\lim\limits_{n \to +\infty} a_n = \dfrac{a_0 + 2a_1}{3}$.

11. 设 $x_1, x_2, \cdots, x_n$ 为任意给定的实数. 令

$$x_i^{(1)} = \frac{x_i + x_{i+1}}{2}, \quad i = 1, \cdots, n,$$

其中 x_{n+1} 应理解为 x_1. 归纳定义

$$x_i^{(k)} = \frac{x_i^{(k-1)} + x_{i+1}^{(k-1)}}{2}, \quad i = 1, \cdots, n,$$

$x_{n+1}^{(k-1)}$ 应理解为 $x_1^{(k-1)}, k = 2, 3, \cdots$. 证明:

$$\lim_{k \to \infty} x_i^{(k)} = \frac{x_1 + \cdots + x_n}{n}, \quad \forall i = 1, \cdots, n.$$

12. 设 $\{a_n\}$ 为一个数列, 且 $\lim\limits_{n \to +\infty} (a_{n+1} - a_n) = l$. 证明:

$$\lim_{n \to +\infty} \frac{a_n}{n} = l; \quad \lim_{n \to +\infty} \frac{\sum\limits_{k=1}^{n} a_k}{n^2} = \frac{l}{2}.$$

13. 设 $x_1 \in [0,1], \forall n \geqslant 2$, 令

$$x_n = \begin{cases} \dfrac{1}{2} x_{n-1}, & n \text{ 为偶数}, \\ \dfrac{1 + x_{n-1}}{2}, & n \text{ 为奇数}. \end{cases}$$

证明: $\lim\limits_{k \to +\infty} x_{2k} = \dfrac{1}{3}$; $\lim\limits_{k \to +\infty} x_{2k+1} = \dfrac{2}{3}$.

14. 定初始值 a_0, 并递推定义

$$a_n = 2^{n-1} - 3a_{n-1}, \quad n = 1, 2, \cdots.$$

求 a_0 的所有可能的值, 使得数列 $\{a_n\}$ 是严格增的.

15. 设 $c > 0, a_1 = \dfrac{c}{2}, a_{n+1} = \dfrac{c}{2} + \dfrac{a_n^2}{2}, n = 1, 2, \cdots$. 证明:

$$\lim_{n \to +\infty} a_n = \begin{cases} 1 - \sqrt{1-c}, & 0 < c \leqslant 1, \\ +\infty, & c > 1. \end{cases}$$

试问: 当 $-3 \leqslant c < 0$ 时, 数列 $\{a_n\}$ 的收敛性如何?

16. 数列 $\{u_n\}$ 定义如下: $u_1 = b, u_{n+1} = u_n^2 + (1-2a)u_n + a^2, n \in \mathbb{N}$. 问: a, b 为何值时 $\{u_n\}$ 收敛, 并求出其极限值.

17. 设 $A > 0, 0 < y_0 < A^{-1}, y_{n+1} = y_n(2 - Ay_n), n \in \mathbb{N}$. 证明: $\lim\limits_{n \to +\infty} y_n = A^{-1}$.

18. 设数列 $\{a_n\}$ 满足 $(2 - a_n)a_{n+1} = 1$. 证明: $\lim\limits_{n \to +\infty} a_n = 1$.

19. 设数列 $\{a_n\}$ 满足不等式 $0 \leqslant a_k \leqslant 100a_n (n \leqslant k \leqslant 2n, n = 1, 2, \cdots)$，且无穷级数 $\sum\limits_{n=1}^{\infty} a_n$ 收敛. 证明：$\lim\limits_{n \to +\infty} na_n = 0$.

20. 证明：$\lim\limits_{n \to +\infty} \left(1 + \dfrac{1}{n^2}\right)\left(1 + \dfrac{2}{n^2}\right)\cdots\left(1 + \dfrac{n}{n^2}\right) = \mathrm{e}^{\frac{1}{2}}$.

21. 设 $a_1 > b_1 > 0$，令

$$a_n = \frac{a_{n-1} + b_{n-1}}{2}, \quad b_n = \frac{2a_{n-1}b_{n-1}}{a_{n-1} + b_{n-1}}, \quad n = 2, 3, \cdots.$$

证明：数列 $\{a_n\}$ 与 $\{b_n\}$ 都收敛，且 $\lim\limits_{n \to +\infty} a_n = \lim\limits_{n \to +\infty} b_n = \sqrt{a_1 b_1}$.

22. 当 $n \geqslant 3$ 时，证明：

$$\sum_{k=0}^{n} \frac{1}{k!} - \frac{3}{2n} < \left(1 + \frac{1}{n}\right)^n < \sum_{k=0}^{n} \frac{1}{k!}.$$

23. 设 $a_1 = 1, a_n = n(a_{n-1} + 1), n = 2, 3, \cdots$，且

$$x_n = \prod_{k=1}^{n} \left(1 + \frac{1}{a_k}\right).$$

求 $\lim\limits_{n \to +\infty} x_n \left(\text{其中} \prod\limits_{k=1}^{n} \text{表示从} k = 1 \text{到} k = n \text{的连乘积}\right)$.

24. 设 $H_n = 1 + \dfrac{1}{2} + \cdots + \dfrac{1}{n}, n \in \mathbb{N}$，用 K_n 表示使 $H_k \geqslant n$ 的最小下标. 求 $\lim\limits_{n \to +\infty} \dfrac{K_{n+1}}{K_n}$.

25. 设 $y_0 \geqslant 2, y_n = y_{n-1}^2 - 2 (n \in \mathbb{N})$，

$$S_n = \frac{1}{y_0} + \frac{1}{y_0 y_1} + \cdots + \frac{1}{y_0 y_1 \cdots y_n}.$$

证明：$\lim\limits_{n \to +\infty} S_n = \dfrac{y_0 - \sqrt{y_0^2 - 4}}{2}$.

26. 令数列 $\{b_n\}$ 满足

$$b_n = \sum_{k=0}^{n} \frac{1}{C_n^k}, \quad n = 1, 2, \cdots.$$

证明：(1) 当 $n \geqslant 2$ 时，$b_n = \dfrac{n+1}{2n} b_{n-1} + 1$；

(2) $\lim\limits_{n \to +\infty} b_n = 2$.

27. 设 $S_n = 1 + 2^2 + 3^3 + \cdots + n^n$. 证明：

$$n^n \left[1 + \frac{1}{4(n-1)}\right] < S_n < n^n \left[1 + \frac{2}{\mathrm{e}(n-1)}\right]$$

对 $n = 3, 4, \cdots$ 成立.

28. 设 $x_n > 0$. 证明：

(1) $\varlimsup\limits_{n \to +\infty} \left(\dfrac{x_1 + x_{n+1}}{x_n} \right)^n \geqslant e$；

(2) 上式中的 e 为最佳常数.

29. 设 $a_n > 0$. 证明：$\varlimsup\limits_{n \to +\infty} n \left(\dfrac{1 + a_{n+1}}{a_n} - 1 \right) \geqslant 1$.

30. 设 $2a_{n+1} = 1 + b_n^2, 2b_{n+1} = 2a_n - a_n^2, 0 \leqslant b_n \leqslant \dfrac{1}{2} \leqslant a_n, n = 1, 2, \cdots$. 证明：数列 $\{a_n\}$，$\{b_n\}$ 均收敛，并求其极限之值.

第 2 章　函数极限与连续

数列是一种特殊的函数,上一章已经详细地讨论了这个特殊函数的极限,并学会了很多求极限的方法,这给本章要讨论的一般函数的极限打下了良好的基础,有时数列极限可化为求函数极限.本章将介绍函数的极限与函数的连续以及它们的一些性质,并给出闭区间上连续函数若干重要定理:零值定理、介值定理、最值定理、一致连续性定理,这些定理在数学分析与实际问题中都有广泛的应用.

2.1　函数极限的概念

温故而知新,先复习一下映射和函数的概念.

定义 2.1.1　设 X,Y 为非空集合,如果对 $\forall x \in X$,有惟一的 $y \in Y$ 与之对应,表示为 $y = f(x)$,其中 x 称为**自变量**或**原像点**,y 称为**因变量**或**像点**,f 称为(单值)**映射**或**对应规律**,记作

$$f: X \to Y, x \mapsto y = f(x).$$

X 称为 f 的**定义域**,

$$f(X) = \{f(x) \mid x \in X\}$$

称为 f 的**值域**,

$$f(A) = \{f(x) \mid x \in A \subset X\} \subset Y$$

称为 A 在 f 下的**像**.

$$f^{-1}(B) = \{x \in X \mid f(x) \in B\} \subset X$$

为 B 在 f 下的**原像**.

f 的表示法有下面几种.

(1) 解析式法:如 $y = x^2, y = e^x, y = \sin x$.

(2) 列表法:$y = f(x) = x^2$ 图表为

x	1	2	3	$\cdots$
y	1	4	9	$\cdots$

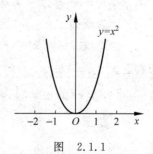

图　2.1.1

(3) 图像法:$y = f(x) = x^2$ 的图像为抛物线.画图先列表、描点再连成曲线(如图 2.1.1 所示).

如果 $\forall x_1, x_2 \in X, x_1 \neq x_2$,必有 $f(x_1) \neq f(x_2)$,即

若 $f(x_1)=f(x_2)$,必有 $x_1=x_2$,则称 f 为**单射**;如果 $\forall y \in Y$,必 $\exists x \in X$,s. t. $f(x)=y$,则称 f 为**满射**.

如果 f 既为单射又为满射,则称 f 为**双射**或**一一映射**. 此时,f 有逆映射 $f^{-1}:Y \rightarrow X$,$x=f^{-1}(y)$(即 $y=f(x)$). 显然,当 f 为单射时,$f:X \rightarrow f(X)$ 就为双射或一一映射.

设 X 为非空集合,$f:X \rightarrow \mathbb{R}$,$x \mapsto y=f(x)$ 为映射,则称 f 为**实(值)函数**,本书中简称为**函数**.

若 $X \subset \mathbb{R}$,则称 f 为**一元(单变量)函数**;

若 $X \subset \mathbb{R}^2=\{(x,y)|x,y \in \mathbb{R}\}$,则称 f 为**二元函数**;

若 $X \subset \mathbb{R}^3=\{(x,y,z)|x,y,z \in \mathbb{R}\}$,则称 f 为**三元函数**;

若 $X \subset \mathbb{R}^n=\{(x_1,x_2,\cdots,x_n)|x_i \in \mathbb{R},i=1,2,\cdots,n\}$,则称 f 为 **n 元函数**.

设 $f,g:X \rightarrow \mathbb{R}$,$x \in X$,令

$$(f \pm g)(x)=f(x) \pm g(x),$$

$$(fg)(x)=f(x)g(x),$$

$$\frac{f}{g}(x)=\frac{f(x)}{g(x)} \quad (g(x) \neq 0).$$

它们分别定义了 f 与 g 的和函数 $f+g$,差函数 $f-g$,积函数 fg 及商函数 $\dfrac{f}{g}$.

设 $f:X \rightarrow Y$,$g:Y \rightarrow Z$,则称 $g \circ f:X \rightarrow Z$,$x \mapsto z=g \circ f(x)=g(f(x))$ 为 f 与 g 的**复合**. 两个函数 f,g 的复合称为 f 与 g 的**复合函数**(如图 2.1.2 所示). 关于复合显然有 $(g \circ f) \circ h = g \circ (f \circ h)$.

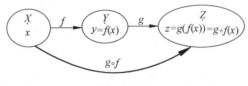

图 2.1.2

中学里已学的**基本初等函数**共有 6 类:

(1) 常值函数 $y=f(x)=c$,定义域为 $\mathbb{R}$.

(2) 幂函数 $y=f(x)=x^a$(a 为实数). 当 $x>0$ 时,任何 a 都有意义;x^n($n \in \mathbb{N}$)的定义**域为实数集** $\mathbb{R}$;x^{-n}($n \in \mathbb{N}$)的定义域为 $\mathbb{R} \setminus \{0\}$;$x^{\frac{1}{2}}=\sqrt{x}$ 的定义域为 $[0,+\infty)$;$x^{-\frac{1}{2}}$ 的定义域为 $(0,+\infty)$;$x^{\frac{1}{3}}$ 的定义域为 $\mathbb{R}$;$x^{-\frac{1}{3}}$ 的定义域为 $\mathbb{R} \setminus \{0\}$;等等.

(3) 三角函数 $y=\sin x,\cos x$ 定义域都为 $\mathbb{R}$;$y=\tan x$,定义域为 $\mathbb{R} \setminus \{2k\pi \pm \dfrac{\pi}{2},k \in \mathbb{Z}\}$;

$y=\cot x$,定义域为 $\mathbb{R} \setminus \{k\pi|k \in \mathbb{Z}\}$;$y=\sec x$,定义域为 $\mathbb{R} \setminus \{2k\pi \pm \dfrac{\pi}{2},k \in \mathbb{Z}\}$;$y=\csc x$,定义

域为 $\mathrm{R} \setminus \{k\pi \mid k \in \mathbb{Z}\}$.

（4）反三角函数 $y = \arcsin x, \arccos x$ 定义域为 $[-1,1]$；$y = \arctan x, \operatorname{arccot} x$ 定义域为 R.

（5）指数函数 $y = a^x (a > 0, a \neq 1)$，定义域为 R.

（6）对数函数 $y = \log_a x (a > 0, a \neq 1)$，定义域为 $(0, +\infty)$.

$$\lg x = \log_{10} x, \quad \ln x = \log_e x.$$

读者应记住每个基本初等函数的值域，并画出相应的图形.

定义 2.1.2　由基本初等函数通过有限次 $+, -, \cdot, \div$ 和复合得到的函数称为**初等函数**. 这是一类重要的函数（这里乘号"$\times$"也用"$\cdot$"表示）.

再给出几类今后要常用的函数.

例 2.1.1　证明：（1）双曲函数（双曲正弦：$y = \sinh x = \dfrac{e^x - e^{-x}}{2}$；双曲余弦：$y = \cosh x = \dfrac{e^x + e^{-x}}{2}$；双曲正切：$y = \tanh x = \dfrac{e^x - e^{-x}}{e^x + e^{-x}} = \dfrac{\sinh x}{\cosh x}$；双曲余切：$y = \coth x = \dfrac{e^x + e^{-x}}{e^x - e^{-x}}$）都是初等函数. 读者经过验算可知双曲函数具有性质：$\sinh 2x = 2 \sinh x \cosh x$，$\cosh 2x = \cosh^2 x + \sinh^2 x$，$\cosh^2 x - \sinh^2 x = 1$.

（2）$y = \ln(x + \sqrt{x^2 + 1})$ 为初等函数.

（3）$y = |x| = \begin{cases} x, & x \geq 0, \\ -x, & x < 0 \end{cases}$ 为初等函数.

（4）多项式函数 $y = a_0 x^n + a_1 x^{n-1} + \cdots + a_{n-1} x + a_n \ (a_0 \neq 0)$ 与有理函数 $y = \dfrac{a_0 x^n + a_1 x^{n-1} + \cdots + a_{n-1} x + a_n}{b_0 x^m + b_1 x^{m-1} + \cdots + b_{m-1} x + b_m} \ (a_0 \neq 0, b_0 \neq 0)$ 均为初等函数.

证明　（1）以 $y = \tanh x$ 为例证明双曲函数为初等函数. 因为 $y = \tanh x = \dfrac{e^x - e^{-x}}{e^x + e^{-x}}$ 为基本初等函数 $e^x, e^{-x} = (e^{-1})^x$ 通过一次减法、一次加法、一次除法得到，所以它为初等函数. 或者因为 $y = \tanh x = \dfrac{e^x - \dfrac{1}{e^x}}{e^x + \dfrac{1}{e^x}}$ 为基本初等函数 $e^x, 1$ 通过一次减法，一次加法，三次除法得到，所以它为初等函数. 其他类似证明.

（2）因为 $y = \ln(x + \sqrt{x^2 + 1})$ 由基本初等函数 $x, x^2, 1, \sqrt{x}, \ln x$ 通过二次加法，二次复合得到，所以它为初等函数.

（3）因为 $y = |x| = \sqrt{x^2}$ 为基本初等函数 $x^2, \sqrt{x}$ 通过一次复合得到，所以它为初等函数.

（4）因为多项式函数 $y = a_0 x^n + a_1 x^{n-1} + \cdots + a_{n-1} x + a_n$ 为基本初等函数 $a_0, a_1, \cdots, a_n, x, x^2, \cdots, x^n$ 通过 n 次乘法, n 次加法得到,所以它为初等函数.

而有理函数 $y = \dfrac{a_0 x^n + a_1 x^{n-1} + \cdots + a_{n-1} x + a_n}{b_0 x^m + b_1 x^{m-1} + \cdots + b_{m-1} x + b_m}$ 为基本初等函数 $a_0, a_1, \cdots, a_n, x, \cdots,$ $x^n, b_0, b_1, \cdots, b_m, x, \cdots, x^m$ 通过 $n+m$ 次乘法; $n+m$ 次加法以及一次除法得到,所以,它为初等函数.   □

例 2.1.2 （1）设 $f_1, f_2, \cdots, f_n$ 都为初等函数,则由 $f_1, f_2, \cdots, f_n$ 经有限次 $+,-,$ $\cdot,\div$,复合运算得到的函数 f 仍为初等函数.

（2）设 f, g 都为初等函数,则 $\max\{f, g\}$ 与 $\min\{f, g\}$ 均为初等函数.

证明 （1）因为 $f_1, f_2, \cdots, f_n$ 都为初等函数,所以它们都由基本初等函数通过有限次 $+,-,\cdot,\div$,复合运算得到. 从而,由 $f_1, f_2, \cdots, f_n$ 经有限次 $+,-,\cdot,\div$,复合运算得到的函数 f 也由基本初等函数通过有限次 $+,-,\cdot,\div$,复合运算得到,该函数 f 应是初等函数.

（2）由 f, g 都为初等函数及

$$\max\{f, g\} = \frac{(f+g) + |f-g|}{2} = \frac{(f+g) + \sqrt{(f-g)^2}}{2},$$

$$\min\{f, g\} = \frac{(f+g) - |f-g|}{2} = \frac{(f+g) - \sqrt{(f-g)^2}}{2}$$

或 $\min\{f, g\} = -\max\{-f, -g\}$ 可知 $\max\{f, g\}$ 与 $\min\{f, g\}$ 均为初等函数.   □

另一类重要的函数就是**分段函数**,即每一段上用不同的式子表达的函数.

例 2.1.3 （1）**符号函数**（如图 2.1.3 所示）：

$$y = \operatorname{sgn} x = \begin{cases} 1, & x > 0, \\ 0, & x = 0, \\ -1, & x < 0. \end{cases}$$

（2）"取整数"函数（如图 2.1.4 所示）：

$$y = [x]$$

为不大于 x 的最大整数,此时有 $x - 1 < [x] \leqslant x < [x] + 1$.

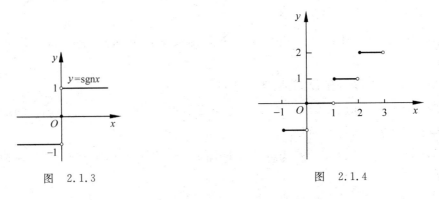

图   2.1.3   图   2.1.4

（3）**尾数函数**（如图 2.1.5 所示）：

$$y = x - [x] \xlongequal{\text{def}} \{x\},$$

则

$$0 \leqslant \{x\} < 1,$$

且 $\{x\}$ 是以 1 为周期的函数.

（4）**绝对值函数**（如图 2.1.6 所示）：

$$y = |x| = \begin{cases} x, & x \geqslant 0, \\ -x, & x < 0. \end{cases}$$

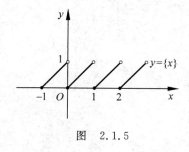

图 2.1.5

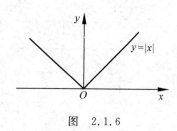

图 2.1.6

（5）设 $A \subset \mathbb{R}$，A 的**特征函数** $\chi_A : \mathbb{R} \to \mathbb{R}$，

$$\chi_A(x) = \begin{cases} 1, x \in A, \\ 0, x \in \mathbb{R} \setminus A (\text{即 } x \notin A). \end{cases}$$

（6）**Dirichlet 函数**：

$$D(x) = \begin{cases} 1, x \in \mathbb{Q}, \\ 0, x \in \mathbb{R} \setminus \mathbb{Q}, \end{cases}$$

它是 $\mathbb{Q}$ 的特征函数.

以上 6 个函数都为分段函数.

回想一下数列极限 $\lim\limits_{n \to +\infty} a_n = \lim\limits_{n \to +\infty} f(n) = a \in \mathbb{R}$（收敛），$+\infty, -\infty, \infty$，共有 4 种. 用 N 刻画 n 趋于 $+\infty$ 的程度，用 $\varepsilon > 0$ 刻画 a_n 靠近 a 的程度，用 A 刻画 a_n 趋于 $+\infty, -\infty, \infty$ 的程度. 这里自变量只有一个趋向 $n \to +\infty$，而一般函数 $f(x)$ 除了 $x \to +\infty$ 外，还有 $x \to x_0, x_0^+, x_0^-, x \to -\infty, \infty$ 等情况.

我们考虑函数极限 $\lim\limits_{x \to x_0} f(x) = a \in \mathbb{R}$（收敛），$+\infty, -\infty, \infty$ 时，其中 $x \to x_0$ 或 $x \to x_0^+$，$x_0^-, +\infty, -\infty, \infty$，共有 $6 \times 4 = 24$ 种不同情况，我们用 $\delta > 0$ 刻画 x 与 x_0 或 x 与 x_0^+ 或 x 与 x_0^- 的靠近程度，用 $\Delta > 0$ 刻画 x 趋于 $+\infty, -\infty, \infty$ 的程度，用 $\varepsilon > 0$ 刻画 $f(x)$ 与 a 靠近的程度，用 A 刻画 $f(x)$ 趋于 $+\infty, -\infty, \infty$ 的程度.

定义 2.1.3 设函数 $y = f(x)$ 在 x_0 的一个去心开邻域 $(x_0 - \delta_0, x_0 + \delta_0) \setminus \{x_0\}$ 内有定义（x_0 处可以无定义）如果有一数 $a \in \mathbb{R}$，s. t. $\forall \varepsilon > 0$，$\exists \delta \in (0, \delta_0)$，当 $0 < |x - x_0| < \delta$ 时，有

$$|f(x)-a|<\varepsilon,$$

则称函数 $f(x)$ 在 x_0 处(当 x 趋于 x_0 时)有**极限 a**,记作 $\lim\limits_{x\to x_0}f(x)=a$,或 $f(x)\to a(x\to x_0)$
(如图 2.1.7 所示).

设函数 $y=f(x)$ 在 x_0 去心右旁 $(x_0,x_0+\delta)$ 有定义. 如果 $\forall A>0$,$\exists\delta\in(0,\delta_0)$,当 $x_0<x<x_0+\delta$ 时,有 $f(x)>A$,则称函数 $f(x)$ 在 x_0 的右旁(当 x 趋于 x_0^+ 时)有**右极限$+\infty$**,记作 $f(x_0+0)=f(x_0^+)=\lim\limits_{x\to x_0^+}f(x)=+\infty$,或 $f(x)\to+\infty(x\to x_0^+)$(如图 2.1.8 所示).

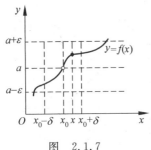

图 2.1.7

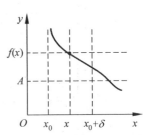

图 2.1.8

设函数 $y=f(x)$ 在 ∞ 的开邻域 $(-\infty,-\Delta_0)\cup(\Delta_0,+\infty)$ 内有定义. 如果 $\forall A>0$,$\exists\Delta>\Delta_0>0$,当 $|x|>\Delta$ 时,有

$$|f(x)|>A,$$

则称函数 $y=f(x)$ 在 ∞ 处(当 $x\to\infty$ 时)有**极限∞**,记作 $f(\infty)=\lim\limits_{x\to\infty}f(x)=\infty$ 或 $f(x)\to\infty(x\to\infty)$(如图 2.1.9 所示).

设函数 $y=f(x)$ 在 $+\infty$ 的开邻域 $(\Delta_0,+\infty)$ 内有定义. 如果 $\forall\varepsilon>0$,$\exists\Delta>\Delta_0>0$,当 $x>\Delta$ 时,有

$$|f(x)-a|<\varepsilon,$$

则称函数 $y=f(x)$ 在 $+\infty$ 处(当 $x\to+\infty$ 时)有**极限 a**,记作 $\lim\limits_{x\to+\infty}f(x)=a$ 或 $f(x)\to a(x\to+\infty)$(如图 2.1.10 所示).

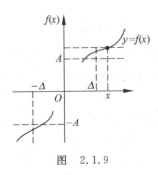

图 2.1.9

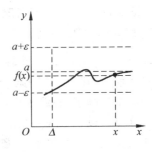

图 2.1.10

其余 20 种情形读者自行叙述,并配出相应的示意图.

定理 2.1.1 $\lim\limits_{x \to x_0} f(x) = a \Leftrightarrow f(x_0^+) = \lim\limits_{x \to x_0^+} f(x) = a = \lim\limits_{x \to x_0^-} f(x) = f(x_0^-)$,其中 a 为实数,$+\infty$,$-\infty$,∞.

证明 ($\Rightarrow$)显然.

($\Leftarrow$)对于 a 的任何开邻域 $U(a)$,因 $\lim\limits_{x \to x_0^+} f(x) = a$,故 $\exists \delta_1 > 0$,当 $x_0 < x < x_0 + \delta_1$ 时,$f(x) \in U(a)$. 因为 $\lim\limits_{x \to x_0^-} f(x) = a$,所以 $\exists \delta_2 > 0$,当 $x - \delta_2 < x < x_0$ 时,$f(x) \in U(a)$.

因此,取 $\delta = \min\{\delta_1, \delta_2\}$,当 $0 < |x - x_0| < \delta$ 时,有 $f(x) \in U(a)$. 于是,

$$\lim\limits_{x \to x_0} f(x) = a. \qquad \square$$

定理 2.1.2 $\lim\limits_{x \to \infty} f(x) = a \Leftrightarrow \lim\limits_{x \to +\infty} f(x) = a$ 且 $\lim\limits_{x \to -\infty} f(x) = a$,其中 a 为实数,$+\infty$,$-\infty$,∞.

证明 ($\Rightarrow$)对 a 的任何开邻域 $U(a)$,因 $\lim\limits_{x \to \infty} f(x) = a$,故 $\exists \Delta > 0$,当 $|x| > \Delta$ 时,必有 $f(x) \in U(a)$. 于是,当 $x > \Delta$ 时,有 $f(x) \in U(a)$,从而 $\lim\limits_{x \to +\infty} f(x) = a$;

当 $x < -\Delta$ 时,有 $f(x) \in U(a)$,从而 $\lim\limits_{x \to -\infty} f(x) = a$.

($\Leftarrow$)由 $\lim\limits_{x \to +\infty} f(x) = a$,故对 a 的任何开邻域 $U(a)$,$\exists \Delta_1 > 0$,当 $x > \Delta_1$ 时,有 $f(x) \in U(a)$. 再由 $\lim\limits_{x \to -\infty} f(x) = a$,故对 a 的任何开邻域 $U(a)$,$\exists \Delta_2 > 0$,当 $x < -\Delta_2$ 时,有 $f(x) \in U(a)$. 因此当 $|x| > \Delta = \max\{\Delta_1, \Delta_2\}$ 时,$f(x) \in U(a)$,从而 $\lim\limits_{x \to \infty} f(x) = a$. $\qquad \square$

定理 2.1.3(归结原则,Heine) 函数 $y = f(x)$,其定义域为 x_0 的去心开邻域 $U°(x_0)$,则在 $U°(x_0)$ 中有

$$\lim\limits_{x \to x_0} f(x) = a(\text{实数}, +\infty, -\infty, \infty) \Leftrightarrow \forall x_n \neq x_0, x_n \to x_0, \text{必有} \lim\limits_{n \to +\infty} f(x_n) = a(\text{实数},$$

$+\infty, -\infty, \infty)$,其中 x_0 或换为 $x_0^+, x_0^-, +\infty, -\infty, \infty$.

证明 $a \in \mathbb{R}$,$x_0 \in \mathbb{R}$ 的情形.

($\Rightarrow$)$\forall \varepsilon > 0$,因为 $\lim\limits_{x \to x_0} f(x) = a$,所以 $\exists \delta > 0$,当 $0 < |x - x_0| < \delta$ 时,$|f(x) - a| < \varepsilon$. 而由于 $\forall x_n \neq x_0, x_n \to x_0 (n \to +\infty)$,所以对取定的 $\delta > 0$,$\exists N \in \mathbb{N}$,当 $n > N$ 时,有 $0 < |x_n - x_0| < \delta$,所以,

$$|f(x_n) - a| < \varepsilon,$$

即

$$\lim\limits_{n \to +\infty} f(x_n) = a.$$

($\Leftarrow$)(反证)假设 $\lim\limits_{x \to x_0} f(x) \neq a$,则 $\exists \varepsilon_0 > 0$,$\forall n \in \mathbb{N}$,$\exists x_n \neq x_0$,s.t. $0 < |x_n - x_0| < \dfrac{1}{n}$,但

$$|f(x_n)-a| \geqslant \varepsilon_0.$$

显然，$\lim\limits_{n \to +\infty} x_n = x_0$，但由右边条件知，

$$0 = |a-a| = \lim_{n \to +\infty} |f(x_n)-a| \geqslant \varepsilon_0 > 0,$$

矛盾. 所以，$\lim\limits_{x \to x_0} f(x) = a.$

其他情形可类似证明.

统一描述如下：

（⇒）对 a 的任何开邻域 $U(a)$，因为 $\lim\limits_{x \to x_0} f(x) = a$，存在 x_0 的去心开邻域 $V^\circ(x_0)$，当 $x \in V^\circ(x_0)$ 时，$f(x) \in U(a)$. 又因 $x_n \to x_0 (n \to +\infty)$，$x_n \neq x_0$，故 $\exists N \in \mathbb{N}$，当 $n > N$ 时，$x_n \in V^\circ(x_0)$，$f(x_n) \in U(a)$. 这就证明了 $\lim\limits_{n \to +\infty} f(x_n) = a.$

（⇐）（反证）假设 $\lim\limits_{x \to x_0} f(x) \neq a$，则存在 a 的开邻域 $U_0(a)$，$\forall n \in \mathbb{N}$，$\exists x_n \neq x_0$，s. t. $x_n \in V^\circ_n(x_0)$（6 种情形分别为 $\left(x_0 - \dfrac{1}{n}, x_0 + \dfrac{1}{n}\right)$，$\left(x_0, x_0 + \dfrac{1}{n}\right)$，$\left(x_0 - \dfrac{1}{n}, x_0\right)$，$(n, +\infty)$，$(-\infty, -n)$，$(-\infty, -n) \cup (n, +\infty)$），但是 $f(x_n) \notin U_0(a)$. 显然，$\lim\limits_{n \to +\infty} x_n = x_0$，但 $\lim\limits_{n \to +\infty} f(x_n) \neq a$. 这与右边矛盾. □

定理 2.1.4（函数收敛，即有有限极限的 Cauchy 准则）　设 f 在 x_0 的去心开邻域 $U^\circ(x_0, \delta_0)$ 内定义，则 $\lim\limits_{x \to x_0} f(x)$ 存在有限 ⇔ $\forall \varepsilon > 0$，$\exists \delta \in (0, \delta_0)$，s. t. $\forall x', x'' \in U^\circ(x_0, \delta)$，有

$$|f(x') - f(x'')| < \varepsilon.$$

证明　（⇒）设 $\lim\limits_{x \to x_0} f(x) = a \in \mathbb{R}$，则 $\forall \varepsilon > 0$，$\exists \delta \in (0, \delta_0)$，s. t. $\forall x \in U^\circ(x_0, \delta)$，有 $|f(x) - a| < \dfrac{\varepsilon}{2}$. 于是，对于 $\forall x', x'' \in U^\circ(x_0, \delta)$，有

$$
\begin{aligned}
|f(x') - f(x'')| &= |(f(x') - a) - (f(x'') - a)| \\
&\leqslant |f(x') - a| + |f(x'') - a| \\
&< \frac{\varepsilon}{2} + \frac{\varepsilon}{2} = \varepsilon.
\end{aligned}
$$

（⇐）设数列 $\{x_n\} \subset U^\circ(x_0, \delta_0)$，且 $\lim\limits_{n \to +\infty} x_n = x_0$. 按右边条件，$\forall \varepsilon > 0$，$\exists \delta \in (0, \delta_0)$，s. t. $\forall x', x'' \in U^\circ(x_0, \delta)$，有 $|f(x') - f(x'')| < \varepsilon.$

对上述的 δ，由于 $\lim\limits_{n \to +\infty} x_n = x_0$，故 $\exists N \in \mathbb{N}$，当 $n, m > N$ 时，有 $x_n, x_m \in U^\circ(x_0, \delta)$. 从而，$|f(x_n) - f(x_m)| < \varepsilon$. 这表明了 $f(x_n)$ 为 Cauchy 数列. 根据数列的 Cauchy 准则知，$\{f(x_n)\}$ 收敛.

考虑 $\{x_n'\} \subset U^\circ(x_0, \delta_0)$，$\{x_n''\} \subset U^\circ(x_0, \delta_0)$，且 $\lim\limits_{n \to +\infty} x_n' = x_0 = \lim\limits_{n \to +\infty} x_n''$. 令数列 $x_n: x_1'$，$x_1'', x_2', x_2'', \cdots, x_k', x_k'', \cdots$，显然，$\{x_n\} \subset U^\circ(x_0, \delta_0)$，$\lim\limits_{n \to +\infty} x_n = x_0$. 由上述证明所得结果，

$\{f(x_n)\}$ 收敛,从而 $\lim\limits_{n\to+\infty}f(x_n')=\lim\limits_{n\to+\infty}f(x_n)=\lim\limits_{n\to+\infty}f(x_n'')$,记此极限为 a.

根据归结原则(定理 2.1.3), $\lim\limits_{x\to x_0}f(x)=a$. □

注 2.1.1 定理 2.1.4 等价于:

$f(x)$ 在 x_0 不存在有限极限 $\Leftrightarrow\exists\varepsilon_0>0,\forall\delta>0$,总有 $x_\delta',x_\delta''\in U^\circ(x_0,\delta)$,s. t. $|f(x_\delta')-f(x_\delta'')|\geqslant\varepsilon_0$.

注 2.1.2 定理2.1.4与注2.1.1中,x_0 换为 $x_0^\pm$,$\pm\infty$,∞,相应结论成立. 证明也类似.

例 2.1.4 设 $f(x)=c$ 为常值函数,则 $\lim\limits_{x\to x_0}f(x)=c$,其中 x_0 或 x_0^+,x_0^-,$+\infty$, $-\infty$,∞.

证明 $\forall\varepsilon>0$,任取 $\delta>0$,当 $0<|x-x_0|<\delta$ 时,有
$$|f(x)-c|=|c-c|=0<\varepsilon,$$
所以, $\lim\limits_{x\to x_0}f(x)=c$.

其他情形类似证明.

读者可用统一描述.

例 2.1.5 证明: $\lim\limits_{x\to+\infty}\dfrac{1}{x^\alpha}=0(\alpha>0)$.

证明 $\forall\varepsilon>0$,取 $\Delta>\left(\dfrac{1}{\varepsilon}\right)^{\frac{1}{\alpha}}$,则当 $x>\Delta$ 时,有
$$\left|\frac{1}{x^\alpha}-0\right|=\frac{1}{x^\alpha}<\frac{1}{\Delta^\alpha}<\varepsilon,$$
所以, $\lim\limits_{x\to+\infty}\dfrac{1}{x^\alpha}$. □

例 2.1.6 证明:(1) $\lim\limits_{x\to-\infty}\arctan x=-\dfrac{\pi}{2}$.

(2) $\lim\limits_{x\to+\infty}\arctan x=\dfrac{\pi}{2}$.

证明 (1) $\forall\varepsilon>0$,取 $\Delta>\tan\left(\dfrac{\pi}{2}-\varepsilon\right)$,当 $x<-\Delta$ 时,有
$$-\frac{\pi}{2}-\varepsilon<-\frac{\pi}{2}<\arctan x<\arctan(-\Delta)<-\frac{\pi}{2}+\varepsilon,$$
因此,
$$\lim_{x\to-\infty}\arctan x=-\frac{\pi}{2}.$$

(2) $\forall\varepsilon>0$,取 $\Delta>\tan\left(\dfrac{\pi}{2}-\varepsilon\right)=\cot\varepsilon$,当 $x>\Delta$ 时,有
$$\frac{\pi}{2}-\varepsilon<\arctan\Delta<\arctan x$$

$$< \frac{\pi}{2} < \frac{\pi}{2} + \varepsilon,$$

所以，$\lim\limits_{x \to +\infty} \arctan x = \dfrac{\pi}{2}$（如图 2.1.11 所示）. □

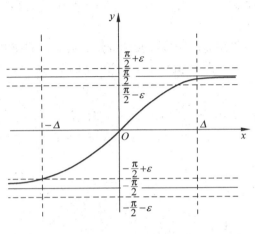

图　2.1.11

例 2.1.7　证明：$\lim\limits_{x \to 2} \dfrac{x^2-4}{x-2} = \lim\limits_{x \to 2}(x+2) = 4$.

证明　$\forall \varepsilon > 0$，取 $\delta = \varepsilon$，当 $0 < |x-2| < \delta = \varepsilon$ 时，有

$$\left| \frac{x^2-4}{x-2} - 4 \right| = |(x+2)-4| = |x-2| < \delta = \varepsilon,$$

因此，

$$\lim_{x \to 2} \frac{x^2-4}{x-2} = 4. \qquad\qquad □$$

函数 $y = \dfrac{x^2-4}{x-2}$ 和 $y = x+2$ 的定义域不同，前者为 $\mathbb{R}$，后者为 $\mathbb{R} \setminus \{2\}$，但它们在 $x \to 2$ 时有相同的极限，这是因为在考虑 $x \to x_0$ 的极限时，并不要求函数在 $x = x_0$ 处有定义或函数在 x_0 处的值是多少. 下面的例子也是如此.

例 2.1.8　证明：$\lim\limits_{x \to 1} \dfrac{x^2-1}{2x^2-x-1} = \lim\limits_{x \to 1} \dfrac{x+1}{2x+1} = \dfrac{2}{3}$.

证明　$\forall \varepsilon > 0$，取 $\delta = \min\{1, 3\varepsilon\}$（如图 2.1.12 所示），当 $0 < |x-1| < \delta$ 时，有

$$\left| \frac{x^2-1}{2x^2-x-1} - \frac{2}{3} \right| = \left| \frac{x+1}{2x+1} - \frac{2}{3} \right|$$

$$= \frac{|x-1|}{3|2x+1|} < \frac{\delta}{3} \leqslant \varepsilon,$$

所以，$\lim\limits_{x \to 1} \dfrac{x^2-1}{2x^2-x-1} = \dfrac{2}{3}$. □

注 2.1.3 为了使得 $|2x+1| \geqslant 1$，我们先限制 $|x-1|<1 \Leftrightarrow 0<x<2$. 再由 $\dfrac{\delta}{3} \leqslant \varepsilon$ 解得 $\delta \leqslant 3\varepsilon$，所以，取 $\delta = \min\{1, 3\varepsilon\}$.

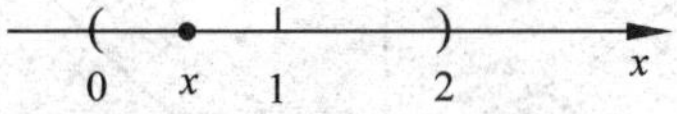

图 2.1.12

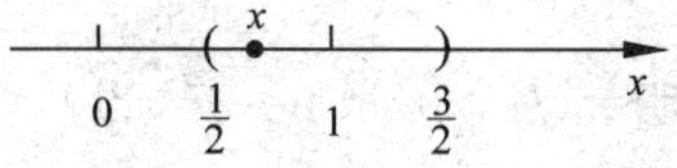

图 2.1.13

如果先限制 $|x-1|<\dfrac{1}{2} \Leftrightarrow -\dfrac{1}{2}<x-1<\dfrac{1}{2} \Leftrightarrow \dfrac{1}{2}<x<\dfrac{3}{2}$（如图 2.1.13 所示）. 于是，$|2x+1| \geqslant |2 \cdot \dfrac{1}{2}+1| = 2$，从而

$$\left| \frac{x^2-1}{2x^2-x-1} - \frac{2}{3} \right| = \frac{|x-1|}{3|2x+1|} < \frac{\delta}{3 \cdot 2} = \frac{\delta}{6} \leqslant \varepsilon,$$

只需取 $\delta = \min\left\{ \dfrac{1}{2}, 6\varepsilon \right\}$.

例 2.1.9 证明：(1) $\lim\limits_{x \to 1^+} \dfrac{x^2+1}{x^2-1} = +\infty$;

(2) $\lim\limits_{x \to 1^-} \dfrac{x^2+1}{x^2-1} = -\infty$.

证明 (1) $\forall A>0$，取 $\delta = \min\left\{ 1, \dfrac{1}{3A} \right\}$（如图 2.1.14 所示），当 $1<x<1+\delta$ 时，有

$$\frac{x^2+1}{x^2-1} = \frac{x^2+1}{(x+1)(x-1)} > \frac{1}{(2+1)\delta} = \frac{1}{3\delta} \geqslant A,$$

所以，

$$\lim\limits_{x \to 1^+} \frac{x^2+1}{x^2-1} = +\infty.$$

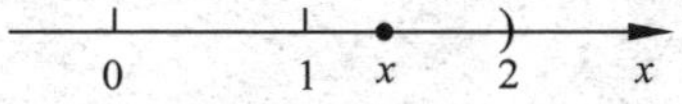

图 2.1.14

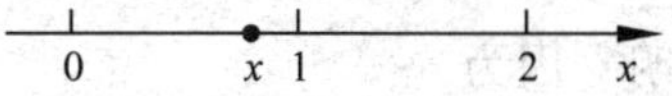

图 2.1.15

(2) $\forall A>0$，取 $\delta = \min\left\{ 1, \dfrac{1}{2A} \right\}$（如图 2.1.15 所示），当 $1-\delta<x<1$ 时，有

$$\frac{x^2+1}{x^2-1} = \frac{x^2+1}{(x+1)(x-1)} = -\frac{x^2+1}{(x+1)(1-x)} < -\frac{1}{2\delta} < -A,$$

因此,

$$\lim_{x \to 1^-} \frac{x^2+1}{x^2-1} = -\infty.$$ □

例 2.1.10　证明 $\lim\limits_{x \to 0} x^\alpha \sin \dfrac{1}{x} = 0, \alpha > 0$

(如图 2.1.16 所示).

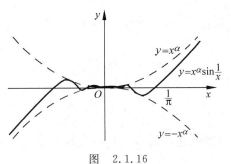

图　2.1.16

证明　$\forall \varepsilon > 0$,取 $\delta = \varepsilon^{\frac{1}{\alpha}}$,当 $0 < |x-0| < \delta$ 时,有

$$\left| x^\alpha \sin \frac{1}{x} - 0 \right| \leqslant |x|^\alpha < \delta^\alpha = \varepsilon,$$

这就证明了

$$\lim_{x \to 0} x^\alpha \sin \frac{1}{x} = 0.$$ □

例 2.1.11　设 $\lim\limits_{x \to x_0} f(x) = 0, |g(x)| \leqslant M$,则 $\lim\limits_{x \to x_0} f(x)g(x) = 0$.

证明　$\forall \varepsilon > 0$,因 $\lim\limits_{x \to x_0} f(x) = 0$,故 $\exists \delta > 0$,当 $0 < |x-x_0| < \delta$ 时,有 $|f(x)-0| < \dfrac{\varepsilon}{M+1}$. 于是,

$$|f(x)g(x) - 0| = |f(x)| \cdot |g(x)| \leqslant M|f(x)-0|$$

$$< M \cdot \frac{\varepsilon}{M+1} < \varepsilon,$$

这就证明了

$$\lim_{x \to x_0} f(x)g(x) = 0.$$ □

例 2.1.12　设

$$f(x) = \begin{cases} 1, & x < 0, \\ x\sin \dfrac{1}{x}, & x > 0. \end{cases}$$

证明: $\lim\limits_{x \to 0} f(x)$ 不存在.

证明　因为

$$f(0+0) = f(0^+) = \lim_{x \to 0^+} x\sin \frac{1}{x} = 0,$$

$$f(0-0) = f(0^-) = \lim_{x \to 0^-} f(x) = \lim_{x \to 0^-} 1 = 1,$$

$$f(0^+) \neq f(0^-),$$

所以,根据定理 2.1.1 知,$\lim\limits_{x \to 0} f(x)$ 不存在. □

例 2.1.13　证明:符号函数 $\mathrm{sgn} x$ 在 $x = 0$ 处无极限.

证明 因为

$$\text{sgn}(0^+) = \lim_{x \to 0^+} \text{sgn}x = \lim_{x \to 0^+} 1 = 1 \neq -1$$

$$= \lim_{x \to 0^-}(-1) = \lim_{x \to 0^-} \text{sgn}x = \text{sgn}(0^-),$$

所以,根据定理 2.1.1 知,$\text{sgn}x$ 在 $x=0$ 处无极限.　　　　□

例 2.1.14 证明 $\lim\limits_{x \to 0} \sin \dfrac{1}{x}$ 不存在.

证明 取数列 $x_n' = \dfrac{1}{2n\pi} \to 0 (n \to +\infty)$,

$$x_n'' = \frac{1}{2n\pi + \dfrac{\pi}{2}} \to 0 (n \to +\infty).$$

显然,

$$\lim_{n \to +\infty} \sin \frac{1}{x_n'} = \lim_{n \to +\infty} \sin 2n\pi = \lim_{n \to +\infty} 0 = 0,$$

$$\lim_{n \to +\infty} \sin \frac{1}{x_n''} = \lim_{n \to +\infty} \sin\left(2n\pi + \frac{\pi}{2}\right) = \lim_{n \to +\infty} 1 = 1,$$

$$\lim_{n \to +\infty} \sin \frac{1}{x_n'} \neq \lim_{n \to +\infty} \sin \frac{1}{x_n''},$$

所以,根据定理 2.1.1 知,$\lim\limits_{x \to 0} \sin \dfrac{1}{x}$ 不存在(如

图 2.1.17所示).　　　　□

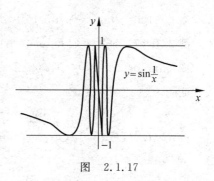

图　2.1.17

例 2.1.15 证明 Dirichlet 函数

$$D(x) = \begin{cases} 1, x \in \mathbb{Q}, \\ 0, x \in \mathbb{R} \setminus \mathbb{Q} \end{cases}$$

在任何点处无极限.

证法 1 $\forall x_0 \in \mathbb{R}$,取 $x_n' \in \mathbb{Q}$,$x_n' \neq x_0$,$x_n' \to x_0 (n \to +\infty)$;再取 $x_n'' \in \mathbb{R} \setminus \mathbb{Q}$,$x_n'' \neq x_0$,$x_n'' \to x_0 (n \to +\infty)$,则

$$\lim_{n \to +\infty} D(x_n') = \lim_{n \to +\infty} 1 = 1,$$

$$\lim_{n \to +\infty} D(x_n'') = \lim_{n \to +\infty} 0 = 0.$$

因为 $\lim\limits_{n \to +\infty} D(x_n') \neq \lim\limits_{n \to +\infty} D(x_n'')$,所以,根据定理 2.1.1 知,$\lim\limits_{x \to x_0} D(x)$ 不存在.

证法 2 (反证)反设在点 $x_0 \in \mathbb{R}$,$\lim\limits_{x \to x_0} D(x) = a$,则 0 与 1 中至少有一个不为 a. 不妨

设 $a \neq 1$,则存在 a 的开邻域 $U(a) \not\ni 1$. 于是,$\exists \delta > 0$,当 $0 < |x - x_0| < \delta$ 时,$D(x) \in U(a)$,

当然 $D(x) \neq 1$. 但因 $\mathbb{Q}$ 在 $\mathbb{R}$ 中是稠密的,必有 $x' \in \mathbb{Q}$,s.t. $0 < |x' - x_0| < \delta$,所以,

$$1 = D(x') \in U(a),$$

这与 $1 \overline{\in} U(a)$ 相矛盾. □

例 2.1.16 证明：

$$\lim_{x \to +\infty} a^x = \begin{cases} +\infty, & a > 1, \\ 1, & a = 1, \\ 0, & 0 < a < 1. \end{cases}$$

证明 当 $a > 1$ 时，$\forall A > 0$，取 $\Delta > \log_a A$. 当 $x > \Delta$ 时，有

$$a^x > a^\Delta > A,$$

所以，$\lim\limits_{x \to +\infty} a^x = +\infty$.

当 $0 < a < 1$ 时，$\forall \varepsilon > 0$，取 $\Delta > \log_a \varepsilon$. 当 $x > \Delta$ 时，有

$$|a^x - 0| = a^x < a^\Delta < \varepsilon,$$

所以，$\lim\limits_{x \to +\infty} a^x = 0$.

当 $a = 1$ 时，$\lim\limits_{x \to +\infty} a^x = \lim\limits_{x \to +\infty} 1^x = \lim\limits_{x \to +\infty} 1 = 1$. □

例 2.1.17 证明：(1) $\lim\limits_{x \to 0} a^x = 1 (a > 0)$；

(2) $\lim\limits_{x \to 1} \log_a x = 0, a > 0, a \neq 1$.

证明 (1) 设 $a = 1$.

$$\lim_{x \to 0} a^x = \lim_{x \to 0} 1^x = \lim_{x \to 0} 1 = 1 = a^0.$$

设 $a > 1$. $\forall \varepsilon \in (0, 1)$，取 $\delta = \min\{|\log_a(1 - \varepsilon)|, |\log_a(1 + \varepsilon)|\}$，当 $0 < |x - 0| = |x| < \delta$ 时，有

$$\log_a(1 - \varepsilon) < x < \log_a(1 + \varepsilon),$$
$$1 - \varepsilon < a^x < 1 + \varepsilon,$$
$$-\varepsilon < a^x - 1 < \varepsilon,$$
$$|a^x - 1| < \varepsilon,$$

所以，$\lim\limits_{x \to 0} a^x = 1$.

设 $0 < a < 1$. $\forall \varepsilon \in (0, 1)$，取 $\delta = \min\{|\log_a(1 - \varepsilon)|, |\log_a(1 + \varepsilon)|\}$，当 $0 < |x - 0| = |x| < \delta$，有

$$\log_a(1 + \varepsilon) < x < \log_a(1 - \varepsilon),$$
$$1 - \varepsilon < a^x < 1 + \varepsilon,$$
$$-\varepsilon < a^x - 1 < \varepsilon,$$
$$|a^x - 1| < \varepsilon,$$

所以，$\lim\limits_{x \to 0} a^x = 1$.

或者

$$\lim_{x \to 0} a^x = \lim_{x \to 0} \frac{1}{\left(\dfrac{1}{a}\right)^x} \xlongequal{\text{定理 2.2.6}} \frac{1}{1} = 1.$$

(2) 不失一般性,设 $a>1$. $\forall \varepsilon>0$,必存在 $\varepsilon_1>0$,使得 $a^{-\varepsilon}<1-\varepsilon_1<1+\varepsilon_1<a^{\varepsilon}$. 当

$$a^{-\varepsilon}<1-\varepsilon_1<x<1+\varepsilon_1<a^{\varepsilon}$$

时,有

$$-\varepsilon<\log_a x<\varepsilon,$$
$$|\log_a x-0|<\varepsilon,$$

故 $\lim\limits_{x\to 1}\log_a x=0$. □

引理 2.1.1　证明:(1) $\sin x<x<\tan x$,$0<x<\dfrac{\pi}{2}$;

(2) $\sin x<x$,$\forall x\in(0,+\infty)$;

$$|\sin x|\leqslant|x|,\quad \forall x\in\mathbb{R}.$$

证明　(1) 图 2.1.18 所示是一单位圆,用 $S_{\triangle OCD}$,$S_{\text{扇形}OAD}$,$S_{\triangle OAB}$ 分别表示 $\triangle OCD$,扇形 OAD 和 $\triangle OAB$ 的面积. 显然,

$$S_{\triangle OCD}<S_{\text{扇形}OAD}<S_{\triangle OAB},$$

从而

$$\sin x<x<\tan x,0<x<\frac{\pi}{2}.$$

(2) 当 $x\geqslant\dfrac{\pi}{2}$ 时,$x\geqslant\dfrac{\pi}{2}>1\geqslant\sin x$,因此,

$$\sin x<x,\forall x\in(0,+\infty).$$

当 $x<0$ 时,

$$|\sin x|=|\sin(-x)|<-x=|x|.$$

因此,

$$|\sin x|\leqslant|x|,\forall x\in\mathbb{R}.$$

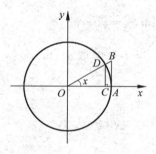

图　2.1.18

□

这是一个常用的不等式,下面先应用它来证明例 2.1.18.

例 2.1.18　证明:(1) $\lim\limits_{x\to x_0}\sin x=\sin x_0$;(2) $\lim\limits_{x\to x_0}\cos x=\cos x_0$,$x_0\in\mathbb{R}$.

证明　(1) $\forall\varepsilon>0$,取 $\delta=\varepsilon$,当 $|x-x_0|<\delta$ 时,有

$$|\sin x-\sin x_0|=2\left|\cos\frac{x+x_0}{2}\right|\left|\sin\frac{x-x_0}{2}\right|$$

$$\leqslant 2\left|\frac{x-x_0}{2}\right|<\delta=\varepsilon\quad\text{（由引理 2.1.1）},$$

所以,$\lim\limits_{x\to x_0}\sin x=\sin x_0$.

(2) $\forall\varepsilon>0$,取 $\delta=\varepsilon$,当 $|x-x_0|<\delta$ 时,有

$$\mid \cos x - \cos x_0 \mid = 2 \left| \sin \frac{x+x_0}{2} \right| \left| \sin \frac{x-x_0}{2} \right|$$

$$\leqslant 2 \left| \frac{x-x_0}{2} \right| < \delta = \varepsilon \quad (\text{由引理 2.1.1}),$$

所以, $\lim\limits_{x \to x_0} \cos x = \cos x_0$.

或者 $\lim\limits_{x \to x_0} \cos x = \lim\limits_{x \to x_0} \sin\left(\frac{\pi}{2} - x\right) \xlongequal{\text{由}(1)} \sin\left(\frac{\pi}{2} - x_0\right) = \cos x_0$. □

例 2.1.19 证明: $\lim\limits_{x \to x_0} \sqrt{x} = \sqrt{x_0}, x_0 \geqslant 0$.

证明 当 $x_0 = 0, \forall \varepsilon > 0$, 取 $\delta = \varepsilon^2$, 当 $0 < x < \delta$ 时,有

$$\mid \sqrt{x} - \sqrt{0} \mid = \sqrt{x} < \sqrt{\delta} = \varepsilon,$$

故 $\lim\limits_{x \to 0^+} \sqrt{x} = \sqrt{0} = 0$.

当 $x_0 > 0$, 取 $\delta = \min\{x_0, \sqrt{x_0}\ \varepsilon\}$, 当 $\mid x - x_0 \mid < \delta$ 时,有

$$\mid \sqrt{x} - \sqrt{x_0} \mid = \frac{\mid x - x_0 \mid}{\sqrt{x} + \sqrt{x_0}} \leqslant \frac{\mid x - x_0 \mid}{\sqrt{x_0}} < \frac{\delta}{\sqrt{x_0}} \leqslant \varepsilon,$$

所以, $\lim\limits_{x \to x_0} \sqrt{x} = \sqrt{x_0}$. □

例 2.1.20 证明: $\lim\limits_{x \to \infty} \sqrt{\dfrac{x^2+1}{x^2-1}} = 1$.

证法 1 $\forall \varepsilon > 0$, 取 $\Delta > \max\left\{\sqrt{2}, \dfrac{2}{\varepsilon}\right\}$, 当 $\mid x \mid > \Delta$ 时,有

$$\left| \sqrt{\frac{x^2+1}{x^2-1}} - 1 \right| = \left| \frac{\sqrt{x^2+1} - \sqrt{x^2-1}}{\sqrt{x^2-1}} \right|$$

$$= \frac{2}{\sqrt{x^2-1}(\sqrt{x^2+1} + \sqrt{x^2-1})}$$

$$< \frac{2}{\sqrt{x^2+1}} < \frac{2}{\mid x \mid} < \frac{2}{\Delta} < \varepsilon.$$

所以, $\lim\limits_{x \to \infty} \sqrt{\dfrac{x^2+1}{x^2-1}} = 1$.

证法 2 $\lim\limits_{x \to \infty} \sqrt{\dfrac{x^2+1}{x^2-1}} = \lim\limits_{x \to \infty} \sqrt{\dfrac{1+\dfrac{1}{x^2}}{1-\dfrac{1}{x^2}}} \xlongequal[\text{定理 2.2.6}]{\text{定理 2.2.7}} \sqrt{\lim\limits_{x \to \infty} \dfrac{1+\dfrac{1}{x^2}}{1-\dfrac{1}{x^2}}}$

$$= \sqrt{\frac{1+0}{1-0}} = 1.$$ □

练习题 2.1

1. 在定义 2.1.3 中就 24 种情形给出函数极限的定义,并配出相应的图形.

2. 按函数极限的定义证明:

(1) $\lim\limits_{x \to +\infty} \dfrac{6x+5}{x} = 6$;

(2) $\lim\limits_{x \to 2} (x^2 - 6x + 10) = 2$;

(3) $\lim\limits_{x \to +\infty} \dfrac{x^2-5}{x^2-1} = 1$;

(4) $\lim\limits_{x \to 2^-} \sqrt{4-x^2} = 0$;

(5) $\lim\limits_{x \to 1} \dfrac{x^4-1}{x-1} = 4$;

(6) $\lim\limits_{x \to 3} \dfrac{x-3}{x^2-9} = \dfrac{1}{6}$;

(7) $\lim\limits_{x \to 1^+} \dfrac{x-1}{\sqrt{x^2-1}} = 0$;

(8) $\lim\limits_{x \to +\infty} (\sqrt{x+1} - \sqrt{x-1}) = 0$;

(9) $\lim\limits_{x \to \infty} \sqrt{\dfrac{x^2+2}{x^2-2}} = 1$.

3. 设 $\lim\limits_{x \to x_0} f(x) = a$. 用 ε-δ 法证明:

(1) $\lim\limits_{x \to x_0} f^2(x) = a^2$;

(2) $\lim\limits_{x \to x_0} \sqrt{f(x)} = \sqrt{a} \ (a > 0)$;

(3) $\lim\limits_{x \to x_0} \sqrt[3]{f(x)} = \sqrt[3]{a}$.

4. 设 $\lim\limits_{x \to x_0} f(x) = a$. 证明: $\lim\limits_{x \to x_0} |f(x)| = |a|$. 举例说明反之不成立. 问: 当且仅当 a 为何值时反之也成立?

5. 讨论下列函数在点 0 处的极限或左、右极限:

(1) $f(x) = \dfrac{|x|}{x}$;

(2) $f(x) = [x]$;

(3) $f(x) = \begin{cases} 2^x, & x > 0, \\ 0, & x = 0, \\ 1+x^2, & x < 0. \end{cases}$

6. 设 $f(x) = \begin{cases} x^2, & x \geqslant 2, \\ -ax, & x < 2. \end{cases}$

(1) 求 $f(2^+), f(2^-)$;

(2) 若 $\lim\limits_{x \to 2} f(x)$ 存在,a 应为何值.

7. 设 $f(x_0^-) < f(x_0^+)$. 证明: $\exists \delta > 0$, s.t. 当 $x_0 - \delta < x < x_0 < y < x_0 + \delta$ 时,有 $f(x) < f(y)$.

8. 设 f 在 $(-\infty, x_0)$ 内单调增,且有一数列 $\{x_n\}$,适合 $x_n < x_0 \ (n \in \mathbb{N})$,$x_n \to x_0^-$ 及 $\lim\limits_{n \to +\infty} f(x_n) = a$. 证明: $f(x_0^-) = a = \sup\limits_{x \in U^o_-(x_0)} f(x)$.

9. 用肯定的语气表述 $\lim\limits_{x \to x_0} f(x) \neq a$.

10. $\forall n \in \mathbb{N}$，$A_n \subset [0,1]$ 为有限集，且 $A_i \cap A_j = \varnothing (i \neq j)$，$i, j \in \mathbb{N}$. 定义函数

$$f(x) = \begin{cases} \dfrac{1}{n}, x \in A_n, \\ 0, x \in [0,1] - \bigcup\limits_{n=1}^{\infty} A_n. \end{cases}$$

$\forall x_0 \in [0,1]$，求 $\lim\limits_{x \to x_0} f(x)$.

11. 叙述函数极限 $\lim\limits_{x \to +\infty} f(x)$ 的归结原则，并应用它证明：$\lim\limits_{x \to +\infty} \sin x$ 与 $\lim\limits_{x \to +\infty} \cos x$ 都不存在.

12. (1) 叙述极限 $\lim\limits_{x \to +\infty} f(x)$ 的 Cauchy 准则；

(2) 根据 Cauchy 准则叙述 $\lim\limits_{x \to +\infty} f(x)$ 不存在的充要条件，并应用它证明 $\lim\limits_{x \to +\infty} \sin x$ 与 $\lim\limits_{x \to +\infty} \cos x$ 不存在.

13. 设 f 为周期函数，且 $\lim\limits_{x \to +\infty} f(x) = 0$. 证明：$f(x) \equiv 0$.

14. 设 f 在 $U°(x_0)$ 内有定义. 证明：$\forall \{x_n\} \subset U°(x_0)$ 且 $\lim\limits_{n \to +\infty} x_n = x_0$，极限 $\lim\limits_{n \to +\infty} f(x_n)$ 都存在(实数，或 $+\infty$，或 $-\infty$)，则所有这些极限都相等.

15. 设 f 为定义在 $[a, +\infty]$ 上的增(减)函数. 证明：$\lim\limits_{x \to +\infty} f(x)$ 存在有限的充要条件是 f 在 $[a, +\infty]$ 上有上(下)界.

16. 设 f 为 $U°(x_0)$ 上的单调增函数，证明：$f(x_0^-)$ 与 $f(x_0^+)$ 均存在且有限，且

$$f(x_0^-) = \sup_{x \in U_-°(x_0)} f(x), \quad f(x_0^+) = \inf_{x \in U_+°(x_0)} f(x).$$

思考题 2.1

1. (1) 设函数 f 在 $(0, +\infty)$ 上满足方程 $f(2x) = f(x)$，且 $\lim\limits_{x \to +\infty} f(x) = a$. 证明：$f(x) = a$.

(2) 设函数 f 在 $(0, +\infty)$ 上满足方程 $f(x^2) = f(x)$，且

$$\lim_{x \to 0^+} f(x) = \lim_{x \to +\infty} f(x) = f(1).$$

证明：$f(x) \equiv f(1)$，$x \in (0, +\infty)$.

2. 设函数 $f: (a, +\infty) \to \mathbb{R}$ 在任意有限区间 (a, b) 内有界，且

$$\lim_{x \to +\infty} [f(x+1) - f(x)] = A.$$

证明：$\lim\limits_{x \to +\infty} \dfrac{f(x)}{x} = A$.

3. 设 $a > 1$，$b > 1$ 为两个常数，函数 $f: \mathbb{R} \to \mathbb{R}$ 在 $x = 0$ 的近旁有界，且 $\forall x \in \mathbb{R}$，有 $f(ax) = bf(x)$. 证明：$\lim\limits_{x \to 0} f(x) = f(0)$.

2.2 函数极限的性质

与数列极限一样,函数极限有惟一性定理、局部有界性、局部保号性、保不等式性、夹逼定理、极限的四则运算法则.此外,还有复合函数求极限的定理.这些性质对求函数的极限又有很大的作用.

定理 2.2.1(极限的惟一性) 如果函数 $f(x)$ 在 $x_0(x_0^{\pm},\pm\infty,\infty)$ 处有极限 a(实数、$+\infty$、$-\infty$),则极限惟一.

证法 1 设 $a,b\in\mathbb{R}$ 都为 $f(x)$ 当 $x\to x_0$ 时的极限,则 $\forall\varepsilon>0$,

$$\exists\delta_1>0,\text{s. t. 当 } 0<|x-x_0|<\delta_1 \text{ 时,有 } |f(x)-a|<\frac{\varepsilon}{2},$$

$$\exists\delta_2>0,\text{s. t. 当 } 0<|x-x_0|<\delta_2 \text{ 时,有 } |f(x)-b|<\frac{\varepsilon}{2}.$$

于是,当 $0<|x-x_0|<\delta=\min\{\delta_1,\delta_2\}$ 时,有

$$0\leqslant|a-b|=|(f(x)-a)-(f(x)-b)|$$
$$\leqslant|f(x)-a|+|f(x)-b|<\frac{\varepsilon}{2}+\frac{\varepsilon}{2}=\varepsilon.$$

令 $\varepsilon\to0^+$,得到,$0\leqslant|a-b|\leqslant0,|a-b|=0,a=b$.

此证法不能推广到其他情形.

证法 2 (反证)反设 $f(x)$ 在 x_0 处有两个极限 $a,b,a\neq b$.取 a 的开邻域 $V(a)$,b 的开邻域 $V(b)$,s. t. $V(a)\bigcap V(b)=\varnothing$.于是,存在 x_0 的去心开邻域 $U_1^{\circ}(x_0)$,当 $x\in U_1^{\circ}(x_0)$ 时,$f(x)\in V(a)$;存在 x_0 的去心开邻域 $U_2^{\circ}(x_0)$,当 $x\in U_2^{\circ}(x_0)$ 时,有 $f(x)\in V(b)$.因此,当 $x\in U_1^{\circ}(x_0)\bigcap U_2^{\circ}(x_0)$ 时,有

$$f(x)\in V(a)\bigcap V(b)=\varnothing,$$

矛盾. $\square$

定义 2.2.1 设 $f:X\to\mathbb{R}$ 为实值函数.如果存在 $M\geqslant0$,s. t. $|f(x)|\leqslant M,\forall x\in X$,则称 $f(x)$ 在 X 上**有界**;如果存在 $B\in\mathbb{R}$,s. t. $f(x)\leqslant B,\forall x\in X$,则称 $f(x)$ 在 X 上有**上界**;如果存在 $A\in\mathbb{R}$,s. t. $f(x)\geqslant A,\forall x\in X$,则称 $f(x)$ 在 X 上有**下界** A.显然,

$f(x)$ 在 X 上有界 $\Leftrightarrow f(x)$ 在 X 上既有上界又有下界.

如:$|\sin x|\leqslant1,\forall x\in\mathbb{R}$,故 $\sin x$ 在 $\mathbb{R}$ 上有界;$e^x>0$,故有下界 0,但它无上界.

定理 2.2.2(局部有界性) 如果 $f(x)$ 在 $x_0(x_0^{\pm},\pm\infty,\infty)$ 处有有限极限,则 $f(x)$ 在 $x_0(x_0^{\pm},\pm\infty,\infty)$ 的某去心开邻域(附近)中有界.

证明 设 $\lim\limits_{x\to x_0}f(x)=a\in\mathbb{R}$,取 $\varepsilon_0=1$,则有 x_0 的去心开邻域 $U^{\circ}(x_0)$,当 $x\in U^{\circ}(x_0)$ 时,有

$$|f(x)-a|<\varepsilon_0=1,$$

所以，

$$|f(x)|=|(f(x)-a)+a|\leqslant|f(x)-a|+|a|<1+|a|.$$

这就证明了 $f(x)$ 在 x_0 的去心开邻域 $U°(x_0)$ 中有界.　　　　　　　□

定理 2.2.3(局部保号性)　设 $f(x)$ 在 $x_0(x_0^\pm,\pm\infty,\infty)$ 处有有限极限 $a>0$(或 <0)，则 $\forall r\in(0,a)$(或 $r\in(a,0)$)，存在 x_0 的去心开邻域 $U°(x_0)$，s.t. $\forall x\in U°(x_0)$ 有

$$f(x)>r>0\ (\text{或}\ f(x)<r<0).$$

证明　设 $a>0$，$\forall r\in(0,a)$，$\varepsilon=a-r>0$，由 $\lim\limits_{x\to x_0}f(x)=a$，故存在 x_0 的去心开邻域 $U°(x_0)$，当 $x\in U°(x_0)$ 时，有

$$f(x)>a-\varepsilon=a-(a-r)=r>0.$$

$a<0$ 的情形可类似证明. 或用 $-f(x)$ 代替 $f(x)$.　　　　　　　　□

定理 2.2.4(保不等式性)　设 $f(x),g(x)$ 在 $x_0(x_0^\pm,\pm\infty,\infty)$ 均有极限(实数，$+\infty,-\infty$)，且在 x_0 的去心开邻域 $U°(x_0)$ 内有 $f(x)\leqslant g(x)$，则

$$\lim_{x\to x_0}f(x)\leqslant\lim_{x\to x_0}g(x).$$

证法 1　设 $\lim\limits_{x\to x_0}f(x)=a\in\mathbb{R}$，$\lim\limits_{x\to x_0}g(x)=b\in\mathbb{R}$，则 $\forall\varepsilon>0$，存在 x_0 的去心开邻域 $U_1°(x_0)\subset U°(x_0)$，当 $x\in U_1°(x_0)$ 时，有 $a-\varepsilon<f(x)$；存在 x_0 的去心开邻域 $U_2°(x_0)\subset U°(x_0)$，当 $x\in U_2°(x_0)$ 时有 $g(x)<b+\varepsilon$. 因此当 $x\in U_1°(x_0)\bigcap U_2°(x_0)$ 时，有

$$a-\varepsilon<f(x)\leqslant g(x)<b+\varepsilon,$$

所以，$a<b+2\varepsilon$. 令 $\varepsilon\to0^+$，得到 $a\leqslant b$.

其他情形为 $\lim\limits_{x\to x_0}f(x)=-\infty\leqslant\lim\limits_{x\to x_0}g(x)$；$\lim\limits_{x\to x_0}f(x)=+\infty=\lim\limits_{x\to x_0}g(x)$；$\lim\limits_{x\to x_0}f(x)=-\infty$ $=\lim\limits_{x\to x_0}g(x)$；以及 $\lim\limits_{x\to x_0}f(x)\leqslant+\infty=\lim\limits_{x\to x_0}g(x)$.

证法 2　(反证)反设 $\lim\limits_{x\to x_0}f(x)=a>b=\lim\limits_{x\to x_0}g(x)$，则存在 a 的开邻域 $V(a)$ 以及 b 的开邻域 $V(b)$，s.t. $V(a)\bigcap V(b)=\varnothing$. 于是，存在 x_0 的去心开邻域 $U_1°(x_0)\subset U°(x_0)$，当 $x\in U_1°(x_0)$ 时，有 $f(x)\in V(a)$；存在 x_0 的去心开邻域 $U_2°(x_0)\subset U°(x_0)$，当 $x\in U_2°(x_0)$ 时，有 $g(x)\in V(b)$. 则当 $x\in U_1°(x_0)\bigcap U_2°(x_0)=U_3°(x_0)$，有

$$g(x)<f(x).$$

这与已知 $f(x)\leqslant g(x)$ 相矛盾.　　　　　　　　　　　□

定理 2.2.5(夹逼定理)　设 $f(x),g(x)$ 在 $x_0(x_0^\pm,\pm\infty,\infty)$ 有极限 a(实数，$+\infty$，$-\infty$)，且在 x_0 某去心开邻域 $U°(x_0)$ 内有

$$f(x)\leqslant h(x)\leqslant g(x),$$

那么

$$\lim_{x\to x_0}h(x)=a.$$

证法 1 当 $x_0 \in \mathbb{R}$, $a \in \mathbb{R}$, $U^\circ(x_0) = U^\circ(x_0, \delta_0)$ 时, $\forall \varepsilon > 0$,由 $\lim\limits_{x \to x_0} f(x) = \lim\limits_{x \to x_0} g(x) = a$,可知

$\exists \delta_1 \in (0, \delta_0)$,当 $0 < |x - x_0| < \delta_1$ 时,有 $a - \varepsilon < f(x)$;

$\exists \delta_2 \in (0, \delta_0)$,当 $0 < |x - x_0| < \delta_2$ 时,有 $g(x) < a + \varepsilon$.

于是,当 $0 < |x - x_0| < \delta = \min\{\delta_1, \delta_2\}$ 时,有

$$a - \varepsilon < f(x) \leqslant h(x) \leqslant g(x) < a + \varepsilon,$$

所以, $\lim\limits_{x \to x_0} h(x) = a$.

其他情形类似证明.

证法 2 (统一描述)对 a 的任何开邻域 $V(a)$,因为 $\lim\limits_{x \to x_0} f(x) = \lim\limits_{x \to x_0} g(x) = a$,所以,存在 x_0 的去心开邻域 $U_1^\circ(x_0) \subset U^\circ(x_0)$,当 $x \in U_1^\circ(x_0)$ 时,有 $f(x) \in V(a)$;存在 x_0 的去心开邻域 $U_2^\circ(x_0) \subset U^\circ(x_0)$,当 $x \in V_2^\circ(x_0)$ 时,有 $g(x) \in V(a)$. 于是,当 $x \in U_1^\circ(x_0) \bigcap U_2^\circ(x_0) = U_3^\circ(x_0)$ 时,由于 $f(x) \leqslant h(x) \leqslant g(x)$,有

$$h(x) \in [f(x), g(x)] \subset V(a),$$

从而,

$$\lim\limits_{x \to x_0} h(x) = a. \qquad \square$$

注 2.2.1 夹逼定理中,如果 $a = \infty$,则结论未必成立. 反例: $f(x) = -\dfrac{1}{(x - x_0)^2}$, $h(x) = 0, g(x) = \dfrac{1}{(x - x_0)^2}$.

定理 2.2.6 (极限的四则运算法则) 设 $f(x), g(x)$ 在 $x_0(x_0^\pm, \pm\infty, \infty)$ 处有有限极限,则 $f \pm g, f \cdot g$ 也在 $x_0(x_0^\pm, \pm\infty, \infty)$ 处有有限极限. 又如果 $\lim\limits_{x \to x_0} g(x) \neq 0$,则 $\dfrac{f}{g}$ 在 $x_0(x_0^\pm, \pm\infty, \infty)$ 处有有限极限,且有下列运算公式:

(1) $\lim\limits_{x \to x_0}(f(x) \pm g(x)) = \lim\limits_{x \to x_0} f(x) \pm \lim\limits_{x \to x_0} g(x)$;

(2) $\lim\limits_{x \to x_0} g(x) \cdot g(x) = \lim\limits_{x \to x_0} f(x) \cdot \lim\limits_{x \to x_0} g(x)$;特别 $\lim\limits_{x \to x_0} c f(x) = c \lim\limits_{x \to x_0} f(x)$;

(3) $\lim\limits_{x \to x_0} \dfrac{f(x)}{g(x)} = \dfrac{\lim\limits_{x \to x_0} f(x)}{\lim\limits_{x \to x_0} g(x)} (\lim\limits_{x \to x_0} g(x) \neq 0)$.

证明 设 $\lim\limits_{x \to x_0} f(x) = a, \lim\limits_{x \to x_0} g(x) = b$.

(1) $\forall \varepsilon > 0$,存在 x_0 的去心开邻域 $U^\circ(x_0)$,当 $x \in U^\circ(x_0)$ 时,有 $|f(x) - a| < \dfrac{\varepsilon}{2}$, $|g(x) - b| < \dfrac{\varepsilon}{2}$,因此,

$$| (f(x) \pm g(x)) - (a+b) | = | (f(x) - a) \pm (g(x) - b) |$$

$$\leqslant | f(x) - a | + | g(x) - b | < \frac{\varepsilon}{2} + \frac{\varepsilon}{2} = \varepsilon,$$

于是,

$$\lim_{x \to x_0} (f(x) \pm g(x)) = a \pm b = \lim_{x \to x_0} f(x) \pm \lim_{x \to x_0} g(x).$$

(2) $\forall \varepsilon > 0$, 存在 x_0 的去心开邻域 $U_i^{\circ}(x_0)$ $(i=1,2,3)$, s. t.

当 $x \in U_1^{\circ}(x_0)$ 时, $| g(x) | \leqslant M$;

当 $x \in U_2^{\circ}(x_0)$ 时, $| f(x) - a | < \dfrac{\varepsilon}{M + |a| + 1}$;

当 $x \in U_3^{\circ}(x_0)$ 时, $| g(x) - b | < \dfrac{\varepsilon}{M + |a| + 1}$.

于是, 当 $x \in U^{\circ}(x_0) = U_1^{\circ}(x_0) \bigcap U_2^{\circ}(x_0) \bigcap U_3^{\circ}(x_0)$ 时, 有

$$| f(x)g(x) - ab | = | (f(x) - a)g(x) + a(g(x) - b) |$$

$$\leqslant | g(x) | | f(x) - a | + | a | | g(x) - b |$$

$$\leqslant M \cdot \frac{\varepsilon}{M + |a| + 1} + | a | \frac{\varepsilon}{M + |a| + 1} < \varepsilon,$$

所以,

$$\lim_{x \to x_0} f(x)g(x) = ab = \lim_{x \to x_0} f(x) \cdot \lim_{x \to x_0} g(x).$$

特别地, 当 $g(x) \equiv c$ 为常数函数时, 就有 $\lim\limits_{x \to x_0} c f(x) = c \lim\limits_{x \to x_0} f(x)$.

(3) $\forall \varepsilon > 0$, 由 $\lim\limits_{x \to x_0} g(x) = b \neq 0$ 可知, $\lim\limits_{x \to x_0} | g(x) | = | b |$, 且存在 x_0 的去心开邻域 $U^{\circ}(x_0)$, 当 $x \in U^{\circ}(x_0)$ 时, 有 $| g(x) | > \dfrac{|b|}{2}$, $| g(x) - b | < \dfrac{b^2}{2} \varepsilon$. 于是,

$$\left| \frac{1}{g(x)} - \frac{1}{b} \right| = \frac{| g(x) - b |}{| b | | g(x) |} \leqslant \frac{| g(x) - b |}{| b | \cdot \frac{|b|}{2}} < \frac{2}{b^2} \cdot \frac{b^2}{2} \varepsilon = \varepsilon,$$

$$\lim_{x \to x_0} \frac{1}{g(x)} = \frac{1}{b}.$$

再根据(2)得到

$$\lim_{x \to x_0} \frac{f(x)}{g(x)} = \lim_{x \to x_0} f(x) \cdot \frac{1}{g(x)} = a \cdot \frac{1}{b} = \frac{a}{b} = \frac{\lim\limits_{x \to x_0} f(x)}{\lim\limits_{x \to x_0} g(x)}. \qquad \square$$

注 2.2.2 类似定理 1.2.7, 读者可给出函数极限的相应定理.

定理 2.2.7 (复合函数的极限) 设函数 $f(u)$ 在 $u_0 (u_0^{\pm}, \pm \infty, \infty)$ 处有极限, 又 $u = \varphi(x)$ 在 $x_0 (x_0^{\pm}, \pm \infty, \infty)$ 处有极限, 且当 $x \to x_0, x \neq x_0$ 时, $\varphi(x) \to u_0, \varphi(x) \neq u_0$, 则复合函数 $f \circ \varphi(x) = f(\varphi(x))$ 在 $x_0 (x_0^{\pm}, \pm \infty, \infty)$ 处也有极限, 且

$$\lim_{x \to x_0} f(\varphi(x)) = \lim_{u \to u_0} f(u).$$

特别地,如果 $f(u)$ 在 $u_0 \in \mathbb{R}$ 处连续,即 $\lim\limits_{u \to u_0} f(u) = f(u_0)$,则

$$\lim_{x \to x_0} f(\varphi(x)) = \lim_{u \to u_0} f(u) = f(u_0) = f(\lim_{x \to x_0} \varphi(x)).$$

这表明 f 与 lim 可交换,或极限运算 lim 可搬到复合函数里.

证明 设 $x_0 \in \mathbb{R}$,$u_0 \in \mathbb{R}$,$\lim\limits_{u \to u_0} f(u) = a \in \mathbb{R}$,则 $\forall \varepsilon > 0$,$\exists \delta > 0$,当 $0 < |u - u_0| < \delta$ 时,

$$|f(u) - a| < \varepsilon.$$

对同样的 $\delta > 0$,因 $\lim\limits_{x \to x_0} \varphi(x) = u_0$,$\varphi(x) \neq u_0$,故 $\exists \sigma > 0$,当 $0 < |x - x_0| < \sigma$ 时,

$$0 < |\varphi(x) - u_0| < \delta,$$

所以,

$$|f(\varphi(x)) - a| < \varepsilon,$$
$$\lim_{x \to x_0} f(\varphi(x)) = a = \lim_{u \to u_0} f(u).$$

其他情形类似证明. □

请读者用统一描述论证.

注 2.2.3 定理 2.2.7 中,$\varphi(x) \neq u_0$ 这一条件不可删去.

反例:设

$$f(u) = \begin{cases} 1, & u \neq 0, \\ 0, & u = 0, \end{cases}$$

则 $\lim\limits_{u \to 0} f(u) = 1$. 再令 $\varphi(x) = 0$,则 $\lim\limits_{x \to x_0} \varphi(x) = 0$. 于是,

$$\lim_{x \to x_0} f(\varphi(x)) = \lim_{x \to x_0} f(0) = \lim_{x \to x_0} 0 = 0 \neq 1 = \lim_{u \to 0} 1 = \lim_{u \to 0} f(u).$$

例 2.2.1 求极限:

(1) $\lim\limits_{x \to \frac{\pi}{4}} (x \cdot \tan x - 1)$;

(2) $\lim\limits_{x \to -1} \left(\dfrac{1}{x+1} - \dfrac{3}{x^3+1} \right)$.

解 (1) $\lim\limits_{x \to \frac{\pi}{4}} (x \cdot \tan x - 1) = \lim\limits_{x \to \frac{\pi}{4}} \left(x \cdot \dfrac{\sin x}{\cos x} - 1 \right) = \dfrac{\pi}{4} \cdot \dfrac{\sin \frac{\pi}{4}}{\cos \frac{\pi}{4}} - 1 = \dfrac{\pi}{4} - 1.$

(2) 因为 $\lim\limits_{x \to -1} (x+1) = 0$,$\lim\limits_{x \to -1} (x^3+1) = 0$,所以这里不能直接用极限的四则运算法则,通常称这种类型的极限为 "$\infty - \infty$" 型.

$$\lim_{x \to -1} \left(\frac{1}{x+1} - \frac{3}{x^3+1} \right) = \lim_{x \to -1} \frac{x^2 - x + 1 - 3}{x^3+1}$$

$$= \lim_{x \to -1} \frac{(x+1)(x-2)}{(x+1)(x^2-x+1)}$$

$$= \lim_{x \to -1} \frac{x-2}{x^2-x+1} = \lim_{x \to -1} \frac{-1-2}{1+1+1}$$

$$= -1.$$

例 2.2.2 求 $\lim_{x \to 0} x \left[\frac{1}{x} \right]$.

解 当 $x > 0$ 时,有

$$1-x = x\left(\frac{1}{x}-1\right) < x\left[\frac{1}{x}\right] \leqslant x \cdot \frac{1}{x} = 1,$$

根据 $\lim_{x \to 0^+} (1-x) = 1-0 = 1 = \lim_{x \to 0^+} 1$ 及夹逼定理知,

$$\lim_{x \to 0^+} x\left[\frac{1}{x}\right] = 1.$$

当 $x < 0$ 时,有

$$1 = x \cdot \frac{1}{x} \leqslant x\left[\frac{1}{x}\right] < x\left(\frac{1}{x}-1\right) = 1-x,$$

根据 $\lim_{x \to 0^-} 1 = 1 = 1-0 = \lim_{x \to 0^-} (1-x)$ 及夹逼定理知,

$$\lim_{x \to 0^-} x\left[\frac{1}{x}\right] = 1.$$

综合上述得到 $\lim_{x \to 0} x\left[\frac{1}{x}\right] = 1.$

例 2.2.3 证明:(1) $\lim_{x \to x_0} a^x = a^{x_0} (a > 0)$;

(2) $\lim_{x \to x_0} \log_a x = \log_a x_0 (x_0 > 0)$.

证明 (1) 上节已证 $\lim_{x \to 0} a^x = 1 = a^0$. 于是,

$$\lim_{x \to x_0} a^x = \lim_{x \to x_0} a^{x_0} \cdot a^{x-x_0} = a^{x_0} \lim_{x \to x_0} a^{x-x_0} \xlongequal{\text{定理 2.2.7}} a^{x_0} \cdot a^0 = a^{x_0}.$$

(2) 上节已证 $\lim_{x \to 1} \log_a x = 0 = \log_a 1$. 于是,

$$\lim_{x \to x_0} \log_a x = \lim_{x \to x_0} \log_a \left(x_0 \cdot \frac{x}{x_0}\right) = \lim_{x \to x_0} \left(\log_a x_0 + \log_a \frac{x}{x_0}\right)$$

$$= \log_a x_0 + 0 = \log_a x_0.$$

或应用(1)及定理 2.4.4 推得.

例 2.2.4 证明:(1) $\lim_{x \to x_0} x^n = x_0^n, n \in \mathbb{N}$;

(2) $\lim_{x \to +\infty} x^n = +\infty, \lim_{x \to \infty} x^n = \infty, \lim_{x \to \infty} x^{2n} = +\infty, n \in \mathbb{N}$;

(3) 设 $P(x) = a_0 x^n + a_1 x^{n-1} + \cdots + a_{n-1} x + a_n, Q(x) = b_0 x^m + b_1 x^{m-1} + \cdots + b_{m-1} x +$

b_m 都为多项式函数 $(n,m \in \mathbb{N} \cup \{0\})$，则 $\lim\limits_{x \to x_0} P(x) = P(x_0)$. $\lim\limits_{x \to x_0} \dfrac{P(x)}{Q(x)} = \dfrac{P(x_0)}{Q(x_0)}$，$Q(x_0) \neq 0$.

证明 (1) $\forall \varepsilon > 0$，取 $0 < \delta < \min\left\{1, \dfrac{\varepsilon}{nM^{n-1}}\right\}$，其中 $M = \max\{|x_0 - 1|, |x_0 + 1|\}$，当 $|x - x_0| < \delta$ 时，有

$$\begin{aligned}
|x^n - x_0^n| &= |(x - x_0)(x^{n-1} + x^{n-2}x_0 + \cdots + x_0^{n-1})| \\
&\leqslant |x - x_0|[|x|^{n-1} + |x|^{n-2}|x_0| + \cdots + |x_0|^{n-1}] \\
&< \delta(M^{n-1} + M^{n-2} \cdot M + \cdots + M^{n-1}) \\
&= nM^{n-1}\delta < nM^{n-1} \cdot \frac{\varepsilon}{nM^{n-1}} = \varepsilon,
\end{aligned}$$

所以，

$$\lim_{x \to x_0} x^n = x_0^n.$$

或者先用 ε-δ 法证明 $\lim\limits_{x \to x_0} x = x_0$，再用定理 2.2.6 中极限的乘法定理及数学归纳法得到 $\lim\limits_{x \to x_0} x^n = x_0^n$.

(2) $\forall A > 0$，取 $\Delta > A^{\frac{1}{n}}$，当 $x > \Delta$ 时，有

$$x^n > \Delta^n > A,$$

因此，

$$\lim_{x \to +\infty} x^n = +\infty.$$

其他类似证明.

(3) 应用定理 2.2.6 得到

$$\begin{aligned}
\lim_{x \to x_0} \frac{P(x)}{Q(x)} &= \lim_{x \to x_0} \frac{a_0 x^n + a_1 x^{n-1} + \cdots + a_{n-1} x + a_n}{b_0 x^m + b_1 x^{m-1} + \cdots + b_{m-1} x + b_m} \\
&= \frac{a_0 x_0^n + a_1 x_0^{n-1} + \cdots + a_{n-1} x_0 + a_n}{b_0 x_0^m + b_1 x_0^{m-1} + \cdots + b_{m-1} x_0 + b_m} \\
&= \frac{P(x_0)}{Q(x_0)}
\end{aligned}$$

(其中 $Q(x_0) \neq 0$)，即有理函数 $\dfrac{P(x)}{Q(x)}$ 在点 x_0 $(Q(x_0) \neq 0)$ 处连续. $\square$

例 2.2.5 设 $a_0 \neq 0, b_0 \neq 0$. 对有理函数证明：

$$\lim_{x \to \infty} \frac{P(x)}{Q(x)} = \lim_{x \to \infty} \frac{a_0 x^n + a_1 x^{n-1} + \cdots + a_{n-1} x + a_n}{b_0 x^m + b_1 x^{m-1} + \cdots + b_{m-1} x + b_m}$$

$$= \begin{cases} 0, & n < m, \\ \dfrac{a_0}{b_0}, & n = m, \\ \infty, & n > m. \end{cases}$$

证明 原式 $= \lim\limits_{x \to \infty} x^{n-m} \dfrac{a_0 + \dfrac{a_1}{x} + \cdots + \dfrac{a_{n-1}}{x^{n-1}} + \dfrac{a_n}{x^n}}{b_0 + \dfrac{b_1}{x} + \cdots + \dfrac{b_{m-1}}{x^{m-1}} + \dfrac{b_m}{x^m}}$

$$= \begin{cases} 0, & n < m, \\ \dfrac{a_0}{b_0}, & n = m, \\ \infty, & n > m. \end{cases}$$

$\square$

类似有

$$\lim_{x \to +\infty} \frac{a_0 x^n + a_1 x^{n-1} + \cdots + a_{n-1} x + a_n}{b_0 x^m + b_1 x^{m-1} + \cdots + b_{m-1} x + b_m}$$

$$= \begin{cases} 0, & n < m, \\ \dfrac{a_0}{b_0}, & n = m, \\ +\infty, & n > m,\text{且} \dfrac{a_0}{b_0} > 0, \\ -\infty, & n > m,\text{且} \dfrac{a_0}{b_0} < 0. \end{cases}$$

例 2.2.6 证明：$\lim\limits_{x \to x_0} \tan x = \tan x_0$，$x_0 \neq k\pi + \dfrac{\pi}{2}$，$k \in \mathbb{Z}$；$\lim\limits_{x \to x_0} \cot x = \cot x_0$，$x_0 \neq k\pi$，$k \in \mathbb{Z}$；$\lim\limits_{x \to x_0} \sec x = \sec x_0$，$x_0 \neq k\pi + \dfrac{\pi}{2}$，$k \in \mathbb{Z}$；$\lim\limits_{x \to x_0} \csc x = \csc x_0$，$x_0 \neq k\pi$，$k \in \mathbb{Z}$．

证明 由例 2.1.19 知，$\lim\limits_{x \to x_0} \sin x = \sin x_0$，$\lim\limits_{x \to x_0} \cos x = \cos x_0$．再由极限的四则运算定理 2.2.6 得到

$$\lim_{x \to x_0} \tan x = \lim_{x \to x_0} \frac{\sin x}{\cos x} = \frac{\sin x_0}{\cos x_0} = \tan x_0,$$

$$\lim_{x \to x_0} \cot x = \lim_{x \to x_0} \frac{\cos x}{\sin x} = \frac{\cos x_0}{\sin x_0} = \cot x_0,$$

$$\lim_{x \to x_0} \sec x = \lim_{x \to x_0} \frac{1}{\cos x} = \frac{1}{\cos x_0} = \sec x_0,$$

$$\lim_{x \to x_0} \csc x = \lim_{x \to x_0} \frac{1}{\sin x} = \frac{1}{\sin x_0} = \csc x_0.$$

$\square$

例 2.2.7（两个重要极限之一）

$$\lim_{x \to 0} \frac{\sin x}{x} = 1.$$

证明 由引理 2.1.1(1) 可知，

$$\sin x < x < \tan x, x \in \left(0, \frac{\pi}{2}\right),$$

故

$$1 < \frac{x}{\sin x} < \frac{1}{\cos x},$$

$$1 > \frac{\sin x}{x} > \cos x, x \in \left(0, \frac{\pi}{2}\right).$$

显然,当 $x \in \left(-\frac{\pi}{2}, 0\right)$ 时,也有

$$1 > \frac{\sin x}{x} > \cos x.$$

于是,$\forall \varepsilon > 0$,取 $0 < \delta \leqslant \min\left\{\frac{\pi}{2}, \sqrt{2\varepsilon}\right\}$,当 $0 < |x-0| < \delta$ 时,有

$$\left|\frac{\sin x}{x} - 1\right| < 1 - \cos x = 2\sin^2 \frac{x}{2} \leqslant 2\left(\frac{x}{2}\right)^2 = \frac{x^2}{2} < \frac{\delta^2}{2} \leqslant \varepsilon.$$

根据函数极限的定义推得

$$\lim_{x \to 0} \frac{\sin x}{x} = 1.$$

由此还可看出,

$$|\cos x - 1| = 2\sin^2 \frac{x}{2} \leqslant 2 \cdot \left(\frac{x}{2}\right)^2 = \frac{x^2}{2} < \frac{\delta^2}{2} \leqslant \varepsilon.$$

因此,$\lim\limits_{x \to 0} \cos x = 1 = \cos 0.$

例 2.2.8 半径为 r 的圆的面积 S 视作该圆内接正 n 边形的面积 S_n 的极限,即

$$S = \lim_{n \to +\infty} S_n = \lim_{n \to +\infty} \frac{1}{2} \cdot r\cos\frac{\pi}{n} \cdot 2r\sin\frac{\pi}{n}$$

$$= \lim_{n \to +\infty} \pi r^2 \frac{\sin\frac{2\pi}{n}}{\frac{2\pi}{n}} = \pi r^2.$$

定义 2.2.2 如果 $\lim\limits_{x \to x_0} \alpha(x) = 0$,则称 $\alpha(x)$ 为 $x \to x_0$ 时的**无穷小量**. $\sin x, x^\alpha(\alpha > 0)$,$1 - \cos x, \tan x - \sin x$ 均为 $x \to 0$ 时的无穷小量. 如果两个无穷小量 $\alpha(x)$ 与 $\beta(x)(x \to x_0)$ 满足 $\lim\limits_{x \to x_0} \frac{\alpha(x)}{\beta(x)} = 1$,则称 $\alpha(x)$ 与 $\beta(x)$ 为 $x \to x_0$ 时的**等价无穷小量**,并记作 $\alpha(x) \sim \beta(x)$ $(x \to x_0)$. 显然,$\sin x \sim x(x \to 0)$.

例 2.2.9 (1) $\lim\limits_{x \to 0} \frac{\tan x}{x} = \lim\limits_{x \to 0} \frac{\sin x}{x} \cdot \frac{1}{\cos x} = 1$,即 $\tan x \sim x(x \to 0)$;

(2) $\lim\limits_{x \to 0} \dfrac{1 - \cos x}{\dfrac{x^2}{2}} = 1$，即 $1 - \cos x \sim \dfrac{x^2}{2}\,(x \to 0)$；

(3) $\lim\limits_{x \to 0} \dfrac{\tan x - \sin x}{\dfrac{x^3}{2}} = \lim\limits_{x \to 0} \dfrac{\sin x}{x} \cdot \dfrac{1 - \cos x}{\dfrac{x^2}{2}} \cdot \dfrac{1}{\cos x} = 1$，即

$$\tan x - \sin x \sim \frac{x^3}{2}\,(x \to 0);$$

(4) $\lim\limits_{x \to \pi} \dfrac{\sin x}{\pi - x} = \lim\limits_{x \to \pi} \dfrac{\sin(\pi - x)}{\pi - x} = 1$，即 $\sin x \sim \pi - x\,(x \to \pi)$.

例 2.2.10（两个重要极限之二）

$$\lim_{x \to \infty}\left(1 + \frac{1}{x}\right)^x = \mathrm{e}.$$

证明　当 $x > 0$ 时，

$$\frac{\left(1 + \dfrac{1}{[x]+1}\right)^{[x]+1}}{1 + \dfrac{1}{[x]+1}} = \left(1 + \frac{1}{[x]+1}\right)^{[x]} \leqslant \left(1 + \frac{1}{x}\right)^x$$

$$\leqslant \left(1 + \frac{1}{[x]}\right)^{[x]+1} = \left(1 + \frac{1}{[x]}\right)^{[x]}\left(1 + \frac{1}{[x]}\right).$$

因为

$$\lim_{x \to +\infty} \frac{\left(1 + \dfrac{1}{[x]+1}\right)^{[x]+1}}{1 + \dfrac{1}{[x]+1}} = \mathrm{e},$$

$$\lim_{x \to +\infty} \left(1 + \frac{1}{[x]}\right)^{[x]}\left(1 + \frac{1}{[x]}\right) = \mathrm{e},$$

根据函数极限的夹逼定理知，

$$\lim_{x \to +\infty}\left(1 + \frac{1}{x}\right)^x = \mathrm{e}.$$

由以上讨论及复合函数的极限定理 2.2.7，可知

$$\lim_{x \to -\infty}\left(1 + \frac{1}{x}\right)^x \xrightarrow{y = -x-1} \lim_{y \to +\infty}\left(1 - \frac{1}{y+1}\right)^{-y-1} = \lim_{y \to +\infty}\left(\frac{y}{y+1}\right)^{-y-1}$$

$$= \lim_{y \to +\infty}\left(1 + \frac{1}{y}\right)^y\left(1 + \frac{1}{y}\right) = \mathrm{e}(1+0) = \mathrm{e}.$$

于是，从定理 2.1.2 得到

$$\lim_{x \to \infty}\left(1 + \frac{1}{x}\right)^x = \mathrm{e}. \qquad \square$$

例 2.2.11 证明：(1) $\lim\limits_{x \to 0}(1+x)^{\frac{1}{x}} = \mathrm{e}$；

(2) $\lim\limits_{x \to \infty}\left(1+\dfrac{k}{x}\right)^x = \mathrm{e}^k, k \in \mathbb{N}$；

(3) $\lim\limits_{x \to \infty}\left(1-\dfrac{1}{x}\right)^x = \mathrm{e}^{-1}$.

证明 (1) $\lim\limits_{x \to 0}(1+x)^{\frac{1}{x}} \xlongequal{y=\frac{1}{x}} \lim\limits_{y \to \infty}\left(1+\dfrac{1}{y}\right)^y = \mathrm{e}$.

(2) $\lim\limits_{x \to \infty}\left(1+\dfrac{k}{x}\right)^x = \lim\limits_{x \to \infty}\left[\left(1+\dfrac{k}{x}\right)^{\frac{x}{k}}\right]^k = \mathrm{e}^k$.

(3) $\lim\limits_{x \to \infty}\left(1-\dfrac{1}{x}\right)^x = \lim\limits_{x \to \infty}\dfrac{1}{\left(\dfrac{x}{x-1}\right)^x}$

$$= \lim_{x \to \infty}\dfrac{1}{\left(1+\dfrac{1}{x-1}\right)^{x-1}\left(1+\dfrac{1}{x-1}\right)}$$

$$= \dfrac{1}{\mathrm{e}(1+0)} = \mathrm{e}^{-1}. \qquad \square$$

定理 2.2.8 (1) 设 $\lim\limits_{x \to x_0}f(x) = a > 0$，$\lim\limits_{x \to x_0}g(x) = b$，则 $\lim\limits_{x \to x_0}f(x)^{g(x)} = a^b$. 如果 x_0 换为 $x_0^{\pm}, \pm\infty, \infty$，结论仍成立.

(2) 设 $\lim\limits_{n \to +\infty}a_n = a > 0$，$\lim\limits_{n \to +\infty}b_n = b$，则 $\lim\limits_{n \to +\infty}a_n^{b_n} = a^b$.

证明 (1) 根据复合函数极限、函数极限的四则运算定理及例 2.2.3，有

$$\lim_{x \to x_0}f(x)^{g(x)} = \lim_{x \to x_0}\mathrm{e}^{g(x)\ln f(x)} = \mathrm{e}^{\lim\limits_{x \to x_0}g(x)\ln f(x)}$$

$$= \mathrm{e}^{b\ln a} = \mathrm{e}^{\ln a^b} = a^b.$$

(2) $\lim\limits_{n \to +\infty}a_n^{b_n} = \lim\limits_{n \to +\infty}\mathrm{e}^{b_n\ln a_n} = \mathrm{e}^{\lim\limits_{n \to +\infty}b_n\ln a_n} = \mathrm{e}^{b\ln a} = \mathrm{e}^{\ln a^b} = a^b.$ $\qquad \square$

例 2.2.12 证明：(1) $\lim\limits_{n \to +\infty}\left(1+\dfrac{1}{n^2}\right)^n = 1$；

(2) $\lim\limits_{n \to +\infty}\left(1+\dfrac{k}{n}\right)^n = \mathrm{e}^k$；

(3) $\lim\limits_{n \to +\infty}\left(1+\dfrac{1}{n}-\dfrac{1}{n^2}\right)^n = \mathrm{e}$.

证明 (1) $\lim\limits_{n \to +\infty}\left(1+\dfrac{1}{n^2}\right)^n$

$$= \lim_{n \to +\infty}\left[\left(1+\dfrac{1}{n^2}\right)^{n^2}\right]^{\frac{1}{n}}$$

$$\xlongequal{\text{定理 2.2.8(2)}} \mathrm{e}^0 = 1.$$

或者由

$$1 < \left[\left(1 + \frac{1}{n^2} \right)^{n^2} \right]^{\frac{1}{n}} < e^{\frac{1}{n}} = \sqrt[n]{e} \to 1 \quad (n \to +\infty)$$

及夹逼定理知,

$$\lim_{n \to +\infty} \left(1 + \frac{1}{n^2} \right)^n = 1.$$

(2) $\lim\limits_{n \to +\infty} \left(1 + \dfrac{k}{n} \right)^n = \begin{cases} \lim\limits_{n \to +\infty} \left[\left(1 + \dfrac{k}{n} \right)^{\frac{n}{k}} \right]^k \xlongequal{\text{定理 2.2.8(2)}} e^k, & k \neq 0, \\ \lim\limits_{n \to +\infty} \left(1 + \dfrac{0}{n} \right)^n = \lim\limits_{n \to +\infty} 1 = 1 = e^0, & k = 0 \end{cases}$

$\qquad\qquad\qquad = e^k.$

(3) $\lim\limits_{n \to +\infty} \left(1 + \dfrac{1}{n} - \dfrac{1}{n^2} \right)^n = \lim\limits_{n \to +\infty} \left[\left(1 + \dfrac{1}{n} - \dfrac{1}{n^2} \right)^{\frac{1}{\frac{1}{n} - \frac{1}{n^2}}} \right]^{n \left(\frac{1}{n} - \frac{1}{n^2} \right)}$

$\qquad\qquad\qquad\qquad = \lim\limits_{n \to +\infty} \left[\left(1 + \dfrac{1}{n} - \dfrac{1}{n^2} \right)^{\frac{1}{\frac{1}{n} - \frac{1}{n^2}}} \right]^{\left(1 - \frac{1}{n} \right)}$

$\qquad\qquad\qquad\qquad \xlongequal{\text{定理 2.2.8(2)}} e^{1-0} = e.$

或者由

$$e = \frac{e}{(1+0)^2} \leftarrow \frac{\left(1 + \dfrac{n-1}{n^2} \right)^{\frac{n^2}{n-1}}}{\left(1 + \dfrac{n-1}{n^2} \right)^2} = \left(1 + \dfrac{n-1}{n^2} \right)^{\frac{n^2}{n-1} - 2}$$

$$\leqslant \left(1 + \dfrac{n-1}{n^2} \right)^{\frac{n^2}{n-1} - \frac{n}{n-1}} = \left(1 + \dfrac{1}{n} - \dfrac{1}{n^2} \right)^n < \left(1 + \dfrac{1}{n} \right)^n$$

$$\to e(n \to +\infty)$$

及夹逼定理得到

$$\lim_{n \to +\infty} \left(1 + \frac{1}{n} - \frac{1}{n^2} \right)^n = e. \qquad\qquad □$$

下面的例 2.2.13 是几个重要的常用极限.

例 2.2.13　证明: (1) $\lim\limits_{x \to 0} \dfrac{\ln(1+x)}{x} = 1$, 即 $\ln(1+x) \sim x (x \to 0)$, $\lim\limits_{x \to 0} \dfrac{\log_a(1+x)}{x} =$

$\log_a e = \dfrac{1}{\ln a}$, 即 $\log_a(1+x) \sim \dfrac{x}{\ln a} (x \to 0)$, 其中, $a > 0$;

(2) $\lim\limits_{x \to 0} \dfrac{a^x - 1}{x} = \ln a$, 即 $a^x - 1 \sim x \ln a (x \to 0)$, 其中 $a > 0$, 特别地, $\lim\limits_{x \to 0} \dfrac{e^x - 1}{x} = 1$,

即 $e^x - 1 \sim x (x \to 0)$;

(3) $\lim\limits_{n \to +\infty}\left(\dfrac{a_1^{\frac{1}{n}}+a_2^{\frac{1}{n}}+\cdots+a_m^{\frac{1}{n}}}{m}\right)^n = \sqrt[m]{a_1 a_2 \cdots a_m}.$

证明 (1) $\lim\limits_{x \to 0}\dfrac{\ln(1+x)}{x} = \lim\limits_{x \to 0}\ln(1+x)^{\frac{1}{x}} = \ln\lim\limits_{x \to 0}(1+x)^{\frac{1}{x}} = \ln e = 1.$

$$\lim_{x \to 0}\frac{\log_a(1+x)}{x} = \lim_{x \to 0}\log_a(1+x)^{\frac{1}{x}}$$

$$= \log_a \lim_{x \to 0}(1+x)^{\frac{1}{x}} = \log_a e = \frac{1}{\ln a}.$$

或

$$\lim_{x \to 0}\frac{\log_a(1+x)}{x} = \lim_{x \to 0}\frac{\ln(1+x)}{x \ln a}$$

$$= \frac{1}{\ln a}\lim_{x \to 0}\frac{\ln(1+x)}{x} = \frac{1}{\ln a}\cdot 1 = \frac{1}{\ln a}.$$

(2) $\lim\limits_{x \to 0}\dfrac{a^x-1}{x} \xlongequal{y=a^x-1} \lim\limits_{y \to 0}\dfrac{y}{\log_a(1+y)} = \lim\limits_{y \to 0}\dfrac{1}{\dfrac{\log_a(1+y)}{y}} = \dfrac{1}{\dfrac{1}{\ln a}} = \ln a.$

(3) $\lim\limits_{n \to +\infty}\left(\dfrac{a_1^{\frac{1}{n}}+\cdots+a_m^{\frac{1}{n}}}{m}\right)^n = \lim\limits_{x \to 0}\left(\dfrac{a_1^x+\cdots+a_m^x}{m}\right)^{\frac{1}{x}}$

$$\xlongequal{1^\infty \text{型}} \lim_{x \to 0}\left\{\left[1+\frac{(a_1^x-1)+\cdots+(a_m^x-1)}{m}\right]^{\frac{m}{(a_1^x-1)+\cdots+(a_m^x-1)}}\right\}^{\frac{(a_1^x-1)+\cdots+(a_m^x-1)}{mx}}$$

$$\xlongequal[\text{本例(1)}]{\text{定理 2.2.8(1)}} e^{\frac{\ln a_1 + \cdots + \ln a_m}{m}} = e^{\ln\sqrt[n]{a_1 \cdots a_n}} = \sqrt[m]{a_1 \cdots a_m}. \qquad \Box$$

例 2.2.14 证明: (1) $\lim\limits_{x \to +\infty}\dfrac{a^x}{x^x} = 0 \,(a>1);$

(2) $\lim\limits_{x \to +\infty}\dfrac{x^k}{a^x} = 0 \,(a>1);$

(3) $\lim\limits_{x \to +\infty}\dfrac{\ln x}{x^k} = 0 \,(k>0).$

当 $x \to +\infty$ 时,趋于 $+\infty$ 的级别 x^x 最高,a^x 次之$(a>1)$,$x^a\,(a>0)$ 再次之,$\ln x$ 最低.

证明 (1) $\forall \varepsilon>0$,取 $\Delta = \max\{2a, \log_{\frac{1}{2}}\varepsilon\}$,当 $x>\Delta$ 时,有

$$\left|\frac{a^x}{x^x}-0\right| = \left(\frac{a}{x}\right)^x \leqslant \left(\frac{1}{2}\right)^x \leqslant \left(\frac{1}{2}\right)^\Delta \leqslant \varepsilon,$$

所以,

$$\lim_{x \to +\infty}\frac{a^x}{x^x} = 0.$$

或者由 $0 < \dfrac{a^x}{x^x} = \left(\dfrac{a}{x}\right)^x \leqslant \left(\dfrac{1}{2}\right)^x \to 0 \,(x \to +\infty)$ 及夹逼定理知,$\lim\limits_{x \to +\infty}\dfrac{a^x}{x^x} = 0.$

（2）由

$$0 < \frac{x^k}{a^x} \leqslant \frac{([x]+1)^k}{a^{[x]}} = \frac{([x]+1)^k}{a^{[x]+1}} \cdot a \xrightarrow{\text{例} 1.2.5(7)} 0 \cdot a$$

$$= 0 \quad (x \to +\infty, \text{故} [x] \to +\infty)$$

及函数的夹逼定理推得 $\lim\limits_{x \to +\infty} \dfrac{x^k}{a^x} = 0$.

（3）由复合函数的极限定理知，

$$\lim_{n \to +\infty} \frac{\ln n}{n} = \lim_{n \to +\infty} \ln \sqrt[n]{n} = \ln \left(\lim_{n \to +\infty} \sqrt[n]{n} \right) = \ln 1 = 0.$$

或者，$\forall \varepsilon > 0$，由于 $\lim\limits_{n \to \infty} \sqrt[n]{n} = 1$，故 $\exists N \in \mathbb{N}$，当 $n > N$ 时，

$$0 < \sqrt[n]{n} - 1 < \mathrm{e}^\varepsilon - 1.$$

所以，

$$1 < \sqrt[n]{n} < \mathrm{e}^\varepsilon,$$

$$0 < \frac{\ln n}{n} = \ln \sqrt[n]{n} < \ln \mathrm{e}^\varepsilon = \varepsilon,$$

$$\lim_{n \to +\infty} \frac{\ln n}{n} = 0.$$

再由

$$0 < \frac{\ln x}{x} < \frac{\ln([x]+1)}{[x]} = \frac{\ln([x]+1)}{[x]+1} \cdot \left(1 + \frac{1}{[x]} \right) \to 0 \cdot (1+0)$$

$$= 0 \quad (x \to +\infty, \text{故} [x] \to +\infty)$$

及函数的夹逼定理得到

$$\lim_{x \to +\infty} \frac{\ln x}{x} = 0.$$

于是，当 $k > 0$ 时，有

$$\lim_{x \to +\infty} \frac{\ln x}{x^k} = \lim_{x \to +\infty} \frac{\frac{1}{k} \ln x^k}{x^k} = \frac{1}{k} \cdot 0 = 0. \qquad \square$$

例 2.2.15　证明：$\lim\limits_{x \to 0^+} x^k \ln x = 0 \ (k > 0)$.

证明　$\lim\limits_{x \to 0^+} x^k \ln x = \lim\limits_{x \to 0^+} \dfrac{-\ln \dfrac{1}{x}}{\left(\dfrac{1}{x} \right)^k} \xlongequal{y = \frac{1}{x}} -\lim\limits_{y \to +\infty} \dfrac{\ln y}{y^k} = 0. \qquad \square$

练习题 2.2

1. 计算下列极限：

(1) $\lim\limits_{x\to 0}\dfrac{1+x-2x^3}{1+x^4}$；

(2) $\lim\limits_{x\to 1}\dfrac{x^2-2x+1}{x^3-x}$；

(3) $\lim\limits_{x\to 0}\dfrac{\sqrt{1+x}-1}{x-1}$；

(4) $\lim\limits_{x\to 0}\dfrac{\sqrt{1+x}-\sqrt{1-x}}{x}$；

(5) $\lim\limits_{x\to 1}\dfrac{x^m-1}{x-1}$；

(6) $\lim\limits_{x\to 1}\dfrac{x^m-1}{x^n-1}$；

(7) $\lim\limits_{x\to 0}\dfrac{(1+x)^{\frac{1}{m}}-1}{x}$；

(8) $\lim\limits_{x\to 1}\dfrac{x+x^2+\cdots+x^m-m}{x-1}$；

(9) $\lim\limits_{x\to 0}\dfrac{(1+mx)^n-(1+nx)^m}{x^2}$；

(10) $\lim\limits_{x\to 0}\dfrac{(1+nx)^{\frac{1}{m}}-(1+mx)^{\frac{1}{n}}}{x}$；

(11) $\lim\limits_{x\to 0}\dfrac{\sqrt{a^2+x}-a}{x}\ (a>0)$；

(12) $\lim\limits_{x\to +\infty}\dfrac{(3x+1)^{70}(8x-5)^{20}}{(5x-1)^{90}}$；

(13) $\lim\limits_{x\to 1}\dfrac{\sqrt[m]{x}-1}{\sqrt[n]{x}-1}\ (m,n\in\mathbb{N})$；

(14) $\lim\limits_{x\to 0}\dfrac{\sqrt[m]{1+\alpha x}\ \sqrt[n]{1+\beta x}-1}{x}$；

(15) $\lim\limits_{x\to 0}\dfrac{\sqrt{1+x}-\sqrt{1-x}}{\sqrt[3]{1+x}-\sqrt[3]{1-x}}$；

(16) $\lim\limits_{x\to \infty}\left(\sqrt{(a+x)(b+x)}-\sqrt{(a-x)(b-x)}\right)$；

(17) $\lim\limits_{x\to 1}\left(\dfrac{m}{1-x^m}-\dfrac{n}{1-x^n}\right)\ (m,n\in\mathbb{N})$；

(18) $\lim\limits_{x\to a}\dfrac{(x^n-a^n)-na^{n-1}(x-a)}{(x-a)^2}\ (n\in\mathbb{N})$；

(19) $\lim\limits_{x\to 1}\dfrac{x^{n+1}-(n+1)x+n}{(x-1)^2}\ (n\in\mathbb{N})$；

(20) $\lim\limits_{x\to 1}\dfrac{(1-\sqrt{x})(1-\sqrt[3]{x})\cdots(1-\sqrt[n]{x})}{(1-x)^{n-1}}\ (n\in\mathbb{N})$.

2. 设 $\lim\limits_{x\to x_0}f(x)=a,\ \lim\limits_{x\to x_0}g(x)=b$.

(1) 若 $a>b$，则在某 $U^\circ(x_0)$ 内有 $f(x)>g(x)$；

(2) 若在某 $U^\circ(x_0)$ 内有 $f(x)<g(x)$，问：是否必有 $a<b$? 说明理由.

3. 求下列极限$(n\in\mathbb{N})$：

(1) $\lim\limits_{x\to 2^+}\dfrac{[x]^2-4}{x^2-4}$；

(2) $\lim\limits_{x\to 2^-}\dfrac{[x]^2+4}{x^2+4}$；

(3) $\lim\limits_{x\to 1^-}\dfrac{[4x]}{1+x}$；

(4) $\lim\limits_{x\to 0^-}\dfrac{|x|}{x}\cdot\dfrac{1}{1+x^n}$；

(5) $\lim\limits_{x\to 0^+}\dfrac{|x|}{x}\dfrac{1}{1+x^n}$；

(6) $\lim\limits_{x\to 0}\dfrac{\sqrt[n]{1+x}-1}{x}$；

(7) $\lim\limits_{x\to\infty}\dfrac{[x]}{x}$; (8) $\lim\limits_{x\to+\infty}\dfrac{\sqrt{x+\sqrt{x+\sqrt{x}}}}{\sqrt{x+1}}$.

4. 设 $P(x)=a_1x+a_2x^2+\cdots+a_nx^n$. 证明：

$$\lim_{x\to0}\frac{\sqrt[m]{1+p(x)}-1}{x}=\frac{a_1}{m},$$

其中 $n,m\in\mathbf{N}$.

5. 定出常数 a 与 b，使得下列等式成立：

(1) $\lim\limits_{x\to\infty}\left(\dfrac{x^2+1}{x+1}-ax-b\right)=0$;

(2) $\lim\limits_{x\to+\infty}(\sqrt{x^2-x+1}-ax-b)=0$;

(3) $\lim\limits_{x\to-\infty}(\sqrt{x^2-x+1}-ax-b)=0$.

6. 求下列极限：

(1) $\lim\limits_{x\to0}\dfrac{\sin ax}{\sin bx}\ (b\neq0)$; (2) $\lim\limits_{x\to0}\dfrac{\sin(\sin x)}{x}$;

(3) $\lim\limits_{h\to0}\dfrac{\sin(x+h)-\sin x}{h}$; (4) $\lim\limits_{x\to+\infty}\left(\dfrac{1+x}{3+x}\right)^x$;

(5) $\lim\limits_{x\to0}\dfrac{\sin x^3}{\sin^2x}$; (6) $\lim\limits_{x\to0}\dfrac{\arctan x}{x}$;

(7) $\lim\limits_{x\to+\infty}x\sin\dfrac{1}{x}$; (8) $\lim\limits_{x\to a}\dfrac{\sin^2x-\sin^2a}{x-a}$;

(9) $\lim\limits_{x\to0}\dfrac{\sin4x}{\sqrt{x+1}-1}$; (10) $\lim\limits_{x\to0}\dfrac{\sqrt{1-\cos x^2}}{1-\cos x}$.

7. 求下列极限：

(1) $\lim\limits_{n\to+\infty}\sin(\pi\sqrt{n^2+1})$; (2) $\lim\limits_{n\to+\infty}\sin^2(\pi\sqrt{n^2+n})$,

8. (1) 证明：$\forall k\in\mathbf{N}$，有 $\lim\limits_{x\to+\infty}\left[\sin\sqrt{x+k}-\sin\sqrt{x}\right]=0$;

(2) 设常数 $a_1,a_2,\cdots,a_n$ 满足 $a_1+a_2+\cdots+a_n=0$，证明：

$$\lim_{x\to+\infty}\sum_{k=1}^n a_k\sin\sqrt{x+k}=0.$$

9. 证明：

$$\lim_{n\to+\infty}\left(\cos\frac{x}{2}\cos\frac{x}{4}\cdots\cos\frac{x}{2^n}\right)=\begin{cases}\dfrac{\sin x}{x}, & x\neq0,\\ 1, & x=0.\end{cases}$$

10. 计算极限：

(1) $\lim\limits_{x \to 0}(1-2x)^{\frac{1}{x}}$；

(2) $\lim\limits_{x \to +\infty}\left(\dfrac{x+a}{x-a}\right)^x$；

(3) $\lim\limits_{x \to 0}\left(\dfrac{1+\tan x}{1+\sin x}\right)^{\frac{1}{\sin x}}$；

(4) $\lim\limits_{x \to 0}\left(\dfrac{\cos x}{\cos 2x}\right)^{\frac{1}{x^2}}$；

(5) $\lim\limits_{x \to \frac{\pi}{4}}(\tan x)^{\tan 2x}$；

(6) $\lim\limits_{x \to \frac{\pi}{2}}(\sin x)^{\tan x}$；

(7) $\lim\limits_{x \to +\infty}\left(\sin\dfrac{1}{x}+\cos\dfrac{1}{x}\right)^x$；

(8) $\lim\limits_{x \to 0^+}(\cos\sqrt{x})^{\frac{1}{x}}$；

(9) $\lim\limits_{n \to +\infty}\cos^n\dfrac{x}{\sqrt{n}}$；

(10) $\lim\limits_{x \to 0}(2\mathrm{e}^{\frac{x}{1+x}}-1)^{\frac{x^2+1}{x}}$；

(11) $\lim\limits_{x \to a}\left(\dfrac{\sin x}{\sin a}\right)^{\frac{1}{x-a}}, a \neq k\pi, k \in \mathbb{Z}$（整数集）；

(12) $\lim\limits_{n \to +\infty}\sqrt{2}\cdot\sqrt[4]{2}\cdot\sqrt[8]{2}\cdot\cdots\cdot\sqrt[2^n]{2}$；

(13) $\lim\limits_{x \to 0}\dfrac{(1+x)^\mu-1}{x}$（令 $(1+x)^\mu=\mathrm{e}^y$）.

11. 设 $x_n = \underbrace{\sin\cdots\sin}_{n次}\alpha$. 证明：$\lim\limits_{n \to +\infty}x_n = 0$.

思考题 2.2

1. 证明：$\lim\limits_{n \to +\infty}n\sin(2\pi\mathrm{e}n!) = 2\pi$（提示：$\mathrm{e}=1+\sum\limits_{k=1}^{n}\dfrac{1}{k!}+\dfrac{\theta_n}{n!n}, \dfrac{n}{n+1}<\theta_n<1$）.

2. 证明：$\lim\limits_{n \to +\infty}\left\{[(n+1)!]^{\frac{1}{n+1}}-(n!)^{\frac{1}{n}}\right\} = \dfrac{1}{\mathrm{e}}$.

3. 设 $|x|<1$. 证明：

$$\lim\limits_{n \to +\infty}\left(1+\dfrac{1+x+x^2+\cdots+x^n}{n}\right)^n = \mathrm{e}^{\frac{1}{1-x}}.$$

4. 设 f 与 g 为两个周期函数，且 $\lim\limits_{x \to +\infty}[f(x)-g(x)]=0$，证明：$f=g$.

2.3 无穷小(大)量的数量级

上一节已涉及到无穷小量及等价无穷小量. 这一节将详细讨论无穷小(大)量以及它们的数量级.

定义 2.3.1 如果当 $x \to x_0(x_0^{\pm}, \pm\infty, \infty)$ 时，$f(x) \to 0$，则称 $x \to x_0(x_0^{\pm}, \pm\infty, \infty)$ 时，$f(x)$ 为**无穷小量**或**无穷小**，记作 $f(x)=o(1)(x \to x_0(x_0^{\pm}, \pm\infty, \infty))$，即

$$\lim_{x \to x_0} \frac{f(x)}{1} = \lim_{x \to x_0} f(x) = 0.$$

如果当 $x \to x_0(x_0^{\pm}, \pm\infty, \infty)$ 时 $f(x) \to \infty$,则称 $x \to x_0(x_0^{\pm}, \pm\infty, \infty)$ 时,$f(x)$ 为**无穷大量**或**无穷大**.

简言之,极限为 $0(\infty)$ 的变量称为无穷小(大)量.

例 2.3.1

无穷小量	无穷大量
$\sin x \ (x \to 0)$	
$\tan x \ (x \to 0)$	
$x^{\alpha} (\alpha > 0, x \to 0^+)$	$\dfrac{1}{x^{\alpha}} \ (\alpha > 0, x \to 0^+)$
$(x - x_0)^{\alpha} (\alpha > 0, x \to x_0^+)$	$\dfrac{1}{(x - x_0)^{\alpha}} \ (\alpha > 0, x \to x_0^+)$
$(x - x_0)^n (n \in \mathbb{N}, x \to x_0)$	$\dfrac{1}{(x - x_0)^n} \ (n \in \mathbb{N}, x \to x_0)$
$a^x - 1 \ (a > 0, x \to 0)$	
$1 - \cos x \ (x \to 0)$	
$\dfrac{1}{x^{\alpha}} \ (\alpha > 0, x \to +\infty)$	$x^{\alpha} (\alpha > 0, x \to +\infty)$
$\dfrac{1}{x^n} \ (n \in \mathbb{N}, x \to \infty)$	$x^n (n \in \mathbb{N}, x \to \infty)$
$\dfrac{1}{x^{\frac{1}{3}}} \ (x \to \infty)$	$x^{\frac{1}{3}} \ (x \to \infty)$
$\dfrac{1}{x^{\frac{1}{2}}} \ (x \to +\infty)$	$x^{\frac{1}{2}} \ (x \to +\infty)$
$a^x (a > 1, x \to -\infty)$	$a^{-x} (a > 1, x \to -\infty)$
$a^x (0 < a < 1, x \to +\infty)$	$a^{-x} (0 < a < 1, x \to +\infty)$
$q^n (|q| < 1, n \to +\infty)$	$\left(\dfrac{1}{q}\right)^n (|q| < 1, n \to +\infty)$
$n^{-\alpha} (\alpha > 0, n \to +\infty)$	$n^{\alpha} (\alpha > 0, n \to +\infty)$

此外,当 $x \to +\infty$ 时,$\ln x, x^{\alpha} (\alpha > 0), a^x (a > 1), x^x$ 均为无穷大量.

根据定理 1.2.7(7) 及注 2.2.2 知,当 $x \to x_0(x_0^{\pm}, \pm\infty, \infty)$ 时,$f(x)$ 为无穷小量 $\Leftrightarrow$ 当 $x \to x_0(x_0^{\pm}, \pm\infty, \infty)$ 时,$\dfrac{1}{f(x)}$ 为无穷大量(其中 $f(x) \neq 0$).

两个无穷小量之和仍为无穷小量,两个无穷小量之积仍为无穷小量.根据数学归纳法推得有限个无穷小量的和仍为无穷小量,有限个无穷小量之积仍为无穷小量.

定义 2.3.2 设当 $x \to x_0 (x_0^{\pm}, \pm\infty, \infty)$ 时,$f(x)$ 与 $g(x)$ 都为无穷小(大)量,且当 $x \neq x_0$ 时,$g(x) \neq 0$.

(1) 如果 $\lim\limits_{x \to x_0} \dfrac{f(x)}{g(x)} = 0$,则称当 $x \to x_0$ 时,$f(x)$ 是比 $g(x)$ 高(低)阶(级)的无穷小(大)量.记作 $f(x) = o(g(x)) (x \to x_0)$.

(2) 如果 $\lim\limits_{x \to x_0} \dfrac{f(x)}{g(x)} = a \neq 0$,则称当 $x \to x_0$ 时,$f(x)$ 与 $g(x)$ 是同阶(级)无穷小(大)量或数量级是相同的,并且记作 $f(x) = O^*(g(x)) (x \to x_0)$.

(3) 如果 $\lim\limits_{x \to x_0} \dfrac{f(x)}{g(x)} = 1$,则称当 $x \to x_0$ 时,$f(x)$ 与 $g(x)$ 是等价无穷小(大)量,记作 $f(x) \sim g(x) (x \to x_0)$.

显然,等价无穷小(大)量必为同阶无穷小(大)量,但反之并不成立.

(4) 设 $\alpha > 0$,如果 $\lim\limits_{x \to x_0} \dfrac{|f(x)|}{|x - x_0|^{\alpha}} = a \neq 0$,则称当 $x \to x_0$ 时,$f(x)$ 是 α 阶(级)无穷小量.如果 $\lim\limits_{x \to \infty} \dfrac{|f(x)|}{\frac{1}{|x|^{\alpha}}} = a \neq 0$,则称当 $x \to \infty$ 时,$f(x)$ 是 α 阶(级)无穷小量.

当 $\alpha = n \in \mathbb{N}$ 时,有时用 $\lim\limits_{x \to x_0} \dfrac{f(x)}{(x - x_0)^n} = a \neq 0$,$\lim\limits_{x \to \infty} \dfrac{f(x)}{\frac{1}{x^n}} = a \neq 0$ 代替上述的

$$\lim\limits_{x \to x_0} \dfrac{|f(x)|}{|x - x_0|^{\alpha}} = a \neq 0, \quad \lim\limits_{x \to \infty} \dfrac{|f(x)|}{\frac{1}{|x|^{\alpha}}} = a \neq 0.$$

类似地,如果 $\lim\limits_{x \to x_0} \dfrac{|f(x)|}{\frac{1}{|x - x_0|^{\alpha}}} = a \neq 0$,则称当 $x \to x_0$ 时,$f(x)$ 是 α 阶无穷大量.如果 $\lim\limits_{x \to \infty} \dfrac{|f(x)|}{|x|^{\alpha}} = a \neq 0$,则称当 $x \to \infty$ 时,$f(x)$ 是 α 阶(级)无穷大量.

值得注意,并不是任何无穷大量都能确定其阶数的.例如,$\lim\limits_{x \to +\infty} \dfrac{x^x}{x^{\alpha}} = \lim\limits_{x \to +\infty} x^{x-\alpha} = +\infty$,对任何 $\alpha \in \mathbb{R}$ 都成立,所以,x^x 不是 α 阶的无穷大量.

定理 2.3.1 当 $x \to x_0 (x_0^{\pm}, \pm\infty, \infty)$ 时,$f(x), g(x)$ 为无穷小(大)量.则

(1) $f(x)$ 与 $g(x)$ 为同阶无穷小(大)量,即 $f(x) = O^*(g(x)) (x \to x_0)$.

(2) 由(1)可得,存在实数 $K, L > 0$ 及 x_0 的去心邻域 $U^{\circ}(x_0)$,s.t.

$$0 < K \leqslant \left| \dfrac{f(x)}{g(x)} \right| \leqslant L, \forall x \in U^{\circ}(x_0).$$

（3）由（2）可得，存在实数 $L > 0$ 及 x_0 的去心开邻域 $U^\circ(x_0)$，s.t.

$$\left| \frac{f(x)}{g(x)} \right| \leqslant L, \forall x \in U^\circ(x_0).$$

此时，记 $f(x) = O(g(x))(x \to x_0)$. 特别 f 在 $U^\circ(x_0)$ 内有界，记作 $f(x) = O(1)(x \to x_0)$，即

$$\left| \frac{f(x)}{1} \right| \leqslant L, \forall x \in U^\circ(x_0).$$

证明　（1）⇒（2）因为 $f(x) = O^*(g(x))(x \to x_0)$，所以，$\lim\limits_{x \to x_0} \dfrac{f(x)}{g(x)} = a \neq 0$，$\lim\limits_{x \to x_0} \left| \dfrac{f(x)}{g(x)} \right| = |a| > 0$. 取 $\varepsilon = \dfrac{|a|}{2}$，则 $\exists U^\circ(x_0)$，s.t.

$$0 < K = \frac{|a|}{2} = |a| - \frac{|a|}{2} < \left| \frac{f(x)}{g(x)} \right| < |a| + \frac{|a|}{2}$$
$$= \frac{3}{2}|a| = L, x \in U^\circ(x_0).$$

（2）⇒（3）显然.　　　　　　　　　　　　　　　　　　　　　　　□

定理 2.3.2（等价代换）　设 $x \to x_0(x_0^\pm, \pm\infty, \infty)$ 时，$f(x), g(x), f_1(x), g_1(x)$ 都是无穷小（大）量，且 $f(x) \sim f_1(x)(x \to x_0), g(x) \sim g_1(x)(x \to x_0)$，则 $\lim\limits_{x \to x_0} \dfrac{f(x)}{g(x)}, \lim\limits_{x \to x_0} \dfrac{f_1(x)}{g_1(x)}$，只要其中一个极限存在，那么另一个也存在，且两个极限相等.

证明　不妨设第二个极限存在，则

$$\lim_{x \to x_0} \frac{f(x)}{g(x)} = \lim_{x \to x_0} \frac{f(x)}{f_1(x)} \frac{f_1(x)}{g_1(x)} \cdot \frac{g_1(x)}{g(x)} = \lim_{x \to x_0} \frac{f_1(x)}{g_1(x)}$$
$$= \lim_{x \to x_0} \frac{f_1(x)}{g_1(x)}.$$
　　　　　　　　　　　　　　　　　　　　　　　　　　　　　　□

2.2 节中已证明了，当 $x \to 0$ 时，

$$\sin x \sim x, 1 - \cos x \sim \frac{x^2}{2}, \tan x \sim x, \ln(1+x) \sim x, \tan x - \sin x \sim \frac{x^3}{2}.$$

当 $x \to +\infty$ 时，$\ln x, x^k(k > 0), a^x(a > 1), x^x$ 是一个比一个更高阶的无穷大量，记作

$$\ln x = o(x^k), x^k = o(a^x), a^x = o(x^x).$$

$$\frac{1}{n!} = o(q^n)(n \to +\infty), |q| < 1.$$

例 2.3.2　应用等价代换求下列极限：

（1）$\lim\limits_{x \to 0} \dfrac{\tan ax^2}{1 - \cos x}(a \neq 0)$；　　　　（2）$\lim\limits_{x \to 0} \dfrac{\sin(\sin x^3)}{\sqrt{1 + x^2} - 1}$；

（3）$\lim\limits_{x \to 0} \dfrac{\tan x - \sin x}{\sin x^3}$；　　　　（4）$\lim\limits_{x \to 0} \dfrac{\arctan x}{\sin 4x}$.

解 (1) $\lim\limits_{x\to 0}\dfrac{\tan ax^2}{1-\cos x}=\lim\limits_{x\to 0}\dfrac{ax^2}{\dfrac{x^2}{2}}=2a.$

(2) $\lim\limits_{x\to 0}\dfrac{\sin(\sin x^3)}{\sqrt{1+x^2}-1}=\lim\limits_{x\to 0}\dfrac{(\sqrt{1+x^2}+1)\sin x^3}{x^2}$

$\qquad\qquad =\lim\limits_{x\to 0}\dfrac{(\sqrt{1+x^2}+1)x^3}{x^2}=\lim\limits_{x\to 0}x(\sqrt{1+x^2}+1)=0\cdot 2=0.$

(3) $\lim\limits_{x\to 0}\dfrac{\tan x-\sin x}{\sin x^3}=\lim\limits_{x\to 0}\dfrac{\dfrac{x^3}{2}}{x^3}=\dfrac{1}{2}.$

或者,$\lim\limits_{x\to 0}\dfrac{\tan x-\sin x}{\sin x^3}=\lim\limits_{x\to 0}\dfrac{\left(\dfrac{1}{\cos x}-1\right)\sin x}{x^3}=\lim\limits_{x\to 0}\dfrac{1}{\cos x}\dfrac{(1-\cos x)x}{x^3}$

$\qquad\qquad =\dfrac{1}{1}\lim\limits_{x\to 0}\dfrac{\dfrac{x^2}{2}\cdot x}{x^3}=\dfrac{1}{2}.$

(4) $\lim\limits_{x\to 0}\dfrac{\arctan x}{\sin 4x}=\lim\limits_{x\to 0}\dfrac{\arctan x}{4x}=\dfrac{1}{4}\lim\limits_{y\to 0}\dfrac{y}{\tan y}=\dfrac{1}{4}\lim\limits_{y\to 0}\dfrac{y}{y}=\dfrac{1}{4}.$ □

例 2.3.3 设 $f(x)\sim g(x)(x\to x_0)$(等价无穷小量),则

$$\ln[1+f(x)]\sim\ln[1+g(x)]\quad(x\to x_0).$$

证明 由 $\ln(1+x)\sim x(x\to 0)$,有

$$\lim\limits_{x\to 0}\dfrac{\ln[1+f(x)]}{\ln[1+g(x)]}=\lim\limits_{x\to 0}\dfrac{f(x)}{g(x)}=1,$$

即

$$\ln[1+f(x)]\sim\ln[1+g(x)]\quad(x\to x_0).$$ □

例 2.3.4 等价代换适用于 $\cdot,\div,$ 幂次,但不适用于 $+,-.$

如 $x^3+x\sim x(x\to 0)$,但

$$1=\lim\limits_{x\to 0}\dfrac{(x^3+x)-x}{x^3}\neq\lim\limits_{x\to 0}\dfrac{x-x}{x^3}=\lim 0=0.$$

例 2.3.5 设 $\alpha(x)\to 0(x\to x_0),\alpha(x)\neq 0$,则当 $x\to x_0$ 时,

(1) $o(\alpha(x))+o(\alpha(x))=o(\alpha(x));$

(2) $\beta(x)\cdot o(\alpha(x))=o(\alpha(x)\beta(x)),$ 其中 $\beta(x)$ 有界,并且 $\beta(x)\neq 0;$

(3) $[o(\alpha(x))]^k=o([\alpha(x)]^k)(k>0).$

证明 (1) 因为

$$\lim\limits_{x\to x_0}\dfrac{o_1(\alpha(x))+o_2(\alpha(x))}{\alpha(x)}=\lim\limits_{x\to x_0}\dfrac{o_1(\alpha(x))}{\alpha(x)}+\lim\limits_{x\to x_0}\dfrac{o_2(\alpha(x))}{\alpha(x)}$$

$$=0+0=0,$$

所以,
$$o_1(\alpha(x))+o_2(\alpha(x))=o(\alpha(x)) \quad (x\to x_0).$$

(2) 因为
$$\lim_{x\to x_0}\frac{\beta(x)\cdot o(\alpha(x))}{\alpha(x)\beta(x)}=\lim_{x\to x_0}\frac{o(\alpha(x))}{\alpha(x)}=0,$$
故
$$\beta(x)\cdot o(\alpha(x))=o(\alpha(x)\beta(x)) \quad (x\to x_0).$$

(3) 由
$$\lim_{x\to x_0}\frac{[o(\alpha(x))]^k}{[\alpha(x)]^k}=\lim_{x\to x_0}\left[\frac{o(\alpha(x))}{\alpha(x)}\right]^k=0^k=0$$
得到
$$[o(\alpha(x))]^k=o([\alpha(x)]^k) \quad (x\to x_0). \qquad \Box$$

例 2.3.6 求下列无穷小量或无穷大量的阶(级):

(1) $x^2+x+\sqrt{x}$ $(x\to 0^+)$;　　　(2) $x^2+x+\sqrt{x}$ $(x\to +\infty)$;

(3) $\dfrac{x^2+x-2}{(x^2-1)^2}$ $(x\to 1)$;　　　(4) $\sqrt{2x^2+1}$ $(x\to +\infty)$;

(5) $\sqrt{x+\sqrt{x+\sqrt{x}}}$ $(x\to +\infty)$;　　(6) $\sqrt{x+\sqrt{x+\sqrt{x}}}$ $(x\to 0^+)$.

证明 (1) 因
$$\lim_{x\to 0^+}\frac{x^2+x+\sqrt{x}}{x^{\frac{1}{2}}}=\lim_{x\to 0^+}(x^{\frac{3}{2}}+x^{\frac{1}{2}}+1)=0+0+1=1,$$
故当 $x\to 0^+$ 时,$x^2+x+\sqrt{x}$ 为 $\dfrac{1}{2}$ 阶无穷小量.

(2) 由
$$\lim_{x\to +\infty}\frac{x^2+x+\sqrt{x}}{x^2}=\lim_{x\to +\infty}\left(1+\frac{1}{x}+x^{-\frac{3}{2}}\right)=1+0+0=1$$
得到,当 $x\to +\infty$ 时,$x^2+x+\sqrt{x}$ 为 2 阶无穷大量.

(3) 从
$$\lim_{x\to 1}\frac{\dfrac{x^2+x-2}{(x^2-1)^2}}{\dfrac{1}{x-1}}=\lim_{x\to 1}\frac{\dfrac{(x+2)(x-1)}{(x+1)^2(x-1)^2}}{\dfrac{1}{x-1}}=\lim_{x\to 1}\frac{x+2}{(x+1)^2}$$
$$=\frac{1+2}{(1+1)^2}=\frac{3}{4}$$
知,当 $x\to 1$ 时,$\dfrac{x^2+x-2}{(x^2-1)^2}$ 为 1 阶无穷大量.

（4）因为

$$\lim_{x \to +\infty} \frac{\sqrt{2x^2+1}}{x} = \lim_{x \to +\infty} \sqrt{2+\frac{1}{x^2}} = \sqrt{2+0} = \sqrt{2},$$

所以，当 $x \to +\infty$ 时，$\sqrt{2x^2+1}$ 为 1 阶无穷大量．

（5）由

$$\lim_{x \to +\infty} \frac{\sqrt{x+\sqrt{x+\sqrt{x}}}}{\sqrt{x}} = \lim_{x \to +\infty} \sqrt{1+\sqrt{\frac{1}{x}+\frac{1}{x^{3/2}}}} = \sqrt{1+\sqrt{0+0}} = 1$$

推得，当 $x \to +\infty$ 时，$\sqrt{x+\sqrt{x+\sqrt{x}}}$ 为 $\frac{1}{2}$ 阶无穷大量．

（6）从

$$\lim_{x \to 0^+} \frac{\sqrt{x+\sqrt{x+\sqrt{x}}}}{x^{\frac{1}{8}}} = \lim_{x \to 0^+} \sqrt{x^{\frac{3}{4}}+\sqrt{x^{\frac{1}{2}}+1}} = \sqrt{0+\sqrt{0+1}} = 1$$

知，当 $x \to 0^+$ 时，$\sqrt{x+\sqrt{x+\sqrt{x}}}$ 为 $\frac{1}{8}$ 阶无穷小量．　　□

注 2.3.1　从例 2.3.6 可以看出，当 $x \to +\infty$ 时，函数 $\sqrt{x+\sqrt{x+\sqrt{x}}}$ 无穷大量的阶是高幂次项 $\sqrt{x} = x^{\frac{1}{2}}$ 的指数 $\frac{1}{2}$；而当 $x \to 0^+$ 时无穷小量的阶是低幂次项 $\sqrt{\sqrt{\sqrt{x}}} = x^{\frac{1}{8}}$ 的指数 $\frac{1}{8}$．

练习题 2.3

1. 证明下列各式：

（1）$2x-x^2 = O^*(x)(x \to 0)$；　　　（2）$x\sin\sqrt{x} \sim x^{\frac{3}{2}}(x \to 0^+)$；

（3）$2x^3+x^2 = O^*(x^3)(x \to \infty)$；　　（4）$x\sin\sqrt[4]{x} = o(x^{\frac{5}{4}})(x \to 0)$；

（5）$\sqrt{1+x}-1 = o(1)(x \to 0)$；　　（6）$\sqrt{1+x}-1 \sim \frac{x}{2}(x \to 0)$；

（7）$\dfrac{1}{1+\alpha(x)} = 1-\alpha(x)+o(\alpha(x))(x \to x_0)$，其中 $\alpha(x) = o(1)(x \to x_0)$；

（8）$(1+x)^n = 1+nx+o(x)(x \to 0), n \in \mathbb{N}$；

（9）$(1+x)^n = 1+nx+O^*(x^2)(x \to 0), n \in \mathbb{N}$；

（10）$\sqrt{x+\sqrt{x+\sqrt{x}}} \sim \sqrt{x}(x \to +\infty)$．

2. 确定 α 的值，使下列函数与 x^α 当 $x \to 0$ 时为同阶无穷小量：

(1) $\sin 2x - 2\sin x$;

(2) $\dfrac{1}{1+x} - (1-x)$;

(3) $\sqrt{1+\tan x} - \sqrt{1-\sin x}$;

(4) $\sqrt[5]{3x^2 - 4x^3}$.

3. 确定 α 的值,使下列函数与 x^α 当 $x \to \infty$ 时为同阶无穷大量:

(1) $\sqrt{x^2 + x^5}$;

(2) $x + x^2(2 + x^{-1}\sin x)$;

(3) $\sqrt{x + \sqrt{x + \sqrt{x}}}$;

(4) $\dfrac{2x^5}{x^3 - 3x + 1}$.

4. 求下列无穷小或无穷大的阶:

(1) $x - 5x^3 + x^{10}$ $(x \to 0)$;

(2) $x - 5x^3 + x^{10}$ $(x \to +\infty)$;

(3) $x^3 - 3x + 2$ $(x \to 1)$;

(4) $\sqrt{x\sin x}$ $(x \to 0)$;

(5) $\sqrt{1+x} - \sqrt{1-x}$ $(x \to 0)$;

(6) $\sqrt{x^2 + \sqrt[3]{x}}$ $(x \to +\infty)$;

(7) $\dfrac{x+1}{x^4+1}$ $(x \to +\infty)$;

(8) $\dfrac{2x^5}{x^3 - 3x + 1}$ $(x \to +\infty)$;

(9) $\dfrac{1}{\sin \pi x}$ $(x \to 1)$;

(10) $\sin\left(\sqrt{1 + \sqrt{1 + \sqrt{x}}} - \sqrt{2}\right)$ $(x \to 0^+)$;

(11) $\sqrt{x + \sqrt{x + \sqrt{x + \sqrt{x}}}}$ $(x \to +\infty)$;

(12) $\sqrt{x + \sqrt{x + \sqrt{x + \sqrt{x}}}}$ $(x \to 0^+)$;

(13) $(1+x)(1+x^2)\cdots(1+x^n)$ $(x \to +\infty)$;

(14) $x^3 - 3x + 2$ $(x \to 1)$;

(15) $\ln x$ $(x \to 1)$

(16) $e^x - e$ $(x \to 1)$;

(17) $\sqrt[3]{1 - \sqrt{x}}$ $(x \to 1)$;

(18) $x^x - 1$ $(x \to 1)$.

5. 用等价无穷小替换求下列极限:

(1) $\lim\limits_{x \to +\infty} \dfrac{x\arctan\dfrac{1}{x}}{x - \cos x}$;

(2) $\lim\limits_{x \to 0} \dfrac{\sqrt{1+x^2} - 1}{1 - \cos x}$;

(3) $\lim\limits_{x \to 0} \dfrac{x\tan^4 x}{\sin^3(1 - \cos x)}$;

(4) $\lim\limits_{x \to 0} \dfrac{\sqrt{1+x^4} - 1}{1 - \cos^2 x}$;

(5) $\lim\limits_{x \to 0} \dfrac{\tan(\tan x)}{\sin x}$;

(6) $\lim\limits_{x \to 0} \dfrac{(e^x - 1)^2(\sqrt{1+x^2} - 1)^3}{x^5 \sin^3 x}$;

(7) $\lim\limits_{x \to 0} \dfrac{\sqrt[n]{1 + x + x^2} - 1}{\sin 2x}$, $n \in \mathbb{N}$.

6. 设 $f(x) \neq 0$, $g(x) \neq 0$, $f(x) \sim g(x)$ $(x \to x_0)$. 证明:
$$f(x) - g(x) = o(f(x)); \quad f(x) - g(x) = o(g(x)).$$

思考题 2.3

1. 设 $\lim\limits_{x\to 0} f(x)=0$，且 $f(x)-f\left(\dfrac{x}{2}\right)=o(x)(x\to 0)$. 证明：$f(x)=o(x)(x\to 0)$.

2. 设函数 $f,g:[a,+\infty)\to\mathbb{R}$ 满足：
   (1) $g(x+T)>g(x)$，$\forall x\geqslant a$，其中 $T>0$ 为常数；
   (2) 函数 f,g 在 $[a,+\infty)$ 的任何有限子区间上有界；
   (3) $\lim\limits_{x\to+\infty} g(x)=+\infty$.
   证明：若

$$\lim_{x\to+\infty}\frac{f(x+T)-f(x)}{g(x+T)-g(x)}=A,$$

那么

$$\lim_{x\to+\infty}\frac{f(x)}{g(x)}=A.$$

3. 函数列 $f_n:(0,+\infty)\to\mathbb{R}$，$n=1,2,3,\cdots$，对 $\forall n\in\mathbb{N}$，f_n 都是无穷大 $(x\to+\infty)$. 证明：存在 $(0,+\infty)$ 上的一个函数 f，当 $x\to+\infty$ 时，f 是比 f_n 更高阶的无穷大，$n\in\mathbb{N}$.

2.4 函数的连续、单调函数的不连续点集、初等函数的连续性

连续函数是一大类很重要的函数，且初等函数和许多我们所熟悉的函数都是连续的. 为此，我们先了解它的定义.

定义 2.4.1 设 $X\subset\mathbb{R}$，$f:X\to\mathbb{R}$ 为一元函数，$x_0\in X$，如果 $\lim\limits_{x\to x_0} f(x)=f(x_0)$，即 $\forall\varepsilon>0$，$\exists\delta>0$，当 $x\in X$，$|x-x_0|<\delta$ 时，有

$$|f(x)-f(x_0)|<\varepsilon,$$

则称 f 在 $x_0\in X$ **点处连续**，而 x_0 称为 f 的**连续点**。如果 x_0 不是 f 的连续点，则称它为 f 的**不连续点**或**间断点**。此时，或者 f 在 x_0 无定义；或者 f 在 x_0 无极限；或者即使有极限，但 $\lim\limits_{x\to x_0} f(x)\neq f(x_0)$.

如果 f 在 X 中每一点处都连续，则称 **f 在 X 中连续**或 f 为 X 中的**连续函数**.

如果 f 在 x_0 的右旁有定义，又 $\lim\limits_{x\to x_0^+} f(x)=f(x_0)$，即 $\forall\varepsilon>0$，$\exists\delta>0$，当 $x\in[x_0,x_0+\delta)$ $\bigcap X$ 时，有 $|f(x)-f(x_0)|<\varepsilon$，则称 f 在 x_0 **右连续**，此时，$f(x_0^+)=f(x_0)$.

如果 f 在 x_0 的左旁有定义，又 $\lim\limits_{x\to x_0^-} f(x)=f(x_0)$，即 $\forall\varepsilon>0$，$\exists\delta>0$，当 $x\in(x_0-\delta,x_0]$

$\bigcap X$ 时,有 $|f(x)-f(x_0)|<\varepsilon$,则称 f 在 x_0 **左连续**,此时,$f(x_0^-)=f(x_0)$.

特别地,当 $X=[a,b]$ 时,f 在 $[a,b]$ 上连续是指 f 在 (a,b) 中每一点都连续,而在 a 右连续,在 b 左连续. 类似可理解 f 在 $(a,b]$,$[a,b)$,(a,b) 上的连续性.

定理 2.4.1　设 f 在 x_0 的某开邻域中有定义,则

f 在 x_0 连续 $\Leftrightarrow f$ 在 x_0 既左连续又右连续,即

$$f(x_0-0)=\lim_{x\to x_0^-}f(x)=f(x_0)=\lim_{x\to x_0^+}f(x)=f(x_0+0).$$

证明　f 在 x_0 连续 $\Leftrightarrow \lim_{x\to x_0}f(x)=f(x_0)$

$$\Leftrightarrow \lim_{x\to x_0^-}f(x)=f(x_0)=\lim_{x\to x_0^+}f(x)$$

$$\Leftrightarrow f \text{ 在 } x_0 \text{ 既左连续又右连续.} \qquad \square$$

定理 2.4.2（连续的四则运算）　设 f,g 在 x_0 连续,则 $f\pm g,fg,f/g(g(x_0)\neq0)$ 都在 x_0 连续.

证明　应用函数极限的四则运算定理立即可得. 例如

$$\lim_{x\to x_0}fg(x)=\lim_{x\to x_0}f(x)g(x)=\lim_{x\to x_0}f(x)\cdot\lim_{x\to x_0}g(x)$$

$$=f(x_0)g(x_0)=fg(x_0),$$

所以,fg 在 x_0 连续. 其他证明类似. $\qquad \square$

定理 2.4.3（复合函数的连续性）　设 $y=f(u)$ 在 u_0 连续,$u=u(x)$,当 $x\to x_0(x_0^\pm,\pm\infty,\infty)$ 时,$u(x)\to u_0$,那么

$$\lim_{x\to x_0}f(u(x))=f(u_0)=f(\lim u(x)). \text{（极限号与连续函数交换次序）}$$

特别地,当 $u=u(x)$ 在 $x_0\in\mathbb{R}$ 处连续时,$u_0=u(x_0)$,$f\circ u(x)=f(u(x))$ 在 x_0 处也连续（复合函数的连续性）.

证明　因为 $y=f(u)$ 在 u_0 连续,所以 $\exists\delta>0$,当 $|u-u_0|<\delta$ 时,

$$|f(u)-f(u_0)|<\varepsilon.$$

对该 $\delta>0$,由 $\lim_{x\to x_0}u(x)=u_0$ 知,$\exists\eta>0$,当 $0<|x-x_0|<\eta$ 时,

$$|u(x)-u_0|<\delta,$$

$$|f(u(x))-f(u_0)|<\varepsilon.$$

这就证明了,$\lim_{x\to x_0}f(u(x))=f(u_0)=f(\lim_{x\to x_0}u(x))=\lim_{u\to u_0}f(u).$ $\qquad \square$

现在来研究单调函数的极限与连续性.

引理 2.4.1　设函数 $f(x)$ 在点 x_0 的左旁 $(x_0-\delta_0,x_0)$ 单调增（减）,则左极限 $f(x_0^-)=\lim_{x\to x_0^-}f(x)$ 存在,且

(1) 若 $f(x)$ 在 x_0 的左旁有上界（下界）,则 $f(x_0^-)$ 为有限数;

(2) 若 $f(x)$ 在 x_0 的左旁无上界（下界）,则 $f(x_0^-)=+\infty(-\infty)$.

证明 (1) 在 $(x_0-\delta, x_0)$ 中任取一严格单调增数列 $\{x_n\}$，且 $\lim\limits_{n\to+\infty} x_n = x_0$ $(x_0-\delta_0 < x_n$ $< x_0)$. 因 f 单调增有上界，故数列 $\{f(x_n)\}$ 也单调增有上界，因而收敛. 记 $\lim\limits_{n\to+\infty} f(x_n) = a$，从而 $f(x_n) \leqslant a$，$\forall n \in \mathbb{N}$.

$\forall \varepsilon > 0$，$\exists N \in \mathbb{N}$，当 $n > N$ 时，$a-\varepsilon < f(x_n) \leqslant a$. 取 $\delta = x_0 - x_{N+1}$，当 $x \in (x_0-\delta, x_0)$ $= (x_{N+1}, x_0)$ 时，总有 $m > N+1$，s. t. $x_m > x$（因 $x_n \to x_0$）. 于是，

$$a-\varepsilon < f(x_{N+1}) \leqslant f(x) \leqslant f(x_m) \leqslant a < a+\varepsilon,$$
$$f(x_0^-) = \lim\limits_{x\to x_0} f(x) = a.$$

(2) 因 f 在 x_0 左旁单调增无上界，故 $\forall A > 0$ 不是 $f(x)$ 的上界，总 $\exists \bar{x} \in (x_0-\delta_0,$ $x_0)$，s. t. $f(\bar{x}) > A$. 令 $\delta = x_0 - \bar{x}$，当 $x \in (x_0-\delta, x_0) = (\bar{x}, x_0)$ 时，

$$f(x) \geqslant f(\bar{x}) > A, \quad f(x_0^-) = \lim\limits_{x\to x_0} f(x) = +\infty.$$

单调减的情形类似证明，或用 $-f$ 代 f.　　□

关于单调函数在 x_0 的右极限同样有以下结论.

引理 2.4.2 设函数 $f(x)$ 在点 x_0 的右旁 $(x_0, x_0+\delta_0)$ 单调增（减），则右极限 $f(x_0^+)$ $= \lim\limits_{x\to x_0} f(x)$ 存在，且

(1) 若 $f(x)$ 在 x_0 的右旁有下界（上界），则 $f(x_0^+)$ 为有限数；

(2) 若 $f(x)$ 在 x_0 的右旁无下界（上界），则 $f(x_0^+) = -\infty(+\infty)$.

引理 2.4.3 设函数 $f(x)$ 在 (a,b) 上单调，则 $\forall x_0 \in (a,b)$，$f(x_0^-)$，$f(x_0^+)$ 都存在有限，且 $f(a^+)$ 及 $f(b^-)$ 也存在（不必有限）.

证明 $\forall x_0 \in (a,b)$，$f(x)$ 在 x_0 的左、右两旁都单调增（减），且有

$$f(x_0^-) \leqslant f(x_0) \leqslant f(x_0^+).$$

因而，$f(x_0^-)$ 与 $f(x_0^+)$ 为有限数.　　□

引理 2.4.4 设 f 为区间 I 上严格增（减）的函数，则其反函数

$$f^{-1}: f(I) \to I$$

也为严格增（减）函数.

证明 $\forall y_1, y_2 \in f(I)$，$y_1 < y_2$，则 $\exists x_1, x_2 \in I$，s. t. $y_1 = f(x_1)$，$y_2 = f(x_2)$，则必有 $x_1 < x_2$.

（反证）假设 $x_1 \geqslant x_2$，由 f 严格单调增，故有 $y_1 = f(x_1) \geqslant f(x_2) = y_2$，这与 $y_1 < y_2$ 相矛盾，从而 $x = f^{-1}(y)$ 为严格单调增的函数.　　□

引理 2.4.5 设 $g(y)$ 为区间 J 上严格单调增（减）的函数，其值域 $I = g(J)$ 为一区间，则 g 在 J 上必连续.

证明 （反证）反设 $y_0 \in J$ 为 $g(y)$ 的不连续点（间断点），由于 g 严格单调增，故 $g(y_0^-)$，$g(y_0^+)$ 存在有限，且必有

$$g(y_0^-) \neq g(y_0) \text{ 或 } g(y_0^+) \neq g(y_0).$$

不妨设 $g(y_0^+) \neq g(y_0)$，则 $g(y_0) < g(y_0^+)$. 此时，必有

$$g(y) \leqslant g(y_0), \quad \forall y \leqslant y_0, y \in J;$$

$$g(y_0) < g(y_0^+) < g(y), \quad \forall y > y_0, y \in J.$$

所以，$\exists r \in (g(y_0), g(y_0^+)), \forall y \in J, g(y) \neq r.$ 于是，g 的值域 $I = g(J) = [g(J) \cap (-\infty, g(y_0)] \cup [g(J) \cap (g(y_0^+), +\infty)]$ 不为区间，这与已知值域 I 为区间相矛盾.

f 严格单调减的情形类似证明，或用 $-g$ 代 g.   □

定理 2.4.4 设 f 为区间 I 上严格增（减）的连续函数，值域为 J，则在 J 上存在 f 的反函数 f^{-1}，且 f^{-1} 也为严格增（减）的连续函数.

证明 因为 f 为区间 I 上严格增（减）的函数，由引理 2.4.4 知，f 有反函数 $f^{-1}: J = f(I) \to I$，它也为严格单调增（减）的函数.

根据下面连续函数的介值定理的推论 2.5.1 知，连续函数 f 的值域 $J = f(I)$（即 f^{-1} 的定义域）也为一个区间. 再由引理 2.4.5 得到 f^{-1} 为 J 上的一个连续函数.   □

定理 2.4.5 初等函数在其定义域中是连续的.

证明 我们已经证明了常值函数、指数函数、三角函数与对数函数在其定义域内都为连续函数. 再由定理 2.4.4 得到反三角函数在其定义域内是连续的. 根据复合函数连续性定理 2.4.3 知，幂函数 $y = x^a = e^{a\ln x}$ 为连续函数. 这就证明了所有基本初等函数在其定义域中是连续的.

最后，从初等函数的定义及 $+$、$-$、$\cdot$、$\div$ 复合保持连续性知，初等函数在其定义域中是连续的.   □

由定理 2.4.5 立即推得至少有一个间断点的函数都不是初等函数.

例 2.4.1 由初等函数的连续性定理 2.4.5，立即有

(1) $\lim\limits_{x \to 1} \dfrac{\sin x}{x} = \dfrac{\sin 1}{1} = \sin 1.$

(2) $\lim\limits_{x \to 1} \sqrt{3x^2 + \sqrt{2x-1}} = \sqrt{3 \cdot 1^2 + \sqrt{2 \cdot 1 - 1}} = 2.$

(3) $\lim\limits_{x \to 1} \left(\dfrac{3+x}{4+x}\right)^{\frac{1-x}{1-x^2}} = \lim\limits_{x \to 1} \left(\dfrac{3+x}{4+x}\right)^{\frac{1}{1+x}} = \left(\dfrac{3+1}{4+1}\right)^{\frac{1}{1+1}} = \left(\dfrac{4}{5}\right)^{\frac{1}{2}} = \dfrac{2\sqrt{5}}{5},$

其中 $\left(\dfrac{3+x}{4+x}\right)^{\frac{1}{1+x}} = e^{\left(\ln\frac{3+x}{4+x}\right)/1+x}$ 为由基本初等函数 $1, 3, 4, x, \ln x, e^x$ 通过 3 次加法，一次除法，两次复合得到，故该函数为初等函数.

我们将引进函数 f 在点 x_0 处的振幅的概念，并用振幅来刻画 f 在点 x_0 处的连续性.

定义 2.4.2 设 f 在点 x_0 的某开邻域 $(x_0 - r_0, x_0 + r_0)$ 中有定义，称

$$\omega_f(x_0, r) = \sup\{|f(x'') - f(x')| \mid x', x'' \in (x_0 - r, x_0 + r), r \in (0, r_0)\} \geqslant 0$$

为 f 在区间 (x_0-r,x_0+r) 中的振幅. 显然, $\omega_f(x_0,r)$ 关于 $r\to 0^+$ 单调减, 故由引理 2.4.1 知,

$$\omega_f(x_0)=\lim_{r\to 0^+}\omega_f(x_0,r)$$

为有限数, 称它为 f 在点 x_0 处的振幅.

定理 2.4.6 f 在点 x_0 处连续 $\Leftrightarrow\omega_f(x_0)=0$.

证明 $(\Rightarrow)$ 设 f 在点 x_0 处连续, 则 $\forall\varepsilon>0$, $\exists\delta>0$, 当 $|x-x_0|<\delta$ 时, 有

$$|f(x)-f(x_0)|<\frac{\varepsilon}{3}.$$

令 $0<r<\delta$, 当 $x\in(x_0-r,x_0+r)$ 时,

$$f(x_0)-\frac{\varepsilon}{3}\leqslant\inf f((x_0-r,x_0+r))\leqslant f(x)$$

$$\leqslant\sup f((x_0-r,x_0+r))\leqslant f(x_0)+\frac{\varepsilon}{3}.$$

所以,

$$0\leqslant\omega_f(x_0,r)=\sup f((x_0-r,x_0+r))-\inf f((x_0-r,x_0+r))$$

$$\leqslant\left[f(x_0)+\frac{\varepsilon}{3}\right]-\left[f(x_0)-\frac{\varepsilon}{3}\right]=\frac{2\varepsilon}{3}<\varepsilon,$$

$$\omega_f(x_0)=\lim_{r\to 0^+}\omega_f(x_0,r)=0.$$

$(\Leftarrow)$ 因 $0=\omega_f(x_0)=\lim_{r\to 0^+}\omega_f(x_0,r)$

$$=\lim_{r\to 0^+}\left[\sup f((x_0-r,x_0+r))-\inf f((x_0-r,x_0+r))\right],$$

故 $\forall\varepsilon>0$, $\exists\delta>0$, 当 $0<r<\delta$ 时, $\forall x\in(x_0-r,x_0+r)$ 有

$$|f(x)-f(x_0)|\leqslant\sup f((x_0-r,x_0+r))$$

$$-\inf f((x_0-r,x_0+r))<\varepsilon.$$

这就证明了

$$\lim_{x\to x_0}f(x)=f(x_0),$$

即 f 在点 x_0 处连续. $\qquad\square$

一个区间 I 上的连续函数 f 的曲线是连绵不断的. 而有不连续点的函数的曲线是断开的, 所以不连续点又称间断点, 下面来研究函数的不连续点或间断点.

定义 2.4.3 设 f 在点 x_0 处不连续, 即点 x_0 为 f 的不连续点或间断点. 再若 $f(x_0^+)$ 与 $f(x_0^-)$ 都存在有限, 但 $f(x_0^+)\neq f(x_0^-)$ 或 $f(x_0^+)=f(x_0^-)\neq f(x_0)$, 则分别称点 x_0 为 f 的**跳跃间断点**与**可去间断点**. 它们统称为**第一类间断点**($|f(x_0^+)-f(x_0^-)|$ 称为**跳跃度**); 其他间断点都称为**第二类间断点**.

由引理 2.4.3 知, 区间 I 上单调函数 f 的间断点必为第一类间断点.

定理 2.4.7　区间 I 上的单调函数 f 的间断点至多可数个.

证法 1　设 f 在 I 上单调增,且不妨设 $I=(a,b)$(有限或无限区间,$(a,b]$ 或 $[a,b)$ 或 $[a,b]$ 与 (a,b) 至多差两个点).取 $\{a_n\}$ 严格减趋于 a,$\{b_n\}$ 严格增趋于 b,且 $a_n<b_n$,则 $[a_n,b_n]\subset[a_{n+1},b_{n+1}]\subset(a,b)=I$.记

$$D_{n,k}=\left\{x\in(a_n,b_n)\,\middle|\,\omega_f(x)=f(x^+)-f(x^-)\geqslant\frac{1}{k}\right\},$$

则 $D_n=\bigcup\limits_{k=1}^{\infty}D_{n,k}$ 为 f 在 (a_n,b_n) 中的间断点集.$D=\bigcup\limits_{n=1}^{\infty}D_n=\bigcup\limits_{n=1}^{\infty}\bigcup\limits_{k=1}^{\infty}D_{n,k}$ 为 f 在 $I=(a,b)$ 中间断点的集合.

设 $x_1,x_2,\cdots,x_m\in D_{n,k}$,则

$$f(b_n)-f(a_n)\geqslant\sum_{i=1}^{m}\left[f(x_i^+)-f(x_i^-)\right]$$

$$=\sum_{i=1}^{m}\omega_f(x_i)\geqslant\sum_{i=1}^{m}\frac{1}{k}=\frac{m}{k},$$

$$m\leqslant k\left[f(b_n)-f(a_n)\right].$$

由此知,当 n,k 固定时,$D_{n,k}$ 为有限集.于是,按 $n+k$ 从小到大将 $D_{n,k}$ 以致 $D=\bigcup\limits_{1}^{\infty}\bigcup\limits_{k=1}^{\infty}D_{n,k}$ 依次排列(有重复者只排第一个).如果到某个排完,则 D 为有限集;如果一直排下去,则 D 为可数集.所以 D 必为至多可数集.

证法 2　设 f 在 I 上单调增.此时,它的间断点 x 都是第一类跳跃间断点,即 $\omega_f(x)=f(x^+)-f(x^-)>0$.因此,

$$间断点\ x\leftrightarrow开区间\,(f(x^-),f(x^+))$$

形成一一对应($\leftrightarrow$ 表示一一对应),不同的间断点对应的开区间不相同,并且这些开区间彼此不相交.

取 $r_x\in Q\cap(f(x^-),f(x^+))$.于是,

$$\{x\in I=(a,b)\,|\,x\ 为\ f\ 的间断点\}$$

$$\leftrightarrow\{(f(x^-),f(x^+))\,|\,\omega_f(x)=f(x^+)-f(x^-)>0\}$$

$$\leftrightarrow\{r_x\in Q\cap(f(x^-),f(x^+))\,|\,\omega_f(x)=f(x^+)-f(x^-)>0\}$$

为一一对应.由 Q 为可数集知,它的子集 $\{r_x\in Q\cap(f(x^-),f(x^+))\,|\,\omega_f(x)=f(x^+)-f(x^-)>0\}$ 为至多可数集.由此得到 f 的间断点集 D 为至多可数集.　　　　□

以下将研究一些具体函数的连续性及间断点的类型.

例 2.4.2　讨论函数

$$f(x)=\begin{cases}x+2,&x\geqslant0,\\x-2,&x<0\end{cases}$$

的连续性.

解 因为 $f(x)$ 在 $x>0$ 上与初等函数 $x+2$ 一致,在 $x<0$ 上与初等函数 $x-2$ 一致,所以,根据初等函数连续性定理 2.4.5 知,$f(x)$ 在 $(-\infty,0)\bigcup(0,+\infty)$ 上连续.

余下要考虑的是 f 在点 $x=0$ 处的连续性.

由于 $f(0^-)=\lim\limits_{x\to 0^-}f(x)=\lim\limits_{x\to 0^-}(x-2)=-2\neq 2=\lim\limits_{x\to 0^+}(x+2)=\lim\limits_{x\to 0^+}f(x)=f(0^+)$,故 f 在点 $x=0$ 处不连续,它右连续,但不左连续,其跳跃度为 $|2-(-2)|=4$,它是第一类间断点,且是跳跃间断点. □

例 2.4.3 研究下列函数在 $x=0$ 处的连续性:

(1) $f(x)=|\operatorname{sgn} x|=\begin{cases}1, & x\neq 0,\\ 0, & x=0;\end{cases}$

(2) $f(x)=\begin{cases}\dfrac{\sin x}{x}, & x\neq 0,\\ 0, & x=0.\end{cases}$

解 (1) 显然,$\lim\limits_{x\to 0}f(x)=\lim\limits_{x\to 0}1=1\neq 0=f(0)$,故 0 为 $f(x)$ 的可去间断点,它是第一类间断点.令

$$\widetilde{f}(x)=\begin{cases}f(x), & x\neq 0,\\ \lim\limits_{u\to 0}f(u), & x=0\end{cases}$$
$$=1,$$

则 $\widetilde{f}(x)$ 在 $x=0$ 处连续.注意,由于 $\widetilde{f}(0)=1\neq 0=f(0)$,所以 $\widetilde{f}\neq f$.

(2) 因为 $\lim\limits_{x\to 0}f(x)=\lim\limits_{x\to 0}\dfrac{\sin x}{x}=1\neq 0=f(0)$,所以 0 为 f 的可去间断点,它是第一类间断点.令

$$\widetilde{f}(x)=\begin{cases}\dfrac{\sin x}{x}, & x\neq 0,\\ 1, & x=0,\end{cases}$$

则 $\widetilde{f}$ 在 0 连续.再由 $\widetilde{f}(x)$ 在 $x\neq 0$ 处与初等函数 $\dfrac{\sin x}{x}$ 一致,故 $\widetilde{f}$ 在 $x\neq 0$ 上连续.从而 $\widetilde{f}$ 为 $\mathbb{R}$ 上的连续函数. □

例 2.4.4 研究函数 $f(x)=[x]=n-1,n-1\leqslant x<n$ 的连续性.

解 显然,$f(x)=[x]$ 在非整数点处都为局部常值函数,因而在这些点处都连续.而在整数点 $x=n$ 处,

$$f(n^+)=\lim\limits_{x\to n^+}f(x)=\lim\limits_{x\to n^+}n=n\neq n-1=\lim\limits_{x\to n^-}(n-1)$$
$$=\lim\limits_{x\to n^-}f(x)=f(n^-),$$

所以,n 为 f 的跳跃间断点,它为第一类间断点. □

例 2.4.5 讨论下列函数间断点的类型:

(1) $y=\dfrac{1}{x}$; (2) $y=\sin\dfrac{1}{x}$; (3) $y=D(x)$ (Dirichlet 函数).

解 (1) 函数在 $x=0$ 处设有定义,但因 $\lim\limits_{x\to0}\dfrac{1}{x}=\infty$,故无论怎样定义它在 $x=0$ 处的值,都不会在 0 处连续,0 为 $y=\dfrac{1}{x}$ 的第二类间断点.

(2) 因 $\lim\limits_{x\to0}\sin\dfrac{1}{x}$ 不存在,同上题,0 为 $y=\sin\dfrac{1}{x}$ 的第二类间断点.观察它的图象(如图 2.1.17所示),在 $x=0$ 附近,有无数次的振荡.

(3) 因为 $\lim\limits_{x\to x_0}D(x)$ 在任一点 x_0 处都不存在,所以,$\mathbb{R}$ 上每一点都为 $D(x)$ 的第二类间断点. □

例 2.4.6 称函数

$$R(x)=\begin{cases}\dfrac{1}{p}, & \text{当 } x=\dfrac{q}{p}\in(0,1),p,q\in\mathbb{N},p \text{ 与 } q \text{ 互质(素)},\\ 1, & \text{当 } x=0,1,\\ 0, & \text{当 } x\in(\mathbb{R}-\mathbb{Q})\bigcap(0,1)\end{cases}$$

为 **Riemann 函数**. 证明 $\lim\limits_{x\to x_0}R(x)=0$. 由此知,$R(x)$ 在 $[0,1]$ 中任何无理点处连续;而在任何有理点处不连续,它为可去间断点,是第一类间断点.

证明 $\forall x_0\in[0,1]$,$\forall\varepsilon>0$,因为满足 $\dfrac{1}{p}\geqslant\varepsilon\left(\text{即 } p\leqslant\dfrac{1}{\varepsilon}\right)$ 的自然数 p 只有有限多个.因此,相应于 $p=1,2,\cdots,\left[\dfrac{1}{\varepsilon}\right]$ 的 $\dfrac{q}{p}(q<p)$ 也只有有限多个,记为 $\{x_1,x_2,\cdots,x_k\}$. 令

$$\delta=\min\{|x_j-x_0|\ |\ x_j\neq x_0,j=1,2,\cdots,k+2\},$$

其中 $x_{k+1}=0,x_{k+2}=1$. 则当 $x\in[0,1],0<|x-x_0|<\delta$ 时,

$$|R(x)-0|=R(x)=\begin{cases}\dfrac{1}{p}, & x=\dfrac{q}{p}\in(0,1),p,q\in\mathbb{N},p \text{ 与 } q \text{ 互质},\\ 0, & x\in(\mathbb{R}-\mathbb{Q})\bigcap[0,1]\end{cases}$$

$$<\varepsilon,$$

所以,$\lim\limits_{x\to x_0}R(x)=0$. □

细心的读者自然会问:是否存在一个函数 $y=f(x)$ 在所有无理点不连续,而在所有有理点连续.回答是否定的.

例 2.4.7 不存在函数 $f:\mathbb{R}\to\mathbb{R}$ 在所有无理点不连续,而在所有有理点连续.

证法 1 (反证)假设存在函数 $f:\mathbb{R}\to\mathbb{R}$ 在所有无理点不连续,而在所有有理点连续. 令

$$E_n = \left\{ x \in \mathbb{R} \mid f \text{ 在 } x \text{ 的振幅 } \omega_f(x) \geq \frac{1}{n} \right\}.$$

显然，E_n 为闭集且 $E_n \subset \mathbb{R} \setminus \mathbb{Q}$ 无内点. 另一方面，设可数集 $\mathbb{Q} = \{r_1, r_2, \cdots, r_n, \cdots\}$，则独点集 $\{r_n\}$ 也是无内点的闭集. 于是，

$$\mathbb{R} = \mathbb{Q} \cup (\mathbb{R} \setminus \mathbb{Q}) = \left(\bigcup_{n=1}^{\infty} \{r_n\} \right) \cup \left(\bigcup_{n=1}^{\infty} E_n \right).$$

根据 Baire 定理 1.3.6 知，$\mathbb{R}$ 无内点，这与 $\mathbb{R}$ 中任一点都为内点相矛盾.

证法 2 （反证）假设存在函数 $f: \mathbb{R} \to \mathbb{R}$ 在所有无理点不连续，而在所有有理点连续. 设 $\mathbb{Q} = \{r_1, r_2, \cdots, r_n, \cdots\}$，取 $r_1^* \in \mathbb{Q} \setminus \{r_1\}$，因 f 在 r_1^* 处连续，故 $\exists \delta_1 > 0$, s.t. $r_1 \notin [r_1^* - \delta_1, r_1^* + \delta_1]$, $2\delta_1 < \frac{1}{2}$，且有

$$|f(x) - f(r_1^*)| < \frac{1}{2}, x \in [r_1^* - \delta_1, r_1^* + \delta_1].$$

再取 $r_2^* \in (r_1^* - \delta_1, r_1^* + \delta_1) \bigcap (\mathbb{Q} - \{r_1, r_2, r_1^*\})$. 由 f 在 r_2^* 处连续知，$\exists \delta_2 > 0$, s.t. r_1, $r_2, r_1^* \notin [r_2^* - \delta_2, r_2^* + \delta_2] \subset (r_1^* - \delta_1, r_1^* + \delta_1)$, $2\delta_2 < \frac{1}{2^2}$，且有

$$|f(x) - f(r_2^*)| < \frac{1}{2^2}, x \in [r_2^* - \delta_2, r_2^* + \delta_2].$$

如此下去，可取

$$r_n^* \in (r_{n-1}^* - \delta_{n-1}, r_{n-1}^* + \delta_{n-1}) \bigcap (\mathbb{Q} \setminus \{r_1, \cdots, r_n, r_1^*, \cdots, r_{n-1}^*\}).$$

再由 f 在 r_n^* 处连续知，$\exists \delta_n > 0$, s.t.

$$r_1, \cdots, r_n, r_1^*, \cdots, r_{n-1}^* \notin [r_n^* - \delta_n, r_n^* + \delta_n]$$
$$\subset (r_{n-1}^* - \delta_{n-1}, r_{n-1}^* + \delta_{n-1}), \quad 2\delta_n < \frac{1}{2^n},$$

且有

$$|f(x) - f(r_n^*)| < \frac{1}{2^n}, \quad x \in [r_n^* - \delta_n, r_n^* + \delta_n].$$

根据闭区间套原理知，$\exists_1 x_0 \in \bigcap_{n=1}^{\infty} [r_n^* - \delta_n, r_n^* + \delta_n]$. 易见，点 x_0 为无理点，且 $\omega_f(x_0) = 0$，即 f 在无理点 x_0 处连续，这与假设相矛盾.

证法 3 （反证）假设存在函数 $f: \mathbb{R} \to \mathbb{R}$ 在所有无理点不连续，而在所有有理点连续. 任取无理点 r，令

$$g(x) = f(x + r), \quad x \in \mathbb{R}.$$

先选 $r_1 \in \mathbb{Q}$，由 f 在 r_1 连续知，$\exists \delta_1 \in (0, 1)$, s.t. f 在开区间 $(x_1 - \delta_1, x_1 + \delta_1)$ 上的振幅 $\omega_f(r_1, \delta_1) < 1$；选 $y_1 \in (r_1 + r - \delta_1, r_1 + r + \delta_1) \bigcap \mathbb{Q}$，即 $x_1 = y_1 - r \in (r_1 - \delta_1, r_1 + \delta_1)$，并且 $g(x) = f(x + r)$ 在点 x_1（即 f 在 $y_1 = x_1 + r$）处连续，故 $\exists \eta_1 \in (0, 1)$, s.t. $[a_1, b_1] = [x_1 -$

η_1，$x_1+\eta_1]\subset(r_1-\delta_1,r_1+\delta_1)$，当然，$\omega_g(x_1,\eta_1)<1$. 再选 $r_2\in(a_1,b_1)\bigcap\mathbb{Q}$，由 f 在点 r_2 处连续知，$\exists\delta_2\in\left(0,\dfrac{1}{2}\right)$，s. t. f 在开区间$(r_2-\delta_2,r_2+\delta_2)$上的振幅 $\omega_f(r_2,\delta_2)<\dfrac{1}{2}$. 选 y_2 $\in(r_2+r-\delta_2,r_2+r+\delta_2)\bigcap\mathbb{Q}$，即 $x_2=y_2-r\in(r_2-\delta_2,r_2+\delta_2)$，且 $g(x)=f(x+r)$在点 x_2（即 f 在 $y_2=x_2+r$）处连续，故 $\exists\eta_2\in\left(0,\dfrac{1}{2}\right)$，s. t. $[a_2,b_2]=[x_2-\eta_2,x_2+\eta_2]\subset(r_2-\delta_2,r_2+\delta_2)$. 当然，$\omega_g(x_2,\eta_2)<\dfrac{1}{2}$. 依此类推得到一个递降闭区间套：

$$[a_1,b_1]\supset[a_2,b_2]\supset\cdots\supset[a_n,b_n]\supset\cdots$$

$$b_n-a_n=2\eta_n<\dfrac{1}{2^{n-1}},\qquad\lim_{n\to+\infty}(b_n-a_n)=0.$$

根据闭区间套原理知，$\exists_1\xi\in\bigcap\limits_{n=1}^{\infty}[a_n,b_n]$. 显然，$\omega_f(\xi)=0$，即 ξ 为 f 与 g 的公共连续点. 因此，f 在点 ξ 与点 $\xi+r$ 处都连续. 但点 ξ 与点 $\xi+r$ 中至少有一个为无理点. 这与 f 在无理点处不连续相矛盾. □

练习题 2.4

1. 研究下列函数在 $x=0$ 处的连续性：

(1) $f(x)=[x]$；　　　　　　　　(2) $f(x)=\text{sgn}|x|$；

(3) $f(x)=|x|$；　　　　　　　　(4) $f(x)=\text{sgn}(\cos x)$；

(5) $f(x)=[|\cos x|]$；　　　　　　(6) $f(x)=\text{sgn}(\sin x)$；

(7) $f(x)=\begin{cases}\mathrm{e}^{-\frac{1}{x^2}}, & x\neq0, \\ 0, & x=0;\end{cases}$　　　(8) $f(x)=\begin{cases}\dfrac{\sin x}{|x|}, & x\neq0, \\ 1, & x=0;\end{cases}$

(9) $f(x)=\begin{cases}(1+x^2)^{1/x^2}, & x\neq0, \\ 2.718, & x=0;\end{cases}$　　　(10) $f(x)=\begin{cases}x, & x\text{ 为有理数}, \\ -x, & x\text{ 为无理数}.\end{cases}$

2. 指出下列函数的间断点，并说明其类型：

(1) $f(x)=\begin{cases}\dfrac{1}{x+7}, & -\infty<x<-7, \\ x, & -7\leqslant x\leqslant1, \\ (x-1)\sin\dfrac{1}{x-1}, & 1<x<+\infty;\end{cases}$

(2) $f(x)=\begin{cases}x, & x\text{ 为有理数}, \\ -x, & x\text{ 为无理数};\end{cases}$

(3) $D(x)=\begin{cases}1, & x\text{ 为有理数,}\\ 0, & x\text{ 为无理数;}\end{cases}$

(4) $f(x)=\begin{cases}\dfrac{1}{x^2}, & x\neq 0,\\ 0, & x=0.\end{cases}$

3. 延拓下列函数,使其在 $\mathbb{R}$ 上连续:

(1) $f(x)=\dfrac{x^3-8}{x-2}$;　　　　(2) $f(x)=\dfrac{1-\cos x}{x^2}$;

(3) $f(x)=x\cos\dfrac{1}{x}$;　　　　(4) $f(x)=(1+x)^{\frac{1}{x}}$.

4. 定出 a,b 与 c,使得函数

$$f(x)=\begin{cases}-1, & x\leqslant -1,\\ ax^2+bx+c, & 0<|x|<1,\\ 0, & x=0,\\ 1, & x\geqslant 1\end{cases}$$

在 $(-\infty,+\infty)$ 上连续.

5. 设 f 在点 x_0 处连续,则 $|f|$ 与 f^2 也在点 x_0 处连续. 反之是否成立?

6. 讨论函数 $f+g$ 与 fg 在点 x_0 处的连续性,如果:

(1) f 在点 x_0 处连续,但 g 在点 x_0 处不连续;

(2) f 与 g 在点 x_0 处都不连续.

7. 设函数 f 在点 x_0 处连续, $f(x_0)>0$,则当 x 充分靠近点 x_0 时,应有 $f(x)>\dfrac{f(x_0)}{2}$.

8. (1) 设 $f(x)\equiv g(x)$, $x\neq 0$,且 $f(0)\neq g(0)$. 证明: f 与 g 两者中至多有一个在 $x=0$ 处连续.

(2) 设 f 与 g 都为 $\mathbb{R}$ 上的连续函数,且 $f(x)\equiv g(x)$, $\forall x\in\mathbb{Q}$. 证明: $f(x)\equiv g(x)$, $\forall x\in\mathbb{R}$.

9. 举出定义在 $[0,1]$ 上分别符合下述要求的函数:

(1) 只在 $\dfrac{1}{2}$, $\dfrac{1}{3}$ 与 $\dfrac{1}{4}$ 三点不连续的函数;

(2) 只在 $\dfrac{1}{2}$, $\dfrac{1}{3}$ 与 $\dfrac{1}{4}$ 三点连续的函数;

(3) 只在 $\dfrac{1}{n}$ ($n\in\mathbb{N}$) 上不连续的函数;

(4) 只在 $x=0$ 右连续,而在其他点都不连续的函数.

10. 设函数 f,g 在 (a,b) 上连续. 证明：
$$F(x) = \max\{f(x),g(x)\}, \quad x \in (a,b),$$
$$G(x) = \min\{f(x),g(x)\}, \quad x \in (a,b)$$

在 (a,b) 上都为连续函数.

11. 设 f 在 (a,b) 内连续. 证明：

(1) 如果 $f(a^+)$ 与 $f(b^-)$ 为有限值, 则 f 在 (a,b) 内有界; 又若 $\exists \xi \in (a,b)$, s.t. $f(\xi)$ $\geqslant \max\{f(a^+),f(b^-)\}$, 则 f 在 (a,b) 内能达到最大值;

(2) 如果 $f(a^+) = f(b^-) = +\infty$. 证明：$f$ 在 (a,b) 内能达到最小值.

12. 设函数 f 在区间 I 上连续. 证明：

(1) 若 $\forall r \in \mathbb{Q} \bigcap I$ 有 $f(r) = 0$, 则在 I 上 $f(x) \equiv 0$;

(2) 若 $\forall r_1, r_2 \in \mathbb{Q} \bigcap I, r_1 < r_2$ 有 $f(r_1) < f(r_2)$, 则 f 在 I 上严格增.

13. 设 f 在 $[a,b]$ 上连续, 且 $\forall x \in [a,b], \exists y \in [a,b]$, s.t.
$$|f(y)| \leqslant \frac{1}{2}|f(x)|.$$

证明：$\exists \xi \in [a,b]$, s.t. $f(\xi) = 0$.

14. 设 f 在 $[0,+\infty)$ 上连续, 满足：$0 \leqslant f(x) \leqslant x, x \in [0,+\infty)$. 又设 $a_1 \geqslant 0, a_{n+1} = f(a_n), n = 1,2,\cdots$. 证明：

(1) $\{a_n\}$ 为收敛数列;

(2) 设 $\lim\limits_{n \to +\infty} a_n = t$, 则有 $f(t) = t$;

(3) 若条件改为 $0 \leqslant f(x) < x, x \in (0,+\infty)$, 则 $t = 0$.

15. 求下列极限：

(1) $\lim\limits_{x \to 0} \dfrac{e^x \cos x + 5}{1 + x^2 + \ln(1+x)}$;   (2) $\lim\limits_{x \to 0}(1 + \sin x)^{\cos x}$;

(3) $\lim\limits_{x \to +\infty} \dfrac{\sqrt{x + \sqrt{x + \sqrt{x}}}}{\sqrt{x+1}}$;   (4) $\lim\limits_{x \to +\infty}\left(\sqrt{x + \sqrt{x + \sqrt{x}}} - \sqrt{x}\right)$;

(5) $\lim\limits_{x \to 0^+}\left(\sqrt{\dfrac{1}{x} + \sqrt{\dfrac{1}{x} + \sqrt{\dfrac{1}{x}}}} - \sqrt{\dfrac{1}{x} - \sqrt{\dfrac{1}{x} + \sqrt{\dfrac{1}{x}}}}\right)$.

16. 设 f 为 $\mathbb{R}$ 上的连续函数, 常数 $c > 0$. 记
$$F(x) = \begin{cases} -c, & f(x) < -c, \\ f(x), & |f(x)| \leqslant c, \\ c, & f(x) > c. \end{cases}$$

证明：F 在 $\mathbb{R}$ 上连续 (提示：应用 $F(x) = \max\{-c, \min\{c, f(x)\}\}$ 或连续的定义).

思考题 2.4

1. 设函数 f 只有可去间断点. 证明：$F(x) = \lim\limits_{t \to x} f(t)$ 为连续函数.

2. 设函数 f 在 $\mathbb{R}$ 上单调增(或单调减)，$F(x) = f(x^+)$. 证明：F 在 $\mathbb{R}$ 上右连续.

3. 设 f 对任意 $x, y \in \mathbb{R}$ 适合函数方程 $f(x+y) = f(x) + f(y)$. 证明：

(1) 若 f 在一点 x_0 处连续，则 $f(x) = f(1)x$；

(2) 若 f 在 $\mathbb{R}$ 上单调，也有 $f(x) = f(1)x$.

4. 设函数 f 在 $\mathbb{R}$ 上连续且 $\forall x, y \in \mathbb{R}$ 有等式 $f(x+y) = f(x) \cdot f(y)$. 证明：$f(x) = a^x$，其中 $a = f(1)$ 为一正数.

5. 设 f 在 $(0, +\infty)$ 上连续，且 $\forall x, y \in (0, +\infty)$ 有等式 $f(xy) = f(x) \cdot f(y)$. 证明：$f = 0$ 或者 $f(x) = x^a$，其中 α 为常数.

6. 设 f 在 $\mathbb{R}$ 上连续且 $\forall x, y \in \mathbb{R}$ 有等式

$$f(x+y) + f(x-y) = 2f(x)f(y).$$

证明：$f = 0$ 或 $f(x) = \cos ax$ 或 $f(x) = \cosh ax$，式中 a 为常数.

7. 设 $f: \mathbb{R} \to \mathbb{R}$，且 $f(x^2) = f(x)$，$\forall x \in \mathbb{R}$，又 f 在 $x = 0$ 与 $x = 1$ 处连续. 证明：f 为常值函数.

2.5 有界闭区间$[a,b]$上连续函数的性质

这一节主要研究有界闭区间 $[a, b]$ 上连续函数的重要定理：零值定理、介值定理、最值定理、一致连续性定理以及它们的应用.

定理 2.5.1(零(根)值定理，Bolzano) 设 f 为闭区间 $[a, b]$ 上的连续函数，且 $f(a)f(b) < 0$，则 $\exists \xi \in (a, b)$，使得 $f(\xi) = 0$.

证法 1 不妨设 $f(a) < 0, f(b) > 0$.

(反证)假设 $f(x) \neq 0$，$\forall x \in (a, b)$. 现将 $[a, b]$ 两等分，若 $f\left(\dfrac{a+b}{2}\right) > 0$，则取 $a_1 = a$，$b_1 = \dfrac{a+b}{2}$；若 $f\left(\dfrac{a+b}{2}\right) < 0$，则取 $a_1 = \dfrac{a+b}{2}, b_1 = b$. 此时，$f(a_1) < 0, f(b_1) > 0$，再将 $[a_1, b_1]$ 两等分，若 $f\left(\dfrac{a_1+b_1}{2}\right) > 0$，则取 $a_2 = a_1, b_2 = \dfrac{a_1+b_1}{2}$；若 $f\left(\dfrac{a_1+b_1}{2}\right) < 0$，则取 $a_2 = \dfrac{a_1+b_1}{2}$，$b_2 = b_1$，此时，$f(a_2) < 0, f(b_2) > 0$，如此下去，得一递降闭区间套：

$$[a, b] \supset [a_1, b_1] \supset [a_2, b_2] \supset \cdots \supset [a_n, b_n] \supset \cdots,$$

$b_n - a_n = \dfrac{b-a}{2^n} \to 0 (n \to +\infty)$，$f(a_n) < 0$，$f(b_n) > 0$. 根据实数连续性命题（三）（闭区间套原

理）知，$\exists_1 x_0 \in \bigcap\limits_{n=1}^{\infty} [a_n, b_n] \subset [a, b]$，显然，

$$\lim_{n \to +\infty} a_n = x_0 = \lim_{n \to +\infty} b_n.$$

由 f 连续知，$0 \geqslant \lim\limits_{n \to +\infty} f(a_n) = f(x_0) = \lim\limits_{n \to +\infty} f(b_n) \geqslant 0$，所以，有 $f(x_0) = 0$，又 $f(a) < 0$，

$f(b) > 0$，故 $x_0 \neq a, b, x_0 \in (a, b)$，这与假设相矛盾（如图 2.5.1 所示）. 因此，必有 $\xi \in (a,$

$b)$，使得 $f(\xi) = 0$.

证法 2　不妨设 $f(a) < 0, f(b) > 0$，根据实数连
续性命题（一），可令 $\xi = \sup\{x \in [a, b] \mid f(x) < 0\}$.

　　根据 sup 的定义，$\exists x_n \in [a, b]$，$f(x_n) < 0$，$\{x_n\}$
严格增趋于 ξ. 又由 f 连续知，$\exists \delta > 0$，s. t.

$$f|_{[a, a+\delta]} < 0, f|_{(b-\delta, b)} > 0,$$

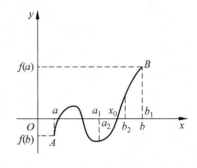

图　2.5.1

所以，$\xi \in (a, b)$，再由上确界的定义，有 $f|_{(\xi, b)} > 0$. 最
后，由 f 的连续性得到

$$0 \geqslant \lim_{n \to +\infty} f(x_n) = f(\xi) = \lim_{x \to \xi^+} f(x) \geqslant 0,$$

因此，$f(\xi) = 0$.

证法 3　（反证）假设 $f(x) \neq 0, \forall x \in (a, b)$. $\forall x \in (a, b)$，由 f 连续知，$\exists \delta_x > 0$，s. t. f
在 $(x - \delta_x, x + \delta_x) \bigcap [a, b]$ 上严格同号，则开区间族

$$\mathscr{I} = \{(x - \delta_x, x + \delta_x) \mid x \in [a, b]\}$$

为 $[a, b]$ 上的一个开（区间）覆盖，根据实数连续性命题（四）（$[a, b]$ 的紧致性）知，存在有限
的子覆盖 $\mathscr{I}_1 = \{(x_i - \delta_{x_i}, x_i + \delta_{x_i}) \mid i = 1, 2, \cdots, k\}$. 不失一般性，设 $a \in (x_1 - \delta_{x_1}, x_1 + \delta_{x_1})$，
如果 $[a, b] \subset (x_1 - \delta_{x_1}, x_1 + \delta_1)$，那么 $f|_{[a, b]}$ 与 $f(a)$ 严格同号，从而 $f(a) f(b) > 0$，这与题
设 $f(a) f(b) < 0$ 相矛盾. 因此，$b \notin (x_1 - \delta_{x_1}, x_1 + \delta_{x_1})$，从而 $x_1 + \delta_{x_1} \in (a, b)$，不妨设 $x_1 + \delta_{x_1}$
$\in (x_2 - \delta_{x_2}, x_2 + \delta_{x_2})$. 由于 $(x_1 - \delta_{x_1}, x_1 + \delta_{x_1}) \bigcap (x_2 - \delta_{x_2}, x_2 + \delta_{x_2}) \neq \varnothing$，所以 f 在 $(x_1 -$
$\delta_{x_1}, x_1 + \delta_{x_1})$ 与 $(x_2 - \delta_{x_2}, x_2 + \delta_{x_2})$ 上严格同号，依次得到一串开区间 $\{(x_i - \delta_{x_i}, x_i + \delta_{x_i}) \mid$
$i = 1, \cdots, l\}$，其中 $l \leqslant k$，f 在这些开区间上依次是同号的，并且 $b \in (x_l - \delta_{x_l}, x_l + \delta_{x_l})$，所
以，$f(a)$ 与 $f(b)$ 严格同号，这与题设 $f(a)$ 与 $f(b)$ 严格异号相矛盾. 　□

定理 2.5.1′（推广的零（根）值定理）　设 f 为 $[a, b]$ 上的连续函数，且 $f(a) f(b) \leqslant 0$，
则 $\exists \xi \in [a, b]$，s. t. $f(\xi) = 0$.

证明　如果 $f(a) = 0$，则取 $\xi = a$；如果 $f(b) = 0$，则取 $\xi = b$；如果 $f(a) f(b) \neq 0$，则
$f(a) f(b) < 0$，由零值定理 2.5.1 知，$\exists \xi \in (a, b)$，s. t. $f(\xi) = 0$. 　□

定理 2.5.2（介值定理）　设 f 为 $[a, b]$ 上的连续函数，$f(a) \neq f(b)$，则 $\forall r \in$
$(\min\{f(a), f(b)\}, \max\{f(a), f(b)\})$，$\exists \xi \in (a, b)$，s. t. $f(\xi) = r$.

证明　令 $F(x)=f(x)-r$,显然它为$[a,b]$上的连续函数,且 $F(a)F(b)=(f(a)-r)$ $(f(b)-r)<0$. 由零值定理 2.5.1 知,$\exists\xi\in(a,b)$,s. t. $f(\xi)-r=F(\xi)=0$,即 $f(\xi)=r$(如图 2.5.2 所示).　　□

定理 2.5.2′(推广的介值定理)　设 f 为$[a,$ $b]$上的连续函数,则 $\forall r\in[\min\{f(a),f(b)\},$ $\max\{f(a),f(b)\}]$,$\exists\xi\in[a,b]$,s. t. $f(\xi)=r$.

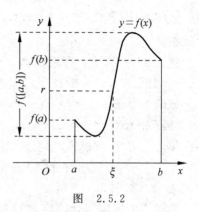

图　2.5.2

证明　不妨设 $f(a)\leqslant f(b)$. 如果 $r=$ $\min\{f(a),f(b)\}=f(a)$,则取 $\xi=a$;如果 $r=$ $\max\{f(a),f(b)\}=f(b)$,则取 $\xi=b$. 如果 $f(a)=$ $\min\{f(a),f(b)\}<r<\max\{f(a),f(b)\}=f(b)$,则由介值定理 2.5.2 知,$\exists\xi\in(a,b)$,s. t. $f(\xi)=r$.

或者将推广的零值定理 2.5.1′用于函数 $F(x)$ $=f(x)-r$ 知,$\exists\xi\in[a,b]$,s. t. $0=F(\xi)=f(\xi)-$ r,即 $f(\xi)=r$.　　□

推论 2.5.1　设 f 为区间 I(开或半开半闭或闭)上的连续函数,则 f 的值域 $f(I)=$ $\{f(x)\mid x\in I\}$也为一个区间(可退缩为一点).

证明　若 f 为常值函数,即 $f(x)\equiv c$(常数),则 $f(I)=\{c\}$退缩为一点.

若 f 不为常值函数,则必有 $y_1,y_2\in f(I)$,s. t. $y_1<y_2$. 由推广的介值定理知,$\forall r\in$ $[y_1,y_2]$,必 $\exists\xi\in I$,s. t. $r=f(\xi)\in f(I)$. 所以,$[y_1,y_2]\subset f(I)$. 由 y_1,y_2 的任意性知, $f(I)$为一个区间.　　□

定理 2.5.3(最值定理)　设 f 为有界闭区间$[a,b]$上的连续函数,则 f 在$[a,b]$上必达到最大值与最小值,即必存在 $x_*,x^*\in[a,b]$,s. t.

$$f(x_*)=\min_{x\in[a,b]}f(x)=m,$$
$$f(x^*)=\max_{x\in[a,b]}f(x)=M.$$

由此知,f 在$[a,b]$上为有界函数,再由介值定理立即得到 f 的值域

$$f([a,b])=[\min_{x\in[a,b]}f(x),\max_{x\in[a,b]}f(x)]=[m,M]$$

为一个闭区间(包括退缩为一点,此时 f 为常值函数).

证明　记 $M=\sup_{x\in[a,b]}f(x)$,则 $M>-\infty$,任取实数列$\{\alpha_n\}$,s. t. $\alpha_n<M$ 且$\{\alpha_n\}$严格增趋于 M,$\forall n\in\mathbf{N}$,α_n 不是 f 在$[a,b]$上的上界,故 $\exists x_n\in[a,b]$,s. t. $\alpha_n<f(x_n)\leqslant M$. $\{x_n\mid n$ $\in\mathbf{N}\}\subset[a,b]$为有界数列,根据实数连续性命题(六)(序列紧性)知,它有收敛子列 x_{n_k}. 令 $\lim_{k\to+\infty}x_{n_k}=x^*\in[a,b]$,由夹逼定理得到 $\lim_{n\to+\infty}f(x_n)=\lim_{n\to+\infty}\alpha_n=M$. 于是,根据 f 的连续性,有

$$M = \lim_{k \to +\infty} f(x_{n_k}) = f(x^*) \leqslant M,$$

$$f(x^*) = M,$$

即 $f(x^*)$ 为 f 在 $[a,b]$ 上的最大值.

同理可证, $\exists x_* \in [a,b]$, s. t. $f(x_*) = m = \inf\limits_{x \in [a,b]} f(x)$, 或用 $-f$ 代 f 再应用上述所得结果. □

例 2.5.1（不动点存在定理, Brouwer）　设 f 在 $[a,b]$ 上连续, 满足 $a \leqslant f(x) \leqslant b$, $\forall x \in [a,b]$, 即 $f([a,b]) \subset [a,b]$, 则 $\exists \xi \in [a,b]$, s. t. $f(\xi) = \xi$, 称 ξ 为 f 的**不动点**.

证明　令 $F(x) = f(x) - x$, 由 f 连续知, F 连续, 又因 $F(a)F(b) = (f(a)-a)(f(b)-b) \leqslant 0$, 根据推广零值定理知, $\exists \xi \in [a,b]$, s. t.

$$f(\xi) - \xi = F(\xi) = 0,$$

即 $f(\xi) = \xi$（如图 2.5.3 所示）. □

利用零值定理与介值定理可判断代数方程的根的存在范围.

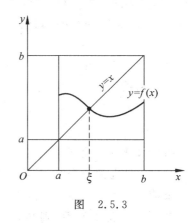

图　2.5.3

例 2.5.2　证明: 方程 $2^x = 4x$ 在 $\left(0, \dfrac{1}{2}\right)$ 中有根.

证明　设 $f(x) = 2^x - 4x$, 它为初等函数, 因而是 $\left[0, \dfrac{1}{2}\right]$ 上的连续函数, 又 $f(0) = 2^0 - 4 \cdot 0 = 1 > 0$,

$f\left(\dfrac{1}{2}\right) = 2^{\frac{1}{2}} - 4 \cdot \dfrac{1}{2} = \sqrt{2} - 2 < 0$, 则 $f(0)f\left(\dfrac{1}{2}\right) < 0$, 由零值定理知, $\exists \xi \in \left(0, \dfrac{1}{2}\right)$, s. t.

$$0 = f(\xi) = 2^\xi - 4\xi,$$

即 $2^\xi = 4\xi$, $\xi \in \left(0, \dfrac{1}{2}\right)$ 为方程 $2^x = 4x$ 的一个根. □

例 2.5.3　设 f 在 $[a,b]$ 上连续, $x_1, x_2, \cdots, x_m \in [a,b]$, $\lambda_1, \lambda_2, \cdots, \lambda_m > 0$, $\sum\limits_{i=1}^{m} \lambda_i = 1$, 则 $\exists \xi \in [\min\{x_1, x_2, \cdots, x_m\}, \max\{x_1, x_2, \cdots, x_m\}] \subset [a,b]$, s. t. $f(\xi) = \sum\limits_{i=1}^{m} \lambda_i f(x_i)$.

特别地, $\exists \xi \in [a,b]$, s. t. $f(\xi) = \dfrac{f(a) + f(b)}{2}$.

证明　因为 f 在 $[a,b]$ 上连续, 且 $\min\{f(x_1), f(x_2), \cdots, f(x_m)\} \leqslant \sum\limits_{i=1}^{m} \lambda_i f(x_i) \leqslant \max\{f(x_1), f(x_2), \cdots, f(x_m)\}$, 所以根据介值定理知, $\exists \xi \in [\min\{x_1, x_2, \cdots, x_m\}, \max\{x_1, x_2, \cdots, x_m\} \subset [a,b]$, s. t. $f(\xi) = \sum\limits_{i=1}^{m} \lambda_i f(x_i)$, 特别地, 当 $m = 2, x_1 = a, x_2 = b$,

$\lambda_1 = \lambda_2 = \dfrac{1}{2}$ 时，$\exists \xi \in [a,b]$，s. t. $f(\xi) = \dfrac{f(a)+f(b)}{2}$. $\qquad\square$

例 2.5.4 证明：实系数奇次多项式

$$P(x) = x^{2n+1} + a_1 x^{2n} + \cdots + a_{2n}x + a_{2n+1}$$

必有实根.

证明 因为

$$\lim_{n \to +\infty} P(x) = \lim_{n \to +\infty} x^{2n+1}\left(1 + \frac{a_1}{x} + \cdots + \frac{a_{2n}}{x^{2n}} + \frac{a_{2n+1}}{x^{2n+1}}\right) = +\infty,$$

$$\lim_{n \to -\infty} P(x) = \lim_{n \to -\infty} x^{2n+1}\left(1 + \frac{a_1}{x} + \cdots + \frac{a_{2n}}{x^{2n}} + \frac{a_{2n+1}}{x^{2n+1}}\right) = -\infty,$$

故 $\exists \Delta > 0$，当 $x > \Delta$ 时，$P(x) > 1$；当 $x < -\Delta$ 时，$P(x) < -1$，取 a,b，s. t. $a < -\Delta < \Delta < b$，则 $P(a) < -1, P(b) > 1$，又因多项式函数 $P(x)$ 为初等函数，故它为 $\mathbb{R}$ 上的连续函数. 根据零值定理，$\exists \xi \in (a,b)$，s. t. $P(\xi) = 0$，即实系数多项式 $P(x)$ 必有实根. $\qquad\square$

例 2.5.5 证明：$\tan x = x$ 有无穷个根.

证明 设 $f(x) = \tan x - x, x \neq k\pi + \dfrac{\pi}{2}, k \in \mathbb{Z}$. 显然，初等函数 $f(x) = \tan x - x$ 在其定义域中为连续函数，因

$$\lim_{x \to (k\pi + \frac{\pi}{2})^-} (\tan x - x) = +\infty,$$

$$\lim_{x \to (k\pi - \frac{\pi}{2})^+} (\tan x - x) = -\infty,$$

故对每个固定的 $k \in \mathbb{Z}$，$\exists a_k, b_k$，s. t.

$$k\pi - \frac{\pi}{2} < a_k < b_k < k\pi + \frac{\pi}{2},$$

且 $f(a_k) < 0, f(b_k) > 0$，根据零值定理知，$\exists \xi_k \in (a_k, b_k) \subset (k\pi - \dfrac{\pi}{2}, k\pi + \dfrac{\pi}{2})$，s. t.

$$0 = f(\xi_k) = \tan \xi_k - \xi_k,$$

即 $\tan \xi_k = \xi_k, k \in \mathbb{Z}$，所以，$\tan x = x$ 有无穷个根（如图 2.5.4 所示）. $\qquad\square$

例 2.5.6 设函数 f 在 (a,b) 上连续，且 $f(a^+), f(b^-)$ 存在有限，则 f 在 (a,b) 上有界.

证法 1 令

$$\tilde{f}(x) = \begin{cases} f(x), & x \in (a,b), \\ f(a^+), & x = a, \\ f(b^-), & x = b, \end{cases}$$

显然，$\tilde{f}$ 在 $[a,b]$ 上连续，根据最值定理知，$\exists x_*,$

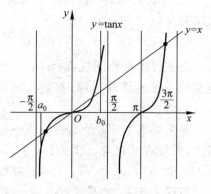

图 2.5.4

$x^* \in [a,b]$, s. t. $\widetilde{f}(x_*) = \min\limits_{x \in [a,b]} \widetilde{f}(x) \leqslant f(x) \leqslant \max\limits_{x \in [a,b]} \widetilde{f}(x) = \widetilde{f}(x^*)$, $\forall x \in (a,b)$, 从而, f 在 (a,b) 上有界.

证法 2　因 $f(a^+)$, $f(b^-)$ 存在有限, 所以, 对 $\varepsilon_0 = 1$, $\exists \delta_0 > 0$, s. t. $a < a + \delta < b - \delta < b$, 且

$$f(a^+) - 1 < f(x) < f(a^+) + 1, \qquad a < x < a + \delta,$$
$$f(b^-) - 1 < f(x) < f(b^-) + 1, \qquad b - \delta < x < b.$$

由 f 在 $[a+\delta, b-\delta]$ 上连续, 并根据最值定理知,

$$|f(x)| \leqslant L, \forall x \in [a+\delta, b-\delta].$$

所以, $|f(x)| \leqslant M = \max\{L, |f(a^+) - 1|, |f(a^+) + 1|, |f(b^-) - 1|, |f(b^-) + 1|\}$, 即 f 在 (a,b) 上有界. $\qquad\square$

例 2.5.7　设 f 在 $(-\infty, +\infty)$ 上连续, 且 $\lim\limits_{x \to \infty} f(x)$ 存在有限, 则 f 在 $(-\infty, +\infty)$ 上有界, 且 f 在 $(-\infty, +\infty)$ 上必达到最大值或最小值.

证明　设 $\lim\limits_{x \to \infty} f(x) = a \in \mathbb{R}$.

如果 $f(x) \equiv a$, $\forall x \in (-\infty, +\infty)$, 则 f 在 $(-\infty, +\infty)$ 上有界, 且 f 在其上达到最大值或最小值 a.

如果 $f(x) \not\equiv a$, 则 $\exists x_0 \in (-\infty, +\infty)$, s. t. $f(x_0) \neq a$.

若 $f(x_0) < a$, 取 $\varepsilon_0 \in (0, a - f(x_0))$, 因为 $\lim\limits_{x \to \infty} f(x) = a$, 故 $\exists \Delta > 0$, 当 $|x| > \Delta$ 时, 有 $f(x) > a - \varepsilon_0 > a - (a - f(x_0)) = f(x_0)$, 又因 f 连续, 并根据最值定理知, $\exists x_* \in [-\Delta, \Delta]$, s. t.

$$f(x_*) = \min\limits_{x \in [-\Delta, \Delta]} f(x) \leqslant f(x_0).$$

于是 (如图 2.5.5 所示),

$$f(x_*) = \min\limits_{x \in (-\infty, +\infty)} f(x).$$

若 $f(x_0) > a$, 类似上述证明或用 $-f$ 代 f 得 $x^* \in (-\infty, +\infty)$, s. t.

$$f(x^*) = \max\limits_{x \in (-\infty, +\infty)} f(x). \qquad\square$$

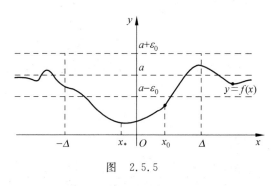

图　2.5.5

为了讨论有界闭区间 $[a,b]$ 上另一个重要的一致连续性定理, 我们先引进一致连续的概念.

定义 2.5.1　设 $X \subset \mathbb{R}$, $f: X \to \mathbb{R}$ 为一元函数. 如果 $\forall \varepsilon > 0$, $\exists \delta = \delta(\varepsilon) > 0$ ($\delta(\varepsilon)$ 只与 ε 有关, 而与 X 中的点 x 无关!), 当 $x', x'' \in X$, 且 x' 与 x'' 之间的距离 $\rho(x', x'') = |x' - x''| < \delta$ 时, 就有 $|f(x') - f(x'')| < \varepsilon$, 则称 f 在 X 上是**一致连续** (或**均匀连续**) 的.

定理 2.5.4　如果 f 在 X 上一致连续, 则 f 在 X 上连续. 但反之不真.

证明 $\forall \varepsilon > 0$,因 f 在 X 上一致连续,故 $\exists \delta = \delta(\varepsilon) > 0$,当 $x', x'' \in X$,$|x' - x''| < \delta$ 时,有 $|f(x') - f(x'')| < \varepsilon$. 对 $x_0 \in X$,当 $x \in X$,$|x - x_0| < \delta$ 时,当然有 $|f(x) - f(x_0)| < \varepsilon$,这就证明了 f 在 $\forall x_0 \in X$ 处是连续的,即 f 在 X 上连续.

反之不真有反例:$f(x) = \dfrac{1}{x}$. 显然,基本初等函数 $\dfrac{1}{x} = x^{-1}$ 在 $(0,1)$ 上连续. 但是,它在 $(0,1)$ 上不一致连续.

[证法 1] (反证)假设 $f(x) = \dfrac{1}{x}$ 在 $(0,1)$ 上一致连续,对 $\forall \varepsilon > 0$,$\exists \delta = \delta(\varepsilon) > 0$,当 $x', x'' \in (0,1)$,$|x' - x''| < \delta$ 时,有

$$\left| \frac{1}{x'} - \frac{1}{x''} \right| = |f(x') - f(x'')| < \varepsilon.$$

取定 $x'' \in (0, \delta)$,令 $x' \to 0^+$,得到 $+\infty \leqslant \varepsilon$,矛盾.

[证法 2] 取 $\varepsilon_0 = 1$,$\forall \delta \in \left(0, \dfrac{1}{2}\right)$,当 $x' = \dfrac{\delta}{2}$,$x'' = \delta$ 时,虽然 $|x' - x''| = \left| \dfrac{\delta}{2} - \delta \right| = \dfrac{\delta}{2} < \delta$,但

$$\left| \frac{1}{x'} - \frac{1}{x''} \right| = \left| \frac{1}{\frac{\delta}{2}} - \frac{1}{\delta} \right| = \frac{1}{\delta} > 2 > 1 = \varepsilon_0.$$

所以,$f(x) = \dfrac{1}{x}$ 在 $(0,1)$ 上不一致连续.

[证法 3] 取 $x'_n = \dfrac{1}{n}$,$x''_n = \dfrac{1}{n+1}$,虽然

$$|x'_n - x''_n| = \left| \frac{1}{n} - \frac{1}{n+1} \right| = \frac{1}{n(n+1)} \to 0 \quad (n \to +\infty),$$

但
$$|f(x'_n) - f(x''_n)| = \left| \frac{1}{\frac{1}{n}} - \frac{1}{\frac{1}{n+1}} \right| = 1 \nrightarrow 0 \quad (n \to +\infty).$$

根据下面的定理 2.5.8 知,$f(x) = \dfrac{1}{x}$ 在 $(0,1)$ 上不一致连续. $\qquad\qquad$ □

定理 2.5.5(Cantor 定理) 有界闭区间 $[a,b]$ 上的连续函数是一致连续的.

证法 1 (反证)假设 f 在 $[a,b]$ 上不一致连续,根据其定义知,$\exists \varepsilon_0 > 0$,$\forall n \in \mathbb{N}$,$\exists x'_n, x''_n \in [a,b]$,虽然 $|x'_n - x''_n| < \dfrac{1}{n}$,但

$$|f(x'_n) - f(x''_n)| \geqslant \varepsilon_0. \qquad\qquad (*)$$

由于数列 $\{x'_n\}$ 有界,根据实数连续性命题(六)(序列紧性)知,存在收敛子列 $\{x'_{n_k}\}$,记

$$\lim_{k \to +\infty} x'_{n_k} = x_0 \in [a,b].$$

另一方面，由于 $|x'_{n_k}-x''_{n_k}|<\dfrac{1}{n_k}\leqslant\dfrac{1}{k}\to 0(k\to+\infty)$，故有 $\lim\limits_{k\to+\infty}x''_{n_k}=x_0$，但由（＊）式知，$|f(x'_{n_k})-f(x''_{n_k})|\geqslant\varepsilon_0$．所以，由 f 连续得到

$$0=|f(x_0)-f(x_0)|=\lim_{k\to+\infty}|f(x'_{n_k})-f(x''_{n_k})|\geqslant\varepsilon_0>0,$$

矛盾．

证法 2　因 f 在 $[a,b]$ 上连续，故 $\forall\varepsilon>0,\forall x\in[a,b],\exists\delta_x>0,\text{s. t.}$ 当 $u\in[a,b]\bigcap(x-\delta_x,x+\delta_x)$ 时，$|f(u)-f(x)|<\dfrac{\varepsilon}{2}$．当 $x',x''\in[a,b]\bigcap(x-\delta_x,x+\delta_x)$ 时，

$$|f(x')-f(x'')|\leqslant|f(x')-f(x)|+|f(x'')-f(x)|$$

$$<\frac{\varepsilon}{2}+\frac{\varepsilon}{2}=\varepsilon. \tag{＊＊}$$

显然，$\mathscr{I}=\left\{\left(x-\dfrac{\delta_x}{2},x+\dfrac{\delta_x}{2}\right)\Big|x\in[a,b]\right\}$ 为 $[a,b]$ 的一个开区间覆盖．由实数连续性命题四（$[a,b]$ 的紧致性）知，存在有限子覆盖 $\mathscr{I}_1=\left\{\left(x_k-\dfrac{\delta_{x_k}}{2},x_k+\dfrac{\delta_{x_k}}{2}\right)\Big|k=1,2,\cdots,n\right\}\subset\mathscr{I}.$ 令

$$\delta=\delta(\varepsilon)=\min\left\{\frac{\delta_k}{2}\Big|k=1,2,\cdots,n\right\}>0,$$

则 $\forall x',x''\in[a,b],|x'-x''|<\delta,\exists k\in\mathbb{N},1\leqslant k\leqslant n,\text{s. t.}$

$$x'\in\left(x_k-\frac{\delta_{x_k}}{2},x_k+\frac{\delta_{x_k}}{2}\right).$$

于是，

$$|x''-x_k|\leqslant|x''-x'|+|x'-x_k|<\delta+\frac{\delta_{x_k}}{2}\leqslant\delta_{x_k},$$

即　$x''\in(x_k-\delta_{x_k},x_k+\delta_{x_k})$，由（＊＊）式推得

$$|f(x')-f(x'')|<\varepsilon,$$

从而 f 在 $[a,b]$ 上一致连续．

证法 3　在证法 2 中，令

$$\widetilde{\mathscr{I}}=\{(x-\delta_x,x+\delta_x)\,|\,x\in[a,b]\},$$

则 $\widetilde{\mathscr{I}}$ 为 $[a,b]$ 的开区间覆盖．根据下面的 Lebesgue 数定理知，存在 Lebesgue 数 $\lambda=\lambda(\mathscr{I})>0.$ $\forall\varepsilon>0$，取 $\delta=\delta(\varepsilon)=\lambda(\widetilde{\mathscr{I}})$，则当 $x',x''\in[a,b]$ 且两点集 $\{x',x''\}$ 的直径为

$$d(\{x',x''\})=|x'-x''|<\delta=\lambda(\mathscr{I})$$

时，必有 $(x_0-\delta_{x_0},x_0+\delta_{x_0})\in\widetilde{\mathscr{I}},\text{s. t.}\{x',x''\}\subset(x_0-\delta_{x_0},x_0+\delta_{x_0})$，从而，

$$|f(x')-f(x'')|<\varepsilon.$$

这就证明了 f 在 $[a,b]$ 上是一致连续的．　　　　　　　　　□

定理 2.5.6（Lebesgue 数定理） 设 $\mathscr{I}$ 为有界闭区间$[a,b]$上的一个开覆盖,则必存在数 $\lambda=\lambda(\mathscr{I})>0$,使当集合 $A\subset[a,b]$,其直径 $d(A)=\sup\{\rho(x',x'')\mid x',x''\in A\}<\lambda=\lambda(\mathscr{I})$时,必有 $I\in\mathscr{I}$, s. t. $A\subset I$,我们称 $\lambda=\lambda(\mathscr{I})$ 为 $\mathscr{I}$ 的一个 **Lebesgue 数**.

证明 （反证）假设结论不成立,则 $\forall n\in\mathbb{N}$,存在 $A_n\subset[a,b]$,它的直径 $d(A_n)<\dfrac{1}{n}$,而不存在 $I\in\mathscr{I}$, s. t. $A_n\subset I$. 在每个 A_n 中取 a_n,根据实数连续性命题（六）（序列紧性）可知,存在子列$\{a_{n_k}\}$收敛于 $a_0\in[a,b]$,因为 $\mathscr{I}$ 为$[a,b]$的开覆盖,故存在 $I_0\in\mathscr{I}$,使得 $a_0\in I_0$. 因为 I_0 为开集,当$[a,b]\backslash I_0\neq\varnothing$时,点 a_0 到$[a,b]\backslash I_0$ 的距离 $d=\rho(a_0,[a,b]\backslash I_0)=\inf\{\rho(a_0,x)\mid x\in[a,b]\backslash I_0\}>0$,由于 $\lim\limits_{k\to+\infty}a_{n_k}=a_0$,所以,$\exists n_{k_0}$, s. t. $n_{k_0}>\dfrac{2}{d}$ 与 $\rho(a_0,a_{n_{k_0}})<\dfrac{d}{2}$.于是,$\forall x\in A_{n_{k_0}}$,有

$$\rho(a_0,x)\leqslant\rho(a_0,a_{n_{k_0}})+\rho(a_{n_{k_0}},x)<\frac{d}{2}+\frac{1}{n_{k_0}}<\frac{d}{2}+\frac{d}{2}=d,$$

因而,$A_{n_{k_0}}\subset I_0\in\mathscr{I}$;当$[a,b]\backslash I_0=\varnothing$时,$A_n\subset[a,b]\subset I_0$,这与不存在 $I\in\mathscr{I}$ 使得 $A_{n_{k_0}}\subset I$ 相矛盾. $\qquad\square$

定理 2.5.7 f 在(a,b)上一致连续 $\Leftrightarrow f$ 可延拓为$[a,b]$上的连续函数 $\tilde{f}$,此时 $\tilde{f}|_{(a,b)}=f|_{(a,b)}$.

证明 （$\Leftarrow$）设 f 可延拓为$[a,b]$上的连续函数 $\tilde{f}$,由定理 2.5.5 知,$\tilde{f}$ 在$[a,b]$上一致连续,而 $\tilde{f}|_{(a,b)}=f|_{(a,b)}$,因此 f 在(a,b)上一致连续.

（$\Rightarrow$）设 f 在(a,b)上一致连续. $\forall\varepsilon>0$,$\exists\delta=\delta(\varepsilon)>0$,当 $x',x''\in(a,b)$,$|x'-x''|<\delta$时,$|f(x')-f(x'')|<\varepsilon$.

任取 $x_n\in(a,b)$,$x_n\to a^+$,则$\{x_n\}$为 Cauchy(基本)数列. 因此,$\exists N\in\mathbb{N}$,当 $m,n>N$时,$|x_n-x_m|<\delta$,从而有 $|f(x_n)-f(x_m)|<\varepsilon$. 这就证明了$\{f(x_n)\}$为 Cauchy(基本)数列. 根据实数连续性命题（七）（$\mathbb{R}$ 的完备性）知,$\{f(x_n)\}$收敛. $\forall x_n',x_n''\to a^+ (n\to+\infty)$,显然有

$$x_n''':x_1',x_1'',x_2',x_2'',\cdots,x_n',x_n'',\cdots\to a^+.$$

由上证得$\{f(x_n''')\}$收敛,并且

$$\lim_{n\to+\infty}f(x_n')=\lim_{n\to+\infty}f(x_n''')=\lim_{n\to+\infty}f(x_n'').$$

这就证明了 $\forall x_n\to a^+$,$\{f(x_n)\}$收敛于同一数,故 $\lim\limits_{x\to a^+}f(x)$ 存在有限. 同理可证 $\lim\limits_{x\to b^-}f(x)$ 存在有限. 令

$$\tilde{f}(x)=\begin{cases} f(a^+), & x=a, \\ f(x), & a<x<b, \\ f(b^-), & x=b. \end{cases}$$

显然,$\tilde{f}$ 为$[a,b]$上的连续函数,且为 f 的延拓. $\qquad\square$

定理 2.5.8 设 $X \subset \mathbb{R}$，$f: X \to \mathbb{R}$ 为一元函数. 如果 $\exists x'_n, x''_n \in X$，$n \in \mathbb{N}$，$|x'_n - x''_n| \to 0$ 但 $|f(x'_n) - f(x''_n)| \nrightarrow 0 (n \to +\infty)$，则 f 在 X 上不一致连续.

证明 （反证）假设 f 在 X 上一致连续，则 $\forall \varepsilon > 0$，$\exists \delta = \delta(\varepsilon) > 0$，当 $x', x'' \in X$，$|x' - x''| < \delta$ 时，$|f(x') - f(x'')| < \varepsilon$. 因 $|x'_n - x''_n| \to 0 (n \to +\infty)$，故 $\exists N \in \mathbb{N}$，当 $n > N$ 时，$|x'_n - x''_n| < \delta$，从而有

$$|f(x'_n) - f(x''_n)| < \varepsilon.$$

由此就推得 $|f(x'_n) - f(x''_n)| \to 0 (n \to +\infty)$，这与题设 $|f(x'_n) - f(x''_n)| \nrightarrow 0 (n \to +\infty)$ 相矛盾. $\qquad\square$

例 2.5.8 设 $X \subset \mathbb{R}$，$f: X \to \mathbb{R}$ 为一元函数，它满足 **Lipschitz 条件**，即 $\forall x', x'' \in X$，有 $|f(x') - f(x'')| \leqslant M|x' - x''|$，其中 M 为常数，则 f 在 X 上为一致连续函数.

证明 $\forall \varepsilon > 0$，取 $\delta \in \left(0, \dfrac{\varepsilon}{M+1}\right)$，当 $x', x'' \in X$，且 $|x' - x''| < \delta$ 时，

$$|f(x') - f(x'')| \leqslant M|x' - x''| \leqslant M\delta < M \cdot \frac{\varepsilon}{M+1} < \varepsilon.$$

因此，f 在 X 上为一致连续函数. $\qquad\square$

例 2.5.9 （1）$f(x) = \dfrac{1}{x}$ 在 $[a, b]$ 上一致连续，$0 < a < b$；

（2）$f(x) = ax + b$ 在 $(-\infty, +\infty)$ 内一致连续；

（3）$f(x) = x^2$ 在 $(-\infty, +\infty)$ 内不一致连续；

（4）$f(x) = \sin x^2$ 在 $(-\infty, +\infty)$ 内不一致连续；

（5）$f(x) = \sin \dfrac{1}{x}$ 在 $(0, 1)$ 上不一致连续.

证明 （1）$\forall \varepsilon > 0$，取 $\delta \in (0, a^2 \varepsilon)$，当 $x', x'' \in [a, b]$，$|x' - x''| < \delta$ 时，

$$\left| \frac{1}{x'} - \frac{1}{x''} \right| = \frac{|x' - x''|}{x' x''} \leqslant \frac{|x' - x''|}{a^2} < \frac{\delta}{a^2} < \varepsilon,$$

所以，$f(x) = \dfrac{1}{x}$ 在 $[a, b]$ 上一致连续.

（2）$\forall \varepsilon > 0$，取 $\delta \in \left(0, \dfrac{\varepsilon}{|a|+1}\right)$，当 $x', x'' \in (-\infty, +\infty)$，$|x' - x''| < \delta$ 时，

$$\begin{aligned}|f(x') - f(x'')| &= |(ax' + b) - (ax'' + b)| = |ax' - ax''| \\ &= |a| \cdot |x' - x''| \leqslant (|a| + 1)\delta < \varepsilon,\end{aligned}$$

所以，$f(x) = ax + b$ 在 $(-\infty, +\infty)$ 内一致连续.

（3）取 $x'_n = n$，$x''_n = n + \dfrac{1}{n}$，则 $|x'_n - x''_n| = \left| n - \left(n + \dfrac{1}{n}\right) \right| = \dfrac{1}{n} \to 0 (n \to +\infty)$，而

$$|f(x'_n) - f(x''_n)| = \left| n^2 - \left(n + \frac{1}{n}\right)^2 \right|$$

$$= 2 + \frac{1}{n^2} \to 2 \neq 0 \quad (n \to +\infty).$$

根据定理 2.5.8 知，$f(x) = x^2$ 在 $(-\infty, +\infty)$ 内不一致连续.

(4) 取 $x'_n = \sqrt{2n\pi + \frac{\pi}{2}}, x''_n = \sqrt{2n\pi}$，则

$$|x'_n - x''_n| = \left| \sqrt{2n\pi + \frac{\pi}{2}} - \sqrt{2n\pi} \right|$$

$$= \frac{\frac{\pi}{2}}{\sqrt{2n\pi + \frac{\pi}{2}} + \sqrt{2n\pi}} \to 0 \quad (n \to +\infty),$$

但

$$|f(x'_n) - f(x''_n)| = |\sin(x'_n)^2 - \sin(x''_n)^2|$$

$$= \left| \sin\left(2n\pi + \frac{\pi}{2}\right) - \sin 2n\pi \right|$$

$$= |1 - 0| = 1 \nrightarrow 0 \quad (n \to +\infty),$$

根据定理 2.5.8 知，$f(x) = \sin x^2$ 在 $(-\infty, +\infty)$ 内不一致连续.

(5) [证法 1] 取 $x'_n = \frac{1}{2n\pi}, x''_n = \frac{1}{2n\pi + \frac{\pi}{2}}$，则

$$|x'_n - x''_n| = \left| \frac{1}{2n\pi} - \frac{1}{2n\pi + \frac{\pi}{2}} \right| = \frac{\frac{\pi}{2}}{2n\pi\left(2n\pi + \frac{\pi}{2}\right)} \to 0 \quad (n \to +\infty),$$

但

$$|f(x'_n) - f(x''_n)| = \left| \sin\frac{1}{x'_n} - \sin\frac{1}{x''_n} \right| = \left| \sin 2n\pi - \sin\left(2n\pi + \frac{\pi}{2}\right) \right|$$

$$= |0 - 1| = 1 \nrightarrow 0 \quad (n \to +\infty),$$

根据定理 2.5.8 知，$f(x) = \sin\frac{1}{x}$ 在 $(0,1)$ 上不一致连续.

[证法 2]（反证）假设 $f(x) = \sin\frac{1}{x}$ 在 $(0,1)$ 上一致连续，由定理 2.5.7 知，$f(x)$ 可延拓为 $[0,1]$ 上的连续函数 $\tilde{f}(x)$，因而 $\tilde{f}(0) = \lim_{x \to 0^+} \tilde{f}(x) = \lim_{x \to 0^+} \sin\frac{1}{x}$ 存在有限，这与 $\lim_{x \to 0^+} \sin\frac{1}{x}$ 显然不存在相矛盾. □

例 2.5.10 设 f 在 $[a, +\infty)$ 上连续，且 $\lim_{x \to +\infty} f(x)$ 存在有限，则 f 在 $[a, +\infty)$ 上一致连续.

证法 1   因 $\lim\limits_{x\to+\infty} f(x)=A\in\mathbb{R}$ ，故 $\forall\varepsilon>0$ ，必 $\exists\Delta>0$ ，当 $x>\Delta$ 时，有 $|f(x)-A|<\dfrac{\varepsilon}{2}$ ．

又因 f 连续，根据 Cantor 定理知，f 在 $[a,\Delta]$ 上一致连续，故 $\exists\delta_1>0$ ，当 $x',x''\in[a,\Delta]$ ，$|x'-x''|<\delta_1$ 时，有

$$|f(x')-f(x'')|<\varepsilon.$$

由于 f 在点 Δ 处连续，所以 $\exists\delta_2>0$ ，当 $|x-\Delta|<\delta_2$ 时，有

$$|f(x)-f(\Delta)|<\dfrac{\varepsilon}{2}.$$

令 $\delta=\min\{\delta_1,\delta_2\}>0$ ，当 $x',x''\in[a,+\infty]$ ，$|x'-x''|<\delta$ 时，必有下面结论：

(1) $x',x''\in(\Delta,+\infty)$ ，则

$$|f(x')-f(x'')|\leqslant|f(x')-A|+|f(x'')-A|$$
$$<\dfrac{\varepsilon}{2}+\dfrac{\varepsilon}{2}=\varepsilon.$$

(2) $x',x''\in[a,\Delta]$ ，则 $|f(x')-f(x'')|<\varepsilon$ ．

(3) $x'\in[a,\Delta]$ ，$x''\in[\Delta,+\infty]$ ，则

$$|x'-\Delta|<x''-x'<\delta\leqslant\delta_2,$$
$$|f(x')-f(\Delta)|<\dfrac{\varepsilon}{2}.$$

同理，$|f(x'')-f(\Delta)|<\dfrac{\varepsilon}{2}$ ． 因此，

$$|f(x')-f(x'')|\leqslant|f(x')-f(\Delta)|+|f(x'')-f(\Delta)|$$
$$<\dfrac{\varepsilon}{2}+\dfrac{\varepsilon}{2}=\varepsilon.$$

这就证明了 f 在 $[a,+\infty]$ 上是一致连续的．

证法 2   因 $\lim\limits_{x\to+\infty} f(x)=A\in\mathbb{R}$ ，故 $\forall\varepsilon>0$ ，必 $\exists\Delta>0$ ，当 $x>\Delta$ 时，有 $|f(x)-A|<\dfrac{\varepsilon}{2}$ ．

又因 f 连续，根据 Cantor 定理知，f 在 $[a,\Delta+1]$ 上一致连续，故 $\exists\delta_1>0$ ，当 $x',x''\in[a,\Delta+1]$ ，$|x'-x''|<\delta_1$ 时，有

$$|f(x')-f(x'')|<\varepsilon.$$

令 $\delta=\min\{1,\delta_1\}$ ，当 $x',x''\in[a,+\infty]$ ，$x'<x''$ ，$|x'-x''|<\delta$ 时，必有下面结论：

(1) $x',x''\in(\Delta,+\infty)$ ，则

$$|f(x')-f(x'')|\leqslant|f(x')-A|+|f(x'')-A|<\dfrac{\varepsilon}{2}+\dfrac{\varepsilon}{2}=\varepsilon.$$

(2) $x',x''\in[a,\Delta+1]$ ，则

$$|f(x')-f(x'')|<\varepsilon.$$

(3) 若 $a \leqslant x' < \Delta < \Delta + 1 < x''$,则

$$1 = (\Delta + 1) - \Delta < |x' - x''| < \delta \leqslant 1,$$

矛盾。由此推得这种情形不出现。

综合上述知,f 在 $[a, +\infty]$ 上一致连续. □

例 2.5.11 设 $f:(-\infty, +\infty) \to \mathbb{R}$ 是以 $T > 0$ 为周期的连续函数,则 f 在 $(-\infty, +\infty)$ 上一致连续.

证法 1 因 f 是以 $T > 0$ 为周期的函数,根据 Cantor 定理知,$\forall \varepsilon > 0, \exists \delta_1 > 0$,当 x', $x'' \in [kT, (k+1)T], k \in \mathbb{Z}$ 时,

$$|f(x') - f(x'')| < \varepsilon.$$

$\forall kT, \exists \delta_2 > 0$,当 $|x - kT| < \delta_2$ 时,有

$$|f(x) - f(kT)| < \frac{\varepsilon}{2}.$$

于是,$\forall x', x'' \in (kT - \delta_2, kT + \delta_2)$,

$$|f(x') - f(x'')| \leqslant |f(x') - f(kT)| + |f(x'') - f(kT)|$$

$$< \frac{\varepsilon}{2} + \frac{\varepsilon}{2} = \varepsilon.$$

令 $\delta = \min\{T, \delta_1, \delta_2\}$,则当 $x', x'' \in (-\infty, +\infty), x' \leqslant x'', |x' - x''| < \delta$ 时,有下面结论:

(1) $x', x'' \in [kT, (k+1)T]$,则 $|f(x') - f(x'')| < \varepsilon$;

(2) $x' \in [(k-1)T, kT], x'' \in [kT, (k+1)T]$,则

$$|x' - kT| \leqslant |x' - x''| < \delta \leqslant \delta_2,$$

$$|x'' - kT| \leqslant |x' - x''| < \delta \leqslant \delta_2,$$

$$|f(x)' - f(x'')| < \varepsilon.$$

这就证明了 f 在 $(-\infty, +\infty)$ 上是一致连续的.

证法 2 因 f 在 $[0, 2T]$ 内连续,根据 Cantor 定理知,f 在 $[0, 2T]$ 内一致连续,故 $\forall \varepsilon > 0$,取 $\delta_1 > 0$,当 $x', x'' \in [0, 2T], |x' - x''| < \delta_1$ 时,有 $|f(x') - f(x'')| < \varepsilon$.

令 $\delta = \min\{T, \delta_1\}$,当 $x', x'' \in (-\infty, +\infty), x' < x''$,且 $|x' - x''| < \delta$ 时,必有 $n \in \mathbb{Z}$, s.t. $x' = nT + x_0'$, s.t. $x_0' \in [0, T]$,则 $x'' = nT + x_0'', x_0'' \in [0, 2T]$。于是,$|x_0' - x_0''| = |(x' - nT) - (x'' - nT)| = |x' - x''| < \delta$,

$$|f(x') - f(x'')| = |f(x_0') - f(x_0'')| < \varepsilon.$$

这就证明了 f 在 $(-\infty, +\infty)$ 内一致连续. □

练习题 2.5

1. 用 $\varepsilon\text{-}\delta$ 语言表达函数 f 在 I 上不一致连续.

2. 设函数 f 在开区间 (a, b) 上连续且 $f(a^+)$ 与 $f(b^-)$ 存在有限. 证明:f 在 (a, b) 上一致

连续.

3. 设函数 f 在区间 $[a,+\infty)$ 上连续,若存在常数 b 与 c 使得

$$\lim_{x\to+\infty}(f(x)-bx-c)=0,$$

则称直线 $y=bx+c$ 为曲线 $y=f(x)$ 的一条渐近线. 在这种情况下, f 在 $[a,+\infty)$ 上一致连续.

4. 由"连续的周期函数一定是一致连续的"证明: $\sin^2 x+\sin x^2$ 不是周期函数.

5. 研究下列函数的一致连续性:

(1) $f(x)=\sin x, x\in\mathbb{R}$;　　　(2) $f(x)=\cos\dfrac{1}{x}, x>0$;

(3) $f(x)=\sqrt[3]{x}, x\geqslant 0$;　　　(4) $f(x)=\cos x^2, x\in\mathbb{R}$;

(5) $f(x)=x\cos\dfrac{1}{x}, x>0$;　　　(6) $f(x)=x\arctan x, x\in\mathbb{R}$;

(7) $f(x)=x^2\arcsin x, |x|\leqslant 1$.

6. 证明:(1) 3 次方程 $x^3+2x-1=0$ 只有惟一一根,此根在 $(0,1)$ 内;

(2) 方程 $x^5-3x+1=0$ 在区间 $[0,1]$ 中有根;

(3) 方程 $x2^x=1$ 在区间 $[0,1]$ 上有根;

(4) 方程 $\dfrac{a_1}{x-\lambda_1}+\dfrac{a_2}{x-\lambda_2}+\dfrac{a_3}{x-\lambda_3}=0, a_1,a_2,a_3>0, \lambda_1<\lambda_2<\lambda_3$ 在区间 (λ_1,λ_2) 与 (λ_2,λ_3) 中各有一根;

(5) 实系数偶次多项式

$$f(x)=x^{2n}+a_1 x^{2n-1}+\cdots+a_{2n-1}x+a_{2n}$$

当 $a_{2n}<0$ 时至少有两个实根;

(6) 方程 $x-\lambda\sin x=0(0\leqslant\lambda<1)$ 有惟一的根;

(7) 方程 $x-\lambda\sin x=b(0\leqslant\lambda<1,b>0)$ 在 $[0,\lambda+b]$ 中有一根.

(8) 方程 $\sin x=\dfrac{1}{x}$ 有无穷多个根.

7. 证明:存在惟一的连续函数 $f, \forall x\in\mathbb{R}, y=f(x)$ 满足 Kepler 方程:

$$y-\lambda\sin y=x, \quad 0\leqslant\lambda<1.$$

8. 设 $\varphi(x)$ 在 $\mathbb{R}$ 上连续,且

$$\lim_{x\to+\infty}\frac{\varphi(x)}{x^n}=\lim_{x\to-\infty}\frac{\varphi(x)}{x^n}=0.$$

证明:(1) 当 n 为奇数时,方程 $x^n+\varphi(x)=0$ 有一实根;

(2) 当 n 为偶数时,存在数 y 使得 $\forall x\in\mathbb{R}$,有

$$y^n+\varphi(y)\leqslant x^n+\varphi(x).$$

9. 设 f 在 $\mathbb{R}$ 上连续,且 $\forall x,y\in\mathbb{R}$,函数 f 满足:

$$|f(x)-f(y)|\leqslant k|x-y|, \quad 0<k<1.$$

证明：(1) 函数 $kx-f(x)$ 单调增；

(2) $\exists_1\xi\in\mathbb{R}$, s. t. $f(\xi)=\xi$.

10. (1) 设 f,g 在区间 I 上一致连续. 证明：$f+g$ 在 I 上也一致连续.

(2) 设区间 I_1 以 c 为右端点，区间 I_2 以 c 为左端点. 证明：函数 f 在 $I_1\bigcup I_2$ 上一致连续 $\Leftrightarrow f$ 在 I_1 与 I_2 上都一致连续.

11. (1) 证明：$f(x)=\sqrt{x}$ 在 $[0,+\infty)$ 上一致连续；

(2) 应用例 2.5.11 及 $\sin x'-\sin x''=2\cos\dfrac{x'+x''}{2}\sin\dfrac{x'-x''}{2}$. 证明：$f(x)=\sin x$ 在 $(-\infty,+\infty)$ 上一致连续.

(3) 证明：$f(x)=\cos\sqrt{x}$ 在 $[0,+\infty)$ 上一致连续.

12. 设 f 在 $[a,b]$ 上连续，且 $\forall x\in[a,b],f(x)\neq0$. 证明：$f$ 在 $[a,b]$ 上恒正或恒负.

思考题 2.5

1. 设函数 f 在区间 I 上连续，且是一对一的（即有反函数），则 f 是严格单调的.

2. 设 $f:\mathbb{R}\rightarrow\mathbb{R}$ 连续，$f\circ f(x)=x,\forall x\in\mathbb{R}$. 证明：$\exists\xi\in\mathbb{R}$, s. t. $f(\xi)=\xi$.

3. 设 f 在 $[a,b]$ 上连续 $(a<b),f(a)=f(b)$. 证明：在曲线 $y=f(x)(x\in[a,b])$ 上一定能找到两点 $A=(\xi,f(\xi)),B=\left(\xi+\dfrac{b-a}{2},f\left(\xi+\dfrac{b-a}{2}\right)\right)$，使得 $\xi\in\left[a,\dfrac{a+b}{2}\right]$ 且 AB 平行 x 轴.

4. 设 f 在 $[0,2]$ 上连续，且 $f(0)=f(2)$. 证明：$\exists\xi\in[0,1]$，使得 $f(\xi)=f(\xi+1)$.

5. 设 $f:[0,1]\rightarrow\mathbb{R}$ 连续，$f(0)=f(1)$. 证明：$\forall n\in\mathbb{N}$，必存在 $\xi_n\in\left[0,1-\dfrac{1}{n}\right]$，使得

$$f(\xi_n)=f\left(\xi_n+\dfrac{1}{n}\right).$$

6. 设函数 $f,g:[0,1]\rightarrow[0,1]$ 连续，且 $\forall x\in[0,1]$ 有 $f(g(x))=g(f(x))$. 证明：

(1) 如果 f 单调减，则 $\exists_1 a\in[0,1]$, s. t. $f(a)=g(a)=a$；

(2) 如果 f 单调，则 $\exists a\in[0,1]$, s. t. $f(a)=g(a)=a$；

(3) 如果 f 单调增，使 $f(a)=g(a)=a$ 成立的 $a\in[0,1]$ 是否惟一.

7. 设 $f:\mathbb{R}\rightarrow\mathbb{R}$ 为连续函数，存在数 a 及 $c>0$，使得对所有的 $n\in\mathbb{N}$ 有 $|f^n(a)|\leqslant c$. 证明：f 有不动点 x_0，即 $f(x_0)=x_0$. 这里 $f^n=\overbrace{f\circ f\circ\cdots\circ f}^{n\uparrow}$ 表示 f 的 n 次复合.

8. 设 $x_1,x_2,\cdots,x_n\in[0,1]$. 证明：$\exists t_0\in[0,1]$，使得

$$\frac{1}{n}\sum_{i=1}^{n}|t_0-x_i|=\frac{1}{2}.$$

9. 设函数 f 在区间 I 上连续,且有惟一的极值点 $x_0 \in \mathring{I}$(I 的内点集). 若 $f(x_0)$ 为极大(小)值,则 $f(x_0)$ 为最大(小)值.

10. 设 f 在 $[a,b]$ 上连续,$\lim\limits_{x \to b^-} f(x) = +\infty$,且 $\forall (\alpha,\beta) \subset [a,b]$,$f(x)$ 在 (α,β) 上达不到最小值. 证明:f 在 $[a,b]$ 上是严格增的.

11. 设 $f:\mathbb{R} \to \mathbb{R}$ 为连续函数,且 $\forall x \in \mathbb{R}$ 都为 f 的极值点. 证明:f 为常值函数.

12. 设 f 为 $\mathbb{R}$ 上的连续函数,并且 $\lim\limits_{x \to \infty} f(x) = +\infty$,又设 f 的最小值 $f(a) < a$. 证明 $f \circ f$ 至少在两个点上达到最小值.

复习题 2

1. 用记号 $C[a,b]$ 表示在区间 $[a,b]$ 上的连续函数的全体. 设 $f_i \in C[a,b]$,$i=1,2,3$. 定义 $f(x)$ 为三个数 $f_1(x), f_2(x), f_3(x)$ 中介于中间的那一个. 证明:$f \in C[a,b]$.

2. 设 f 在 (a,b) 上只有第 1 类间断点,且 $\forall x,y \in (a,b)$ 有不等式

$$f\left(\frac{x+y}{2}\right) \leqslant \frac{f(x)+f(y)}{2}.$$

证明:$f \in C(a,b)$.

3. 对 $n \in \mathbb{N}$,求满足函数方程

$$f(x+y^n) = f(x) + (f(y))^n, \qquad \forall x,y \in \mathbb{R}$$

的一切函数 f.

4. 设 $f(x)$ 在 $[0,n]$ 上连续($n \in \mathbb{N}$),且 $f(0) = f(n)$. 证明:$f(x) = f(y)$ 至少有 n 个不同的解,其中 $y-x$ 是非负整数.

5. 定义函数 $f:[0,1] \to [0,1]$ 如下:

$$f(x) = \begin{cases} 0.0\, a_1\, 0\, a_2\, 0\, a_3 \cdots, & x = 0.\, a_1 a_2 a_3 \cdots, \\ 1, & x = 1, \end{cases}$$

其中 $x = 0.\, a_1 a_2 a_3 \cdots$ 为十进制小数表示(当 x 的十进制小数表示不惟一时,一律采用有限小数的方法,例如 0.1 不表成 0.0999$\cdots$). 试讨论函数 f 的连续性.

6. 设函数 f 在 $[0,+\infty)$ 上一致连续,且 $\forall x \in [0,1]$ 有

$$\lim_{n \to +\infty} f(x+n) = 0 \quad (n \in \mathbb{N}).$$

证明:$\lim\limits_{x \to +\infty} f(x) = 0$.

7. 设 I 为区间,如果存在正的常数 M,使得

$$|f(x) - f(y)| \leqslant M|x-y|, \qquad \forall x,y \in I,$$

则称 f 在 I 上满足 **Lipschitz 条件**. 证明:如果 f 在 $[a,+\infty)$ 满足 Lipschitz 条件($a > 0$),则 $\dfrac{f(x)}{x}$ 在 $[a,+\infty)$ 上一致连续.

8. 证明:函数 f 在区间 I 上一致连续 $\Leftrightarrow \forall \varepsilon > 0$,$\exists N \in \mathbb{N}$,s.t. 当 $x,y \in I$,$x \neq y$ 且

$$\left| \frac{f(x) - f(y)}{x - y} \right| > N$$

时,恒有 $|f(x) - f(y)| < \varepsilon$.

9. 证明:有理函数 $f(x) = \dfrac{1 + x^2}{1 - x^2 + x^4}$ 在 $\mathbb{R}$ 上有界. 进而证明上述有理函数 $f(x)$ 取到最大值 $1 + \dfrac{2}{3}\sqrt{3}$. 而下确界为 0,不可达到.

10. 设 f 为 $\mathbb{R}$ 上的周期函数,无最小正周期,且 f 在某点 a 连续. 证明:f 为常值函数. 换言之,如果 f 为无最小正周期的周期函数且 f 不为常值函数,则 f 处处不连续.(考察常值函数与 Dirichlet 函数.)

11. 设函数 f 与 g 在 $[a,b]$ 上连续,且有 $x_n \in [a,b]$,使得

$$g(x_n) = f(x_{n+1}), \quad n \in \mathbb{N}.$$

证明:必有一点 $x_0 \in [a,b]$,使 $f(x_0) = g(x_0)$.

12. 设函数 f 在区间 $[a, +\infty)$ 上连续有界. 证明:对每一数 λ,存在数列 $x_n \to +\infty$,使

$$\lim_{n \to +\infty} [f(x_n + \lambda) - f(x_n)] = 0.$$

13. 设函数 $f:\mathbb{R} \to \mathbb{R}$ 在有理点上取值为无理数,在无理点上取值为有理数. 证明:f 不为连续函数.

14. 设 f 为 $[a,b]$ 上的连续函数,且在 $\forall [\alpha,\beta] \subset [a,b]$ 上至少有两个不同的最大值点. 证明:f 在 $[a,b]$ 上为常值函数.

15. 设 $S^2 = \{(x,y,z) \in \mathbb{R}^3 \mid x^2 + y^2 + z^2 = 1\}$ 为单位球面,$f:S^2 \to \mathbb{R}$ 为连续函数. 证明:$\exists \xi \in S^2$,使 $f(\xi) = f(-\xi)$.

16. (1) 在半径为 1 的圆内有 2005 个点 $P_1, P_2, \cdots, P_{2005}$. 证明:在同一平面上一定存在这样一点 P,它到这 2005 个点的距离之和等于 3000;

(2) 在单位球面 S^2 上有 2005 个点 $P_1, P_2, \cdots, P_{2005}$. 证明:在此球面 S^2 上必有一点 P_0,使

$$\sum_{i=1}^{2005} \widehat{P_0 P_i} = \frac{2005\pi}{2},$$

其中 $\widehat{P_0 P_i}$ 表示从 P_0 到 P_i 的球面距离,即过 P_0 与 P_i 的大圆上,以 P_0 与 P_i 为端点的劣弧之长.

17. 设 $f(x)$ 在 $[a,b]$ 上连续,$f(a) < f(b)$. 又设 $\forall x \in (a,b)$,有

$$\lim_{t \to 0} \frac{f(x+t) - f(x-t)}{t} = g(x)$$

存在且有限. 证明:$\exists c \in (a,b)$,s.t. $g(c) \geqslant 0$.

18. 设函数 f 在 $[0, +\infty)$ 上连续,$\forall \alpha > 0$,有 $\lim\limits_{n \to +\infty} f(n\alpha) = 0$. 证明:$\lim\limits_{x \to +\infty} f(x) = 0$.

19. 设 $\{f_n\}$ 为 $[a,b]$ 上的连续函数列，f 为 $[a,b]$ 上的连续函数，它们满足：

(1) $f_1(x) \geqslant f_2(x) \geqslant \cdots, \forall x \in [a,b]$；

(2) $\lim\limits_{n \to +\infty} f_n(x) = f(x), \forall x \in [a,b]$.

证明：函数序列 $\{f_n\}$ 在 $[a,b]$ 上一致收敛于 f.

20. 设 $a(t),b(t)$ 为 $[0,1]$ 上的连续函数，$0 \leqslant a(t) \leqslant \lambda < 1$. 证明：方程

$$x = \max_{0 \leqslant t \leqslant 1} [b(t) + xa(t)]$$

的解为

$$x = \max_{0 \leqslant t \leqslant 1} \frac{b(t)}{1 - a(t)}.$$

21. (1) 证明：不存在 $\mathbb{R}$ 上的连续函数，使它的任一函数值都恰好被取到 2 次；

(2) 是否存在 $\mathbb{R}$ 上的连续函数，使它的任一函数值都被恰好取到 3 次.

22. 设 f 为 $\mathbb{R}$ 上的连续函数，且 $\lim\limits_{x \to \infty} f \circ f(x) = \infty$. 证明：$\lim\limits_{x \to \infty} f(x) = \infty$.

23. 应用夹逼定理或 $\ln(1+x) = x + o(x)(x \to 0)$ 证明：

$$\lim_{n \to +\infty} \left(1 + \frac{1^p}{n^{p+1}}\right) \cdots \left(1 + \frac{n^p}{n^{p+1}}\right) = e^{\frac{1}{p+1}}, \quad p > 0.$$

第 3 章 一元函数的导数、微分中值定理

从质点作直线运动的瞬时速度、直细棒的线密度、曲线切线的斜率出发引进导数概念；进而再论述重要的 Fermat 定理、Rolle 定理、Lagrange 中值定理及 Cauchy 中值定理；并应用这些定理研究函数的增减性、凹凸性、极值与最值；给出求 $\dfrac{0}{0}$, $\dfrac{\infty}{\infty}$ 等不定型极限的 L'Hospital 法则.

3.1 导数及其运算法则

例 3.1.1 设质点作直线运动，在时刻 t 的位移可用函数 $x = x(t)$ 来描述. 在时间段 $[t, t+\Delta t]$ 中位移的改变量为 $\Delta x = x(t+\Delta t) - x(t)$. 当 Δt 很小时，它在时刻 t 的瞬时速度可近似地用它在 $[t, t+\Delta t]$ 中的平均速度

$$\bar{v}(t, \Delta t) = \frac{\Delta x}{\Delta t} = \frac{x(t+\Delta t) - x(t)}{\Delta t}$$

来代替. 如果当 $\Delta t \to 0$ 时，极限

$$v(t) = \lim_{\Delta t \to 0} \frac{\Delta x}{\Delta t} = \lim_{\Delta t \to 0} \frac{x(t+\Delta t) - x(t)}{\Delta t}$$

存在有限，则称它为质点在时刻 t 的瞬时速度，并记为 $v(t) = x'(t)$. 瞬时速度问题是微积分发明人之一——Newton 最早研究的.

例 3.1.2 设直细棒从 0 到 x 一段的质量为 $m = m(x)$，在 $[x, x+\Delta x]$ 一段的质量为 $\Delta m = m(x+\Delta x) - m(x)$. 当 Δx 很小时，在 x 处的线密度可近似地用它在 $[x, x+\Delta x]$ 中的平均线密度

$$\frac{\Delta m}{\Delta x} = \frac{m(x+\Delta x) - m(x)}{\Delta x}$$

来代替. 如果当 $\Delta x \to 0$ 时，极限

$$\lim_{\Delta t \to 0} \frac{\Delta m}{\Delta x} = \lim_{\Delta t \to 0} \frac{m(x+\Delta x) - m(x)}{\Delta x}$$

存在且有限，则称它为直细棒在点 x 处的线密度，记为 $m'(x)$.

例 3.1.3 设函数 $p = p(t)$ 表示某地区在时刻 t 的人口数目，则在时刻 $t+\Delta t$ 的人口数目就是 $p(t+\Delta t)$. 因此，这个地区在从 t 到 $t+\Delta t$ 的时间段中，人口平均增长速度为

$$\frac{\Delta p}{\Delta t} = \frac{p(t+\Delta t) - p(t)}{\Delta t}.$$

如果当 $\Delta t \to 0$ 时,极限

$$\lim_{\Delta t \to 0}\frac{\Delta p}{\Delta t}=\lim_{\Delta t \to 0}\frac{p(t+\Delta t)-p(t)}{\Delta t}$$

存在且有限,则称它为该地区在时刻 t 的人口增长速率,并记为 $p'(t)$.

　　例 3.1.4　设 $(x,f(x))$ 为曲线 $y=f(x)$ 上的一个定点,而 $(x+\Delta x,f(x+\Delta x))$ 为该曲线上的一个动点. 显然,通过点 $(x,f(x))$ 与 $(x+\Delta x,f(x+\Delta x))$ 的割线的斜率为

$$\frac{\Delta y}{\Delta x}=\frac{f(x+\Delta x)-f(x)}{\Delta x},$$

它是 $[x,x+\Delta x]$ 上函数 $y=f(x)$ 的平均变化率. 如果当 $\Delta x \to 0$ 时,极限

$$\lim_{\Delta x \to 0}\frac{\Delta y}{\Delta x}=\lim_{\Delta x \to 0}\frac{f(x+\Delta x)-f(x)}{\Delta x}$$

存在且有限,则称它为函数 $y=f(x)$ 在 x 处的变化率,记为 $f'(x)$,并称它为 $f(x)$ 在 x 处的导数. 称过点 $(x,f(x))$ 斜率为 $f'(x)$ 的直线(即割线的极限位置)为该点处的切线. 在图 3.1.1 中, $\dfrac{\Delta y}{\Delta x}=\tan\varphi$, $f'(x)=\lim_{\Delta x \to 0}\dfrac{\Delta y}{\Delta x}=\tan\varphi_0$.

　　由此进而可得,曲线 $y=f(x)$ 在点 $(x_0,f(x_0))$ 处的切线方程为

$$y-f(x_0)=f'(x_0)(x-x_0).$$

过点 $(x_0,f(x_0))$ 且与切线垂直的直线称为曲线 $y=f(x)$ 在点 $(x_0,f(x_0))$ 处的法线. 于是,当 $f'(x_0)\neq 0$ 时,在点 $(x_0,f(x_0))$ 处的法线为

$$y-f(x_0)=-\frac{1}{f'(x_0)}(x-x_0);$$

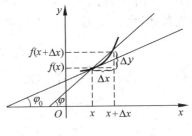

图　3.1.1

当 $f'(x_0)=0$ 时,在点 $(x_0,f(x_0))$ 处法线为 $x=x_0$. 两种情形统一表达为

$$(x-x_0)+f'(x_0)(y-f(x_0))=0.$$

　　Leibniz 的巨大贡献之一,就是发现了曲线的切线斜率与函数的导数之间的联系,同时得到了计算导数的一般方法. 下面来正式引进导数的概念.

　　定义 3.1.1　设函数 $y=f(x)$ 在点 x_0 处的某开邻域 $(x_0-\delta_0,x_0+\delta_0)$(点 x_0 附近)有定义. 如果极限

$$\lim_{x \to x_0}\frac{f(x)-f(x_0)}{x-x_0}=\lim_{\Delta x \to 0}\frac{f(x_0+\Delta x)-f(x_0)}{\Delta x}=\lim_{\Delta x \to 0}\frac{\Delta y}{\Delta x}$$

存在且有限,则称函数 f 在点 x_0 处**可导**,且称此极限值为 f 在点 x_0 处的**导数**(或**变化率**),记为

$$f'(x_0) \text{ 或 } f'(x)|_{x=x_0} \text{ 或 } \frac{\mathrm{d}f}{\mathrm{d}x}\Big|_{x=x_0} \text{ 或 } y'(x_0) \text{ 或 } \frac{\mathrm{d}y}{\mathrm{d}x}\Big|_{x=x_0},$$

其中,$\Delta x = x - x_0$ 称为**自变量 x 的增量**,而 $\Delta y = f(x_0 + \Delta x) - f(x_0)$ 称为**函数(因变量)y 的增量**,$\frac{\Delta y}{\Delta x}$ 称为**平均变化率**.

由定义 3.1.1 知,瞬时速度就是质点作直线运动的位移函数 $x(t)$ 对时间 t 的导数;直细棒的线密度就是其质量函数 $m(x)$ 对 x 的导数,这就是导数的物理意义. 切线的斜率就是 $y = f(x)$ 对 x 的导数,这是导数的几何意义.

用"ε-δ"语言描述导数如下: $\forall \varepsilon > 0$,$\exists \delta > 0$,当 $0 < |x - x_0| < \delta$ 时,

$$\left| \frac{f(x) - f(x_0)}{x - x_0} - f'(x_0) \right| < \varepsilon,$$

或

$$\left| \frac{f(x_0 + \Delta x) - f(x_0)}{\Delta x} - f'(x_0) \right| < \varepsilon.$$

设 f 在点 x_0 的左旁 $(x_0 - \delta_0, x_0]$ 有定义,如果

$$\lim_{x \to x_0^-} \frac{f(x) - f(x_0)}{x - x_0} = \lim_{\Delta x \to 0^-} \frac{f(x_0 + \Delta x) - f(x_0)}{\Delta x}$$

存在且有限,则称此极限值为 f 在点 x_0 处的**左导数**,记为 $f'_-(x_0)$. 类似可定义 f 在点 x_0 处的**右导数** $f'_+(x_0)$.

定理 3.1.1 f 在点 x_0 处可导 $\Leftrightarrow f$ 在点 x_0 处既左可导又右可导,且 $f'_-(x_0) = f'_+(x)$.

证明 f 在点 x_0 处可导,即

$$\lim_{x \to x_0} \frac{f(x) - f(x_0)}{x - x_0} = f'(x_0) \in \mathbb{R}$$

$$\Leftrightarrow f'_-(x_0) = \lim_{x \to x_0^-} \frac{f(x) - f(x_0)}{x - x_0}$$

$$= \lim_{x \to x_0^+} \frac{f(x) - f(x_0)}{x - x_0} = f'_+(x_0) \in \mathbb{R}$$

且 $f'_-(x_0) = f'(x_0) = f'_+(x_0)$. $\qquad\qquad\qquad\qquad\qquad\qquad\qquad\qquad\qquad\square$

定义 3.1.2 如果 $y = f(x)$ 在开区间 (a, b) 内的任一点 x 处可导,则称 f 在 (a, b) 内**可导**;如果 f 在有界区间 (a, b) 内可导,又在 a 处右可导,在 b 处左可导,则称 f 在闭区间 $[a, b]$ 上**可导**.

$f(x)$ 在区间 I 中的导数形成一个新函数 $f'(x)$,称为 $f(x)$ 的**导函数**. 如果 $f'(x)$ 为 I 上的连续函数,即 $\lim_{x \to x_0} f'(x) = f'(x_0)$,$\forall x_0 \in I$,则称 f 为 **1 阶连续可导的函数**.

注意,$f'_-(x_0)$($f'_+(x_0)$)为 f 在点 x_0 处的左(右)导数,但是 $f'(x_0^-) = \lim_{x \to x_0^-} f'(x)$($f'(x_0^+) = \lim_{x \to x_0^+} f'(x)$)为导函数 $f'(x)$ 在点 x_0 处的左(右)极限.

定理 3.1.2 设 f 在点 x_0 处可导,则 f 在点 x_0 处连续. 反之不真.

证明 ($\Rightarrow$)设 f 在点 x_0 处可导,则

$$\lim_{x \to x_0} f(x) = \lim_{x \to x_0} \left[\frac{f(x) - f(x_0)}{x - x_0}(x - x_0) + f(x_0) \right]$$

$$= f'(x_0) \cdot 0 + f(x_0) = f(x_0).$$

这就证明了 f 在点 x_0 处连续.

($\Leftarrow$)反例:$f(x) = |x|$ 在 $x_0 = 0$ 处连续,但在 $x_0 = 0$ 处不可导.

事实上,由

$$f'_+(0) = \lim_{x \to 0^+} \frac{f(x) - f(0)}{x - 0} = \lim_{x \to 0^+} \frac{x - 0}{x - 0} = \lim_{x \to 0^+} 1 = 1$$

$$\neq -1 = \lim_{x \to 0^-}(-1) = \lim_{x \to 0^-} \frac{(-x) - 0}{x - 0} = \lim_{x \to 0^-} \frac{f(x) - f(0)}{x - 0}$$

$$= f'_-(0)$$

及定理 3.1.1 得到:f 在 $x_0 = 0$ 处不可导. □

定理 3.1.3(求导的四则运算法则) 设 f, g 在点 x 处可导,则 $f \pm g, cf(c$ 为常数),$fg, \dfrac{f}{g}(g(x) \neq 0)$ 都在点 x 处可导,且

(1) $(f \pm g)' = f' \pm g'$(线性性);

(2) $(cf)' = cf'$(线性性);

(3) $(fg)' = f'g + fg'$(导性);

(4) $\left(\dfrac{f}{g}\right)' = \dfrac{f'g - fg'}{g^2}$.

证明 (1) $(f \pm g)'(x) = \lim_{\Delta x \to 0} \dfrac{(f \pm g)(x + \Delta x) - (f \pm g)(x)}{\Delta x}$

$$= \lim_{\Delta x \to 0} \frac{\left[f(x + \Delta x) - f(x) \right] \pm \left[g(x + \Delta x) - g(x) \right]}{\Delta x}$$

$$= f'(x) \pm g'(x).$$

(2) $(cf)'(x) = \lim_{\Delta x \to 0} \dfrac{(cf)(x + \Delta x) - (cf)(x)}{\Delta x}$

$$= c \lim_{\Delta x \to 0} \frac{f(x + \Delta x) - f(x)}{\Delta x} = cf'(x).$$

(3) 由 g 在点 x 处可导及定理 3.1.2 推得 g 在点 x 处连续,于是有

$$(fg)'(x) = \lim_{\Delta x \to 0} \frac{(fg)(x + \Delta x) - (fg)(x)}{\Delta x}$$

$$= \lim_{\Delta x \to 0} \frac{\left[f(x + \Delta x) - f(x) \right] g(x + \Delta x) + f(x) \left[g(x + \Delta x) - g(x) \right]}{\Delta x}$$

$$= f'(x)g(x) + f(x)g'(x).$$

(4) 同(3)知，g 在点 x 处连续，故有

$$
\begin{aligned}
\left(\frac{f}{g}\right)'(x) &= \lim_{\Delta x \to 0} \frac{\left(\dfrac{f}{g}\right)(x+\Delta x) - \left(\dfrac{f}{g}\right)(x)}{\Delta x}\\
&= \lim_{\Delta x \to 0} \frac{1}{\Delta x}\left[\frac{f(x+\Delta x)}{g(x+\Delta x)} - \frac{f(x)}{g(x)}\right]\\
&= \lim_{\Delta x \to 0} \frac{1}{g(x+\Delta x)g(x)}\\
&\quad \times \frac{[f(x+\Delta x)-f(x)]g(x+\Delta x)-f(x)[g(x+\Delta x)-g(x)]}{\Delta x}\\
&= \frac{f'(x)g(x)-f(x)g'(x)}{g^2(x)}.
\end{aligned}
$$
□

定理 3.1.4（复合函数的求导链式规则，简称链规则）　设 $y=y(u)$ 在点 u_0 处可导，$u=u(x)$ 在点 x_0 处可导，$u_0=u(x_0)$，则复合函数 $y=y(u(x))=(y \circ u)(x)$ 在点 x_0 处可导，且

$$
(y(u(x)))'|_{x=x_0} = y'(u_0)u'(x_0),
$$

或

$$
y'_x|_{x=x_0} = y'_u|_{u=u_0} \cdot u'_x|_{x=x_0}.
$$

证明　令

$$
F(\Delta u) = \begin{cases} \dfrac{y(u_0+\Delta u)-y(u_0)}{\Delta u}, & \Delta u \neq 0,\\[2mm] y'(u_0), & \Delta u = 0, \end{cases}
$$

则 $F(\Delta u)$ 在 $\Delta u=0$ 处连续．此外，由 $u=u(x)$ 在点 x_0 处可导知，$\Delta u \to 0(\Delta x \to 0)$．于是，

$$
\begin{aligned}
(y(u(x)))'|_{x=x_0} &= \lim_{\Delta x \to 0} \frac{y(u(x_0+\Delta x))-y(u(x_0))}{\Delta x}\\
&= \lim_{\Delta x \to 0} F(\Delta u) \cdot \frac{\Delta u}{\Delta x} = y'(u_0)u'(x_0).
\end{aligned}
$$
□

定理 3.1.5（反函数的求导法则）　设 $y=f(x)$ 为 $x=g(y)$ 的反函数（即 $f=g^{-1}, g=f^{-1}$）．如果 $g(y)$ 在点 y_0 的某开邻域内连续、严格单调且 $g'(y_0) \neq 0$，则 $f(x)$ 在点 $x_0=g(y_0)$ 处可导，且

$$
f'(x_0) = \frac{1}{g'(y_0)} = \frac{1}{(f^{-1}(y))'|_{y=y_0}}, \text{ 或 } y'_x(x_0) = \frac{1}{x'_y(y_0)}.
$$

证明　因为 g 在点 y_0 的某开邻域内连续且严格单调，根据定理 2.4.4 知，$f=g^{-1}$ 在点 x_0 的某开邻域内连续且严格单调，从而

$$
\Delta y = f(x_0+\Delta x)-f(x_0)=0 \Leftrightarrow \Delta x = g(y_0+\Delta y)-g(y_0)=0,
$$

且

$$
\Delta y \to 0 \Leftrightarrow \Delta x \to 0.
$$

由 $g'(y_0) \neq 0$，可得

$$
f'(x_0) = \lim_{\Delta x \to 0} \frac{\Delta y}{\Delta x} = \lim_{\Delta x \to 0} \frac{1}{\dfrac{\Delta x}{\Delta y}} = \frac{1}{g'(y_0)}.
$$
□

例 3.1.5　证明下列基本初等函数的导数：

(1) $C'=0$，其中 C 为常值函数；

(2) $(\sin x)'=\cos x,(\cos x)'=-\sin x,(\tan x)'=\sec^2 x,(\cot x)'=-\csc^2 x,(\sec x)'=\sec x\tan x,(\csc x)'=-\csc x\cot x$；

(3) $(\log_a x)'=\dfrac{1}{x\ln a}\ (a>0)$，$(\ln x)'=\dfrac{1}{x}$，$(\ln|x|)'=\dfrac{1}{x}$；

(4) $(x^\mu)'=\mu x^{\mu-1}$，$(\sqrt{x})'=(x^{\frac{1}{2}})'=\dfrac{1}{2}x^{\frac{1}{2}-1}=\dfrac{1}{2\sqrt{x}}$；

(5) $(a^x)'=a^x\ln a$，$(\mathrm{e}^x)'=\mathrm{e}^x$；

(6) $(\arcsin x)'=\dfrac{1}{\sqrt{1-x^2}}$，$(\arccos x)'=-\dfrac{1}{\sqrt{1-x^2}}$，

$\qquad (\arctan x)'=\dfrac{1}{1+x^2}$，$(\operatorname{arccot}x)'=-\dfrac{1}{1+x^2}$.

证明　(1) $C'=\lim\limits_{\Delta x\to 0}\dfrac{C-C}{\Delta x}=\lim\limits_{\Delta x\to 0}0=0.$

(2)
$$(\sin x)'=\lim_{\Delta x\to 0}\frac{\sin(x+\Delta x)-\sin x}{\Delta x}$$

$$=\lim_{\Delta x\to 0}\frac{2\cos\dfrac{2x+\Delta x}{2}\sin\dfrac{\Delta x}{2}}{\Delta x}$$

$$=\lim_{\Delta x\to 0}\cos\frac{2x+\Delta x}{2}\frac{\sin\dfrac{\Delta x}{2}}{\dfrac{\Delta x}{2}}=\cos x\cdot 1=\cos x.$$

或者

$$(\sin x)'\big|_{x=x_0}=\lim_{x\to x_0}\frac{\sin x-\sin x_0}{x-x_0}=\lim_{x\to x_0}\cos\frac{x+x_0}{2}\frac{\sin\dfrac{x-x_0}{2}}{\dfrac{x-x_0}{2}}$$

$$=\cos x_0\cdot 1=\cos x_0.$$

所以，$(\sin x)'=\cos x.$

$$(\cos x)'=\lim_{\Delta x\to 0}\frac{\cos(x+\Delta x)-\cos x}{\Delta x}=-\lim_{\Delta x\to 0}\sin\frac{2x+\Delta x}{2}\frac{\sin\dfrac{\Delta x}{2}}{\dfrac{\Delta x}{2}}$$

$$=-\sin x\cdot 1=-\sin x.$$

或者

$$(\cos x)' = \left[\sin\left(\frac{\pi}{2} - x\right)\right]' = \cos\left(\frac{\pi}{2} - x\right) \cdot (-1) = -\sin x.$$

$$(\tan x)' = \left(\frac{\sin x}{\cos x}\right)' = \frac{\cos x \cdot \cos x - \sin x \cdot (-\sin x)}{\cos^2 x}$$

$$= \frac{1}{\cos^2 x} = \sec^2 x.$$

$$(\cot x)' = \left(\frac{\cos x}{\sin x}\right)' = \frac{(-\sin x)\sin x - \cos x \cdot \cos x}{\sin^2 x}$$

$$= -\frac{1}{\sin^2 x} = -\csc^2 x.$$

$$(\sec x)' = \left(\frac{1}{\cos x}\right)' = \frac{0 \cdot \cos x - 1 \cdot (-\sin x)}{\cos^2 x} = \sec x \tan x.$$

$$(\csc x)' = \left(\frac{1}{\sin x}\right)' = \frac{0 \cdot \sin x - 1 \cdot \cos x}{\sin^2 x} = -\csc x \cot x.$$

(3)
$$(\log_a x)' = \lim_{\Delta x \to 0} \frac{\log_a(x + \Delta x) - \log_a x}{\Delta x}$$

$$= \frac{1}{x}\lim_{\Delta x \to 0}\log_a\left(1 + \frac{\Delta x}{x}\right)^{\frac{x}{\Delta x}} = \frac{1}{x}\log_a \mathrm{e} = \frac{1}{x \ln a}.$$

特别地，

$$(\ln|x|)' = \begin{cases} (\ln x)' = \dfrac{1}{x}, & x > 0, \\[2mm] (\ln(-x))' = \dfrac{1}{-x} \cdot (-1) = \dfrac{1}{x}, & x < 0 \end{cases}$$

$$= \frac{1}{x}.$$

(4) $(x^\mu)' = (\mathrm{e}^{\mu \ln x})' = \mathrm{e}^{\mu \ln x} \cdot \mu \cdot \dfrac{1}{x} = x^\mu \cdot \dfrac{\mu}{x} = \mu x^{\mu-1}.$

当 $\mu = n \in \mathbf{N}$ 时，还可如下证明：

$$(x^n)' = \lim_{\Delta x \to 0} \frac{(x + \Delta x)^n - x^n}{\Delta x} = \lim_{\Delta x \to 0} \sum_{k=1}^{n} \mathrm{C}_n^k x^{n-k}(\Delta x)^{k-1}$$

$$= \mathrm{C}_n^1 x^{n-1} = n x^{n-1}.$$

当 $x > 0$ 时，

$$(\sqrt{x})' = \lim_{x \to 0^+} \frac{\sqrt{x + \Delta x} - \sqrt{x}}{\Delta x} = \lim_{x \to 0^+} \frac{(x + \Delta x) - x}{\Delta x(\sqrt{x + \Delta x} + \sqrt{x})}$$

$$= \lim_{x \to 0^+} \frac{1}{\sqrt{x + \Delta x} + \sqrt{x}} = \frac{1}{2\sqrt{x}} = \frac{1}{2}x^{-\frac{1}{2}}.$$

当 $x = 0$ 时，

$$(\sqrt{x})'\,|_{x=0} = \lim_{x\to0^+}\frac{\sqrt{x}-\sqrt{0}}{x-0} = \lim_{x\to0^+}\frac{1}{\sqrt{x}} = +\infty.$$

所以，$\sqrt{x}$ 在 $x=0$ 处非右可导，但它有右切线，其斜率为 $\tan\varphi_0 = +\infty$，$\varphi_0 = \dfrac{\pi}{2}$，即切线为 y 轴.

$$(5) \qquad (a^x)' = \lim_{\Delta x\to0}\frac{a^{x+\Delta x}-a^x}{\Delta x} = a^x \cdot \lim_{\Delta x\to0}\frac{a^{\Delta x}-1}{\Delta x} = a^x\ln a.$$

或应用反函数求导法则的定理 3.1.5 得到

$$(a^x)' = \frac{1}{(\log_a y)'} = \frac{1}{\dfrac{1}{y\ln a}} = y\ln a = a^x\ln a.$$

或由 $y=a^x$，$x=\log_a y$，两边对 x 求导得：

$$1 = \frac{y'}{y\ln a},$$

$$(a^x)' = y' = y\ln a = a^x\ln a.$$

（6）$y=\arcsin x$，$x=\sin y$，由反函数求导法则的定理 3.1.5 得到

$$(\arcsin x)' = y'_x = \frac{1}{x'_y} = \frac{1}{\cos y} = \frac{1}{\sqrt{1-\sin^2 y}} = \frac{1}{\sqrt{1-x^2}},$$

其中 $y\in\left(-\dfrac{\pi}{2},\dfrac{\pi}{2}\right)$，故 $\cos y > 0$.

或对 $x=\sin y$ 两边关于 x 求导得

$$1 = \cos y \cdot y'_x,$$

$$y'_x = \frac{1}{\cos y} = \frac{1}{\sqrt{1-\sin^2 y}} = \frac{1}{\sqrt{1-x^2}}.$$

类似可得

$$(\arccos x)' = -\frac{1}{\sqrt{1-x^2}}.$$

$$(\arctan x)' = \frac{1}{1+x^2}, \quad (\text{arccot}\,x)' = -\frac{1}{1+x^2}. \qquad \square$$

由例 3.1.5 与定理 3.1.3 与定理 3.1.4 可以计算任何初等函数的导数.

例 3.1.6　求下列函数的导数：

（1）$f(x) = a_0x^n + a_1x^{n-1} + \cdots + a_{n-1}x + a_n$；

（2）$f(x) = \ln(x+\sqrt{1+x^2})$；

（3）$y = x^x$；

（4）$y = u(x)^{v(x)}$，其中 $u(x)>0$，且 $u(x)$ 与 $v(x)$ 均可导.

解　（1）$f'(x) = na_0x^{n-1} + (n-1)a_1x^{n-2} + \cdots + a_{n-1}$.

(2) $f'(x) = (\ln(x+\sqrt{1+x^2}))'$

$$= \frac{1}{x+\sqrt{1+x^2}}\left(1+\frac{2x}{2\sqrt{1+x^2}}\right) = \frac{1}{\sqrt{1+x^2}}.$$

(3) $y' = (x^x)' = (e^{x\ln x})' = e^{x\ln x} \cdot \left(\ln x + x \cdot \frac{1}{x}\right)$

$$= x^x(\ln x + 1).$$

或者,

$$y = x^x, \quad \ln y = x\ln x,$$

$$\frac{y'}{y} = \ln x + x \cdot \frac{1}{x} = \ln x + 1,$$

$$y' = x^x(\ln x + 1).$$

(4) $\qquad y' = (u(x)^{v(x)})' = (e^{v(x)\ln u(x)})'$

$$= e^{v(x)\ln u(x)}\left[v'(x)\ln u(x) + v(x)\frac{u'(x)}{u(x)}\right]$$

$$= u(x)^{v(x)}\left[v'(x)\ln u(x) + v(x)\frac{u'(x)}{u(x)}\right]$$

$$= u(x)^{v(x)}v'(x)\ln u(x) + u(x)^{v(x)-1}u'(x)v(x).$$

或者,对 $\ln y = v(x)\ln u(x)$ 两边关于 x 求导得

$$\frac{y'}{y} = v'(x)\ln u(x) + v(x)\frac{u'(x)}{u(x)},$$

$$y' = u(x)^{v(x)}v'(x)\ln u(x) + u(x)^{v(x)-1}u'(x)v(x). \qquad \square$$

例 3.1.7(对数求导法) 求

$$y = \frac{(x+5)^2(x-4)^{\frac{1}{3}}}{(x+2)^5(x+4)^{\frac{1}{2}}}$$

的导数 y'.

解 $\ln|y| = 2\ln|x+5| + \frac{1}{3}\ln|x-4| - 5\ln|x+2| - \frac{1}{2}\ln|x+4|,$

$$\frac{y'}{y} = \frac{2}{x+5} + \frac{1}{3(x-4)} - \frac{5}{x+2} - \frac{1}{2(x+4)},$$

$$y' = \frac{(x+5)^2(x-4)^{\frac{1}{3}}}{(x+2)^5(x+4)^{\frac{1}{2}}} \cdot \left[\frac{2}{x+5} + \frac{1}{3(x-4)} - \frac{5}{x+2} - \frac{1}{2(x+4)}\right]. \qquad \square$$

例 3.1.8 求 $f(x) = |x+1|^3 = \begin{cases} (x+1)^3, & x \geqslant -1, \\ -(x+1)^3, & x < -1 \end{cases}$ 的导函数 $f'(x)$,并说明其连续性.

解 因为

$$f'_+(-1) = \lim_{x \to (-1)^+}\frac{(x+1)^3 - 0}{x-(-1)} = \lim_{x \to (-1)^+}(x+1)^2 = 0$$

$$=-\lim_{x\to(-1)^-}(x+1)^2=-\lim_{x\to(-1)^-}\frac{-(x+1)^3-0}{x-(-1)}$$

$$=f_-'(-1),$$

所以, $f'(-1)=0$. 于是

$$f'(x)=\begin{cases}3(x+1)^2, & x\geqslant-1,\\ -3(x+1)^2, & x<-1.\end{cases}$$

易见, $f'(x)$ 在 $[-1,+\infty)$ 上与初等函数 $3(x+1)^2$ 一致,所以 $f'(x)$ 在 $[-1,+\infty)$ 上连续.
又因为

$$3(x+1)^2\big|_{x=-1}=0=-3(x+1)^2\big|_{x=-1},$$

且 $f'(x)$ 在 $(-\infty,-1]$ 上与初等函数 $-3(x+1)^2$ 一致,故 $f'(x)$ 在 $(-\infty,-1]$ 上连续. 从而 $f'(x)$ 在 $(-\infty,+\infty)$ 上连续.   □

例 3.1.9   设

$$f(x)=\begin{cases}x^m\sin\dfrac{1}{x}, & x\neq0,\\ 0, & x=0.\end{cases}$$

试问: (1) m 为何值时, f 在 $x=0$ 处连续;

(2) m 为何值时, f 在 $x=0$ 处可导;

(3) m 为何值时, f' 在 $x=0$ 处连续.

解   当 $m>0$ 时,由

$$|f(x)-0|=\left|x^m\sin\frac{1}{x}-0\right|\leqslant|x|^m$$

知, $f(x)$ 在 $x=0$ 连续.

当 $m\leqslant0$ 时,由

$$\lim_{n\to+\infty}f\left(\frac{1}{2n\pi}\right)=\lim_{n\to+\infty}0=0\neq\lim_{n\to+\infty}\frac{1}{\left(2n\pi+\dfrac{\pi}{2}\right)^m}$$

$$=\lim_{n\to+\infty}f\left(\frac{1}{2n\pi+\pi/2}\right)$$

推得, $\lim\limits_{x\to0}f(x)$ 不存在,所以 f 在 $x=0$ 处不连续.

再考虑 $f'(x)$.

$$\lim_{x\to0}\frac{f(x)-f(0)}{x-0}=\lim_{x\to0}\frac{x^m\sin\dfrac{1}{x}-0}{x-0}=\lim_{x\to0}x^{m-1}\sin\frac{1}{x}$$

$$=\begin{cases}0, & m>1,\\ \text{不存在}, & m\leqslant1.\end{cases}$$

于是,当 $m>1$ 时,

$$f'(x) = \begin{cases} mx^{m-1}\sin\dfrac{1}{x} + x^m\cos\dfrac{1}{x}\cdot\dfrac{-1}{x^2}, & x \neq 0, \\ 0, & x = 0 \end{cases}$$

$$= \begin{cases} mx^{m-1}\sin\dfrac{1}{x} - m^{m-2}\cos\dfrac{1}{x}, & x \neq 0, \\ 0, & x = 0. \end{cases}$$

由上可知:

(1) 当 $m>0$ 时,f 在 $x=0$ 处连续;

(2) 当 $m>1$ 时,f 在 $x=0$ 处可导;

(3) 当 $m>2$ 时,f' 在 $x=0$ 处连续. □

例 3.1.10 设 f 可导,且 $f(x)>0$,$F(x)=(f\circ f)^{\frac{1}{f}}(x)$,求 $F'(x)$.

解法 1 $F' = ((f\circ f)^{\frac{1}{f}})' = (\mathrm{e}^{\frac{1}{f}\ln(f\circ f)})'$

$$= \mathrm{e}^{\frac{1}{f}\ln(f\circ f)}\left[\frac{(f'\circ f)\cdot f'}{f\circ f}f - f'\ln(f\circ f)\right]\bigg/f^2$$

$$= \frac{(f\circ f)^{\frac{1}{f}}}{(f\circ f)f^2}[(f'\circ f)f'f - (f\circ f)f'\ln(f\circ f)].$$

解法 2 $\ln F = \dfrac{1}{f}\ln(f\circ f),$

$$\frac{F'}{F} = \left[\frac{(f'\circ f)f'f}{f\circ f} - f'\ln(f\circ f)\right]\bigg/f^2,$$

$$F' = (f\circ f)^{\frac{1}{f}}[(f'\circ f)f'f - f'(f\circ f)\ln(f\circ f)]/(f\circ f)f^2. \quad\square$$

例 3.1.11 (1) 可导的周期为 T 的函数 f,其导函数 f' 仍为周期 T 的函数.

(2) 可导的奇函数 f,其导函数必为偶函数.

(3) 可导的偶函数,其导函数必为奇函数.

证明 (1) 因为 $f(x+T)=f(x)$,$\forall x\in\mathbb{R}$,所以,

$$f'(x) = f'(x+T)(x+T)' = f'(x+T), \forall x\in\mathbb{R},$$

即 f' 仍为周期 T 的函数.

(2) 因 $f(-x)=-f(x)$,$\forall x\in\mathbb{R}$,故

$$-f'(x) = f'(-x)\cdot(-1),$$

$$f'(-x) = f'(x),$$

从而 f' 为偶函数.

(3) 因 $f(-x)=f(x)$,$\forall x\in\mathbb{R}$,故

$$f'(-x)\cdot(-1) = f'(x),$$

$$f'(-x) = -f'(x),$$

从而 f' 为奇函数.   □

例 3.1.12   设 $f_{ij}(x)(i,j=1,2,\cdots,n)$ 为可导函数. 证明:

$$\frac{\mathrm{d}}{\mathrm{d}x}\begin{vmatrix} f_{11}(x) & f_{12}(x) & \cdots & f_{1n}(x) \\ f_{21}(x) & f_{22}(x) & \cdots & f_{2n}(x) \\ \vdots & \vdots & & \vdots \\ f_{n1}(x) & f_{n2}(x) & \cdots & f_{nn}(x) \end{vmatrix}$$

$$= \sum_{k=1}^{n}\begin{vmatrix} f_{11}(x) & f_{12}(x) & \cdots & f_{1n}(x) \\ f_{21}(x) & f_{22}(x) & \cdots & f_{2n}(x) \\ \vdots & \vdots & & \vdots \\ f'_{k1}(x) & f'_{k2}(x) & \cdots & f'_{kn}(x) \\ \vdots & \vdots & & \vdots \\ f_{n1}(x) & f_{n2}(x) & \cdots & f_{nn}(x) \end{vmatrix}.$$

证明   左边 $= \dfrac{\mathrm{d}}{\mathrm{d}x}\sum_{\pi}(-1)^{\pi}f_{1j_1}\cdots f_{nj_n}$

$$= \sum_{\pi}(-1)^{\pi}\frac{\mathrm{d}}{\mathrm{d}x}(f_{1j_1}\cdots f_{nj_n})$$

$$= \sum_{\pi}(-1)^{\pi}\sum_{k=1}^{n}f_{1j_1}\cdots\left(\frac{\mathrm{d}}{\mathrm{d}x}f_{kj_k}\right)\cdots f_{nj_n}$$

$$= \sum_{k=1}^{n}\sum_{\pi}(-1)^{\pi}f_{1j_1}\cdots f'_{kj_k}\cdots f_{nj_n} = \text{右边}. \qquad □$$

例 3.1.13   设函数 f 在 $x=0$ 处可导,$n\in\mathbb{N}$,$a_n\to 0^-$,$b_n\to 0^+(n\to+\infty)$. 证明:

$$\lim_{n\to+\infty}\frac{f(b_n)-f(a_n)}{b_n-a_n}=f'(0).$$

证法 1   设 $\dfrac{f(x)-f(0)}{x}=f'(0)+\alpha(x)$,则

$$\lim_{x\to 0}\alpha(x) = \lim_{x\to 0}\left[\frac{f(x)-f(0)}{x}-f'(0)\right] = f'(0)-f'(0) = 0,$$

$$f(b_n) = f(0)+f'(0)b_n+b_n\alpha(b_n),$$

$$f(a_n) = f(0)+f'(0)a_n+a_n\alpha(a_n).$$

于是,

$$\lim_{n\to+\infty}\frac{f(b_n)-f(a_n)}{b_n-a_n} = \lim_{n\to+\infty}\frac{f'(0)(b_n-a_n)+b_n\alpha(b_n)-a_n\alpha(a_n)}{b_n-a_n}$$

$$= \lim_{n\to+\infty}\left[f'(0)+\alpha(b_n)+\frac{a_n}{b_n-a_n}(\alpha(b_n)-\alpha(a_n))\right]$$

$$= f'(0)+0+0 = f'(0).$$

其中, $a_n<0, b_n>0, \left|\dfrac{a_n}{b_n-a_n}\right|<1.$

证法 2　因为 f 在 $x=0$ 处可导, 故

$$\lim_{n\to+\infty}\frac{f(a_n)-f(0)}{a_n-0}=f'(0), \quad \lim_{n\to+\infty}\frac{f(b_n)-f(0)}{b_n-0}=f'(0).$$

于是, $\forall\varepsilon>0,\exists N\in\mathbf{N}$, 当 $n>N$ 时, 有

$$\left|\frac{f(a_n)-f(0)}{a_n-0}-f'(0)\right|<\varepsilon, \quad \left|\frac{f(b_n)-f(0)}{b_n-0}-f'(0)\right|<\varepsilon.$$

由此推得

$$\left|\frac{f(b_n)-f(a_n)}{b_n-a_n}-f'(0)\right|$$

$$=\left|\frac{f(b_n)-f(0)}{b_n-0}\frac{b_n}{b_n-a_n}-\frac{f(a_n)-f(0)}{a_n-0}\frac{a_n}{b_n-a_n}-f'(0)\right|$$

$$=\left|\left[\frac{f(b_n)-f(0)}{b_n-0}-f'(0)\right]\frac{b_n}{b_n-a_n}-\left[\frac{f(a_n)-f(0)}{a_n-0}-f'(0)\right]\frac{a_n}{b_n-a_n}\right|$$

$$\leqslant\left|\frac{f(b_n)-f(0)}{b_n-0}-f'(0)\right|\frac{b_n}{b_n-a_n}+\left|\frac{f(a_n)-f(0)}{a_n-0}-f'(0)\right|\frac{-a_n}{b_n-a_n}$$

$$<\varepsilon\cdot\frac{b_n}{b_n-a_n}+\varepsilon\cdot\frac{-a_n}{b_n-a_n}=\varepsilon.$$

于是,

$$\lim_{n\to+\infty}\frac{f(b_n)-f(a_n)}{b_n-a_n}=f'(0). \qquad\qquad \Box$$

例 3.1.14　求曲线 $y=x^2$ 与 $y=\dfrac{1}{x}$ 交点处的夹角 θ(即切线之间的夹角). 再求 $y=x^2$ 在 $(1,1)$ 点处的切线与法线(如图 3.1.2 所示).

解　曲线 $y=x^2$ 与 $y=\dfrac{1}{x}$ 交点 (x,y) 满足联立方程

$$\begin{cases} y=x^2, \\ y=\dfrac{1}{x}, \end{cases}$$

求解得到

$$x^2=\frac{1}{x}, \ x^3=1, \ x=1, \ y=1,$$

所以, 此交点为 $(1,1)$.

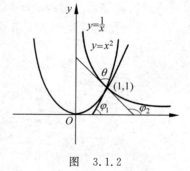

图　3.1.2

$$\tan\theta=\tan(\varphi_2-\varphi_1)=\frac{\tan\varphi_2-\tan\varphi_1}{1+\tan\varphi_1\tan\varphi_2}=\left.\frac{-\dfrac{1}{x^2}-2x}{1+\left(-\dfrac{1}{x^2}\right)\cdot 2x}\right|_{x=1}=3,$$

$$\theta=\arctan 3.$$

于是，$y=x^2$ 在 $(1,1)$ 处，$y'(1)=2x|_{x=1}=2$.

切线：$y-1=2(x-1)$，　$y-2x+1=0$.

法线：$y-1=-\dfrac{1}{2}(x-1)$，　$x+2y-3=0$. □

例 3.1.15　质点作直线运动，它离原点 O 的位移为 $x(t)$，求质点运动的加速度（速度的变化率）. 进而问：在高度为 h_0 处的物体作自由落体运动，何时落到地面？

解　由例 3.1.1 知，（瞬时）速度

$$v(t)=x'(t)=\lim_{\Delta t\to 0}\frac{x(t+\Delta t)-x(t)}{\Delta t},$$

它是质点位移 $x(t)$ 对时间 t 的导数. 如果极限

$$a(t)=v'(t)=\lim_{\Delta t\to 0}\frac{v(t+\Delta t)-v(t)}{\Delta t}$$

$$=\lim_{\Delta t\to 0}\frac{x'(t+\Delta t)-x'(t)}{\Delta t}\xlongequal{\text{记作}}x''(t)$$

存在且有限，则称它为质点运动的加速度，它是速度 $v(t)$ 对 t 的导数，也是位移 $x(t)$ 的 2 阶导数.

自由落体运动，其离地面高度 $h(t)=h_0-\dfrac{1}{2}gt^2$，速度 $v(t)=h'(t)=-gt$，加速度 $a(t)=v'(t)=h''(t)=-g(\approx 980\mathrm{cm/s^2})$，它是匀加速运动.

当 $t=\sqrt{\dfrac{2h_0}{g}}$ 时，物体下落到地面. □

例 3.1.16　汽车前灯的反光镜（或探照灯，如图 3.1.3 所示）是由抛物线绕对称轴旋转而成的旋转抛物面. 这种反光镜就是利用抛物线的光学特性：若光源置于抛物线的焦点上，则光线经抛物线反射成一束平行于对称轴的光线. 试证之.

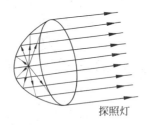
图　3.1.3
探照灯

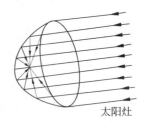
图　3.1.4
太阳灶

证明　设抛物线的方程为

$$y^2=2px,$$

则焦点为 $F\left(\dfrac{p}{2},0\right)$. 在抛物线上任取一点 $A(x_0,y_0)$，过 A 点作切线 L，记 L 与线段 AF 的

夹角为 α，L 与 x 轴的夹角为 β（见图 3.1.5）．根据光学原理：光线的入射角等于反射角．因此，如果能证明 $\alpha=\beta$，则就证明了反射光线平行于 x 轴（对称轴）．记 L 与 x 轴的交点为 B．于是，

$$\alpha=\beta \Longleftrightarrow AF=BF.$$

将 $y^2=2px$ 两边关于 x 求导得

$$2yy'=2p,$$

所以，

$$y'=\frac{p}{y}.$$

因此，抛物线 $y^2=2px$ 在点 $A(x_0,y_0)$ 的切线 L 的斜率为

$$y'|_{x=x_0}=\frac{p}{y_0},$$

故 L 的方程为

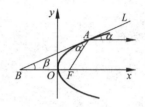

$$y-y_0=\frac{p}{y_0}(x-x_0).$$

在上式中，令 $y=0$，即得 B 点坐标为 $(-x_0,0)$．因此，

$$BF=\left|\frac{p}{2}+x_0\right|,$$

图 3.1.5

且

$$AF=\sqrt{\left(x_0-\frac{p}{2}\right)^2+y_0^2}=\sqrt{\left(x_0-\frac{p}{2}\right)^2+2px_0}=\left|\frac{p}{2}+x_0\right|=BF.$$

根据上述数学原理，如果有一束平行于 x 轴的光线经旋转抛物面反射到抛物线焦点 F．太阳灶就是由这原理造出来的，以致在 F 处达到高温（如图 3.1.4 所示）．   □

练习题 3.1

1. 设函数 f 在点 x_0 处可导，则

$$\lim_{\Delta x\to 0}\frac{f(x_0+\Delta x)-f(x_0-\Delta x)}{\Delta x}=2f'(x_0).$$

举例说明：即使上式左边的极限存在且有限，f 在点 x_0 处也未必可导．

2. 在抛物线 $y=x^2$ 上哪些点的切线满足下面条件：

(1) 平行于直线 $y=4x-5$；

(2) 垂直于直线 $2x-6y+5=0$；

(3) 与直线 $3x-y+1=0$ 交成 $45°$ 的角．

3. 证明：抛物线 $y=x^2$ 上的两点 (x_1,x_1^2) 与 (x_2,x_2^2) 处的切线互相垂直的充分必要条件是 x_1 与 x_2 适合关系 $4x_1x_2+1=0$．

4. 设 $f(x)=x(x-1)^2(x-2)^3$. 求 $f'(0),f'(1),f'(2)$.

5. 设 $f(x_0)=0,f'(x_0)=4$. 求极限 $\lim\limits_{\Delta x\to 0}\dfrac{f(x_0+\Delta x)}{\Delta x}$.

6. 确定曲线 $y=\ln x$ 上哪些点的切线平行于下列直线：

    （1）$y=x-1$;   （2）$y=2x-3$.

7. 求下列曲线在指定点 P 的切线方程与法线方程：

    （1）$y=\dfrac{x^2}{4},P=(2,1)$;   （2）$y=\cos x,P=(0,1)$.

8. 求下列函数的导函数：

    （1）$f(x)=|x|^3$;   （2）$f(x)=\begin{cases}x+1, & x\geqslant 0,\\ 1, & x<0.\end{cases}$

9. 设 $f(x)=\begin{cases}x^2, & x\geqslant 3,\\ ax+b, & x<3.\end{cases}$ 试确定 a,b 的值,使 f 在 $x=3$ 处可导.

10. 设 $g(0)=g'(0)=0$,

$$f(x)=\begin{cases}g(x)\sin\dfrac{1}{x}, & x\neq 0,\\ 0, & x=0.\end{cases}$$

    求 $f'(0)$.

11. 设函数 f 在点 x_0 处存在左右导数. 证明：f 在点 x_0 处连续.

12. 设函数 f 在 $[a,b]$ 上连续,且 $f(a)=f(b)=K,f'_+(a)\cdot f'_-(b)>0$. 证明：在 (a,b) 内至少有一点 ξ,使 $f(\xi)=K$.

13. 设 f 在 $\mathbb{R}$ 上可导,并且 $\lim\limits_{x\to\infty}f(x)=a\in\mathbb{R}$. 证明：必 $\exists\xi\in\mathbb{R}$,s. t. $f'(\xi)=0$.

14. 设函数 f 在 $x=a$ 处可导,且 $f(a)\neq 0$. 求数列极限

$$\lim_{n\to+\infty}\left(\frac{f\left(a+\dfrac{1}{n}\right)}{f(a)}\right)^n.$$

15. 设函数 φ 在点 a 处连续,又在 a 的近旁有 $f(x)=(x-a)\varphi(x)$ 和 $g(x)=|x-a|\times\varphi(x)$. 证明：$f$ 在点 a 处可导,并求 $f'(a)$. 问在什么条件下 g 在点 a 处可导.

16. 求下列函数在指定点的导数：

    （1）$f(x)=3x^4+2x^3+5$,求 $f'(0),f'(1)$;

    （2）$f(x)=\dfrac{x}{\cos x}$,求 $f'(0),f'(\pi)$;

    （3）$f(x)=\sqrt{1+\sqrt{x}}$,求 $f'(0),f'(1),f'(4)$.

17. 求下列函数的导数：

(1) $y = x^3 - 2x - 6$;　　　　(2) $y = \sqrt{x} - \dfrac{1}{x}$;

(3) $y = \dfrac{1 - x^2}{1 + x + x^2}$;　　　　(4) $y = \dfrac{x}{m} + \dfrac{m}{x} + 2\sqrt{x} + \dfrac{2}{\sqrt{x}}$;

(5) $y = x^3 \log_3 x$;　　　　(6) $y = \mathrm{e}^x \cos x$;

(7) $y = (x^2 + 1)(3x - 1)(1 - x^3)$;　　(8) $y = \dfrac{\tan x}{x}$;

(9) $y = \dfrac{1 + \ln x}{1 - \ln x}$;　　　　(10) $y = (\sqrt{x} + 1)\arctan x$;

(11) $y = \dfrac{1 + x^2}{\sin x + \cos x}$;　　　　(12) $y = \mathrm{e}^{ax} \cos bx$;

(13) $y = \dfrac{\cos x - \sin x}{\cos x + \sin x}$;　　　　(14) $y = x \sin x \ln x$;

(15) $y = \sqrt{x + \sqrt{x + \sqrt{x}}}$;　　(16) $y = \ln(\cos x + \sin x)$;

(17) $y = (x^2 - 1)^3$;　　　　(18) $y = \left(\dfrac{1 + x^2}{1 - x}\right)^3$;

(19) $y = \ln(\ln x)$;　　　　(20) $y = \ln\dfrac{\sqrt{1 + x} - \sqrt{1 - x}}{\sqrt{1 + x} + \sqrt{1 - x}}$;

(21) $y = (\arctan x^3)^2$;　　　　(22) $y = \arcsin(\sin^2 x)$;

(23) $y = \sin(\sin(\sin x))$;　　(24) $y = \sin\left[\dfrac{x}{\sin\left(\dfrac{x}{\sin x}\right)}\right]$;

(25) $y = (x - a_1)^{a_1}(x - a_2)^{a_2}\cdots(x - a_n)^{a_n}$;

(26) $y = \sqrt[3]{\dfrac{(x + 1)^2 (x + 2)^3}{(x + 3)^4 (x + 4)^5}}$.

18. 求下列函数的导数：

(1) $y = \dfrac{ax + b}{cx + d}$，其中 a, b, c, d 为常数；

(2) $y = \ln(x + \sqrt{x^2 + a^2})$;

(3) $y = x^{x^x}$.

19. 证明：

(1) $(\sinh x)' = \cosh x$;　　　　(2) $(\cosh x)' = \sinh x$;

(3) $(\tanh x)' = \dfrac{1}{\cosh^2 x}$;　　　　(4) $(\coth x)' = \dfrac{1}{\sinh^2 x}$.

20. 以 $\operatorname{arsinh}^{-1} x, \operatorname{arcosh} x, \operatorname{artanh} x, \operatorname{arcoth} x$ 分别表示各双曲函数的反函数. 试求下列函数的导数：

(1) $y = \operatorname{arsinh} x$；　　　　　　　　　(2) $y = \operatorname{arcosh} x$；

(3) $y = \operatorname{artanh} x$；　　　　　　　　　(4) $y = \operatorname{arcoth} x$.

21. 设 g 可导，a 为实数. 对下列各函数计算 $f'(x), f'(x+1), f'(x-1)$：

(1) $f(x) = x^3$；　　　　　　　　　(2) $f(x) = g(x + g(x))$；

(3) $f(x) = g(xg(a))$；　　　　　　　(4) $f(x) = g(xg(x))$.

22. 设 f 为可导函数. 证明：若 $x = 1$ 时，有

$$\frac{\mathrm{d}}{\mathrm{d}x} f(x^2) = \frac{\mathrm{d}}{\mathrm{d}x} f^2(x),$$

且必有 $f'(1) = 0$ 或 $f(1) = 1$.

23. 利用 $1 + x + \cdots + x^n$ 的和，求出下列各式的和：

(1) $1 + 2x + 3x^2 + \cdots + nx^{n-1}$；　　(2) $\displaystyle\sum_{k=1}^{n} \frac{k}{2^{k-1}}$；

(3) $1^2 + 2^2 x + 3^2 x^2 + \cdots + n^2 x^{n-1}$.

24. 设 f 为可导函数，求下列各函数的一阶导数：

(1) $y = f(\mathrm{e}^x) \mathrm{e}^{f(x)}$；　　　　　　　(2) $y = f(f(f(x)))$.

25. 设 φ、ψ 为可导函数，求 y'：

(1) $y = \sqrt{\varphi^2(x) + \psi^2(x)}$；　　　(2) $y = \arctan \dfrac{\varphi(x)}{\psi(x)}$；

(3) $y = \log_{\varphi(x)} \psi(x) \, (\varphi, \psi > 0, \varphi \neq 1)$.

26. 在曲线 $y = x^3$ 上取一点 P，过 P 的切线与该曲线交于 Q. 证明：曲线在 Q 点处的切线斜率正好是在 P 点处切线斜率的 4 倍.

27. 设有一吊桥，其铁链成抛物线型，两端系于相距 100m 高度相同的支柱上，铁链的最低点在悬点下 10m 处，求铁链与支柱所成的角.

28. 证明：双曲线 $xy = a > 0$ 在各点处的切线与两坐标轴所围成的三角形的面积为常数.

29. 有一底半径为 Rcm，高为 $h$cm 的正圆锥容器，顶点有一小孔，以便向容器内注水. 今以 Acm^3/s 的速度向容器内注水，试求容器内水位等于锥高一半时，水面上升的速度.

30. 水自高为 18cm、底半径为 6cm 的圆锥形漏斗流入直径为 10cm 的圆柱形桶内. 已知漏斗水深 12cm 时水面下降速度为 1cm/s，求此时桶中水面上升的速度.

思考题 3.1

1. 证明：Riemann 函数 $R(x)$ 处处不可导.

2. 构造一个可导函数 f，使 f 在有理点处取有理数值，它的导函数在有理点处取无理数值.

3. (1) 构造一个连续函数，它仅在已知点 $a_1, \cdots, a_n$ 处不可导；

(2) 构造一个函数，它仅在点 $a_1, \cdots, a_n$ 处可导.

4. 设 f 为三次多项式,且 $f(a)=f(b)=0$. 证明:函数 f 在 $[a,b]$ 上不变号的必要充分条件是 $f'(a)f'(b)\leqslant 0$.

5. 证明组合恒等式:

(1) $\displaystyle\sum_{k=1}^{n}k\mathrm{C}_n^k=n2^{n-1},n\in\mathbb{N}$;

(2) $\displaystyle\sum_{k=1}^{n}k^2\mathrm{C}_n^k=n(n+1)2^{n-2},n\in\mathbb{N}$.

(提示:分别对 $(1+x)^n=\displaystyle\sum_{k=0}^{n}\mathrm{C}_n^k x^k$ 与 $nx(1+x)^{n-1}=\displaystyle\sum_{k=1}^{n}k\mathrm{C}_n^k x^k$ 两边关于 x 求导.)

6. 设 $f(0)=0,f'(0)$ 存在且有限,令

$$x_n=f\left(\frac{1}{n^2}\right)+f\left(\frac{2}{n^2}\right)+\cdots+f\left(\frac{n}{n^2}\right).$$

证明: $\displaystyle\lim_{n\to+\infty}x_n=\frac{f'(0)}{2}$. 并利用以上结果计算:

(1) $\displaystyle\lim_{n\to+\infty}\sum_{k=1}^{n}\sin\frac{k}{n^2}$;

(2) $\displaystyle\lim_{n\to+\infty}\prod_{k=1}^{n}\left(1+\frac{k}{n^2}\right)$,其中 $\displaystyle\prod_{k=1}^{n}$ 表示 n 个数连乘.

7. 设函数 f 在 $x=0$ 处连续,如果

$$\lim_{x\to0}\frac{f(2x)-f(x)}{x}=m,$$

证明: $f'(0)=m$.

8. 在区间 $[-1,1]$ 上讨论二次函数 $f(x)=ax^2+bx+c$,如果 $|f(x)|\leqslant 1,\forall x\in[-1,1]$,证明: $|f'(x)|\leqslant 4,\forall x\in[-1,1]$.

9. (1) 设 f_n,f 为 $\mathbb{R}$ 上的一元函数, f_n 在 $\mathbb{R}$ 上连续, $n=1,2,\cdots$,且

$$\lim_{n\to+\infty}f_n(x)=f(x),x\in\mathbb{R}.$$

证明:存在 $(\alpha,\beta)\subset\mathbb{R}$,使得 f 在 (α,β) 上是有界的.

(2) 设 g 在 $\mathbb{R}$ 上可导. 证明:存在 $(\alpha,\beta)\subset\mathbb{R}$,使得 g' 在 (α,β) 上有界.

(3) 使得导函数 g' 在任何开区间 $(\alpha,\beta)\subset\mathbb{R}$ 上都无界的函数 g 是不存在的.

10. 在 $[0,1]$ 上适合条件 $|P|\leqslant 1$ 的二次多项式 P 的全体记为 V,求 $\sup\{|P'(0)|\,|\,P\in V\}$.

3.2 高阶导数、参变量函数的导数、导数的 Leibniz 公式

例 3.1.15 指出,加速度就是位移对时间 t 的 2 阶导数. 自然会想到要进一步研究高阶导数.

定义 3.2.1　如果 f 的导函数 f' 在点 x_0 处可导,则称 f' 在点 x_0 处的导数为 f 在点 x_0 的 **2 阶导数**,记作

$$f''(x_0) = \lim_{x \to x_0} \frac{f'(x) - f'(x_0)}{x - x_0} = \lim_{\Delta x \to 0} \frac{f'(x_0 + \Delta x) - f'(x_0)}{\Delta x}.$$

同时称 f 在点 x_0 处 2 阶可导. 2 阶导数也可记为 $\dfrac{\mathrm{d}^2 f}{\mathrm{d} x^2}\Big|_{x = x_0}$, $\dfrac{\mathrm{d}^2 y}{\mathrm{d} x^2}\Big|_{x = x_0}$.

类似可定义 3 阶, 4 阶, $\cdots$, n 阶导数:

$$\begin{aligned} f^{(n)}(x_0) &= \lim_{x \to x_0} \frac{f^{(n-1)}(x) - f^{(n-1)}(x_0)}{x - x_0} \\ &= \lim_{\Delta x \to 0} \frac{f^{(n-1)}(x_0 + \Delta x) - f^{(n-1)}(x_0)}{\Delta x}, \end{aligned}$$

$f''' = (f'')'$, $f^{(4)} = (f''')'$, $\cdots$, $f^{(n)} = (f^{(n-1)})'$. n 阶导数也可记为 $\dfrac{\mathrm{d}^n f}{\mathrm{d} x^n}\Big|_{x = x_0}$, $\dfrac{\mathrm{d}^n y}{\mathrm{d} x^n}\Big|_{x = x_0}$.

f 在开区间 (a, b) 的每一点处 n 阶可导,则称 **f 在 (a, b) 上 n 阶可导**.

由 n 阶导数定义,显然有

$$(f \pm g)^{(n)} = f^{(n)} \pm g^{(n)}, \quad (\lambda f)^{(n)} = \lambda f^{(n)}, \quad \lambda \in \mathbb{R}.$$

定理 3.2.1(Leibniz)　设 f 与 g 在区间 I 上都 n 阶可导,则

$$(fg)^{(n)} = \sum_{k=0}^{n} C_n^k f^{(n-k)} g^{(k)},$$

其中, $C_n^k = \dfrac{n!}{k!\,(n-k)!}$ 为组合数, $g^{(0)} = g$, $f^{(0)} = f$.

证明　用归纳法. 当 $n = 1$ 时,

$$(fg)' = f'g + fg' = \sum_{k=0}^{1} C_1^k f^{(1-k)} g^{(k)}.$$

假设 $n = l$ 时,有

$$(fg)^l = \sum_{k=0}^{l} C_l^k f^{(l-k)} g^{(k)}.$$

那么,当 $n = l+1$ 时,有

$$\begin{aligned} (fg)^{l+1} &= ((fg)^{(l)})' = \Big(\sum_{k=0}^{l} C_l^k f^{(l-k)} g^{(k)} \Big)' \\ &= \sum_{k=0}^{l} C_l^k \big[(f^{(l-k)})' g^{(k)} + f^{(l-k)} (g^{(k)})' \big] \\ &= \sum_{k=0}^{l} C_l^k \big[f^{(l+1-k)} g^{(k)} + f^{(l-k)} g^{(k+1)} \big] \\ &= C_l^0 f^{(l+1)} g + \sum_{k=1}^{l} C_l^k f^{(l+1-k)} g^{(k)} \end{aligned}$$

$$+ \sum_{k=0}^{l-1} \mathrm{C}_l^k f^{(l-k)} g^{(k+1)} + \mathrm{C}_l^l f g^{(l+1)}$$

$$= \mathrm{C}_{l+1}^0 f^{(l+1)} g + \sum_{k=1}^{l} (\mathrm{C}_l^k + \mathrm{C}_l^{k-1}) f^{(l+1-k)} g^{(k)} + \mathrm{C}_{l+1}^{l+1} f g^{(l+1)}$$

$$= \sum_{k=0}^{l+1} \mathrm{C}_{l+1}^k f^{(l+1-k)} g^{(k)}. \qquad \square$$

例 3.2.1　求 $y = x^n$ 的各阶导函数，$n \in \mathbb{N}$.

解
$$y' = n x^{n-1},$$
$$y'' = n(n-1) x^{n-2},$$
$$\cdots$$
$$y^{(n-1)} = n(n-1)\cdots 2x,$$
$$y^{(n)} = n!,$$
$$y^{(n+1)} = y^{(n+2)} = \cdots = 0. \qquad \square$$

例 3.2.2　求下列函数的各阶导函数：

(1) $y = a^x \,(a > 0)$，特别地，$y = \mathrm{e}^x$;　　(2) $y = \mathrm{e}^{ax}$;

(3) $y = \sin x$;　　(4) $y = \cos x$;

(5) $y = \dfrac{1}{x-a}$;　　(6) $y = \dfrac{1}{x^2 - 3x + 2}$.

解　(1) $y' = a^x \ln a, \cdots, y^{(n)} = a^x (\ln a)^n$. 特别地，$(\mathrm{e}^x)^{(n)} = \mathrm{e}^x$.

(2) $y' = a \mathrm{e}^{ax}, \cdots, y^{(n)} = a^n \mathrm{e}^{ax}$.

(3) $y' = \cos x = \sin\left(x + \dfrac{\pi}{2}\right)$. 设 $y^{(k)} = \sin\left(x + \dfrac{k\pi}{2}\right)$，则有

$$y^{(k+1)} = (y^{(k)})' = \cos\left(x + \dfrac{k\pi}{2}\right) \cdot 1 = \sin\left[x + \dfrac{(k+1)\pi}{2}\right].$$

于是，$\forall n \in \mathbb{N}$，有

$$y^{(n)} = \sin\left(x + \dfrac{n\pi}{2}\right).$$

(4) 类似(3)，可证 $(\cos x)^{(n)} = \cos\left(x + \dfrac{n\pi}{2}\right)$，$n \in \mathbb{N}$. 或者

$$(\cos x)^{(n)} = \left(\sin\left(x + \dfrac{\pi}{2}\right)\right)^{(n)} = \sin\left(x + \dfrac{\pi}{2} + \dfrac{n\pi}{2}\right)$$

$$= \cos\left(x + \dfrac{n\pi}{2}\right).$$

(5)
$$y = \dfrac{1}{x-a} = (x-a)^{-1},$$
$$y' = -(x-a)^{-2},\ y'' = 2(x-a)^{-3}, \cdots,$$

$$y^{(n)} = (-1)^n \cdot n!(x-a)^{-(n+1)} = \frac{(-1)^n \cdot n!}{(x-a)^{(n+1)}}.$$

(6)
$$y = \frac{1}{x^2 - 3x + 2} = \frac{1}{x-2} - \frac{1}{x-1},$$

$$y^{(n)} = \left(\frac{1}{x-2}\right)^{(n)} - \left(\frac{1}{x-1}\right)^{(n)} = \frac{(-1)^n n!}{(x-2)^{n+1}} - \frac{(-1)^n n!}{(x-1)^{n+1}}$$

$$= (-1)^n n! \left[\frac{1}{(x-2)^{n+1}} - \frac{1}{(x-1)^{n+1}}\right].$$ □

例 3.2.3 设 $f(x) = a_n(x-x_0)^n + a_{n-1}(x-x_0)^{n-1} + \cdots + a_1(x-x_0) + a_0$ 为 n 次多项式，其中 $a_n \neq 0$，

$$a_k = \frac{f^{(k)}(x_0)}{k!}, k = 0, 1, \cdots, n,$$

因此，

$$f(x) = \sum_{k=0}^{n} a_k(x-x_0)^k = \sum_{k=0}^{n} \frac{f^{(k)}(x_0)}{k!}(x-x_0)^k.$$

证明 因为

$$f(x) = \sum_{k=0}^{n} a_k(x-x_0)^k,$$

$$f'(x) = \sum_{k=1}^{n} k a_k(x-x_0)^{k-1},$$

$$\cdots$$

$$f^{(l)}(x) = \sum_{k=l}^{n} k(k-1)\cdots(k-l+1)a_k(x-x_0)^{k-l},$$

$$\cdots$$

$$f^{(n)}(x) = n! a_n,$$

所以，$f(x_0) = a_0, f'(x_0) = a_1, \cdots, f^{(l)}(x_0) = l! a_l, \cdots, f^{(n)}(x_0) = n! a_n$，即

$$a_l = \frac{f^{(l)}(x_0)}{l!}, \quad l = 0, 1, \cdots, n.$$ □

例 3.2.4 设 $y = e^x \cos x$，求 $y^{(n)}, y^{(5)}$.

解 因为 $(e^x)^{(k)} = e^x, (\cos x)^{(k)} = \cos\left(x + \frac{k\pi}{2}\right)$，故由 Leibniz 求导公式知

$$y^{(n)} = (e^x \cos x)^{(n)} = \sum_{k=0}^{n} C_n^k (e^x)^{(n-k)} (\cos x)^{(k)}$$

$$= \sum_{k=0}^{n} C_n^k e^x \cos\left(x + \frac{k\pi}{2}\right),$$

当 $n=5$ 时，

$$y^{(5)} = \sum_{k=0}^{5} C_5^k e^x \cos\left(x + \frac{k\pi}{2}\right)$$

$$= e^x\left[\cos x + 5\cos\left(x + \frac{\pi}{2}\right) + 10\cos\left(x + \frac{2\pi}{2}\right) + 10\cos\left(x + \frac{3\pi}{2}\right)\right.$$

$$\left. + 5\cos\left(x + \frac{4\pi}{2}\right) + \cos\left(x + \frac{5\pi}{2}\right)\right]$$

$$= e^x(\cos x - 5\sin x - 10\cos x + 10\sin x + 5\cos x - \sin x)$$

$$= 4e^x(\sin x - \cos x).$$

例 3.2.5 设 $y = x^2\cos x$，求 $y^{(50)}$.

解 由 Leibniz 求导公式知，

$$y^{(50)} = \sum_{k=0}^{50} C_{50}^k (\cos x)^{(50-k)} (x^2)^{(k)}$$

$$= x^2(\cos x)^{(50)} + C_{50}^1 2x(\cos x)^{(49)} + C_{50}^2 2(\cos x)^{(48)}$$

$$= x^2\cos\left(x + \frac{50\pi}{2}\right) + 100x\cos\left(x + \frac{49\pi}{2}\right) + 2450\cos\left(x + \frac{48\pi}{2}\right)$$

$$= -x^2\cos x - 100x\sin x + 2450\cos x$$

$$= (2450 - x^2)\cos x - 100x\sin x.$$

例 3.2.6 设

$$f(x) = \begin{cases} x^4\sin\dfrac{1}{x}, & x \neq 0, \\ 0, & x = 0, \end{cases}$$

求 $f''(x)$.

解 由

$$f'(0) = \lim_{x\to 0}\frac{f(x) - f(0)}{x - 0} = \lim_{x\to 0}\frac{x^4\sin\dfrac{1}{x} - 0}{x - 0} = \lim_{x\to 0}x^3\sin\frac{1}{x} = 0,$$

得到

$$f'(x) = \begin{cases} 4x^3\sin\dfrac{1}{x} - x^2\cos\dfrac{1}{x}, & x \neq 0, \\ 0, & x = 0. \end{cases}$$

按照 2 阶导数定义，有

$$f''(0) = \lim_{x\to 0}\frac{f'(x) - f'(0)}{x - 0} = \lim_{x\to 0}\frac{4x^3\sin\dfrac{1}{x} - x^2\cos\dfrac{1}{x} - 0}{x - 0}$$

$$= \lim_{x\to 0}\left(4x^2\sin\frac{1}{x} - x\cos\frac{1}{x}\right) = 0,$$

从而

$$f''(x) = \begin{cases} 12x^2\sin\dfrac{1}{x} - 4x\cos\dfrac{1}{x} - 2x\cos\dfrac{1}{x} - \sin\dfrac{1}{x}, & x \neq 0, \\ 0, & x = 0 \end{cases}$$

$$= \begin{cases} (12x^2 - 1)\sin\dfrac{1}{x} - 6x\cos\dfrac{1}{x}, & x \neq 0, \\ 0, & x = 0. \end{cases}$$

□

进一步,由于极限

$$\lim_{x \to 0} \frac{(12x^2 - 1)\sin\dfrac{1}{x} - 6x\cos\dfrac{1}{x} - 0}{x - 0}$$

$$= \lim_{x \to 0}\left[12x\sin\frac{1}{x} - \frac{\sin\dfrac{1}{x} + 6x\cos\dfrac{1}{x}}{x}\right]$$

不存在,故 $\forall n \in \mathbb{N}$, $f^{(n)}(x)$ 对 $x \neq 0$ 都是存在的,但是 $f'''(0)$ 已不存在.

定义 3.2.2 设函数 f 在 $U \subset \mathbb{R}$ 上连续,则称 f 在 U 上是 C^0 的,记 U 上 C^0 函数的全体为 $C^0(U, \mathbb{R})$;设 $r \in \mathbb{N}$,如果 f 在开集 $U \subset \mathbb{R}$ 上 r 阶连续可导,则称 f 在 U 上是 C^r 的,记 U 上 C^r 函数的全体为 $C^r(U, \mathbb{R})$;如果 f 在开集 $U \subset \mathbb{R}$ 上各阶连续可导,则称 f 在 U 上是 C^∞ 的,记 U 上 C^∞ 函数的全体为 $C^\infty(U, \mathbb{R})$;如果 f 在开集 $U \subset \mathbb{R}$ 上,每一点 $x_0 \in U$ 的邻近可展开为收敛的幂级数

$$f(x) = \sum_{n=0}^{\infty} a_n(x - x_0)^n, \quad x \in (x_0 - \delta_{x_0}, x_0 + \delta_{x_0}) \subset U,$$

则称 f 在 U 上是 C^ω 的或**实解析**的. 第 3 册将证明 $a_n = \dfrac{f^{(n)}(x_0)}{n!}$,称为 f 的 **Taylor 系数**. 记 U 上 C^ω 函数的全体为 $C^\omega(U, \mathbb{R})$.

例 3.2.7 (1) 设 $r = 0, 1, 2, \cdots$,则

$$f(x) = \begin{cases} x^{2r+1}\sin\dfrac{1}{x}, & x \neq 0, \\ 0, & x = 0 \end{cases}$$

在 $\mathbb{R}$ 上是 C^r 的,但非 C^{r+1} 的;

(2) $f(x) = \begin{cases} e^{-\frac{1}{x}}, & x > 0, \\ 0, & x \leq 0 \end{cases}$,为 C^∞ 的但非 C^ω 的函数.

证明 (1) 容易看出,当 $r = 0$ 时,

$$f(x) = \begin{cases} x\sin\dfrac{1}{x}, & x \neq 0, \\ 0, & x = 0 \end{cases}$$

是 C^0 的但非 C^1 的函数.

当 $r=1,2,\cdots,$时,

$$f'(0)=\lim_{x\to0}\frac{f(x)-f(0)}{x-0}=\lim_{x\to0}\frac{x^{2r+1}\sin\frac{1}{x}-0}{x-0}$$

$$=\lim_{x\to0}x^{2r}\sin\frac{1}{x}=0,$$

$$f'(x)=\begin{cases}(2r+1)x^{2r}\sin\frac{1}{x}-x^{2r-1}\cos\frac{1}{x}, & x\neq0,\\ 0, & x=0,\end{cases}$$

$$f''(x)=\begin{cases}x^{2r-2}(\cdots)-x^{2r-3}\sin\frac{1}{x}, & x\neq0,\\ 0, & x=0,\end{cases}$$

$$\cdots$$

$$f^{(r)}(x)=\begin{cases}x^{2}(\cdots)\pm x\sin\frac{1}{x}(或\pm x\cos\frac{1}{x}), & x\neq0,\\ 0, & x=0.\end{cases}$$

$$f^{(r+1)}(0)=\lim_{x\to0}\frac{f^{(r)}(x)-f^{(r)}(0)}{x-0}$$

$$=\lim_{x\to0}\left\{x(\cdots)\pm\sin\frac{1}{x}\left(或\pm\cos\frac{1}{x}\right)\right\}$$

不存在. 综上可知,f 是 C^r 的但非 C^{r+1} 的.

(2) 我们应用归纳法证明

$$f^{(n)}(x)=\begin{cases}p_n\left(\dfrac{1}{x}\right)\mathrm{e}^{-\frac{1}{x}}, & x>0,\\ 0, & x\leqslant0,\end{cases}$$

其中 $p_n(u)$ 为 u 的多项式.

事实上,当 $n=1$ 时,

$$f'_-(0)=\lim_{x\to0^-}\frac{f(x)-f(0)}{x-0}=\lim_{x\to0^-}\frac{0-0}{x-0}=\lim_{x\to0^-}0=0,$$

$$f'_+(0)=\lim_{x\to0^+}\frac{f(x)-f(0)}{x-0}=\lim_{x\to0^+}\frac{\mathrm{e}^{-\frac{1}{x}}-0}{x-0}$$

$$=\lim_{u\to+\infty}\frac{u}{\mathrm{e}^u}\xlongequal{例\,2.2.14(2)}0,$$

$$f'(0)=f'_-(0)=f'_+(0)=0,$$

$$f'(x) = \begin{cases} \dfrac{1}{x^2}e^{-\frac{1}{x}}, & x > 0, \\ 0, & x \leqslant 0 \end{cases}$$

$$= \begin{cases} p_1\left(\dfrac{1}{x}\right)e^{-\frac{1}{x}}, & x > 0, \\ 0, & x \leqslant 0. \end{cases}$$

假设 $n=k$ 时,有

$$f^{(k)}(x) = \begin{cases} p_k\left(\dfrac{1}{x}\right)e^{-\frac{1}{x}}, & x > 0, \\ 0, & x \leqslant 0, \end{cases}$$

则当 $n=k+1$ 时,

$$f_-^{(k+1)}(0) = \lim_{x \to 0^-} \frac{f^{(k)}(x) - f^{(k)}(0)}{x - 0} = \lim_{x \to 0^-} \frac{0 - 0}{x - 0} = \lim_{x \to 0^-} 0 = 0,$$

$$f_+^{(k+1)}(0) = \lim_{x \to 0^+} \frac{f^{(k)}(x) - f^{(k)}(0)}{x - 0} = \lim_{x \to 0^+} \frac{p_k\left(\dfrac{1}{x}\right)e^{-\frac{1}{x}} - 0}{x - 0}$$

$$= \lim_{u \to +\infty} \frac{u p_k(u)}{e^u} \stackrel{\text{例 2.2.14(2)}}{=\!=\!=\!=\!=} 0,$$

$$f^{(k+1)}(x) = \begin{cases} p_k'\left(\dfrac{1}{x}\right) \cdot \dfrac{-1}{x^2}e^{-\frac{1}{x}} + p_k\left(\dfrac{1}{x}\right) \cdot \dfrac{1}{x^2}e^{-\frac{1}{x}}, & x > 0, \\ 0, & x \leqslant 0 \end{cases}$$

$$= \begin{cases} p_{k+1}\left(\dfrac{1}{x}\right)e^{-\frac{1}{x}}, & x > 0, \\ 0, & x \leqslant 0. \end{cases}$$

因为 f 有 $r+1$ 阶导函数 $f^{(r+1)}(x)$,所以根据定理 3.1.2 推得 $f^{(r)}(x)$ 在 $\mathbb{R}$ 上连续. 于是,f 为 C^∞ 函数,但它不是 C^ω 函数. 利用反证法假设 f 为 C^ω 函数,则 $\exists \delta > 0$, s. t.

$$f(x) = \sum_{n=0}^{\infty} \frac{f^{(n)}(0)}{n!}x^n = \sum_{n=0}^{\infty} \frac{0}{n!}x^n = 0, \quad x \in (-\delta, \delta),$$

这与 $f(x) = e^{-\frac{1}{x}} \neq 0, x \in (0, \delta)$ 矛盾.   □

注 3. 2. 1   例 3.2.7(2) 是近代数学中单位分解所用到的最重要的数学分析典型实例.

例 3. 2. 8   (1) 设 $f(x) = \arcsin x$,则

$$f^{(n)}(0) = \begin{cases} 0, & n = 2k, \\ [(2k-1)!!]^2, & n = 2k+1; \end{cases}$$

(2) 设 $f(x) = (\arcsin x)^2$,则

$$f^{(n)}(0) = \begin{cases} 0, & n = 2k+1, \\ 2^{2k+1}(k!)^2, & n = 2k+2. \end{cases}$$

证明 （1）
$$f(x) = \arcsin x,$$

$$f'(x) = \frac{1}{\sqrt{1-x^2}}, \quad f''(x) = \frac{x}{(1-x^2)^{3/2}},$$

$$(1-x^2)f''(x) = xf'(x).$$

将上式两边求 n 阶导数并应用 Leibniz 求导公式得到

$$(1-x^2)f^{(n+2)}(x) - 2nxf^{(n+1)}(x) - n(n-1)f^{(n)}(x)$$
$$= xf^{(n+1)}(x) + nf^{(n)}(x).$$

令 $x=0$，代入上式得

$$f^{(n+2)}(0) = n(n-1)f^{(n)}(0) + nf^{(n)}(0) = n^2 f^{(n)}(0).$$

由此知，

$$f^{(2k)}(0) = (2k-2)^2 f^{(2k-2)}(0) = 4(k-1)^2 f^{(2k-2)}(0)$$
$$= \cdots = 4^{k-1}[(k-1)!]^2 f''(0) = 0,$$
$$f^{(2k+1)}(0) = (2k-1)^2 f^{(2k-1)}(0)$$
$$= (2k-1)^2 (2k-3)^2 f^{(2k-3)}(0)$$
$$= (2k-1)^2 (2k-3)^2 \cdots 3^2 \cdot 1^2 f'(0)$$
$$= [(2k-1)!!]^2,$$

$$f^{(n)}(0) = \begin{cases} 0, & n = 2k, \\ [(2k-1)!!]^2, & n = 2k+1. \end{cases}$$

（2）由 $f(x) = (\arcsin x)^2$，得

$$f'(x) = \frac{2\arcsin x}{\sqrt{1-x^2}}, \quad (1-x^2)f'^2(x) = 4f(x).$$

两边对 x 求导得

$$2(1-x^2)f'(x)f''(x) - 2xf'^2(x) = 4f'(x).$$

当 $f'(x) \neq 0 \Leftrightarrow x \neq 0$ 时，整理得

$$(1-x^2)f''(x) - xf'(x) = 2.$$

在上式两边令 $x \to 0$，推出当 $x=0$ 时，上式也成立.

再对上面等式关于 x 求 n 阶导数，并应用 Leibniz 求导公式得

$$(1-x^2)f^{(n+2)}(x) - 2nxf^{(n+1)}(x) - n(n-1)f^{(n)}(x)$$
$$- xf^{(n+1)}(x) - nf^{(n)}(x) = 0.$$

令 $x=0$，代入上式得到

$$f^{(n+2)}(0) = n^2 f^{(n)}(0).$$

由 $f'(0) = 0, f''(0) = 2$ 推出

$$f^{(2k+1)}(0) = 0,$$
$$f^{(2k+2)}(0) = (2k)^2 (2k-2)^2 \cdots 2^2 f''(0) = 2^{2k+1}(k!)^2.$$

$\square$

现在来研究参变量函数的导数. 设平面曲线的一般表达形式为参数方程：$(x,y)=(x(t),y(t)),t\in(\alpha,\beta)$ 为参数.

曲线 L 上点 $P=(x(t_0),y(t_0))$ 为定点，$Q=(x(t),y(t))=(x(t_0+\Delta t),y(t_0+\Delta t))$ 为动点. 如果 $x(t),y(t)$ 在 $t=t_0$ 处可导，且 $x'(t_0)\neq 0$，则割线 PQ 的斜率为

$$\frac{\Delta y}{\Delta x}=\frac{y(t)-y(t_0)}{x(t)-x(t_0)}=\frac{y(t_0+\Delta t)-y(t_0)}{x(t_0+\Delta t)-x(t_0)}.$$

P 点处切线（割线 PQ 当 $\Delta t\to 0,\Delta x\to 0,Q\to P$ 时的极限位置）的斜率为

$$\tan\alpha=\lim_{\Delta x\to 0}\frac{\Delta y}{\Delta x}=\lim_{\Delta t\to 0}\frac{\dfrac{y(t_0+\Delta t)-y(t_0)}{\Delta t}}{\dfrac{x(t_0+\Delta t)-x(t_0)}{\Delta t}}=\frac{y'(t_0)}{x'(t_0)}.$$

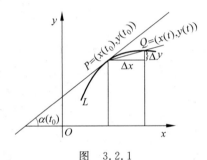

如果 $x(t),y(t)$ 都是 $[\alpha,\beta]$ 上的 C^r 函数（$r\geq 1$），且 $x'^2(t)+y'^2(t)\neq 0$，则称 L 为 C^r **光滑正则曲线**. 此时，不仅每一点处都有切线，且切线与 x 轴正向的夹角 $\alpha(t)$ 为 t 的连续函数（如图 3.2.1 所示）.

如果 $x=x(t)$ 具有反函数 $t=t(x)$，则

$$y=y(t)=y(t(x)).$$

图 3.2.1

这时只要 $x(t),y(t)$ 可导，$x'(t)\neq 0$（因而当 $\Delta x\to 0$ 时，也有 $\Delta t\to 0$ 与 $\Delta y\to 0$），就有

$$\frac{\mathrm{d}y}{\mathrm{d}x}=\frac{\mathrm{d}y}{\mathrm{d}t}\cdot\frac{\mathrm{d}t}{\mathrm{d}x}=\frac{\mathrm{d}y}{\mathrm{d}t}\bigg/\frac{\mathrm{d}x}{\mathrm{d}t}=\frac{y'(t)}{x'(t)}, \quad \text{或 } y'_x=\frac{y'_t}{x'_t}.$$

如果 $x(t),y(t)$ 均 2 阶可导，则

$$\frac{\mathrm{d}^2 y}{\mathrm{d}x^2}=\frac{\mathrm{d}}{\mathrm{d}x}\left(\frac{\mathrm{d}y}{\mathrm{d}x}\right)=\frac{\left(\dfrac{y'(t)}{x'(t)}\right)'}{x'(t)}=\frac{y''(t)x'(t)-y'(t)x''(t)}{x'(t)[x'(t)]^2}$$
$$=\frac{x'(t)y''(t)-y'(t)x''(t)}{[x'(t)]^3}.$$

当曲线 L 由极坐标方程 $\rho=\rho(\theta)$ 表示，则可用极角 θ 作为参数，即

$$(x,y)=(\rho(\theta)\cos\theta,\rho(\theta)\sin\theta).$$

如果 ρ 可导，则曲线 $\rho=\rho(\theta)$ 上点 $M(\rho,\theta)$ 处切线 MT 与极轴 Ox 轴的夹角 α 的正切（即切线斜率）为

$$\tan\alpha=\frac{\mathrm{d}y}{\mathrm{d}x}=\frac{y'(\theta)}{x'(\theta)}=\frac{(\rho(\theta)\sin\theta)'}{(\rho(\theta)\cos\theta)'}$$
$$=\frac{\rho'(\theta)\sin\theta+\rho(\theta)\cos\theta}{\rho'(\theta)\cos\theta-\rho(\theta)\sin\theta}=\frac{\rho'(\theta)\tan\theta+\rho(\theta)}{\rho'(\theta)-\rho(\theta)\tan\theta}.$$

如图 3.2.2 所示,过点 M 的射线 OH(O 为极点,Ox 为极轴)与切线 MT 的夹角 φ 的正切为

$$
\begin{aligned}
\tan\varphi &= \tan(\alpha-\theta) = \frac{\tan\alpha-\tan\theta}{1+\tan\alpha\tan\theta} \\
&= \frac{\dfrac{\rho'(\theta)\tan\theta+\rho(\theta)}{\rho'(\theta)-\rho(\theta)\tan\theta}-\tan\theta}{1+\dfrac{\rho'(\theta)\tan\theta+\rho(\theta)}{\rho'(\theta)-\rho(\theta)\tan\theta}\tan\theta} \\
&= \frac{\rho'(\theta)\tan\theta+\rho(\theta)-\rho'(\theta)\tan\theta+\rho(\theta)\tan^2\theta}{\rho'(\theta)-\rho(\theta)\tan\theta+\rho'(\theta)\tan^2\theta+\rho(\theta)\tan\theta} \\
&= \frac{\rho(\theta)(1+\tan^2\theta)}{\rho'(\theta)(1+\tan^2\theta)} = \frac{\rho(\theta)}{\rho'(\theta)}.
\end{aligned}
$$

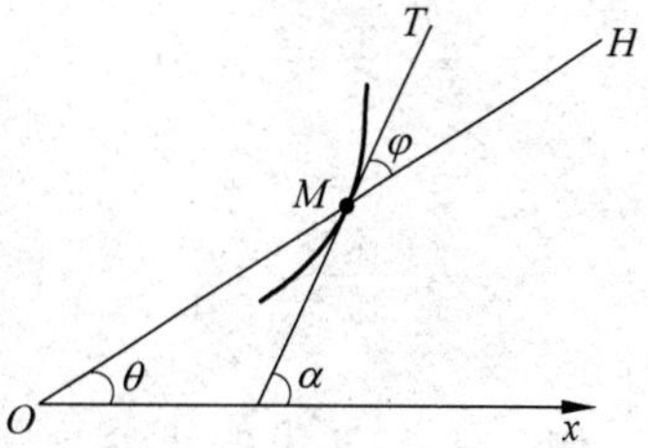

图 3.2.2

例 3.2.9 证明:对数螺线 $\rho=\mathrm{e}^{\frac{\theta}{2}}$ 上所有点的切线与向径的夹角 φ 为常量.

证明 因为

$$
\tan\varphi = \frac{\rho(\theta)}{\rho'(\theta)} = \frac{\mathrm{e}^{\frac{\theta}{2}}}{\dfrac{1}{2}\mathrm{e}^{\frac{\theta}{2}}} = 2,
$$

所以 $\varphi=\arctan 2$ 为常量. □

例 3.2.10 求由上半椭圆的参数方程 $(x,y)=(a\cos t,b\sin t)$,$0<t<\pi$ 所确定的函数 $y=y(x)=b\sqrt{1-\dfrac{x^2}{a^2}}$ 的导数 $\dfrac{\mathrm{d}y}{\mathrm{d}x}$ 与 2 阶导数 $\dfrac{\mathrm{d}^2y}{\mathrm{d}x^2}$.

解

$$
\frac{\mathrm{d}y}{\mathrm{d}x} = \frac{\mathrm{d}y}{\mathrm{d}t}\Big/\frac{\mathrm{d}x}{\mathrm{d}t} = \frac{b\cos t}{-a\sin t} = -\frac{b}{a}\cot t.
$$

$$
\frac{\mathrm{d}^2y}{\mathrm{d}x^2} = \frac{\mathrm{d}}{\mathrm{d}x}\left(\frac{\mathrm{d}y}{\mathrm{d}x}\right) = \frac{-\dfrac{b}{a}(\cot t)'}{-a\sin t} = \frac{-\dfrac{b}{a}(-\csc^2 t)}{-a\sin t} = -\frac{b}{a^2\sin^3 t}.
$$

或直接代入公式得到

$$
\begin{aligned}
\frac{\mathrm{d}^2y}{\mathrm{d}x^2} &= \frac{x'(t)y''(t)-y'(t)x''(t)}{[x'(t)]^3} \\
&= \frac{(-a\sin t)(-b\sin t)-(b\cos t)(-a\cos t)}{(-a\sin t)^3} \\
&= -\frac{b}{a^2\sin^3 t}.
\end{aligned}
$$

□

请读者对 $y=b\sqrt{1-\dfrac{x^2}{a^2}}$ 关于 x 求 1 阶、2 阶导数来验证上述结果.

例 3.2.11 求由摆线参数方程 $(x,y)=(a(t-\sin t),a(1-\cos t))$ 所确定的函数 $y=$

$y(x)$ 的 2 阶导数.

解
$$\frac{\mathrm{d}y}{\mathrm{d}x} = \frac{y'(t)}{x'(t)} = \frac{a\sin t}{a(1-\cos t)} = \frac{2\sin\frac{t}{2}\cos\frac{t}{2}}{2\sin^2\frac{t}{2}} = \cot\frac{t}{2},$$

$$\frac{\mathrm{d}^2 y}{\mathrm{d}x^2} = \frac{\mathrm{d}}{\mathrm{d}x}\left(\frac{\mathrm{d}y}{\mathrm{d}x}\right) = \frac{\left(\cot\frac{t}{2}\right)'}{a(1-\cos t)} = \frac{-\frac{1}{2}\csc^2\frac{t}{2}}{2a\sin^2\frac{t}{2}} = -\frac{1}{4a}\csc^4\frac{t}{2}. \qquad \square$$

例 3.2.12　设曲线参数方程为 $(x,y) = (1-t^2, t-t^2)$,求它在 $t=1$ 处的切线方程与法线方程.

解　因为
$$\frac{\mathrm{d}y}{\mathrm{d}x}\Big|_{t=1} = \frac{y'_t}{x'_t}\Big|_{t=1} = \frac{1-2t}{-2t}\Big|_{t=1} = \frac{1}{2},$$

故切线方程为 $y-0 = \frac{1}{2}(x-0)$,即 $y = \frac{1}{2}x$;法线方程为 $y-0 = -2(x-0)$,即 $y = -2x$.

$\square$

注 3.2.2　加速度是位移 $x(t)$ 对时间 t 的 2 阶导数,这是高阶导数在物理中的应用. 在古典微分几何中,考虑 2 阶连续可导的正则曲线 $(x(t), y(t))$,所谓正则指的是 $(x'(t))^2 + (y'(t))^2 \neq 0$,从反映它弯曲程度的曲率公式
$$\kappa(t) = \frac{x'(t)y''(t) - x''(t)y'(t)}{[(x'(t))^2 + (y'(t))^2]^{3/2}},$$

可看出 2 阶导数在几何中的重要应用. 在 3.6 节,我们还可用 2 阶导数来刻画曲线的凹凸性与拐点以及判断函数的驻点(即 1 阶导数为 0 的点)是否为极值点,是极大值点还是极小值点.

练习题 3.2

1. 求 y 关于 x 的 2 阶导数 y''.

   (1) $y = \mathrm{e}^{-x^2}$;

   (2) $y = x^2 a^x \ (a > 0)$;

   (3) $y = \ln\sin x$;

   (4) $y = (1 + x^2)\arctan x$;

   (5) $y = \dfrac{\arcsin x}{\sqrt{1-x^2}}$;

   (6) $y = x\ln x$.

2. (1) 设 $f(x) = \mathrm{e}^{2x-1}$,求 $f''(0)$;

   (2) 设 $f(x) = \arctan x$,求 $f''(1)$;

   (3) 设 $f(x) = \sin^2 x$,求 $f''\left(\dfrac{\pi}{2}\right)$;

(4) 设 $f(x)=3x^3+4x^2-5x-9$，求 $f''(1),f'''(1),f^{(4)}(1)$.

3. 求下列高阶导数：

(1) $f(x)=\dfrac{1+x}{\sqrt{1-x}}$，求 $f^{(10)}(x)$；

(2) $f(x)=\dfrac{x^2}{1-x}$，求 $f^{(8)}(x)$；

(3) $f(x)=e^{-x^2}$，求 $f'''(x)$；

(4) $f(x)=\ln(1+x)$，求 $f^{(5)}(x)$；

(5) $f(x)=x^3 e^x$，求 $f^{(10)}(x)$.

4. 设函数 f 在 $(-\infty,x_0]$ 上 2 阶可导，

$$F(x)=\begin{cases} f(x), & x\leqslant x_0, \\ a(x-x_0)^2+b(x-x_0)+c, & x>x_0. \end{cases}$$

问：当 a,b,c 为何值时函数 F 在 $\mathbb{R}$ 上有 2 阶导函数.

5. 设 f 为 2 阶可导函数，求下列各函数的 2 阶导函数.

(1) $y=f(\ln x)$；   (2) $y=f(x^n),n\in\mathbb{N}$；

(3) $y=f(f(x))$.

6. 设函数 f 在点 $x=1$ 处 2 阶可导，$f'(1)=0,f''(1)=0$. 证明：在 $x=1$ 处有

$$\frac{\mathrm{d}}{\mathrm{d}x}f(x^2)=\frac{\mathrm{d}^2}{\mathrm{d}x^2}f^2(x).$$

7. 求下列函数的 n 阶导数：

(1) $y=\ln x$；   (2) $y=\dfrac{\ln x}{x}$；

(3) $y=\dfrac{1}{x(1-x)}$；   (4) $f(x)=\dfrac{x^n}{1-x}$；

(5) $y=e^{ax}\sin bx$ （a,b 均为实数）.

8. 设 $y=\dfrac{ax+b}{cx+d}$. 证明：

$$y^{(n)}(x)=(-1)^{n+1}\frac{n!\ c^{n-1}}{(cx+d)^{n+1}}\begin{vmatrix} a & b \\ c & d \end{vmatrix}.$$

9. 证明：函数

$$f(x)=\begin{cases} e^{-\frac{1}{x^2}}, & x\neq 0, \\ 0, & x=0 \end{cases}$$

在 $x=0$ 处 n 阶可导，且 $f^{(n)}(0)=0$，其中 $n\in\mathbb{N}$.

10. 求由下列参数方程所确定的函数的 2 阶导数 $\dfrac{\mathrm{d}^2 y}{\mathrm{d}x^2}$：

(1) $\begin{cases} x = a\cos^3 t, \\ y = a\sin^3 t; \end{cases}$ (2) $\begin{cases} x = e^t\cos t, \\ y = e^t\sin t; \end{cases}$

(3) $\begin{cases} x = \cos^4 t, \\ y = \sin^4 t; \end{cases}$ (4) $\begin{cases} x = \dfrac{t}{1+t}, \\ y = \dfrac{1-t}{1+t}. \end{cases}$

11. 证明：原点到曲线

$$\begin{cases} x = a(\cos t + t\sin t), \\ y = a(\sin t - t\cos t) \end{cases}$$

上任一点的法线的距离等于 a.

12. 证明：圆 $r = 2a\sin\theta(a>0)$ 上任一点的切线与向径的夹角等于向径的极角.

13. 求心形（脏）线 $r = a(1+\cos\theta)$ 的切线与切点向径之间的夹角.

思考题 3.2

1. 设 $m, n \in \mathbb{N}$. 证明：

$$\sum_{k=0}^{n} (-1)^k C_n^k k^m = \begin{cases} 0, & m \leqslant n-1, \\ (-1)^n n!, & m = n. \end{cases}$$

2. 设 u, v, w 都为 t 的可导函数. 试给出 $(uvw)^{(n)}$ 的 Leibniz 公式, 这里 $n \in \mathbb{N}$.

3. 设 $y = x^{n-1}e^{\frac{1}{x}}$. 证明：

$$y^{(n)} = \frac{(-1)^n}{x^{n+1}}e^{\frac{1}{x}}.$$

4. 设 $y = \arctan x$. 证明：

$$y^{(n)} = \frac{P_{n-1}(x)}{(1+x^2)^n},$$

其中 P_{n-1} 为最高次项系数是 $(-1)^{n-1}n!$ 的 $n-1$ 次多项式.

5. 设 $f_n(x) = x^n\ln x, n \in \mathbb{N}$, 求极限

$$\lim_{n \to +\infty} \frac{f_n^{(n)}\left(\dfrac{1}{n}\right)}{n!}.$$

6. 证明：在 $\mathbb{R}$ 上不存在可导函数 f 满足 $f^2(x) = -x^3 + x^2 + 1$.

7. 证明：在 $\mathbb{R}$ 上不存在可导函数 f 满足 $f^2(x) = x^2 - 3x + 3$.

8. 求 $(e^x\cos x)^{(n)}$ 与 $(e^x\sin x)^{(n)}$.

9. 设 $y = (1+\sqrt{x})^{2n+2}, n \in \mathbb{N}$, 求 $y^{(n)}(1)$.

10. 设多项式 p 只有实零点, 证明：$(p'(x))^2 \geqslant p(x)p''(x)$ 对一切 $x \in \mathbb{R}$ 成立.

11. 设 $y=\arctan x$.

(1) 证明它满足方程 $(1+x^2)y''+2xy'=0$；

(2) 求 $y^{(n)}(0)$.

12. 设 $f(x)=\arctan x$. 证明：

$$f^{(n)}(x)=(n-1)!\ \cos^n f(x)\cdot\sin n\Big(f(x)+\frac{\pi}{2}\Big).$$

3.3 微分中值定理

这一节主要讨论微分学中重要的 Fermat 定理、Rolle 定理、Lagrange 中值定理以及 Cauchy 中值定理，它们是研究函数的增减性、凹凸性、极值与最值的基础.

定义 3.3.1 设 f 定义在区间 I 上，x_0 为 I 的内点，即 $\exists\delta_0>0$, s. t. $B(x_0;\delta_0)=(x_0-\delta,x_0+\delta)\subset I$. 如果 x_0 有一个开邻域 $B(x_0;\delta)=(x_0-\delta,x_0+\delta)\subset I$, s. t. $f(x_0)$ 为 $f(x)$ 在 $(x_0-\delta,x_0+\delta)$ 中的最大（小）值，即 $f(x)\leqslant f(x_0)$ ($f(x)\geqslant f(x_0)$)，则称 $f(x_0)$ 为 f 的**极大（小）值**，x_0 称为 f 的**极大（小）值点**. 极大值与极小值统称为**极值**. 极大值点与极小值点统称为**极值点**.

如果 x_0 为 I 中的内点，且为 f 的最大（小）值点，显然，x_0 为 f 的极大（小）值点. 但是，反之不一定成立. 例如：

$$f(x)=\begin{cases}x+1, & -2<x\leqslant 0,\\ -x+1, & 0<x\leqslant 1,\\ 2x-2, & 1<x\leqslant 2,\end{cases}$$

$x=0$ 为极大值点但非最大值点，$x=1$ 为极小值点但非最小值点.

注意，最大（小）值若在区间端点达到，则它就不是极大（小）值.

极值是局部性质，而最值是整体性质.

定理 3.3.1（Fermat(1601—1665)定理） 设 f 在点 x_0 处可导，x_0 为 f 的极值点，则 $f'(x_0)=0$（此时，$(x_0,f(x_0))$ 点处的切线平行于 x 轴，为水平切线）. 但反之不一定成立.

若 $f'(x_0)=0$，则 x_0 称为 f 的**驻点**或**稳定点**.

证明 不妨设 x_0 为 f 的极大值点，即 $\exists\delta>0$, s. t. $f(x)\leqslant f(x_0)$, $\forall x\in(x_0-\delta,x_0+\delta)$. 于是（如图 3.3.1所示），

$$\frac{f(x)-f(x_0)}{x-x_0}\begin{cases}\geqslant 0, & x_0-\delta<x<x_0,\\ \leqslant 0, & x_0<x<x_0+\delta.\end{cases}$$

又因为 f 在点 x_0 处可导，故

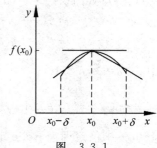

图 3.3.1

$$0 \leqslant \lim_{x \to x_0^-} \frac{f(x) - f(x_0)}{x - x_0} = f'_-(x_0) = f'(x_0) = f'_+(x_0)$$

$$= \lim_{x \to x_0^+} \frac{f(x) - f(x_0)}{x - x_0} \leqslant 0,$$

$$f'(x_0) = 0.$$

建议读者用反证法证明 $f'(x_0) = 0$.

反之有反例：$f(x) = x^3$，$f'(x) = 3x^2$，$f'(0) = 0$，0 为 f 的驻点，但由 f 严格增与反证法知，0 不是 f 的极值点.   □

注 3.3.1   定理3.3.1中，"可导"条件不能删去.

反例：$y = f(x) = |x|$，显然 0 为 f 的极小值点（也是最小值点），但由于 f 在点 0 处不可导，当然谈不上 $f'(0) = 0$.

定理 3.3.2(Rolle(1652—1719)定理)   设 f 在$[a,b]$上连续，在(a,b)内可导，$f(a) = f(b)$，则 $\exists \xi \in (a,b)$，s.t. $f'(\xi) = 0$(即$(\xi, f(\xi))$或 ξ 点处的切线平行于 x 轴，也平行于$(a, f(a))$与$(b, f(b))$的连线).

证明   因为 f 在$[a,b]$上连续，由最值定理知，f 必达到最大值与最小值，即 $\exists \alpha, \beta \in [a,b]$，s.t. $f(\alpha) \leqslant f(x) \leqslant f(\beta)$，$\forall x \in [a,b]$.

如果 $\alpha, \beta \in \{a, b\}$，则由 $f(a) = f(b)$ 知，$f(x) = f(a) = f(b)$，$\forall x \in [a,b]$，即 f 为$[a,b]$上的常值函数. 于是，$\forall \xi \in (a,b)$，$f'(\xi) = 0$.

如果 α, β 中有一个不是端点，例如 $\alpha \in (a,b)$，则由 f 在 α 达到最小值，它必为极小值，由 Fermat 定理知，$f'(\alpha) = 0$. 因此，$\xi = \alpha$ 为定理所求之点.   □

定理 3.3.3(Lagrange(1736—1813)中值定理)   设 f 在$[a,b]$上连续，在(a,b)内可导，则 $\exists \xi \in (a,b)$，s.t.

$$f'(\xi) = \frac{f(b) - f(a)}{b - a}$$

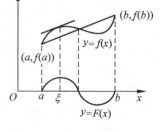

($(\xi, f(\xi))$点处的切线平行$(a, f(a))$与$(b, f(b))$的连线)或

$$f(b) - f(a) = f'(\xi)(b-a)$$
$$= f'[a + \theta(b-a)](b-a),$$

其中 $0 < \theta = \frac{\xi - a}{b - a} < 1$.

当 $f(a) = f(b)$ 时，$f'(\xi) = \frac{f(b) - f(a)}{b - a} = 0$. 因此，

图   3.3.2

Lagrange 中值定理为 Rolle 定理的推广.

证法 1   从图 3.3.2 想到令

$$F(x) = f(x) - \left[f(a) + \frac{f(b) - f(a)}{b - a}(x - a) \right],$$

则由 f 在 $[a,b]$ 上连续,在 (a,b) 上可导知,F 在 $[a,b]$ 上连续,在 (a,b) 上可导,且

$$F(a) = f(a) - \left[f(a) + \frac{f(b) - f(a)}{b - a}(a - a) \right] = 0$$

$$= f(b) - \left[f(a) + \frac{f(b) - f(a)}{b - a}(b - a) \right] = F(b).$$

根据 Rolle 定理可得,$\exists \xi \in (a,b)$, s.t.

$$0 = F'(\xi) = f'(\xi) - \frac{f(b) - f(a)}{b - a},$$

$$f'(\xi) = \frac{f(b) - f(a)}{b - a}.$$

证法 2 令

$$F(x) = \begin{vmatrix} 1 & a & f(a) \\ 1 & b & f(b) \\ 1 & x & f(x) \end{vmatrix} = \begin{vmatrix} 1 & a & f(a) \\ 0 & b - a & f(b) - f(a) \\ 0 & x - a & f(x) - f(a) \end{vmatrix}$$

$$= (b - a)[f(x) - f(a)] - (x - a)[f(b) - f(a)],$$

则由 f 在 $[a,b]$ 上连续,在 (a,b) 内可导知,F 在 $[a,b]$ 上连续,在 (a,b) 内可导,且

$$F(a) = \begin{vmatrix} 1 & a & f(a) \\ 1 & b & f(b) \\ 1 & a & f(a) \end{vmatrix} = 0 = \begin{vmatrix} 1 & a & f(a) \\ 1 & b & f(b) \\ 1 & b & f(b) \end{vmatrix} = F(b).$$

根据 Rolle 定理知,$\exists \xi \in (a,b)$, s.t.

$$0 = F'(\xi) = \begin{vmatrix} 1 & a & f(a) \\ 1 & b & f(b) \\ 0 & 1 & f'(x) \end{vmatrix}_{x = \xi}$$

$$= \begin{vmatrix} 1 & a & f(a) \\ 0 & b - a & f(b) - f(a) \\ 0 & 1 & f'(\xi) \end{vmatrix}$$

$$= (b - a)f'(\xi) - [f(b) - f(a)],$$

$$f'(\xi) = \frac{f(b) - f(a)}{b - a}. \qquad \square$$

定理 3.3.4(Cauchy(1789—1957)中值定理) 设 f,g 在 $[a,b]$ 上连续,在 (a,b) 内可导,且 $g'(x) \neq 0$,$\forall x \in (a,b)$,则 $\exists \xi \in (a,b)$, s.t.

$$\frac{f(b) - f(a)}{g(b) - g(a)} = \frac{f'(\xi)}{g'(\xi)}.$$

特别地,当 $g(x) = x$ 时,它就是 Lagrange 中值定理. 因此,Cauchy 中值定理为 Lagrange 中值定理的推广.

证法 1　先证 $g(b) \neq g(a)$.

用反证法. 假设 $g(b) = g(a)$, 由 Rolle 定理知, $\exists \eta \in (a, b)$, s. t. $g'(\eta) = 0$, 这与 $g'(x) \neq 0, \forall x \in (a, b)$ 矛盾. 或由 Lagrange 中值定理知, $\exists \eta \in (a, b)$, s. t. $g(b) - g(a) = g'(\eta)(b - a) \neq 0$, 故 $g(b) \neq g(a)$.

仿照定理 3.3.3 证法 1, 令

$$F(x) = f(x) - \left[f(a) + \frac{f(b) - f(a)}{g(b) - g(a)} (g(x) - g(a)) \right],$$

则由 f, g 在 $[a, b]$ 上连续, 在 (a, b) 内可导知 F 在 $[a, b]$ 上连续, 在 (a, b) 内可导, 且

$$F(a) = f(a) - \left[f(a) + \frac{f(b) - f(a)}{g(b) - g(a)} (g(a) - g(a)) \right] = 0$$

$$= f(b) - \left[f(a) + \frac{f(b) - f(a)}{g(b) - g(a)} (g(b) - g(a)) \right]$$

$$= F(b).$$

根据 Rolle 定理可得, $\exists \xi \in (a, b)$, s. t.

$$0 = F'(\xi) = f'(\xi) - \frac{f(b) - f(a)}{g(b) - g(a)} g'(\xi),$$

$$\frac{f(b) - f(a)}{g(b) - g(a)} = \frac{f'(\xi)}{g'(\xi)}.$$

证法 2　仿照定理 3.3.3 证法 2, 令

$$F(x) = \begin{vmatrix} 1 & g(a) & f(a) \\ 1 & g(b) & f(b) \\ 1 & g(x) & f(x) \end{vmatrix},$$

则由 f, g 在 $[a, b]$ 上连续, 在 (a, b) 内可导知, F 在 $[a, b]$ 上连续, 在 (a, b) 内可导, 且

$$F(a) = \begin{vmatrix} 1 & g(a) & f(a) \\ 1 & g(b) & f(b) \\ 1 & g(a) & f(a) \end{vmatrix} = 0 = \begin{vmatrix} 1 & g(a) & f(a) \\ 1 & g(b) & f(b) \\ 1 & g(b) & f(b) \end{vmatrix} = F(b).$$

根据 Rolle 定理可得, $\exists \xi \in (a, b)$, s. t.

$$0 = F'(\xi) = \begin{vmatrix} 1 & g(a) & f(a) \\ 1 & g(b) & f(b) \\ 0 & g'(x) & f'(x) \end{vmatrix}_{x = \xi}$$

$$= \begin{vmatrix} 1 & g(a) & f(a) \\ 0 & g(b) - g(a) & f(b) - f(a) \\ 0 & g'(\xi) & f'(\xi) \end{vmatrix}$$

$$= f'(\xi)[g(b) - g(a)] - g'(\xi)[f(b) - f(a)],$$

$$\frac{f(b) - f(a)}{g(b) - g(a)} = \frac{f'(\xi)}{g'(\xi)}.$$

推论 3.3.1 设 f 在区间 I 上连续，在 $\mathring{I}$ 内可导，则

$$f(x) = c(\text{常数}) \Leftrightarrow f'(x) = 0, \forall x \in \mathring{I}.$$

证明 $(\Rightarrow)$ 设 $f(x) = c, \forall x \in \mathring{I}$，则 $f'(x) = c' = 0$.

$(\Leftarrow) \forall x_1, x_2 \in I, x_1 < x_2$，由 f 在 $[x_1, x_2]$ 上连续，在 (x_1, x_2) 内可导，以及 Lagrange 中值定理可知，$\exists \xi \in (x_1, x_2) \subset \mathring{I}$, s.t.

$$f(x_2) - f(x_1) = f'(\xi)(x_2 - x_1) = 0 \cdot (x_2 - x_1) = 0,$$
$$f(x_1) = f(x_2).$$

因为 x_1, x_2 是任取的，所以，$f(x) = c(\text{常数})$. □

例 3.3.1 设

$$f(x) = \begin{cases} 1, & x > 0, \\ -1, & x < 0. \end{cases}$$

显然，$f'(x) = 0$，但 $f(x) \neq c(\text{常数})$. 注意：f 的定义域不为一个区间. 因而，推论 3.3.1 充分性的证明中不能应用 Lagrange 中值定理.

推论 3.3.2 设 f, g 在区间 I 上的连续，在 $\mathring{I}$ 内可导，则

$$f(x) = g(x) + c \Leftrightarrow f'(x) = g'(x), \quad \forall x \in \mathring{I},$$

其中 c 为常数.

证明
$$f(x) = g(x) + c, \forall x \in I$$
$$\Longleftrightarrow f(x) - g(x) = c, \forall x \in I$$
$$\overset{\text{推论}3.3.1}{\Longleftrightarrow} f'(x) - g'(x) = [f(x) - g(x)]' = 0, \forall x \in \mathring{I}$$
$$\Longleftrightarrow f'(x) = g'(x), \forall x \in \mathring{I}. \qquad □$$

推论 3.3.3 设 I_1, I_2 为两个不相交的非空区间. 则

$$f(x) = \begin{cases} g(x) + c_1, & x \in I_1, \\ g(x) + c_2, & x \in I_2, \end{cases} \quad c_1 \text{ 与 } c_2 \text{ 为两个无关的常数}$$

$$\Longleftrightarrow f'(x) = g'(x), \forall x \in \mathring{I}_1 \cup \mathring{I}_2.$$

证明 $(\Rightarrow)$ 显然.

$(\Leftarrow)$ 因 $f'(x) = g'(x), \forall x \in \mathring{I}_1 \cup \mathring{I}_2$，根据推论 3.3.1 知，$\exists c_1, c_2 \in \mathbb{R}$, s.t.

$$f(x) = \begin{cases} g(x) + c_1, & x \in I_1, \\ g(x) + c_2, & x \in I_2. \end{cases} \qquad □$$

定理 3.3.5 (Darboux(1842—1917)导函数介值定理) 设 f 在 $[a, b]$ 内可导，则对于 $f'_+(a)$ 与 $f'_-(b)$ 之间的一切值 k，必有 $\xi \in [a, b]$, s.t. $f'(\xi) = k$.

如果 $f'_+(a)\neq f'_-(b)$, $k\in(\min\{f'_+(a),f'_-(b)\},\max\{f'_+(a),f'_-(b)\})$, 则可取 $\xi\in$ (a,b), s. t. $f'(\xi)=k$.

证法 1 设 $F(x)=f(x)-kx$, 由 f 在 $[a,b]$ 上可导知, F 在 $[a,b]$ 上也可导, 且
$$F'_+(a)\cdot F'_-(b)=(f'_+(a)-k)(f'_-(b)-k)\leqslant 0.$$

如果 $F'_+(a)\cdot F'_-(b)=0$, 则 $F'_+(a)=0$ 或 $F'_-(b)=0$, 取 $\xi=a$ 或 b.

如果 $F'_+(a)\cdot F'_-(b)<0$, 不妨设
$$\lim_{x\to a^+}\frac{F(x)-F(a)}{x-a}=F'_+(a)>0,$$
$$\lim_{x\to b^-}\frac{F(x)-F(b)}{x-b}=F'_-(b)<0,$$

由保号性定理知, $\exists a_1,b_1$, s. t. $a<a_1<b_1<b$, 且
$$F(a)<F(a_1),\qquad F(b_1)>F(b). \tag{$*$}$$

因为 F 在 $[a,b]$ 上可导, 所以它在 $[a,b]$ 上连续. 根据最值定理知, $\exists \xi\in[a,b]$, s. t. F 在 ξ 达到最大值. 由 $(*)$ 式知, $\xi\neq a,b$, 必有 $\xi\in(a,b)$. 因此, ξ 为 F 的极大值点. 再根据 Fermat 定理得到
$$0=F'(\xi)=(f(x)-kx)'\big|_{x=\xi}=f'(\xi)-k,$$
$$f'(\xi)=k.$$

证法 2 设
$$\varphi_1(x)=\begin{cases}\dfrac{f(x)-f(a)}{x-a}, & a<x\leqslant b,\\[2mm] f'_+(a), & x=a,\end{cases}$$
$$\varphi_2(x)=\begin{cases}\dfrac{f(x)-f(b)}{x-b}, & a\leqslant x<b,\\[2mm] f'_-(b), & x=b.\end{cases}$$

因为
$$\lim_{x\to a^+}\varphi_1(x)=\lim_{x\to a^+}\frac{f(x)-f(a)}{x-a}=f'_+(a)=\varphi_1(a),$$
$$\lim_{x\to b^-}\varphi_2(x)=\lim_{x\to b^-}\frac{f(x)-f(b)}{x-b}=f'_-(b)=\varphi_2(b),$$

所以, φ_1,φ_2 都在 $[a,b]$ 上连续, 在 (a,b) 内可导.

如果 $k=f'_+(a)$, 取 $\xi=a$; 如果 $k=f'_-(b)$, 取 $\xi=b$. 如果 $f'_+(a)<k<f'_-(b)$ (或 $f'_-(b)<k<f'_+(a)$), 则 k 应介于 $f'_+(a)$ 与 $\dfrac{f(b)-f(a)}{b-a}$ 之间或介于 $\dfrac{f(b)-f(a)}{b-a}$ 与 $f'_-(b)$ 之间, 不妨设为前者. 由 φ_1 的定义知, k 介于 $\varphi_1(a)$ 与 $\varphi_1(b)$ 之间. 根据 φ_1 的连续性及连续函数的介值定理知, $\exists\theta\in[a,b]$, 由 Lagrange 中值定理知, $\exists\xi\in(a,\theta)\subset(a,b)$, s. t.
$$k=\varphi_1(\theta)=\frac{f(\theta)-f(a)}{\theta-a}=f'(\xi). \qquad\square$$

注 3.3.2 注意,Darboux 定理3.3.5中,$f'(x)$不必连续.如果 f' 连续,只需将连续函数的介值定理应用于 $f'(x)$即得定理 3.3.5 的结论.

例 3.3.2 证明:$\forall h > -1, h \neq 0$ 成立不等式

$$\frac{h}{1+h} < \ln(1+h) < h.$$

证明 令 $f(x) = \ln(1+x)$,则由 Lagrange 中值定理,有

$$\ln(1+h) = \ln(1+h) - \ln 1 = \frac{h}{1+\theta h}, \quad 0 < \theta < 1.$$

如果 $h > 0$,由 $0 < \theta < 1$ 推得

$$1 < 1 + \theta h < 1 + h,$$

$$\frac{h}{1+h} < \frac{h}{1+\theta h} < h,$$

$$\frac{h}{1+h} < \ln(1+h) < h.$$

如果 $-1 < h < 0$,由 $0 < \theta < 1$ 推得

$$0 < 1 + h < 1 + \theta h < 1,$$

$$\frac{h}{1+h} < \frac{h}{1+\theta h} < h,$$

$$\frac{h}{1+h} < \ln(1+h) < h. \qquad \square$$

例 3.3.3 设 $0 < \alpha \leqslant \beta < \frac{\pi}{2}$,证明:

$$\frac{\beta - \alpha}{\cos^2 \alpha} \leqslant \tan\beta - \tan\alpha \leqslant \frac{\beta - \alpha}{\cos^2 \beta}.$$

证明 当 $\alpha = \beta$ 时,上述不等式为等式.

当 $\alpha \neq \beta$ 时,令 $f(x) = \tan x, 0 < \alpha \leqslant x \leqslant \beta < \frac{\pi}{2}$. 由于 $f(x) = \tan x$ 在 $[\alpha, \beta]$ 上连续,在 (α, β) 内可导,根据 Lagrange 中值定理知,$\exists \xi \in (\alpha, \beta)$, s. t. $\tan\beta - \tan\alpha = (\tan x)' |_{x=\xi}$ $(\beta - \alpha) = \sec^2 \xi \cdot (\beta - \alpha) = \frac{\beta - \alpha}{\cos^2 \xi}$. 于是,

$$\frac{\beta - \alpha}{\cos^2 \alpha} < \frac{\beta - \alpha}{\cos^2 \xi} < \frac{\beta - \alpha}{\cos^2 \beta}.$$

$$\frac{\beta - \alpha}{\cos^2 \alpha} < \tan\beta - \tan\alpha < \frac{\beta - \alpha}{\cos^2 \beta}. \qquad \square$$

例 3.3.4 证明:$\arctan \dfrac{1+x}{1-x} = \arctan x + \dfrac{\pi}{4}, |x| < 1.$

证明 设 $f(x) = \arctan \dfrac{1+x}{1-x} - \arctan x, |x| < 1$,则

$$f'(x) = \frac{1}{1+\left(\frac{1+x}{1-x}\right)^2} \cdot \frac{(1-x)+(1+x)}{(1-x)^2} - \frac{1}{1+x^2}$$

$$= \frac{2}{(1-x)^2+(1+x)^2} - \frac{1}{1+x^2} = 0, \quad |x| < 1.$$

根据推论 3.3.1 可知,

$$\arctan\frac{1+x}{1-x} - \arctan x = f(x) = f(0) = \frac{\pi}{4} - 0 = \frac{\pi}{4},$$

即

$$\arctan\frac{1+x}{1-x} = \arctan x + \frac{\pi}{4}, |x| < 1. \qquad \square$$

例 3.3.5   设 f 在 $[a,b]$ $(a>0)$ 上连续,在 (a,b) 内可导,则 $\exists \xi \in (a,b)$, s. t.

$$f(b) - f(a) = \xi f'(\xi) \ln \frac{b}{a}.$$

证明   令 $g(x) = \ln x$,显然它在 $[a,b]$ 上连续,在 (a,b) 内可导,

$$g'(x) = (\ln x)' = \frac{1}{x} \neq 0, \forall x \in (a,b).$$

由 Cauchy 中值定理,$\exists \xi \in (a,b)$, s. t.

$$\frac{f(b) - f(a)}{\ln b - \ln a} = \frac{f'(\xi)}{\frac{1}{\xi}},$$

即

$$f(b) - f(a) = \xi f'(\xi) \ln \frac{b}{a}. \qquad \square$$

例 3.3.6   设 $f: \mathbb{R} \to \mathbb{R}$ 可导. 证明:$f(x) = 0$ 的任何两相异根之间必有 $f'(x) - af(x) = 0$ 的一个根,其中 $a \in \mathbb{R}$.

证明   设 x_1, x_2 为 $f(x) = 0$ 的两个相异的根,不妨设 $x_1 < x_2$. 令

$$F(x) = f(x)\mathrm{e}^{-ax},$$

F 在 $\mathbb{R}$ 上可导,且

$$F'(x) = \mathrm{e}^{-ax}[f'(x) - af(x)].$$

显然,

$$F(x_1) = f(x_1)\mathrm{e}^{-ax_1} = 0 = f(x_2)\mathrm{e}^{-ax_2} = F(x_2).$$

根据 Rolle 定理知,$\exists \xi \in (x_1, x_2)$, s. t.

$$0 = F'(\xi) = \mathrm{e}^{-a\xi}[f'(\xi) - af(\xi)],$$

即

$$f'(\xi) - af(\xi) = 0,$$

ξ 为 $f'(x) - af(x) = 0$ 的一个根. $\qquad \square$

例 3.3.7   设 f 在 $[0,a]$ 上 2 阶可导 $(a>0)$,$|f''(x)| \leqslant M$,$\forall x \in [0,a]$,且 f 在 $(0,a)$ 内达到最大值. 证明:$|f'(0)| + |f'(a)| \leqslant Ma$.

证明   设 $x_0 \in (0,a)$, s. t. $f(x_0) = \max\limits_{0 \leqslant x \leqslant a} f(x)$,则由 Fermat 定理知,$f'(x_0) = 0$. 将 Lagrange 中值定理应用于 $f'(x)$,得:$\exists \xi_1 \in (0, x_0)$,$\exists \xi_2 \in (x_0, a)$, s. t.

$$f'(0) = f'(x_0) + f''(\xi_1)(0 - x_0) = -f''(\xi_1)x_0,$$
$$f'(a) = f'(x_0) + f''(\xi_2)(a - x_0) = -f''(\xi_2)(a - x_0).$$

因此

$$|f'(0)| + |f'(a)| = |f''(\xi_1)x_0| + |f''(\xi_2)(a - x_0)|$$
$$\leqslant Mx_0 + M(a - x_0) = Ma.$$ □

例 3.3.8 设 $f: \mathbb{R} \to \mathbb{R}$ 2 阶可导, $|f(x)| \leqslant 1$, 且
$$[f(0)]^2 + [f'(0)]^2 = 4.$$
证明: $\exists \xi \in (-2, 2)$, s.t. $f(\xi) + f''(\xi) = 0$.

证明 令 $F(x) = [f(x)]^2 + [f'(x)]^2$, 则
$$F'(x) = 2f'(x)[f(x) + f''(x)].$$

由 Lagrange 中值定理知, $\exists a \in (-2, 0), b \in (0, 2)$, s.t.
$$f'(a) = \frac{f(0) - f(-2)}{0 - (-2)} = \frac{f(0) - f(-2)}{2},$$
$$f'(b) = \frac{f(2) - f(0)}{2 - 0} = \frac{f(2) - f(0)}{2}.$$

于是, 有

$$|f'(a)| = \left| \frac{f(0) - f(2)}{2} \right| \leqslant \frac{1}{2}(|f(0)| + |f(-2)|)$$
$$\leqslant \frac{1}{2}(1 + 1) = 1,$$
$$|F(a)| = [f(a)]^2 + [f'(a)]^2 \leqslant 1 + 1 = 2.$$

同理有

$$|f'(b)| \leqslant 1, |F(b)| \leqslant 2.$$

因为 f 2 阶可导, 故 F 可导, 当然也连续. 根据最值定理知, $\exists \xi \in [a, b]$, s.t. $F(\xi) = \max\limits_{x \in [a,b]} F(x)$.

由于

$$F(a) \leqslant 2 < 4 = [f(0)]^2 + [f'(0)]^2 = F(0) \leqslant F(\xi),$$
$$F(b) \leqslant 2 < 4 = F(0) \leqslant F(\xi),$$

故 $\xi \neq a, b$. 由此知 ξ 为 F 的极大值点, 根据 Fermat 定理知,
$$0 = F'(\xi) = 2f'(\xi)[f(\xi) + f''(\xi)].$$

但是,

$$1 + [f'(\xi)]^2 \geqslant [f(\xi)]^2 + [f'(\xi)]^2 = F(\xi) \geqslant F(0) = 4,$$
$$[f'(\xi)]^2 \geqslant 4 - 1 = 3, \quad f'(\xi) \neq 0.$$

因此,

$$f(\xi) + f''(\xi) = 0.$$ □

例 3.3.9 设函数 f 在 $[0, 1]$ 上连续, 在 $(0, 1)$ 内可导, $f(0) = 0, f(1) = 1$. 又设 $k_1, \cdots, k_n$ 为任意的 n 个正数. 证明: 在 $(0, 1)$ 中存在 n 个互不相同的数 $t_1, \cdots, t_n$, s.t.

$$\sum_{i=1}^{n} \frac{k_i}{f'(t_i)} = \sum_{i=1}^{n} k_i.$$

证明 令 $y_0 = 0$，以及

$$y_i = \frac{k_1 + \cdots + k_i}{k_1 + \cdots + k_n}, \quad i = 1, \cdots, n,$$

则 $0 = y_0 < y_1 < y_2 < \cdots < y_n = 1$. 取 $x_0 = 0, x_n = 1$. 在 $[0,1]$ 上对连续函数 f 应用介值定理可求得一点 $x_1 \in (0,1)$, s.t. $f(x_1) = y_1$. 再在 $[x_1, 1]$ 上应用介值定理求得一点 $x_2 \in (x_1, 1)$, s.t. $f(x_2) = y_2$, 依次有 $f(x_i) = y_i, i = 0, 1, 2, \cdots, n$. 在每个小区间 $[x_{i-1}, x_i]$ 上, 应用 Lagrange 中值定理, 求得 $t_i \in (x_{i-1}, x_i)$ 满足

$$y_i - y_{i-1} = f(x_i) - f(x_{i-1}) = f'(t_i)(x_i - x_{i-1}),$$

由此得出

$$\frac{y_i - y_{i-1}}{f'(t_i)} = x_i - x_{i-1},$$

$$\sum_{i=1}^{n} \frac{k_i}{f'(t_i)} = \sum_{i=1}^{n} \frac{y_i - y_{i-1}}{f'(t_i)}(k_1 + \cdots + k_n)$$

$$= \sum_{i=1}^{n} (x_i - x_{i-1})(k_1 + \cdots + k_n)$$

$$= (x_n - x_0) \sum_{i=1}^{n} k_i = \sum_{i=1}^{n} k_i. \qquad \Box$$

例 3.3.10(导数极限定理) 设 f 在 (x_0, b) 内可导, 且在 x_0 右连续, 又 $f'(x_0^+)$ 存在, 则 $f'_+(x_0)$ 存在, 且 $f'_+(x_0) = f'(x_0^+)$.

证明 因为 f 在 (x_0, b) 内可导, 且在 x_0 右连续, 故在 $[x_0, x] \subset [x_0, b)$ 上应用 Lagrange 中值定理知, $\exists \xi(x) \in (x_0, x)$, s.t. $\lim\limits_{x \to x_0^+} \xi(x) = x_0^+$ 且

$$f'_+(x_0) = \lim_{x \to x_0^+} \frac{f(x) - f(x_0)}{x - x_0} = \lim_{x \to x_0^+} f'(\xi(x))$$

$$= \lim_{u \to x_0^+} f'(u) = f'(x_0^+). \qquad \Box$$

例 3.3.11 设 $D(x)$ 为 Dirichlet 函数. 是否有函数 $F(x)$, s.t. $F'(x) = D(x)$, 即 $D(x)$ 是否有原函数.

解 否. (反证) 假设存在函数 F, s.t. $F'(x) = D(x)$, 则 $F'(0) = D(0) = 1, F'(\sqrt{2}) = D(\sqrt{2}) = 0$. 根据 Darboux 定理, $\exists \xi \in (0, 1)$, s.t. $\frac{1}{2} = F'(\xi) = D(\xi) = 0$ 或 1, 矛盾. $\qquad \Box$

例 3.3.12 设 f 在区间 $[a, b]$ 上可导, 则导函数 f' 无第一类间断点.

证法 1 (反证) 假设 x_0 为 $f'(x)$ 的第一类间断点, 则 $f'(x_0^-)$ 与 $f'(x_0^+)$ 存在有限. 因为 f 在点 x_0 处可导, 故 f 在点 x_0 处连续. 根据导数极限定理(例 3.3.10), 有

$$f'(x_0^+) = f'_+(x_0) = f'(x_0) = f'_-(x_0) = f'(x_0^-).$$

所以, f' 在点 x_0 处连续, 这与 x_0 为 $f'(x)$ 的间断点相矛盾.

证法 2 (反证) 假设 x_0 为 $f'(x)$ 的第一类间断点, 则 $f'(x_0^-)$ 与 $f'(x_0^+)$ 存在有限, 且 $f'(x_0^-) \neq f'(x_0)$ (或 $f'(x_0^+) \neq f'(x_0)$). 不失一般性, 设 $f'(x_0^-) < f'(x_0)$. 对 $\varepsilon_0 = f'(x_0) - f'(x_0^-) > 0, \exists \delta > 0$, 当 $x_0 - \delta < x < x_0$ 时,

$$|f'(x) - f'(x_0^-)| < \frac{\varepsilon_0}{2} = \frac{1}{2}[f'(x_0) - f'(x_0^-)],$$

$$f'(x) < f'(x_0^-) + \frac{1}{2}[f'(x_0) - f'(x_0^-)] = \frac{1}{2}[f'(x_0) + f'(x_0^-)].$$

任取 $x_1 \in (x_0 - \delta, x_0)$, 则 $f'(x_1) < \frac{1}{2}[f'(x_0) + f'(x_0^-)]$. 在 $[x_1, x_0]$ 中无 ξ, s. t. $f'(\xi) = \frac{1}{2}[f'(x_0) + f'(x_0^-)]$, 这与 Darboux 定理 (导函数介值定理) 的结果相矛盾. □

注 3.3.3 例 3.3.12 表明有第一类间断点的函数必无原函数. 但无第一类间断点的不连续函数也未必有原函数, 例 3.3.11 中的 Dirichlet 函数解释了这个道理.

练习题 3.3

1. $\forall c \in \mathbb{R}$, 方程 $x^3 - 3x + c = 0$ 在 $[0, 1]$ 上无相异的根.

2. 设函数 f 在 (a, b) 上可导, 且 $f(a^+) = f(b^-)$ 有限或 $+\infty$, 或 $-\infty$. 证明: $\exists \xi \in (a, b)$, s. t. $f'(\xi) = 0$.

3. 应用 Lagrange 中值定理证明下列不等式:

(1) $|\sin x - \sin y| \leqslant |x - y|, x, y \in \mathbb{R}$;

(2) $py^{p-1}(x - y) \leqslant x^p - y^p \leqslant px^{p-1}(x - y)$, 其中 $0 < y < x$ 且 $p > 1$;

(3) $\frac{a - b}{a} < \ln \frac{a}{b} < \frac{a - b}{b}$, 其中 $0 < b < a$;

(4) $\frac{h}{1 + h^2} < \arctan h < h$, 其中 $h > 0$;

(5) $0 < \frac{1}{\ln(1 + x)} - \frac{1}{x} < 1, x > 0$.

4. 设 f 在闭区间 $[a, b]$ 上连续, 在开区间 (a, b) 内 2 阶可导, $f(a) = f(b) = 0$, 并且 $\exists c \in (a, b)$, s. t. $f(c) > 0$. 证明: $\exists \xi \in (a, b)$, s. t. $f''(\xi) < 0$.

5. 设函数 f 在 (a, b) 内可导, 且 f' 单调. 证明: f' 在 (a, b) 内连续.

6. 设函数 f 在 $\mathbb{R}$ 上有 n 阶导数, 又 p 为一个 n 次多项式, 最高次项系数为 a_0. 如果有互不相同的 x_i 使得 $f(x_i) = p(x_i), i = 0, 1, \cdots, n$. 证明: $\exists \xi \in \mathbb{R}$, s. t. $a_0 = \frac{f^{(n)}(\xi)}{n!}$.

7. 设实数 $a_0, a_1, \cdots, a_n$ 满足

$$\frac{a_0}{n+1}+\frac{a_1}{n}+\cdots+\frac{a_{n-1}}{2}+a_n=0.$$

证明：多项式函数 $a_0 x^n+a_1 x^{n-1}+\cdots+a_{n-1}x+a_n$ 在 $(0,1)$ 内有一个实零点.

8. 设函数 f 在开区间 $(0,a)$ 内可导，且 $f(0^+)=+\infty$. 证明：f' 在 $x=0$ 的右旁无下界.

9. 设函数 f 在 $[0,1]$ 上有 3 阶导函数，并且 $f(0)=f(1)=0$. 又设 $F(x)=x^2 f(x)$. 证明：$\exists \xi\in(0,1)$, s. t. $F'''(\xi)=0$.

10. 设 f 既非常值函数又非线性函数，且在 $[a,b]$ 上连续可导. 证明：$\exists \xi\in(a,b)$, s. t.
$$|f'(\xi)|>\left|\frac{f(b)-f(a)}{b-a}\right|.$$

11. 如果 $\mathbb{R}$ 上的 2 阶可导的函数 f 是微分方程 $y''+y=0$ 的一个解. 证明：$f^2+(f')^2$ 为一常值函数.

12. 利用题 11 的结果证明：微分方程 $y''+y=0$ 的解都具有形式
$$y(x)=\lambda\cos x+\mu\sin x,$$
这里 λ 与 μ 为常数.

13. 已知 $f(1)=1$，分别就下面的 $f(x)$ 求 $f(2)$.
(1) $xf'(x)+f(x)=0,\forall x\in\mathbb{R}$;
(2) $xf'(x)-f(x)=0,\forall x\in\mathbb{R}$.

14. 设 $y=f(x)$ 在区间 (a,b) 上可导，$f'(x)\neq 0,\forall x\in(a,b)$. 证明：$f'(x)$ 在 (a,b) 上恒大于 0 或恒小于 0.

15. 设函数 f 在 $[a,b]$ 上可导. 证明：$\exists \xi\in(a,b)$, s. t.
$$2\xi[f(b)-f(a)]=(b^2-a^2)f'(\xi).$$

16. 设 $0<\alpha<\beta<\dfrac{\pi}{2}$. 证明：$\exists\theta\in(\alpha,\beta)$, s. t.
$$\frac{\sin\alpha-\sin\beta}{\cos\alpha-\cos\beta}=-\cot\theta.$$

17. 证明：若 $x>0$，则
(1) $\sqrt{x+1}-\sqrt{x}=\dfrac{1}{2}\dfrac{1}{\sqrt{x+\theta(x)}}$，其中 $\dfrac{1}{4}\leqslant\theta(x)\leqslant\dfrac{1}{2}$;

(2) $\lim\limits_{x\to 0}\theta(x)=\dfrac{1}{4}$，$\lim\limits_{x\to+\infty}\theta(x)=\dfrac{1}{2}$.

18. 设 f 在区间 I 上可导，且 $|f'(x)|\leqslant M,\forall x\in I$，其中 M 为常数. 证明：f 在 I 上满足 Lipschitz 条件，即
$$|f(x')-f(x'')|\leqslant M|x'-x''|,\quad \forall x',x''\in I.$$
进而推得 f 在 I 上一致连续.

应用上述结果判断 $f(x) = \begin{cases} x\cos\dfrac{1}{x}, & x>0, \\ 0, & x=0 \end{cases}$ 在 $[0,+\infty)$ 上的一致连续性.

思考题 3.3

1. 设函数 f 在 $[a,b]$ 上连续,在 (a,b) 内可导,$ab>0$. 试用下列三种方法证明:$\exists\,\xi\in(a,b)$, s.t.

$$\frac{1}{a-b}\begin{vmatrix} a & b \\ f(a) & f(b) \end{vmatrix} = f(\xi) - \xi f'(\xi).$$

(1) 对 $F(x) = \dfrac{f(x)}{x}$,$G(x) = \dfrac{1}{x}$ 应用 Cauchy 中值定理;

(2) 对 $F(x) = xf\left(\dfrac{ab}{x}\right)$ 应用 Lagrange 中值定理;

(3) 对 $F(x) = \begin{vmatrix} 1 & \dfrac{1}{x} & \dfrac{f(x)}{x} \\ 1 & \dfrac{1}{a} & \dfrac{f(a)}{a} \\ 1 & \dfrac{1}{b} & \dfrac{f(b)}{b} \end{vmatrix}$ 应用 Rolle 定理.

2. 设 $f(x) = (x-x_0)^r g(x)$,g 在点 x_0 处连续,且 $g(x_0)\neq0$,则称 x_0 为 f 的 **r 重根**,其中 $r=0,1,2,\cdots$.

(1) 如果 g 可导,x_0 为 f 的 r 重根,且 $g'(x)$ 在 x_0 邻近有界. 证明:x_0 必为 $f'(x)$ 的 $r-1$ 重根.

(2) 设 f 为 n 阶可导函数,如果 $f(x)=0$ 有 $n+1$ 个相异的实根. 证明:方程 $f^{(n)}(x)=0$ 至少有一个实根.

(3) 设 f 为可导函数,如果 $f(x)=0$ 有 s 个相异的实根 $x_1,\cdots,x_s$,它们的重数分别为 $r_1,\cdots,r_s$,且 $r_1+\cdots+r_s=r$(称 $f(x)=0$ 按重数计恰有 r 个根). 证明:$f'(x)=0$ 按重数计恰有 $r-1$ 个根.

(4) 设 f 为 n 阶可导函数,如果 $f(x)=0$ 按重数计恰有 $n+1$ 个实根. 证明:方程 $f^{(n)}(x)=0$ 至少有一个实根.

3. 设函数 f 在 $[a,b]$ 上连续,在 (a,b) 内可导,且 $f(a)=f(b)=0$. 证明:$\exists\,\xi\in(a,b)$, s.t.
$$f(\xi) + f'(\xi) = 0.$$

4. 设 f 与 g 在 $[a,b]$ 上连续,在 (a,b) 内可导,且 $f(a)=f(b)=0$. 证明:$\exists\,\xi\in(a,b)$, s.t.
$$f'(\xi) + f(\xi)g'(\xi) = 0.$$

提示：(1) 令 $F(x)=f(x)e^{g(x)}$，并应用 Rolle 定理；

(2) 令 $F(x)=\ln f(x)+g(x)$，并应用 Fermat 定理.

5. 设 $f:[0,1]\rightarrow\mathbb{R}$ 连续，在 $(0,1)$ 内可导，$f(0)=0$，且 $\forall x\in(0,1)$，都有 $f(x)\neq0$. 证明：$\exists\xi\in(0,1)$，s. t.

$$\frac{nf'(\xi)}{f(\xi)}=\frac{f'(1-\xi)}{f(1-\xi)},$$

其中 n 为自然数.

提示：(1) 令 $F(x)=f^n(x)f(1-x)$，并应用 Rolle 定理；

(2) 令 $F(x)=n\ln f(x)+\ln f(1-x)$，$x\in(0,1)$，并应用 Fermat 定理.

6. 设函数 f 在 $[a,+\infty)$ 上连续，在 $(a,+\infty)$ 内可导，$f(a)<0$，且当 $x>a$ 时，$f'(x)>k>0$. 证明：f 有惟一的零点.

7. 设函数 $f(x)$ 在 $[0,1]$ 上连续，在 $(0,1)$ 内可导，且 $\forall x\in(0,1)$，有 $|f'(x)|<1$ 及 $f(0)=f(1)$. 证明：$\forall x_1,x_2\in[0,1]$，有 $|f(x_2)-f(x_1)|<\dfrac{1}{2}$.

8. 设 $f(x)$ 在 $[a,+\infty)$ 上可导，且 $\lim\limits_{x\rightarrow+\infty}\dfrac{f(x)}{x}=0$. 证明：$\lim\limits_{x\rightarrow+\infty}|f'(x)|=0$. 并构造函数 $f(x)$ 满足上述条件，但 $\overline{\lim\limits_{x\rightarrow+\infty}}|f'(x)|>0$.

9. 设 $f(x)$ 在 $(a,+\infty)$ 上有有界的导函数. 应用 Lagrange 中值定理证明：$\lim\limits_{x\rightarrow+\infty}\dfrac{f(x)}{x\ln x}=0$.

3.4　L′Hospital 法则

本节介绍的 L′Hospital(洛必塔)法则是求 $\dfrac{0}{0}$，$\dfrac{\infty}{\infty}$，$0\cdot\infty$，0^0，1^∞，∞^0，$\infty-\infty$ 各种不定型极限的非常有效的方法.

定理 3.4.1 $\left(\dfrac{0}{0}$ 不定型极限，L′Hospital 法则 $\right)$　设 f,g 在区间 (x_0,b) 上可导，且

$$\lim\limits_{x\rightarrow x_0^+}f(x)=0=\lim\limits_{x\rightarrow x_0^+}g(x),\quad g'(x)\neq0,\quad\forall x\in(x_0,b).$$

如果 $\lim\limits_{x\rightarrow x_0^+}\dfrac{f'(x)}{g'(x)}=A$(实数，$\pm\infty$，$\infty$)，那么

$$\lim\limits_{x\rightarrow x_0^+}\frac{f(x)}{g(x)}=\lim\limits_{x\rightarrow x_0}\frac{f'(x)}{g'(x)}=A.$$

证明　延拓 f,g 到 x_0，s. t. $f(x_0)=g(x_0)=0$，则 f,g 在 $[x_0,b]$ 上连续，且 $\forall x\in(x_0,b)$，$g'(x)\neq0$. 根据 Cauchy 中值定理知，$\exists\xi\in(x_0,x)$，s. t.

$$\frac{f(x)}{g(x)}=\frac{f(x)-f(x_0)}{g(x)-g(x_0)}=\frac{f'(\xi)}{g'(\xi)}.$$

3.4 L′ Hospital 法则

令 $x \to x_0^+$,此时,$\xi \to x_0^+$,所以,

$$\lim_{x \to x_0^+} \frac{f(x)}{g(x)} = \lim_{x \to x_0^+} \frac{f'(\xi)}{g'(\xi)} = \lim_{x \to x_0^+} \frac{f'(x)}{g'(x)}.$$

注 3.4.1 当 $x \to x_0^-$,$x \to x_0$ 时,类似定理 3.4.1,有相同的结论.

定理 3.4.1′ $\left(\dfrac{0}{0} 不定型极限,\text{L′ Hospital 法则}\right)$ 设 f, g 在 $(a, +\infty)$ 上可导,且

$$\lim_{x \to +\infty} f(x) = 0 = \lim_{x \to +\infty} g(x), \quad g'(x) \neq 0, \quad \forall x \in (a, +\infty).$$

如果 $\lim\limits_{x \to +\infty} \dfrac{f'(x)}{g'(x)} = A$(实数,$\pm\infty$,$\infty$),那么

$$\lim_{x \to +\infty} \frac{f(x)}{g(x)} = \lim_{x \to +\infty} \frac{f'(x)}{g'(x)} = A.$$

证明 令 $x = \dfrac{1}{t}$,当 $x \to +\infty$ 时,$t \to 0^+$,则

$$\lim_{x \to +\infty} f(x) = 0 \Longleftrightarrow \lim_{t \to 0^+} f\left(\frac{1}{t}\right) = 0,$$

$$\lim_{x \to +\infty} g(x) = 0 \Longleftrightarrow \lim_{t \to 0^+} f\left(\frac{1}{t}\right) = 0.$$

于是,

$$\lim_{x \to +\infty} \frac{f(x)}{g(x)} = \lim_{t \to 0^+} \frac{f\left(\frac{1}{t}\right)}{g\left(\frac{1}{t}\right)} = \lim_{t \to 0^+} \frac{f'\left(\frac{1}{t}\right) \cdot \frac{-1}{t^2}}{g'\left(\frac{1}{t}\right) \cdot \frac{-1}{t^2}} = \lim_{t \to 0^+} \frac{f'\left(\frac{1}{t}\right)}{g'\left(\frac{1}{t}\right)}$$

$$= \lim_{x \to +\infty} \frac{f'(x)}{g'(x)}.$$

注 3.4.1′ 当 $x \to -\infty$,$x \to \infty$ 时,类似定理 3.4.1′ 有相同的结论.

定理 3.4.1″ $\left(\dfrac{0}{0} 不定型极限,推广 \text{L′ Hospital 法则}\right)$ 设当 $x \to x_0^+$ 时,$\dfrac{f}{g}, \dfrac{f'}{g'}, \cdots,$

$\dfrac{f^{(n-1)}}{g^{(n-1)}}$ 均为 $\dfrac{0}{0}$ 型,且 $g^{(i)}(x) \neq 0$,$i = 1, \cdots, n$. 如果 $\lim\limits_{x \to x_0^+} \dfrac{f^{(n)}(x)}{g^{(n)}(x)} = A$(实数,$\pm\infty$,$\infty$),则

$$\lim_{x \to x_0^+} \frac{f(x)}{g(x)} = \lim_{x \to x_0^+} \frac{f'(x)}{g'(x)} = \cdots = \lim_{x \to x_0^+} \frac{f^{(n)}(x)}{g^{(n)}(x)} = A.$$

证明 由题设将定理 3.4.1 应用于 $f^{(n-1)}(x)$,$g^{(n-1)}(x)$ 推出

$$\lim_{x \to x_0^+} \frac{f^{(n-1)}(x)}{g^{(n-1)}(x)} = \lim_{x \to x_0^+} \frac{f^{(n)}(x)}{g^{(n)}(x)}.$$

依此类推得到

$$\lim_{x \to x_0^+} \frac{f(x)}{g(x)} = \lim_{x \to x_0^+} \frac{f'(x)}{g'(x)} = \cdots = \lim_{x \to x_0^+} \frac{f^{(n-1)}(x)}{g^{(n-1)}(x)}$$

$$= \lim_{x \to x_0^+} \frac{f^{(n)}(x)}{g^{(n)}(x)}. \qquad \square$$

注 3.4.1″　当 $x \to x_0^-$, $x \to x_0$, $x \to \pm\infty$, $x \to \infty$ 时,类似定理 3.4.1″有相同的结论.

定理 3.4.2 $\left(\dfrac{\cdot}{\infty}$ 不定型极限,L'Hospital 法则 $\right)$　设 f, g 都在 (x_0, b) 上可导,且

$$\lim_{x \to x_0^+} g(x) = \infty, \quad g'(x) \neq 0, \quad \forall x \in (x_0, b).$$

如果 $\lim\limits_{x \to x_0^+} \dfrac{f'(x)}{g'(x)} = A$(实数, $\pm\infty$, ∞),那么

$$\lim_{x \to x_0^+} \frac{f(x)}{g(x)} = \lim_{x \to x_0^+} \frac{f'(x)}{g'(x)} = A.$$

证法 1　只证 $\lim\limits_{x \to x_0^+} \dfrac{f'(x)}{g'(x)} = A \in \mathbb{R}$ 的情形,其他情形($A = \pm\infty$, ∞)类似证明.

$\forall \varepsilon > 0$, $\exists b_1 \in (x_0, b)$, s.t. 当 $x \in (x_0, b_1)$ 时,

$$A - \frac{\varepsilon}{2} < \frac{f'(x)}{g'(x)} < A + \frac{\varepsilon}{2}.$$

因此,根据 Cauchy 中值定理,$\exists \xi \in (x, b_1)$, s.t.

$$A - \frac{\varepsilon}{2} < \left(\frac{f(x)}{g(x)} - \frac{f(b_1)}{g(x)} \right) \left(1 - \frac{g(b_1)}{g(x)} \right)^{-1} = \frac{f(x) - f(b_1)}{g(x) - g(b_1)}$$

$$= \frac{f'(\xi)}{g'(\xi)} < A + \frac{\varepsilon}{2},$$

$$\left(1 - \frac{g(b_1)}{g(x)} \right) \left(A - \frac{\varepsilon}{2} \right) + \frac{f(b_1)}{g(x)} < \frac{f(x)}{g(x)}$$

$$< \left(1 - \frac{g(b_1)}{g(x)} \right) \left(A + \frac{\varepsilon}{2} \right) + \frac{f(b_1)}{g(x)}.$$

又因为 $\lim\limits_{x \to x_0^+} g(x) = \infty$,故

$$\lim_{x \to x_0^+} \left[\left(1 - \frac{g(b_1)}{g(x)} \right) \left(A - \frac{\varepsilon}{2} \right) + \frac{f(b_1)}{g(x)} \right] = A - \frac{\varepsilon}{2},$$

$$\lim_{x \to x_0^+} \left[\left(1 - \frac{g(b_1)}{g(x)} \right) \left(A + \frac{\varepsilon}{2} \right) + \frac{f(b_1)}{g(x)} \right] = A + \frac{\varepsilon}{2}.$$

由此知,$\exists b_2 \in (x_0, b_1)$, s.t. 当 $x \in (x_0, b_2)$ 时,

$$A - \varepsilon < \frac{f(x)}{g(x)} < A + \varepsilon.$$

这就证明了

$$\lim_{x \to x_0^+} \frac{f(x)}{g(x)} = A = \lim_{x \to x_0^+} \frac{f'(x)}{g'(x)}.$$

证法 2 在不等式

$$\left(1-\frac{g(b_1)}{g(x)}\right)\left(A-\frac{\varepsilon}{2}\right)+\frac{f(b_1)}{g(x)}<\frac{f(x)}{g(x)}$$

$$<\left(1-\frac{g(b_1)}{g(x)}\right)\left(A+\frac{\varepsilon}{2}\right)+\frac{f(b_1)}{g(x)}$$

两边取上、下极限得到

$$A-\frac{\varepsilon}{2}\leqslant\varliminf_{x\to x_0^+}\frac{f(x)}{g(x)}\leqslant\varlimsup_{x\to x_0^+}\frac{f(x)}{g(x)}\leqslant A+\frac{\varepsilon}{2},$$

再令 $\varepsilon\to 0^+$，有

$$A\leqslant\varliminf_{x\to x_0^+}\frac{f(x)}{g(x)}\leqslant\varlimsup_{x\to x_0^+}\frac{f(x)}{g(x)}\leqslant A,$$

$$\lim_{x\to x_0}\frac{f(x)}{g(x)}=\varliminf_{x\to x_0^+}\frac{f(x)}{g(x)}=\varlimsup_{x\to x_0^+}\frac{f(x)}{g(x)}=A=\lim_{x\to x_0}\frac{f'(x)}{g'(x)}.\qquad\Box$$

注意：定理 3.4.2 中，当 $x\to x_0^+$ 时，$\dfrac{\bullet}{\infty}$ 的分子可以趋于 ∞，也可以不趋于 ∞.

关于 $\dfrac{\bullet}{\infty}$ 不定型极限，类似定理 3.4.1′、定理 3.4.1″、注 3.4.1、注 3.4.1′、注 3.4.1″可得到定理 3.4.2′、定理 3.4.2″、注 3.4.2、注 3.4.2′、注 3.4.2″，不再一一赘述.

例 3.4.1 在例 2.2.13 中，应用 L' Hospital 法则得到

$$\lim_{x\to+\infty}\frac{\ln x}{x^k}=\lim_{x\to+\infty}\frac{1}{x}\cdot\frac{1}{kx^{k-1}}=\frac{1}{k}\lim_{x\to+\infty}\frac{1}{x^k}=0,\quad k>0.$$

$$\lim_{x\to+\infty}\frac{x^k}{a^x}=\lim_{x\to+\infty}\frac{kx^{k-1}}{a^x\ln a}=\lim_{x\to+\infty}\frac{k(k-1)x^{k-2}}{a^x(\ln a)^2}=\cdots$$

$$=k(k-1)\cdots(k-n+1)\lim_{x\to+\infty}\frac{x^{k-n}}{a^x(\ln a)^n}=0,$$

其中，$n-1<k\leqslant n,a>1$.

进而，当 $p(x)=a_0x^n+\cdots+a_{n-1}x+a_n$ 为多项式时，

$$\lim_{x\to+\infty}\frac{p(x)}{a^x}=\lim_{x\to+\infty}\frac{p'(x)}{a^x\ln a}=\lim_{x\to+\infty}\frac{p''(x)}{a^x(\ln a)^2}=\cdots$$

$$=\lim_{x\to+\infty}\frac{a_0n!}{a^x(\ln a)^n}=0,a>0.$$

此外，还有

$$\lim_{x\to+\infty}\frac{a^x}{x^x}=\lim_{x\to+\infty}e^{x(\ln a-\ln x)}=0,a>0.$$

得到这一等式时，根本不需要用 L' Hospital 法则. 实际上，用 L' Hospital 法则不能求得极限.

例 3.4.2 $\lim\limits_{x\to 0}\dfrac{x-\sin x}{\dfrac{x^3}{3!}}=\lim\limits_{x\to 0}\dfrac{1-\cos x}{\dfrac{x^2}{2!}}=\lim\limits_{x\to 0}\dfrac{\sin x}{x}=1.$

必须提醒读者注意：加减不能用等价代换，请检查下述计算哪一步是错误的.

$$\lim_{x\to 0}\frac{x-\sin x}{\dfrac{x^3}{3!}}=\lim_{x\to 0}\frac{x-x}{\dfrac{x^3}{3!}}=\lim_{x\to 0}0=0.$$

在计算极限时，会遇到"$0\cdot\infty$"、"$\infty-\infty$"、"0^0"、"∞^0"、"1^∞"等不定型. 只要经过适当的变换，最终都可以化为"$\dfrac{0}{0}$"或"$\dfrac{\infty}{\infty}$"型的情形，再应用 L'Hospital 法则去解决.

例 3.4.3　求极限 $\lim\limits_{x\to 0^+}x^\alpha\ln x$，其中 $\alpha>0$.

解

$$\lim_{x\to 0^+}x^\alpha\ln x\xlongequal{0\cdot\infty}\lim_{x\to 0^+}\frac{\ln x}{\left(\dfrac{1}{x}\right)^\alpha}\xlongequal{\frac{\infty}{\infty}}\lim_{x\to 0^+}\frac{\dfrac{1}{x}}{-\alpha x^{-\alpha-1}}$$

$$=-\frac{1}{\alpha}\lim_{x\to 0^+}x^\alpha=0.$$ □

例 3.4.4　求极限：

(1) $\lim\limits_{x\to 1}\left(\dfrac{1}{x-1}-\dfrac{1}{\ln x}\right)$;　　(2) $\lim\limits_{x\to\pi/2}(\sec x-\tan x)$.

解　这都是"$\infty-\infty$"型，但可化为 $\dfrac{0}{0}$ 型.

(1) $\lim\limits_{x\to 1}\left(\dfrac{1}{x-1}-\dfrac{1}{\ln x}\right)=\lim\limits_{x\to 1}\dfrac{\ln x-(x-1)}{(x-1)\ln x}=\lim\limits_{x\to 1}\dfrac{\dfrac{1}{x}-1}{\dfrac{x-1}{x}+\ln x}$

$\qquad=\lim\limits_{x\to 1}\dfrac{1-x}{x-1+x\ln x}=\lim\limits_{x\to 1}\dfrac{-1}{1+1+\ln x}=-\dfrac{1}{2}.$

(2) $\lim\limits_{x\to\pi/2}(\sec x-\tan x)=\lim\limits_{x\to\pi/2}\dfrac{1-\sin x}{\cos x}=\lim\limits_{x\to\pi/2}\dfrac{-\cos x}{-\sin x}=0.$ □

例 3.4.5　求极限：

(1) $\lim\limits_{x\to 0^+}(\sin x)^x$;　　(2) $\lim\limits_{x\to 0^+}(\sin x)^{\frac{k}{1+\ln x}}$（$k$ 为常数）;

(3) $\lim\limits_{x\to 0}(\cos x)^{\frac{1}{x^2}}$;　　(4) $\lim\limits_{x\to\frac{\pi}{2}^-}(\tan x)^{\frac{\pi}{2}-x}$.

解　(1) $\lim\limits_{x\to 0^+}(\sin x)^x\xlongequal{0^0}\exp\left(\lim\limits_{x\to 0^+}x\ln\sin x\right)\xlongequal{0\cdot\infty}\exp\left(\lim\limits_{x\to 0^+}\dfrac{\ln\sin x}{x^{-1}}\right)$

$\qquad=\exp\left(\lim\limits_{x\to 0^+}\dfrac{1}{-x^{-2}}\dfrac{\cos x}{\sin x}\right)=\exp\left(\lim\limits_{x\to 0^+}\dfrac{-x}{\sin x}\cdot x\cos x\right)=\mathrm{e}^0=1.$

(2) $\lim\limits_{x\to 0^+}(\sin x)^{\frac{k}{1+\ln x}}\xlongequal{0^0}\exp\left(\lim\limits_{x\to 0^+}\dfrac{k\ln\sin x}{1+\ln x}\right)=\exp^k\left[\lim\limits_{x\to 0^+}\dfrac{\dfrac{\cos x}{\sin x}}{x^{-1}}\right]$

$\qquad=\exp^k\left(\lim\limits_{x\to 0^+}\cos x\cdot\dfrac{x}{\sin x}\right)=\mathrm{e}^k.$

(3) $\lim\limits_{x \to 0}(\cos x)^{\frac{1}{x^2}} \xrightarrow{1^\infty 型} \exp\left(\lim\limits_{x \to 0}\frac{\ln\cos x}{x^2}\right) = \exp\left(\lim\limits_{x \to 0}\frac{-\tan x}{2x}\right) = \mathrm{e}^{-\frac{1}{2}}.$

(4) $\lim\limits_{x \to \frac{\pi}{2}^-}(\tan x)^{\frac{\pi}{2}-x} \xrightarrow{t=\frac{\pi}{2}-x} \lim\limits_{t \to 0^+}\left(\frac{\cos t}{\sin t}\right)^t = \dfrac{\lim\limits_{t \to 0^+}(\cos t)^t}{\lim\limits_{t \to 0^+}(\sin t)^t}$

$$= \frac{1}{1} = 1. \qquad\qquad \Box$$

应用 L′Hospital 法则,可重新计算例 2.2.12(3)及例 2.2.13(3)中的极限.

例 3.4.6 (1) 求 $\lim\limits_{x \to +\infty}\left(1+\dfrac{1}{n}-\dfrac{1}{n^2}\right)^n$;

(2) 求 $\lim\limits_{x \to 0^+}\left(\dfrac{a_1^x + \cdots + a_m^x}{m}\right)^{\frac{1}{x}}$.

解 (1) $\lim\limits_{x \to +\infty}\left(1+\dfrac{1}{n}-\dfrac{1}{n^2}\right)^n \xrightarrow{1^\infty} \lim\limits_{x \to 0}(1+x-x^2)^{\frac{1}{x}}$

$$= \exp\left(\lim\limits_{x \to 0}\frac{\ln(1+x-x^2)}{x}\right) = \exp\left(\lim\limits_{x \to 0}\frac{1-2x}{1+x-x^2}\right) = \mathrm{e}^1 = \mathrm{e}.$$

(2) $\lim\limits_{x \to 0^+}\left(\dfrac{a_1^x + \cdots + a_m^x}{m}\right)^{\frac{1}{x}} \xrightarrow{1^\infty} \exp\left(\lim\limits_{x \to 0^+}\frac{\ln(a_1^x + \cdots + a_m^x) - \ln m}{x}\right)$

$$= \exp\left(\lim\limits_{x \to 0^+}\frac{a_1^x \ln a_1 + \cdots + a_m^x \ln a_m}{a_1^x + \cdots + a_m^x}\right)$$

$$= \exp\left(\frac{\ln a_1 + \cdots + \ln a_m}{m}\right) = \mathrm{e}^{\ln \sqrt[m]{a_1 \cdots a_m}} = \sqrt[m]{a_1 \cdots a_m}. \qquad \Box$$

注意:不能在数列形式下直接用 L′Hospital 法则,因为对离散变量 $n \in N$ 是无法求导数的.

例 3.4.7 设

$$f(x) = \begin{cases} \dfrac{g(x)}{x}, & x \neq 0, \\ 0, & x = 0, \end{cases}$$

且 $g(0) = g'(0) = 0$, $g''(0) = 3$. 试求 $f'(0)$.

解 $f'(0) = \lim\limits_{x \to 0}\dfrac{f(x)-f(0)}{x-0} = \lim\limits_{x \to 0}\dfrac{\frac{g(x)}{x}-0}{x-0} = \lim\limits_{x \to 0}\dfrac{g(x)}{x^2}$

$$\xrightarrow{\frac{0}{0}型} \lim\limits_{x \to 0}\frac{g'(x)}{2x} = \frac{1}{2}\lim\limits_{x \to 0}\frac{g'(x)-g'(0)}{x-0} = \frac{1}{2}g''(0) = \frac{3}{2}. \qquad \Box$$

如果用两次 L′Hospital 法则,得到

$$f'(0) = \lim\limits_{x \to 0}\frac{g(x)}{x^2} = \lim\limits_{x \to 0}\frac{g'(x)}{2x} = \lim\limits_{x \to 0}\frac{g''(x)}{2} = \frac{1}{2}g''(0) = \frac{3}{2}.$$

错在何处?

例 3.4.8 设 f 在点 x 处 2 阶可导. 证明:

$$f''(x) = \lim_{h \to 0} \frac{f(x+h) - f(x-h) - 2f(x)}{h^2}.$$

证明 因为 f 在 x 点 2 阶可导, 故 $\exists \delta > 0$, s.t. f 在 $(x-\delta, x+\delta)$ 中 1 阶可导. 于是,

$$\lim_{h \to 0} \frac{f(x+h) + f(x-h) - 2f(x)}{h^2}$$

$$\underset{\text{L'Hospital 法则}}{\overset{\frac{0}{0}}{=\!=\!=}} \lim_{h \to 0} \frac{f'(x+h) - f'(x-h)}{2h}$$

$$= \frac{1}{2} \lim_{h \to 0} \left[\frac{f'(x+h) - f'(x)}{h} + \frac{f'(x-h) - f'(x)}{-h} \right]$$

$$= \frac{1}{2} (f''(x) + f''(x)) = f''(x).$$ □

例 3.4.9 下面两种计算哪个是正确的? 如果有错误, 请指出错在何处?

$$\lim_{x \to +\infty} \frac{2x - \cos x}{2x + \cos x} = \lim_{x \to +\infty} \frac{2 - \dfrac{\cos x}{x}}{2 + \dfrac{\cos x}{x}} = \frac{2-0}{2+0} = 1.$$

$$\lim_{x \to +\infty} \frac{2x - \cos x}{2x + \cos x} \overset{\frac{\infty}{\infty} \text{型}}{=\!=\!=} \lim_{x \to +\infty} \frac{2 + \sin x}{2 - \sin x} = \lim_{x \to +\infty} \frac{\cos x}{-\cos x}$$

$$= \lim_{x \to +\infty} (-1) = -1.$$

例 3.4.10 设 f 在 $(a, +\infty)$ 上可导, 并且 $\lim\limits_{x \to +\infty} [f(x) + f'(x)] = 0$. 证明: $\lim\limits_{x \to +\infty} f(x) = 0$.

证法 1 由 $\dfrac{\cdot}{\infty}$ 型 L'Hospital 法则得

$$\lim_{x \to +\infty} f(x) = \lim_{x \to +\infty} \frac{e^x f(x)}{e^x} \overset{\frac{\cdot}{\infty}}{=\!=\!=} \lim_{x \to +\infty} \frac{e^x [f(x) + f'(x)]}{e^x}$$

$$= \lim_{x \to +\infty} [f(x) + f'(x)] = 0.$$

证法 2 因为 $\lim\limits_{x \to +\infty} [f(x) + f'(x)] = 0$, 所以, $\exists \Delta_1 > a$, s.t. 当 $x > \Delta_1$ 时, 有

$$|f(x) + f'(x)| < \frac{\varepsilon}{2}.$$

固定 Δ_1, 取 $\Delta > \max \left\{ \Delta_1, \ln \dfrac{2 |e^{\Delta_1} f(\Delta_1)|}{\varepsilon} \right\}$, 当 $x > \Delta$ 时, 有

$$|f(x) - 0| = \left| \frac{e^x f(x)}{e^x} \right|$$

$$= \left| \frac{e^x f(x) - e^{\Delta_1} f(\Delta_1)}{e^x - e^{\Delta_1}} \cdot \frac{e^x - e^{\Delta_1}}{e^x} + \frac{e^{\Delta_1} f(\Delta_1)}{e^x} \right|$$

$$\frac{\text{Cauchy 中值定理}}{\exists\, \xi \in (\Delta_1, x)} \left| \frac{e^\xi [f(\xi) + f'(\xi)]}{e^\xi} (1 - e^{\Delta_1 - x}) + \frac{e^{\Delta_1} f(\Delta_1)}{e^x} \right|$$

$$\leqslant |\, f(\xi) + f'(\xi)\,| + \frac{|\, e^{\Delta_1} f(\Delta_1)\,|}{e^x} < \frac{\varepsilon}{2} + \frac{|\, e^{\Delta_1} f(\Delta_1)\,|}{e^\Delta}$$

$$< \frac{\varepsilon}{2} + \frac{\varepsilon}{2} = \varepsilon,$$

所以,

$$\lim_{x \to +\infty} f(x) = 0. \qquad \square$$

练习题 3.4

1. 求下列不定型的极限:

(1) $\displaystyle\lim_{x \to 0} \frac{e^x - 1}{\sin x}$;

(2) $\displaystyle\lim_{x \to \frac{\pi}{6}} \frac{1 - 2\sin x}{\cos 3x}$;

(3) $\displaystyle\lim_{x \to 0} \frac{\ln(1+x) - x}{\cos x - 1}$;

(4) $\displaystyle\lim_{x \to 0} \frac{\tan x - x}{x - \sin x}$;

(5) $\displaystyle\lim_{x \to \frac{\pi}{2}} \frac{\tan x - 6}{\sec x + 5}$;

(6) $\displaystyle\lim_{x \to 0} \left(\frac{1}{x} - \frac{1}{e^x - 1} \right)$;

(7) $\displaystyle\lim_{x \to 0} (\tan x)^{\sin x}$;

(8) $\displaystyle\lim_{x \to 1} x^{\frac{1}{1-x}}$;

(9) $\displaystyle\lim_{x \to 0} (1 + x^2)^{\frac{1}{x}}$;

(10) $\displaystyle\lim_{x \to 0^+} \sin x \ln x$;

(11) $\displaystyle\lim_{x \to 0} \left(\frac{1}{x^2} - \frac{1}{\sin^2 x} \right)$;

(12) $\displaystyle\lim_{x \to 0} \left(\frac{\tan x}{x} \right)^{\frac{1}{x^2}}$;

(13) $\displaystyle\lim_{x \to 0} \frac{e^{ax} - e^{bx}}{\sin ax - \sin bx}$;

(14) $\displaystyle\lim_{x \to 0} \frac{x \cot x - 1}{x^2}$;

(15) $\displaystyle\lim_{x \to 0} \frac{x(e^x + 1) - 2(e^x - 1)}{x^3}$;

(16) $\displaystyle\lim_{x \to +\infty} \frac{e^x + e^{-x}}{x^3}$;

(17) $\displaystyle\lim_{x \to 0^+} x^x$;

(18) $\displaystyle\lim_{x \to 1^-} \ln x \ln(1 - x)$;

(19) $\displaystyle\lim_{x \to +\infty} \left(\cos \frac{a}{x} \right)^x$;

(20) $\displaystyle\lim_{x \to +\infty} \left(\frac{2}{\pi} \arctan x \right)^x$;

(21) $\displaystyle\lim_{x \to \infty} x \left(\left(1 + \frac{1}{x} \right)^x - e \right)$;

(22) $\displaystyle\lim_{x \to \infty} \left(\frac{2}{\pi} \arccos x \right)^{\frac{1}{x}}$;

(23) $\displaystyle\lim_{x \to \infty} (\pi - 2\arctan x) \ln x$;

(24) $\displaystyle\lim_{x \to +\infty} \left(\frac{\pi}{2} - \arctan x \right)^{\frac{1}{\ln x}}$;

(25) $\displaystyle\lim_{x \to 0} \left(\frac{\ln(1+x)^{1+x}}{x^2} - \frac{1}{x} \right)$.

2. 设 f 在 0 的某开邻域内 2 阶连续可导且 $f(0) = 0$, 定义

$$g(x) = \begin{cases} \dfrac{f(x)}{x}, & x \neq 0, \\ f'(0), & x = 0. \end{cases}$$

证明：g 在这开邻域内是连续可导的.

3. (1) 设函数 f 在 x_0 处具有连续的 2 阶导数. 两次应用 L'Hospital 法则证明：

$$\lim_{h \to 0} \frac{f(x_0 + h) + f(x_0 - h) - 2f(x_0)}{h^2} = f''(x_0);$$

(2) 当函数 f 在点 x_0 处具有 2 阶导数时, 上述等式是否仍成立.

4. 设 $f(0) = 0, f'$ 在原点的某开邻域内连续, 且 $f'(0) \neq 0$. 证明：$\lim\limits_{x \to 0^+} x^{f(x)} = 1$.

5. 证明：$f(x) = x^3 \mathrm{e}^{-x^2}$ 为有界函数.

思考题 3.4

1. 设 $x_1 = \sin x_0 > 0, x_{n+1} = \sin x_n, n \in \mathbb{N}$. 证明：

$$\lim_{n \to +\infty} \sqrt{\frac{n}{3}}\, x_n = 1.$$

2. 应用 L'Hospital 法则或数学归纳法证明：

$$\lim_{x \to 0} \frac{1 - \cos a_1 x \cdots \cos a_n x}{x^2} = \frac{1}{2} \sum_{k=1}^{n} a_k^2.$$

3.5　应用导数研究函数之一：单调性、极值、最值

作为 Fermat 定理、Rolle 定理、Lagrange 中值定理与 Cauchy 中值定理的应用, 我们来研究函数的单调性、极值、最值以及凹凸性.

定理 3.5.1　设 I 为区间, f 在 I 上连续, 在 $\mathring{I}$ 内可导, 且 $f'(x) > 0 (< 0)$, 则 f 在 I 上严格增(减). 反之不真.

证明　$\forall x_1, x_2 \in I, x_1 < x_2$, 由 Lagrange 中值定理, $\exists \xi \in (x_1, x_2) \subset \mathring{I}$, s.t.

$$\frac{f(x_2) - f(x_1)}{x_2 - x_1} = f'(\xi) > 0,$$

所以, $f(x_1) < f(x_2)$, 即 f 在 I 上严格增.

当 $f'(x) < 0$ 时, 类似证明, 或用 $-f$ 代替 f 即可证得.

反之不真, 有反例：$f(x) = x^3$ 在 $(-\infty, +\infty)$ 上严格增, 但 $f'(0) = 3x^2|_{x=0} = 0$.

定理 3.5.2　设 I 为区间, f 在 I 上连续, 在 $\mathring{I}$ 内可导, 则

$$f \text{ 在 } I \text{ 上单调增(减)} \Leftrightarrow f'(x) \geqslant 0 (\leqslant 0), \forall x \in \mathring{I}.$$

证明 $(\Rightarrow) \forall x \in \mathring{I}$，因 f 在 I 上单调增，故

$$\frac{f(x+\Delta x)-f(x)}{\Delta x} \geqslant 0,$$

所以，

$$f'(x)=\lim_{\Delta x \to 0}\frac{f(x+\Delta x)-f(x)}{\Delta x}\geqslant 0.$$

$(\Leftarrow) \forall x_1, x_2 \in I, x_1 < x_2$，由 Lagrange 中值定理知，$\exists \xi \in (x_1, x_2) \subset \mathring{I}$，s. t.

$$\frac{f(x_2)-f(x_1)}{x_2-x_1}=f'(\xi)\geqslant 0,$$

所以，$f(x_1) \leqslant f(x_2)$，即 f 在 I 上单调增.

当 $f'(x) \leqslant 0$ 时，类似证明，或用 $-f$ 代替 f 即可证得. $\square$

定理 3.5.3 设 I 为区间，f 在 I 上连续，在 $\mathring{I}$ 内可导，则 f 在 I 上严格增（减）$\Leftrightarrow$ (1) $f'(x) \geqslant 0 (\leqslant 0), \forall x \in \mathring{I}$; (2) $\{x \in \mathring{I} \mid f'(x)=0\}$ 不构成区间，或在任何非退化区间 $I_1 \subset \mathring{I}$ 上，$f'(x) \not\equiv 0$.

证明 $(\Rightarrow)$ (1) 因为 f 严格增，当然是单调增，由定理 3.5.2 知，$f'(x) \geqslant 0, \forall x \in \mathring{I}$.

(2)（反证）假设有非退化区间 $I_1 \subset \mathring{I}$，s. t. $f'(x)=0, \forall x \in I_1$，则由推论 3.3.1 知，$f(x)=$ 常数，$\forall x \in I_1$，这与 f 严格增相矛盾.

$(\Leftarrow)$ 由右边的条件 (1) 与定理 3.5.2 推得 f 单调增，故 $\forall x_1 x_2 \in I, x_1 < x_2$，有 $f(x_1) \leqslant f(x_2)$.

如果 $f(x_1)=f(x_2)$，由 f 单调增知，$f(x)=f(x_1), \forall x \in [x_1, x_2]$，所以 $f'(x)=0$，$\forall x \in (x_1, x_2)=I_1$，这与右边条件 (2) 相矛盾. 因此，$\forall x_1, x_2 \in I, x_1 < x_2$，有

$$f(x_1) < f(x_2),$$

这就证明了 f 在 I 上是严格增的.

关于严格减的情形可类似证明，或用 $-f$ 代替 f 即可证得. $\square$

例 3.5.1 证明 $f(x)=x^3$ 在 $(-\infty, +\infty)$ 上是严格增的.

证法 1 因为 $f'(x)=3x^2 \geqslant 0$，且 $\{x \mid f'(x)=3x^2=0\}=\{0\}$ 不构成区间，根据定理 3.5.3 知，$f(x)=x^3$ 在 $(-\infty, +\infty)$ 是严格增的.

证法 2 对 $x_1 < x_2$，有

$$x_2^3 - x_1^3 = (x_2-x_1)(x_2^2+x_2 x_1+x_1^2)$$
$$= (x_2-x_1)[(\mid x_2 \mid - \mid x_1 \mid)^2 + 2 \mid x_2 x_1 \mid + x_2 x_1] > 0,$$

故 $f(x_1)=x_1^3 < x_2^3 = f(x_2)$，即 f 在 $(-\infty, +\infty)$ 是严格增的. $\square$

例 3.5.2 证明 $f(x)=x-\sin x$ 在 $(-\infty, +\infty)$ 上严格增.

证明　由于 $f'(x)=1-\cos x\geqslant 0$，且 $\{x\,|\,f'(x)=1-\cos x=0\}=\{2k\pi\,|\,k=0,\pm 1,\pm 2,\cdots\}$ 不构成区间，根据定理 3.5.3 知，$f(x)=x-\sin x$ 在 $(-\infty,+\infty)$ 是严格增的.　□

例 3.5.3　讨论函数 $f(x)=x^3-x=x(x+1)(x-1)$ 的单调区间.

解　由于 $f'(x)=3x^2-1=(\sqrt{3}x+1)(\sqrt{3}x-1)$，故驻点为 $x_1=-\dfrac{1}{\sqrt{3}}$，$x_2=\dfrac{1}{\sqrt{3}}$. 应用定理 3.5.3 以及下表知，f 在 $\left(-\infty,-\dfrac{1}{\sqrt{3}}\right)$ 中严格增；在 $\left(-\dfrac{1}{\sqrt{3}},\dfrac{1}{\sqrt{3}}\right)$ 中严格减；在 $\left(\dfrac{1}{\sqrt{3}},+\infty\right)$ 中又严格增.

列成表如下：

x	$-\infty$		$-\dfrac{1}{\sqrt{3}}$		$\dfrac{1}{\sqrt{3}}$		$+\infty$
$\sqrt{3}x+1$		$-$		$+$		$+$	
$\sqrt{3}x-1$		$-$		$-$		$+$	
$f'(x)$		$+$		$-$		$+$	
$f(x)$		↗		↘		↗	

$$f(-1)=f(0)=f(1)=0,$$
$$f\left(\frac{1}{\sqrt{3}}\right)=-\frac{2}{3\sqrt{3}}=-\frac{2\sqrt{3}}{9},$$
$$f\left(-\frac{1}{\sqrt{3}}\right)=-f\left(\frac{1}{\sqrt{3}}\right)=\frac{2\sqrt{3}}{9}.$$
$$\lim_{x\to-\infty}f(x)=\lim_{x\to-\infty}x^3\left(1-\frac{1}{x^2}\right)=-\infty,$$
$$\lim_{x\to+\infty}f(x)=\lim_{x\to+\infty}x^3\left(1-\frac{1}{x^2}\right)=+\infty.$$

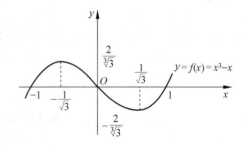

图　3.5.1

由上可见，$-\dfrac{1}{\sqrt{3}}$ 与 $\dfrac{1}{\sqrt{3}}$ 分别为 $f(x)$ 在 $(-\infty,+\infty)$ 上的极大值点与极小值点（如图 3.5.1 所示）.　□

例 3.5.4　设 $n\in\mathbb{N}$，证明：
$$\mathrm{e}^x>1+\frac{x}{1!}+\frac{x^2}{2!}+\cdots+\frac{x^n}{n!},\quad\forall\,x>0.$$

证明　（数学归纳法）当 $n=1$ 时，令 $\varphi(x)=\mathrm{e}^x-(1+x)$，$x\geqslant 0$，则 $\varphi'(x)=\mathrm{e}^x-1>0$，$x>0$. 这表明 φ 在 $[0,+\infty)$ 上是严格增的. 于是，

$$e^x - (1+x) = \varphi(x) > \varphi(0) = 0,$$
$$e^x > 1 + x, \quad x > 0.$$

不等式成立.

假设 $n = k$ 时,有

$$e^x > 1 + \frac{x}{1!} + \frac{x^2}{2!} + \cdots + \frac{x^k}{k!}, \quad x > 0,$$

则当 $n = k+1$ 时,令

$$\psi(x) = e^x - \left[1 + \frac{x}{1!} + \frac{x^2}{2!} + \cdots + \frac{x^{k+1}}{(k+1)!} \right], \quad x \geqslant 0.$$

依归纳假设,

$$\psi'(x) = e^x - \left(1 + \frac{x}{1!} + \cdots + \frac{x^k}{k!} \right) > 0, \quad x > 0.$$

这表明 ψ 在 $[0, +\infty)$ 上是严格增的. 于是,

$$\psi(x) > \psi(0) = 0,$$

即

$$e^x > 1 + \frac{x}{1!} + \frac{x^2}{2!} + \cdots + \frac{x^k}{k!}, \quad x > 0. \qquad \square$$

例 3.5.5 证明: $\dfrac{2}{\pi} \leqslant \dfrac{\sin x}{x} < 1, x \in \left(0, \dfrac{\pi}{2} \right]$.

证明 令 $f(x) = \dfrac{\sin x}{x}$,则 $f'(x) = \dfrac{x \cos x - \sin x}{x^2} = \cos x \cdot \dfrac{x - \tan x}{x} < 0, x \in \left(0, \dfrac{\pi}{2} \right)$,从

而 $f(x)$ 在 $\left(0, \dfrac{\pi}{2} \right]$ 上严格减. 又因为 $\lim\limits_{x \to 0} \dfrac{\sin x}{x} = 1$,所以

$$\frac{2}{\pi} = \frac{\sin \dfrac{\pi}{2}}{\dfrac{\pi}{2}} \leqslant \frac{\sin x}{x} < 1, \quad x \in \left(0, \frac{\pi}{2} \right]. \qquad \square$$

例 3.5.6 设 f 在 $(a, +\infty)$ 上有有界的导函数. 证明: 存在常数 C 与 x_0,当 $x \geqslant x_0$ 时,$f(x) < Cx$.

证明 设 $|f'(x)| \leqslant M, \forall x \in (a, +\infty)$. 取定 $x_0 > 0$,再取 $C > \max \left\{ M, \dfrac{f(x_0)}{x_0} \right\}$. 令 $F(x) = f(x) - Cx$,则

$$F'(x) = f'(x) - C < 0,$$

根据定理 3.5.1 知,$F(x)$ 在 $(a, +\infty)$ 上严格减. 所以,

$$f(x) - Cx = F(x) \leqslant F(x_0) = f(x_0) - Cx_0 < 0, \forall x \geqslant x_0,$$

即

$$f(x) < Cx, \forall x \geqslant x_0. \qquad \square$$

例 3.5.7　设 f 在 $[a,+\infty)$ 上连续，在 $(a,+\infty)$ 内可导，$f(a)<0$，且当 $x>a$ 时，$f'(x)>k>0$. 证明：f 有惟一的零点.

证明　由 $f(a)<0$ 与 $k>0$ 知，$a-\dfrac{f(a)}{k}>a$. 在 $\left[a,a-\dfrac{f(a)}{k}\right]$ 上应用 Lagrange 中值定理，$\exists\,\xi\in\left(a,a-\dfrac{f(a)}{k}\right)$，s. t.

$$f\left(a-\frac{f(a)}{k}\right)-f(a)=f'(\xi)\left[\left(a-\frac{f(a)}{k}\right)-a\right]$$
$$=f'(\xi)\cdot\frac{-f(a)}{k}>k\cdot\frac{-f(a)}{k}$$
$$=-f(a).$$

因此得到 $f\left(a-\dfrac{f(a)}{k}\right)>0$. 根据零值定理可知，$\exists\,c\in\left(a,a-\dfrac{f(a)}{k}\right)$，s. t. $f(c)=0$.

另一方面，由题设知，当 $x>a$ 时，$f'(x)>k>0$，因此，f 在 $[a,+\infty)$ 上严格增，从而 $f(x)=0$ 至多只有一个零点.

综上所述可推得 f 有惟一的零点.　　　　　　　　　　　　　　　$\square$

例 3.5.8　当 $x>0$ 时，证明：

$$x-\frac{x^3}{3!}+\frac{x^5}{5!}-\cdots-\frac{x^{4k+3}}{(4k+3)!}<\sin x$$
$$<x-\frac{x^3}{3!}+\frac{x^5}{5!}-\cdots-\frac{x^{4k-1}}{(4k-1)!}+\frac{x^{4k+1}}{(4k+1)!},$$
$$1-\frac{x^2}{2!}+\frac{x^4}{4!}-\cdots-\frac{x^{4k+2}}{(4k+2)!}<\cos x$$
$$<1-\frac{x^2}{2!}+\frac{x^4}{4!}-\cdots-\frac{x^{4k+2}}{(4k+2)!}+\frac{x^{4k+4}}{(4k+4)!}.$$

证明　(1) 令 $F_0(x)=x-\sin x$，则 $F_0'(x)=1-\cos x\geqslant0$，又 $\{x\in(0,+\infty)\,|\,F'(x)=1-\cos x=0\}=\{2k\pi\,|\,k\in\mathbb{N}\}$ 不构成区间，根据定理 3.5.3 知，F_0 在 $[0,+\infty)$ 上严格增. 于是，

$$x-\sin x=F_0(x)>F_0(0)=0,$$

即　　　　　　　　　　　$\sin x<x,\quad\forall\,x>0.$

(2) 令 $G_0(x)=\cos x-1+\dfrac{x^2}{2}$，则由(1)知，

$$G_0'(x)=-\sin x+x=x-\sin x>0,\quad\forall\,x>0,$$

所以，$G_0(x)$ 在 $[0,+\infty)$ 上严格增. 于是，

$$\cos x-1+\frac{x^2}{2}=G_0(x)>G_0(0)=0,$$

即
$$\cos x > 1 - \frac{x^2}{2}, \quad \forall x > 0.$$

(3) 令 $H_0(x) = \sin x - x + \frac{x^3}{3!}$，则由(2)知，

$$H_0'(x) = \cos x - 1 + \frac{x^2}{2} > 0, \quad \forall x > 0,$$

所以，$H_0(x)$ 在 $[0, +\infty)$ 上严格增. 于是，

$$\sin x - x + \frac{x^3}{3!} = H_0(x) > H_0(0) = 0,$$

即
$$\sin x > x - \frac{x^3}{3!}, \quad \forall x > 0.$$

(4) 令 $Q_0(x) = 1 - \frac{x^2}{2!} + \frac{x^4}{4!} - \cos x$，则由(3)知，

$$Q_0'(x) = \sin x - x + \frac{x^3}{3!} > 0, \quad \forall x > 0,$$

所以，$Q_0(x)$ 在 $[0, +\infty)$ 上严格增. 于是，

$$1 - \frac{x^2}{2!} + \frac{x^4}{4!} - \cos x = Q_0(x) > Q_0(0) = 0,$$

即
$$\cos x < 1 - \frac{x^2}{2!} + \frac{x^4}{4!}, \quad \forall x > 0.$$

余下请读者仿照以上(1)~(4)依次构造函数 $F_l(x), G_l(x), H_l(x), Q_l(x), l = 1, 2, \cdots$，并应用归纳法完成不等式的全部证明. □

注 3.5.1 例 3.5.4、例 3.5.5、例 3.5.8 中各函数不等式的证法有一个共同之点，就是先将不等式两边的函数移到一边去，并构造一个新函数，再应用导数证明新函数的单调性，然后，证明新函数大于零或小于零. 最终将移过来的函数移回去便得要证的不等式.

Fermat 定理指出：如果函数 f 在 x_0 达极值且可导，则 x_0 必为 f 的驻点. 因此，x_0 为 f 的驻点是 f 在 x_0 可导下达到极值的必要条件，但它不是充分条件. $y = f(x) = x^3, x_0 = 0$ 就是一个反例. 下面我们将给出两个达到极值的充分条件.

定理 3.5.4(极值的充分条件之一) 设 f 在区间 I 上有定义，$x_0 \in \mathring{I}$ 为 f 的连续点.
(1) 如果 $\exists \delta > 0$, s. t.

$$f'(x) \begin{cases} > 0, x \in (x_0 - \delta, x_0), \\ < 0, x \in (x_0, x_0 + \delta), \end{cases}$$

则 x_0 为 f 的一个严格极大值点；
(2) 如果 $\exists \delta > 0$, s. t.

$$f'(x) \begin{cases} < 0, x \in (x_0 - \delta, x_0), \\ > 0, x \in (x_0, x_0 + \delta), \end{cases}$$

则 x_0 为 f 的一个严格极小值点.

证明　(1)由定理 3.5.1 知,f 在 $(x_0-\delta,x_0]$ 严格增,所以 $f(x)<f(x_0)$,$\forall x\in(x_0-\delta,x_0)$;再由定理 3.5.1 知,$f$ 在 $[x_0,x_0+\delta)$ 上严格减,所以 $f(x)<f(x_0)$,$\forall x\in(x_0,x_0+\delta)$.这就证明了 x_0 为 f 的严格极大值点.

(2) 类似(1)证明,或用 $-f$ 代替 f 即可证得.　　　　　　　　　　　□

读者自然会问:如果 x_0 为 f 的驻点,应再附加什么条件,x_0 为 f 的极值点,是极大值点还是极小值点?

定理 3.5.5(极值的充分条件之二)　设 f 在区间 I 上有定义,$x_0\in\mathring{I}$ 为 f 的一个驻点,即 $f'(x_0)=0$.进一步,设 $f''(x_0)$ 存在有限,则:

(1) 当 $f''(x_0)<0$ 时,x_0 为 f 的一个严格极大值点;

(2) 当 $f''(x_0)>0$ 时,x_0 为 f 的一个严格极小值点.

证明　(1) 因为

$$\lim_{x\to x_0}\frac{f'(x)}{x-x_0}=\lim_{x\to x_0}\frac{f'(x)-f'(x_0)}{x-x_0}=f''(x_0)<0,$$

所以,$\exists\delta>0$,s. t. 当 $0<|x-x_0|<\delta$ 时,

$$\frac{f'(x)}{x-x_0}<0.$$

由此可知,

$$f'(x)\begin{cases}>0,x\in(x_0-\delta,x_0),&f\ \text{严格增},\\<0,x\in(x_0,x_0+\delta),&f\ \text{严格减}.\end{cases}$$

再由 f 在 x_0 可导,从定理 3.1.2 知,f 在 x_0 连续.根据定理 3.5.4(1)推得,x_0 为 f 的极大值点.

(2) 类似(1)证明,或用 $-f$ 代替 f 即可证得.　　　　　　　　　□

例 3.5.9　上面两个定理只是判断严格极值的充分条件.有这样的函数 f,在它的严格极小值点 $x=0$ 的任何一侧都不具有单调的性质.考察函数

$$f(x)=\begin{cases}x\sin\dfrac{1}{x}+2|x|,&x\neq0,\\0,&x=0.\end{cases}$$

它是一个处处连续的偶函数.因为 $\left|x\sin\dfrac{1}{x}\right|\leqslant|x|<2|x|$,$x\neq0$,所以 $f(x)>0=f(0)$.从而 0 为 f 的严格极小值(也是严格最小值).但是,当 $x>0$ 时,

$$f'(x)=\sin\frac{1}{x}-\frac{1}{x}\cos\frac{1}{x}+2,$$

所以,对 $\forall n\in\mathbb{N}$,有

$$f'\left(\frac{1}{n\pi}\right)=0-n\pi\cdot(-1)^n+2=2+(-1)^{n+1}n\pi.$$

当 n 从 $1, 2, 3, \cdots$ 依次地跑过时，$f'\left(\dfrac{1}{n\pi}\right)$ 正负交替地改变符号，因此 $\forall \delta > 0$，函数 f 在区间 $(0, \delta)$ 上都不是单调的；在 $(-\delta, 0)$ 上也是这样.

推论 3.5.1 设 f 在 x_0 处 2 阶可导，x_0 为 f 的极大（小）值点，则 $f''(x_0) \leqslant 0 (\geqslant 0)$.

证明 （反证）假设 $f''(x_0) > 0$，由定理 3.5.5(2) 知，x_0 为 f 的严格极小值点，又因为 x_0 为 f 的极大值点，故 $\exists \delta > 0$，当 $0 < |x - x_0| < \delta$ 时，有
$$f(x_0) < f(x) \leqslant f(x_0),$$
矛盾.

关于 $f''(x_0) \geqslant 0$ 的情形可类似证明，或用 $-f$ 代替 f 即可证得. $\qquad \square$

现在来讨论函数的最大值与最小值的问题，这个问题有重大的理论价值与应用价值. 已经知道，有界闭区间 $[a, b]$ 上的连续函数 f 必达到它的最大值与最小值. 关于 f 的最值有下面的定理.

定理 3.5.6 设 f 为 $[a, b]$ 上的连续函数，在 (a, b) 内部，除 $s_1, s_2, \cdots, s_k$ 外都可导，$t_1, t_2, \cdots, t_l$ 为 f 的全部驻点，则
$$\max_{a \leqslant x \leqslant b} f(x) = \max\{f(a), f(s_1), \cdots, f(s_k), f(t_1), \cdots, f(t_l), f(b)\},$$
$$\min_{a \leqslant x \leqslant b} f(x) = \min\{f(a), f(s_1), \cdots, f(s_k), f(t_1), \cdots, f(t_l), f(b)\}.$$

证明 因为 f 为 $[a, b]$ 上的连续函数，根据最值定理 2.5.3 知，f 必达到它的最大值与最小值. 这最值点或者为 a, b；或者为 (a, b) 内部的不可导点；或者为 (a, b) 内部的极值点. 根据 Fermat 定理，这种极值点必为 f 的驻点. 综合上述得到
$$\max_{a \leqslant x \leqslant b} f(x) = \max\{f(a), f(s_1), \cdots, f(s_k), f(t_1), \cdots, f(t_l), f(b)\},$$
$$\min_{a \leqslant x \leqslant b} f(x) = \min\{f(a), f(s_1), \cdots, f(s_k), f(t_1), \cdots, f(t_l), f(b)\}. \qquad \square$$

例 3.5.10 设 $f(x) = (x - 1)(x - 2)^2$. 求函数 f 在 $\left[0, \dfrac{5}{2}\right]$ 上的最大值与最小值.

解 由 $f'(x) = (3x - 4)(x - 2) = 0$，得到 f 的驻点为 $\dfrac{4}{3}$ 与 2. 于是，根据定理 3.5.6，有

$$\max_{0 \leqslant x \leqslant \frac{5}{2}} f(x) = \max_{0 \leqslant x \leqslant \frac{5}{2}} \left\{ f(0), f\left(\frac{4}{3}\right), f(2), f\left(\frac{5}{2}\right) \right\}$$
$$= \max_{0 \leqslant x \leqslant \frac{5}{2}} \left\{ -4, \frac{4}{27}, 0, \frac{3}{8} \right\} = \frac{3}{8},$$

$$\min_{0 \leqslant x \leqslant \frac{5}{2}} f(x) = \min_{0 \leqslant x \leqslant \frac{5}{2}} \left\{ f(0), f\left(\frac{4}{3}\right), f(2), f\left(\frac{5}{2}\right) \right\}$$
$$= \min_{0 \leqslant x \leqslant \frac{5}{2}} \left\{ -4, \frac{4}{27}, 0, \frac{3}{8} \right\} = -4$$

（如图 3.5.2 所示）.

定理 3.5.7　设 f 在区间 I 上连续，且只有惟一的极值点 x_0.

（1）如果 x_0 为 f 的极大值点，则 x_0 为 f 的惟一的最大值点；

（2）如果 x_0 为 f 的极小值点，则 x_0 为 f 的惟一的最小值点.

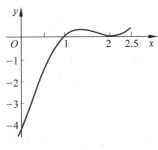

图　3.5.2

证明　（1）（反证）假设有 $x_1 \neq x_0$，$x_1 \in I$，使 $f(x_1) \geqslant f(x_0)$，不妨设 $x_1 > x_0$. 由于 f 在 $[x_0, x_1]$ 上连续，则它必有最小值. 因为 x_0 为 f 的极大值，故 $\exists \delta > 0$，使得

$$f(x) \leqslant f(x_0), \quad \forall x \in [x_0, x_0 + \delta),$$

则必有 $x' \in (x_0, x_0 + \delta)$，使 $f(x') < f(x_0)$（否则 $f(x) \equiv f(x_0)$，$\forall x \in (x_0, x_0 + \delta)$，从而 $(x_0, x_0 + \delta)$ 中任何点均为 f 的极值点，这与只有惟一的极值点 x_0 相矛盾）. 由以上讨论知，x_0 与 x_1 均不为 f 在 $[x_0, x_1]$ 中的最小值点. 其最小值点 $\xi \in (x_0, x_1)$，当然 ξ 为 f 的极小值点，这与 x_0 为 f 的惟一的极值点相矛盾.

（2）可类似（1）证明，或用 $-f$ 代替 f 即可证得.

例 3.5.11　设 $m > 0$，$n > 0$，则当 $0 \leqslant x \leqslant a$ 时，有

$$x^m (a - x)^n \leqslant \frac{m^m n^n}{(m+n)^{m+n}} a^{m+n}.$$

证明　设 $f(x) = x^m (a - x)^n$，$0 \leqslant x \leqslant a$，则 $f(x) \geqslant 0$，且

$$
\begin{aligned}
f'(x) &= m x^{m-1} (a - x)^n - n x^m (a - x)^{n-1} \\
&= x^{m-1} (a - x)^{n-1} [m(a - x) - nx] \\
&= x^{m-1} (a - x)^{n-1} [ma - (m + n)x]
\end{aligned}
$$

$$
\begin{cases}
> 0, 0 \leqslant x < \dfrac{ma}{m+n}, & f \text{ 单调增}, \\[2mm]
= 0, x = \dfrac{ma}{m+n}, & f \text{ 取最大值}, \\[2mm]
< 0, \dfrac{ma}{m+n} < x \leqslant a, & f \text{ 单调减}.
\end{cases}
$$

于是，

$$x^m (a - x)^n = f(x) \leqslant f\left(\frac{ma}{m+n}\right)$$

$$= \left(\frac{ma}{m+n}\right)^m \left(a - \frac{ma}{m+n}\right)^n$$

$$= \frac{m^m}{(m+n)^m} \cdot \frac{n^n}{(m+n)^n} a^{m+n}$$
$$= \frac{m^n n^n}{(m+n)^{m+n}} a^{m+n}.$$

例 3.5.12 $1, \sqrt{2} = 2^{\frac{1}{2}}, \sqrt[3]{3} = 3^{\frac{1}{3}}, \cdots, \sqrt[n]{n} = n^{\frac{1}{n}}, \cdots$ 中哪一项最大.

解 令 $f(x) = x^{\frac{1}{x}}, x > 0$，则

$$f'(x) = (e^{\frac{1}{x}\ln x})' = e^{\frac{1}{x}\ln x}\left(\frac{-1}{x^2}\ln x + \frac{1}{x} \cdot \frac{1}{x}\right)$$

$$= x^{\frac{1}{x}-2}(1-\ln x)\begin{cases} > 0, & 0 < x < e, f \text{ 严格增}, \\ = 0, & x = e, f \text{ 达最大值}, \\ < 0, & x > e, f \text{ 严格减}. \end{cases}$$

$$\lim_{x\to 0^+} x^{\frac{1}{x}} = \lim_{x\to 0^+} e^{\frac{1}{x}\ln x} = 0,$$

$$\lim_{x\to +\infty} x^{\frac{1}{x}} = e^{\lim_{x\to+\infty}\frac{\ln x}{x}} = e^0 = 1.$$

由图 3.5.3 知，$\max\limits_{n\in N} \sqrt[n]{n} = \max\limits_{n\in N} n^{\frac{1}{n}} = \max\{\sqrt{2}, \sqrt[3]{3}\}$，所以 $\sqrt[3]{3}$ 为最大项.

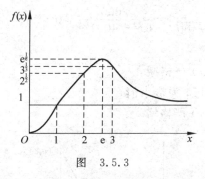

图 3.5.3

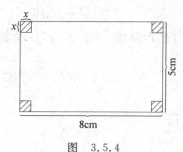

图 3.5.4

例 3.5.13 有长方形纸板，长 8cm，宽 5cm，将四角各剪去大小相同的小正方形，制成无盖纸盒. 问小正方形的边长为多少时，盒子的容积最大.

解 设剪去的小正方形边长为 x，则 $0 < x < \frac{5}{2}$（如图 3.5.4 所示）. 纸盒容积为

$$V = x(8-2x)(5-2x) = 4x^3 - 26x^2 + 40x,$$
$$V' = 12x^2 - 52x + 40 = 4(3x-10)(x-1),$$

所以，在 $\left(0, \frac{5}{2}\right)$ 中 V 的驻点为 1. 由

$$V(0) = 0, V(1) = 18, V\left(\frac{5}{2}\right) = 0,$$

知，当 $x = 1$(cm) 时，容积 $V(1) = 18$(cm³) 为最大.

例 3.5.14　设 A 为铁路上一站，从 A 运原料到工厂 C，C 距铁路的垂直距离为 $BC=20$km，B 距 A 的距离 $AB=150$km. 现欲在 AB 之间找一点 D，修公路与 C 连接（见图 3.5.5）. 已知铁路运输与公路运输费用之比为 $3:5$. 问：D 修在何处才能使运费最省.

解　设公路运费为 5，则铁路运费为 3，置 D 于离 B x（单位：km）处，则运费

$$y=f(x)=3(150-x)+5\sqrt{x^2+20^2},$$

$$0=f'(x)=-3+\frac{5x}{\sqrt{x^2+400}},$$

$$5x=3\sqrt{x^2+400}, 25x^2=9x^2+3600,$$

$$16x^2=3600, \quad x=\pm 15.$$

因此，从

$$f'(x)=-3+\frac{5x}{\sqrt{x^2+400}}\begin{cases}<0, & x<15, f(x)\text{严格减}, \\ =0, & x=15, f(15)\text{为最小值}, \\ >0, & x>15, f(x)\text{严格增}\end{cases}$$

可知 $f(x)$ 在 $x=15$ 达到最小值，即 D 应选在 A 点与 B 点之间距 B 点 15km 处，其运费最省（如图 3.5.5 所示）. 或者从

$$f''(x)=\frac{1}{x^2+400}\left(\sqrt{x^2+400}-\frac{x^2}{\sqrt{x^2+400}}\right)=\frac{2000}{(x^2+400)^{3/2}}>0$$

得到 $f'(x)$ 严格增，再由 $f'(15)=0$ 推出

$$f'(x)\begin{cases}<0, & x<15, f(x)\text{ 严格减}, \\ =0, & x=15, f(15)\text{ 为最小值}, \\ >0, & x>15, f(x)\text{ 严格增}.\end{cases}$$

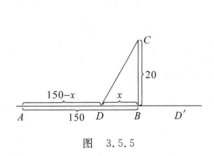

图　3.5.5

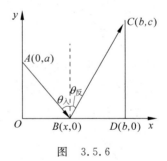

图　3.5.6

例 3.5.15　证明：光线的入射角 $\theta_\text{入}$ 等于反射角 $\theta_\text{反}$.

证明　光线服从"最短原理"：光线从 $(0,a)$ 经 x 轴上某点 $(x,0)$ 反射到 (b,c) 点（如图 3.5.6 所示）. x 在何处时，所走路程 $AB+BC$ 最短.

设

$$L(x)=AB+BC=\sqrt{a^2+x^2}+\sqrt{(b-x)^2+c^2}\,,$$

则

$$L'(x)=\frac{x}{\sqrt{a^2+x^2}}-\frac{b-x}{\sqrt{(b-x)^2+c^2}}\,,\quad 0\leqslant x\leqslant b,$$

$$L''(x)=\frac{1}{\sqrt{a^2+x^2}}-\frac{x^2}{\sqrt{(a^2+x^2)^{3/2}}}+\frac{1}{\sqrt{(b-x)^2+c^2}}$$

$$-\frac{(b-x)^2}{[(b-x)^2+c^2]^{3/2}}$$

$$=\frac{a^2+x^2-x^2}{(a^2+x^2)^{3/2}}+\frac{(b-x)^2+c^2-(b-x)^2}{[(b-x)^2+c^2]^{3/2}}$$

$$=\frac{a^2}{(a^2+x^2)^{3/2}}+\frac{c^2}{[(b-x)^2+c^2]^{3/2}}>0.$$

从而 $L'(x)$ 严格增，且 $L(x)$ 在驻点 $\Big($ 驻点满足 $\dfrac{x}{\sqrt{a^2+x^2}}=\dfrac{b-x}{\sqrt{(b-x)^2+c^2}}\Leftrightarrow\dfrac{a^2}{x^2}=\dfrac{c^2}{(b-x)^2}$

$\Leftrightarrow x=\dfrac{ab}{a+c}\Big)$ 处达到最小值. 此时，$\triangle AOB\backsim\triangle CDB$，即 $\theta_入=\theta_反$. □

例 3.5.16 炼油厂要修建容量为 V_0 的贮油罐. 问：此罐的底面直径与高之比为多少时，用料量最省即表面积最小.

解 设油罐底面半径为 r，高为 h，则

$$S=2\pi rh+2\pi r^2,$$

$$V_0=\pi r^2h,\quad h=\frac{V_0}{\pi r^2},\quad r>0.$$

于是，

$$S=2\pi r\cdot\frac{V_0}{\pi r^2}+2\pi r^2=\frac{2V_0}{r}+2\pi r^2,\quad r>0.$$

$$S'=-\frac{2V_0}{r^2}+4\pi r$$

$$=\frac{2}{r^2}(2\pi r^3-V_0)\begin{cases}<0,\quad 0<r<\sqrt[3]{\dfrac{V_0}{2\pi}},S(r)\text{ 严格减，}\\[2mm]=0,\quad r=\sqrt[3]{\dfrac{V_0}{2\pi}},S\Big(\sqrt[3]{\dfrac{V_0}{2\pi}}\Big)\text{为最小值，}\\[2mm]>0,\quad r>\sqrt[3]{\dfrac{V_0}{2\pi}},S(r)\text{ 严格增，}\end{cases}$$

即当 $\dfrac{2r}{h}=\dfrac{2r}{\dfrac{V_0}{\pi r^2}}=\dfrac{2\pi r^3}{V_0}=\dfrac{2\pi\cdot\dfrac{V_0}{2\pi}}{V_0}=1$ 时，表面积最省. □

练习题 3.5

1. 确定下列函数的单调区间:

(1) $f(x)=3x-x^2$;　　　　　　(2) $f(x)=2x^2-\ln x$;

(3) $f(x)=\sqrt{2x-x^2}$;　　　　 (4) $f(x)=\dfrac{x^2-1}{x}$;

(5) $f(x)=\arctan x-x$.

2. 应用函数的单调性证明下列不等式:

(1) $\tan x>x-\dfrac{x^3}{3}$, $x\in\left(0,\dfrac{\pi}{3}\right)$;

(2) $\dfrac{2x}{\pi}<\sin x<x$, $x\in\left(0,\dfrac{\pi}{2}\right)$;

(3) $x-\dfrac{x^2}{2}<\ln(1+x)<x-\dfrac{x^2}{2(1+x)}$;

(4) $x(x-\arctan x)>0$, $x\neq0$;

(5) $\ln(1+x)>\dfrac{\arctan x}{1+x}$, $x>0$.

3. 设 $a,b>0$. 证明:方程 $x^3+ax+b=0$ 不存在正根.

4. 证明:$\dfrac{\tan x}{x}>\dfrac{x}{\sin x}$, $x\in\left(0,\dfrac{\pi}{2}\right)$.

5. 设函数 f 与 g 在区间 $[a,+\infty)$ 上连续可导,且当 $x>a$ 时, $|f'(x)|\leqslant g'(x)$. 证明:当 $x\geqslant a$ 时,

$$|f(x)-f(a)|\leqslant g(x)-g(a).$$

6. 设函数 $y=f(x)$ 在点 x 处 3 阶可导,且 $f'(x)\neq0$. 证明:$f(x)$ 严格增或严格减,从而存在反函数 $x=f^{-1}(y)$. 试用 $f'(x)$, $f''(x)$ 及 $f'''(x)$ 表示 $(f^{-1})'''(y)$.

7. 证明:(1) 方程 $x^3-3x+c=0$(c 为常数)在区间 $[0,1]$ 内不可能有两个不同的实根.

(2) 方程 $x^n+px+q=0$($n\in\mathbb{N}$, $p,q\in\mathbb{R}$)当 n 为偶数时至多有 2 个实根;当 n 为奇数时至多有 3 个实根.

8. 设函数 f 在 $[a,b]$ 上可导. 证明:

(1) 若 $f'(x)\geqslant m$,则 $f(x)\geqslant f(a)+m(x-a)$, $\forall x\in[a,b]$;

(2) 若 $|f'(x)|\leqslant M$,则 $|f(x)-f(a)|\leqslant M(x-a)$, $\forall x\in[a,b]$.

9. 求下列函数的极值:

(1) $f(x)=2x^3-x^4$;　　　　　 (2) $f(x)=\dfrac{2x}{1+x^2}$;

(3) $f(x) = \dfrac{(\ln x)^2}{x}$;   (4) $f(x) = \arctan x - \dfrac{1}{2}\ln(1+x^2)$;

(5) $f(x) = |x(x^2-1)|$;   (6) $f(x) = (x-1)^2(x+1)^3$;

(7) $f(x) = \dfrac{x(x^2+1)}{x^4-x^2+1}$.

10. 设 $f(x) = \begin{cases} x^4 \sin^2 \dfrac{1}{x}, & x \neq 0, \\ 0, & x = 0. \end{cases}$

(1) 证明：$x=0$ 为 f 的极小值点，也是最小值点；

(2) 说明 f 的极小值点 $x=0$ 处是否满足极值的充分条件一或充分条件二.

11. 求下列函数在给定区间上的最大与最小值：

(1) $f(x) = x^4 - 2x^2 + 5$, $|x| \leqslant 2$;

(2) $f(x) = x^5 - 5x^4 + 5x^3 + 1$, $x \in [-1, 2]$;

(3) $f(x) = x\ln x$, $x > 0$;

(4) $f(x) = \sqrt{x}\ln x$, $x > 0$；

(5) $f(x) = x^2 - 3x + 2$, $x \in \mathbb{R}$；

(6) $f(x) = |x^2 - 3x + 2|$, $|x| \leqslant 10$；

(7) $f(x) = 2\tan x - \tan^2 x$, $x \in \left[0, \dfrac{\pi}{2}\right)$；

(8) $f(x) = \arctan \dfrac{1-x}{1+x}$, $0 \leqslant x \leqslant 1$.

12. 设函数 f 在点 x_0 处有 $f'_+(x_0) < 0 (>0)$, $f'_-(x_0) > 0 (<0)$, 则 x_0 为 f 极大（小）值点.

13. 证明：当 $x > 0$ 且 $x \neq 1$ 时，有 $(1-x)(x^2 \mathrm{e}^{\frac{1}{x}} - \mathrm{e}^x) > 0$ $\left(\text{提示：考察 } \varphi(x) = 2\ln x + \dfrac{1}{x} - x\right)$.

14. 求一正数 x，使它与其倒数之和 $f(x) = x + \dfrac{1}{x}$ 最小.

15. 证明：(1) 周长为 l 的矩形中，以正方形所围面积最大；

(2) 面积为定值 S 的矩形中，以正方形的边长为最小.

16. 设用某仪器进行测量时，读得 n 次实验数据为 $a_1, a_2, \cdots, a_n$. 问以怎样的数值 x 表达所要测量的真值，才能使它与这 n 个数之差的平方和为最小 $\Bigg($ 提示：即证 $f(x) = \displaystyle\sum_{i=1}^{n}(x-a_i)^2$ 的最小值为 $\bar{x} = \dfrac{a_1 + a_2 + \cdots + a_n}{n}\Bigg)$.

17. 内接于椭圆 $\dfrac{x^2}{a^2} + \dfrac{y^2}{b^2} = 1$，边平行于坐标轴的矩形，何时面积最大.

18. 从半径为 R 的圆纸片上剪去一个扇形，做成一个圆锥形的漏斗. 如何选取扇形的中心角,可使漏斗的容积最大.

19. 设 $0 < a < b \leqslant 2a$,在区间 $[a,b]$ 上讨论双曲线 $xy=1$.在该曲线每一点上作切线,它与横轴及两平行直线 $x=a$,$x=b$ 围成一个梯形.问这切线位于何处,才能使梯形有最大面积.

20. 在抛物线 $y^2=2px$ 上哪一点的法线被抛物线所截之线段为最短.

21. 有一个无盖的圆柱形容器,当给定体积为 V_0 时,要使容器的表面积为最小,问底的半径与容器高的比例为多大.

22. 要将货物从运河边上 A 城运往与运河相距 a(单位:km)的 B 城,轮船运费的单价是 α 元/km,火车运费的单价是 β 元/km$(\beta > \alpha)$.试求运河边上的一点 M,修建铁路 MB,使总运费最省.

23. 重量为 W 的物体放在一粗糙的平面上,施加一力克服摩擦,使之在平面上滑动,其摩擦系数为 μ,问该力应与水平成何角度,方可使用力最小?

24. 设 $f(x)=a\ln x+bx^2+x$ 在 $x_1=1$,$x_2=2$ 处都取得极值,试求 a 与 b;并问此时 f 在 x_1 与 x_2 是取得极大值还是极小值.

25. 证明:定圆内接正 n 边形面积随 n 的增加而增加.

26. 讨论函数

$$f(x)=\begin{cases} \dfrac{x}{2}+x^2\sin\dfrac{1}{x}, & x\neq 0, \\ 0, & x=0. \end{cases}$$

(1) 在 $x=0$ 点是否可导.

(2) 是否存在 $x=0$ 的一个开邻域,使 f 在该开邻域内单调.

27. 设 $k>0$.试问:k 为何值时,方程 $\arctan x-kx=0$ 有正实根.

思考题 3.5

1. 证明:

$$\frac{a-b}{\sqrt{1+a^2}} < \arctan a-\arctan b < a-b, \quad \text{其中 } 0 < b < a.$$

2. 证明下列不等式:

(1) 当 $0 < x_1 < x_2 < \dfrac{\pi}{2}$ 时,有

$$\frac{\tan x_2}{\tan x_1} > \frac{x_2}{x_1};$$

(2) 当 $x,y>0$ 且 $\beta > \alpha > 0$ 时,有

$$(x^\alpha+y^\alpha)^{\frac{1}{\alpha}} > (x^\beta+y^\beta)^{\frac{1}{\beta}};$$

(3) 设 $p \geqslant 2$，当 $x \in [0,1]$ 时，有

$$\left(\frac{1+x}{2}\right)^p + \left(\frac{1-x}{2}\right)^p \leqslant \frac{1}{2}(1+x^p).$$

3. 设函数 f 在区间 $[0,+\infty)$ 上可导，$f(0)=0$ 且 f' 严格增. 证明：$\dfrac{f(x)}{x}$ 在 $(0,+\infty)$ 上也严格增.

4. 设求出使得不等式 $a^x \geqslant x^a \ (x>0)$ 成立的一切正数 a（提示：考察函数 $f(x) = \dfrac{\ln x}{x}$）.

5. 设 f 在 $[a,+\infty)$ 上 2 阶可导，且 $f(a)>0, f'(a)<0$，当 $x>a$ 时，$f''(x) \leqslant 0$. 证明：方程 $f(x)=0$ 在 $(a,+\infty)$ 内有且仅有一根.

3.6 应用导数研究函数之二：凹凸性、图形

继 3.5 节，应用 Lagrange 中值定理来研究函数的凹凸性.

定义 3.6.1 设 f 为区间 I 上的函数. 如果 $\forall x_1, x_2 \in I, \forall \lambda \in (0,1)$，总有
$$f(\lambda x_1 + (1-\lambda)x_2) \leqslant \lambda f(x_1) + (1-\lambda)f(x_2),$$
则称 f 在 I 上为**凸函数**（或**下凸函数**）.

如果上述不等式中当 $x_1 \neq x_2$ 时，"$\leqslant$"改为"$<$"，则称 f 在 I 上为**严格凸函数**（或**严格下凸函数**）.

如果 $\forall x_1, x_2 \in I, \forall \lambda \in (0,1)$，总有
$$f(\lambda x_1 + (1-\lambda)x_2) \geqslant \lambda f(x_1) + (1-\lambda)f(x_2),$$
则称 f 在 I 上为**凹函数**.

如果上述不等式中当 $x_1 \neq x_2$ 时，"$\geqslant$"改为"$>$"，则称 f 在 I 上为**严格凹函数**.

从几何上看，凸（凹）函数 $y=f(x)(x \in I)$ 的图形上的任何不同的两点间的曲线段完全落在连接该两点的直线段（称为曲线过这两点的**弦**）的下（上）方、严格凸（凹）函数 $y=f(x),(x \in I)$ 的图形上的任何不同的两点间的曲线段完全严格落在该两点的弦的下（上）方（如图 3.6.1、图 3.6.2 所示，其中 $x=\lambda x_1 + (1-\lambda)x_2$）.

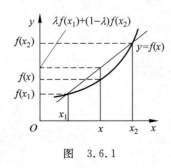

图 3.6.1

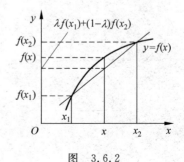

图 3.6.2

　　显然,f 在区间 I 上为(严格)凸(凹)函数$\Leftrightarrow -f$ 在区间 I 上为(严格)凹(凸)函数.因此,凡对(严格)凸函数成立的命题,(严格)凹函数也成立相应的命题.这可以类似(严格)凸函数的证明,或者用 $-f$ 代替 f 并应用(严格)凸函数的结论推得.因此,今后只须讨论(严格)凸函数的性质即可.

　　定理 3.6.1　f 在区间 I 中为凸函数

$\Leftrightarrow \forall x_1, x_2, x_3 \in I, x_1 < x_2 < x_3$,下面不等式

$$\frac{f(x_2) - f(x_1)}{x_2 - x_1} \leqslant \frac{f(x_3) - f(x_1)}{x_3 - x_1}$$

$$\leqslant \frac{f(x_3) - f(x_2)}{x_3 - x_2}$$

中任何两个组成的不等式成立(如图 3.6.3 所示).

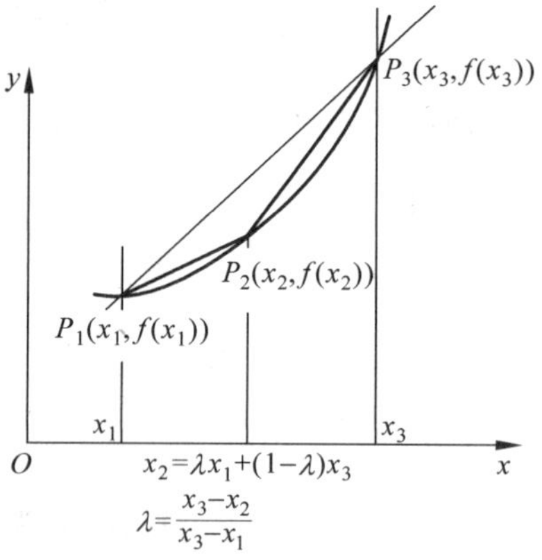

图　3.6.3

　　证明　(1) f 在区间 I 上为凸函数

$$\Leftrightarrow f(x_2) = f\left(\frac{x_3 - x_2}{x_3 - x_1} x_1 + \frac{x_2 - x_1}{x_3 - x_1} x_3 \right)$$

$$\leqslant \frac{x_3 - x_2}{x_3 - x_1} f(x_1) + \frac{x_2 - x_1}{x_3 - x_1} f(x_3)$$

$$\Leftrightarrow f(x_3) - f(x_2) \geqslant \frac{x_3 - x_1 - x_2 + x_1}{x_3 - x_1} f(x_3) - \frac{x_3 - x_2}{x_3 - x_1} f(x_1)$$

$$= \frac{x_3 - x_2}{x_3 - x_1} f(x_3) - \frac{x_3 - x_2}{x_3 - x_1} f(x_1)$$

$$= \frac{x_3 - x_2}{x_3 - x_1} [f(x_3) - f(x_1)]$$

$$\Leftrightarrow \frac{f(x_3) - f(x_1)}{x_3 - x_1} \leqslant \frac{f(x_3) - f(x_2)}{x_3 - x_2}.$$

　　(2) f 在区间 I 上为凸函数

$$\Leftrightarrow f(x_2) - f(x_1) \leqslant \frac{x_3 - x_2 - x_3 + x_1}{x_3 - x_1} f(x_1) + \frac{x_2 - x_1}{x_3 - x_1} f(x_3)$$

$$= -\frac{x_2 - x_1}{x_3 - x_1} f(x_1) + \frac{x_2 - x_1}{x_3 - x_1} f(x_3)$$

$$= \frac{x_2 - x_1}{x_3 - x_1} [f(x_3) - f(x_1)]$$

$$\Leftrightarrow \frac{f(x_2) - f(x_1)}{x_2 - x_1} \leqslant \frac{f(x_3) - f(x_1)}{x_3 - x_1}.$$

(3) f 在区间 I 上为凸函数

$$\Leftrightarrow (x_3 - x_1)f(x_2) \leqslant (x_3 - x_2)f(x_1) + (x_2 - x_1)f(x_3)$$

$$\Leftrightarrow -(x_3 - x_2)f(x_1) \leqslant (x_2 - x_1)f(x_3) - (x_3 - x_2 + x_2 - x_1)f(x_2)$$

$$\Leftrightarrow (x_3 - x_2)[f(x_2) - f(x_1)] \leqslant (x_2 - x_1)[f(x_3) - f(x_2)]$$

$$\Leftrightarrow \frac{f(x_2) - f(x_1)}{x_2 - x_1} \leqslant \frac{f(x_3) - f(x_1)}{x_3 - x_2}. \qquad\qquad \Box$$

观察一下定理 3.6.1 的几何意义是有帮助的. 在图 3.6.3 中，画出了 $y = f(x)$ 的三条弦 P_1P_2，P_2P_3，P_1P_3，其中 $P_i = (x_i, f(x_i))$，$i = 1, 2, 3$. 这三条弦组成了一个三角形. 定理 3.6.1 中不等式的几何表示是

$$\overline{P_1P_2} \text{ 的斜率} \leqslant \overline{P_1P_3} \text{ 的斜率} \leqslant \overline{P_2P_3} \text{ 的斜率}.$$

这正表示曲线 $y = f(x)$ 的下凸状态，几何表示便于定理 3.6.1 中不等式的记忆.

关于凸函数，有重要的 Jensen(詹森)不等式.

定理 3.6.2(Jensen 不等式) f 在区间 I 上为凸函数 $\Leftrightarrow \forall x_i \in I, \forall \lambda_i > 0\ (i = 1, 2, \cdots, n)$，$\sum\limits_{i=1}^{n} \lambda_i = 1$，有

$$f\left(\sum_{i=1}^{n} \lambda_i x_i\right) \leqslant \sum_{i=1}^{n} \lambda_i f(x_i).$$

如果 f 在区间 I 上为严格凸函数，则当上述 $x_1, x_2, \cdots, x_n \in I$ 不全相等时，有

$$f\left(\sum_{i=1}^{n} \lambda_i x_i\right) < \sum_{i=1}^{n} \lambda_i f(x_i).$$

证明 ($\Rightarrow$) 设 f 在区间 I 上为凸函数.

(归纳法) 当 $n = 1$ 时，$\lambda_1 = 1$，$f\left(\sum\limits_{i=1}^{1} \lambda_i x_i\right) = f(\lambda_1 x_1) = f(x_1) = \sum\limits_{i=1}^{1} \lambda_i f(x_i)$；

当 $n = 2$ 时，$\lambda_1 = \lambda$，$\lambda_2 = 1 - \lambda$，

$$f\left(\sum_{i=1}^{2} \lambda_i x_i\right) = f(\lambda x_1 + (1 - \lambda)x_2) \leqslant \lambda f(x_1) + (1 - \lambda)f(x_2) = \sum_{i=1}^{2} \lambda_i f(x_i)；$$

假设 $n = k$ 时，$\forall x_i \in I, \forall \lambda_i > 0 (i = 1, 2, \cdots, k)$，$\sum\limits_{i=1}^{k} \lambda_i = 1$，有

$$f\left(\sum_{i=1}^{k} \lambda_i x_i\right) \leqslant \sum_{i=1}^{k} f(x_i),$$

则当 $n = k+1$ 时，$\forall x_i \in I, \forall \lambda_i > 0 (i = 1, 2, \cdots, k+1)$，$\sum\limits_{i=1}^{k+1} \lambda_i = 1$，令 $\mu_i = \dfrac{\lambda_i}{1 - \lambda_{k+1}}$，$i = 1, 2, \cdots, k$，便有 $\mu_i > 0$ 且 $\sum\limits_{i=1}^{k} \mu_i = \sum\limits_{i=1}^{k} \dfrac{\lambda_i}{1 - \lambda_{k+1}} = \dfrac{1 - \lambda_{k+1}}{1 - \lambda_{k+1}} = 1$. 于是，

$$f\Big(\sum_{i=1}^{k+1}\lambda_i x_i\Big) = f\Big((1-\lambda_{k+1})\sum_{i=1}^{k}\frac{\lambda_i}{1-\lambda_{k+1}}x_i + \lambda_{k+1}x_{k+1}\Big)$$

$$\leqslant (1-\lambda_{k+1})f\Big(\sum_{i=1}^{k}\frac{\lambda_i}{1-\lambda_{k+1}}x_i\Big) + \lambda_{k+1}f(x_{k+1}).$$

归纳可得

$$f\Big(\sum_{i=1}^{k+1}\lambda_i x_i\Big) \leqslant (1-\lambda_{k+1})\sum_{i=1}^{k}\frac{\lambda_i}{1-\lambda_{k+1}}f(x_i) + \lambda_{k+1}f(x_{k+1})$$

$$= \sum_{i=1}^{k+1}\lambda_i f(x_i).$$

($\Leftarrow$)如果右边条件成立,特别当 $n=2$ 时,$\lambda=\lambda_1$,$1-\lambda=1-\lambda_1=\lambda_2$,故有

$$f(\lambda x_1 + (1-\lambda)x_2) = f(\lambda_1 x_1 + \lambda_2 x_2) \leqslant \lambda_1 f(x_1) + \lambda_2 f(x_2)$$

$$= \lambda f(x_1) + (1-\lambda)f(x_2).$$

这就证明了 f 在区间 I 上为凸函数.

关于严格凸函数情形,当 $x_1,x_2,\cdots,x_n$ 不全相等时,我们重新审查归纳证明. 当 $n=2$ 时,x_1,x_2 不全相等就是 $x_1\neq x_2$,按定义,严格的不等号成立. 假设 $n=k$ 时,严格不等号成立. 再设 $x_1,x_2,\cdots,x_{k+1}$ 不全相等,如果其中 $x_1,x_2,\cdots,x_k$ 不全相等,则上述归纳法中最后的那个不等号应当是严格的;如果 $x_1 = \cdots = x_k \neq x_{k+1}$,则 $\sum_{i=1}^{k}\mu_i x_i = x_1\sum_{i=1}^{k}\mu_i = x_1 \neq x_{k+1}$,此时归纳过程的第 1 个不等号是严格的. 总之,不等式

$$f\Big(\sum_{i=1}^{n}\lambda_i x_i\Big) < \sum_{i=1}^{n}\lambda_i f(x_i)$$

对一切 $n\in\mathbb{N}$ 成立.　　　　　　　　　　　　　　　　　　　　　□

定理 3.6.2$'$(Jensen 不等式)　f 在区间 I 上为凸函数 $\Leftrightarrow \forall\, x_i\in I, \forall\,\beta_i > 0 (i=1,\cdots,n)$,有

$$f\left(\frac{\sum\limits_{i=1}^{n}\beta_i x_i}{\sum\limits_{i=1}^{n}\beta_i}\right) \leqslant \frac{\sum\limits_{i=1}^{n}\beta_i f(x_i)}{\sum\limits_{i=1}^{n}\beta_i}.$$

如果 f 是严格凸的,则当上述 $x_1,x_2,\cdots,x_n\in I$ 不全相等时有

$$f\left(\frac{\sum\limits_{i=1}^{n}\beta_i x_i}{\sum\limits_{i=1}^{n}\beta_i}\right) < \frac{\sum\limits_{i=1}^{n}\beta_i f(x_i)}{\sum\limits_{i=1}^{n}\beta_i}.$$

在函数 f 有导函数 f' 的情况下,判断 f 的凸性将变得比较容易,因为我们有下面定理.

定理 3.6.3 设 f 在区间 I 上可导，则下面三个结论等价：

(1) f 在 I 上为(严格)凸函数；

(2) f' 在 I 上为(严格)增函数；

(3) $\forall x_0, x \in I, x \neq x_0$，有

$$f(x) \geqslant f(x_0) + f'(x_0)(x - x_0)$$

(或 $f(x) > f(x_0) + f'(x_0)(x - x_0)$)，即 f 的图形(严格)在其任一点 $(x_0, f(x_0))$ 的切线的上方.

证明 (1)$\Rightarrow$(2)设 f 在 I 上为凸函数，即 $\forall x_1, x_2 \in I, x_1 < x_2$，充分小的 $h > 0$，使得 $x_1 < x_1 + h < x_2 - h < x_2$. 根据 f 的凸性及定理 3.6.1，有(如图 3.6.4 所示)

$$\frac{f(x_1 + h) - f(x_1)}{h} \leqslant \frac{f(x_2) - f(x_1)}{x_2 - x_1}$$

$$\leqslant \frac{f(x_2) - f(x_2 - h)}{h}.$$

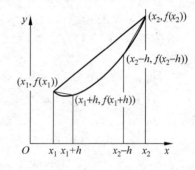

图 3.6.4

因为 f 可导，令 $h \to 0^+$，得到

$$f'(x_1) = f'_+(x_1) \leqslant \frac{f(x_2) - f(x_1)}{x_2 - x_1}$$

$$\leqslant f'_-(x_2) = f'(x_2),$$

所以，f' 在 I 上为增函数.

在 f 为严格凸函数的情形时，我们取定一点 $x^* \in (x_1, x_2)$，从而得出

$$f'(x_1) \leqslant \frac{f(x^*) - f(x_1)}{x^* - x_1} < \frac{f(x_2) - f(x^*)}{x_2 - x^*} \leqslant f'(x_2).$$

这就得出了严格不等式 $f'(x_1) < f'(x_2)$，即 f' 在 I 上为严格增函数.

(1)$\Leftarrow$(2)设 f' 在 I 上为增函数. 对任何 $x_1 < x_2 < x_3$，由 Lagrange 中值定理知，存在 $x_1 < \xi_1 < x_2 < \xi_2 < x_3$，使得

$$\frac{f(x_2) - f(x_1)}{x_2 - x_1} = f'(\xi_1) \leqslant f'(\xi_2) = \frac{f(x_3) - f(x_2)}{x_3 - x_2}.$$

再根据定理 3.6.1 知，f 在 I 上为凸函数.

如果 f' 在 I 上为严格增函数，则上述不等式为

$$\frac{f(x_2) - f(x_1)}{x_2 - x_1} = f'(\xi_1) < f'(\xi_2) = \frac{f(x_3) - f(x_2)}{x_3 - x_2},$$

再由定理 3.6.1，f 在 I 上为严格凸函数.

(2)$\Rightarrow$(3)设 f' 在 I 为增函数. $\forall x_0, x \in I$，由 Lagrange 中值定理知，存在介于 x_0 与 x 之间的 ξ，使得

$$f(x) - [f(x_0) + f'(x_0)(x - x_0)]$$
$$= [f(x) - f(x_0)] - f'(x_0)(x - x_0)$$
$$= f'(\xi)(x - x_0) - f'(x_0)(x - x_0)$$
$$= [f'(\xi) - f'(x_0)](x - x_0) \geqslant 0,$$
$$f(x) \geqslant f(x_0) + f'(x_0)(x - x_0),$$

即 f 的图形落在 $(x_0, f(x_0))$ 的切线的上方.

如果 f' 在 I 为严格增函数, $\forall x_0, x \in I, x \neq x_0$, 上述不等式为
$$f(x) - [f(x_0) + f'(x_0)(x - x_0)] = [f'(\xi) - f'(x_0)](x - x_0) > 0,$$
$$f(x) > f(x_0) + f'(x_0)(x - x_0),$$

即 f 的图形严格落在 $(x_0, f(x_0))$ 的切线的上方.

(1)$\Leftarrow$(3) $\forall x_1, x_2 \in I, x_1 < x_2$, 令 $x_3 = \lambda x_1 + (1 - \lambda) x_2, 0 < \lambda < 1$. 由(3)并利用
$$x_1 - x_3 = (1 - \lambda)(x_1 - x_2), \quad x_2 - x_3 = \lambda(x_2 - x_1)$$

得到
$$f(x_1) \geqslant f(x_3) + f'(x_3)(x_1 - x_3) = f(x_3) + (1 - \lambda)(x_1 - x_2)f'(x_3),$$
$$f(x_2) \geqslant f(x_3) + f'(x_3)(x_2 - x_3) = f(x_3) + \lambda(x_2 - x_1)f'(x_3).$$

于是,
$$\lambda f(x_1) + (1 - \lambda)f(x_2) \geqslant \lambda[f(x_3) + (1 - \lambda)(x_1 - x_2)f'(x_3)]$$
$$+ (1 - \lambda)[f(x_3) + \lambda(x_2 - x_1)f'(x_3)]$$
$$= f(x_3) = f(\lambda x_1 + (1 - \lambda)x_2),$$

即 f 在 I 上为凸函数.

如果 f 的图形严格在曲线每一点 $(x_0, f(x_0)), x_0 \in I$ 的切线的上方, 则上述不等式中所有的"$\geqslant$"均为"$>$". 于是,
$$\lambda f(x_1) + (1 - \lambda)f(x_2) > f(\lambda x_1 + (1 - \lambda)x_2),$$

即 f 在 I 上为严格凸函数.

(2)$\Leftarrow$(3) 由(3), $\forall x_1, x_2 \in I, x_1 < x_2$, 有
$$f(x_1) \geqslant f(x_2) + f'(x_2)(x_1 - x_2),$$
$$f(x_2) \geqslant f(x_1) + f'(x_1)(x_2 - x_1),$$

从而
$$f'(x_1) \leqslant \frac{f(x_2) - f(x_1)}{x_2 - x_1} \leqslant f'(x_2),$$

即 f' 在 I 上为单调增函数.

如果 f 的图形严格在曲线每一点 $(x_0, f(x_0)), x_0 \in I$ 的切线的上方, 则上述"$\geqslant$"均为"$>$". 于是,
$$f'(x_1) < \frac{f(x_2) - f(x_1)}{x_2 - x_1} < f'(x_2),$$

即 f' 在 I 上为严格增函数. □

当 f 在 $\mathring{I}=(a,b)$ 内二阶可导时,我们有下面应用起来更方便的定理.

定理 3.6.4 设 f 在区间 I 上二阶可导,则 f 在 I 上为(严格)凸函数 $\Leftrightarrow f''(x)\geqslant 0$, $\forall x\in I(f''(x)\geqslant 0, \forall x\in \mathring{I}$,且 $\{x\in \mathring{I}\mid f''(x)=0\}$ 不含非退化区间).

证明 f 在 I 上为(严格)凸函数

$\overset{\text{定理3.6.3}}{\Longleftrightarrow} f'$ 在 I 上为(严格)单调增函数

$\overset{\text{定理3.5.2}}{\underset{\text{定理3.5.3}}{\Longleftrightarrow}} f''(x)\geqslant 0, \forall x\in I(f''(x)\geqslant 0, \forall x\in \mathring{I}$,且 $\{x\in I\mid f''(x)=0\}$ 不含非退化区间). □

上面详细讨论了曲线 $y=f(x)$ 的凹凸性.研究凹与凸交界的点是十分有意义的.

定义 3.6.2 设连续曲线 $y=f(x)$ 在点 $(x_0,f(x_0))$ 的近旁的两侧分别是严格凸(凹)与严格凹(凸)的,则称点 $(x_0,f(x_0))$ 或 x_0 为 $y=f(x)$ 的**拐点**(如图 3.6.5,图 3.6.6 所示).

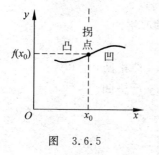

图 3.6.5

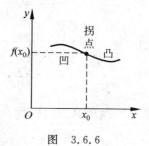

图 3.6.6

由定义可见,拐点正是严格凸(凹)与严格凹(凸)的分界点.

定理 3.6.5 设 f 在 x_0 处二阶可导,并且 x_0 为 f 的拐点,则 $f''(x_0)=0$.但反之不真.

证明 因为 f 在 x_0 处 2 阶可导,所以 f 在 x_0 近旁可导.又因 x_0 为 f 的拐点,故 $(x_0,f(x_0))$ 为严格凸(凹)与严格凹(凸)的分界点.根据定理 3.6.3 可知,f' 以 x_0 为严格增(减)与严格减(增)的分界点.由此推得 x_0 为 f' 的极大(小)值点.根据 Fermat 定理立即知 $f''(x_0)=0$.

反过来,考虑函数 $y=f(x)=x^4$, $f'(x)=4x^3$,

$$y''(x)=f''(x)=12x^2\begin{cases}>0, & x<0, f \text{ 严格凸}, \\ =0, & x=0, \text{非拐点}, \\ >0, & x>0, f \text{ 严格凸}, \end{cases}$$

$f''(0)=0$,但 $(0,f(0))=(0,0)$ 不是拐点. □

定理 3.6.6 设连续曲线 $y=f(x)$ 在 x_0 的某去心开邻域 $\mathring{U}(x_0)$ 内二阶可导.如果在 $\mathring{U}_+(x_0)$ 与 $\mathring{U}_-(x_0)$ 内 f'' 的符号相反,则 $(x_0,f(x_0))$ 为曲线 $y=f(x)$ 的拐点.

证明　由于在 $U_+^\circ(x_0)$ 与 $U_-^\circ(x_0)$ 内 f'' 的符号相反,故凹凸性也相反,从而$(x_0,$ $f(x_0))$为 $y=f(x)$ 的拐点.　　　　　　　□

例 3.6.1　研究下列函数的凹凸性与拐点:

(1) $y=\arctan x$;

(2) $y=\sqrt[3]{x}=x^{\frac{1}{3}}$;

(3) $y=\sin x$.

解　(1) 从

$$y'=\frac{1}{1+x^2}\begin{cases}严格增,&x<0,y\text{ 严格凸},\\严格减,&x>0,y\text{ 严格凹}\end{cases}$$

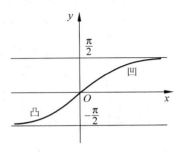

图　3.6.7

知$(0,0)$为 $y=\arctan x$ 的拐点(如图 3.6.7 所示).

或者

$$y''=\frac{-2x}{(1+x^2)^2}\begin{cases}>0,x<0,y\text{ 严格凸},\\=0,x=0,\text{拐点},\\<0,x>0,y\text{ 严格凹}.\end{cases}$$

(2) 从

$$y'=\frac{1}{3}x^{-\frac{2}{3}}\begin{cases}严格增,&x<0,y\text{ 严格凸},\\严格减,&x>0,y\text{ 严格凹}\end{cases}$$

知$(0,0)$为 $y=\sqrt[3]{x}$ 的拐点.注意,在 $x=0$ 处,

$$y'(0)=\lim_{x\to0}\frac{\sqrt[3]{x}-0}{x-0}=\lim_{x\to0}x^{-\frac{2}{3}}=+\infty.$$

因此,在 $x=0$ 处,y 不可导,但$(0,0)$处的切线为 y 轴.

或者从

$$y''=-\frac{2}{9}x^{-\frac{5}{3}}\begin{cases}>0,x<0,y\text{ 严格凸},\\<0,x>0,y\text{ 严格凹}\end{cases}$$

知$(0,0)$为 $y=\sqrt[3]{x}$ 的拐点(如图 3.6.8 所示).

(3) 从 $y'=\cos x$,

$$y''=-\sin x\begin{cases}>0,&x\in(2k\pi,2k\pi+\pi),y\text{ 严格凸},\\=0,&x=2k\pi+\pi,\text{拐点},\\<0,&x\in(2k\pi+\pi,2k\pi+2\pi),y\text{ 严格凹},\\=0,&x=2k\pi+2\pi,\text{拐点},\\>0,&x\in(2k\pi+2\pi,2k\pi+3\pi),y\text{ 严格凸}.\end{cases}$$

(见图 3.6.9)　　　　　　　□

对具体的凸(凹)函数使用 Jensen 不等式,可

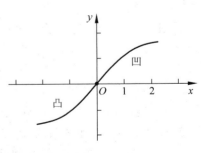

图　3.6.8

以得出许许多多不等式,这是证明与构造不等式的一种常用方法.

例 3.6.2 设 $x_1, x_2, \cdots, x_n \geqslant 0$,则

$$\sqrt[n]{x_1 x_2 \cdots x_n} \leqslant \frac{x_1 + x_2 + \cdots + x_n}{n},$$

并且等号当且仅当 $x_1 = x_2 = \cdots = x_n$ 时成立.

证明 如果某个 $x_i = 0$,则

$$\sqrt[n]{x_1 x_2 \cdots x_n} = 0 \leqslant \frac{x_1 + x_2 + \cdots + x_n}{n}.$$

如果 $x_i > 0, i = 1, 2, \cdots, n$. 考虑函数

$y = \ln x$,则 $y' = \dfrac{1}{x}, y'' = \dfrac{-1}{x^2} < 0, \forall x \in$

$(0, +\infty)$,故 $y = \ln x$ 在 $(0, +\infty)$ 上严格凹. 于是,

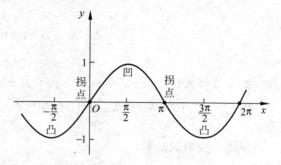

图 3.6.9

$$\ln \frac{x_1 + x_2 + \cdots + x_n}{n} \geqslant \frac{\ln x_1 + \ln x_2 + \cdots + \ln x_n}{n} = \ln \sqrt[n]{x_1 x_2 \cdots x_n},$$

即

$$\sqrt[n]{x_1 x_2 \cdots x_n} \leqslant \frac{x_1 + x_2 + \cdots + x_n}{n}.$$

且等号当且仅当 $x_1 = x_2 = \cdots = x_n$ 时成立. □

例 3.6.3 $\forall x_1, x_2, \cdots, x_n > 0$,证明:不等式

$$\frac{x_1 x_2 \cdots x_n}{(x_1 + x_2 + \cdots + x_n)^n} \leqslant \frac{(1 + x_1) \cdots (1 + x_n)}{(n + x_1 + \cdots + x_n)^n},$$

等号当且仅当 $x_1 = x_2 = \cdots = x_n$ 时才成立.

证明 $\dfrac{x_1 x_2 \cdots x_n}{(x_1 + x_2 + \cdots + x_n)^n} \leqslant \dfrac{(1 + x_1) \cdots (1 + x_n)}{(n + x_1 + \cdots + x_n)^n}$

$$\Leftrightarrow \frac{x_1 x_2 \cdots x_n}{(1 + x_1)(1 + x_2) \cdots (1 + x_n)} \leqslant \left[\frac{\frac{1}{n}(x_1 + x_2 + \cdots + x_n)}{1 + \frac{1}{n}(x_1 + x_2 + \cdots + x_n)} \right]^n$$

$$\Leftrightarrow \frac{1}{n} \sum_{i=1}^{n} \ln \frac{x_i}{1 + x_i} \leqslant \ln \frac{\frac{1}{n} \sum_{i=1}^{n} x_i}{1 + \frac{1}{n} \sum_{i=1}^{n} x_i}.$$

若令 $f(x) = \ln \dfrac{x}{1 + x}$,则

$$f'(x) = \frac{1}{x(1 + x)}, \quad f''(x) = -\frac{1 + 2x}{x^2(1 + x)^2} < 0, \quad \forall x > 0.$$

因此, $f(x)$ 在 $(0,+\infty)$ 上为严格凹函数,根据 Jensen 不等式(定理 3.6.2)得到

$$\frac{1}{n}\sum_{i=1}^{n}\ln\frac{x_i}{1+x_i}\leqslant\ln\frac{\frac{1}{n}\sum_{i=1}^{n}x_i}{1+\frac{1}{n}\sum_{i=1}^{n}x_i},$$

并且式中等号当且仅当 $x_1=x_2=\cdots=x_n$ 时才成立. □

例 3.6.4 设 $a,b,c>0$. 证明: $(abc)^{\frac{a+b+c}{3}}\leqslant a^a b^b c^c$,并且等号当且仅当 $a=b=c$ 时才成立.

证明 如果能证明

$$\left(\frac{a+b+c}{3}\right)^{a+b+c}\leqslant a^a b^b c^c, \tag{$*$}$$

则根据几何-算术平均不等式,有

$$(abc)^{\frac{a+b+c}{3}}=(\sqrt[3]{abc})^{a+b+c}\leqslant\left(\frac{a+b+c}{3}\right)^{a+b+c}\leqslant a^a b^b c^c. \tag{$**$}$$

显然,

$$(*)式\Leftrightarrow\frac{a+b+c}{3}\ln\frac{a+b+c}{3}\leqslant\frac{a\ln a+b\ln b+c\ln c}{3}.$$

为证明此不等式,我们令 $f(x)=x\ln x,x>0$,则

$$f'(x)=1+\ln x,$$

$$f''(x)=\frac{1}{x}>0.$$

从而, $f(x)=x\ln x$ 在 $(0,+\infty)$ 上为严格的凸函数,依 Jensen 不等式有

$$\frac{a+b+c}{3}\ln\frac{a+b+c}{3}\leqslant\frac{a\ln a+b\ln b+c\ln c}{3}.$$

从 $(**)$ 式可看出,等号成立当且仅当 $a=b=c$. □

例 3.6.5 设 f 为区间 I 上的凸函数, $[\alpha,\beta]\subset\mathring{I}$,则 f 在 $[\alpha,\beta]$ 上满足 Lipschitz(李普希兹)条件,即有常数 M,使得

$$|f(x_1)-f(x_2)|\leqslant M|x_1-x_2|,\ \forall\,x_1,x_2\in[\alpha,\beta].$$

由此知 f 在 $\mathring{I}$ 中连续. 注意, f 在 I 中未必连续.

证明 取 $A,B\in\mathring{I}$,s.t. $[\alpha,\beta]\subset[A,B]\subset\mathring{I}$, $\forall\,x_1,x_2\in[\alpha,\beta]$,不妨设 $x_1<x_2$. 因为 f 为凸函数,所以有

$$\frac{f(\alpha)-f(A)}{\alpha-A}\leqslant\frac{f(x_1)-f(\alpha)}{x_1-\alpha}\leqslant\frac{f(x_2)-f(x_1)}{x_2-x_1}$$

$$\leqslant\frac{f(\beta)-f(x_2)}{\beta-x_2}\leqslant\frac{f(B)-f(\beta)}{B-\beta}.$$

这就蕴涵着

$$\left| \frac{f(x_2)-f(x_1)}{x_2-x_1} \right| \leqslant M = \max\left\{ \left| \frac{f(B)-f(\beta)}{B-\beta} \right|, \left| \frac{f(\alpha)-f(A)}{\alpha-A} \right| \right\},$$

即

$$|f(x_1)-f(x_2)| \leqslant M|x_1-x_2|, \quad \forall x_1, x_2 \in [\alpha, \beta].$$

$\forall x_0 \in \mathring{I}$，取 $[\alpha, \beta]$ 使得 $x_0 \in (\alpha, \beta) \subset [\alpha, \beta] \subset \mathring{I}$。上述不等式表明 f 在 $[\alpha, \beta]$ 连续，从而 f 在 x_0 连续。由 $x_0 \in \mathring{I}$ 任取知 f 在 $\mathring{I}$ 上连续。

但是，f 在 I 中未必连续。反例：

$$f(x) = \begin{cases} 1, & x=0, \\ x^2, & x>0 \end{cases}$$

在 $[0, +\infty)$ 内为凸函数，但 f 在端点 0 处不连续。$\qquad\square$

例 3.6.6 设 f 在区间 I 中为凸函数。证明：

(1) 在 $\mathring{I}$ 上有单调增的左右导函数 f'_-, f'_+，并且 $f'_-(x) \leqslant f'_+(x)$，$\forall x \in \mathring{I}$；

(2) 设 $x \in \mathring{I}$，如果 f'_+ 在 x 左连续（或 f'_- 在 x 右连续），则 f 在 x 可导。

证明 (1) $\forall x_0 \in \mathring{I}$，$x_1 < x_2 < x_0 < x_3$，因 f 在 I 中下凸，所以

$$\frac{f(x_1)-f(x_0)}{x_1-x_0} \leqslant \frac{f(x_2)-f(x_0)}{x_2-x_0} \leqslant \frac{f(x_3)-f(x_0)}{x_3-x_0},$$

由此知函数 $\dfrac{f(x)-f(x_0)}{x-x_0}$ 当 $x < x_0$ 时单调增，且有上界 $\dfrac{f(x_3)-f(x_0)}{x_3-x_0}$，从而当 $x \to x_0^-$ 时，极限存在有限，即 $f'_-(x_0)$ 存在有限，且

$$f'_-(x_0) = \lim_{x \to x_0^-} \frac{f(x)-f(x_0)}{x-x_0} \leqslant \frac{f(x_3)-f(x_0)}{x_3-x_0}.$$

同理可证函数 $\dfrac{f(x)-f(x_0)}{x-x_0}$ 当 $x > x_0$ 时是单调增的，且随 $x \to x_0^+$ 函数单调减有下界 $\dfrac{f(x_1)-f(x_0)}{x_1-x_0}$，故极限存在有限，即 $f'_+(x_0)$ 存在有限，并有

$$f'_+(x_0) = \lim_{x \to x_0^+} \frac{f(x)-f(x_0)}{x-x_0} \geqslant \frac{f(x_1)-f(x_0)}{x_1-x_0}.$$

任取 $x_0 \in \mathring{I}$，再取 $x_1 < x_0 < x_3$，则有

$$\frac{f(x_1)-f(x_0)}{x_1-x_0} \leqslant \frac{f(x_3)-f(x_0)}{x_3-x_0},$$

$$f'_-(x_0) = \lim_{x_1 \to x_0^-} \frac{f(x_1)-f(x_0)}{x_1-x_0} \leqslant \lim_{x_3 \to x_0^+} \frac{f(x_3)-f(x_0)}{x_3-x_0}$$
$$= f'_+(x_0).$$

此外，$\forall x_1, x_2 \in \mathring{I}$，$x_1 < x_2$，取 $\Delta x > 0$，s.t. $x_1 < x_1 + \Delta x < x_2 < x_2 + \Delta x$，因 f 在 I 上

为凸函数,故

$$\frac{f(x_1 + \Delta x) - f(x_1)}{\Delta x} \leqslant \frac{f(x_2) - f(x_1 + \Delta x)}{x_2 - (x_1 + \Delta x)}$$

$$\leqslant \frac{f(x_2 + \Delta x) - f(x_2)}{\Delta x},$$

令 $\Delta x \rightarrow 0^+$,得到

$$f'_+(x_1) \leqslant f'_+(x_2),$$

所以,f'_+ 在 $\mathring{I}$ 上单调增.

同理得到 $f'_-(x_1) \leqslant f'_-(x_2)$,$f'_-$ 在 $\mathring{I}$ 上单调增.

(2) $\forall x_0 \in \mathring{I}$,当 $x < x_0$ 时,同上证法有

$$f'_+(x) \leqslant f'_+(x_0) \overset{\text{由(1)}}{\leqslant} f'_+(x_0).$$

于是,由 f'_+ 左连续得到

$$f'_+(x_0) = \lim_{x \rightarrow x_0^-} f'_+(x) \leqslant f'_-(x_0) \leqslant f'_+(x_0).$$

$$f'_+(x_0) = f'_-(x_0),$$

即 f 在 x_0 处可导.

类似地,$\forall x_0 \in \mathring{I}$,当 $x_0 < x$ 时,同上证法有

$$f'_-(x_0) \leqslant f'_+(x_0) \leqslant f'_-(x).$$

于是,由 f'_- 右连续得到

$$f'_-(x_0) \leqslant f'_+(x_0) \leqslant \lim_{x \rightarrow x_0^+} f'_-(x) = f'_-(x_0),$$

$$f'_-(x_0) = f'_+(x_0),$$

f 在 x_0 处可导. □

我们已经知道,表示函数有三种方法,即列表法、解析法(或分析法)和图示法.解析法便于运算与量的分析而用图形来表示函数有直观、醒目的优点,从图形上看,函数的动态,即它的递增、递减、正性、凹凸性将一览无遗. 在许多场合,我们也希望将一个已有解析式的函数用图形表示出来,以便于直观地了解它的性态,这就产生了函数作图的需要.

为更好地作函数 $y = f(x)$ 的图形,应考虑下列几点:

(1) 明确函数的定义域与值域,以界定函数图象的存在范围;

(2) 函数是否具有对称性? 这又可以分为轴对称(如偶函数图形关于 y 轴对称)和中心对称(如奇函数图形关于原点 O 对称). 如果找到了对称轴或对称中心,将使我们的劳动减少了一半,对称部分可以用"复制"的方法得到;

(3) 函数是否具有周期性? 对于周期函数,就只需作出它在一个周期之上的图形,然后用"复制"的方法得到;

（4）求出函数的驻点（即 $f'=0$ 的点），确定函数的单调区间；求出 $f''=0$ 的点，确定凹凸性与拐点；

（5）求出函数的某些特殊点，如不连续点，不可导点，与两坐标轴的交点等；

（6）考察渐近线（如果曲线 C 上动点 P 沿着曲线无限地远离原点时，点 P 与某定直线 L 的距离趋于 0，则称直线 L 为曲线 C 的**渐近线**）；

关于渐近线作如下的讨论：若 $\lim\limits_{x\to x_0}f(x)=\infty$ 或 $\lim\limits_{x\to x_0^+}f(x)=\infty$ 或 $\lim\limits_{x\to x_0^-}f(x)=\infty$ 时，曲线 $y=f(x)$ 有垂直于 x 轴的渐近线 $x=x_0$，称为**垂直渐近线**.

此外，曲线 $y=f(x)$ 有**斜渐近线**（如图 3.6.10 所示）$y=kx+b\Leftrightarrow\lim\limits_{x\to\pm\infty}\dfrac{f(x)}{x}=k$，$\lim\limits_{x\to\pm\infty}[f(x)-kx]=b$.

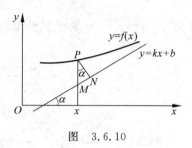

图 3.6.10

事实上，（$\Leftarrow$）如果 $\lim\limits_{x\to\pm\infty}\dfrac{f(x)}{x}=k$，$\lim\limits_{x\to\pm\infty}[f(x)-kx]=b$，则曲线 $y=f(x)$ 上的动点 $P=(x,f(x))$ 到直线 $y=kx+b$ 的距离 $|PN|=|PM|\cos\alpha=|f(x)-(kx+b)|\cdot\dfrac{1}{\sqrt{1+k^2}}\to 0\cdot\dfrac{1}{\sqrt{1+k^2}}=0(x\to\pm\infty)$，从而 $y=kx+b$ 为曲线 $y=f(x)$ 的斜渐近线.（$\Rightarrow$）设曲线 $y=f(x)$ 有斜渐近线 $y=kx+b$，则曲线上的动点 $P=(x,f(x))$ 到斜渐近线 $y=kx+b$ 的距离为

$$|PN|=|PM|\cos\alpha$$
$$=|f(x)-(kx+b)|\cdot\dfrac{1}{\sqrt{1+k^2}}\to 0(x\to\pm\infty),$$

即

$$\lim\limits_{x\to\pm\infty}[f(x)-(kx+b)]=0\Leftrightarrow\lim\limits_{x\to\pm\infty}(f(x)-kx)=b.$$

$$\lim\limits_{x\to\pm\infty}\left(\dfrac{f(x)}{x}-k\right)=\lim\limits_{x\to\pm\infty}\dfrac{1}{x}(f(x)-kx)=0\cdot b=0,\Leftrightarrow\lim\limits_{x\to\pm\infty}\dfrac{f(x)}{x}=k. \qquad \square$$

从上述还可看出如果 $\lim\limits_{x\to\pm\infty}f(x)=b$，则 $k=0$，$y=b$ 为 $f(x)$ 的一条**水平渐近线**.

（7）如果 x_0 为 f 的拐点，且 f 在 x_0 点处可导，则由定理 3.6.3 推得曲线在拐点 $(x_0,f(x_0))$ 处的切线将曲线 $y=f(x)$ 分在它的两侧，这一观察对函数作图会有帮助.

综合上述 7 个特点，再应用描点法画出函数 $y=f(x)$ 的图形.

例 3.6.7 作函数 $f(x)=xe^x,x\in(-\infty,+\infty)$ 的图形，并求 f 的最值.

解 从

$$f'(x)=(x+1)e^x\begin{cases}<0, & x<-1,f\ \text{严格减}, \\ =0, & x=-1,f(-1)\ \text{为最小值}, \\ >0, & x>-1,f\ \text{严格增}\end{cases}$$

得到 $f(-1)=-\mathrm{e}^{-1}=-\dfrac{1}{\mathrm{e}}$ 为 f 在 $(-\infty,+\infty)$ 上的最小值.

又因 $\lim\limits_{x\to+\infty}f(x)=\lim\limits_{x\to+\infty}x\mathrm{e}^{x}=+\infty$,故 f 在 $(-\infty,+\infty)$ 上无最大值.

$$\lim_{x\to-\infty}f(x)=\lim_{x\to-\infty}x\mathrm{e}^{x}=\lim_{x\to-\infty}\frac{x}{\mathrm{e}^{-x}}=\lim_{x\to-\infty}\frac{1}{-\mathrm{e}^{-x}}=0.$$

这表明 $y=f(x)=x\mathrm{e}^{x}$ 有水平渐近线 $y=0$,即 x 轴.

从

$$\lim_{x\to+\infty}\frac{f(x)}{x}=\lim_{x\to+\infty}\frac{x\mathrm{e}^{x}}{x}=\lim_{x\to+\infty}\mathrm{e}^{x}=+\infty$$

看出 $y=f(x)=x\mathrm{e}^{x}$ 再无其他渐近线.

进而有

$$f''(x)=(x+2)\mathrm{e}^{x}\begin{cases}<0, & x<-2,f\ \text{严格凹},\\ =0, & x=-2,\text{拐点},\\ >0, & x>-2,f\ \text{严格凸},\end{cases}$$

$$f(-2)=-2\mathrm{e}^{-2}=-\frac{2}{\mathrm{e}^{2}}.$$

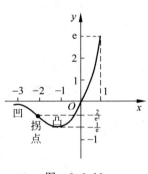

图　3.6.11

综合上述再画出图 3.6.11.　　　　　　　　□

例 3.6.8　作出函数

$$f(x)=\frac{1}{1+x^{2}}$$

的图形.

解
$$f'(x)=\frac{-2x}{(1+x^{2})^{2}}\begin{cases}>0, & x<0,f\ \text{严格增},\\ =0, & x=0,f(0)\ \text{达最大值},\\ <0, & x>0,f\ \text{严格减}.\end{cases}$$

$$f''(x)=\frac{2(3x^{2}-1)}{(1+x^{2})^{3}}\begin{cases}>0, & x<-\dfrac{\sqrt{3}}{3},f\ \text{严格凸},\\[2mm] =0, & x=-\dfrac{\sqrt{3}}{3},\text{拐点},\\[2mm] <0, & -\dfrac{\sqrt{3}}{3}<x<\dfrac{\sqrt{3}}{3},f\ \text{严格凹},\\[2mm] =0, & x=\dfrac{\sqrt{3}}{3},\text{拐点},\\[2mm] >0, & x>\dfrac{\sqrt{3}}{3},f\ \text{严格凸}.\end{cases}$$

$$f(0)=1, \quad f(-\frac{\sqrt{3}}{3})=\frac{3}{4}=f(\frac{\sqrt{3}}{3}).$$

$$\lim_{x\to+\infty}f(x)=\lim_{x\to+\infty}\frac{1}{1+x^2}=0=\lim_{x\to-\infty}\frac{1}{1+x^2}=\lim_{x\to-\infty}f(x).$$

f 的定义域为 $(-\infty,+\infty)$，它为偶函数，因此只需画出 $x\geq0$ 的那部分，f 的值域为 $(0,1]$（如图 3.6.12 所示）. □

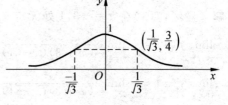

图 3.6.12

例 3.6.9 作出多项式函数

$$f(x)=4x^3-3x=x(4x^2-3)$$

的图形.

解 对函数 f 求导，得

$$f'(x)=12x^2-3=12(x^2-\frac{1}{4})$$

$$=12(x+\frac{1}{2})(x-\frac{1}{2})\begin{cases} >0, & x<-\frac{1}{2},f\text{ 严格增}, \\ =0, & x=-\frac{1}{2},f(-\frac{1}{2})\text{ 达极大值}, \\ <0, & -\frac{1}{2}<x<\frac{1}{2},f\text{ 严格减}, \\ =0, & x=\frac{1}{2},f(\frac{1}{2})\text{ 达极小值}, \\ >0, & x>\frac{1}{2},f\text{ 严格增}. \end{cases}$$

$$f\left(-\frac{1}{2}\right)=1, f\left(\frac{1}{2}\right)=-1,$$

$$f(0)=f\left(-\frac{\sqrt{3}}{2}\right)=f\left(\frac{\sqrt{3}}{2}\right)=0.$$

再对 f' 求导，得

$$f''(x)=24x\begin{cases} <0, & x<0,f\text{ 严格凹}, \\ =0, & x=0,\text{拐点}, \\ >0, & x>0,f\text{ 严格凸}. \end{cases}$$

因为

$$\lim_{x\to+\infty}f(x)=\lim_{x\to+\infty}x^3\left(4-\frac{3}{x^2}\right)=+\infty,$$

$$\lim_{x\to-\infty}f(x)=\lim_{x\to-\infty}x^3\left(4-\frac{3}{x^2}\right)=-\infty,$$

所以，$f(x)$ 在 $(-\infty,+\infty)$ 上无最大值与最小值. 又因为 $f(x)$ 为奇函数，故 $f(x)$ 的图形关于原点对称.

因 $f'(0)=-3,f''(0)=0$,故在拐点$(0,0)$处先作曲线的切线 $y=-3x$,再作其图形（如图 3.6.13 所示）.　　　　　　　　　　　　　　　　　　　□

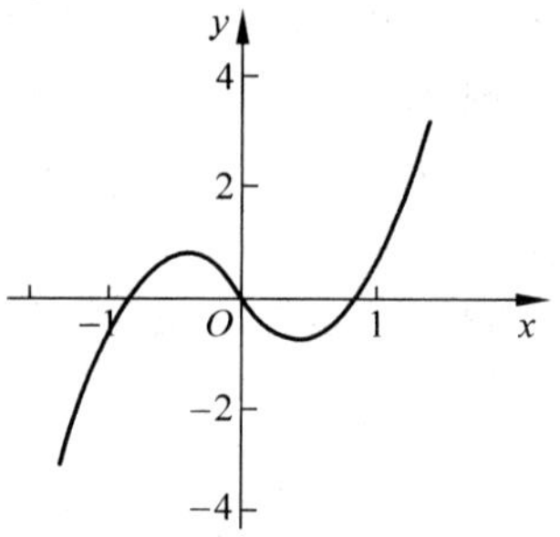

例 3.6.10　求曲线 $f(x)=\dfrac{x^3}{x^2+2x-1}=\dfrac{x^3}{(x+3)(x-1)}$ 的渐近线,并描出草图.

解　显然,$f(x)$在 $x=-3,1$ 处无定义,且

$$\lim_{x\to(-3)^-}f(x)=\lim_{x\to(-3)^-}\frac{x^3}{(x+3)(x-1)}=-\infty,$$

$$\lim_{x\to(-3)^+}f(x)=\lim_{x\to(-3)^+}\frac{x^3}{(x+3)(x-1)}=+\infty,$$

$$\lim_{x\to1^-}f(x)=\lim_{x\to(-1)^-}\frac{x^3}{(x+3)(x-1)}=-\infty,$$

$$\lim_{x\to1^+}f(x)=\lim_{x\to(1)^+}\frac{x^3}{(x+3)(x-1)}=+\infty.$$

因此,该曲线有垂直渐近线 $x=-3$ 与 $x=1$.

图　3.6.13

又因 $k=\lim\limits_{x\to\infty}\dfrac{f(x)}{x}=\lim\limits_{x\to\infty}\dfrac{x^2}{x^2+2x-3}=1$,

$$b=\lim_{x\to\infty}[f(x)-kx]=\lim_{x\to\infty}\left(\frac{x^3}{x^2+2x-3}-x\right)$$

$$=\lim_{x\to\infty}\frac{-2x^2+3x}{x^2+2x-3}=-2,$$

所以,此曲线还有斜渐近线为 $y=kx+b=x-2$.

由于

$$f'(x)=\frac{x^2(x^2+4x-9)}{(x^2+2x-3)^2}=\frac{x^2(x+\sqrt{13}+2)(x-\sqrt{13}+2)}{(x+3)^2(x-1)^2},$$

进一步计算得 $f''(x)=\dfrac{2x(7x^2-18x+27)}{(x^2+2x-3)^3}$.

列表如下:

x	$-\infty$		$-\sqrt{13}-2$		-3		0		1		$\sqrt{13}-2$		$+\infty$
$x+\sqrt{13}+2$		$-$		$+$		$+$		$+$		$+$		$+$	
$x-\sqrt{13}+2$		$-$		$-$		$-$		$-$		$-$		$+$	
$f'(x)$		$+$	0	$-$		$-$		0		$-$		0	$+$
$f''(x)$		$-$		$-$		$+$		$-$		$+$		$+$	
$f(x)$		↗凹	极大	↘凹	无	↘凸	拐点	↘凹	无	↘凸	极小	凸↗

表中，f 的增减区间，极值点，凹凸区间，拐点一目了然，根据这些，计算 $f(-\sqrt{13}-2)$，$f(\sqrt{13}-2)$，先画出渐近线，描上特殊点，$(\mp\sqrt{13}-2,f(\mp\sqrt{13}-2))$，$(0,0)$，函数的图象就跃然纸上了（如图 3.6.14 所示）. □

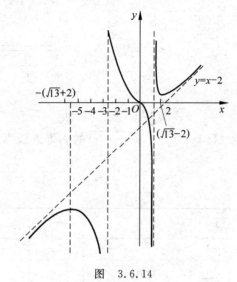

图 3.6.14

例 3.6.11 讨论函数 $f(x)=\sqrt[3]{x^3-x^2-x+1}=\sqrt[3]{(x-1)^2}\cdot\sqrt[3]{x+1}$ 的性态，并作出其图象.

解 显然此曲线与坐标轴交点为 $(1,0)$，$(-1,0)$，$(0,1)$ 三点. 求出导数与 2 阶导数：

$$f'(x)=\frac{x+\dfrac{1}{3}}{\sqrt[3]{x-1}\sqrt[3]{(x+1)^2}},$$

$$f''(x)=-\frac{8}{9\sqrt[3]{(x-1)^4}\sqrt[3]{(x+1)^5}},$$

由此得到驻点为 $x=-\dfrac{1}{3}$，不可导点 $x=\pm1$.

但函数 $f(x)$ 在 $x=\pm1$ 处连续，且

$$\lim_{x\to1^-}\frac{f(x)-f(1)}{x-1}=\lim_{x\to1^-}\frac{\sqrt[3]{(x-1)^2}\sqrt[3]{x+1}}{x-1}$$

$$=\lim_{x\to1^-}\frac{\sqrt[3]{x+1}}{\sqrt[3]{x-1}}=-\infty,$$

$$\lim_{x\to1^+}\frac{f(x)-f(1)}{x-1}=\lim_{x\to1^+}\frac{\sqrt[3]{x+1}}{\sqrt[3]{x-1}}=+\infty,$$

$$\lim_{x\to-1}\frac{f(x)-f(-1)}{x+1}=\lim_{x\to-1}\frac{\sqrt[3]{(x-1)^2}\sqrt[3]{x+1}}{x+1}$$

$$=\lim_{x\to1^-}\frac{\sqrt[3]{(x-1)^2}}{\sqrt[3]{(x+1)^2}}=+\infty.$$

所以，在 $x=\pm1$ 处，曲线有垂直切线. 又因为

$$k=\lim_{x\to\infty}\frac{f(x)}{x}=\lim_{x\to\infty}\frac{\sqrt[3]{x^3-x^2-x+1}}{x}$$

$$=\lim_{x\to\infty}\sqrt[3]{1-\frac{1}{x}-\frac{1}{x^2}+\frac{1}{x^3}}=1,$$

$$b=\lim_{x\to\infty}(f(x)-kx)=\lim_{x\to\infty}(\sqrt[3]{x^3-x^2-x+1}-x)$$

$$= \lim_{x \to \infty} \frac{(x^3 - x^2 - x + 1) - x^3}{(\sqrt[3]{x^3 - x^2 - x + 1})^2 + x\sqrt[3]{x^3 - x^2 - x + 1} + x^2}$$

$$= \lim_{x \to \infty} \frac{-1 - \dfrac{1}{x} + \dfrac{1}{x^2}}{\left(\sqrt[3]{1 - \dfrac{1}{x} - \dfrac{1}{x^2} + \dfrac{1}{x^3}}\right)^2 + \sqrt[3]{1 - \dfrac{1}{x} - \dfrac{1}{x^2} + \dfrac{1}{x^3}} + 1}$$

$$= -\frac{1}{3}$$

故 $f(x) = \sqrt[3]{x^3 - x^2 - x + 1}$ 的斜渐近线为 $y = x - \dfrac{1}{3}$. 极大值

$$f\left(-\frac{1}{3}\right) = \sqrt[3]{(x-1)^2}\sqrt[3]{x+1}\Big|_{x=-\frac{1}{3}} = \sqrt[3]{\frac{4^2}{3^2}}\sqrt[3]{\frac{2}{3}} = \frac{2}{3}\sqrt[3]{4} > 1.$$

x	$-\infty$		-1		$-\dfrac{1}{3}$		1		$+\infty$
$x+1$		$-$		$+$		$+$		$+$	
$x+\dfrac{1}{3}$		$-$		$-$		$+$		$+$	
$x-1$		$-$		$-$		$-$		$+$	
f'		$+$	∞	$+$	0		∞	$+$	
f''		$+$	∞	$-$			$-$	$-\infty$	$-$
f		↑凸	拐点 $(-1,0)$	凹↑	极大	凹↓	极小	凹↑	

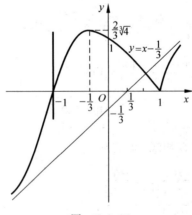

图 3.6.15

综合上述画出 $f(x) = \sqrt[3]{x^3 - x^2 - x + 1}$ 的图形(如图 3.6.15 所示). □

练习题 3.6

1. 判断下列函数 f 的凸性：

(1) $f(x)=x^{\mu}$,其中 $\mu\geqslant 1,x\geqslant 0$;
    (2) $f(x)=a^{x}$,其中 $a>0,x\in\mathbb{R}$;

(3) $f(x)=-\ln x,x>0$;
    (4) $f(x)=x\ln x,x>0$.

2. 确定下列函数的凹凸区间与拐点：

(1) $y=2x^3-3x^2-36x+25$;
    (2) $y=x+\dfrac{1}{x}$;

(3) $y=\ln(x^2+1)$;
    (4) $y=\dfrac{1}{1+x^2}$.

3. 证明下列不等式,并指明式中等号成立的条件：

(1) $a^{\frac{x_1+x_2+\cdots+x_n}{n}}\leqslant\dfrac{a^{x_1}+a^{x_2}+\cdots+a^{x_n}}{n}$,其中 $a>0,a\neq 1$;

(2) $\left(\dfrac{x_1+x_2+\cdots+x_n}{n}\right)^p\leqslant\dfrac{x_1^p+x_2^p+\cdots+x_n^p}{n}$,其中 $p>1$;

(3) 当 $x_1,x_2,\cdots,x_n>0$ 时,

$$\frac{x_1+x_2+\cdots+x_n}{n}\leqslant(x_1^{x_1}x_2^{x_2}\cdots x_n^{x_n})^{\frac{1}{x_1+x_2+\cdots+x_n}};$$

(4) 设 $\lambda_1,\lambda_2,\cdots,\lambda_n>0$ 且 $\lambda_1+\lambda_2+\cdots+\lambda_n=1$,则 $\forall x_i\geqslant 0,i=1,2,\cdots,n$,有

$$x_1^{\lambda_1}x_2^{\lambda_2}\cdots x_n^{\lambda_1}\leqslant\sum_{i=1}^{n}\lambda_i x_i.$$

4. 证明：f 在区间 I 上为凸函数 $\Leftrightarrow\forall x_1,x_2\in I,\varphi(\lambda)=f(\lambda x_1+(1-\lambda)x_2)$ 为 $[0,1]$ 的凸函数.

5. 设 $f:[a,b]\to\mathbb{R}$ 为凸函数,如果 $\exists c\in(a,b)$,s.t. $f(a)=f(c)=f(b)$.证明：f 为常值函数.

6. 设 $a<b<c<d$.证明：若 f 在 $[a,c]$ 及 $[b,d]$ 上都为凸函数.证明：f 在 $[a,d]$ 上也为凸函数.

7. (1) 设函数 f 在 $\mathbb{R}$ 上有界且 $f''\geqslant 0$.证明：f 为常值函数.

(2) 设 f 为 $\mathbb{R}$ 上的 2 阶可导函数且有界.证明 $\exists\xi\in\mathbb{R}$,s.t. $f''(\xi)=0$.

(3) 设 $f:\mathbb{R}\to\mathbb{R}$ 2 阶可导,且 $\lim\limits_{x\to\infty}f(x)=r\in\mathbb{R}$,证明：$\exists\xi\in\mathbb{R}$,s.t. $f''(\xi)=0$.

8. 画出下列曲线的图形：

(1) $y=x^4-2x+10$;
    (2) $y=e^{-x^2}$;

(3) $y=\ln(1+x^2)$;
    (4) $y=x-\ln(1+x)$;

(5) $y=\dfrac{x}{1-x^2}$;
    (6) $y=x^2 e^{-x}$;

(7) $y = x^3 + 6x^2 - 15x - 20$；　　　　(8) $y = (x-1)x^{\frac{2}{3}}$；

(9) $y = x - 2\arctan x$；　　　　(10) $y = |x|^{\frac{2}{3}}(x-2)^2$.

9. 应用凸函数概念证明如下不等式：

(1) $\forall a, b \in \mathbb{R}$，有 $e^{\frac{a+b}{2}} \leqslant \dfrac{e^a + e^b}{2}$；

(2) $\forall a, b \geqslant 0$，有 $2\arctan \dfrac{a+b}{2} \geqslant \arctan a + \arctan b$.

10. a 与 b 为何值时，点 $(1,3)$ 为曲线 $y = ax^3 + bx^2$ 的拐点.

11. 证明：(1) 如果 f 为凸函数，λ 为非负实数，则 λf 为凸函数；

(2) 如果 f, g 均为凸函数，则 $f + g$ 也为凸函数；

(3) 如果 f 为区间 I 上的凸函数，g 为 $J \supset f(I)$ 上的凸增函数，则 $g \circ f$ 为 I 上的凸函数.

12. 设 f, g 均为区间 I 上的凸函数. 证明：$F(x) = \max\{f(x), g(x)\}$ 也为 I 上的凸函数.

13. 证明：(1) f 为区间 I 上的凸函数 $\Leftrightarrow \forall x_1, x_2, x_3 \in I, x_1 < x_2 < x_3$，恒有

$$\Delta = \begin{vmatrix} 1 & x_1 & f(x_1) \\ 1 & x_2 & f(x_2) \\ 1 & x_3 & f(x_3) \end{vmatrix} \geqslant 0;$$

(2) f 为严格凸函数 $\Leftrightarrow \Delta > 0$.

思考题 3.6

1. 设 f 为开区间 I 上的 2 阶可导函数. 证明：

f 为 I 上的凸函数 $\Leftrightarrow f''(x) \geqslant 0, \forall x \in I$

（用 2 次 Lagrange 中值定理证明充分性；用 $f''(x) = \lim\limits_{h \to 0} \dfrac{f(x+h) + f(x-h) - 2f(x)}{h^2}$

证明必要性.）

2. 设 f 在 $[a, b]$ 上连续，定义函数

$$D^2 f(x) = \lim_{h \to 0} \frac{f(x+h) + f(x-h) - 2f(x)}{h^2}.$$

又设 $\forall x \in (a, b)$，上述极限均存在，且 $D^2 f(x) = 0, x \in (a, b)$. 证明：$f(x) = c_1 x + c_2$，其中 c_1, c_2 为常数.

3. 应用 Jensen 不等式证明：

(1) 设 $a_i > 0 (i = 1, 2, \cdots, n)$，有

$$\frac{n}{\dfrac{1}{a_1} + \dfrac{1}{a_2} + \cdots + \dfrac{1}{a_n}} \leqslant \sqrt[n]{a_1 a_2 \cdots a_n} \leqslant \frac{a_1 + a_2 + \cdots + a_n}{n};$$

(2) 设 $a_i,b_i>0(i=1,2,\cdots,n)$, 有

$$\sum_{i=1}^{n}a_ib_i\leqslant\Big(\sum_{i=1}^{n}a_i^p\Big)^{\frac{1}{p}}\Big(\sum_{i=1}^{n}b_i^q\Big)^{\frac{1}{q}},$$

其中 $p>0,q>0,\dfrac{1}{p}+\dfrac{1}{q}=1.$

4. 设 f 为区间 I 上的严格凸函数. 证明: 若 $x_0\in I$ 为 f 的极小值点, 则 x_0 为 f 在 I 上惟一的极小值点.

5. 证明: 区间 I 上的两个单调增的非负凸函数 f,g 之积仍为凸函数.

6. 设 $f(x)$ 为 $[0,+\infty)$ 上的凸函数, $f(0)=0$. 证明: $\dfrac{f(x)}{x}$ 为 $(0,+\infty)$ 上的单调增函数.

7. 设 $f_1(x),f_2(x)$ 为 $[0,+\infty)$ 上的两个凸函数, $f_1(x)\geqslant 0,f_2(x)\geqslant 0$ 且 $f_1(0)=f_2(0)=0$. 证明: 函数

$$\frac{f_1(x)f_2(x)}{x}$$

在 $(0,+\infty)$ 上也为凸函数.

8. 由 $f(x)=x\ln x,x>0$ 为凸函数, 证明:

$$\Big(\sum_{k=1}^{n}t_kx_k\Big)^{\sum\limits_{k=1}^{n}t_kx_k}\leqslant\prod_{k=1}^{n}x_k^{t_kx_k}.$$

其中 $x_k>0,t_k>0,\displaystyle\sum_{k=1}^{n}t_k=1,\prod_{k=1}^{n}$ 表示连乘.

复习题 3

1. 设 f 与 g 在 $(-\infty,+\infty)$ 上可导, 它们在 $-\infty$ 与 $+\infty$ 上分别存在有限的极限. 又设当 $x\in\mathbb{R}$ 时, $g'(x)\neq 0$. 证明: $\exists\xi\in(-\infty,+\infty)$, s.t.

$$\frac{f(+\infty)-f(-\infty)}{g(+\infty)-g(-\infty)}=\frac{f'(\xi)}{g'(\xi)}.$$

2. 设 f 与 g 可导, 且对一切 x 都有

$$\begin{vmatrix}f(x)&g(x)\\f'(x)&g'(x)\end{vmatrix}\neq 0.$$

证明: 在 f 的任何两个不同零点之间, 至少有 g 的一个零点.

3. 设 p 为一个实系数多项式, 再构造一个多项式

$$q(x)=(1+x^2)p(x)p'(x)+x(p(x)^2+p'(x)^2).$$

假设方程 $p(x)=0$ 有 n 个大于 1 的不同实根, 证明: 方程 $q(x)=0$ 至少有 $2n-1$ 个不同实根.

4. 设 $n \in \mathbb{N}$，且 $f(x) = \sum\limits_{k=1}^{n} c_k e^{\lambda_k x}$，其中 $\lambda_1, \lambda_2, \cdots, \lambda_n$ 为互不相等的实数，$c_1, c_2, \cdots, c_n$ 是不同时为 0 的实数. 试问：函数 f 至多能有多少个实零点？

5. 函数 $f : [a, b] \to \mathbb{R}$ 在 $[a, b]$ 上可导，且 $f'(a) = f'(b)$. 证明：$\exists \xi \in (a, b)$, s. t.
$$f'(\xi) = \frac{f(\xi) - f(a)}{\xi - a}.$$

6. 设函数 f 在 $[a, +\infty)$ 上可导，$f(a) = 0$，且当 $x \geqslant a$ 时有 $|f'(x)| \leqslant |f(x)|$. 证明：$f = 0$.

7. 设 f 在 $[0, +\infty)$ 上可导，且 $0 \leqslant f(x) \leqslant \dfrac{x}{1 + x^2}$. 证明：$\exists \xi > 0$, s. t.
$$f'(\xi) = \frac{1 - \xi^2}{(1 + \xi^2)^2}.$$

8. 设函数 f 在 $[0, 1]$ 上连续，在 $(0, 1)$ 内可导，且 $f(1) - f(0) = 1$. 证明：对于 $k = 0, 1, \cdots, n-1$，$\exists \xi_k \in (0, 1)$, s. t.
$$f'(\xi_k) = \frac{n!}{k!(n-1-k)!} \xi_k^k (1 - \xi_k)^{n-1-k}.$$

9. 设函数 f 在 $[a, b]$ 上连续，在 (a, b) 内 n 次可导. 又设 $a = x_0 < x_1 < \cdots < x_n = b$. 证明：$\exists \xi \in (a, b)$, s. t.
$$\begin{vmatrix} 1 & 1 & \cdots & 1 \\ x_0 & x_1 & \cdots & x_n \\ \vdots & \vdots & & \vdots \\ x_0^{n-1} & x_1^{n-1} & \cdots & x_n^{n-1} \\ f(x_0) & f(x_1) & \cdots & f(x_n) \end{vmatrix} = \frac{1}{n!} f^{(n)}(\xi) \prod_{i > j} (x_i - x_j).$$

10. 设 $y_1 = c > 0$，$\dfrac{y_{n+1}}{n+1} = \ln\left(1 + \dfrac{y_n}{n}\right)$，$n \in \mathbb{N}$. 求极限 $\lim\limits_{n \to +\infty} y_n$.

11. 设函数 f 在点 x_0 有 n 阶导数 $(n \in \mathbb{N})$. 证明：
$$f^{(n)}(x_0) = \lim_{h \to 0} \frac{1}{h^n} \sum_{k=0}^{n} (-1)^{n-k} C_n^k f(x_0 + kh).$$

12. 求最大的数 α 及最小的数 β，使满足下述不等式：
$$\left(1 + \frac{1}{n}\right)^{n+\alpha} \leqslant e \leqslant \left(1 + \frac{1}{n}\right)^{n+\beta}, \quad n \in \mathbb{N}.$$

13. 设函数 f 在点 x_0 的开邻域内具有 2 阶导数. 证明：对充分小的 h，存在 $\theta, 0 < \theta < 1$，使得
$$\frac{f(x_0 + h) + f(x_0 - h) - 2f(x_0)}{h^2} = \frac{f''(x_0 + \theta h) + f''(x_0 - \theta h)}{2}.$$

14. 设函数 f 在区间 $(a, +\infty)$ 上可导. 试用 L'Hospital 法则或 ε-Δ 法证明：

(1) 若 $\lim\limits_{x\to+\infty} f'(x)=0$，则 $\lim\limits_{x\to+\infty}\dfrac{f(x)}{x}=0$；

(2) 若 $\lim\limits_{x\to+\infty}\big[f(x)+f'(x)\big]=r$，则 $\lim\limits_{x\to+\infty}f(x)=r$.

15. 设 f 在 $(-r,r)$ 上有 n 阶导数且 $\lim\limits_{x\to 0}f^{(n)}(x)=l,n\in\mathbb{N}$. 证明：$f^{(n)}(0)=l$.

16. 设 I 为开区间，函数 f 在 I 上为凸函数 $\Leftrightarrow \forall c\in I,\exists a\in\mathbb{R}$, s. t.

$$f(x)\geqslant a(x-c)+f(c),\forall x\in I.$$

对此作出几何解释.

17. 设 p 为多项式，如果

$$p'''(x)-p''(x)-p'(x)+p(x)\geqslant 0$$

在 $(-\infty,+\infty)$ 上成立. 证明：$p\geqslant 0$.

18. 设 $f:[0,+\infty)\to\mathbb{R}$，且 $\forall x\in[0,+\infty)$ 有 $x=f(x)\mathrm{e}^{f(x)}$. 证明：

(1) f 是严格增的；   (2) $\lim\limits_{x\to+\infty}f(x)=+\infty$；   (3) $\lim\limits_{x\to+\infty}\dfrac{f(x)}{\ln x}=1$.

19. 方阵 $A=(a_{ij})$，$i,j=1,2,\cdots,n$，其中一切元素均为正数，其各行的和及各列的和均为 1. 设 x 是一个 n 维列向量，各分量均为正数. 令 $y=Ax$，并设 x 与 y 的分量分别为 x_1，$x_2,\cdots,x_n$ 及 $y_1,y_2,\cdots,y_n$. 证明：$y_1\,y_2\cdots y_n\geqslant x_1 x_2\cdots x_n$.

20. 设 $a\geqslant 2,x>0$. 证明：$a^x+a^{\frac{1}{x}}\leqslant a^{\frac{x+1}{x}}$；当且仅当 $a=2$ 与 $x=1$ 时，式中等号成立.

21. 微分方程

$$\begin{cases} y''+p(x)y'+q(x)y=r(x),x\in(a,b),\\ y(a)=A,\\ y(b)=B, \end{cases}$$

其中 $q(x)<0,A,B$ 为常数，$p(x),q(x)$ 与 $r(x)$ 均连续. 如果这个方程在 $[a,b]$ 上有连续的解，则解必是惟一的.

22. 令 $p_n(x)=1+x+\dfrac{x^2}{2!}+\cdots+\dfrac{x^n}{n!},n\in\mathbb{N}$. 证明：

(1) 当 $x<0$ 时，$p_{2n}(x)>\mathrm{e}^x>p_{2n+1}(x)$；

(2) 当 $x>0$ 时，$\mathrm{e}^x>p_n(x)\geqslant\left(1+\dfrac{x}{n}\right)^n$；

(3) 对一切实数 x，有 $\mathrm{e}^x=\sum\limits_{n=0}^{\infty}\dfrac{x^n}{n!}$.

23. 设 $f_0(x)=1,f_{k+1}(x)=xf_k(x)-f'_k(x)$. 证明：

(1) $f_n(x)$ 是首项系数为 1 的 n 次多项式；

(2) $f_n(x)$ 有 n 个不同实根，且关于 0 对称地分布.

24. 求函数 $f(x)=\mathrm{e}^x\left[\dfrac{1}{x}-\dfrac{\ln(x-1)}{x}\right]$ 在 $[2,4]$ 上的最大值.

25. 设 $f(x)$ 满足 $f''(x) + f'(x)g(x) - f(x) = 0$,其中 $g(x)$ 为任一函数. 证明：若 $f(x_0) = f(x_1) = 0 (x_0 < x_1)$,则 f 在 $[x_0, x_1]$ 上恒等于 0.

26. 设 f 在 $(-\infty, +\infty)$ 上 2 阶可导,$f'' > 0$. 又设 $f(x_0) < 0$,且 $\lim\limits_{x \to -\infty} f'(x) = \alpha < 0$, $\lim\limits_{x \to +\infty} f'(x) = \beta > 0$. 证明：方程 $f(x) = 0$ 在 $(-\infty, +\infty)$ 上恰有两个根.

27. 设在有界闭区间 $[a, b]$ 上,函数 f 连续,g 可导,$g(a) = 0$,$\lambda \neq 0$ 为常数. 如果 $\forall x \in [a, b]$ 有

$$| g(x)f(x) + \lambda g'(x) | \leqslant | g(x) |,$$

证明：$g(x) = 0, \forall x \in [a, b]$.

第 4 章　Taylor 公式

　　Lagrange 中值定理是微分学中的重要定理，它有许多的应用，这一章我们将 Lagrange 中值定理作进一步的推广，这就是微分学中的 Taylor（泰勒）公式，掌握了 Taylor 公式之后，再看上一章微分中值定理的那些理论，你将有一种"会当凌绝顶，一览众山小"的意境.

4.1　带各种余项的 Taylor 公式

　　实系数 n 次多项式函数
$$P(x) = b_0 + b_1 x + \cdots + b_n x^n, \quad b_n \neq 0,$$
或更一般地，
$$P(x) = a_0 + a_1(x - x_0) + \cdots + a_n(x - x_0)^n, \quad a_n \neq 0,$$
这是人们熟悉的函数，它有许多便于应用的性质，计算其 $k(k = 0, 1, \cdots, n)$ 阶导数，有
$$P^{(k)}(x) = k! a_k + (k+1)k \cdots 2 a_{k+1}(x - x_0)$$
$$+ \cdots + n(n-1) \cdots (n-k+1) a_n (x - x_0)^{n-k},$$
$$P^k(x_0) = k! a_k.$$
从而得到第 k 项的系数 $a_k = \dfrac{P^{(k)}(x_0)}{k!}$，所以它又可以写成
$$P(x) = P^{(0)}(x_0) + P'(x_0)(x - x_0) + \cdots + \frac{P^{(n)}(x_0)}{n!}(x - x_0)^n$$
$$= \sum_{k=0}^{n} \frac{P^{(k)}(x_0)}{k!}(x - x_0)^k,$$
其中 $P^{(0)}(x_0) = P(x_0)$.

　　对于一般的有 n 阶导数的函数 $f(x)$，是否可以用多项式来逼近？选择什么样的多项式 $P(x)$ 能与 $f(x)$ 有 n 阶逼近（即 $f(x) - P(x) = o((x - x_0)^n)$）？$P(x)$ 的系数有什么要求？这是首要解决的问题.

　　定理 4.1.1（惟一性）　设
$$f(x) = \sum_{k=0}^{n} a_k (x - x_0)^k + o((x - x_0)^n)$$
$$= \sum_{k=0}^{n} b_k (x - x_0)^k + o((x - x_0)^n), \quad x \to x_0,$$

则 $a_k = b_k$, $k = 0, 1, \cdots, n$.

证明 (归纳法)在上述等式中令 $x \to x_0$, 得到 $a_0 = b_0$. 假设 $a_i = b_i$, $0 \leqslant i \leqslant j-1 \leqslant n-1$, 则两式相减推出

$$0 = (a_j - b_j)(x - x_0)^j + \sum_{k=j+1}^{n} (a_k - b_k)(x - x_0)^k + o((x - x_0)^n).$$

于是, 当 $x \neq x_0$ 时, 有

$$0 = (a_j - b_j) + \sum_{k=j+1}^{n} (a_k - b_k)(x - x_0)^{k-j} + o((x - x_0)^{n-j}),$$

再令 $x \to x_0$, 得 $a_j - b_j = 0$, 即 $a_j = b_j$. 于是对 $k = 0, 1, \cdots, n$ 有 $a_k = b_k$. □

设 $f(x)$ 在点 x_0 有直至 n 阶的导数, 我们称多项式 $\sum_{k=0}^{n} \frac{f^{(k)}(x_0)}{k!}(x - x_0)^k$ 为 $f(x)$ 在 x_0 处的 **n 次 Taylor 多项式**.

定理 4.1.2 (带 Peano(佩亚诺)型余项的 Taylor 公式) 设 f 在点 x_0 有直至 n 阶的导数, 则有

$$f(x) = \sum_{k=0}^{n} \frac{f^{(k)}(x_0)}{k!}(x - x_0)^k + R_n(x),$$
$$R_n(x) = o((x - x_0)^n) \quad (x \to x_0).$$

证明 设

$$T_n(x) = \sum_{k=0}^{n} \frac{f^{(k)}(x)}{k!}(x - x_0)^k$$

为 f 的 n 次 Taylor 多项式, 易见

$$f^{(k)}(x_0) = T_n^{(k)}(x_0), \quad k = 0, 1, \cdots, n.$$

所以

$$R_n(x_0) = R_n'(x_0) = \cdots = R_n^{(n)}(x_0) = 0.$$

此外, 显然有

$$(x - x_0)^n \Big|_{x_0} = \left[(x - x_0)^n\right]' \Big|_{x_0} = \cdots = \left[(x - x_0)^n\right]^{(n-1)} \Big|_{x_0} = 0,$$
$$\left[(x - x_0)^n\right]^{(n)} = n!.$$

因为 $f^{(n)}(x_0)$ 存在且有限, 所以在 x_0 的某开邻域内, f 有 $n-1$ 阶导函数. 于是, 允许接连使用 L'Hospital 法则 $n-1$ 次, 得到

$$\lim_{x \to x_0} \frac{R_n(x)}{(x - x_0)^n} = \lim_{x \to x_0} \frac{R_n'(x)}{n(x - x_0)^{n-1}}$$
$$= \cdots = \lim_{x \to x_0} \frac{R_n^{(n-1)}(x)}{n(n-1)\cdots 2 (x - x_0)}$$
$$= \lim_{x \to x_0} \frac{f^{(n-1)}(x) - f^{(n-1)}(x_0) - f^{(n)}(x_0)(x - x_0)}{n(n-1)\cdots 2 (x - x_0)}$$

$$= \frac{1}{n!} \lim_{x \to x_0} \left[\frac{f^{(n-1)}(x) - f^{(n-1)}(x_0)}{x - x_0} - f^{(n)}(x_0) \right]$$

$$= \frac{1}{n!} (f^{(n)}(x_0) - f^{(n)}(x_0)) = 0,$$

即

$$R_n(x) = o((x - x_0)^n) \quad (x \to x_0),$$

并称它为 f 在 x_0 处的 **Peano 余项**. □

当 $x_0 = 0$ 时,带 Peano 余项的 **Maclaurin 公式**为

$$f(x) = \sum_{k=0}^{n} \frac{f^{(k)}(0)}{k!} x^n + o(x^n).$$

例 4.1.1 如果 f 在点 x_0 附近满足

$$f(x) = P_n(x) + o((x - x_0)^n),$$

其中 $P_n(x) = \sum_{k=0}^{n} a_k(x - x_0)^k$ 为 n 次多项式. 问: $P_n(x)$ 是否一定为 f 的 Taylor 多项式

$$T_n(x) = \sum_{k=0}^{n} \frac{f^{(k)}(x)}{k!} (x - x_0)^k ?$$

解 不一定.

反例: 设 $f(x) = x^{n+1} D(x)$, $n \in \mathbb{N}$, 其中 $D(x)$ 为 Dirichlet 函数. 显然,

$$\lim_{x \to 0} \frac{f(x)}{x^n} = \lim_{x \to 0} \frac{x^{n+1} D(x)}{x^n} = \lim_{x \to 0} x D(x) = 0,$$

故

$$f(x) = o(x^n) = \sum_{k=0}^{n} 0 x^k + o(x^n).$$

但由于 f 在 $x \neq 0$ 处不连续,因而不可导,无法定义 $f''(0), f'''(0), \cdots$,也无法构造出高于 1 次的 Taylor 多项式 $T_n(x)$,因为在 $x = 0$ 处,

$$f'(0) = \lim_{x \to 0} \frac{x^{n+1} D(x) - 0}{x - 0} = \lim_{x \to 0} x^n D(x) = 0,$$

故 1 次 Taylor 多项式为

$$T_1(x) = f(0) + \frac{f'(0)}{1!} x = 0 + 0 x.$$

定理 4.1.3 (带 Lagrange 型余项与 Cauchy 型余项的 Taylor 公式) 设函数 f 在区间 I 上有 n 阶连续导数,在 $\mathring{I}$ 上有 $n+1$ 阶导数,$x_0 \in \mathring{I}$,

$$f(x) = \sum_{k=0}^{n} \frac{f^{(k)}(x_0)}{k!} (x - x_0)^k + R_n(x), \quad \forall x \in I.$$

当 $x \neq x_0$ 时,记 $I_x = [x_0, x]$ (或 $[x, x_0]$). 设 $G(t)$ 在 I_x 上连续,在 $\mathring{I}_x$ 内可导,且 $G'(t) \neq 0$,$\forall t \in \mathring{I}_x$,则 $\exists \xi \in \mathring{I}_x$,s. t.

$$R_n(x) = \frac{f^{(n+1)}(\xi)}{n!\, G'(\xi)}(x-\xi)^n [G(x)-G(x_0)].$$

特别地,有下面两类余项:

(1) 若取 $G(t)=(x-t)^{n+1}$ 就得 **Lagrange 余项**

$$R_n(x) = \frac{f^{(n+1)}(\xi)}{(n+1)!}(x-x_0)^{n+1};$$

(2) 若取 $G(t)=x-t$ 就得 **Cauchy 余项**

$$R_n(x) = \frac{f^{(n+1)}(\xi)}{n!}(x-\xi)^n (x-x_0).$$

进而,当 $n=0$ 时,带 Lagrange 余项的 Taylor 公式就是 Lagrange 中值定理 $f(x) = f(x_0) + f'(\xi)(x-x_0)$.

证明　令

$$F(t) = f(t) + \sum_{k=1}^{n} \frac{f^{(k)}(t)}{k!}(x-t)^k, \quad t \in I,$$

则 $F(t)$ 在 I 上连续,在 $\mathring{I}$ 内可导,且当 $t \in \mathring{I}$ 时,

$$F'(t) = f'(t) + \sum_{k=1}^{n}\Big[\frac{f^{(k+1)}(t)}{k!}(x-t)^k - \frac{f^{(k)}(t)}{(k-1)!}(x-t)^{k-1}\Big]$$

$$= f'(t) + \sum_{j=2}^{n+1}\frac{f^{(j)}(t)}{(j-1)!}(x-t)^{j-1} - \sum_{k=2}^{n}\frac{f^{(k)}(t)}{(k-1)!}(x-t)^{k-1} - f'(t)$$

$$= \frac{f^{(n+1)}(t)}{n!}(x-t)^n, \quad t \in \mathring{I}.$$

对 $F(t), G(t)$ 在 I_x 上应用 Cauchy 中值定理, $\exists \xi \in \mathring{I}_x$, s.t.

$$\frac{F(x)-F(x_0)}{G(x)-G(x_0)} = \frac{F'(\xi)}{G'(\xi)} = \frac{\dfrac{f^{(n+1)}(\xi)}{n!}(x-\xi)^n}{G'(\xi)}$$

$$= \frac{f^{(n+1)}(\xi)}{n!\,G'(\xi)}(x-\xi)^n,$$

$$R_n(x) = f(x) - \Big[f(x_0) + \sum_{k=1}^{n}\frac{f^{(k)}(x_0)}{k!}(x-x_0)^k\Big]$$

$$= F(x) - F(x_0)$$

$$= \frac{f^{(n+1)}(\xi)}{n!\,G'(\xi)}(x-\xi)^n [G(x)-G(x_0)].$$

(1) 取 $G(t)=(x-t)^{n+1}$, 则 $G'(t)=-(n+1)(x-t)^n$, $G(x)=0$, $G(x_0)=(x-x_0)^{n+1}$,于是

$$R_n(x) = \frac{f^{(n+1)}(\xi)}{-n!(n+1)(x-\xi)^n}(x-\xi)^n[-(x-x_0)^{n+1}]$$

$$= \frac{f^{(n+1)}(\xi)}{(n+1)!}(x-x_0)^{n+1}.$$

(2) 取 $G(t) = x-t$，则 $G'(t) = -1, G(x) = 0, G(x_0) = x-x_0$.

$$R_n(x) = \frac{f^{(n+1)}(\xi)}{n!(-1)}(x-\xi)^n[0-(x-x_0)]$$

$$= \frac{f^{(n+1)}(\xi)}{n!}(x-\xi)^n(x-x_0). \qquad \square$$

注 4.1.1 为了给出 Lagrange 余项与 Cauchy 余项的另一证明，设 $F(t)$ 如 (1) 中所述. 再令可导函数 $\lambda(t)$ 适合 $\lambda(x_0) = 1, \lambda(x) = 0$. 构造一个函数

$$\varphi(t) = F(t) - [\lambda(t)F(x_0) + (1-\lambda(t))F(x)].$$

易见，$\varphi(x_0) = 0 = \varphi(x)$，应用 Rolle 定理可知存在 x_0 与 x 之间的点 ξ，使得

$$0 = \varphi'(\xi) = F'(\xi) - \lambda'(\xi)[F(x_0) - F(x)].$$

如果 $\lambda'(t)$ 在 x_0 与 x 之间没有零点，由上式可得

$$F(x) - F(x_0) = -\frac{F'(\xi)}{\lambda'(\xi)}.$$

于是

$$R_n(x) = f(x) - \sum_{k=0}^n \frac{f^{(k)}(x_0)}{k!}(x-x_0)^k$$

$$= F(x) - F(x_0) = -\frac{F'(\xi)}{\lambda'(\xi)}.$$

(1) 取 $\lambda(t) = \left(\frac{x-t}{x-x_0}\right)^{n+1}$，则

$$\lambda'(t) = -(n+1)\left(\frac{x-t}{x-x_0}\right)^n \frac{1}{x-x_0},$$

$$R_n(x) = -\frac{F'(\xi)}{\lambda'(\xi)} = -\frac{\dfrac{f^{(n+1)}(\xi)}{n!}(x-\xi)^n}{-(n+1)\left(\dfrac{x-\xi}{x-x_0}\right)^n \dfrac{1}{x-x_0}}$$

$$= \frac{f^{(n+1)}(\xi)}{(n+1)!}(x-x_0)^{n+1}.$$

这就是 Lagrange 余项.

(2) 取 $\lambda(t) = \frac{x-t}{x-x_0}$，则

$$\lambda'(t) = -\frac{1}{x-x_0},$$

$$R_n(x) = -\frac{F'(\xi)}{\lambda'(\xi)} = -\frac{\dfrac{f^{(n+1)}(\xi)}{n!}(x-\xi)^n}{-\dfrac{1}{x-x_0}}$$

$$= \frac{f^{(n+1)}(\xi)}{n!}(x-\xi)^n(x-x_0).$$

这就是 Cauchy 余项.

注 4.1.2 ξ 在 x_0 与 x 之间, 则可表示为

$$\xi = x_0 + \theta(x-x_0), \quad 0 < \theta < 1.$$

于是, Lagrange 余项

$$R_n(x) = \frac{f^{(n+1)}(x_0+\theta(x-x_0))}{(n+1)!}(x-x_0)^{n+1},$$

Cauchy 余项

$$R_n(x) = \frac{f^{(n+1)}(x_0+\theta(x-x_0))}{n!}(1-\theta)^n(x-x_0)^{n+1}.$$

$x_0 = 0$ 时的 Taylor 公式称为 **Maclaurin 公式**, 即

$$f(x) = \sum_{k=0}^{n} \frac{f^{(k)}(0)}{k!}x^n + R_n(x).$$

Peano 余项

$$R_n(x) = o(x^n),$$

Lagrange 余项

$$R_n(x) = \frac{f^{(n+1)}(\xi)}{(n+1)!}x^{n+1} = \frac{f^{(n+1)}(\theta x)}{(n+1)!}x^{n+1},$$

Cauchy 余项

$$R_n(x) = \frac{f^{(n+1)}(\xi)}{n!}(x-\xi)^n x = \frac{f^{(n+1)}(\theta x)}{n!}(1-\theta)^n x^{n+1}.$$

下面给出 5 个重要的 Maclaurin 公式 (展开式) 及其 Lagrange 余项与 Cauchy 余项.

例 4.1.2 $f(x) = \mathrm{e}^x.$

解   因为 $f^{(k)}(x) = \mathrm{e}^x, f^{(k)}(0) = 1, k = 0,1,\cdots,n,$ 故

$$\mathrm{e}^x = \sum_{k=0}^{n} \frac{f^{(k)}(0)}{k!}x^k + R_n(x)$$

$$= \sum_{k=0}^{n} \frac{x^k}{k!} + R_n(x).$$

Lagrange 余项

$$R_n(x) = \frac{f^{(n+1)}(\xi)}{(n+1)!}x^{n+1}$$

$$= \frac{\mathrm{e}^\xi}{(n+1)!}x^{n+1} = \frac{\mathrm{e}^{\theta x}}{(n+1)!}x^{n+1}.$$

Cauchy 余项

$$R_n(x) = \frac{f^{(n+1)}(\xi)}{n!}(x-\xi)^n x = \frac{\mathrm{e}^\xi}{n!}(x-\xi)^n x$$

$$= \frac{\mathrm{e}^{\theta x}}{n!}(1-\theta)^n x^{n+1},$$

ξ 介于 0 与 x 之间, $0 < \theta < 1$.

例 4. 1. 3 $f(x) = \sin x.$

解 因为 $f^{(k)}(x) = \sin\left(x + \dfrac{k\pi}{2}\right)$, 所以

$$f^{(k)}(0) = \sin \frac{k\pi}{2} = \begin{cases} 0, & k = 2j, \\ (-1)^{j-1}, & k = 2j-1, j = 1, 2, \cdots. \end{cases}$$

取 $n = 2m$, 得

$$\sin x = \sum_{k=0}^{2m-1} \frac{f^{(k)}(0)}{k!} x^k + R_{2m}(x)$$

$$= \sum_{j=1}^{m} \frac{(-1)^{j-1}}{(2j-1)!} x^{2j-1} + R_{2m}(x).$$

Lagrange 余项

$$R_{2m}(x) = \frac{f^{(2m+1)}(\xi)}{(2m+1)!} x^{m+1}$$

$$= \frac{\sin(\xi + \dfrac{2m+1}{2}\pi)}{(2m+1)!} x^{2m+1}$$

$$= \frac{(-1)^m \cos\xi}{(2m+1)!} x^{2m+1}$$

$$= \frac{(-1)^m \cos\theta x}{(2m+1)!} x^{2m+1}.$$

Cauchy 余项

$$R_{2m}(x) = \frac{f^{(2m+1)}(\xi)}{2m}(x-\xi)^n x = \frac{(-1)^m \cos\xi}{(2m)!}(x-\xi)^{2m} x$$

$$= \frac{(-1)^m \cos\theta x}{(2m)!}(1-\theta)^{2m} x^{2m+1}.$$

例 4. 1. 4 $f(x) = \cos x.$

解 已知 $f^{(k)}(x) = \cos(x + \dfrac{k}{2}\pi)$, 故

$$f^{(k)}(0) = \cos \frac{k\pi}{2} = \begin{cases} 0, & k = 2j+1, \\ (-1)^j, & k = 2j, \quad j = 0, 1, 2, \cdots \end{cases}$$

$$\cos x = \sum_{j=0}^{m} (-1)^j \frac{x^{2j}}{(2j)!} + R_{2m+1}(x).$$

Lagrange 余项

$$R_{2m+1}(x) = \frac{f^{(2m+2)}(\xi)}{(2m+2)!} x^{2m+2}$$

$$= \frac{\cos(\xi + \frac{(2m+2)\pi}{2})}{(2m+2)!} x^{2m+2}$$

$$= \frac{(-1)^{m+1}\cos\xi}{(2m+2)!} x^{2m+2}$$

$$= \frac{(-1)^{m+1}\cos\theta x}{(2m+2)!} x^{2m+2}.$$

Cauchy 余项

$$R_{2m+1}(x) = \frac{f^{(2m+2)}(\xi)}{(2m+1)!} (x-\xi)^{2m+1} x$$

$$= \frac{(-1)^{m+1}\cos\xi}{(2m+1)!} (x-\xi)^{2m+1} x$$

$$= \frac{(-1)^{m+1}\cos\theta x}{(2m+1)!} (1-\theta)^{2m+1} x^{2m+2},$$

ξ 介于 0 与 x 之间, $0 < \theta < 1$.

例 4.1.5 $f(x) = \ln(1+x)$, $x > -1$.

解 $f'(x) = \frac{1}{1+x} = (1+x)^{-1}$, $f^{(k)}(x) = \frac{(-1)^{k-1}(k-1)!}{(1+x)^k}$,

$f^{(k)}(0) = (-1)^{k-1}(k-1)!$, $k \geq 1$.

$$\ln(1+x) = 0 + \sum_{k=1}^{n} \frac{(-1)^{k-1}(k-1)!}{k!} x^k + R_n(x)$$

$$= \sum_{k=1}^{n} \frac{(-1)^{k-1}}{k} x^k + R_n(x).$$

Lagrange 余项

$$R_n(x) = \frac{f^{(n+1)}(\xi)}{(n+1)!} x^{n+1}$$

$$= \frac{(-1)^n n!}{(n+1)!(1+\xi)^{n+1}} x^{n+1}$$

$$= \frac{(-1)^n}{(n+1)(1+\xi)^{n+1}} x^{n+1}$$

$$= \frac{(-1)^n}{(n+1)(1+\theta x)^{n+1}} x^{n+1}.$$

Cauchy 余项

$$R_n(x) = \frac{f^{(n+1)}(\xi)}{n!}(x - \xi)^n x$$

$$= \frac{(-1)^n n!}{n!(1 + \xi)^{n+1}}(x - \xi)^n x$$

$$= \frac{(-1)^n}{(1 + \xi)^{n+1}}(x - \xi)^n x$$

$$= \frac{(-1)^n}{(1 + \theta x)^{n+1}}(1 - \theta)^n x^{n+1},$$

ξ 介于 0 与 x 之间,$0 < \theta < 1$.

例 4.1.6 $f(x) = (1 + x)^\alpha, x > -1, \alpha \in \mathbb{R}$ 为常数.

解 $f^{(k)}(x) = \alpha(\alpha - 1) \cdots (\alpha - k + 1)(1 + x)^{\alpha - k}$,

$f^{(k)}(0) = \alpha(\alpha - 1) \cdots (\alpha - k + 1), \quad k = 1, 2, \cdots$

$$f(x) = 1 + \sum_{k=1}^{n} \frac{\alpha(\alpha - 1) \cdots (\alpha - k + 1)}{k!} x^k + R_n(x), \quad x > -1.$$

Lagrange 余项

$$R_n(x) = \frac{f^{(n+1)}(\xi)}{(n + 1)!} x^{n+1}$$

$$= \frac{\alpha(\alpha - 1) \cdots (\alpha - n)}{(n + 1)!}(1 + \xi)^{\alpha - n - 1} x^{n+1}$$

$$= \frac{\alpha(\alpha - 1) \cdots (\alpha - n)}{(n + 1)!}(1 + \theta x)^{\alpha - n - 1} x^{n+1}.$$

Cauchy 余项

$$R_n(x) = \frac{f^{(n+1)}(\xi)}{n!}(x - \xi)^n x$$

$$= \frac{\alpha(\alpha - 1) \cdots (\alpha - n)}{n!}(1 + \xi)^{\alpha - n - 1}(x - \xi)^n x$$

$$= \frac{\alpha(\alpha - 1) \cdots (\alpha - n)}{n!}(1 + \theta x)^{\alpha - n - 1}(1 - \theta)^n x^{n+1},$$

ξ 介于 0 与 x 之间,$0 < \theta < 1$.

特别地,当 $\alpha = -1$ 时,带有 Lagrange 余项的 Taylor 公式为

$$\frac{1}{1 + x} = (1 + x)^{-1} = 1 + \sum_{k=1}^{n}(-1)^k x^k + \frac{(-1)^{n+1} x^{n+1}}{(1 + \xi)^{n+2}}$$

$$= \sum_{k=0}^{n}(-1)^k x^k + \frac{(-1)^{n+1} x^{n+1}}{(1 + \theta x)^{n+2}},$$

ξ 介于 0 与 x 之间,$0 < \theta < 1$.

$$\frac{1}{1-x} = [1+(-x)]^{-1}$$

$$= 1 + \sum_{k=1}^{n} (-1)^k (-x)^k + \frac{(-1)^{n+1}(-x)^{n+1}}{(1+\xi)^{n+2}}$$

$$= 1 + \sum_{k=1}^{n} x^k + \frac{x^{n+1}}{(1+\xi)^{n+2}} = \sum_{k=0}^{n} x^k + \frac{x^{n+1}}{(1-\theta x)^{n+2}},$$

ξ 介于 0 与 $-x$ 之间, $0<\theta<1$.

当 $\alpha = \frac{1}{2}$ 时, 带有 Lagrange 余项的 Taylor 公式为

$$\sqrt{1+x} = (1+x)^{\frac{1}{2}} = 1 + \sum_{k=1}^{n} \frac{\frac{1}{2}\left(\frac{1}{2}-1\right)\cdots\left(\frac{1}{2}-k+1\right)}{k!} x^k + R_n(x)$$

$$= 1 + \sum_{k=1}^{n} \frac{(-1)^{k-1}(2k-3)!!}{(2k)!!} x^k + R_n(x),$$

$$R_n(x) = \frac{(-1)^n(2n-1)!!}{(2n+2)!!} \frac{x^{n+1}}{(1+\xi)^{n+\frac{1}{2}}}$$

$$= \frac{(-1)^n(2n-1)!!}{(2n+2)!!} \frac{x^{n+1}}{(1+\theta x)^{n+\frac{1}{2}}},$$

ξ 介于 0 与 x 之间, $0<\theta<1$.

根据惟一性定理 4.1.1, 我们可以应用各种各样的方法来计算带 Peano 余项的 Maclaurin 公式.

例 4.1.7 将多项式 $P(x) = 2+3x+x^2+4x^3+x^4$ 表示为 $x+1$ 的多项式(即为 $x_0 = -1$ 处的 Taylor 展开式).

解法 1 $P(x) = x^4+4x^3+x^2+3x+2$

$$= (x+1)^4 - (4x^3+6x^2+4x+1) + (4x^3+x^2+3x+2)$$

$$= (x+1)^4 - 5(x+1)^2 + 10x+5 - x+1$$

$$= (x+1)^4 - 5(x+1)^2 + 9(x+1) - 3.$$

这是按降幂凑的方法.

解法 2 $P(-1) = -3$,

$$P'(x) = 3+2x+12x^2+4x^3, \qquad P'(-1) = 9,$$

$$P'' = 2+24x+12x^2, \qquad P''(-1) = -10$$

$$P'''(x) = 24+24x, \qquad P'''(-1) = 0,$$

$$P^{(4)}(x) = 24 \qquad P^{(4)}(-1) = 24.$$

所以

$$P(x) = \sum_{k=0}^{4} \frac{P^{(k)}(-1)}{k!}(x+1)^k$$

$$= \frac{24}{4!}(x+1)^4 + \frac{0}{3!}(x+1)^3 + \frac{-10}{2!}(x+1)^2$$

$$+ \frac{9}{1!}(x+1) + (-3)$$

$$= (x+1)^4 - 5(x+1)^2 + 9(x+1) - 3.$$

例 4.1.8 写出 $f(x) = e^{-\frac{x^2}{2}}$ 的 Maclaurin 公式,并求 $f^{(98)}(0)$ 与 $f^{(99)}(0)$.

解 $e^{-\frac{x^2}{2}} = \sum_{k=0}^{n} \frac{1}{k!}(-\frac{x^2}{2})^k + o(x^{2n}) = \sum_{k=0}^{n} \frac{(-1)^k}{k! 2^k}x^{2k} + o(x^{2n}).$

$$\frac{1}{98!}f^{(98)}(0) = \frac{(-1)^{49}}{49! 2^{49}}, \qquad\qquad f^{(98)}(0) = -\frac{98!}{49! 2^{49}}.$$

$$\frac{1}{99!}f^{(99)}(0) = 0, \qquad\qquad f^{(99)}(0) = 0.$$

例 4.1.9 求 $y = f(x) = \tan x$ 的 5 次 Maclaurin 展开.

解法 1 (待定系数法)设

$$\frac{\sin x}{\cos x} = \tan x = f(x)$$

$$= a_0 + a_1 x + a_2 x^2 + a_3 x^3 + a_4 x^4 + a_5 x^5 + o(x^5),$$

则

$$\sin x = x - \frac{x^3}{3!} + \frac{x^5}{5!} + o(x^5) = \cos x \cdot f(x)$$

$$= \left(1 - \frac{x^2}{2!} + \frac{x^4}{4!} + o(x^5)\right)(a_0 + a_1 x + a_2 x^2 + a_3 x^3 + a_4 x^4 + a_5 x^5 + o(x^5))$$

$$= a_0 + a_1 x + a_2 x^2 + a_3 x^3 + a_4 x^4 + a_5 x^5 + o(x^5) - \frac{a_0}{2}x^2 - \frac{a_1}{2}x^3$$

$$- \frac{a_2}{2}x^4 - \frac{a_3}{2}x^5 + o(x^5) + \frac{a_0}{24}x^4 + \frac{a_1}{24}x^5 + o(x^5)$$

$$= a_0 + a_1 x + \left(a_2 - \frac{a_0}{2}\right)x^2 + \left(a_3 - \frac{a_1}{2}\right)x^3 + \left(a_4 - \frac{a_2}{2} + \frac{a_0}{24}\right)x^4$$

$$+ \left(a_5 - \frac{a_3}{2} + \frac{a_1}{24}\right)x^5 + o(x^5).$$

由惟一性定理 4.1.1 知,

$$\begin{cases} a_0 = 0, \\ a_1 = 1, \\ a_2 - \dfrac{a_0}{2} = 0, \\ a_3 - \dfrac{a_1}{2} = -\dfrac{1}{6}, \\ a_4 - \dfrac{a_2}{2} + \dfrac{a_0}{24} = 0, \\ a_5 - \dfrac{a_3}{2} + \dfrac{a_1}{24} = \dfrac{1}{120}, \end{cases} \quad 即 \quad \begin{cases} a_0 = 0, \\ a_1 = 1, \\ a_2 = \dfrac{a_0}{2} = 0, \\ a_3 = \dfrac{a_1}{2} - \dfrac{1}{6} = \dfrac{1}{2} - \dfrac{1}{6} = \dfrac{1}{3}, \\ a_4 = \dfrac{a_2}{2} - \dfrac{a_0}{24} = 0 - 0 = 0, \\ a_5 = \dfrac{a_3}{2} - \dfrac{a_1}{24} + \dfrac{1}{120} = \dfrac{1}{6} - \dfrac{1}{24} + \dfrac{1}{120} = \dfrac{2}{15}. \end{cases}$$

从而

$$\tan x = x + \frac{x^3}{3} + \frac{2}{15} x^5 + o(x^5).$$

解法 2　设 $y = \tan x = \dfrac{\sin x}{\cos x}$，则 $y(0) = 0$，且

$y\cos x = \sin x,$

$y'\cos x - y\sin x = \cos x, \quad y'(0) = 1.$

$y''\cos x - y'\sin x - y'\sin x - y\cos x = -\sin x, \quad y''(0) = 0.$

$y'''\cos x - 3y''\sin x - 3y'\cos x + y\sin x = -\cos x, \quad y'''(0) = 2.$

$y^{(4)}\cos x - 4y'''\sin x - 6y''\cos x + 4y'\sin x + y\cos x = \sin x,$

$y^{(4)}(0) = 0.$

$y^{(5)}\cos x - 5y^{(4)}\sin x - 10y'''\cos x + 10y''\sin x + 5y'\cos x$

$\quad - y\sin x = \cos x, y^{(5)}(0) = 16.$

所以

$$y = \tan x = x + \frac{2}{3!} x^3 + \frac{16}{5!} x^5 + o(x^5)$$

$$= x + \frac{x^3}{3} + \frac{2}{15} x^5 + o(x^5).$$

解法 3　通过直接对 $y = \tan x$ 求导得（此方法较麻烦）

$y(0) = 0, \quad y'(0) = 1, \quad y''(0) = 0, \quad y'''(0) = 2, \quad y^{(4)}(0) = 0, \quad y^{(5)}(0) = 16.$

于是，

$$y = \tan x = \sum_{k=0}^{5} \frac{y^{(k)}(0)}{k!} x^k + o(x^5)$$

$$= x + \frac{x^3}{3} + \frac{2}{15} x^5 + o(x^5). \qquad \square$$

例 4.1.10　求 $f(x) = \ln\cos x$ 的 6 次 Maclaurin 展开.

解法 1 $\cos x = 1 - \dfrac{x^2}{2!} + \dfrac{x^4}{4!} - \dfrac{x^6}{6!} + o(x^7)$,

$$\ln(1+u) = u - \frac{u^2}{2} + \frac{u^3}{3} + o(u^3),$$

$$\ln\cos x = \ln\left(1 - \frac{x^2}{2!} + \frac{x^4}{4!} - \frac{x^6}{6!} + o(x^7)\right)$$

$$= \left(-\frac{x^2}{2!} + \frac{x^4}{4!} - \frac{x^6}{6!} + o(x^7)\right)$$

$$\quad - \frac{1}{2}\left(-\frac{x^2}{2!} + \frac{x^4}{4!} + o(x^5)\right)^2 + \frac{1}{3}\left(-\frac{x^2}{2!} + o(x^3)\right)^3$$

$$= \left(-\frac{x^2}{2} + \frac{x^4}{24} - \frac{x^6}{720} + o(x^7)\right) - \frac{1}{2}\left(\frac{x^4}{4} - \frac{x^6}{24} + o(x^7)\right) - \frac{x^6}{24} + o(x^7)$$

$$= -\frac{x^2}{2} - \frac{x^4}{12} - \frac{x^6}{45} + o(x^6).$$

解法 2 $f(x) = \ln\cos x, f(0) = 0, f'(x) = -\dfrac{\sin x}{\cos x} = -\tan x, f'(0) = 0.$ 由例 4.1.9 得

$$f''(0) = -1, \quad f'''(0) = 0, \quad f^{(4)}(0) = -2, \quad f^{(5)}(0) = 0,$$
$$f^{(6)}(0) = -16,$$

$$\ln\cos x = \sum_{k=0}^{6} \frac{f^{(k)}(0)}{k!} x^k + o(x^6)$$

$$= -\frac{x^2}{2} - \frac{x^4}{12} - \frac{x^6}{45} + o(x^6).$$

解法 3 （待定系数法）令

$$\sum_{k=0}^{6} a_k x^k + o(x^6) = \ln\cos x,$$

$$\sum_{k=1}^{6} a_k k x^{k-1} + o(x^5) = -\frac{\sin x}{\cos x} \xlongequal{\text{例 4.1.9}} -x - \frac{x^3}{3} - \frac{2}{15}x^5 + o(x^5).$$

根据惟一性定理 4.1.1 得到

$$a_1 = 0, \quad a_2 = -\frac{1}{2}, \quad a_3 = 0, \quad a_4 = -\frac{1}{12}, \quad a_5 = 0, \quad a_6 = -\frac{1}{45},$$

而 $a_0 = y(0) = \ln\cos 0 = 0$,所以

$$\ln\cos x = -\frac{x^2}{2} - \frac{x^4}{12} - \frac{x^6}{45} + o(x^6). \qquad \square$$

例 4.1.11 求 $f(x) = \cos(\sin x)$ 的 5 次 Maclaurin 展开.

解 设 $u = \sin x$,则

$$f(x) = \cos u = 1 - \frac{u^2}{2!} + \frac{u^4}{4!} + o(u^5)$$

$$= 1 - \frac{\sin^2 x}{2} + \frac{\sin^4 x}{24} + o(\sin^5 x)$$

$$= 1 - \frac{1}{2}\left(x - \frac{x^3}{3!} + o(x^4)\right)^2 + \frac{1}{24}\left(x - \frac{x^3}{3!} + o(x^4)\right)^4 + o(x^5)$$

$$= 1 - \frac{1}{2}\left(x^2 - \frac{x^4}{4!} + o(x^5)\right) + \frac{1}{24}(x^4 + o(x^5)) + o(x^5)$$

$$= 1 - \frac{x^2}{2} + \frac{5}{24}x^4 + o(x^5).$$ □

例 4.1.12 求 $f(x) = \dfrac{1+x}{1+x^2}$ 的 Maclaurin 展开,要求到 x^5 项.

解法 1 根据例 4.1.6,有

$$f(x) = \frac{1+x}{1+x^2} = (1+x)(1 - x^2 + x^4 - x^6 + o(x^6))$$

$$= 1 - x^2 + x^4 - x^6 + o(x^6) + x - x^3 + x^5 - x^7 + o(x^7)$$

$$= 1 + x - x^2 - x^3 + x^4 + x^5 + o(x^5).$$

解法 2 (待定系数法)令

$$\frac{1+x}{1+x^2} = a_0 + a_1 x + a_2 x^2 + a_3 x^3 + a_4 x^4 + a_5 x^5 + o(x^5),$$

于是,

$$1 + x = (1 + x^2)(a_0 + a_1 x + a_2 x^2 + a_3 x^3 + a_4 x^4 + a_5 x^5 + o(x^5))$$

$$= a_0 + a_1 x + a_2 x^2 + a_3 x^3 + a_4 x^4 + a_5 x^5 + o(x^5)$$

$$\quad + a_0 x^2 + a_1 x^3 + a_2 x^4 + a_3 x^5 + o(x^5)$$

$$= a_0 + a_1 x + (a_0 + a_2)x^2 + (a_1 + a_3)x^3 + (a_2 + a_4)x^4$$

$$\quad + (a_3 + a_5)x^5 + o(x^5).$$

由惟一性定理 4.1.1 知,

$$\begin{cases} a_0 = 1, \\ a_1 = 1, \\ a_0 + a_2 = 0, \\ a_1 + a_3 = 0, \\ a_2 + a_4 = 0, \\ a_3 + a_5 = 0, \end{cases} \quad 即 \quad \begin{cases} a_0 = 1 \\ a_1 = 1 \\ a_2 = -a_0 = -1 \\ a_3 = -a_1 = -1 \\ a_4 = -a_2 = 1 \\ a_5 = -a_3 = 1. \end{cases}$$

所以

$$\frac{1+x}{1+x^2} = 1 + x - x^2 - x^3 + x^4 + x^5 + o(x^5).$$

解法 3 设 $y = \dfrac{1+x}{1+x^2}$，则 $y(0) = 1$，又

$(1+x^2)y = 1+x$,

$2xy + (1+x^2)y' = 1$, $y'(0) = 1$;

$2y + 2xy' + 2xy' + (1+x^2)y'' = 0$,

$2y + 4xy' + (1+x^2)y'' = 0$, $y''(0) = -2y(0) = -2$;

$2y' + 4y' + 4xy'' + 2xy'' + (1+x^2)y''' = 0$,

$6y' + 6xy'' + (1+x^2)y''' = 0$, $y'''(0) = -6y'(0) = -6$;

$6y'' + 6y'' + 6xy''' + 2xy''' + (1+x^2)y^{(4)} = 0$,

$12y'' + 8xy''' + (1+x^2)y^{(4)} = 0$, $y^{(4)}(0) = -12y''(0) = 24$;

$12y''' + 8y''' + 8xy^{(4)} + 2xy^{(4)} + (1+x^2)y^{(5)} = 0$,

$20y''' + 10xy^{(4)} + (1+x^2)y^{(5)} = 0$, $y^{(5)}(0) = -20y'''(0) = 120$.

所以

$$y = \frac{1+x}{1+x^2} = \sum_{k=0}^{5} \frac{y^{(k)}(0)}{k!}x^k + o(x^5)$$

$$= 1 + \frac{1}{1!}x + \frac{-2}{2!}x^2 + \frac{-6}{3!}x^3 + \frac{24}{4!}x^4 + \frac{120}{5!}x^5 + o(x^5)$$

$$= 1 + x - x^2 - x^3 + x^4 + x^5 + o(x^5).$$

解法 4 $f(x) = \dfrac{1+x}{1+x^2}$, $f(0) = 1$.

$$f'(x) = \frac{1-2x-x^2}{(1+x^2)^2},   f'(0) = 1.$$

$$f''(x) = \frac{2(x^3+3x^2-3x-1)}{(1+x^2)^3},   f''(0) = -2.$$

$$f'''(x) = \frac{-6(x^4+4x^3-6x^2-4x+1)}{(1+x^2)^4},   f'''(0) = -6.$$

$$f^{(4)}(x) = \frac{24(x^5+5x^4-10x^3-10x^2+5x+1)}{(1+x^2)^5},   f^{(4)}(0) = 24.$$

$$f^{(5)}(x) = \frac{-120(x^6+6x^5-15x^4-20x^3+15x^2+6x-1)}{(1+x^2)^6},$$

$$f^{(5)}(0) = 120.$$

于是 f 的 Maclaurin 展开式为

$$f(x) = \frac{1+x}{1+x^2} = \sum_{k=0}^{5} \frac{f^{(k)}(0)}{k!}x^k + o(x^5)$$

$$= 1 + x - x^2 - x^3 + x^4 + x^5 + o(x^5).$$

从此解法可看出,直接用定理 4.1.2 展开,有时需要做复杂的求导运算,这往往是一个笨方法.　　　　　　　　　　　　　　　　　　□

例 4.1.13　将 $f(x) = \sin x$ 在 $x = \pi$ 处进行 Taylor 展开到 6 次.

解法 1　因为 $f(\pi) = 0$;$f'(x) = \cos x$,$f'(\pi) = -1$;

$$f''(x) = -\sin x, \quad f''(\pi) = 0;$$
$$f'''(x) = -\cos x, \quad f'''(\pi) = 1;$$
$$f^{(4)}(x) = \sin x, \quad f^{(4)}(\pi) = 0;$$
$$f^{(5)}(x) = \cos x, \quad f^{(5)}(\pi) = -1;$$
$$f^{(6)}(x) = -\sin x, \quad f^{(6)}(\pi) = 0,$$

所以,$f(x) = \sin x$ 的 Taylor 展开为

$$\sin x = -(x - \pi) + \frac{(x-\pi)^3}{3!} - \frac{(x-\pi)^5}{5!} + o((x-\pi)^6).$$

解法 2　$\sin x = \sin(x - \pi + \pi) = -\sin(x - \pi)$

$$= -\left[(x-\pi) - \frac{(x-\pi)^3}{3!} + \frac{(x-\pi)^5}{5!} + o((x-\pi)^6) \right]$$
$$= -(x-\pi) + \frac{(x-\pi)^3}{3!} - \frac{(x-\pi)^5}{5!} + o((x-\pi)^6). \qquad \square$$

例 4.1.14　设 $f(x)$ 在 $[0,1]$ 上 2 阶可导,$|f(0)| \leqslant 1$,$|f(1)| \leqslant 1$,$|f''(x)| \leqslant 2$,$\forall x \in [0,1]$.证明:$|f'(x)| \leqslant 3$,$\forall x \in [0,1]$.

证明　由 Taylor 公式

$$f(1) = f(x) + f'(x)(1-x) + \frac{1}{2}f''(\xi)(1-x)^2, \quad \xi \in (x,1),$$

$$f(0) = f(x) + f'(x)(0-x) + \frac{1}{2}f''(\eta)(0-x)^2, \quad \eta \in (0,x),$$

得到

$$f(1) - f(0) = f'(x) + \frac{1}{2}f''(\xi)(1-x)^2 - \frac{1}{2}f''(\eta)x^2,$$

$$|f'(x)| = \left| f(1) - f(0) - \frac{1}{2}f''(\xi)(1-x)^2 + \frac{1}{2}f''(\eta)x^2 \right|$$

$$\leqslant |f(1)| + |f(0)| + \frac{1}{2}|f''(\xi)|(1-x)^2 + \frac{1}{2}|f''(\eta)|x^2$$

$$\leqslant 2 + (1-x)^2 + x^2 \leqslant 2 + 1 = 3. \qquad \square$$

例 4.1.15　设 $f(x)$ 在 $(-\infty, +\infty)$ 上 3 阶可导,并且 $f(x)$ 与 $f'''(x)$ 在 $(-\infty, +\infty)$ 上有界.证明:$f'(x)$ 与 $f''(x)$ 在 $(-\infty, +\infty)$ 上也有界。

证明　由 Taylor 公式知

$$f(x+1) = f(x) + f'(x) + \frac{1}{2}f''(x) + \frac{1}{6}f'''(\xi), \quad \xi \in (x, x+1),$$

$$f(x-1) = f(x) - f'(x) + \frac{1}{2}f''(x) - \frac{1}{6}f'''(\eta), \quad \eta \in (x-1, x).$$

两式相减得

$$f(x+1) - f(x-1) = 2f'(x) + \frac{1}{6}[f'''(\xi) + f'''(\eta)],$$

$$|f'(x)| = \frac{1}{2}\left|f(x+1) - f(x-1) - \frac{1}{6}[f'''(\xi) + f'''(\eta)]\right|$$

$$\leqslant \frac{1}{2}\left[|f(x+1)| + |f(x-1)| + \frac{1}{6}|f'''(\xi)| + \frac{1}{6}|f'''(\eta)|\right]$$

$$\leqslant \frac{1}{2}\left(M_0 + M_0 + \frac{1}{6}M_3 + \frac{1}{6}M_3\right)$$

$$= M_0 + \frac{1}{6}M_3 < +\infty, \quad \forall x \in (-\infty, +\infty),$$

其中 $M_k = \sup\limits_{-\infty < x < +\infty} |f^{(k)}(x)|$.

同理,两式相加得到

$$f(x+1) + f(x-1) = 2f(x) + f''(x) + \frac{1}{6}[f'''(\xi) - f'''(\eta)],$$

所以

$$|f''(x)| = \left|f(x+1) + f(x-1) - 2f(x) - \frac{1}{6}[f'''(\xi) - f'''(\eta)]\right|$$

$$\leqslant |f(x+1)| + |f(x-1)| + 2|f(x)| + \frac{1}{6}|f'''(\xi)| + \frac{1}{6}|f'''(\eta)|$$

$$\leqslant 4M_0 + \frac{1}{6} \cdot 2M_3$$

$$= 4M_0 + \frac{1}{3}M_3 < +\infty, \quad \forall x \in (-\infty, +\infty).$$

于是, $f'(x)$ 与 $f''(x)$ 在 $(-\infty, +\infty)$ 上有界. □

例 4.1.16 设 $f(x)$ 在 $(-\infty, +\infty)$ 上 2 次可导, $M_k = \sup\limits_{-\infty < x < +\infty} |f^{(k)}(x)|, k = 0, 1, 2$. 如果 $M_k < +\infty, k = 0, 2$. 证明: $M_1^2 \leqslant 2M_0 M_2$. 由此知 $M_1 < +\infty$.

证法 1 由 Taylor 公式得到

$$f(x+h) = f(x) + f'(x)h + \frac{1}{2}f''(\xi)h^2,$$

ξ 介于 x 与 $x+h$ 之间,

$$f(x-h) = f(x) - f'(x)h + \frac{1}{2}f''(\eta)h^2,$$

η 介于 $x-h$ 与 x 之间.

两式相减得

$$f(x+h) - f(x-h) = 2f'(x)h + \frac{h^2}{2}(f''(\xi) - f''(\eta)),$$

$$2 \mid f'(x) \mid h \leqslant 2 \mid f'(x)h \mid = \left| f(x+h) - f(x-h) - \frac{h^2}{2}(f''(\xi) - f''(\eta)) \right|$$

$$\leqslant \mid f(x+h) \mid + \mid f(x-h) \mid + \frac{h^2}{2}(\mid f''(\xi) \mid + \mid f''(\eta) \mid)$$

$$\leqslant 2M_0 + h^2 M_2,$$

$$M_2 h^2 - 2 \mid f'(x) \mid h + 2M_0 \geqslant 0, \quad \forall h \in (-\infty, +\infty).$$

则当 $M_2 > 0$ 时,上述 h 的二次三项式的判别式

$$\Delta = 4(\mid f'(x) \mid^2 - 2M_0 M_2) \leqslant 0,$$

$$\mid f'(x) \mid^2 \leqslant 2M_0 M_2,$$

$$M_1^2 = (\sup_{-\infty < x < +\infty} \mid f'(x) \mid)^2 \leqslant 2M_0 M_2 < +\infty.$$

当 $M_2 = 0$,则 $f''(x) = 0, f'(x) \equiv c, f(x) \equiv cx + d$.

如果 $c \neq 0$,则 $M_0 = \sup\limits_{-\infty < x < +\infty} \mid cx+d \mid = +\infty$,这与题设 $M_0 < +\infty$ 相矛盾。因此,$c = 0$,从而 $f(x) \equiv d, f'(x) \equiv 0, M_1 = 0 = 2M_0 \cdot 0 = 2M_0 M_2$.

证法 2 在证法 1 中,有

$$2 \mid f'(x) \mid h \leqslant 2M_0 + h^2 M_2, \quad \forall h \in (-\infty, +\infty),$$

$$\mid f'(x) \mid \leqslant \frac{M_0}{h} + \frac{hM_2}{2}, \quad \forall h > 0.$$

而 $\frac{M_0}{h} \cdot \frac{hM_2}{2} = \frac{1}{2}M_0 M_2$ 为常数,故上述不等式的右端作为 h 的函数时,当

$$\frac{M_0}{h} = \frac{hM_2}{2} \Leftrightarrow h = \sqrt{\frac{2M_0}{M_2}}$$

时达最小值. 代入得

$$\mid f'(x) \mid \leqslant 2\sqrt{\frac{1}{2}M_0 M_2} = \sqrt{2M_0 M_2}, \quad M_1^2 \leqslant 2M_0 M_2. \qquad \square$$

练习题 4.1

1. 设函数 f 在 $[a,b]$ 上 2 阶可导,且 $f'(a) = f'(b) = 0$. 证明: $\exists c \in (a,b)$, s.t.

$$\mid f''(c) \mid \geqslant \frac{4}{(b-a)^2} \mid f(b) - f(a) \mid.$$

提示: (1) 对 $f(d) = \frac{1}{2}[f(a) + f(b)]$ 在 a 或 b 进行 2 阶 Taylor 展开;

(2) 对 $f\left(\dfrac{a+b}{2}\right)$ 在 a 与 b 进行 Taylor 展开；

(3) f 与 $(x-a)^2$ 在 $\left[a,\dfrac{a+b}{2}\right]$ 上两次应用 Cauchy 中值定理；f 与 $(b-x)^2$ 在 $\left[\dfrac{a+b}{2},b\right]$ 上两次应用 Cauchy 中值定理.

2. 设 f 在 $[a,b]$ 上 3 阶可导,证明：$\exists\,\xi\in(a,b)$, s. t.

$$f(b)=f(a)+\frac{1}{2}(b-a)\bigl[f'(a)+f'(b)\bigr]-\frac{1}{12}(b-a)^3 f'''(\xi).$$

提示：(1) 令 $F(x)=f(x)-f(a)-\dfrac{1}{2}(x-a)\bigl[f'(a)+f'(x)\bigr]-\dfrac{1}{12}(x-a)^3 M$,并取 M 使 $F(b)=0$,再对 $F(x)$ 两次应用 Rolle 定理；

(2) $F(x)$ 在 a 作 2 阶 Taylor 展开；

(3) 对 $F(x)=f(x)-f(a)-\dfrac{1}{2}(x-a)\bigl[f'(a)+f'(x)\bigr]$ 与 $G(x)=-\dfrac{(x-a)^3}{12}$ 两次应用 Cauchy 中值定理.

3. 应用 Taylor 公式或 L'Hospital 法则证明：$\displaystyle\lim_{x\to 0}\left[\dfrac{(1+x)^{\frac{1}{x}}}{e}\right]^{\frac{1}{x}}=e^{-\frac{1}{2}}$.

4. 用初等方法或 L'Hospital 法则或 Taylor 公式证明：

$$\lim_{x\to+\infty}\left[\sqrt[n]{(x-a_1)(x-a_2)\cdots(x-a_n)}-x\right]=-\frac{a_1+a_2+\cdots+a_n}{n}.$$

5. 应用 Taylor 公式或 L'Hospital 法则证明：

$$\lim_{x\to\infty}x\left[\left(1+\frac{1}{x}\right)^x-e\right]=-\frac{e}{2}.$$

6. 应用 Taylor 公式或 L'Hospital 法则证明：

$$\lim_{x\to 0}\frac{\cos x-e^{\frac{-x^2}{2}}+\dfrac{x^4}{12}}{x^6}=\frac{7}{360}.$$

7. 将多项式 $P(x)=1+2x+3x^2+4x^3+5x^4$ 按 $x+1$ 的幂展开.

8. 按指定的次数写出函数 $f(x)$ 在 $x=0$ 的带 Peano 型余项的 Maclaurin 公式：

(1) $f(x)=e^{2x-x^2}$, 5 次；   (2) $f(x)=\ln(\cos x)$, 6 次；

(3) $f(x)=\tan x$, 5 次；   (4) $f(x)=\dfrac{1}{\sqrt{1+x}}$, 6 次；

(5) $f(x)=\arctan x$, 5 次；   (6) $f(x)=\dfrac{1}{\sqrt{1-x^2}}$, 6 次；

(7) $f(x)=\dfrac{x}{e^x-1}$, 4 次；   (8) $f(x)=\dfrac{1+x+x^2}{1-x+x^2}$, 4 次.

9. 按指定的次数写出函数 $f(x)$ 在指定点 x_0 处带 Peano 型余项的 Taylor 公式：

(1) $f(x) = \sin x, x_0 = \dfrac{\pi}{2}$，$2n$ 次；

(2) $f(x) = \cos x, x_0 = \pi$，$2n$ 次；

(3) $f(x) = e^x, x_0 = 1$，n 次；

(4) $f(x) = \ln x, x_0 = 2$，n 次；

(5) $f(x) = \dfrac{x}{1+x^2}, x_0 = 0$，$2n+1$ 次；

(6) $f(x) = x e^{-x^2}, x_0 = -1$，$2n+1$ 次.

10. 设函数 f 在点 x_0 邻近可表示为

$$f(x) = \sum_{k=0}^{n} a_k (x - x_0)^k + o((x - x_0)^n)。$$

是否必定有 $a_k = \dfrac{f^{(k)}(x_0)}{k!}, k = 0, 1, \cdots, n$?

11. 设 $f(x)$ 在 $[0,1]$ 上 2 阶可导，且 $f(0) = f(1)$，$|f''(x)| \leqslant 1, \forall x \in [0,1]$. 证明：$|f'(x)| \leqslant \dfrac{1}{2}, \forall x \in [0,1]$.

12. 设 $f: [0,2] \to \mathbb{R}$ 2 阶可导，且对 $\forall x \in [0,2]$ 有 $|f(0)| \leqslant 1$，$|f(2)| \leqslant 1$ 与 $|f''(x)| \leqslant 1$，$\forall x \in [0,2]$. 证明：$|f'(x)| \leqslant 2, \forall x \in [0,2]$.

思考题 4.1

1. 证明：(1) 设 $f(x)$ 在 $(a, +\infty)$ 上可导，若 $\lim\limits_{x \to +\infty} f(x)$，$\lim\limits_{x \to +\infty} f'(x)$ 都存在且有限，则 $\lim\limits_{x \to +\infty} f'(x) = 0$.

(2) 设 $f(x)$ 在 $(a, +\infty)$ 上 3 阶可导，若 $\lim\limits_{x \to +\infty} f(x)$，$\lim\limits_{x \to +\infty} f'''(x)$ 都存在且有限. 则

$$\lim_{x \to +\infty} f'(x) = \lim_{x \to +\infty} f''(x) = \lim_{x \to +\infty} f'''(x) = 0.$$

(3) 设 $f(x)$ 在 $(a, +\infty)$ 上 n 阶可导. 若 $\lim\limits_{x \to +\infty} f(x)$，$\lim\limits_{x \to +\infty} f^{(n)}(x)$ 都存在且有限，则

$$\lim_{x \to +\infty} f^{(k)}(x) = 0, \quad k = 1, 2, \cdots, n.$$

2. 设 $h > 0$，函数 f 在 $U(a; h)$ 内具有 $n + 2$ 阶连续导数，且 $f^{(n+2)}(a) \neq 0$. f 在 $U(a; h)$ 内的 Taylor 公式为

$$f(a+h) = f(a) + f'(a)h + \cdots + \frac{f^{(n)}(a)}{n!} h^n$$

$$+ \frac{f^{(n+1)}(a + \theta(h)h)}{(n+1)!} h^{n+1}, \quad 0 < \theta(h) < 1.$$

证明：$\lim\limits_{h \to 0}\theta(h) = \dfrac{1}{n+2}$.

3. 设函数 $f(x)$ 在点 x_0 处有 $n+1$ 阶导数，且 $f^{(n+1)}(x_0) \neq 0$. 将 $f(x)$ 在 x_0 处按 Taylor 公式展开：

$$f(x_0+h) = f(x_0) + f'(x_0)h + \cdots + \frac{f^{n-1}(x_0)}{(n-1)!}h^{n-1}$$
$$+ \frac{h^n}{n!}f^{(n)}(x_0+\theta(h)h), \quad \theta(h) \in (0,1).$$

证明：$\lim\limits_{h \to 0}\theta(h) = \dfrac{1}{n+1}$.

4. 设 $f(x)$ 在 $(x_0-\delta, x_0+\delta)$ 内有 n 阶连续导数，且

$$f''(x_0) = f'''(x_0) = \cdots = f^{(n-1)}(x_0) = 0,$$

但 $f^{(n)}(x_0) \neq 0$. 当 $0 < |h| < \delta$ 时，

$$f(x_0+h) - f(x_0) = hf'(x_0+\theta(h)h), \quad 0 < \theta(h) < 1.$$

证明：$\lim\limits_{h \to 0}\theta(h) = \dfrac{1}{\sqrt[n-1]{n}}$.

5. 设函数 $f(x)$ 与 $g(x)$ 在 $(-1,1)$ 内无限次可导，且

$$|f^{(n)}(x) - g^{(n)}(x)| \leqslant n! \ |x|, \quad |x| < 1, \quad n = 0,1,2,\cdots.$$

证明：$f(x) = g(x)$.

6. 设函数 $f(x)$ 在 $[0,1]$ 上 2 阶可导，$f(0) = f(1) = 0$，并且在 $[0,1]$ 上 $f(x)$ 的最小值为 -1. 证明：$\exists \xi_1, \xi_2 \in (0,1)$, s. t. $f''(\xi_1) \geqslant 8, f''(\xi_2) \leqslant 8$.

7. 设 $f(x)$ 在 (x_0-R, x_0+R) 内有各阶导数，且对 $\forall n \in N$, 有

$$|f^{(n)}(x)| \leqslant M(常数), \quad \forall x \in (x_0-R, x_0+R).$$

证明：$f(x)$ 在 (x_0-R, x_0+R) 内可展开为无穷 Taylor 级数，即

$$f(x) = \sum_{k=0}^{\infty} \frac{f^{(k)}(x_0)}{k!}(x-x_0)^k.$$

8. 设 $f(x)$ 在 $(-1,1)$ 内 2 阶可导，$f(0) = f'(0) = 0, |f''(x)| \leqslant |f(x)| + |f'(x)|$. 分别应用 Taylor 公式和 Lagrange 中值定理证明：$\exists \delta > 0$, s. t. $f(x) = 0, \forall x \in (-\delta, \delta)$.

4.2　Taylor 公式的应用

众所周知，L'Hospital 法则是 $\dfrac{0}{0}$, $\dfrac{\infty}{\infty}$ 型等不定型极限计算的有效方法，但有时求导是很麻烦的，应用 Taylor 公式来计算这种极限是十分方便的. 用 Taylor 公式还可证明不等式，求极值以及近似计算.

1. 应用 Taylor 公式计算极限

例 4.2.1 计算 $\lim\limits_{x \to 0} \dfrac{\cos x - \mathrm{e}^{-\frac{x^2}{2}}}{x^4}$.

解 $\lim\limits_{x \to 0} \dfrac{\cos x - \mathrm{e}^{-\frac{x^2}{2}}}{x^4}$

$$= \lim_{x \to 0} \frac{\left[1 - \dfrac{x^2}{2!} + \dfrac{x^4}{4!} + o(x^4)\right] - \left[1 - \dfrac{x^2}{2} + \dfrac{\left(\dfrac{-x^2}{2}\right)^2}{2!} + o(x^4)\right]}{x^4}$$

$$= \lim_{x \to 0} \frac{-\dfrac{1}{12}x^4 + o(x^4)}{x^4} = \lim_{x \to 0}\left(-\frac{1}{12} + \frac{o(x^4)}{x^4}\right)$$

$$= -\frac{1}{12}.$$

例 4.2.2 计算 $\lim\limits_{x \to 0} \dfrac{\mathrm{e}^x \sin x - x(1+x)}{\sin^3 x}$.

解 $\lim\limits_{x \to 0} \dfrac{\mathrm{e}^x \sin x - x(1+x)}{\sin^3 x}$

$$= \lim_{x \to 0} \frac{\left(1 + x + \dfrac{x^2}{2!} + o(x^2)\right)\left(x - \dfrac{x^3}{3!} + o(x^3)\right) - x - x^2}{x^3}$$

$$= \lim_{x \to 0} \frac{x + x^2 + \dfrac{x^3}{2} - \dfrac{x^3}{6} + o(x^3) - x - x^2}{x^3}$$

$$= \lim_{x \to 0}\left(\frac{1}{3} + \frac{o(x^3)}{x^3}\right) = \frac{1}{3}.$$

例 4.2.3 求 $\lim\limits_{n \to +\infty}\left(\dfrac{n^4}{\mathrm{e}}(1 + \dfrac{1}{n})^n - n^4 + \dfrac{n^3}{2} - \dfrac{11}{24}n^2 + \dfrac{7}{16}n\right)$.

解 由 Taylor 公式得到

$$\frac{n^4}{\mathrm{e}}(1 + \frac{1}{n})^n = n^4 \mathrm{e}^{n\ln(1+\frac{1}{n})-1}$$

$$= n^4 \exp\left[n\left(\frac{1}{n} - \frac{1}{2n^2} + \frac{1}{3n^3} - \frac{1}{4n^4} + \frac{1}{5n^5} + o\left(\frac{1}{n^5}\right)\right) - 1\right]$$

$$= n^4 \exp\left[-\frac{1}{2n} + \frac{1}{3n^2} - \frac{1}{4n^3} + \frac{1}{5n^4} + o\left(\frac{1}{n^4}\right)\right]$$

$$= n^4 \left\{1 + \left[-\frac{1}{2n} + \frac{1}{3n^2} - \frac{1}{4n^3} + \frac{1}{5n^4} + o\left(\frac{1}{n^4}\right)\right]\right.$$

$$\left. + \frac{1}{2!}\left[-\frac{1}{2n} + \frac{1}{3n^2} - \frac{1}{4n^3} + o\left(\frac{1}{n^3}\right)\right]^2\right.$$

$$+\frac{1}{3!}\left[-\frac{1}{2n}+\frac{1}{3n^2}+o\left(\frac{1}{n^2}\right)\right]^3$$

$$+\frac{1}{4!}\left[-\frac{1}{2n}+o\left(\frac{1}{n}\right)\right]^4+o\left(\frac{1}{n^4}\right)\Big\}$$

$$=n^4\Big\{1-\frac{1}{2n}+\frac{1}{3n^2}-\frac{1}{4n^3}+\frac{1}{5n^4}+\frac{1}{8n^2}-\frac{1}{6n^3}+\frac{1}{18n^4}+\frac{1}{8n^4}$$

$$-\frac{1}{48n^3}+\frac{1}{24n^4}+\frac{1}{24\times16n^4}+o(n^4)\Big\}$$

$$=n^4-\frac{n^3}{2}+\frac{11n^2}{24}-\frac{7}{16}n+\frac{2447}{5760}+n^4o\left(\frac{1}{n^4}\right).$$

因此

$$\lim_{n\to+\infty}\left[\frac{n^4}{e}\left(1+\frac{1}{n}\right)^n-n^4+\frac{n^3}{2}-\frac{11}{24}n^2+\frac{7}{16}n\right]=\lim_{n\to+\infty}\left[\frac{2447}{5760}+\frac{o\left(\frac{1}{n^4}\right)}{\frac{1}{n^4}}\right]=\frac{2447}{5760}.\qquad\square$$

例 4.2.4 计算 $\lim\limits_{x\to+\infty}(\sqrt[6]{x^6+x^5}-\sqrt[6]{x^6-x^5})$.

解 $\lim\limits_{x\to+\infty}(\sqrt[6]{x^6+x^5}-\sqrt[6]{x^6-x^5})$

$$=\lim_{x\to+\infty}x\left[\left(1+\frac{1}{x}\right)^{\frac{1}{6}}-\left(1-\frac{1}{x}\right)^{\frac{1}{6}}\right]$$

$$=\lim_{x\to+\infty}x\left[\left(1+\frac{1}{6}\cdot\frac{1}{x}+o\left(\frac{1}{x}\right)\right)-\left(1-\frac{1}{6}\cdot\frac{1}{x}+o\left(\frac{1}{x}\right)\right)\right]$$

$$=\lim_{x\to+\infty}\left[\frac{1}{3}+\frac{o\left(\frac{1}{x}\right)}{\frac{1}{x}}\right]=\frac{1}{3}+0=\frac{1}{3}.\qquad\square$$

例 4.2.5 计算 $\lim\limits_{x\to+\infty}x^{\frac{7}{4}}(\sqrt[4]{x+1}+\sqrt[4]{x-1}-2\sqrt[4]{x})$.

解 $\lim\limits_{x\to+\infty}x^{\frac{7}{4}}(\sqrt[4]{x+1}+\sqrt[4]{x-1}-2\sqrt[4]{x})$

$$=\lim_{x\to+\infty}x^{\frac{7}{4}}x^{\frac{1}{4}}\left[\left(1+\frac{1}{x}\right)^{\frac{1}{4}}+\left(1-\frac{1}{x}\right)^{\frac{1}{4}}-2\right]$$

$$=\lim_{x\to+\infty}x^2\left[1+\frac{1}{4}\cdot\frac{1}{x}+\frac{\frac{1}{4}\left(-\frac{3}{4}\right)}{2!}\left(\frac{1}{x}\right)^2+o\left(\frac{1}{x^2}\right)+1\right.$$

$$\left.+\frac{1}{4}\left(-\frac{1}{x}\right)+\frac{\frac{1}{4}\left(-\frac{3}{4}\right)}{2!}\left(-\frac{1}{x}\right)^2+o\left(\frac{1}{x^2}\right)-2\right]$$

$$= \lim_{x \to +\infty} \left[-\frac{3}{16} + \frac{o\left(\frac{1}{x^2}\right)}{\frac{1}{x^2}} \right] = -\frac{3}{16}.$$

例 4.2.6　计算 $\displaystyle \lim_{x \to +\infty} \frac{\left[(1+x)^{\frac{1}{x}} - x^{\frac{1}{x}}\right](x\ln x)^2}{x^{\frac{1}{x}} - x}$.

解　因为

$$
\begin{aligned}
(1+x)^{\frac{1}{x}} - x^{\frac{1}{x}} &= x^{\frac{1}{x}}\left(1 + \frac{1}{x}\right)^{\frac{1}{x}} - x^{\frac{1}{x}} \\
&= e^{\frac{1}{x}\ln x}\left[e^{\frac{1}{x}\ln\left(1+\frac{1}{x}\right)} - 1 \right] \\
&= e^{\frac{1}{x}\ln x}\left[\frac{1}{x}\ln\left(1 + \frac{1}{x}\right) + o\left(\frac{1}{x}\ln\left(1 + \frac{1}{x}\right)\right) \right] \\
&= e^{\frac{1}{x}\ln x}\left[\frac{1}{x^2} + o\left(\frac{1}{x^2}\right) \right] \sim \frac{1}{x^2} \quad (x \to +\infty),
\end{aligned}
$$

所以

$$\left[(1+x)^{\frac{1}{x}} - x^{\frac{1}{x}}\right](x\ln x)^2 \sim \frac{1}{x^2}x^2\ln^2 x = \ln^2 x \quad (x \to +\infty).$$

又因为

$$
\begin{aligned}
x^{\frac{1}{x}} - x &= x\left[x^{\frac{1}{x}-1} - 1 \right] \\
&= x\left[e^{\left(\frac{1}{x}-1\right)\ln x} - 1 \right] \\
&= x\left[e^{\left(e^{\frac{\ln x}{x}} - 1 \right)\ln x} - 1 \right] \\
&= x\left[e^{\ln x\left(\frac{\ln x}{x} + o\left(\frac{\ln x}{x}\right)\right)} - 1 \right] \\
&= x\left[e^{\frac{\ln^2 x}{x} + o\left(\frac{\ln^2 x}{x}\right)} - 1 \right] \\
&= x\left[\frac{\ln^2 x}{x} + o\left(\frac{\ln^2 x}{x}\right) \right] \sim \ln^2 x \quad (x \to +\infty),
\end{aligned}
$$

于是

$$\lim_{x \to +\infty} \frac{\left[(1+x)^{\frac{1}{x}} - x^{\frac{1}{x}}\right](x\ln x)^2}{x^{\frac{1}{x}} - x} = \lim_{x \to +\infty} \frac{\ln^2 x}{\ln^2 x} = 1.$$

例 4.2.7　设 $f, g: X \to \mathbb{R}$ 在 $x = 0 \in X$ 处满足条件：

(1) f 在 $x = 0$ 处 n 阶可导，且

$$f(0) = f'(0) = f''(0) = \cdots = f^{(n-1)}(0) = 0, \quad f^{(n)}(0) \neq 0;$$

(2) g 在 $x = 0$ 处 m 阶可导，且

$$g(0) = g'(0) = g''(0) = \cdots = g^{(m-1)}(0) = 0, \quad g^{(m)}(0) \neq 0.$$

则

$$\lim_{x \to 0} \frac{f(x)}{g(x)} = \lim_{x \to 0} \frac{\dfrac{f^{(n)}(0)}{n!} x^n + o(x^n)}{\dfrac{g^{(m)}(0)}{m!} x^m + o(x^m)}$$

$$= \lim_{x \to 0} x^{n-m} \frac{\dfrac{f^{(n)}(0)}{n!} + \dfrac{o(x^n)}{x^n}}{\dfrac{g^{(m)}(0)}{m!} + \dfrac{o(x^m)}{x^m}}$$

$$= \begin{cases} 0, & n > m, \\ \dfrac{f^{(n)}(0)}{g^{(n)}(0)}, & n = m, \\ \infty, & n < m. \end{cases}$$

2. 应用 Taylor 公式证明不等式

例 4.2.8 当 $x > 0$ 时,证明:

$$x - \frac{x^2}{2} + \frac{x^3}{3} - \cdots + \frac{x^{2n-1}}{2n-1} - \frac{x^{2n}}{2n} < \ln(1+x)$$

$$< x - \frac{x^2}{2} + \frac{x^3}{3} - \cdots + \frac{x^{2n-1}}{2n-1}.$$

证明 $\forall x > 0$,将 $\ln(1+x)$ 展开至 $2n-1$ 次幂,得到

$$\ln(1+x) - \sum_{k=1}^{2n-1} \frac{(-1)^{k-1}}{k} x^k = R_{2n-1}(x) = \frac{(-1)^{2n-1}}{2n} \frac{x^{2n}}{(1+\xi_1)^{2n}} < 0, \quad \xi_1 \in (0, x).$$

又将 $\ln(1+x)$ 展开至 $2n$ 次幂,得到

$$\ln(1+x) - \sum_{k=1}^{2n} \frac{(-1)^{k-1}}{k} x^k = R_{2n}(x) = \frac{(-1)^{2n}}{2n+1} \frac{x^{2n+1}}{(1+\xi_2)^{2n}} > 0, \quad \xi_2 \in (0, x).$$

因此

$$\sum_{k=1}^{2n} \frac{(-1)^{k-1}}{k} x^k < \ln(1+x) < \sum_{k=1}^{2n-1} \frac{(-1)^{k-1}}{k} x^k, \quad x > 0.$$

利用例 4.2.8 中的不等式,还可计算一些比较复杂的数列的极限.

例 4.2.9 计算数列极限

$$\lim_{n \to +\infty} \left(1 + \frac{1}{n^2}\right)\left(1 + \frac{2}{n^2}\right) \cdots \left(1 + \frac{n}{n^2}\right).$$

解 记 $a_n = \left(1 + \dfrac{1}{n^2}\right)\left(1 + \dfrac{2}{n^2}\right) \cdots \left(1 + \dfrac{n}{n^2}\right)$,则

$$\ln a_n = \sum_{k=1}^{n} \ln\left(1 + \frac{k}{n^2}\right).$$

由例 4.2.8 可知,

$$\frac{k}{n^2} - \frac{k^2}{2n^4} < \ln\left(1 + \frac{k}{n^2}\right) < \frac{k}{n^2}, \quad k = 1, 2, \cdots, n.$$

将这些不等式对 k 从 1 到 n 求和得

$$\frac{1}{n^2}\sum_{k=1}^{n}k - \frac{1}{2n^4}\sum_{k=1}^{n}k^2 < \ln a_n < \frac{1}{n^2}\sum_{k=1}^{n}k.$$

这也就是

$$\frac{1}{2}\left(1 + \frac{1}{n}\right) - \frac{(n+1)(2n+1)}{12n^3} < \ln a_n < \frac{1}{2}\left(1 + \frac{1}{n}\right).$$

令 $n \to +\infty$，再用夹逼定理得到

$$\lim_{n\to+\infty} a_n = \lim_{n\to+\infty} \mathrm{e}^{\ln a_n} = \mathrm{e}^{\frac{1}{2}} = \sqrt{\mathrm{e}}. \qquad\qquad \square$$

3. 应用 Taylor 公式求极值

定理 4.2.1　设 f 在 x_0 附近有 $n+1$ 阶连续导数，且

$$f'(x_0) = f''(x_0) = \cdots = f^{(n)}(x_0) = 0, \quad f^{(n+1)}(x_0) \neq 0.$$

（1）如果 n 为偶数，则 x_0 不是 f 的极值点.

（2）如果 n 为奇数，则 x_0 是 f 的严格极值点，且当 $f^{(n+1)}(x_0) > 0$ 时，x_0 是 f 的严格极小值点；当 $f^{(n+1)}(x_0) < 0$ 时，x_0 是 f 的严格极大值点.

证明　将 f 在 x_0 点处作带 Peano 余项的 Taylor 展开，即

$$f(x) = f(x_0) + \frac{f^{(n+1)}(x_0)}{(n+1)!}(x - x_0)^{n+1} + o((x - x_0)^{n+1}).$$

于是

$$f(x) - f(x_0) = \left[\frac{f^{(n+1)}(x_0)}{(n+1)!} + \frac{o((x - x_0)^{n+1})}{(x - x_0)^{n+1}}\right](x - x_0)^{n+1}.$$

由于

$$\lim_{x\to x_0}\left[\frac{f^{(n+1)}(x_0)}{(n+1)!} + \frac{o((x - x_0)^{n+1})}{(x - x_0)^{n+1}}\right] = \frac{f^{n+1}(x_0)}{(n+1)!},$$

故 $\exists \delta > 0$, s. t. 在 $(x_0 - \delta, x_0 + \delta)$ 中，

$$\frac{f^{(n+1)}(x_0)}{(n+1)!} + \frac{o((x - x_0)^{n+1})}{(x - x_0)^{n+1}}$$

与 $\dfrac{f^{(n+1)}(x_0)}{(n+1)!}$ 同号.

（1）如果 n 为偶数，则由 $(x - x_0)^{n+1}$ 在 x_0 附近变号知，$f(x) - f(x_0)$ 也变号，故 x_0 不是 f 的极值点.

（2）如果 n 为奇数，则 $n+1$ 为偶数. 于是，$(x - x_0)^{n+1}$ 在 x_0 附近不变号，故 $f(x) - f(x_0)$ 与 $\dfrac{f^{(n+1)}(x_0)}{(n+1)!}$ 同号.

若 $f^{(n+1)}(x_0)>0$, 则 $f(x)>f(x_0)$, $\forall x\in(x_0-\delta,x_0)\bigcup(x_0,x_0+\delta)$, x_0 为 f 的严格极小值点;

若 $f^{(n+1)}(x_0)<0$, 则 $f(x)<f(x_0)$, $\forall x\in(x_0-\delta,x_0)\bigcup(x_0,x_0+\delta)$, x_0 为 f 的严格极大值点. □

4. 应用 Taylor 公式研究函数图形的局部形态

定理 4.2.2 设 $X\subset\mathbb{R}$ 为任一非空集合, $x_0\in X$. 函数 $f: X\to\mathbb{R}$ 在 x_0 处 n 阶可导, 且满足条件:

$$f''(x_0)=f'''(x_0)=\cdots=f^{(n-1)}(x_0)=0,\quad f^{(n)}(x_0)\neq0.$$

(1) n 为偶数. 如果 $f^{(n)}(x_0)>0(<0)$, 则曲线 $y=f(x)$ 在点 $(x_0,f(x_0))$ 的邻近位于曲线过此点的切线的上(下)方.

(2) n 为奇数. 则曲线 $y=f(x)$ 在点 $(x_0,f(x_0))$ 的邻近位于该点切线的两侧, 此时称曲线 $y=f(x)$ 在点 $(x_0,f(x_0))$ 处与该点的切线**横截相交**(图 4.2.1).

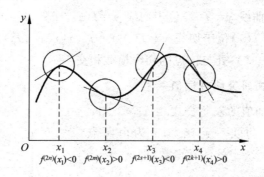

图 4.2.1

证明 因为 f 在 x_0 处 n 阶可导, 并且

$$f''(x_0)=f'''(x_0)=\cdots=f^{(n-1)}(x_0)=0,\quad f^{(n)}(x_0)\neq0,$$

所以, f 在 x_0 的开邻域内的 n 阶 Taylor 公式为

$$f(x)=f(x_0)+f'(x_0)(x-x_0)+\frac{f^{(n)}(x_0)}{n!}(x-x_0)^n$$
$$+o((x-x_0)^n)\quad(x\to x_0).$$

于是

$$f(x)-[f(x_0)+f'(x_0)(x-x_0)]$$
$$=\frac{f^{(n)}(x_0)}{n!}(x-x_0)^n\left[1+\frac{o((x-x_0)^n)}{(x-x_0)^n}\right].$$

由此可见, $\exists\delta>0$, s.t. $\forall x\in X\bigcap B^{\circ}(x_0,\delta)$, 有

$$f(x) - [f(x_0) + f'(x_0)(x - x_0)]$$

与 $\dfrac{f^{(n)}(x_0)}{n!}(x - x_0)^n$ 同号.

(1) n 为偶数. 如果 $f^{(n)}(x_0) > 0$, 则

$$f(x) - [f(x_0) + f'(x_0)(x - x_0)] > 0, \quad \forall x \in X \bigcap B^{\circ}(x_0;\delta).$$

这就表明在点 $(x_0, f(x_0))$ 邻近, 曲线 $y = f(x)$ 位于切线 $y = f(x_0) + f'(x_0)(x - x_0)$ 的上方;

如果 $f^{(n)}(x_0) < 0$, 则

$$f(x) - [f(x_0) + f'(x_0)(x - x_0)] < 0, \quad \forall x \in X \bigcap B^{\circ}(x_0;\delta).$$

因此, 在点 $(x_0, f(x_0))$ 邻近, 曲线 $y = y(x)$ 位于切线 $y = f(x_0) + f'(x_0)(x - x_0)$ 的下方.

(2) n 为奇数. 这时若 $f^{(n)}(x_0) > 0(<0)$, 则

$$f(x) - [f(x_0) + f'(x_0)(x - x_0)] \begin{cases} > 0(<0), & \forall x \in X \bigcap B^{\circ}_{+}(x_0;\delta), \\ < 0(>0), & \forall x \in X \bigcap B^{\circ}_{-}(x_0;\delta). \end{cases}$$

由此知, 在 x_0 的右侧, 曲线 $y = f(x)$ 位于切线 $y = f(x_0) + f'(x_0)(x - x_0)$ 的上(下)方; 而在 x_0 的左侧, 曲线 $y = f(x)$ 位于切线 $y = f(x_0) + f'(x_0)(x - x_0)$ 的下(上)方. 因此, 曲线 $y = f(x)$ 在点 $(x_0, f(x_0))$ 处与该点的切线横截相交. □

5. 应用 Taylor 公式研究线性插值

例 4.2.10 线性插值的误差公式.

设 $f:[a,b] \to \mathbb{R}$ 为实一元函数. l 为由两点 $(a, f(a))$ 与 $(b, f(b))$ 所决定的线性函数, 即

$$l(x) = \frac{b-x}{b-a}f(a) + \frac{x-a}{b-a}f(b).$$

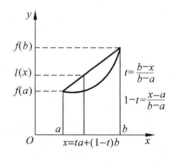

图 4.2.2

l 称为 f 在区间 $[a,b]$ 上的**线性插值**(图 4.2.2). 如果 f 在 (a,b) 内 2 阶可导, f 在 $[a,b]$ 上连续, 那么, 我们可以对这种插值带来的误差作出估计. 应用带 Lagrange 余项的 Taylor 公式, $\exists \xi \in (a, x), \eta \in (x, b)$, s.t.

$$l(x) - f(x) = \frac{b-x}{b-a}(f(a) - f(x)) + \frac{x-a}{b-a}(f(b) - f(x))$$

$$= \frac{b-x}{b-a}\left[(a-x)f'(x) + \frac{1}{2}(a-x)^2 f''(\xi)\right]$$

$$+ \frac{x-a}{b-a}\left[(b-x)f'(x) + \frac{1}{2}(b-x)^2 f''(\eta)\right]$$

$$= \frac{(b-x)(x-a)}{2}\left(\frac{x-a}{b-a}f''(\xi) + \frac{b-x}{b-a}f''(\eta)\right)$$

$$= \frac{(b-x)(x-a)}{2}f''(\zeta), \quad \zeta \in (a,b),$$

其中最后一个等式是由于

$$\frac{x-a}{b-a} > 0, \frac{b-x}{b-a} > 0,$$

$$\min\{f''(\xi), f''(\eta)\} = \min\{f''(\xi), f''(\eta)\}\left(\frac{x-a}{b-a} + \frac{b-x}{b-a}\right)$$

$$\leqslant \frac{x-a}{b-a}f''(\xi) + \frac{b-x}{b-a}f''(\eta)$$

$$\leqslant \max\{f''(\xi), f''(\eta)\},$$

以及 Darboux 定理推得.

如果 M 为 $|f''|$ 的上界(特别当 f'' 在 $[a,b]$ 上连续时,根据最值定理,取 $M = \max\limits_{x \in [a,b]} |f''(x)|$,
则误差估计为

$$|l(x) - f(x)| = \frac{(b-x)(x-a)}{2}|f''(\zeta)|$$

$$\leqslant \frac{(b-a)^2}{2}M, \quad \forall x \in [a,b].$$

这表明,M 愈小线性插值的逼近效果就会愈好,当 M 很小时,曲线 $y=f(x)$ 的切线改变得不剧烈,这也是符合几何直观的.

6. 应用 Taylor 公式作近似计算

下面是一个估计整体逼近误差的例子.

例 4.2.11 在区间 $[0,\pi]$ 上,用 9 次多项式

$$x - \frac{x^3}{3!} + \frac{x^5}{5!} - \frac{x^7}{7!} + \frac{x^9}{9!}$$

来逼近函数 $\sin x$,试求出一个误差界.

解 由于 $x \in [0,\pi]$,于是有

$$|R_{10}(x)| = \left|\frac{f^{11}(\xi)}{11!}x^{11}\right| = \left|\frac{\sin\left(\xi + \frac{11}{2}\pi\right)}{11!}x^{11}\right|$$

$$\leqslant \frac{x^{11}}{11!} \leqslant \frac{\pi^{11}}{11!} = 0.0073404\cdots.$$

这是非常好的近似. 在图 4.2.3 中 ($T_n(x_0, x)$

$$= \sum_{k=0}^{n} \frac{f^{(k)}(x_0)}{k!}(x-x_0)^k$$,画出了 1 次、3 次、5

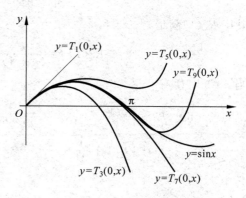

图 4.2.3

次、7 次和 9 次的 $\sin x$ 的 Maclaurin 多项式的图形. 在区间 $[0,\pi]$ 上 9 次多项式的图形与 $y = \sin x$ 的图形几乎合为一体,肉眼已不能辨别它们之间的差别,这与上面算出来的数值结果是吻合的.   □

例 4.2.12   用 Taylor 多项式逼近正弦函数 $\sin x$. 试分别以 $m=1$,$m=2$ 两种情形讨论 x 的取值范围,使得其误差小于 10^{-3}.

解   (1) 当 $m=1$ 时,$\sin x \approx x$,使其误差满足

$$|R_2(x)| = \left| \frac{(-1)^1 \cos\xi}{3!} x^3 \right| \leqslant \frac{|x|^3}{6} < 10^{-3},$$

即 $|x| < \sqrt[3]{6 \times 10^{-3}} = \sqrt[3]{6} \times 10^{-1}(\text{rad}) \approx 0.1817(\text{rad})$,即大约在原点左右 $10°24'40''$ 范围内以 x 近似 $\sin x$,其误差小于 10^{-3}.

(2) 当 $m=2$ 时,$\sin x \approx x - \dfrac{x^3}{6}$,使其误差满足

$$R_4(x) = \left| \frac{(-1)^2 \cos x}{5!} x^5 \right| \leqslant \frac{|x|^5}{120} < 10^{-3},$$

即 $|x| < \sqrt[5]{12000 \times 10^{-5}} = 0.1 \sqrt[5]{12000} \approx 0.6543(\text{rad})$,也就是大约在原点左右 $37°29'38''$ 范围内,以 $x - \dfrac{x^3}{3!}$ 近似 $\sin x$,其误差小于 10^{-3}.   □

例 4.2.13   计算 e 的值,使其误差小于 10^{-6}.

解 e^x 的带 Lagrange 余项的 Taylor 展开为

$$e^x = 1 + x + \frac{x^2}{2!} + \frac{x^3}{3!} + \cdots + \frac{x^n}{n!} + \frac{e^\xi}{(n+1)!} x^{n+1}, \quad \xi \in (0,x).$$

取 $x=1$,就有

$$e = e^1 = 1 + 1 + \frac{1}{2!} + \frac{1}{3!} + \cdots + \frac{1}{n!} + \frac{e^\xi}{(n+1)!}, \quad \xi \in (0,1).$$

其中 $R_n(1)$ 满足

$$0 < R_n(1) = \frac{e^\xi}{(n+1)!} < \frac{e}{(n+1)!} < \frac{3}{(n+1)!}.$$

当 $n=9$ 时便有

$$0 < R_9(1) < \frac{3}{10!} = \frac{3}{3628800} = 0.000000826\cdots < 10^{-6}.$$

$$e \approx 1 + 1 + \frac{1}{2!} + \frac{1}{3!} + \cdots + \frac{1}{9!} \approx 2.71828153 \approx 2.718282,$$

其中

$$1 + 1 = 2.00000000$$

$$\frac{1}{2!} = 0.50000000$$

$$\frac{1}{3!} = 0.16666667$$

$$\frac{1}{4!} = 0.04166667$$

$$\frac{1}{5!} = 0.00833333$$

$$\frac{1}{6!} = 0.00138889$$

$$\frac{1}{7!} = 0.00019841$$

$$\frac{1}{8!} = 0.00002480$$

$$+)\quad \frac{1}{9!} = 0.00000276$$

$$\overline{\qquad\qquad 2.71828153}$$

$$总误差（绝对误差）\leqslant |R_9(1)| + 7 \times 0.5 \times 10^{-8}$$

$$< \frac{3}{3628800} + 7 \times 0.5 \times 10^{-8}$$

$$= 0.000000828 + 0.035 \times 10^{-6}$$

$$= 0.863 \times 10^{-6} < 10^{-6}.$$

在做近似计算中，先凑项数 n，使 $|R_n(1)|$（记为 r_1）足够小，小于预先要求的误差 10^{-6}. 其差 $10^{-6} - |R_n(1)|$ 不能太小！要留有余地，使得每一项 $\frac{1}{3!}, \cdots, \frac{1}{9!}$ 计算时，由于四舍五入产生的误差总和（记为 r_2）不超过 $10^{-6} - |R_n(1)|$。于是，总误差 $\leqslant r_1 + r_2 < 10^{-6}$，符合要求。

自然项数 n 愈大，计算的值愈精确，但计算的工作量就愈大，近似计算者须自己掂量着取 n.

如果要求总误差 $<10^{-7}$. 显然，

$$|R_9(1)| = \frac{e^\xi}{10!} = \frac{e^\xi}{3628800} \geqslant \frac{1}{3628800}$$

$$= 0.000000275\cdots = 2.75 \times 10^{-7} > 10^{-7},$$

故 $n=9$ 已不够用了.

取 $n=10$ 时，便有

$$0 < R_{10}(1) = \frac{e^{\xi}}{11!} < \frac{3}{11!} < 0.0000000752 = 0.752 \times 10^{-7} < 10^{-7}.$$

如果在计算 $\frac{1}{3!},\cdots,\frac{1}{9!},\frac{1}{10!}$ 时,仍算到小数点后第 9 位,再将第 9 位四舍五入,那么总误差为

$$0.752 \times 10^{-7} + 7 \times 0.5 \times 10^{-8} = 1.102 \times 10^{-7} > 10^{-7}.$$

这不符合要求!我们必须提高计算 $\frac{1}{3!},\cdots,\frac{1}{9!},\frac{1}{10!}$ 的精确度.即取

$$1+1 = 2.000000000$$
$$\frac{1}{2!} = 0.500000000$$
$$\frac{1}{3!} = 0.166666667$$
$$\frac{1}{4!} = 0.041666667$$
$$\frac{1}{5!} = 0.008333333$$
$$\frac{1}{6!} = 0.001388889$$
$$\frac{1}{7!} = 0.000198413$$
$$\frac{1}{8!} = 0.000024802$$
$$\frac{1}{9!} = 0.000002756$$
$$+) \quad \frac{1}{10!} = 0.000000276$$
$$\overline{\qquad\qquad 2.718281803}$$

$$e \approx 1 + 1 + \frac{1}{2!} + \frac{1}{3!} + \cdots + \frac{1}{9!} + \frac{1}{10!}$$
$$\approx 2.718281803 \approx 2.7182818.$$

总误差(绝对误差) $\leqslant |R_{10}(1)| + 8 \times 0.5 \times 10^{-9} < 0.752 \times 10^{-7} + 0.04 \times 10^{-7}$
$$= 0.792 \times 10^{-7} < 10^{-7}. \qquad\qquad \square$$

注 4.2.1 读者肯定还记得定理 1.4.2(7) 中的式子.

$$e = 1 + 1 + \frac{1}{2!} + \cdots + \frac{1}{n!} + \frac{\theta_n}{n \cdot n!}, \quad 0 < \frac{n}{n+1} < \theta_n < 1.$$

这式子与

$$e = 1 + 1 + \frac{1}{2!} + \cdots + \frac{1}{n!} + \frac{e^{\xi}}{(n+1)!}, \quad \xi \in (0,1)$$

一样可进行 e 的近似计算.

注 4.2.2 警告读者,在计算 $\frac{1}{3!},\cdots,\frac{1}{n!}$ 时,绝对不能用计算器! 因为计算器上的精确度未必达到所需的要求.

例 4.2.14 求 $\sqrt[10]{1000}$,精确到 10^{-5},即总误差小于 10^{-5}.

解 先找一个数,它的 10 次方与 1000 比较接近,例如取 2,$2^{10}=1024$ 比 1000 多了一点. 于是

$$\sqrt[10]{1000} = 2\sqrt[10]{\frac{1000}{1024}} = 2\left(1-\frac{3}{128}\right)^{\frac{1}{10}}$$

$$\approx 2\left[1+\frac{1}{10}\left(-\frac{3}{128}\right)+\frac{\frac{1}{10}\left(\frac{1}{10}-1\right)}{2!}\left(-\frac{3}{128}\right)^2\right]$$

$$= 2-\frac{3}{640}-\frac{81}{100}\times\frac{1}{16384}$$

$$\approx 2-0.0046875-0.0000494$$

$$= 2-0.0047369 = 1.9952631 \approx 1.99526.$$

其中

$$\sqrt[10]{1+x} = (1+x)^{\frac{1}{10}} = 1+\frac{1}{10}x+\frac{\frac{1}{10}\left(\frac{1}{10}-1\right)}{2!}x^2$$

$$+\cdots+\frac{\frac{1}{10}\left(\frac{1}{10}-1\right)\cdots\left(\frac{1}{10}-n+1\right)}{n!}x^n+R_n(x),$$

$$\mid R_n(x)\mid = \left|\frac{\frac{1}{10}\left(\frac{1}{10}-1\right)\cdots\left(\frac{1}{10}-n\right)}{(n+1)!}(1+\xi)^{\frac{1}{10}-n-1}x^{n+1}\right|$$

$$\leqslant \frac{n!}{10\cdot(n+1)!}\frac{\mid x\mid^{n+1}}{(1+\xi)^{n+1-\frac{1}{10}}}$$

$$= \frac{\mid x\mid^{n+1}}{10(n+1)(1+\xi)^{n+1}}, \quad \xi\in\left(-\frac{3}{128},0\right).$$

特别当 $x=-\frac{3}{128}$ 时,

$$\left|R_n\left(-\frac{3}{128}\right)\right| < \frac{1}{10(n+1)}\frac{\left(\frac{3}{128}\right)^{n+1}}{\left(\frac{125}{128}\right)^{n+1}} = \frac{1}{10(n+1)}\left(\frac{3}{125}\right)^{n+1}.$$

取 $n=1$,

$$2\mid R_1(x)\mid<\frac{2}{10\times2}\left(\frac{3}{125}\right)^2=\frac{9}{156250}=0.00005\cdots>10^{-5}.$$

取 $n=2$,

$$2\mid R_2(x)\mid=\frac{2}{10\times3}\left(\frac{3}{125}\right)^3=\frac{9}{9765625}<\frac{1}{1000000}=10^{-6}.$$

于是,

$$总误差(绝对误差)<0.1\times10^{-5}+2\times0.5\times10^{-7}+0.5\times10^{-5}$$
$$=0.61\times10^{-5}<10^{-5}.$$

因此,上述所作的近似计算达到要求. □

例 4.2.15 计算 $\sin10°$,误差小于 10^{-5}.

解
$$f(x)=\sin x=\sum_{k=1}^{m}(-1)^k\frac{x^{2k-1}}{(2k-1)!}+R_{2m}(x).$$

$10°$ 的弧度数为

$$x=\frac{10\pi}{180}=\frac{\pi}{18}=\frac{3.1415926\cdots}{18}=0.1745329\cdots<0.2.$$

$$\mid R_{2m}(x)\mid=\mid\frac{(-1)^m\cos\xi}{(2m+1)!}x^{2m+1}\mid\leqslant\frac{\mid x\mid^{2m+1}}{(2m+1)!}<\frac{0.2^{2m+1}}{(2m+1)!}.$$

取 $m=2$,

$$\mid R_4(x)\mid<\frac{0.2^5}{5!}=\frac{4}{15}\times10^{-5}<10^{-5}.$$

每一项取到小数点后 7 位,并四舍五入得到

$$\sin10°=\sin\frac{\pi}{18}\approx\frac{\pi}{18}-\frac{1}{3!}\left(\frac{\pi}{18}\right)^3$$
$$\approx0.174533-\frac{1}{6}\times0.174533^3$$
$$\approx0.174533-0.000886=0.173647\approx0.17365.$$

于是,

$$总误差(绝对误差)<\frac{4}{15}\times10^{-5}+2\times5\times10^{-7}+0.5\times10^{-5}$$
$$<0.27\times10^{-5}+0.01\times10^{-5}+0.5\times10^{-5}$$
$$=0.78\times10^{-5}<10^{-5}.$$ □

回顾上述 Taylor 公式所起的作用,可以看到它是研究函数在一点近旁行为的强有力工具.应用带 Peano 余项的 Taylor 公式可以很方便地计算许多不定型的极限,可以比较彻底地研究函数的极值.应用带 Lagrange 余项与 Cauchy 余项的 Taylor 公式可以从理论上讨论函数的性态.由此,可以证明一些不等式.更值得指出的是应用 Taylor 公式能精确计算函数在一点处的近似值,并估计它的总误差(绝对误差).因此,称它为一元微分学的

顶峰是当之无愧的.

练习题 4.2

1. 计算下列极限:

(1) $\lim\limits_{x\to\infty}\left[x-x^2\ln\left(1+\dfrac{1}{x}\right)\right]$;

(2) $\lim\limits_{x\to 0}\dfrac{1}{x}\left(\dfrac{1}{x}-\cot x\right)$;

(3) $\lim\limits_{x\to 0}\dfrac{a^x+a^{-x}-2}{x^2}$ $(a>0)$;

(4) $\lim\limits_{x\to 0}\dfrac{\sin x-\arctan x}{\tan x-\sin x}$;

(5) $\lim\limits_{x\to 0}\dfrac{e^x\sin x-\left(x+x^2+\dfrac{x^3}{3}\right)}{x^5}$;

(6) $\lim\limits_{x\to\infty}\left[\left(x^3-x^2+\dfrac{x}{2}\right)e^{\frac{1}{x}}-\sqrt{x^6+1}\right]$.

2. 估计下列近似公式的绝对误差:

(1) $\sin x\approx x-\dfrac{x^3}{6}$,当 $|x|\leqslant\dfrac{1}{2}$;

(2) $\sqrt{1+x}\approx 1+\dfrac{x}{2}-\dfrac{x^2}{8}$,$x\in[0,1]$.

3. 计算:(1)数 e 精确到 10^{-9};

(2) $\ln 1.005$ 精确到 10^{-5};

(3) $\sqrt[10]{999}$ 精确到 10^{-5}.

4. 曲线 $y=\cosh x=\dfrac{e^x+e^{-x}}{2}$ 称为悬链线.证明:抛物线 $y=1+\dfrac{x^2}{2}$ 同悬链线在区间 $[-1,1]$ 上的偏差小于 0.20.

思考题 4.2

1. 设 $p>0,q>0$,且 $p+q=1$,求极限 $\lim\limits_{n\to+\infty}\left(pe^{\frac{qt}{\sqrt{npq}}}+qe^{-\frac{pt}{\sqrt{npq}}}\right)$.

2. 求极限 $\lim\limits_{n\to+\infty}\cos\dfrac{a}{n\sqrt{n}}\cos\dfrac{2a}{n\sqrt{n}}\cdots\cos\dfrac{na}{n\sqrt{n}}$.

复 习 题 4

1. $\mathbb{R}$ 上的 2 阶可导函数 $f(x)$ 满足 $f(0)=f'(0)=0$,且 $|f''(x)|\leqslant C|f(x)f'(x)|$,$\forall x\in\mathbb{R}$,其中 C 为正的常数.证明:$f(x)\equiv 0$.

2. 设 $\mathbb{R}$ 上 n 阶可导函数 $f(x)$ 满足 $f(0)=f'(0)=\cdots=f^{(n-1)}(0)=0$，且存在正常数 C 与固定的 $j\in\{0,1,\cdots,n-1\}$，使 $|f^{(n)}(x)|\leqslant C|f^{(j)}(x)|$，$\forall x\in\mathbb{R}$ $(f^{(0)}(x)=f(x))$. 证明：$f(x)\equiv0$，$\forall x\in\mathbb{R}$.

3. 设 f 在 (a,b) 内无穷阶可导，且各阶导数均只取正值. 证明：对 $\forall x_0\in(a,b)$，$\exists r>0$，s.t. 当 $x\in[x_0-r,x_0+r]\subset(a,b)$ 时，有

$$f(x)=\sum_{k=0}^{\infty}\frac{f^{(k)}(x_0)}{k!}(x-x_0)^k.$$

4. 设函数 f 在 $[0,2]$ 上满足 $|f(x)|\leqslant1$ 及 $|f''(x)|\leqslant1$. 证明：在区间 $[0,2]$ 上 $f'(x)$ 有界，且 2 是最小的界.

5. 设 $P_n(x)=1+\dfrac{x}{1!}+\dfrac{x^2}{2!}+\cdots+\dfrac{x^n}{n!}$，$n\in\mathbb{N}$.

(1) 当 n 为偶数时，$P_n>0$；

(2) 当 n 为奇数时，P_n 有惟一的实零点；

(3) P_{2n+1} 的实零点记为 x_n $(n=0,1,2,\cdots)$.

证明：数列 x_n 严格单调减且趋于 $-\infty$.

6. 证明：多项式

$$\sum_{k=1}^{n}\frac{(2x-x^2)^k-2x^k}{k}$$

能被 x^{n+1} 整除.（提示：对 $-\ln(1-x)^2=-2\ln(1-x)$ 与 $\ln(1-x)^2=\ln(1-2x+x^2)$ 作带 Peano 型余项的 Taylor 展开.）

7. 设 $f(x)=\lim\limits_{n\to+\infty}n^x\left[\left(1+\dfrac{1}{n+1}\right)^{n+1}-\left(1+\dfrac{1}{n}\right)^n\right]$，求 $f(x)$ 的定义域与值域.

8. 设 f 为 $[a,b]$ 上的 2 阶可导函数，且满足

$$[f(x)]^2+[f''(x)]^2=r^2 \quad (r>0).$$

证明：$|f'(x)|\leqslant\left(\dfrac{2}{b-a}+\dfrac{b-a}{2}\right)r$，$\forall x\in[a,b]$.

9. 设 f 在 $[0,+\infty)$ 上 2 阶可导，$f''(x)$ 有界，$\lim\limits_{x\to+\infty}f(x)=0$. 证明：$\lim\limits_{x\to+\infty}f'(x)=0$.

10. 设 f 在 $\mathbb{R}$ 上有各阶导数，且 $\exists M>0$，s.t. 对 $\forall n\in\{0,1,2,\cdots\}$，有 $|f^{(n)}(x)|\leqslant M$，$\forall x\in\mathbb{R}$. 如果在一个无限有界集 E 上 $f\equiv0$，证明：在 $\mathbb{R}$ 上 $f\equiv0$.

11. 设 $f(x)$ 在闭区间 $[a,b]$ 上 2 阶可导，$f'\left(\dfrac{a+b}{2}\right)=0$.

(1) 证明：$\exists\xi\in(a,b)$，s.t.

$$|f''(\xi)|\geqslant\frac{4}{(b-a)^2}|f(b)-f(a)|;$$

(2) 说明常数 4 是最好的. 即对 $\forall M > 4$, 总可找到一个具体的区间 $[a,b]$ 及满足条件的 $f(x)$, 使对 $\forall \xi \in (a,b)$, 都有

$$|f''(\xi)| < \frac{M}{(b-a)^2}|f(b)-f(a)|\ ;$$

(3) 如果再设 $f(x) \not\equiv$ 常数, 则 $\exists \xi \in (a,b)$, s.t.

$$|f''(\xi)| > \frac{4}{(b-a)^2}|f(b)-f(a)|.$$

第 5 章　不　定　积　分

我们已经学会了求导运算,并且大家都能熟练地、正确地计算初等函数的导数.同时还学会了分段函数的求导,特别在分界点处应按导数的定义来求得该点处的导数.本章将介绍求导的逆运算,也就是求 $f(x)$ 的原函数 $F(x)$,这里 $F'(x) = f(x)$.然后,在区间上求得所有的原函数,即不定积分 $\int f(x)\mathrm{d}x = F(x) + C$ (C 为任意常数).

5.1　原函数、不定积分

定义 5.1.1　设 f 为区间 I 上的可导函数,则 $\mathrm{d}f(x) = f'(x)\mathrm{d}x$ 称为 $f(x)$ 的**微分**.

显然,有下面定理.

定理 5.1.1　(1) 设 f,g 在区间 I 上可导,则

$$\mathrm{d}(f(x) \pm g(x)) = \mathrm{d}f(x) \pm \mathrm{d}g(x);$$

$$\mathrm{d}(f(x)g(x)) = f(x)\mathrm{d}g(x) + g(x)\mathrm{d}f(x),\mathrm{d}(cf(x)) = c\mathrm{d}f(x) \quad (c \in \mathbb{R});$$

$$\mathrm{d}\left(\frac{f(x)}{g(x)}\right) = \frac{g(x)\mathrm{d}f(x) - f(x)\mathrm{d}g(x)}{g^2(x)} \quad (g(x) \neq 0, \forall\, x \in I).$$

(2) 设 f 在区间 I 上可导,g 在区间 J 上可导,且 $I \supset g(J)$.$y = f(u)$,$u = g(x)$,$y = (f \circ g)(x)$.则

$$\mathrm{d}[(f \circ g)(x)] = (f \circ g)'(x)\mathrm{d}x = f'(u)\mathrm{d}u$$

或

$$\mathrm{d}y = y'_x\mathrm{d}x = y'_u\mathrm{d}u(\text{称它为 } \textbf{1 阶微分的不变性}),$$

其中 x 为自变量,u 为中间变量.此式表明,无论 u 为自变量还是中间变量,其 1 阶微分形式是不变的.

证明　(1) 以 $\dfrac{f(x)}{g(x)}$ 的微分为例.

$$\mathrm{d}\left(\frac{f(x)}{g(x)}\right) = \left(\frac{f(x)}{g(x)}\right)'\mathrm{d}x = \frac{g(x)f'(x) - f(x)g'(x)}{g^2(x)}\mathrm{d}x$$

$$= \frac{g(x)\mathrm{d}f(x) - f(x)\mathrm{d}g(x)}{g^2(x)}.$$

其他各式可类似证明.

(2) $\mathrm{d}[(f \circ g)(x)] = (f \circ g)'(x)\mathrm{d}x = f'(g(x))g'(x)\mathrm{d}x = f'(u)\mathrm{d}u.$ □

例 5.1.1 设 $y = e^{x^2 + x}$,求 dy.

解法 1 $dy = (e^{x^2 + x})' dx = e^{x^2 + x}(2x + 1)dx$.

解法 2 令 $u = x^2 + x$,则 $y = e^u$,

$$dy = (e^u)' du = e^u du = e^{x^2 + x} d(x^2 + x) = e^{x^2 + x}(2x + 1)dx.$$ □

例 5.1.2 设 $x^3 + y^3 = 4$,求 dy.

解 对方程 $x^3 + y^3 = 4$ 两边求微分(x 与 y 地位平等)得

$$3x^2 dx + 3y^2 dy = 0,$$

$$y^2 dy = -x^2 dx,$$

$$y'_x = \frac{dy}{dx} = -\frac{x^2}{y^2}, \quad x'_y = \frac{dx}{dy} = -\frac{y^2}{x^2}.$$

或者解出 $y = \sqrt[3]{4 - x^3}$,求微分得

$$dy = \frac{1}{3}(4 - x^2)^{-\frac{2}{3}}(0 - 3x^2)dx = -\frac{x^2}{(4 - x^2)^{\frac{2}{3}}}dx$$

$$= -\frac{x^2}{y^2}dx.$$ □

例 5.1.3 求 $\arctan \frac{y}{x} = \ln \sqrt{x^2 + y^2}$ 关于 dx 与 dy 的微分方程,并求 y'.

解 对原式两边微分得

$$\frac{d\left(\frac{y}{x}\right)}{1 + \left(\frac{y}{x}\right)^2} = \frac{1}{2} \frac{d(x^2 + y^2)}{x^2 + y^2},$$

$$\frac{x^2 \frac{x dy - y dx}{x^2}}{x^2 + y^2} = \frac{1}{2} \cdot \frac{2(x dx + y dy)}{x^2 + y^2},$$

$$x dy - y dx = x dx + y dy,$$

$$(x - y)dy = (x + y)dx.$$

于是

$$y' = \frac{dy}{dx} = \frac{x + y}{x - y}.$$ □

定义 5.1.2 在区间 I 上,如果 f 为 F 的导函数,即 $F'(x) = f(x)$ 或 $dF = F'(x)dx = f(x)dx$,则称 F 为 f 在区间 I 上的一个**原函数**.

定理 5.1.2 设 $f(x)$ 在区间 I 上有原函数 $F(x)$,即在 I 上 $F'(x) = f(x)$,则函数族 $\{F(x) + C \mid C \in \mathbb{R}\}$ 为 $f(x)$ 的全部原函数.

证明 在区间 I 上,由推论 3.3.2 知,

$$G(x) \text{ 为 } f(x) \text{ 的原函数} \Leftrightarrow G'(x) = f(x)$$

$$\Leftrightarrow G'(x) = F'(x)$$
$$\Leftrightarrow G(x) = F(x) + C, \text{其中 } C \text{ 为常数.} \qquad \square$$

定义 5.1.3 设函数 $f(x)$ 在区间上有一个原函数 $F(x)$,则函数族 $\{F(x)+C\}$ 就称为 $f(x)$ 在 I 上的**不定积分**,记作

$$\int f(x)\mathrm{d}x = F(x) + C,$$

其中 C 称为**不定常数**,$\int$ 称为**积分号**,$f(x)$ 称为**被积函数**,x 称为**积分变量**,$f(x)\mathrm{d}x$ 称为**被积表达式**或**被积形式**.

由不定积分的定义立即有下面结论:

(1)
$$\left(\int f(x)\mathrm{d}x\right)' = (F(x) + C)' = f(x),$$

或

$$\mathrm{d}\left(\int f(x)\mathrm{d}x\right) = \mathrm{d}(F(x) + C) = F'(x)\mathrm{d}x = f(x)\mathrm{d}x;$$

(2)
$$\int F'(x)\mathrm{d}x = F(x) + C,$$

或

$$\int \mathrm{d}F(x) = F(x) + C.$$

定理 5.1.3 设函数 $f(x)$ 与 $g(x)$ 在区间 I 上都存在原函数,对 $\forall k_1, k_2 \in \mathbb{R}$,且 $k_1^2 + k_2^2 \neq 0$,则 $k_1 f(x) + k_2 g(x)$ 在 I 上也存在原函数,且

$$\int [k_1 f(x) + k_2 g(x)]\mathrm{d}x = k_1 \int f(x)\mathrm{d}x + k_2 \int g(x)\mathrm{d}x.$$

证明 设 $F(x)$ 与 $G(x)$ 分别为 $f(x)$ 与 $g(x)$ 的一个原函数,即 $F'(x) = f(x)$,$G'(x) = g(x)$. 于是

$$[k_1 F(x) + k_2 G(x)]' = k_1 F'(x) + k_2 G'(x) = k_1 f(x) + k_2 g(x),$$

即 $k_1 F(x) + k_2 G(x)$ 为 $k_1 f(x) + k_2 g(x)$ 的一个原函数. 由此得到

$$\int [k_1 f(x) + k_2 g(x)]\mathrm{d}x = k_1 F(x) + k_2 G(x) + C$$
$$= k_1 [F(x) + C_1] + k_2 [G(x) + C_2]$$
$$= k_1 \int f(x)\mathrm{d}x + k_2 \int G(x)\mathrm{d}x,$$

其中 $C = k_1 C_1 + k_2 C_2$. $\qquad \square$

现在我们来考虑不定积分的几何意义. 如果 $F(x)$ 为 $f(x)$ 在区间 I 上的一个原函数,那么称 $y = F(x)$ 的图形为 $f(x)$ 的一条**积分曲线**. 于是,$f(x)$ 的不定积分 $\int f(x)\mathrm{d}x = F(x) + C$ 在几何上表示由 $f(x)$ 的某条积分曲线 $y = F(x)$ 沿纵轴方向任意平移所得的一

切积分曲线组成的曲线族. 显然,在每一条积分曲线上横坐标相同的点处做切线,则这些切线互相平行,其斜率均为 $[F(x)+C]'=F'(x)=f(x)$(图 5.1.1).

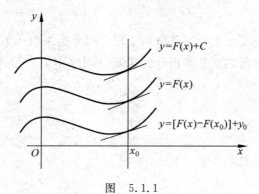

图 5.1.1

在求原函数的具体问题中,往往先求出全体原函数 $F(x)+C$,然后从中确定一个满足 $F(x_0)+C=y_0$(称为**初始条件**,由具体问题所确定)的原函数,它对应着积分曲线族中通过点 $(x_0,y_0)=(x_0,F(x_0)+C)$ 的那一条积分曲线:

$$F(x_0)+C=y_0, \quad C=y_0-F(x_0),$$

$$F(x)+C=F(x)+y_0-F(x_0)=[F(x)-F(x_0)]+y_0.$$

下一章将给出的微积分基本定理 6.3.2. 指出连续函数 $f(x)$ 必有一个原函数 $\int_{x_0}^x f(t)\mathrm{d}t$,因此

$$\int_{x_0}^x f(t)\mathrm{d}t+y_0$$

为满足初始条件的原函数,即它所代表的曲线经过点 (x_0,y_0).

再考虑不定积分的物理意义. 设质点作直线运动,离原点的位移为 $x=x(t)$,瞬时速度为 $v(t)=x'(t)$,加速度为 $a(t)=v'(t)=x''(t)$. 反过来,已知加速度如何求速度,再求位移,这就要用到求原函数与不定积分. 具体表达为

$$v(t)=\int a(t)\mathrm{d}t,$$

$$x(t)=\int v(t)\mathrm{d}t=\int\left[\int a(t)\mathrm{d}t\right]\mathrm{d}t.$$

例如:质点作**匀加速**直线运动,它的加速度为 $a(t)=v'(t)=x''(t)=a$(常数),初始位移为 $x_0=x(t_0)$,初始速度 $v_0=v(t_0)=x'(t_0)$. 于是,

$$v(t)=\int a\mathrm{d}t=at+C_1=at+(v_0-at_0)=a(t-t_0)+v_0,$$

$$x(t)=\int v(t)\mathrm{d}t=\int[a(t-t_0)+v_0]\mathrm{d}t$$

$$= \frac{a}{2}(t - t_0)^2 + v_0 t + C_2$$

$$= \frac{a}{2}(t - t_0)^2 + v_0 t + (x_0 - v_0 t_0).$$

此外,我们在下章注 6.3.1 中还可应用定积分的方法来表达上述 $v(t)$ 与 $x(t)$.

由求导公式,立即得到如下基本积分公式表(其中 C, C_1, C_2 为常数):

(1) $\int 0 \mathrm{d}x = C.$

(2) $\int x^\alpha \mathrm{d}x = \frac{x^{\alpha+1}}{\alpha+1} + C \ (\alpha \neq -1, x > 0),$

特别地 $\int x^n \mathrm{d}x = \frac{x^{n+1}}{n+1} + C, \quad x \in (-\infty, +\infty).$

(3) $\int \frac{\mathrm{d}x}{x} = \ln |x| + C \ (x > 0 \ \text{或} \ x < 0),$

$$\int \frac{\mathrm{d}x}{x} = \begin{cases} \ln x + C_1, & x > 0, \\ \ln(-x) + C_2, & x < 0. \end{cases}$$

(4) $\int a^x \mathrm{d}x = \frac{a^x}{\ln a} + C \ (a > 0, a \neq 1), \quad \int \mathrm{e}^x \mathrm{d}x = \mathrm{e}^x + C.$

(5) $\int \sin x \mathrm{d}x = -\cos x + C, \quad \int \cos x \mathrm{d}x = \sin x + C.$

(6) $\int \sec^2 x \mathrm{d}x = \int \frac{\mathrm{d}x}{\cos^2 x} = \tan x + C,$

$$\int \csc^2 x \mathrm{d}x = \int \frac{\mathrm{d}x}{\sin^2 x} = -\cot x + C.$$

$$\int \sec x \tan x \mathrm{d}x = \sec x + C, \quad \int \csc x \cot x \mathrm{d}x = -\csc x + C.$$

(7) $\int \frac{\mathrm{d}x}{1 + x^2} = \arctan x + C_1 = -\operatorname{arccot} x + C_2.$

(8) $\int \frac{\mathrm{d}x}{\sqrt{1 - x^2}} = \arcsin x + C_1 = -\arccos x + C_2.$

(9) $\int \sinh x \mathrm{d}x = \cosh x + C, \quad \int \cosh x \mathrm{d}x = \sinh x + C.$

其中 $\sinh x = \frac{\mathrm{e}^x - \mathrm{e}^{-x}}{2}, \cosh x = \frac{\mathrm{e}^x + \mathrm{e}^{-x}}{2}.$

另外由

$$(\ln(x + \sqrt{a^2 + x^2}))' = \frac{1 + \dfrac{2x}{2\sqrt{a^2 + x^2}}}{x + \sqrt{a^2 + x^2}} = \frac{1}{\sqrt{a^2 + x^2}}$$

可得

$$(10) \int \frac{\mathrm{d}x}{\sqrt{a^2 + x^2}} = \ln(x + \sqrt{a^2 + x^2}) + C.$$

从定理 5.1.3 及上面不定积分的一些简单性质可得到许多简单函数的原函数.

例 5.1.4 (1) $\int (a_0 x^n + a_1 x^{n-1} + \cdots + a_{n-1} x + a_n) \mathrm{d}x$

$$= \frac{a_0 x^{n+1}}{n+1} + \frac{a_1 x^n}{n} + \cdots + \frac{a_{n-1} x^2}{2} + a_n x + C.$$

(2) $\int \frac{x^2}{1+x^2} \mathrm{d}x = \int \left(1 - \frac{1}{1+x^2}\right) \mathrm{d}x = x - \arctan x + C.$

(3) $\int \left(3x^2 + \frac{4}{x}\right) \mathrm{d}x = x^3 + 4\ln|x| + C \ (x > 0 \text{ 或 } x < 0).$

(4) $\int \frac{x^2 + 1}{\sqrt{x}} \mathrm{d}x = \int (x^{\frac{3}{2}} + x^{-\frac{1}{2}}) \mathrm{d}x = \frac{x^{\frac{5}{2}}}{\frac{5}{2}} + \frac{x^{\frac{1}{2}}}{\frac{1}{2}} + C$

$$= \frac{2x^{\frac{5}{2}}}{5} + 2x^{\frac{1}{2}} + C.$$

(5) $\int \frac{x^4 + 1}{x^2 + 1} \mathrm{d}x = \int \left(x^2 - 1 + \frac{2}{x^2 + 1}\right) \mathrm{d}x$

$$= \frac{x^3}{3} - x + 2\arctan x + C.$$

(6) $\int \frac{3^{x+3}}{2^x} \mathrm{d}x = 27 \int \left(\frac{3}{2}\right)^x \mathrm{d}x = 27 \frac{\left(\frac{3}{2}\right)^x}{\ln \frac{3}{2}} + C.$

(7) $\int (10^x - 10^{-x})^2 \mathrm{d}x = \int (10^{2x} + 10^{-2x} - 2) \mathrm{d}x$

$$= \frac{(10^2)^x}{\ln 10^2} + \frac{(10^{-2})^x}{\ln 10^{-2}} - 2x + C$$

$$= \frac{1}{2\ln 10}(10^{2x} - 10^{-2x}) - 2x + C.$$

(8) $\int \tan^2 x \mathrm{d}x = \int (\sec^2 x - 1) \mathrm{d}x = \tan x - x + C.$

(9) $\int \frac{\cos 2x}{\cos x + \sin x} \mathrm{d}x = \int \frac{\cos^2 x - \sin^2 x}{\cos x + \sin x} \mathrm{d}x$

$$= \int (\cos x - \sin x) \mathrm{d}x = \sin x + \cos x + C.$$

(10) $\int \frac{\mathrm{d}x}{\cos^2 x \sin^2 x} = \int \frac{\cos^2 x + \sin^2 x}{\cos^2 x \sin^2 x} \mathrm{d}x$

$$= \int (\csc^2 x + \sec^2 x)\mathrm{d}x = -\cot x + \tan x + C.$$

(11) $\displaystyle\int \cos 3x \sin x \mathrm{d}x = \frac{1}{2}\int (\sin 4x - \sin 2x)\mathrm{d}x$

$$= \frac{1}{2}\left(-\frac{\cos 4x}{4} + \frac{1}{2}\cos 2x\right) + C$$

$$= -\frac{1}{8}\cos 4x + \frac{1}{4}\cos 2x + C.$$

例 5.1.5 已知曲线 $y = F(x)$ 的切线斜率为 $2x$,求此曲线族. 如果曲线又经过点 $(0,1)$,此曲线如何?

解 因为 $F'(x) = 2x$,所以

$$F(x) = \int 2x\mathrm{d}x = x^2 + C.$$

又因为曲线经过点 $(0,1)$,故

$$1 = F(0) = 0^2 + C = C,$$

从而

$$F(x) = x^2 + 1.$$

见图 5.1.2. 或者应用下章定积分得到

$$F(x) = \int_0^x 2x\mathrm{d}x + F(0) = x^2 + 1. \qquad \square$$

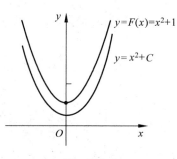

图 5.1.2

例 5.1.6 求不定积分 $\displaystyle\int |x-1|\,\mathrm{d}x.$

解 设

$$f(x) = |x-1| = \begin{cases} x-1, & x \geqslant 1, \\ 1-x, & x < 1. \end{cases}$$

显然它为连续函数. 根据第 6 章微积分基本定理 6.3.2 可知,$f(x) = |x-1|$ 有原函数 $F(x)$,即 $F'(x) = f(x)$,由此可看出 $F(x)$ 连续. 因为

$$\int |x-1|\,\mathrm{d}x = \begin{cases} \displaystyle\int (x-1)\mathrm{d}x = \frac{x^2}{2} - x + C_1, & x > 0, \\ \displaystyle\int (1-x)\mathrm{d}x = x - \frac{x^2}{2} + C_2, & x < 0. \end{cases}$$

令 $C_1 = 0$,则得 $f(x) = |x-1|$ 的一个原函数为

$$F(x) = \begin{cases} \dfrac{x^2}{2} - x, & x > 1, \\ x - \dfrac{x^2}{2} + C_2, & x < 0. \end{cases}$$

由于 $F(x)$ 连续,当然在 $x = 1$ 处连续,即

$$-\frac{1}{2} = \lim_{x \to 1^+}\left(\frac{x^2}{2} - x\right) = \lim_{x \to 1^-}\left(x - \frac{x^2}{2} + C_2\right) = \frac{1}{2} + C_2,$$

解得 $C_2 = -1$,代入上式,有

$$F(x) = \begin{cases} \dfrac{x^2}{2} - x, & x \geqslant 1, \\[2mm] x - \dfrac{x^2}{2} - 1, & x < 1. \end{cases}$$

见图 5.1.3. 从而

$$\int |x - 1|\, \mathrm{d}x = F(x) + C. \qquad \square$$

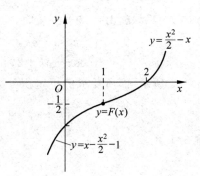

例 5.1.7 求不定积分

$$\int |\sin x|\, \mathrm{d}x.$$

图 5.1.3

解 因为 $|\sin x|$ 在 $\mathbb{R}$ 上连续,所以根据第 6 章微积分基本定理 6.3.2 知,$|\sin x|$ 有原函数 $F(x)$,即 $F'(x) = |\sin x|$. 显然 $F'(x) \geqslant 0$ 且

$$\{x \mid F'(x) = |\sin x| = 0\} = \{k\pi \mid k \in \mathbb{Z}\}$$

不构成区间,故 $F(x)$ 为严格增的连续函数. 令

$$F(x) = \begin{cases} -\cos x + c_k, & 2k\pi \leqslant x < (2k+1)\pi, \\ \cos x + \mathrm{d}_k, & (2k+1)\pi \leqslant x < (2k+2)\pi. \end{cases}$$

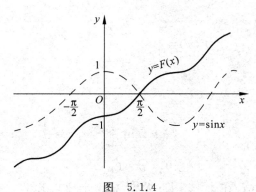

图 5.1.4

取 $c_0 = 0$,由 $F(x)$ 连续推得

$$1 + c_k = -\cos(2k+1)\pi + c_k = \cos(2k+1)\pi + \mathrm{d}_k = -1 + \mathrm{d}_k,$$

所以

$$\mathrm{d}_k = c_k + 2.$$

再由

$$1 + \mathrm{d}_k = \cos(2k+2)\pi + \mathrm{d}_k = -\cos(2k+2)\pi + c_{k+1} = -1 + c_{k+1},$$

得到

$$c_{k+1} = d_k + 2.$$

综合上述有 $c_k = 4k$, $d_k = 4k + 2$. 从而

$$F(x) = \begin{cases} -\cos x + 4k, & 2k\pi \leqslant x < (2k+1)\pi, \\ \cos x + 4k + 2, & (2k+1)\pi \leqslant x < (2k+2)\pi, \, k \in \mathbb{Z}. \end{cases}$$

如图 5.1.4 所示. 而所要求的不定积分为

$$\int |\sin x| \, dx = F(x) + C. \qquad \square$$

例 5.1.8　设

$$F(x) = \begin{cases} x^2 \sin \dfrac{1}{x}, & x \neq 0, \\ 0, & x = 0, \end{cases}$$

求 $F'(x)$.

解

$$f(x) = F'(x) = \begin{cases} 2x \sin \dfrac{1}{x} - \cos \dfrac{1}{x}, & x \neq 0, \\ 0, & x = 0. \end{cases}$$

显然, 它只有一个不连续点 0, 但 $f(x)$ 有原函数 $F(x)$.

例 5.1.9　设

$$F(x) = \begin{cases} x^{\frac{3}{2}} \sin \dfrac{1}{x}, & x \neq 0, \\ 0, & x = 0, \end{cases}$$

求 $F'(x)$.

解

$$f(x) = F'(x) = \begin{cases} \dfrac{3}{2} x^{\frac{1}{2}} \sin \dfrac{1}{x} - \dfrac{1}{x^{\frac{1}{2}}} \cos \dfrac{1}{x}, & x \neq 0, \\ 0, & x = 0. \end{cases}$$

注 5.1.1　显然, $f(x)$ 在 $x = 0$ 附近无界, 根据定理 6.1.2, 它在含 0 的任何闭区间上都非 Riemann 可积. 因此, 不能应用推论 6.3.1 由变上限积分得到 $f(x)$ 的原函数. 但 $f(x)$ 确有原函数 $F(x)$.

例 5.1.10　任何函数 f, 是否一定有原函数?

解　不一定. 反例 1: Dirichlet 函数

$$D(x) = \begin{cases} 1, & x \in \mathbb{Q}, \\ 0, & x \in \mathbb{R} \setminus \mathbb{Q} \end{cases}$$

无原函数.

证明参看例 3.3.11.

反例 2:含第 1 类间断点的函数一定无原函数. 如

$$\text{sgn}x = \begin{cases} 1, & x>0, \\ 0, & x=0, \\ -1, & x<0 \end{cases}$$

以 0 为第 1 类间断点.

可用反证法证明. 假设 $f(x)$ 有原函数 $F(x)$, 即 $F'(x)=f(x)$. 由例 3.3.12 知, $f(x)=F'(x)$ 无第 1 类间断点, 这与 $f(x)$ 含第 1 类间断点相矛盾. □

如果一个关于 x 与 y 的微分等式通过分离变量后可化为

$$f(y)\mathrm{d}y = g(x)\mathrm{d}x,$$

则两边积分得到

$$\int f(y)\mathrm{d}y = \int g(x)\mathrm{d}x.$$

称上述方法为**分离变量法**.

例 5.1.11 从物理实验知, 放射性元素的衰变速度与当时的质量成正比, 求衰变规律及半生期 T(质量衰变到一半时的时间称为该放射性元素的半生期).

解 设放射性元素在时刻 t 的质量为 $m=m(t)$, 则

$$\frac{\mathrm{d}m}{\mathrm{d}t} = m'(t) = -km,$$

其中负号表示质量减少. 经分离变量后得到

$$\frac{\mathrm{d}m}{m} = -k\mathrm{d}t,$$

$$\int \frac{\mathrm{d}m}{m} = -k\int \mathrm{d}t,$$

$$\ln|m| = -kt + C_1,$$

$$|m| = \mathrm{e}^{-kt+C_1} = \mathrm{e}^{C_1}\mathrm{e}^{-kt} = C_2\mathrm{e}^{-kt},$$

$$m = m(t) = C\mathrm{e}^{-kt}.$$

当 $t=0$ 时, 质量为 $m(0)$, 则 $m(0)=C\mathrm{e}^{-k\cdot 0}=C$,

$$m = m(t) = m(0)\mathrm{e}^{-kt}.$$

考虑该放射性元素的半生期 T, 它满足

$$m(0)\mathrm{e}^{-kT} = \frac{1}{2}m(0),$$

$$\mathrm{e}^{-kT} = \frac{1}{2},$$

$$-kT = \ln\frac{1}{2} = -\ln 2,$$

$$T = \frac{\ln 2}{k}.$$

例如,镭的半生期 $T=1600$ 年,就是说 $1\mathrm{g}$ 镭经过 1600 年后剩下 $0.5\mathrm{g}$. □

此外,我们在第 6 章注 6.3.1 中还可应用定积分的方法来表达上述 $m(t)$.

例 5.1.12 设 $f'(\arctan x)=x^2$,求 $f(x)$.

解 设 $\arctan x = t$,则 $x=\tan t$,$f'(t)=\tan^2 t$,

$$f(t) = \int \tan^2 t \, \mathrm{d}t = \int (\sec^2 t - 1) \, \mathrm{d}t = \tan t - t + C,$$

$$f(x) = \tan x - x + C.$$ □

练习题 5.1

1. 求不定积分:

(1) $\displaystyle\int (2+x^5)^2 \, \mathrm{d}x$;

(2) $\displaystyle\int \left(\frac{1-x}{x}\right)^2 \mathrm{d}x$;

(3) $\displaystyle\int \left(1-\frac{1}{x^2}\right)\sqrt{x} \, \mathrm{d}x$;

(4) $\displaystyle\int \frac{x^5}{1+x} \mathrm{d}x$;

(5) $\displaystyle\int \frac{x^4}{1+x^2} \mathrm{d}x$;

(6) $\displaystyle\int \left(1-x+x^3-\frac{1}{\sqrt[3]{x^2}}\right) \mathrm{d}x$;

(7) $\displaystyle\int \left(x-\frac{1}{\sqrt{x}}\right)^2 \mathrm{d}x$;

(8) $\displaystyle\int \frac{x^2}{3(1+x^2)} \mathrm{d}x$;

(9) $\displaystyle\int \sqrt{x\sqrt{x\sqrt{x}}} \, \mathrm{d}x$;

(10) $\displaystyle\int \left(\sqrt{\frac{1+x}{1-x}}+\sqrt{\frac{1-x}{1+x}}\right)\mathrm{d}x$;

(11) $\displaystyle\int (2^x+3^x)^2 \, \mathrm{d}x$;

(12) $\displaystyle\int 10^t \cdot 3^{2t} \, \mathrm{d}t$;

(13) $\displaystyle\int (\mathrm{e}^x-\mathrm{e}^{-x})^3 \, \mathrm{d}x$;

(14) $\displaystyle\int \frac{\mathrm{e}^{3x}+1}{\mathrm{e}^x+1} \mathrm{d}x$;

(15) $\displaystyle\int \frac{\mathrm{d}x}{(x+a)(x+b)}$;

(16) $\displaystyle\int \frac{3}{\sqrt{4-4x^2}} \mathrm{d}x$;

(17) $\displaystyle\int \cosh x \, \mathrm{d}x$;

(18) $\displaystyle\int \sinh x \, \mathrm{d}x$;

(19) $\displaystyle\int \cos^2 x \, \mathrm{d}x$;

(20) $\displaystyle\int \sin^2 x \, \mathrm{d}x$;

(21) $\displaystyle\int \sqrt{1-\sin 2x} \, \mathrm{d}x$;

(22) $\displaystyle\int \frac{\cos 2x}{\cos x-\sin x} \mathrm{d}x$;

(23) $\displaystyle\int \frac{\cos 2x}{\cos^2 x \sin^2 x} \mathrm{d}x$;

(24) $\displaystyle\int (\cos x+\sin x)^2 \, \mathrm{d}x$;

(25) $\displaystyle\int \tan^2 x \mathrm{d}x$;　　　　(26) $\displaystyle\int \cos x \cos 2x \mathrm{d}x$;

(27) $\displaystyle\int \frac{2^{x+1} - 5^{x-1}}{10^x} \mathrm{d}x$;　　　　(28) $\displaystyle\int |x| \mathrm{d}x$;

(29) $\displaystyle\int \mathrm{e}^{-|x|} \mathrm{d}x$;　　　　(30) $\displaystyle\int \frac{x^2}{(1-x)^{100}} \mathrm{d}x$;

(31) $\displaystyle\int \frac{\sqrt{x} - 2\sqrt[3]{x} - 1}{\sqrt[4]{x}} \mathrm{d}x$.

2. 求一曲线 $y = f(x)$，使得在曲线上点 (x, y) 处的切线斜率为 $3x^2$，且通过点 $(2, 9)$.

3. 验证：$y = \dfrac{x^2}{2} \mathrm{sgn} x$ 为 $|x|$ 在 $(-\infty, +\infty)$ 上的一个原函数.

4. 周期函数的原函数是否还是周期函数? 考察 $f(x) = |\sin x|$. 设 $f(x)$ 是一个周期为 T 的函数，$F(x)$ 为它的一个原函数. 证明：$F(x)$ 有周期 $T \Leftrightarrow F(T) = F(0)$. (提示：考虑函数 $F(x+T) - F(x)$.)

5. 设 $f(x)$ 为奇函数，$F(x)$ 为它的一个原函数. 证明：$F(x)$ 为偶函数. (提示：考虑函数 $F(-x) - F(x)$.)

6. 设 $f(x)$ 为偶函数，$F(x)$ 为它的一个原函数. 证明：$F(x)$ 为奇函数 $\Leftrightarrow F(0) = 0$. (提示：考虑函数 $F(-x) + F(x)$.)

5.2　换元积分法、分部积分法

利用积分公式与积分的简单性质，虽然能求出许多简单函数的原函数，但是，仅这一点点知识是很不够的，还必须学会更多的计算原函数的方法和技巧，换元(变量代换)积分法与分部积分法是两种重要的方法.

定理 5.2.1(换元(变量代换)积分法)　设 $g(u)$ 在 $[\alpha, \beta]$ 上有定义，$u = \varphi(x)$ 在 $[a, b]$ 上可导，且 $\alpha \leqslant \varphi(x) \leqslant \beta$，$x \in [a, b]$. 并记

$$f(x) = g(\varphi(x)) \varphi'(x), \quad x \in [a, b].$$

(1) 如果 $g(u)$ 在 $[\alpha, \beta]$ 上存在原函数 $G(u)$，则 $f(x)$ 在 $[a, b]$ 上也存在原函数 $F(x) = G(\varphi(x))$. 于是

$$\int f(x)\mathrm{d}x \xupinl{凑} \int g(\varphi(x)) \varphi'(x) \mathrm{d}x \xupinl{u = \varphi(x)} \int g(u) \mathrm{d}u$$

$$= G(u) + C = G(\varphi(x)) + C.$$

(2) 如果 $\varphi'(x) \neq 0$，$x \in [a, b]$，则上述可逆，即当 $f(x)$ 在 $[a, b]$ 上存在原函数 $F(x)$ 时，$g(u)$ 在 $[\alpha, \beta]$ 上也存在原函数 $G(u)$，且

$$G(u) = F(\varphi^{-1}(u)) + C,$$

即

$$\int g(u)\mathrm{d}u \xlongequal{u=\varphi(x)} \int g(\varphi(x))\varphi'(x)\mathrm{d}x$$

$$= \int f(x)\mathrm{d}x = F(x) + C$$

$$\xlongequal{x=\varphi^{-1}(u)} F(\varphi^{-1}(u)) + C.$$

证明　(1) 由复合函数求导法知,

$$[G(\varphi(x))]' = G'(\varphi(x))\varphi'(x) = g(\varphi(x))\varphi'(x)$$
$$= f(x),$$

所以,$G(\varphi(x))$ 为 $f(x)$ 的一个原函数.

(2) 在 $\varphi'(x)\neq 0$ 的条件下,$u=\varphi(x)$ 有反函数 $x=\varphi^{-1}(u)$,且

$$x'(u) = \frac{1}{\varphi'(x)}.$$

于是,有

$$[F(\varphi^{-1}(u))]' \xlongequal{x=\varphi^{-1}(u)} F'(x)x'(u) = f(x)\frac{1}{\varphi'(x)}$$

$$= g(\varphi(x))\varphi'(x)\frac{1}{\varphi'(x)}$$

$$= g(\varphi(x)) = g(u),$$

即 $F(\varphi^{-1}(u))$ 为 $g(u)$ 的一个原函数.　　　　　　　　　□

换元(变量代换)积分法对应着复合函数的导数公式.

定理 5.2.1(1)阐述了通过凑的方法可将一个不易积的不定积分 $\int f(x)\mathrm{d}x$ 化为一个较易积的不定积分 $\int g(\varphi(x))\varphi'(x)\mathrm{d}x = \int g(u)\mathrm{d}u$.

定理 5.2.1(2) 则通过主动做一个变量代换 $u = \varphi(x)$,将不易积的不定积分 $\int g(u)\mathrm{d}u$ 化为一个较易积的不定积分 $\int g(\varphi(x))\varphi'(x)\mathrm{d}x = \int f(x)\mathrm{d}x$.换元(变量代换) 关键在于变量代换 $u = \varphi(x)$.

定理 5.2.2(分部积分法)　设 $u(x)$ 与 $v(x)$ 可导,不定积分 $\int u'(x)v(x)\mathrm{d}x$ 存在,则 $\int u(x)v'(x)\mathrm{d}x$ 也存在,且有

$$\int u(x)v'(x)\mathrm{d}x = u(x)v(x) - \int u'(x)v(x)\mathrm{d}x,$$

也可写作

$$\int u(x)\mathrm{d}v(x) = u(x)v(x) - \int v(x)\mathrm{d}u(x).$$

证明 由乘积的求导公式得到

$$[u(x)v(x)]' = u'(x)v(x) + u(x)v'(x),$$

$$u(x)v'(x) = [u(x)v(x)]' - u'(x)v(x).$$

由此立知,不定积分 $\int u'(x)v(x)\mathrm{d}x$ 存在,则 $\int u(x)v'(x)\mathrm{d}x$ 也存在,且有

$$\int u(x)v'(x)\mathrm{d}x = \int \{[u(x)v(x)]' - u'(x)v(x)\}\mathrm{d}x$$

$$= u(x)v(x) - \int u'(x)v(x)\mathrm{d}x. \qquad \Box$$

分部积分法对应着 u 与 v 之积 uv 的导数公式 $(uv)' = u'v + uv'$(导性).

从定理 5.2.2 可以看到,一个不易积的不定积分 $\int uv'(x)\mathrm{d}x$ 通过分部积分法,分出一部分 uv,化为一个较易积的不定积分 $\int u'(x)v(x)\mathrm{d}x$.

例 5.2.1 应用换元(变量代换)积分法求下列不定积分:

(1) $\int \tan x\mathrm{d}x$;　　　　　(2) $\int x\mathrm{e}^{x^2}\mathrm{d}x$;　　　　　(3) $\int \dfrac{\mathrm{d}x}{ax+b}(a \neq 0)$;

(4) $\int \dfrac{\mathrm{d}x}{a^2+x^2}(a > 0)$;　(5) $\int \dfrac{\mathrm{d}x}{x^2-a^2}(a > 0)$;　(6) $\int \dfrac{x}{x^2-a^2}\mathrm{d}x$;

(7) $\int \dfrac{x}{x^2+a^2}\mathrm{d}x$;　　(8) $\int \dfrac{\mathrm{d}x}{\sqrt{a^2-x^2}}\ (a > 0)$;　(9) $\int \dfrac{\ln x}{x}\mathrm{d}x$;

(10) $\int \dfrac{\arcsin x}{\sqrt{1-x^2}}\mathrm{d}x$;　　(11) $\int \cos^2 x\mathrm{d}x$.

解 (1) $\int \tan x\mathrm{d}x = \int \dfrac{\sin x}{\cos x}\mathrm{d}x$

$$= -\int \dfrac{\mathrm{d}\cos x}{\cos x} \xlongequal{u = \cos x} -\int \dfrac{\mathrm{d}u}{u}$$

$$= -\ln |u| + C \xlongequal{u = \cos x} -\ln |\cos x| + C.$$

(2) $\int x\mathrm{e}^{x^2}\mathrm{d}x = \dfrac{1}{2}\int \mathrm{e}^{x^2}\mathrm{d}x^2 \xlongequal{t = x^2} \dfrac{1}{2}\int \mathrm{e}^t\mathrm{d}t$

$$= \dfrac{1}{2}\mathrm{e}^t + C = \dfrac{1}{2}\mathrm{e}^{x^2} + C.$$

(3) $\int \dfrac{\mathrm{d}x}{ax+b} = \dfrac{1}{a}\int \dfrac{\mathrm{d}(ax+b)}{ax+b} \xlongequal{t = ax+b} \dfrac{1}{a}\int \dfrac{\mathrm{d}t}{t}$

$$= \dfrac{1}{a}\ln |t| + C = \dfrac{1}{a}\ln |ax+b| + C.$$

(4) $\displaystyle\int \frac{\mathrm{d}x}{a^2+x^2} = \frac{1}{a}\int \frac{\mathrm{d}\left(\dfrac{x}{a}\right)}{1+\left(\dfrac{x}{a}\right)^2} = \frac{1}{a}\arctan\frac{x}{a}+C.$

(5) $\displaystyle\int \frac{\mathrm{d}x}{x^2-a^2} = \frac{1}{2a}\int \left(\frac{1}{x-a}-\frac{1}{x+a}\right)\mathrm{d}x$

$\displaystyle\qquad\qquad = \frac{1}{2a}\left[\int \frac{\mathrm{d}(x-a)}{x-a}-\int \frac{\mathrm{d}(x+a)}{x+a}\right]$

$\displaystyle\qquad\qquad = \frac{1}{2a}\left[\ln\mid x-a\mid-\ln\mid x+a\mid\right]+C$

$\displaystyle\qquad\qquad = \frac{1}{2a}\ln\left|\frac{x-a}{x+a}\right|+C.$

(6) $\displaystyle\int \frac{x}{x^2-a^2}\mathrm{d}x = \frac{1}{2}\int \frac{\mathrm{d}(x^2-a^2)}{x^2-a^2} = \frac{1}{2}\ln\mid x^2-a^2\mid+C.$

(7) $\displaystyle\int \frac{x}{x^2+a^2}\mathrm{d}x = \frac{1}{2}\int \frac{\mathrm{d}(x^2+a^2)}{x^2+a^2} = \frac{1}{2}\ln(x^2+a^2)+C.$

(8) $\displaystyle\int \frac{\mathrm{d}x}{\sqrt{a^2-x^2}} = \int \frac{\mathrm{d}\left(\dfrac{x}{a}\right)}{\sqrt{1-\left(\dfrac{x}{a}\right)^2}} = \arcsin\frac{x}{a}+C\ (a>0).$

(9) $\displaystyle\int \frac{\ln x}{x}\mathrm{d}x = \int \ln x\,\mathrm{d}\ln x = \frac{\ln^2 x}{2}+C.$

(10) $\displaystyle\int \frac{\arcsin x}{\sqrt{1-x^2}}\mathrm{d}x = \int \arcsin x\,\mathrm{d}\arcsin x = \frac{(\arcsin x)^2}{2}+C.$

(11) $\displaystyle\int \cos^2 x\,\mathrm{d}x = \frac{1}{2}\int (\cos 2x+1)\mathrm{d}x = \frac{1}{4}\int \cos 2x\,\mathrm{d}2x+\frac{1}{2}\int \mathrm{d}x$

$\displaystyle\qquad\qquad = \frac{1}{4}\sin 2x+\frac{x}{2}+C.$ □

例 5.2.2　求 $\displaystyle\int \sec x\,\mathrm{d}x.$

解法 1　$\displaystyle\int \sec x\,\mathrm{d}x = \int \frac{\mathrm{d}x}{\cos x} = \int \frac{\cos x}{\cos^2 x}\mathrm{d}x = \int \frac{\mathrm{d}\sin x}{1-\sin^2 x}$

$\displaystyle\qquad\qquad \xlongequal{\text{例 5.2.1(5)}} \frac{1}{2}\ln\frac{1+\sin x}{1-\sin x}+C$

或进一步地,有

$$\frac{1}{2}\ln\frac{1+\sin x}{1-\sin x}+C = \frac{1}{2}\ln\frac{(1+\sin x)^2}{1-\sin^2 x}+C$$

$$= \frac{1}{2}\ln\left(\frac{1+\sin x}{\cos x}\right)^2+C = \ln\left|\frac{1+\sin x}{\cos x}\right|+C$$

$$= \ln\mid \sec x+\tan x\mid+C.$$

解法 2 $\int \sec x \mathrm{d}x = \int \dfrac{\sec x(\sec x + \tan x)}{\sec x + \tan x}\mathrm{d}x = \int \dfrac{\mathrm{d}(\sec x + \tan x)}{\sec x + \tan x}$

$\qquad = \ln \mid \sec x + \tan x \mid + C.$

解法 3 $\int \sec x \mathrm{d}x = \int \dfrac{\mathrm{d}x}{\cos x} = \int \dfrac{\mathrm{d}x}{\cos^2 \dfrac{x}{2} - \sin^2 \dfrac{x}{2}}$

$$= \int \dfrac{\sec^2 \dfrac{x}{2}}{1 - \tan^2 \dfrac{x}{2}}\mathrm{d}x = 2\int \dfrac{\mathrm{d}\tan \dfrac{x}{2}}{1 - \tan^2 \dfrac{x}{2}}$$

$$\xlongequal[例\ 5.2.1(5)]{t = \tan \frac{x}{2}} \ln \left| \dfrac{1 + \tan \dfrac{x}{2}}{1 - \tan \dfrac{x}{2}} \right| + C$$

或进一步地,有

$$\ln \left| \dfrac{1 + \tan \dfrac{x}{2}}{1 - \tan \dfrac{x}{2}} \right| + C = \ln \left| \dfrac{\cos \dfrac{x}{2} + \sin \dfrac{x}{2}}{\cos \dfrac{x}{2} - \sin \dfrac{x}{2}} \right| + C = \ln \left| \dfrac{\left(\cos \dfrac{x}{2} + \sin \dfrac{x}{2} \right)^2}{\cos^2 \dfrac{x}{2} - \sin^2 \dfrac{x}{2}} \right| + C$$

$$= \ln \left| \dfrac{1 + \sin x}{\cos x} \right| + C = \ln \mid \sec x + \tan x \mid + C. \qquad □$$

同样方法可求

$$\int \csc x \mathrm{d}x = -\ln \left| \dfrac{1 + \cos x}{\sin x} \right| + C$$

$$= -\ln \mid \csc x + \cot x \mid + C = -\ln \left| \cot \dfrac{x}{2} \right| + C. \ (留作习题.)$$

例 5.2.3 求 $\int \dfrac{\mathrm{d}x}{\sqrt{x^2 - a^2}}$.

解法 1 如图 5.2.1 所示.

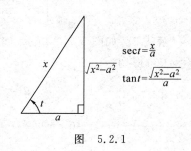

$\int \dfrac{\mathrm{d}x}{\sqrt{x^2 - a^2}} \xlongequal{x = a\sec t} \int \dfrac{a\sec t \tan t}{a \tan t}\mathrm{d}t$

$\qquad = \int \sec t \mathrm{d}t \xlongequal{例\ 5.2.2} \ln \mid \sec t + \tan t \mid + C_1$

$\qquad = \ln \left| \dfrac{x}{a} + \dfrac{\sqrt{x^2 - a^2}}{a} \right| + C_1$

$\qquad = \ln \mid x + \sqrt{x^2 - a^2} \mid + C.$

图 5.2.1

$\sec t = \dfrac{x}{a}$

$\tan t = \dfrac{\sqrt{x^2 - a^2}}{a}$

解法 2 当 $x > a$ 时,令 $x = a\cosh t, t > 0$,则

$$\int \dfrac{\mathrm{d}x}{\sqrt{x^2 - a^2}} \xlongequal{x = a\cosh t} \int \dfrac{a\sinh t}{a\sinh t}\mathrm{d}t$$

$$= \int \mathrm{d}t = t + C_1$$

$$= \ln \left| \frac{x}{a} + \sqrt{\left(\frac{x}{a}\right)^2 - 1} \right| + C_1$$

$$= \ln | x + \sqrt{x^2 - a^2} | + C,$$

其中

$$x = a\cosh t = a\, \frac{\mathrm{e}^t + \mathrm{e}^{-t}}{2},$$

$$(\mathrm{e}^t)^2 - 2\, \frac{x}{a}\mathrm{e}^t + 1 = 0,$$

$$\mathrm{e}^t = \frac{2\, \dfrac{x}{a} + 2\sqrt{\left(\dfrac{x}{a}\right)^2 - 1}}{2} = \frac{x}{a} + \sqrt{\left(\frac{x}{a}\right)^2 - 1},$$

$$t = \ln \left| \frac{x}{a} + \sqrt{\left(\frac{x}{a}\right)^2 - 1} \right|.$$

显然,对 $x < -a$,上述结果也是成立的.　　　　　　　　　　　　□

做变量代换 $x = a\sec t$ 与 $x = a\cosh t$ 都是为了将 $\sqrt{x^2 - a^2}$ 中的根号去掉,然后化为一个易积的不定积分或已有结果的不定积分.

例 5.2.4　求 $\displaystyle\int \frac{\mathrm{d}x}{\sqrt{x^2 + a^2}}$ $(a > 0)$.

解法 1　读者一定还记得例 3.1.6(2) 中,有

$$(\ln(x + \sqrt{x^2 + a^2}))' = \frac{1}{\sqrt{x^2 + a^2}},$$

故

$$\int \frac{\mathrm{d}x}{\sqrt{x^2 + a^2}} = \ln(x + \sqrt{x^2 + a^2}) + C.$$

解法 2　如图 5.2.2 所示. 如果事先不知道解法 1 中的导数公式,可以进行变量代换 $x = a\tan t$ 得到

$$\int \frac{\mathrm{d}x}{\sqrt{x^2 + a^2}} = \int \frac{a\sec^2 t}{a\sec t}\mathrm{d}t = \int \sec t\,\mathrm{d}t = \int \frac{\mathrm{d}t}{\cos t}$$

$$= \ln | \sec t + \tan t | + C_1$$

$$= \ln \left| \frac{x}{a} + \frac{\sqrt{x^2 + a^2}}{a} \right| + C_1$$

$$= \ln(x + \sqrt{x^2 + a^2}) + C.$$

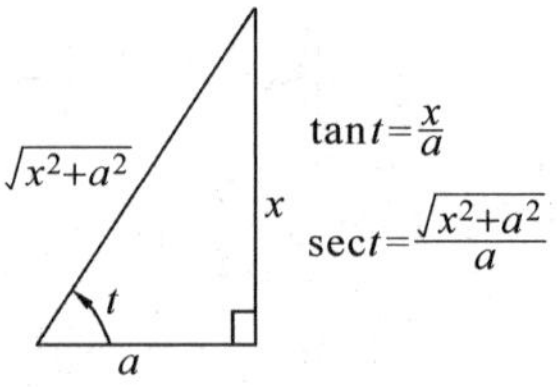

$$\tan t = \frac{x}{a}$$

$$\sec t = \frac{\sqrt{x^2 + a^2}}{a}$$

图　5.2.2

解法 3 $\int \dfrac{\mathrm{d}x}{\sqrt{x^2+a^2}} \xlongequal{x=a\sinh t} \int \dfrac{a\cosh t}{a\cosh t}\mathrm{d}t = \int \mathrm{d}t$

$$= t + C_1 = \operatorname{arcsinh}\dfrac{x}{a} + C_1$$

$$= \ln\left[\dfrac{x}{a} + \sqrt{\left(\dfrac{x}{a}\right)^2+1}\right] + C_1$$

$$= \ln(x + \sqrt{x^2+a^2}) + C.$$

其中 $\dfrac{x}{a} = \sinh t = \dfrac{\mathrm{e}^t - \mathrm{e}^{-t}}{2}, (\mathrm{e}^t)^2 - 2\dfrac{x}{a}t - 1 = 0.$ 由于 $\mathrm{e}^t > 0$, 故

$$\mathrm{e}^t = \dfrac{x}{a} + \sqrt{\left(\dfrac{x}{a}\right)^2+1},$$

$$\operatorname{arcsinh}\dfrac{x}{a} = t = \ln\left[\dfrac{x}{a} + \sqrt{\left(\dfrac{x}{a}\right)^2+1}\right].$$

解法 4 做变量代换 $\sqrt{x^2+a^2} = t - x$, 即 $x = \dfrac{t^2-a^2}{2t}$, 则

$$\int \dfrac{\mathrm{d}x}{\sqrt{x^2+a^2}} = \int \dfrac{1}{t - \dfrac{t^2-a^2}{2t}}\dfrac{2t^2-(t^2-a^2)}{2t^2}\mathrm{d}t = \int \dfrac{\mathrm{d}t}{t}$$

$$= \ln|t| + C = \ln(x + \sqrt{x^2+a^2}) + C. \qquad \square$$

例 5.2.5 求 $\int \sqrt{a^2-x^2}\,\mathrm{d}x$.

解 如图 5.2.3 所示.

$$\int \sqrt{a^2-x^2}\,\mathrm{d}x \xlongequal{x=a\sin t} \int a\cos t\,\mathrm{d}(a\sin t) = a^2\int \cos^2 t\,\mathrm{d}t$$

$$= \dfrac{a^2}{2}\int (1+\cos 2t)\,\mathrm{d}t = \dfrac{a^2}{2}\left(t + \dfrac{1}{2}\sin 2t\right) + C$$

$$= \dfrac{a^2}{2}(t + \sin t\cos t) + C$$

$$= \dfrac{a^2}{2}\left(\arcsin\dfrac{x}{a} + \dfrac{x}{a}\dfrac{\sqrt{a^2-x^2}}{a}\right) + C.$$

$$= \dfrac{1}{2}\left(a^2\arcsin\dfrac{x}{a} + x\sqrt{a^2-x^2}\right) + C. \qquad \square$$

例 5.2.6 求 $\int \dfrac{\mathrm{d}x}{(x^2+a^2)^{3/2}}\ (a > 0)$.

解法 1 如图 5.2.4 所示.

$$\int \dfrac{\mathrm{d}x}{(x^2+a^2)^{3/2}} \xlongequal{x=a\tan t} \int \dfrac{a\sec^2 t}{a^3\sec^3 t}\mathrm{d}t = \dfrac{1}{a^2}\int \cos t\,\mathrm{d}t = \dfrac{1}{a^2}\sin t + C$$

$$= \dfrac{x}{a^2\sqrt{x^2+a^2}} + C.$$

图　5.2.3　　　　　　　　　　　　　　　图　5.2.4

解法 2　由分部积分法得到

$$\int \frac{\mathrm{d}x}{\sqrt{x^2+a^2}} = \frac{x}{\sqrt{x^2+a^2}} - \int x\left(-\frac{1}{2}\right)(x^2+a^2)^{-\frac{3}{2}} \cdot 2x\mathrm{d}x$$

$$= \frac{x}{\sqrt{x^2+a^2}} + \int \frac{(x^2+a^2)-a^2}{(x^2+a^2)^{3/2}}\mathrm{d}x$$

$$= \frac{x}{\sqrt{x^2+a^2}} + \int \frac{\mathrm{d}x}{\sqrt{x^2+a^2}} - a^2\int \frac{\mathrm{d}x}{(x^2+a^2)^{3/2}},$$

移项化简得

$$\int \frac{\mathrm{d}x}{(x^2+a^2)^{3/2}} = \frac{x}{a^2\sqrt{x^2+a^2}} + C. \qquad □$$

例 5.2.7　求 $\displaystyle\int \frac{\mathrm{d}x}{(x^2+a^2)^2}$ $(a>0)$.

解法 1　如图 5.2.5 所示.

$$\int \frac{\mathrm{d}x}{(x^2+a^2)^2} \xlongequal{x=a\tan t} \int \frac{a\sec^2 t}{a^4\sec^4 t}\mathrm{d}t = \frac{1}{a^3}\int \cos^2 t\mathrm{d}t$$

$$= \frac{1}{2a^3}\int(1+\cos 2t)2t\mathrm{d}t = \frac{1}{2a^3}(t+\sin t\cos t) + C$$

$$= \frac{1}{2a^3}\left(\arctan\frac{x}{a} + \frac{x}{\sqrt{x^2+a^2}}\frac{a}{\sqrt{x^2+a^2}}\right) + C$$

$$= \frac{1}{2a^3}\left(\arctan\frac{x}{a} + \frac{ax}{x^2+a^2}\right) + C.$$

解法 2　由

$$\int \frac{\mathrm{d}x}{x^2+a^2} \xlongequal{\text{分部积分}} \frac{x}{x^2+a^2} - \int x\frac{-2x}{(x^2+a^2)^2}\mathrm{d}x$$

$$= \frac{x}{x^2+a^2} + 2\int \frac{(x^2+a^2)-a^2}{(x^2+a^2)^2}\mathrm{d}x$$

$$= \frac{x}{x^2+a^2} + 2\int \frac{\mathrm{d}x}{x^2+a^2} - 2a^2\int \frac{\mathrm{d}x}{(x^2+a^2)^2},$$

得到

$$\int \frac{\mathrm{d}x}{(x^2+a^2)^2} = \frac{1}{2a^2}\frac{x}{x^2+a^2} + \frac{1}{2a^2}\int \frac{\mathrm{d}x}{x^2+a^2}$$

$$= \frac{x}{2a^2(x^2+a^2)} + \frac{1}{2a^3}\arctan\frac{x}{a} + C. \qquad \square$$

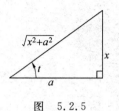

图 5.2.5

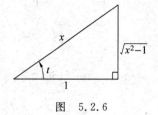

图 5.2.6

例 5.2.8 求 $\displaystyle\int \frac{\mathrm{d}x}{x^2\sqrt{x^2-1}}$.

解法 1 如图 5.2.6 所示.

$$\int \frac{\mathrm{d}x}{x^2\sqrt{x^2-1}} \xlongequal{x=\sec t} \int \frac{\sec t\tan t}{\sec^2 t\tan t}\mathrm{d}t$$

$$= \int \cos t\,\mathrm{d}t = \sin t + C$$

$$= \frac{\sqrt{x^2-1}}{x} + C.$$

解法 2 $\displaystyle\int \frac{\mathrm{d}x}{x^2\sqrt{x^2-1}} = \int \frac{\mathrm{d}x}{x^3\sqrt{1-\frac{1}{x^2}}}$

$$= \int \frac{1}{x}\frac{-1}{\sqrt{1-\frac{1}{x^2}}}\mathrm{d}\left(\frac{1}{x}\right) \xlongequal{u=\frac{1}{x}} \int \frac{-u}{\sqrt{1-u^2}}\mathrm{d}u = \sqrt{1-u^2} + C$$

$$= \sqrt{1-\left(\frac{1}{x}\right)^2} + C = \frac{\sqrt{x^2-1}}{x} + C.$$

或

$$\int \frac{\mathrm{d}x}{x^2\sqrt{x^2-1}} = \int \frac{1}{x^3}\frac{\mathrm{d}x}{\sqrt{1-\frac{1}{x^2}}}$$

$$= \frac{1}{2}\int \frac{1}{\sqrt{1-\frac{1}{x^2}}}\mathrm{d}\left(1-\frac{1}{x^2}\right) \xlongequal{u=1-\frac{1}{x^2}} \frac{1}{2}\int \frac{\mathrm{d}t}{\sqrt{t}} = \sqrt{t} + C$$

$$= \sqrt{1 - \frac{1}{x^2}} + C = \frac{\sqrt{x^2 - 1}}{x} + C. \qquad \Box$$

例 5.2.9　求 $\displaystyle\int \frac{\mathrm{d}u}{\sqrt{u} + \sqrt[3]{u}}$.

解　$\displaystyle\int \frac{\mathrm{d}u}{\sqrt{u} + \sqrt[3]{u}} \xlongequal{u = x^6} \int \frac{6x^5}{x^3 + x^2} \mathrm{d}x = 6\int \frac{x^3}{x + 1} \mathrm{d}x$

$$= 6\int \left(x^2 - x + 1 - \frac{1}{x + 1}\right) \mathrm{d}x$$

$$= 6\left(\frac{x^3}{3} - \frac{x^2}{2} + x - \ln|x + 1|\right) + C$$

$$= 2\sqrt{u} - 3\sqrt[3]{u} + 6\sqrt[6]{u} - 6\ln(\sqrt[6]{u} + 1) + C. \qquad \Box$$

除了换元(变量代换)积分法外,还有一种重要的分部积分法,它有 4 种不同的类型:升幂、降幂、循环、递推.

例 5.2.10　利用升幂的方法求下列不定积分:

(1) $\displaystyle\int x^2 \arctan x \, \mathrm{d}x$;　　　　　　(2) $\displaystyle\int \arctan x \, \mathrm{d}x$;

(3) $\displaystyle\int \frac{\ln x}{x^2} \mathrm{d}x$;　　　　　　　(4) $\displaystyle\int \ln x \, \mathrm{d}x$;

(5) $\displaystyle\int x \ln^2 x \, \mathrm{d}x$;　　　　　　(6) $\displaystyle\int x^3 \ln x \, \mathrm{d}x$.

解　(1) $\displaystyle\int x^2 \arctan x \, \mathrm{d}x = \frac{1}{3}\int \arctan x \, \mathrm{d}x^3$

$$= \frac{1}{3}\left(x^3 \arctan x - \int \frac{x^3}{1 + x^2} \mathrm{d}x\right)$$

$$= \frac{1}{3}\left[x^3 \arctan x - \int \left(x - \frac{x}{1 + x^2}\right) \mathrm{d}x\right]$$

$$= \frac{1}{3}\left[x^3 \arctan x - \int x \, \mathrm{d}x + \frac{1}{2}\int \frac{\mathrm{d}(1 + x^2)}{1 + x^2}\right]$$

$$= \frac{1}{3}x^3 \arctan x - \frac{x^2}{6} + \frac{1}{6}\ln(1 + x^2) + C,$$

其中 $x^2 \arctan x$ 中的 x^2 升幂为 $\mathrm{d}x^3$ 中的 x^3. 通过分部积分将一个不易算的积分 $\displaystyle\int x^2 \arctan x \, \mathrm{d}x$ 化为一个易算的积分 $\displaystyle\int \frac{x^3}{1 + x^2} \mathrm{d}x$.

(2) $\displaystyle\int \arctan x \, \mathrm{d}x = x \arctan x - \int \frac{x}{1 + x^2} \mathrm{d}x = x \arctan x - \frac{1}{2}\int \frac{\mathrm{d}(1 + x^2)}{1 + x^2}$

$$= x \arctan x - \frac{1}{2}\ln(1 + x^2) + C.$$

其中 $\arctan x = x^0 \arctan x$ 中的 x^0 已经升幂为 $\mathrm{d}x$ 中的 $x = x^1$.

(3) $\displaystyle\int \frac{\ln x}{x^2}\mathrm{d}x = -\int \ln x \,\mathrm{d}\left(\frac{1}{x}\right) = -\frac{\ln x}{x} + \int \frac{1}{x}\cdot\frac{1}{x}\mathrm{d}x$

$\qquad = -\dfrac{\ln x}{x} - \dfrac{1}{x} + C.$

(4) $\displaystyle\int \ln x \,\mathrm{d}x = x\ln x - \int x\,\frac{1}{x}\mathrm{d}x = x\ln x - \int \mathrm{d}x$

$\qquad = x\ln x - x + C.$

(5) $\displaystyle\int x\ln^2 x\,\mathrm{d}x = \frac{1}{2}\int \ln^2 x\,\mathrm{d}x^2 = \frac{1}{2}\left(x^2\ln^2 x - \int x^2\cdot 2\ln x\cdot\frac{1}{x}\mathrm{d}x\right)$

$\qquad = \dfrac{x^2}{2}\ln^2 x - \displaystyle\int x\ln x\,\mathrm{d}x = \dfrac{x^2}{2}\ln^2 x - \dfrac{1}{2}\displaystyle\int \ln x\,\mathrm{d}x^2$

$\qquad = \dfrac{x^2}{2}\ln^2 x - \dfrac{1}{2}\left(x^2\ln x - \displaystyle\int x^2\,\dfrac{1}{x}\mathrm{d}x\right)$

$\qquad = \dfrac{x^2}{2}\ln^2 x - \dfrac{x^2}{2}\ln x + \dfrac{x^2}{4} + C.$

(6) $\displaystyle\int x^3\ln x\,\mathrm{d}x = \int \ln x\,\mathrm{d}\frac{x^4}{4} = \frac{x^4}{4}\ln x - \int \frac{x^4}{4}\cdot\frac{1}{x}\mathrm{d}x$

$\qquad = \dfrac{x^4}{4}\ln x - \dfrac{1}{4}\displaystyle\int x^3\,\mathrm{d}x$

$\qquad = \dfrac{x^4}{4}\ln x - \dfrac{x^4}{16} + C.$ $\qquad\qquad\qquad\qquad\qquad\square$

例 5.2.11 利用降幂的方法求下列不定积分:

(1) $\displaystyle\int x\cos x\,\mathrm{d}x$; (2) $\displaystyle\int x^2\mathrm{e}^{-x}\,\mathrm{d}x$; (3) $\displaystyle\int x^2\sin x\,\mathrm{d}x$.

解 (1) $\displaystyle\int x\cos x\,\mathrm{d}x = \int x\,\mathrm{d}\sin x = x\sin x - \int \sin x\,\mathrm{d}x$

$\qquad\qquad = x\sin x + \cos x + C,$

其中 $x\cos x$ 中的 x 降幂为 $\sin x = x^0\sin x$ 中的 x^0. 通过分部积分将一个不易算的积分 $\displaystyle\int x\cos x\,\mathrm{d}x$ 化为一个易算的积分 $\displaystyle\int \sin x\,\mathrm{d}x$.

(2) $\displaystyle\int x^2\mathrm{e}^{-x}\,\mathrm{d}x = -\int x^2\,\mathrm{d}\mathrm{e}^{-x} = -x^2\mathrm{e}^{-x} + \int \mathrm{e}^{-x}2x\,\mathrm{d}x$

$\qquad = -x^2\mathrm{e}^{-x} - 2\displaystyle\int x\,\mathrm{d}\mathrm{e}^{-x}$

$\qquad = -x^2\mathrm{e}^{-x} - 2\left(x\mathrm{e}^{-x} - \displaystyle\int \mathrm{e}^{-x}\,\mathrm{d}x\right)$

$\qquad = -x^2\mathrm{e}^{-x} - 2x\mathrm{e}^{-x} - 2\mathrm{e}^{-x} + C$

$\qquad = -\mathrm{e}^{-x}(x^2 + x + 2) + C.$

（3）$\displaystyle\int x^2\sin x\mathrm{d}x=-\int x^2\mathrm{d}\cos x=-x^2\cos x+\int 2x\cos x\mathrm{d}x$

$\displaystyle\qquad=-x^2\cos x+2\int x\mathrm{d}\sin x$

$\displaystyle\qquad=-x^2\cos x+2(x\sin x-\int\sin x\mathrm{d}x)$

$\displaystyle\qquad=-x^2\cos x+2x\sin x+2\cos x+C.$ □

例 5.2.12 利用循环的方法求 $I=\displaystyle\int\mathrm{e}^{ax}\cos bx\,\mathrm{d}x,J=\int\mathrm{e}^{ax}\sin bx\,\mathrm{d}x.$

解法 1 当 $a\neq 0$ 时，

$$I=\int\mathrm{e}^{ax}\cos bx\,\mathrm{d}x=\frac{1}{a}\int\cos bx\,\mathrm{d}\mathrm{e}^{ax}=\frac{1}{a}(\mathrm{e}^{ax}\cos bx+b\int\mathrm{e}^{ax}\sin bx\,\mathrm{d}x)$$

$$=\frac{1}{a}\mathrm{e}^{ax}\cos bx+\frac{b}{a}J,$$

$$J=\int\mathrm{e}^{ax}\sin bx\,\mathrm{d}x=\frac{1}{a}\int\sin bx\,\mathrm{d}\mathrm{e}^{ax}=\frac{1}{a}(\mathrm{e}^{ax}\sin bx-b\int\mathrm{e}^{ax}\cos bx\,\mathrm{d}x)$$

$$=\frac{1}{a}\mathrm{e}^{ax}\sin bx-\frac{b}{a}I.$$

由此得到

$$\begin{cases}aI-bJ=\mathrm{e}^{ax}\cos bx,\\ bI+aJ=\mathrm{e}^{ax}\sin bx.\end{cases}$$

解此方程得

$$I=\int\mathrm{e}^{ax}\cos bx\,\mathrm{d}x=\frac{b\sin bx+a\cos bx}{a^2+b^2}\mathrm{e}^{ax}+C_1,$$

$$J=\int\mathrm{e}^{ax}\sin bx\,\mathrm{d}x=\frac{a\sin bx-b\cos bx}{a^2+b^2}\mathrm{e}^{ax}+C_2.$$

注意 $a=0,b\neq 0$ 时，上述公式仍成立. 当 $a=b=0$ 时，

$$I=\int\mathrm{d}x=x+C_1,\quad J=\int 0\mathrm{d}x=C_2.$$

解法 2 当 $a\neq 0$ 时，

$$I=\int\mathrm{e}^{ax}\cos bx\,\mathrm{d}x=\frac{1}{a}\int\cos bx\,\mathrm{d}\mathrm{e}^{ax}$$

$$=\frac{1}{a}(\mathrm{e}^{ax}\cos bx+b\int\mathrm{e}^{ax}\sin bx\,\mathrm{d}x)$$

$$=\frac{1}{a}\left(\mathrm{e}^{ax}\cos bx+\frac{b}{a}\int\sin bx\,\mathrm{d}\mathrm{e}^{ax}\right)$$

$$=\frac{1}{a}\mathrm{e}^{ax}\cos bx+\frac{b}{a^2}(\mathrm{e}^{ax}\sin bx-b\int\mathrm{e}^{ax}\cos bx\,\mathrm{d}x)$$

$$=\frac{b\sin bx+a\cos bx}{a^2}\mathrm{e}^{ax}-\frac{b^2}{a^2}\int\mathrm{e}^{ax}\cos bx\,\mathrm{d}x$$

$$= \frac{b\sin bx + a\cos bx}{a^2}e^{ax} - \frac{b^2}{a^2}I,$$

由于右边出现 I(循环)，移项化简得

$$I = \int e^{ax}\cos bx\,dx = \frac{a^2}{a^2+b^2}\ \frac{b\sin bx + a\cos bx}{a^2}e^{ax} + C_1$$

$$= \frac{b\sin bx + a\cos bx}{a^2+b^2}e^{ax} + C_1.$$

同理可得

$$J = \frac{a\sin bx - b\cos bx}{a^2+b^2}e^{ax} + C_2.$$

或者，当 $b \neq 0$ 时，

$$J = \int e^{ax}\sin bx\,dx = \frac{1}{b}(aI - e^{ax}\cos bx)$$

$$= \frac{1}{b}\ \frac{ab\sin bx + a^2\cos bx - a^2\cos bx - b^2\cos bx}{a^2+b^2}e^{ax} + \frac{a}{b}C_1$$

$$= \frac{a\sin bx - b\cos bx}{a^2+b^2}e^{ax} + C_2.$$

例 5.2.13　求 $\int \sqrt{x^2+a^2}\,dx$ $(a>0)$.

解法 1　应用分部积分得到

$$\int \sqrt{x^2+a^2}\,dx = x\sqrt{x^2+a^2} - \int x \cdot \frac{2x}{2\sqrt{x^2+a^2}}dx$$

$$= x\sqrt{x^2+a^2} - \int \frac{(x^2+a^2)-a^2}{\sqrt{x^2+a^2}}dx$$

$$= x\sqrt{x^2+a^2} - \int \sqrt{x^2+a^2}\,dx$$

$$+ a^2\int \frac{dx}{\sqrt{x^2+a^2}},$$

这就出现了循环，由此解得

$$\int \sqrt{x^2+a^2}\,dx = \frac{x}{2}\sqrt{x^2+a^2} + \frac{a^2}{2}\int \frac{dx}{\sqrt{x^2+a^2}}$$

$$= \frac{x}{2}\sqrt{x^2+a^2} + \frac{a^2}{2}\ln(x+\sqrt{x^2+a^2}) + C.$$

解法 2　$\displaystyle\int \sqrt{x^2+a^2}\,dx \xrightarrow{x = a\sinh u} \int \sqrt{a^2\sinh^2 u + a^2}\ a\cosh u\,du$

$$= \int a^2\cosh^2 u\,du = a^2\int \frac{1+\cosh 2u}{2}du$$

$$= \frac{a^2}{2}\left(u + \frac{\sinh 2u}{2}\right) + C_1$$

$$= \frac{a^2}{2}(\sinh u \cosh u + u) + C_1$$

$$= \frac{x}{2}\sqrt{x^2 + a^2} + \frac{a^2}{2}\ln(x + \sqrt{x^2 + a^2}) + C.$$

解法 3 $\displaystyle\int \sqrt{x^2 + a^2}\, \mathrm{d}x \xlongequal{x = a\tan t} \int \sqrt{a^2\tan^2 t + a^2}\, a\sec^2 t\, \mathrm{d}t$

$$= a^2\int \frac{\mathrm{d}t}{\cos^3 t} = a^2\int \frac{\cos t}{(1 - \sin^2 t)^2}\mathrm{d}t = a^2\int \frac{\mathrm{d}\sin t}{(1 - \sin^2 t)^2}$$

$$\xlongequal{u = \sin t} a^2\int \frac{\mathrm{d}u}{(1 - u^2)^2} = \frac{a^2}{4}\int \left(\frac{1}{1-u} + \frac{1}{1+u}\right)^2 \mathrm{d}u$$

$$= \frac{a^2}{4}\int\left[\frac{1}{(1-u)^2} + \frac{2}{(1-u)(1+u)} + \frac{1}{(1+u)^2}\right]\mathrm{d}u$$

$$= \frac{a^2}{4}\int\left[\frac{1}{(1-u)^2} + \frac{1}{1-u} + \frac{1}{1+u} + \frac{1}{(1+u)^2}\right]\mathrm{d}u$$

$$= \frac{a^2}{4}\left(\frac{1}{1-u} + \ln\left|\frac{1+u}{1-u}\right| - \frac{1}{1+u}\right) + C_1$$

$$= \frac{a^2}{4}\left[\frac{2u}{1-u^2} + \ln\left|\frac{1+u}{1-u}\right|\right] + C_1$$

$$= \frac{a^2}{4}\left(\frac{2\sin t}{1 - \sin^2 t} + \ln\frac{1 + \sin t}{1 - \sin t}\right) + C_1$$

$$= \frac{1}{2}a\tan t \cdot \frac{a}{\cos t} + \frac{a^2}{4}\ln\frac{1 + \dfrac{x}{\sqrt{x^2 + a^2}}}{1 - \dfrac{x}{\sqrt{x^2 + a^2}}} + C_1$$

$$= \frac{x}{2}\sqrt{x^2 + a^2} + \frac{a^2}{4}\ln\frac{\sqrt{x^2 + a^2} + x}{\sqrt{x^2 + a^2} - x} + C_1$$

$$= \frac{x}{2}\sqrt{x^2 + a^2} + \frac{a^2}{4}\ln\frac{(x + \sqrt{x^2 + a^2})^2}{a^2} + C_1$$

$$= \frac{x}{2}\sqrt{x^2 + a^2} + \frac{a^2}{2}\ln(x + \sqrt{x^2 + a^2}) + C. \qquad \square$$

例 5.2.14   利用递推的方法求下面积分.

$$I_n = \int \sin^n x\, \mathrm{d}x, \quad J_n = \int \cos^n x\, \mathrm{d}x, \quad n \in \mathbb{N}.$$

解 $\displaystyle I_n = \int \sin^n x\, \mathrm{d}x = -\int \sin^{n-1} x\, \mathrm{d}\cos x$

$$\xrightarrow{\text{分部积分}} -\sin^{n-1}x\cos x + \int (n-1)\sin^{n-2}x\cos^2 x \, \mathrm{d}x$$

$$= -\sin^{n-1}x\cos x + (n-1)\int \sin^{n-2}x(1-\sin^2 x)\,\mathrm{d}x$$

$$= -\sin^{n-1}x\cos x + (n-1)I_{n-2} - (n-1)I_n.$$

由此得到递推公式

$$I_n = \int \sin^n x \, \mathrm{d}x = -\frac{1}{n}\sin^{n-1}x\cos x + \frac{n-1}{n}I_{n-2}.$$

$$J_n = \int \cos^n x \, \mathrm{d}x = \int \cos^{n-1}x \, \mathrm{d}\sin x$$

$$\xrightarrow{\text{分部积分}} \cos^{n-1}x\sin x + (n-1)\int \cos^{n-2}x(1-\cos^2 x)\,\mathrm{d}x$$

$$= \cos^{n-1}x\sin x + (n-1)J_{n-2} - (n-1)J_n.$$

同样,由此得到递推公式

$$J_n = \int \cos^n x \, \mathrm{d}x = \frac{1}{n}\cos^{n-1}x\sin x + \frac{n-1}{n}J_{n-2}.$$

从第一个递推公式得到,

$$I_4 = \int \sin^4 x \, \mathrm{d}x = -\frac{1}{4}\sin^3 x\cos x + \frac{3}{4}I_2$$

$$= -\frac{1}{4}\sin^3 x\cos x + \frac{3}{4}\left(-\frac{1}{2}\sin x\cos x + \frac{1}{2}I_0\right)$$

$$= -\frac{1}{4}\sin^3 x\cos x - \frac{3}{8}\sin x\cos x + \frac{3}{8}x + C.$$

练习题 5.2

1. 应用换元积分法求下列不定积分:

(1) $\displaystyle\int \frac{\mathrm{d}x}{(a+bx)^2}$ (a,b 为常数, $ab \neq 0$);

(2) $\displaystyle\int \frac{x^2+2}{(x+1)^3}\mathrm{d}x$;

(3) $\displaystyle\int \frac{\mathrm{d}x}{2x+1}$;

(4) $\displaystyle\int (1+x)^n \mathrm{d}x$;

(5) $\displaystyle\int \left(\frac{1}{\sqrt{3-x^2}} + \frac{1}{\sqrt{1-3x^2}}\right)\mathrm{d}x$;

(6) $\displaystyle\int 2^{2x+3}\mathrm{d}x$;

(7) $\displaystyle\int \frac{\mathrm{d}x}{\sqrt{x}(1+x)}$;

(8) $\displaystyle\int \frac{\mathrm{d}x}{\sqrt[3]{7-5x}}$;

(9) $\displaystyle\int \frac{x}{\sqrt{1-x^2}}\mathrm{d}x$;

(10) $\displaystyle\int \frac{x}{4+x^2}\mathrm{d}x$;

(11) $\displaystyle\int \frac{x^4}{(1-x^5)^3}\mathrm{d}x$;

(12) $\displaystyle\int \frac{x^3}{x^8-2}\mathrm{d}x$;

(13) $\displaystyle\int \frac{\mathrm{d}x}{x(1+x)}$;

(14) $\displaystyle\int \frac{2x-3}{x^2-3x+8}\mathrm{d}x$;

(15) $\displaystyle\int \cos(3x+4)\mathrm{d}x$;

(16) $\displaystyle\int \frac{\mathrm{d}x}{\sin^2\left(2x+\dfrac{\pi}{4}\right)}$;

(17) $\displaystyle\int \frac{\mathrm{d}x}{1+\cos x}$;

(18) $\displaystyle\int \frac{\mathrm{d}x}{1+\sin x}$;

(19) $\displaystyle\int \csc x\,\mathrm{d}x$;

(20) $\displaystyle\int \cot x\,\mathrm{d}x$;

(21) $\displaystyle\int \cos^5 x\,\mathrm{d}x$;

(22) $\displaystyle\int \frac{\mathrm{d}x}{\sin x}$;

(23) $\displaystyle\int \frac{\mathrm{d}x}{\sin x\cos x}$;

(24) $\displaystyle\int \frac{1}{x^2}\sin\frac{1}{x}\mathrm{d}x$;

(25) $\displaystyle\int \frac{(\arctan x)^2}{1+x^2}\mathrm{d}x$;

(26) $\displaystyle\int \cos ax\sin bx\,\mathrm{d}x$;

(27) $\displaystyle\int \cos ax\cos bx\,\mathrm{d}x$;

(28) $\displaystyle\int \sin ax\sin bx\,\mathrm{d}x$;

(29) $\displaystyle\int \sin^5 x\,\mathrm{d}x$;

(30) $\displaystyle\int \sin^4 x\,\mathrm{d}x$;

(31) $\displaystyle\int \frac{\mathrm{d}x}{\cos x+\sin x}$;

(32) $\displaystyle\int \frac{\mathrm{d}x}{a\cos x+b\sin x}$;

(33) $\displaystyle\int \frac{\cos x}{\sqrt{2+\cos 2x}}\mathrm{d}x$;

(34) $\displaystyle\int \frac{\cos x\sin x}{1+\sin^4 x}\mathrm{d}x$;

(35) $\displaystyle\int \frac{\mathrm{d}x}{1+\varepsilon\cos x}\ (\varepsilon\in(0,1))$;

(36) $\displaystyle\int \frac{\mathrm{d}x}{2-\sin^2 x}$;

(37) $\displaystyle\int \frac{\cos x\sin x}{a^2\cos^2 x+b^2\sin^2 x}\mathrm{d}x$;

(38) $\displaystyle\int \frac{\cos x+\sin x}{\sqrt[3]{\sin x-\cos x}}\mathrm{d}x$;

(39) $\displaystyle\int \frac{\mathrm{d}x}{\cosh x}$;

(40) $\displaystyle\int \frac{\mathrm{d}x}{x\ln x(\ln\ln x)}$;

(41) $\displaystyle\int \frac{\ln^2 x}{x}\mathrm{d}x$;

(42) $\displaystyle\int x\mathrm{e}^{-x^2}\mathrm{d}x$;

(43) $\displaystyle\int \frac{\ln x}{x\ \sqrt{1+\ln x}}\mathrm{d}x$;

(44) $\displaystyle\int \frac{x^3}{1-x^2}\mathrm{d}x$;

(45) $\displaystyle\int \mathrm{e}^{\sqrt{x}}\mathrm{d}x$;

(46) $\displaystyle\int x^3\mathrm{e}^{-x^2}\mathrm{d}x$;

(47) $\displaystyle\int \frac{x\mathrm{d}x}{\sqrt{1+x^2}+(1+x^2)^{3/2}}$;

(48) $\displaystyle\int \frac{\mathrm{d}x}{x\ \sqrt{x^2+1}}$;

(49) $\displaystyle\int \frac{x^2}{\sqrt{x^2+a^2}}\mathrm{d}x$;

(50) $\displaystyle\int \arctan\sqrt{x}\,\mathrm{d}x$;

(51) $\displaystyle\int \frac{\mathrm{d}x}{\mathrm{e}^x+\mathrm{e}^{-x}}$;

(52) $\displaystyle\int \frac{x^{\frac{n}{2}}}{\sqrt{1+x^{n+2}}}\mathrm{d}x$;

(53) $\displaystyle\int \frac{\sqrt{x}}{1-\sqrt[3]{x}}\mathrm{d}x$;

(54) $\displaystyle\int \frac{\mathrm{d}x}{(x^2+a^2)^{\frac{3}{2}}}$;

(55) $\displaystyle\int \frac{\sqrt{x+1}-1}{\sqrt{x+1}+1}\mathrm{d}x$;

(56) $\displaystyle\int \frac{\mathrm{d}x}{\cos^4 x}$;

(57) $\displaystyle\int \sin^4 x\,\mathrm{d}x$.

2. 应用分部积分法求下列不定积分:

(1) $\displaystyle\int \arcsin x\,\mathrm{d}x$;

(2) $\displaystyle\int \ln x\,\mathrm{d}x$;

(3) $\displaystyle\int x^2\cos x\,\mathrm{d}x$;

(4) $\displaystyle\int \frac{\ln x}{x^3}\mathrm{d}x$;

(5) $\displaystyle\int \ln^2 x\,\mathrm{d}x$;

(6) $\displaystyle\int x\arctan x\,\mathrm{d}x$;

(7) $\displaystyle\int (\arcsin x)^2\,\mathrm{d}x$;

(8) $\displaystyle\int \sec^3 x\,\mathrm{d}x$;

(9) $\displaystyle\int x\arcsin x\,\mathrm{d}x$;

(10) $\displaystyle\int \left(\ln\ln x+\frac{1}{\ln x}\right)\mathrm{d}x$;

(11) $\displaystyle\int \arctan x\,\mathrm{d}x$;

(12) $\displaystyle\int x^2\arccos x\,\mathrm{d}x$;

(13) $\displaystyle\int x^2\cos x\,\mathrm{d}x$;

(14) $\displaystyle\int \frac{x}{\cos^2 x}\mathrm{d}x$;

(15) $\displaystyle\int \frac{\arctan x}{x^2}\mathrm{d}x$;

(16) $\displaystyle\int x^2\cosh x\,\mathrm{d}x$;

(17) $\displaystyle\int \cos(\ln x)\,\mathrm{d}x$;

(18) $\displaystyle\int \sin(\ln x)\,\mathrm{d}x$;

(19) $\displaystyle\int \sqrt{x}\ln^2 x\,\mathrm{d}x$;

(20) $\displaystyle\int \ln(x+\sqrt{1+x^2})\,\mathrm{d}x$.

3. 根据公式 $\cosh^2 t-\sinh^2 t=1$, 用变量代换 $x=a\sinh t$ 或 $x=a\cosh t$ 求下列不定积分:

(1) $\displaystyle\int \frac{\mathrm{d}x}{\sqrt{x^2+a^2}}$;

(2) $\displaystyle\int \sqrt{x^2+a^2}\,\mathrm{d}x$;

(3) $\displaystyle\int (x^2+a^2)^{-\frac{3}{2}}\,\mathrm{d}x$;

(4) $\displaystyle\int \frac{x^2}{\sqrt{x^2-a^2}}\mathrm{d}x$;

(5) $\displaystyle\int \sqrt{x^2-a^2}\,\mathrm{d}x$;

(6) $\displaystyle\int \frac{x\ln(x+\sqrt{1+x^2})}{\sqrt{1+x^2}}\mathrm{d}x$.

4. 求函数 $f(x)$，设

(1) $f'(x^2) = \dfrac{1}{x}$ $(x > 0)$；

(2) $f'(\sin^2 x) = \cos^2 x$.

5. 求不定积分：

(1) $\displaystyle\int \left(1 - \dfrac{2}{x}\right)^2 \mathrm{e}^x \,\mathrm{d}x$；

(2) $\displaystyle\int \dfrac{x\mathrm{e}^x}{(1+x)^2} \,\mathrm{d}x$；

(3) $\displaystyle\int \arctan(1 + \sqrt{x})\,\mathrm{d}x$.

6. 求下列不定积分：

(1) $\displaystyle\int [f(x)]^\alpha f'(x)\,\mathrm{d}x$ $(\alpha \neq -1)$；

(2) $\displaystyle\int \dfrac{f'(x)}{1 + [f(x)]^2}\,\mathrm{d}x$；

(3) $\displaystyle\int \dfrac{f'(x)}{f(x)}\,\mathrm{d}x$；

(4) $\displaystyle\int \mathrm{e}^{f(x)} f'(x)\,\mathrm{d}x$.

7. 计算：(1) $\displaystyle\int x f''(x)\,\mathrm{d}x$；

(2) $\displaystyle\int \mathrm{e}^{\sin x} \sin 2x\,\mathrm{d}x$.

8. 设 P 为 n 次多项式，试通过 P 的各阶导数来表示不定积分 $\displaystyle\int P(x)\mathrm{e}^{ax}\,\mathrm{d}x$.

9. 推导出不定积分 $\displaystyle\int \ln^n x\,\mathrm{d}x$ 的递推公式，$n \in \mathbb{N}$.

10. 设 $I_n = \displaystyle\int \tan^n x\,\mathrm{d}x, n = 2, 3, \cdots$. 证明：递推公式 $I_n = \dfrac{1}{n-1}\tan^{n-1} x - I_{n-2}$.

11. 设 $I(m, n) = \displaystyle\int \cos^m x \sin^n x\,\mathrm{d}x$，则当 $m + n \neq 0$ 时，证明：递推公式

$$I(m, n) = \dfrac{\cos^{m-1} x \sin^{n+1} x}{m + n} + \dfrac{m-1}{m+n} I(m-2, m)$$

$$= -\dfrac{\cos^{m+1} x \sin^{n-1} x}{m + n} + \dfrac{n-1}{m+n} I(m, n-2), \quad n, m = 2, 3, \cdots.$$

12. 应用题 10 中的递推公式计算：

(1) $\displaystyle\int \tan^3 x\,\mathrm{d}x$；

(2) $\displaystyle\int \tan^4 x\,\mathrm{d}x$.

13. 应用题 11 中的递推公式计算：

(1) $\displaystyle\int \cos^2 x \sin^4 x\,\mathrm{d}x$；

(2) $\displaystyle\int \cos^4 x \sin^2 x\,\mathrm{d}x$.

14. 导出下列不定积分对于正整数 n 的递推公式：

(1) $I_n = \displaystyle\int x^n \mathrm{e}^{kx}\,\mathrm{d}x$；

(2) $I_n = \displaystyle\int \ln^n x\,\mathrm{d}x$；

(3) $I_n = \displaystyle\int (\arcsin x)^n\,\mathrm{d}x$；

(4) $I_n = \displaystyle\int \mathrm{e}^x \sin^n x\,\mathrm{d}x$.

15. 应用题 14 中的递推公式计算：

(1) $\displaystyle\int x^3 e^{2x} dx$；

(2) $\displaystyle\int \ln^3 x dx$；

(3) $\displaystyle\int (\arcsin x)^3 dx$；

(4) $\displaystyle\int e^x \sin^3 x dx$.

5.3 有理函数的不定积分、可化为有理函数的不定积分

由两个实多项式函数之商所表示的函数称为(**实**)**有理函数**，它的一般形式为

$$R(x) = \frac{P(x)}{Q(x)} = \frac{\alpha_0 x^n + \alpha_1 x^{n-1} + \cdots + \alpha_{n-1} x + \alpha_n}{\beta_0 x^m + \beta_1 x^{m-1} + \cdots + \beta_{m-1} x + \beta_m},$$

其中 n, m 为非负整数，$\alpha_0, \alpha_1, \cdots, \alpha_n$ 与 $\beta_0, \beta_1, \cdots, \beta_m$ 都为实常数，且 $\alpha_0 \neq 0, \beta_0 \neq 0$.

如果 $m > n$，则称它为**真分式**；如果 $m \leqslant n$，则称它为**假分式**. 由多项式除法可知，

$$R(x) = \frac{P(x)}{Q(x)} = \text{多项式} + \text{真分式}.$$

根据不定积分的简单性质及 $\dfrac{x^{k+1}}{k+1}$ 为 x^k 的原函数可知，多项式函数的不定积分是容易得到的. 因此，要计算有理函数的不定积分只需研究真分式的不定积分.

在代数学中，有部分分式分解定理：

设

$$R(x) = \frac{P(x)}{Q(x)} = \frac{\alpha_0 x^n + \alpha_1 x^{n-1} + \cdots + \alpha_{n-1} x + \alpha_n}{\beta_0 x^m + \beta_1 x^{m-1} + \cdots + \beta_{m-1} x + \beta_m}$$

为真分式，$\alpha_0 \neq 0, \beta_0 \neq 0, n < m$，其中

$$Q(x) = \beta_0 (x - a_1)^{\lambda_1} \cdots (x - a_s)^{\lambda_s} (x^2 + p_1 x + q_1)^{\mu_1} \cdots (x^2 + p_t x + q_t)^{\mu_t},$$

这里 $\lambda_i, \mu_j (i = 1, 2, \cdots, s; j = 1, 2, \cdots, t)$ 均为自然数，且

$$\sum_{i=1}^{s} \lambda_i + 2 \sum_{j=1}^{t} \mu_j = m; \quad p_j^2 - 4q_j < 0, j = 1, 2, \cdots, t.$$

则 $R(x)$ 可惟一分解为若干**部分分式**(称为**最简分式**)之和(即**部分分式分解**)：

$$R(x) = \frac{P(x)}{Q(x)} = \frac{A_1}{x - a_1} + \cdots + \frac{A_{\lambda_1}}{(x - a_1)^{\lambda_1}} + \cdots + \frac{B_1}{x - a_s}$$

$$+ \cdots + \frac{B_{\lambda_s}}{(x - a_s)^{\lambda_s}} + \frac{K_1 x + L_1}{x^2 + p_1 x + q_1} + \cdots + \frac{K_{\mu_1} x + L_{\mu_1}}{(x^2 + p_1 x + q_1)^{\mu_1}}$$

$$+ \cdots + \frac{M_1 x + N_1}{x^2 + p_t x + q_t} + \cdots + \frac{M_t x + N_t}{(x^2 + p_t x + q_t)^{\mu_t}},$$

其中 $A_i, B_i, K_i, L_i, M_i, N_i$ 均为实数.

应用这个定理,对任何真分式 $R(x)$ 的不定积分,一旦完成了 $R(x)$ 的部分分式的分解,最后转化为求各个部分分式(最简分式)的不定积分. 由上述讨论知,任何有理真分式的不定积分都将归为求以下两种形式的不定积分:

(1) $\displaystyle\int \frac{\mathrm{d}x}{(x-a)^k} = \begin{cases} \ln|x-a| + C, & k = 1, \\ \dfrac{1}{(1-k)(x-a)^{k-1}} + C, & k > 1. \end{cases}$

(2) $\displaystyle\int \frac{Kx+L}{(x^2+px+q)^k}\mathrm{d}x \quad (p^2 - 4q < 0)$

$\displaystyle = \int \frac{K\left(x+\dfrac{p}{2}\right) + \left(L - \dfrac{Kp}{2}\right)}{\left[\left(x+\dfrac{p}{2}\right)^2 + \left(q - \dfrac{p^2}{4}\right)\right]^k}\mathrm{d}\left(x+\frac{p}{2}\right)$

$\displaystyle \xlongequal{t = x + \frac{p}{2}} \int \frac{Kt + \left(L - \dfrac{Kp}{2}\right)}{(t^2+r^2)^k}\mathrm{d}t$

$\displaystyle = K\int \frac{t}{(t^2+r^2)^k}\mathrm{d}t + \left(L - \frac{Kp}{2}\right)\int \frac{\mathrm{d}t}{(t^2+r^2)^k}.$

当 $k = 1$ 时,上式右边两个不定积分分别为

$$\int \frac{t}{t^2+r^2}\mathrm{d}t = \frac{1}{2}\int \frac{\mathrm{d}(t+r^2)}{t^2+r^2} = \frac{1}{2}\ln(t^2+r^2) + C,$$

$$\int \frac{\mathrm{d}t}{t^2+r^2} = \frac{1}{r}\arctan\frac{t}{r} + C.$$

当 $k \geqslant 2$ 时,右边第一个积分为

$$\int \frac{t}{(t^2+r^2)^k}\mathrm{d}t = \frac{1}{2}\int \frac{\mathrm{d}(t^2+r^2)}{(t^2+r^2)^k}$$
$$= \frac{1}{2(1-k)(t^2+r^2)^{k-1}} + C.$$

对于第二个不定积分,记

$$I_k = \int \frac{\mathrm{d}t}{(t^2+r^2)^k},$$

则

$$I_k = \int \frac{\mathrm{d}t}{(t^2+r^2)^k} = \frac{1}{r^2}\int \frac{(t^2+r^2) - t^2}{(t^2+r^2)^k}\mathrm{d}t$$
$$= \frac{1}{r^2}I_{k-1} - \frac{1}{r^2}\int \frac{t^2}{(t^2+r^2)^k}\mathrm{d}t$$
$$= \frac{1}{r^2}I_{k-1} + \frac{1}{2r^2(k-1)}\int t\,\mathrm{d}\frac{1}{(t^2+r^2)^{k-1}}$$
$$\xlongequal{\text{分部积分}} \frac{1}{r^2}I_{k-1} + \frac{1}{2r^2(k-1)}\left[\frac{t}{(t^2+r^2)^{k-1}} - I_{k-1}\right],$$

$$I_k = \frac{t}{2r^2(k-1)(t^2+r^2)^{k-1}} + \frac{2k-3}{2r^2(k-1)}I_{k-1}(\text{递推公式}).$$

或者

$$I_{k-1} = \int \frac{\mathrm{d}t}{(t^2+r^2)^{k-1}}$$

$$\xrightarrow{\text{分部积分}} \frac{t}{(t^2+r^2)^{k-1}} - \int t[-(k-1)]\frac{2t}{(t^2+r^2)^k}\mathrm{d}t$$

$$= \frac{t}{(t^2+r^2)^{k-1}} + 2(k-1)\int \frac{(t^2+r^2)-r^2}{(t^2+r^2)^k}\mathrm{d}t$$

$$= \frac{t}{(t^2+r^2)^{k-1}} + 2(k-1)I_{k-1} - 2r^2(k-1)I_k,$$

$$I_k = \frac{t}{2r^2(k-1)(t^2+r^2)^{k-1}} + \frac{2k-3}{2r^2(k-1)}I_{k-1}.$$

根据递推公式，从 $I_1 = \int \frac{\mathrm{d}t}{t^2+r^2} = \frac{1}{r}\arctan\frac{t}{r} + C$ 得到 I_2，再从 I_2 得到 I_3，$\cdots$，从 I_{k-1} 得到 I_k.

注意，最后需将 $t = x + \frac{p}{2}$ 代回去.

例 5.3.1 求 $\int \frac{x^2+1}{(x^2-2x+2)^2}\mathrm{d}x$.

解 $\int \frac{x^2+1}{(x^2-2x+2)^2}\mathrm{d}x = \int \frac{(x^2-2x+2)+(2x-1)}{(x^2-2x+2)^2}\mathrm{d}x$

$$= \int \frac{\mathrm{d}x}{x^2-2x+2} + \int \frac{2x-2}{(x^2-2x+2)^2}\mathrm{d}x + \int \frac{\mathrm{d}x}{(x^2-2x+2)^2}$$

$$= \int \frac{\mathrm{d}(x-1)}{(x-1)^2+1} + \int \frac{\mathrm{d}(x^2-2x+2)}{(x^2-2x+2)^2} + \int \frac{\mathrm{d}(x-1)}{[(x-1)^2+1]^2}$$

$$= \arctan(x-1) - \frac{1}{x^2-2x+2} + \frac{x-1}{2(x^2-2x+2)}$$

$$\quad + \frac{1}{2}\arctan(x-1) + C$$

$$= \frac{3}{2}\arctan(x-1) + \frac{x-3}{2(x^2-2x+2)} + C,$$

其中

$$I_2 = \int \frac{\mathrm{d}t}{(t^2+1)^2} \xrightarrow[k=2,r=1]{\text{递推公式}} \frac{t}{2(t^2+1)} + \frac{1}{2}\int \frac{\mathrm{d}t}{t^2+1}$$

$$= \frac{x-1}{2[(x-1)^2+1]} + \frac{1}{2}\arctan(x-1) + C_1$$

$$= \frac{x-1}{2(x^2-2x+2)} + \frac{1}{2}\arctan(x-1) + C_1.$$ □

例 5.3.2   求 $\displaystyle\int \frac{5x+6}{x^2+x+1}\mathrm{d}x$.

解 $\displaystyle\int \frac{5x+6}{x^2+x+1}\mathrm{d}x = \frac{5}{2}\int \frac{2x+\dfrac{12}{5}}{x^2+x+1}\mathrm{d}x$

$$= \frac{5}{2}\int \frac{(2x+1)+\dfrac{7}{5}}{x^2+x+1}\mathrm{d}x$$

$$= \frac{5}{2}\int \frac{\mathrm{d}(x^2+x+1)}{x^2+x+1} + \frac{7}{2}\int \frac{\mathrm{d}\left(x+\dfrac{1}{2}\right)}{\left(x+\dfrac{1}{2}\right)^2+\left(\dfrac{\sqrt{3}}{2}\right)^2}$$

$$= \frac{5}{2}\ln(x^2+x+1) + \frac{7}{2}\cdot\frac{1}{\dfrac{\sqrt{3}}{2}}\arctan \frac{x+\dfrac{1}{2}}{\dfrac{\sqrt{3}}{2}} + C$$

$$= \frac{5}{2}\ln(x^2+x+1) + \frac{7}{\sqrt{3}}\arctan \frac{2x+1}{\sqrt{3}} + C.$$

例 5.3.3   求 $\displaystyle\int \frac{x+1}{x^2-4x+3}\mathrm{d}x$.

解法 1 $\displaystyle\int \frac{x+1}{x^2-4x+3}\mathrm{d}x = \int \frac{x+1}{(x-3)(x-1)}\mathrm{d}x$

$$\xlongequal{\text{凑}} \int\left(\frac{2}{x-3}+\frac{-1}{x-1}\right)\mathrm{d}x$$

$$= 2\ln|x-3|-\ln|x-1|+C = \ln\left|\frac{(x-3)^2}{x-1}\right|+C.$$

解法 2   （待定系数法）设

$$\frac{x+1}{x^2-4x+3} = \frac{A}{x-3}+\frac{B}{x-1},$$

则

$$x+1 = A(x-1)+B(x-3)$$
$$= (A+B)x-(A+3B), \qquad\qquad (\ast)$$

比较上面等式两边关于 x 的同幂次的系数知，

$$\begin{cases} A+B=1, \\ A+3B=-1. \end{cases}$$

下式减上式得 $2B=-2, B=-1$，所以 $A=1-B=2$.

或者，令 $x=1$ 代入（$\ast$）式得 $2=-2B, B=-1$. 令 $x=3$ 代入（$\ast$）式得 $4=2A, A=2$.
代入即可得到与解法 1 相同的结果.

例 5.3.4 求 $\displaystyle\int \frac{5x+3}{(x^2-2x+5)^2}\mathrm{d}x.$

解法 1 $\displaystyle\int \frac{5x+3}{(x^2-2x+5)^2}\mathrm{d}x$

$$= \int \frac{\dfrac{5}{2}(2x-2)}{(x^2-2x+5)^2}\mathrm{d}x + 8\int \frac{\mathrm{d}x}{(x^2-2x+5)^2}$$

$$= \frac{5}{2}\int \frac{\mathrm{d}(x^2-2x+5)}{(x^2-2x+5)^2} + 8\int \frac{\mathrm{d}(x-1)}{[(x-1)^2+2^2]^2}$$

$$= -\frac{5}{2}\frac{1}{x^2-2x+5} + 8\left[\frac{1}{8}\frac{x-1}{(x-1)^2+4} + \frac{1}{16}\arctan\frac{x-1}{2}\right] + C$$

$$= -\frac{2x-7}{2(x^2-2x+5)} + \frac{1}{2}\arctan\frac{x-1}{2} + C.$$

解法 2 $\displaystyle\int \frac{5x+3}{(x^2-2x+5)^2}\mathrm{d}x \xrightarrow{u=x-1} \int \frac{5u+8}{(u^2+4)^2}\mathrm{d}u$

$$= \frac{5}{2}\int \frac{\mathrm{d}(u^2+4)}{(u^2+4)^2} + 2\int \frac{(u^2+4)-u^2}{(u^2+4)^2}\mathrm{d}u$$

$$= -\frac{5}{2}\frac{1}{u^2+4} + 2\int \frac{\mathrm{d}u}{u^2+4} + \int u\,\mathrm{d}\frac{1}{u^2+4}$$

$$= -\frac{5}{2(u^2+4)} + 2\int \frac{\mathrm{d}u}{u^2+4} + \frac{u}{u^2+4} - \int \frac{\mathrm{d}u}{u^2+4}$$

$$= \frac{2u-5}{2(u^2+4)} + \frac{1}{2}\arctan\frac{u}{2} + C$$

$$= \frac{2x-7}{2(x^2-2x+5)} + \frac{1}{2}\arctan\frac{x-1}{2} + C.$$

例 5.3.5 求 $\displaystyle\int \frac{x^5+x^3}{x^3+1}\mathrm{d}x.$

解 $\displaystyle\int \frac{x^5+x^3}{x^3+1}\mathrm{d}x = \int\left[(x^2+1) - \frac{x^2+1}{x^3+1}\right]\mathrm{d}x$

$$= \int\left[(x^2+1) - \frac{2}{3}\frac{1}{x+1} - \frac{1}{3}\frac{x+1}{x^2-x+1}\right]\mathrm{d}x$$

$$= \int\left(x^2+1 - \frac{2}{3}\frac{1}{x+1} - \frac{1}{6}\frac{2x-1}{x^2-x+1} - \frac{1}{2}\frac{1}{x^2-x+1}\right)\mathrm{d}x$$

$$= \frac{x^3}{3} + x - \frac{1}{6}\ln(x^3+1)(x+1)^3 - \frac{1}{\sqrt{3}}\arctan\frac{2(x-1)}{\sqrt{3}} + C.$$

其中 $\dfrac{x^5+x^3}{x^3+1} = (x^2+1) - \dfrac{x^2+1}{x^3+1}$ 可用凑的方法,也可用多项式的辗转相除得到.

而应用待定系数法可令

$$\frac{x^2+1}{x^3+1}=\frac{A}{x+1}+\frac{Bx+C}{x^2-x+1},$$

则有

$$x^2+1=A(x^2-x+1)+(Bx+C)(x+1)$$
$$=(A+B)x^2+(-A+B+C)x+(A+C),$$

从而有

$$\begin{cases} A+B=1, & (1) \\ -A+B+C=0, & (2) \\ A+C=1. & (3) \end{cases}$$

于是,由(1)+(2)及(2)+(3)得到

$$\begin{cases} 2B+C=1, & (4) \\ B+2C=1. & (5) \end{cases}$$

再由 $2\times(5)-(4)$ 得 $3C=1,C=\frac{1}{3};B=1-2C=1-\frac{2}{3}=\frac{1}{3};A=1-B=1-\frac{1}{3}=\frac{2}{3}$. □

例 5.3.6 求 $\displaystyle\int\frac{x^3+1}{x^4-3x^3+3x^2-x}\mathrm{d}x.$

解法 1 $x^4-3x^3+3x^2-x=x(x-1)^3$. 用待定系数法,令

$$\frac{x^3+1}{x(x-1)^3}=\frac{x^3+1}{x^4-3x^3+3x^2-x}$$
$$=\frac{A}{x}+\frac{B}{(x-1)^3}+\frac{C}{(x-1)^2}+\frac{D}{x-1},$$

则

$$x^3+1=A(x-1)^3+Bx+Cx(x-1)+Dx(x-1)^2$$
$$=(A+D)x^3+(-3A+C-2D)x^2+(3A+B-C+D)x-A,$$

于是

$$\begin{cases} A+D=1, \\ -3A+C-2D=0, \\ 3A+B-C+D=0, \\ -A=1. \end{cases} \quad\text{即}\quad \begin{cases} A=-1, \\ D=1-A=1-(-1)=2, \\ C=3A+2D=-3+4=1, \\ B=-3A+C-D=3+1-2=2. \end{cases}$$

所以

$$\int\frac{x^3+1}{x^4-3x^3+3x^2-x}\mathrm{d}x$$
$$=\int\left[\frac{-1}{x}+\frac{2}{(x-1)^3}+\frac{1}{(x-1)^2}+\frac{2}{x-1}\right]\mathrm{d}x$$
$$=-\ln|x|-\frac{1}{(x-1)^2}-\frac{1}{x-1}+2\ln|x-1|+C$$

$$= \ln \frac{(x-1)^2}{|x|} - \frac{x}{(x-1)^2} + C.$$

解法 2 设 $x^3+1=A(x-1)^3+Bx+Cx(x-1)+Dx(x-1)^2$. 令 $x=1$ 代入上式得 $B=2$；$x=0$ 代入上式得 $A=-1$. 从而

$$x^3+1=-(x-1)^3+2x+Cx(x-1)+Dx(x-1)^2,$$
$$Cx(x-1)+Dx(x-1)^2 = x^3+1+x^3-3x^2+3x-1-2x$$
$$= 2x^3-3x^2+x = x(2x^2-3x+1)$$
$$= x(x-1)(2x-1).$$

于是，当 $x\neq 0, x\neq 1$ 时，

$$C+D(x-1)=2x-1.$$

令 $x \to 1$ 得到 $C=1$；令 $x \to 0$ 得到 $1-D=C-D=-1, D=2$.

综上所述有 $A=-1, B=2, C=1, D=2$. 积分过程同解法 1. □

例 5.3.7 求 $\displaystyle\int \frac{\mathrm{d}x}{x^4+1}$.

解法 1 $\displaystyle\int \frac{\mathrm{d}x}{x^4+1} = \int \frac{\mathrm{d}x}{(x^2+1)^2-(\sqrt{2}x)^2}$

$$= \int \frac{\mathrm{d}x}{(x^2+\sqrt{2}x+1)(x^2-\sqrt{2}x+1)}$$

$$= \int \left[\frac{\frac{\sqrt{2}}{4}x+\frac{1}{2}}{x^2+\sqrt{2}x+1} + \frac{-\frac{\sqrt{2}}{4}x+\frac{1}{2}}{x^2-\sqrt{2}x+1} \right] \mathrm{d}x$$

$$= \frac{1}{4\sqrt{2}} \int \left[\frac{2x+\sqrt{2}}{x^2+\sqrt{2}x+1} - \frac{2x-\sqrt{2}}{x^2-\sqrt{2}x+1} \right] \mathrm{d}x$$

$$+ \frac{1}{4} \int \left[\frac{1}{\left(x+\frac{\sqrt{2}}{2}\right)^2+\left(\frac{1}{\sqrt{2}}\right)^2} + \frac{1}{\left(x-\frac{\sqrt{2}}{2}\right)^2+\left(\frac{1}{\sqrt{2}}\right)^2} \right] \mathrm{d}x$$

$$= \frac{1}{4\sqrt{2}} \ln \frac{x^2+\sqrt{2}x+1}{x^2-\sqrt{2}x+1} + \frac{1}{2\sqrt{2}} [\arctan(\sqrt{2}x+1)+\arctan(\sqrt{2}x-1)] + C.$$

解法 2 因为

$$\int \frac{x^2+1}{x^4+1}\mathrm{d}x = \int \frac{1+\frac{1}{x^2}}{x^2+\frac{1}{x^2}}\mathrm{d}x = \int \frac{\mathrm{d}\left(x-\frac{1}{x}\right)}{\left(x-\frac{1}{x}\right)^2+2}$$

$$= \frac{1}{\sqrt{2}}\arctan \frac{x-\frac{1}{x}}{\sqrt{2}} + C_1,$$

$$\int \frac{1-x^2}{x^4+1}\mathrm{d}x = \int \frac{\dfrac{1}{x^2}-1}{x^2+\dfrac{1}{x^2}}\mathrm{d}x = -\int \frac{\mathrm{d}\left(x+\dfrac{1}{x}\right)}{\left(x+\dfrac{1}{x}\right)^2-2}$$

$$= -\frac{1}{2\sqrt{2}}\int\left[\frac{1}{\left(x+\dfrac{1}{x}\right)-\sqrt{2}}-\frac{1}{\left(x+\dfrac{1}{x}\right)+\sqrt{2}}\right]\mathrm{d}\left(x+\frac{1}{x}\right)$$

$$= \frac{1}{2\sqrt{2}}\ln\frac{x+\dfrac{1}{x}+\sqrt{2}}{x+\dfrac{1}{x}-\sqrt{2}}+C_2 = \frac{1}{2\sqrt{2}}\ln\frac{x^2+\sqrt{2}x+1}{x^2-\sqrt{2}x+1}+C_2,$$

所以

$$\int \frac{\mathrm{d}x}{x^4+1}=\frac{1}{2}\int\left(\frac{1-x^2}{x^4+1}+\frac{x^2+1}{x^4+1}\right)\mathrm{d}x$$

$$= \frac{1}{4\sqrt{2}}\ln\frac{x^2+\sqrt{2}x+1}{x^2-\sqrt{2}x+1}+\frac{1}{2\sqrt{2}}\arctan\frac{x-\dfrac{1}{x}}{\sqrt{2}}+C_3$$

$$= \frac{1}{4\sqrt{2}}\ln\frac{x^2+\sqrt{2}x+1}{x^2-\sqrt{2}x+1}+\frac{1}{2\sqrt{2}}\big[\arctan(\sqrt{2}x+1)$$

$$+\arctan(\sqrt{2}x-1)\big]+C.$$

其中,因为

$$\tan\big[\arctan(\sqrt{2}x+1)+\arctan(\sqrt{2}x-1)\big]$$

$$= \frac{(\sqrt{2}x+1)+(\sqrt{2}x-1)}{1-(2x^2-1)}=\frac{\sqrt{2}x}{1-x^2},$$

$$\tan\left(\arctan\frac{x-\dfrac{1}{x}}{\sqrt{2}}\right)=\frac{x-\dfrac{1}{x}}{\sqrt{2}}=\frac{x^2-1}{\sqrt{2}x}$$

$$= -\cot\big[\arctan(\sqrt{2}x+1)+\arctan(\sqrt{2}x-1)\big],$$

所以

$$\arctan\frac{x-\dfrac{1}{x}}{\sqrt{2}}=\frac{\pi}{2}+\big[\arctan(\sqrt{2}x+1)+\arctan(\sqrt{2}x-1)\big]. \qquad \square$$

代数学关于有理函数的部分分式分解定理从理论上证明了任何有理函数的不定积分都为初等函数. 但该有理函数的分母 $Q(x)$, 当它的次数很高时, 具体分解因子是十分困难的. 即使 $Q(x)$ 能因式分解, 用待定系数法将此有理函数化为最简分式之和的计算也会十分烦琐.

现在来介绍几类函数的不定积分, 它们可化为有理函数的不定积分. 因此, 理论上这些函数的不定积分是可以积出来的.

由 $u(x),v(x)$ 及常数经过有限次四则运算所得到的函数称为关于 $u(x),v(x)$ **的有理式**，并表示为 $R(u(x),v(x))=\dfrac{P(u(x),v(x))}{Q(u(x),v(x))}$，其中 $P(x,y)=\displaystyle\sum_{i=1}^{n}\sum_{j=1}^{m}a_{ij}x^iy^j$（$a_{ij}$ 为实系数，$x,y\in\mathbb{R}$）为实二元多项式，$Q(x,y)$ 也为实二元多项式.

1. 三角函数有理式的不定积分

$$\int R(\sin x,\cos x)\mathrm{d}x\xlongequal{t=\tan\frac{x}{2}}\int R\left(\frac{2t}{1+t^2},\frac{1-t^2}{1+t^2}\right)\frac{2}{1+t^2}\mathrm{d}t.$$

等式右端是 t 的有理函数的不定积分，因此，理论上它可以被积出来，成为一个初等函数. 正因为如此，我们称 $t=\tan\dfrac{x}{2}$ 为**万能变换**. 其中

$$x=2\arctan t,\quad \mathrm{d}x=\frac{2}{1+t^2}\mathrm{d}t,$$

$$\sin x=\frac{2\sin\dfrac{x}{2}\cos\dfrac{x}{2}}{\sin^2\dfrac{x}{2}+\cos^2\dfrac{x}{2}}=\frac{2\tan\dfrac{x}{2}}{\tan^2\dfrac{x}{2}+1}=\frac{2t}{1+t^2},$$

$$\cos x=\frac{\cos^2\dfrac{x}{2}-\sin^2\dfrac{x}{2}}{\sin^2\dfrac{x}{2}+\cos^2\dfrac{x}{2}}=\frac{1-\tan^2\dfrac{x}{2}}{1+\tan^2\dfrac{x}{2}}=\frac{1-t^2}{1+t^2}.$$

上面所用的万能变换 $t=\tan\dfrac{x}{2}$ 对三角函数有理式的不定积分理论上总是有效的. 但如果右边积分中被积函数的分母的次数太高，往往难以积出来. 此时"万能"就成为一个虚名了.

另外，还有几个可化为有理函数的不定积分的变换，有时这些有理函数分母的幂次较低，积分比较容易.

(1) 若 $R(-\sin x,\cos x)=-R(\sin x,\cos x)$，令 $t=\cos x$；

(2) 若 $R(\sin x,-\cos x)=-R(\sin x,\cos x)$，令 $t=\sin x$；

(3) 若 $R(-\sin x,-\cos x)=R(\sin x,\cos x)$，令 $t=\tan x$.

例 5.3.8　求 $\displaystyle\int\frac{1+\sin x}{\sin x(1+\cos x)}\mathrm{d}x$.

解　$\displaystyle\int\frac{1+\sin x}{\sin x(1+\cos x)}\mathrm{d}x$

$$\xlongequal{t=\tan\frac{x}{2}}\int\frac{1+\dfrac{2t}{1+t^2}}{\dfrac{2t}{1+t^2}\left(1+\dfrac{1-t^2}{1+t^2}\right)}\cdot\frac{2}{1+t^2}\mathrm{d}t$$

$$= \int \frac{1+t^2+2t}{t(1+t^2+1-t^2)} dt = \frac{1}{2} \int \left(t+2+\frac{1}{t} \right) dt$$

$$= \frac{1}{2} \left(\frac{t^2}{2} + 2t + \ln|t| \right) + C$$

$$= \frac{1}{4} \tan^2 \frac{x}{2} + \tan \frac{x}{2} + \frac{1}{2} \ln \left| \tan \frac{x}{2} \right| + C.$$ □

例 5.3.9　求 $\displaystyle\int \frac{dx}{a^2 \sin^2 x + b^2 \cos^2 x}$　$(a>0, b>0)$.

解　$\displaystyle\int \frac{dx}{a^2 \sin^2 x + b^2 \cos^2 x} = \int \frac{\dfrac{1}{\cos^2 x}}{a^2 \dfrac{\sin^2 x}{\cos^2 x} + b^2} dx$

$$= \int \frac{d\tan x}{a^2 \tan^2 x + b^2} = \frac{1}{ab} \arctan \left(\frac{a}{b} \tan x \right) + C.$$ □

例 5.3.10　求 $\displaystyle\int \frac{dx}{\sin^2 x \cos x}$.

解　$\displaystyle\int \frac{dx}{\sin^2 x \cos x} = \int \frac{d\sin x}{\sin^2 x (1-\sin^2 x)} \xrightarrow{t=\sin x} \int \frac{dt}{t^2 (1-t^2)}$

$$= \int \left(\frac{1}{t^2} + \frac{1}{1-t^2} \right) dt = -\frac{1}{t} + \frac{1}{2} \ln \frac{1+t}{1-t} + C$$

$$= -\frac{1}{\sin x} + \frac{1}{2} \ln \frac{1+\sin x}{1-\sin x} + C.$$ □

例 5.3.11　求 $\displaystyle\int \frac{\sin^4 x}{\cos^2 x} dx$.

解法 1　$\displaystyle\int \frac{\sin^4 x}{\cos^2 x} dx = \int \frac{\sin^4 x}{(\sin^2 x + \cos^2 x)^2} d\tan x$

$$= \int \frac{\tan^4 x}{(\tan^2 x + 1)^2} d\tan x$$

$$\xrightarrow{t=\tan x} \int \frac{t^4}{(t^2+1)^2} dt = \int \frac{(t^4+2t^2+1)-2(t^2+1)+1}{(t^2+1)^2} dt$$

$$= \int \left[1 - \frac{1}{1+t^2} + \frac{1}{(1+t^2)^2} \right] dt$$

$$\xrightarrow{递推公式} t - 2\arctan t + \left(\frac{1}{2} \frac{t}{1+t^2} + \frac{1}{2} \arctan t \right) + C$$

$$= t - \frac{3}{2} \arctan t + \frac{t}{2(1+t^2)} + C$$

$$= \tan x - \frac{3}{2} x + \frac{1}{2} \frac{\tan x}{\sec^2 x} + C$$

$$= \tan x - \frac{3}{2}x + \frac{1}{4}\sin 2x + C.$$

解法 2 $\int \dfrac{\sin^4 x}{\cos^2 x}\mathrm{d}x \xrightarrow{t=\tan x} \int \dfrac{t^4}{(t^2+1)^2}\mathrm{d}t$

$$= \int \left[1 - \frac{1}{t^2+1} - \frac{t^2}{(t^2+1)^2}\right]\mathrm{d}t$$

$$= t - \arctan t + \frac{1}{2}\int t\,\mathrm{d}\frac{1}{t^2+1}$$

$$= t - \arctan t + \frac{t}{2(t^2+1)} - \frac{1}{2}\int\frac{\mathrm{d}t}{t^2+1}$$

$$= t - \frac{3}{2}\arctan t + \frac{t}{2(t^2+1)} + C$$

$$= \tan x - \frac{3}{2}x + \frac{1}{2}\cdot\frac{\tan x}{\sec^2 x} + C$$

$$= \tan x - \frac{3}{2}x + \frac{1}{4}\sin 2x + C.$$

$\square$

例 5.3.12 求 Poisson 积分 $\displaystyle\int \frac{1-r^2}{1-2r\cos x + r^2}\mathrm{d}x, 0 < r < 1, |x| < \pi.$

解 作万能变换 $t = \tan\dfrac{x}{2}$，得到

$$\int \frac{1-r^2}{1-2r\cos x + r^2}\mathrm{d}x$$

$$= \int \frac{1-r^2}{1 - 2r\dfrac{1-t^2}{1+t^2} + r^2}\cdot\frac{2}{1+t^2}\mathrm{d}t$$

$$= 2(1-r^2)\int \frac{\mathrm{d}t}{1+t^2 - 2r + 2r\,t^2 + r^2 + r^2 t^2}$$

$$= 2(1-r^2)\int \frac{\mathrm{d}t}{(1-r)^2 + (1+r)^2 t^2}$$

$$= \frac{2(1-r^2)}{(1+r)^2}\int \frac{\mathrm{d}t}{\left(\dfrac{1-r}{1+r}\right)^2 + t^2}$$

$$= \frac{2(1-r^2)}{(1+r)^2}\cdot\frac{1}{\dfrac{1-r}{1+r}}\arctan\frac{t}{\dfrac{1-r}{1+r}} + C$$

$$= 2\arctan\left(\frac{1+r}{1-r}\tan\frac{x}{2}\right) + C.$$

$\square$

2. 某些带无理根式的不定积分

设 $R(x, y_1, \cdots, y_k)$ 为 $k+1$ 元实有理函数.

(1) $\int R\left(x, \sqrt[n]{\dfrac{ax+b}{cx+d}}, \cdots, \sqrt[m]{\dfrac{ax+b}{cx+d}}\right)\mathrm{d}x$ 型不定积分,其中 $a,b,c,d \in \mathbb{R}$,$ad-bc \neq 0$,$n,\cdots,m \in \mathbb{N}$. 令

$$t = \left(\frac{ax+b}{cx+d}\right)^{\frac{1}{s}},$$

这里 s 为 $n,\cdots,m$ 的最小公倍数,则

$$\frac{ax+b}{cx+d} = t^s,$$

$$ax+b = ct^s x + t^s d,$$

$$x = \frac{dt^s - b}{a - ct^s},$$

$$\mathrm{d}x = \frac{st^{s-1}(ad-bc)}{(a-ct^s)^2}\mathrm{d}t.$$

(2) $\int R(x, \sqrt{ax^2+bx+c})\mathrm{d}x$ 型不定积分,其中当 $a>0$ 时,$b^2-4ac \neq 0$;当 $a<0$ 时,$b^2-4ac>0$. 由于

$$ax^2 + bx + c = a\left[\left(x+\frac{b}{2a}\right)^2 + \frac{4ac-b^2}{4a^2}\right],$$

若记 $u = x + \dfrac{b}{2a}$,$k^2 = \left|\dfrac{4ac-b^2}{4a^2}\right|$,则上述二次三项式必属于以下三种情形之一:

$$|a|(u^2+k^2), \quad |a|(u^2-k^2), \quad |a|(k^2-u^2).$$

因此,上面的不定积分转化为下面三种类型不定积分之一:

$$\int R(u, \sqrt{u^2 \pm k^2})\mathrm{d}u, \quad \int R(u, \sqrt{k^2-u^2})\mathrm{d}u.$$

当分别令 $u = k\tan t$,$u = k\sec t$,$u = k\sin t$ 后,它们都可化为三角有理式的不定积分. 特别地,还有下面几种情况.

① $a>0$,作变换 $\sqrt{ax^2+bx+c} = t - \sqrt{a}x$ (或 $\sqrt{a}x \pm t$),于是,

$$t = \sqrt{ax^2+bx+c} + \sqrt{a}x,$$

$$ax^2 + bx + c = t^2 - 2\sqrt{a}tx + ax^2,$$

两边消去 ax^2,移项得

$$(b + 2\sqrt{a}t)x = t^2 - c,$$

$$x = \frac{t^2 - c}{b + 2\sqrt{a}t},$$

$$\mathrm{d}x = \frac{2t(b+2\sqrt{a}t) - 2\sqrt{a}(t^2-c)}{(b+2\sqrt{a}t)^2}\mathrm{d}t$$

$$= \frac{2bt + 2\sqrt{a}t^2 + 2\sqrt{a}c}{(b + 2\sqrt{a}t)^2} dt.$$

② $c > 0$，作变换 $\sqrt{ax^2 + bx + c} = tx + \sqrt{c}$（或 $tx - \sqrt{c}$），则

$$t = \frac{\sqrt{ax^2 + bx + c} - \sqrt{c}}{x},$$

$$ax^2 + bx + c = t^2 x^2 + 2\sqrt{c}tx + c.$$

两边消去 c，约去 x 得

$$ax + b = t^2 x + 2\sqrt{c}t,$$

$$x = \frac{2\sqrt{c}t - b}{a - t^2},$$

$$dx = \frac{2a\sqrt{c} - 2bt + 2\sqrt{c}t^2}{(a - t^2)^2} dt.$$

③ $b^2 - 4ac > 0$，则 $ax^2 + bx + c = 0$ 有两个相异的实根 λ, μ. 于是

$$ax^2 + bx + c = a(x - \lambda)(x - \mu).$$

作变换

$$\sqrt{ax^2 + bx + c} = t(x - \lambda),$$

两边平方得

$$a(x - \lambda)(x - \mu) = ax^2 + bx + c = t^2 (x - \lambda)^2,$$

$$a(x - \mu) = t^2 (x - \lambda),$$

$$x = \frac{a\mu - \lambda t^2}{a - t^2},$$

$$dx = \frac{2a(\mu - \lambda)t}{(a - t^2)^2} dt.$$

④ $b^2 - 4ac = 0$，当 $a > 0$，则 $\sqrt{ax^2 + bx + c} = \sqrt{a(x - \lambda)^2} = \sqrt{a}(x - \lambda)$ 或 $\sqrt{a}(\lambda - x)$，此时，$R(x, \sqrt{ax^2 + bx + c})$ 为 x 的有理式；

当 $a < 0$ 时，$\sqrt{ax^2 + bx + c} = \sqrt{a(x - \lambda)^2}$ 对 $x \neq \lambda$ 无意义.

⑤ $b^2 - 4ac < 0$，则 $ax^2 + bx + c = a\left[\left(x + \frac{b}{2a}\right)^2 + \frac{4ac - b^2}{4a^2}\right]$ 与 a 同号.

当 $a > 0$ 时，由 ① 作变换 $x = \frac{t^2 - c}{b + 2\sqrt{a}t}$；

当 $a < 0$ 时，$\sqrt{ax^2 + bx + c}$ 无意义.

例 5.3.13 求 $\int \frac{dx}{x\sqrt{x^2 - 2x - 3}}$.

解法 1 $\displaystyle\int \frac{\mathrm{d}x}{x\ \sqrt{x^2-2x-3}} = \int \frac{\mathrm{d}(x-1)}{x\ \sqrt{(x-1)^2-4}}$

$\xlongequal{u=x-1} \displaystyle\int \frac{\mathrm{d}u}{(u+1)\ \sqrt{u^2-4}} \xlongequal{u=2\sec\theta} \int \frac{2\sec\theta\cdot\tan\theta}{(2\sec\theta+1)\cdot 2\tan\theta}\mathrm{d}\theta$

$= \displaystyle\int \frac{\mathrm{d}\theta}{2+\cos\theta} \xlongequal{t=\tan\frac{\theta}{2}} \int \frac{\dfrac{2}{1+t^2}}{2+\dfrac{1-t^2}{1+t^2}}\mathrm{d}t = \int \frac{2}{t^2+3}\mathrm{d}t = \frac{2}{\sqrt{3}}\arctan\frac{t}{\sqrt{3}}+C$

$= \dfrac{2}{\sqrt{3}}\arctan\left(\dfrac{1}{\sqrt{3}}\tan\dfrac{\theta}{2}\right)+C = \dfrac{2}{\sqrt{3}}\arctan\dfrac{\sqrt{x^2-2x-3}}{\sqrt{3}(x+1)}+C.$

其中

$$\tan\frac{\theta}{2} = \frac{2\sin\dfrac{\theta}{2}\cos\dfrac{\theta}{2}}{2\cos^2\dfrac{\theta}{2}} = \frac{\sin\theta}{1+\cos\theta} = \frac{\tan\theta}{\sec\theta+1}$$

$$= \frac{\sqrt{\left(\dfrac{u}{2}\right)^2-1}}{\dfrac{u}{2}+1} = \frac{\sqrt{\left(\dfrac{x-1}{2}\right)^2-1}}{\dfrac{x-1}{2}+1} = \frac{\sqrt{x^2-2x-3}}{x+1}.$$

解法 2 $a=1>0$，令 $\sqrt{x^2-2x-3}=x-t$，两边平方得到

$$x^2-2x-3 = x^2-2tx+t^2,$$

$$-2x-3 = -2tx+t^2,$$

$$x = \frac{t^2+3}{2(t-1)},$$

$$\mathrm{d}x = \frac{2t(t-1)-(t^2+3)}{2(t-1)^2}\mathrm{d}t = \frac{t^2-2t-3}{2(t-1)^2}\mathrm{d}t,$$

$$\sqrt{x^2-2x-3} = x-t = \frac{t^2+3}{2(t-1)}-t = \frac{-(t^2-2t-3)}{2(t-1)}.$$

于是，

$$\int \frac{\mathrm{d}x}{x\ \sqrt{x^2-2x-3}} = \int \frac{\dfrac{t^2-2t-3}{2(t-1)^2}}{\dfrac{t^2+3}{2(t-1)}\cdot\dfrac{-(t^2-2t-3)}{2(t-1)}}\mathrm{d}t$$

$$= -2\int \frac{\mathrm{d}t}{t^2+3} = -\frac{2}{\sqrt{3}}\arctan\frac{t}{\sqrt{3}}+C_1$$

$$= \frac{2}{\sqrt{3}}\arctan\frac{\sqrt{x^2-2x-3}-x}{\sqrt{3}}+C_1$$

$$= \frac{2}{\sqrt{3}}\left[\arctan\frac{\sqrt{x^2-2x-3}}{\sqrt{3}(x+1)} - \frac{\pi}{3}\right] + C_1$$

$$= \frac{2}{\sqrt{3}}\arctan\frac{\sqrt{x^2-2x-3}}{\sqrt{3}(x+1)} + C. \qquad\qquad \square$$

读者必须知道,存在初等函数,它的不定积分"积不出来",即原函数不能用初等函数表达.例如:

$$\int e^{\pm x^2}\,dx, \int \sin x^2\,dx, \int \cos x^2\,dx, \operatorname{si}x = \int\frac{\sin x}{x}\,dx(\textbf{积分正弦}), \operatorname{ci}x = \int\frac{\cos x}{x}\,dx(\textbf{积分余}$$

弦$), \operatorname{Li}x = \int\frac{dx}{\ln x}(\textbf{积分对数})$,Legendre 形式下的第一、二、三类椭圆积分$(0 < k < 1)$

$$\int\frac{dx}{\sqrt{1-k^2\sin^2 x}}, \int\sqrt{1-k^2\sin^2 x}\,dx, \int\frac{dx}{(1+h\sin^2 x)\sqrt{1-k^2\sin^2 x}}.$$虽然它们都存在(参阅

第 6 章微积分基本定理 6.3.2),但不能用初等函数表达(证明非常艰难,Liouville 于 1835
年作出证明).因此,初等函数的原函数不一定是初等函数.

练习题 5.3

1. 求下列有理函数的不定积分:

(1) $\displaystyle\int\frac{x^3}{x-1}\,dx$;

(2) $\displaystyle\int\frac{x-2}{x^2-7x+12}\,dx$;

(3) $\displaystyle\int\frac{dx}{1+x^3}$;

(4) $\displaystyle\int\frac{dx}{1+x^4}$;

(5) $\displaystyle\int\frac{dx}{(x-1)(x^2+1)^2}$;

(6) $\displaystyle\int\frac{x-2}{(2x^2+2x+1)^2}\,dx$;

(7) $\displaystyle\int\frac{5x+6}{x^2+x+1}\,dx$;

(8) $\displaystyle\int\frac{x}{2x^2-3x-2}\,dx$;

(9) $\displaystyle\int\frac{2x^2+1}{(x+3)(x-1)(x-4)}\,dx$;

(10) $\displaystyle\int\frac{dx}{2x^3+3x^2+x}$;

(11) $\displaystyle\int\frac{x^2}{x^3+5x^2+8x+4}\,dx$;

(12) $\displaystyle\int\frac{4x+3}{(x-2)^3}\,dx$;

(13) $\displaystyle\int\frac{x^2}{(x+2)^2(x+4)^2}\,dx$;

(14) $\displaystyle\int\frac{8x^3+7}{(x+1)(2x+1)^3}\,dx$;

(15) $\displaystyle\int\frac{dx}{(x+1)(x+2)^2(x+3)^3}$;

(16) $\displaystyle\int\frac{dx}{(x^2+9)^3}$;

(17) $\displaystyle\int\frac{1+x^2}{1+x^4}\,dx$;

(18) $\displaystyle\int\frac{dx}{x^4(1+x^2)}$;

(19) $\int \dfrac{x-5}{x^3-3x^2+4}\mathrm{d}x$;   (20) $\int \dfrac{x^7}{x^4+2}\mathrm{d}x$.

2. 求下列不定积分：

(1) $\int \dfrac{\mathrm{d}x}{\sqrt{x^2+x}}$;   (2) $\int \dfrac{1}{x^2}\sqrt{\dfrac{1-x}{1+x}}\,\mathrm{d}x$;

(3) $\int \dfrac{\mathrm{d}x}{\sqrt{x}(1+\sqrt[3]{x})}$;   (4) $\int \sqrt{\dfrac{x-a}{b-x}}\,\mathrm{d}x, a<x<b$;

(5) $\int \dfrac{\mathrm{d}x}{1+\sqrt{x}}$;   (6) $\int \dfrac{\mathrm{d}x}{x\sqrt{x^2-1}}$;

(7) $\int \dfrac{\mathrm{d}x}{1+\sqrt[3]{1+x}}$;   (8) $\int \dfrac{\sqrt[3]{x}}{x(\sqrt{x}+\sqrt[3]{x})}\mathrm{d}x$;

(9) $\int \dfrac{x}{\sqrt{x+1}+\sqrt[3]{x+1}}\mathrm{d}x$;   (10) $\int \dfrac{\sqrt{1+x^2}}{2+x^2}\mathrm{d}x$;

(11) $\int \dfrac{\mathrm{d}x}{x\sqrt{1+x^2}}$;   (12) $\int \dfrac{x^3}{\sqrt{1+2x^2}}\mathrm{d}x$;

(13) $\int \sqrt{\dfrac{1-\sqrt{x}}{1+\sqrt{x}}}\,\mathrm{d}x$;   (14) $\int \dfrac{\mathrm{d}x}{x\sqrt{a^2-x^2}}, |x|<a, x\neq 0$;

(15) $\int \dfrac{x^2}{\sqrt{1+x-x^2}}\mathrm{d}x$;   (16) $\int \dfrac{\mathrm{d}x}{(x+a)^2(x+b)^3}$.

3. 求下列不定积分：

(1) $\int \dfrac{\mathrm{d}x}{5-3\cos x}$;   (2) $\int \dfrac{\mathrm{d}x}{2+\sin^2 x}$;

(3) $\int \dfrac{\mathrm{d}x}{1+\tan x}$;   (4) $\int \dfrac{\tan x}{1+\tan x+\tan^2 x}\mathrm{d}x$;

(5) $\int \dfrac{\sin^3 x}{\cos^4 x}\mathrm{d}x$;   (6) $\int \dfrac{\mathrm{d}x}{\cos^4 x\sin x}$;

(7) $\int \dfrac{1-\tan x}{1+\tan x}\mathrm{d}x$. (提示：$\dfrac{1-\tan x}{1+\tan x}=\dfrac{\cos x-\sin x}{\cos x+\sin x}$ 或 $u=\tan x$.)

复 习 题 5

1. 计算不定积分：

(1) $\int \dfrac{\arcsin x}{x^2}\mathrm{d}x$;   (2) $\int \dfrac{\mathrm{d}x}{\sqrt{\sin x\cos^7 x}}$;

(3) $\int x\ln\dfrac{1+x}{1-x}\mathrm{d}x$;

(4) $\int \mathrm{e}^x\left(\dfrac{1-x}{1+x^2}\right)^2\mathrm{d}x$.

2. 设 $I_n=\int\dfrac{v^n}{\sqrt{u}}\mathrm{d}x$，其中 $u=a_1+b_1x,v=a_2+b_2x$，求递推公式.

3. 求不定积分：

(1) $\int\dfrac{\mathrm{d}x}{(x+a)^m(x+b)^n}$, $m,n\in\mathbb{N}$;

(2) $\int\dfrac{\mathrm{d}x}{(1+x^n)\sqrt[n]{1+x^n}}$.

4. 计算不定积分：

(1) $\int\dfrac{\mathrm{d}x}{2\sin x-\cos x+5}$;

(2) $\int\dfrac{\cos x\sin x}{\cos x+\sin x}\mathrm{d}x$;

(3) $\int\dfrac{\sin x}{1+\cos x+\sin x}\mathrm{d}x$;

(4) $\int\dfrac{\sin^2 x}{1+\sin^2 x}\mathrm{d}x$;

(5) $\int\dfrac{\mathrm{d}x}{\cos^4 x+\sin^4 x}$;

(6) $\int\dfrac{\sin x}{\cos^3 x+\sin^3 x}\mathrm{d}x$;

(7) $\int\sqrt{\tan x}\,\mathrm{d}x$;

(8) $\int\sqrt{\tan^2 x+2}\,\mathrm{d}x$;

(9) $\int\dfrac{\sin^2 x\cos x}{\sin x+\cos x}\mathrm{d}x$;

(10) $\int\dfrac{\mathrm{d}x}{(1+2^x)^4}$;

(11) $\int\sqrt{1+\sin x}\,\mathrm{d}x$;

(12) $\int\dfrac{x+\sin x}{1+\cos x}\mathrm{d}x$;

(13) $\int\arctan(1+\sqrt{x})\mathrm{d}x$.

第 6 章　Riemann 积分

在第 1 章中,我们曾利用以直代曲的方法将由曲线 $y=x^2$,$y=0$,$x=1$ 围成的曲边三角形的面积,化成一个极限来求.这一章,我们将进一步通过计算曲边梯形的面积、由速度求位移及由直线的线密度求质量引进 Riemann 积分的概念,进而给出 Riemann 可积的各种充分必要条件与 Riemann 积分的简单性质,着重论述微积分学基本定理与基本公式(Newton-Leibniz 公式),再应用变量代换、分部积分等方法计算各种典型的 Riemann 积分实例.

6.1　Riemann 积分的概念、Riemann 可积的充要条件

考虑由直线 $x=a$,$x=b$,$y=0$,$y=f(x)$ 所围曲边梯形 $ABCD$ 的面积.先将梯形用直线 $x=x_i$,$i=0,1,\cdots,n$,其中 $a=x_0<x_1<\cdots<x_n=b$,分成 n 个小曲边梯形,第 i 个小梯形的面积用 Δs_i 表示,$\Delta s_i\approx f(\xi_i)\Delta x_i$,其中 $\Delta x_i=x_i-x_{i-1}$,ξ_i 取自区间 $[x_{i-1},x_i]$. 于是用 $\displaystyle\sum_{i=1}^n f(\xi_i)\Delta x_i$(图 6.1.1 中 n 个小矩形面积之和)表示曲边梯形面积的近似值.当分点越来越多时,视曲边梯形 $ABCD$ 的面积的精确值为

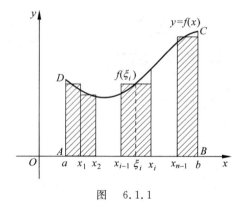

图　6.1.1

$$S_{ABCD}=\lim_{\|T\|\to 0}\sum_{i=1}^n f(\xi_i)\Delta x_i\xlongequal{\text{def}}\int_a^b f(x)\mathrm{d}x,$$

其中 $f(x)\geqslant 0$,$T:a=x_0<x_1<\cdots<x_n=b$,$\xi_i\in[x_{i-1},x_i]$,$\|T\|=\max\limits_{1\leqslant i\leqslant n}\{\Delta x_i\}$,$\Delta x_i=x_i-x_{i-1}$.

对于一般的函数 $f(x)$,$\displaystyle\int_a^b|f(x)|\mathrm{d}x$ 为所围图形(见图 6.1.2)的总面积,而 $\displaystyle\int_a^b f(x)\mathrm{d}x$ 为所围图形(见图 6.1.3)面积的代数和(x 轴上方的面积为正,下方的面积为负).

再考虑质点作直线运动,时刻 t 时位移为 $x(t)$,瞬时速度为

$$v(t)=x'(t)=\lim_{\Delta t\to 0}\frac{x(t+\Delta t)+x(t)}{\Delta t}.$$

相反,如果知道瞬时速度,要求从时刻 α 到 β 这段时间内的位移,可以将 $[\alpha,\beta]$ 分成 n 小

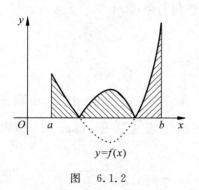

图 6.1.2

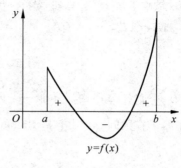

图 6.1.3

段,$\alpha = t_0 < t_1 < \cdots < t_n = \beta$,从时刻 t_{i-1} 到 t_i 有位移 Δx_i,它用时刻 $\xi_i \in [t_{i-1}, t_i]$ 的速度与时间间隔 $\Delta t_i = t_i - t_{i-1}$ 的乘积来近似表达,即 $\Delta x_i \approx v(\xi_i) \Delta t_i$,故 $x(\beta) - x(\alpha) = \sum_{i=1}^{n} \Delta x_i \approx \sum_{i=1}^{n} v(\xi_i) \Delta t_i$. 当分点越来越密时,视它的极限值是所要求的位移.

$$x(\beta) - x(\alpha) = \lim_{\|T\| \to 0} \sum_{i=1}^{n} v(\xi_i) \Delta t_i \overset{\text{def}}{=\!=} \int_{\alpha}^{\beta} v(t) \mathrm{d}t = \int_{\alpha}^{\beta} x'(t) \mathrm{d}t.$$

此外,设一根直细棒,其质量为 $m = m(x)$,线密度为

$$\rho(x) = m'(x) = \lim_{\Delta x \to 0} \frac{m(x + \Delta x) - m(x)}{\Delta x}.$$

同样,如果知道细棒的线密度为 $\rho(x)$,那么从 a 到 b 的质量为

$$m(b) - m(a) = \lim_{\|T\| \to 0} \sum_{i=1}^{n} \rho(\xi_i) \Delta x_i = \int_{a}^{b} \rho(x) \mathrm{d}x = \int_{a}^{b} m'(x) \mathrm{d}x.$$

上面一个几何问题与两个物理问题启发我们要引进 Riemann 积分的概念.

定义 6.1.1 设闭区间 $[a,b]$ 内有 $n+1$ 个点,依次为 $a = x_0 < x_1 < \cdots < x_n = b$,它们将 $[a,b]$ 分成 n 个小区间 $\Delta_i = [x_{i-1}, x_i]$,$i = 1, 2, \cdots, n$. 这些分点或闭子区间,构成了 $[a,b]$ 的一个分割,记为

$$T: a = x_0 < x_1 < \cdots < x_n = b$$

或 $T = \{\Delta_1, \Delta_2, \cdots, \Delta_n\}$. 小区间 $\Delta_i = [x_{i-1}, x_i]$ 的长度为 $\Delta x_i = x_i - x_{i-1}$,并称

$$\|T\| = \max_{1 \leqslant i \leqslant n} \{\Delta x_i\}$$

为分割 T 的**模**.

设 $f: [a,b] \to \mathbb{R}$ 为一元函数. 对于 $[a,b]$ 的上述分割 T,任取点 $\xi_i \in \Delta_i = [x_{i-1}, x_i]$,$i = 1, 2, \cdots, n$,称

$$\sum_{i=1}^{n} f(\xi_i) \Delta x_i$$

为 f 在 $[a,b]$ 上的一个 **Riemann 和**或**积分和**.

如果存在 $J \in \mathbb{R}$, s. t. 对 $\forall \varepsilon > 0$, $\exists \delta > 0$, 对任何分割 T, $\|T\| < \delta$, $\forall \xi_i \in \Delta_i = [x_{i-1}, x_i]$, $i = 1, 2, \cdots, n$, 有

$$\Big| \sum_{i=1}^{n} f(\xi_i) \Delta x_i - J \Big| < \varepsilon,$$

则称 J 为 $\sum_{i=1}^{n} f(\xi_i) \Delta x_i$ 当 $\|T\| \to 0$ 时的极限, 称它为 f 在 $[a, b]$ 上的 **Riemann 积分**或**定积分**, 并称 f 在区间 $[a, b]$ 上是 **Riemann 可积**或是**可积**的. 记上述 Riemann 积分或定积分为

$$J = \int_a^b f(x) \mathrm{d}x = \lim_{\|T\| \to 0} \sum_{i=1}^{n} f(\xi_i) \Delta x_i,$$

其中 $f(x)$ 称为**被积函数**, x 为**积分变量**, $[a, b]$ 称为**积分区间**, a, b 分别称为**积分下限**与**积分上限**.

显然, $\int_a^b f(x) \mathrm{d}x$ 完全由 f 与区间 $[a, b]$ 所确定, 它与积分变量 x 无关. 因此,

$$\int_a^b f(x) \mathrm{d}x = \int_a^b f(u) \mathrm{d}u = \int_a^b f(t) \mathrm{d}t.$$

定理 6.1.1（惟一性）　设 f 在 $[a, b]$ 上 Riemann 可积, 则积分值 $J = \int_a^b f(x) \mathrm{d}x$ 是惟一的.

证明　假设 $J_1, J_2 \in \mathbb{R}$ 都为 $\sum_{i=1}^{n} f(\xi_i) \Delta x_i$ 当 $\|T\| \to 0$ 时的极限, 则对 $\forall \varepsilon > 0$, $\exists \delta > 0$, 对 $[a, b]$ 的任何分割 T, $\|T\| < \delta$, $\forall \xi_i \in \Delta_i = [x_{i-1}, x_i]$, $i = 1, \cdots, n$, 有

$$\Big| \sum_{i=1}^{n} f(\xi_i) \Delta x_i - J_j \Big| < \frac{\varepsilon}{2}, \quad j = 1, 2.$$

于是,

$$0 \leqslant |J_1 - J_2| = \Big| J_1 - \sum_{i=1}^{n} f(\xi_i) \Delta x_i + \sum_{i=1}^{n} f(\xi_i) \Delta x_i - J_2 \Big|$$

$$\leqslant \Big| \sum_{i=1}^{n} f(\xi_i) \Delta x_i - J_1 \Big| + \Big| \sum_{i=1}^{n} f(\xi_i) \Delta x_i - J_2 \Big|$$

$$< \frac{\varepsilon}{2} + \frac{\varepsilon}{2} = \varepsilon.$$

令 $\varepsilon \to 0^+$ 得到

$$0 \leqslant |J_1 - J_2| \leqslant 0,$$
$$|J_1 - J_2| = 0, \quad J_1 = J_2. \qquad \square$$

定理 6.1.2（可积的必要条件）　设 f 在 $[a, b]$ 上 Riemann 可积, 则 f 在 $[a, b]$ 上有界（因而无界函数不是 Riemann 可积的）, 但反之不真.

证明 因为 f 在 $[a,b]$ 上 Riemann 可积,故有 $J \in \mathbb{R}$,取 $\varepsilon = 1$,$\exists \delta > 0$,对 $[a,b]$ 的任意分割 $T: a = x_0 < x_1 < \cdots < x_n = b$,$\|T\| < \delta$,$\forall \xi_i \in \Delta_i = [x_{i-1}, x_i]$,$i = 1, 2, \cdots, n$,有

$$\left| \sum_{i=1}^{n} f(\xi_i) \Delta x_i - J \right| < 1. \qquad (*)$$

（反证）假设 f 在 $[a,b]$ 上无界,则至少有一个区间 $[x_{i_0-1}, x_{i_0}]$,f 在其上无界,于是 $\exists \xi_{i_0} \in [x_{i_0-1}, x_{i_0}]$,s. t.

$$| f(\xi_{i_0}) \Delta x_{i_0} | > 1 + \left| \sum_{i \neq i_0} f(\xi_i) \Delta x_i \right| + |J|. \qquad (**)$$

但由（*）式知,

$$| f(\xi_{i_0}) \Delta x_{i_0} | = \left| \left(\sum_{i=1}^{n} f(\xi_i) \Delta x_i - J \right) - \sum_{i \neq i_0} f(\xi_i) \Delta x_i + J \right|$$

$$\leqslant \left| \sum_{i=1}^{n} f(\xi_i) \Delta x_i - J \right| + \left| \sum_{i \neq i_0} f(\xi_i) \Delta x_i \right| + |J|$$

$$< 1 + \left| \sum_{i \neq i_0} f(\xi_i) \Delta x_i \right| + |J|,$$

这与（**）式相矛盾.

反例：Dirichlet 函数 $D(x)$ 在 $[0,1]$ 上有界但非 Riemann 可积.

显然,$| D(x) | \leqslant 1$,故 $D(x)$ 有界. 现证 $D(x)$ 在 $[0,1]$ 上非 Riemann 可积.

（反证）假设 $D(x)$ 在 $[0,1]$ 上 Riemann 可积,则 $\exists J \in \mathbb{R}$,对 $\varepsilon_0 = \dfrac{1}{2}$,$\exists \delta > 0$,当 $[a, b]$ 的分割 $T: a = x_0 < x_1 < \cdots < x_n = b$,$\|T\| < \delta$ 时,有

$$\left| \sum_{i=1}^{n} D(\xi_i) \Delta x_i - J \right| < \varepsilon_0 = \frac{1}{2}, \quad \forall \xi_i \in \Delta_i = [x_{i-1}, x_i], i = 1, 2, \cdots, n.$$

特别取 $\eta_i \in [x_{i-1}, x_i] \bigcap \mathbb{Q}$,$\zeta_i \in [x_{i-1}, x_i] \bigcap (\mathbb{R} - \mathbb{Q})$,有

$$1 = |0 - 1| = \left| \sum_{i=1}^{n} D(\eta_i) \Delta x_i - \sum_{i=1}^{n} D(\zeta_i) \Delta x_i \right|$$

$$= \left| \left(\sum_{i=1}^{n} D(\eta_i) \Delta x_i - J \right) - \left(\sum_{i=1}^{n} D(\zeta_i) \Delta x_i - J \right) \right|$$

$$\leqslant \left| \sum_{i=1}^{n} D(\eta_i) \Delta x_i - J \right| + \left| \sum_{i=1}^{n} D(\zeta_i) \Delta x_i - J \right|$$

$$< \varepsilon_0 + \varepsilon_0 = \frac{1}{2} + \frac{1}{2} = 1,$$

矛盾. $\qquad \Box$

定理 6.1.2 只是 Riemann 可积的必要条件,它只能否定无界函数是 Riemann 可积的,但对有界函数是否为 Riemann 可积函数就束手无策了. 要判断一个函数是否

Riemann 可积,原则上可以根据定义直接考察 Riemann 和是否无限接近某个常数 J,但由于那个常数不易预知及 Riemann 和的复杂性,这种判断是非常困难的. 下面给出一些 Riemann 可积的充要条件,它只与被积函数 f 本身有关,而不涉及 Riemann 积分的值.

以下总假定 $f(x)$ 在 $[a,b]$ 上有界,记 $M=\sup\limits_{x\in[a,b]}f(x)$,$m=\inf\limits_{x\in[a,b]}f(x)$. $T:a=x_0<x_1<\cdots<x_n=b$ 为 $[a,b]$ 的任一分割,$\Delta_i=[x_{i-1},x_i]$,$i=1,2,\cdots,n$.

$$M_i^f=\sup_{x\in\Delta_i}f(x),\quad m_i^f=\inf_{x\in\Delta_i}f(x).$$

在不致混淆时,记 M_i^f 为 M_i,m_i^f 为 m_i.

做和 $S(T,f)=\sum\limits_{i=1}^{n}M_i\Delta x_i$ 及 $s(T,f)=\sum\limits_{i=1}^{n}m_i\Delta x_i$,分别称它们为 f 关于 T 的 **Darboux 上和**与 **Darboux 下和**,统称为 **Darboux 和**. 对 $\forall\,\xi_i\in\Delta_i$,$i=1,2,\cdots,n$,显然,有

$$m(b-a)\leqslant\sum_{i=1}^{n}m_i\Delta x_i\leqslant\sum_{i=1}^{n}f(\xi_i)\Delta x_i\leqslant\sum_{i=1}^{n}M_i\Delta x_i\leqslant M(b-a),$$

即

$$m(b-a)\leqslant\underset{\text{Darboux下和}}{s(T,f)}\leqslant\underset{\text{Riemann和}}{S(T,f,\boldsymbol{\xi})}\leqslant\underset{\text{Darboux上和}}{S(T,f)}\leqslant M(b-a).$$

其中 $\boldsymbol{\xi}=(\xi_1,\xi_2,\cdots,\xi_n)$.

设 $\omega_i^f=M_i^f-m_i^f$,称它为 f 在 Δ_i 上的振幅,简记为 $\omega_i=M_i-m_i$. 而

$$S(T)-s(T)=\sum_{i=1}^{n}(M_i-m_i)\Delta x_i$$

$$=\sum_{i=1}^{n}\omega_i\Delta x_i\left(\text{或记为}\sum_{T}\omega_i\Delta x_i\right)$$

称为 f 在 $[a,b]$ 上关于分割 T 的**振幅和**.

引理 6.1.1　对 $[a,b]$ 的同一分割 T,相对于任何 $\boldsymbol{\xi}=(\xi_1,\cdots,\xi_n)$,$\xi_i\in\Delta_i$,有

$$S(T,f)=\sup_{\boldsymbol{\xi}}\sum_{i=1}^{n}f(\xi_i)\Delta x_i,\quad s(T,f)=\inf_{\boldsymbol{\xi}}\sum_{i=1}^{n}f(\xi_i)\Delta x_i.$$

证明　一方面,有

$$s(T,f)\leqslant\inf_{\boldsymbol{\xi}}\sum_{i=1}^{n}f(\xi_i)\Delta x_i\leqslant\sup_{\boldsymbol{\xi}}\sum_{i=1}^{n}f(\xi_i)\Delta x_i\leqslant S(T,f).$$

另一方面,$\forall\varepsilon>0$,由上确界定义,可选 $\xi_i\in\Delta_i$,s. t.

$$f(\xi_i)>M_i-\frac{\varepsilon}{b-a}.$$

于是,有

$$\sum_{i=1}^{n}f(\xi_i)\Delta x_i>\sum_{i=1}^{n}\left(M_i-\frac{\varepsilon}{b-a}\right)\Delta x_i$$

$$=\sum_{i=1}^{n}M_i\Delta x_i-\frac{\varepsilon}{b-a}\sum_{i=1}^{n}\Delta x_i$$

$$= S(T, f) - \varepsilon,$$

$$\sup_{\boldsymbol{\xi}} \sum_{i=1}^{n} f(\xi_i) \Delta x_i \geqslant S(T, f) - \varepsilon.$$

令 $\varepsilon \to 0^+$ 得到

$$\sup_{\boldsymbol{\xi}} \sum_{i=1}^{n} f(\xi_i) \Delta x_i \geqslant S(T, f).$$

所以,

$$S(T, f) = \sup_{\boldsymbol{\xi}} \sum_{i=1}^{n} f(\xi_i) \Delta x_i.$$

同理,或用 $-f$ 代替 f 得到

$$s(T, f) = \inf_{\boldsymbol{\xi}} \sum_{i=1}^{n} f(\xi_i) \Delta x_i. \qquad \square$$

引理 6.1.2 设 T' 为分割 T 添加 p 个新分点所得的分割,则有

$$S(T) \geqslant S(T') \geqslant S(T) - (M - m) p \| T \|,$$
$$s(T) \leqslant s(T') < s(T) + (M - m) p \| T \|,$$

其中 $s(T) = s(T, f), S(T) = S(T, f)$. 这表明增加新分点后,上和不增,下和不减.

证明 当 $p = 1$ 时,在 T 上添加一个新分点,它必落在 T 的某个小区间 Δ_k 内,而且将 Δ_k 分为两个小区间,记为 Δ_k' 与 Δ_k''. 但 T 的其他小区间 $\Delta_i (i \neq k)$ 仍旧是新分割 T_1 所属的小区间. 因此,比较 $S(T)$ 与 $S(T_1)$ 的各个被加项,它们之间的差别仅仅是 $S(T)$ 中的 $M_k \Delta x_k$ 一项换成 $S(T_1)$ 中的 $M_k' \Delta x_k' + M_k'' \Delta x_k''$ 两项(这里 M_k' 与 M_k'' 分别是 f 在 Δ_k' 与 Δ_k'' 上的上确界. 显然,$m \leqslant M_k'$(或 M_k'')$\leqslant M_k \leqslant M$),所以,

$$0 \leqslant S(T) - S(T_1) = (M_k - M_k') \Delta x_k' + (M_k - M_k'') \Delta x_k''$$
$$\leqslant (M - m) \Delta x_k' + (M - m) \Delta x_k'' = (M - m) \Delta x_k$$
$$\leqslant (M - m) \| T \|.$$

即

$$S(T) \geqslant S(T_1) \geqslant S(T) - (M - m) \| T \|.$$

一般地,对 T_i 增加一个新分点得到 T_{i+1},就有

$$0 \leqslant S(T_i) - S(T_{i+1}) \leqslant (M - m) \| T_i \|, \quad i = 0, 1, \cdots, p-1,$$

其中 $T_0 = T, T_p = T'$. 将这些不等式对 i 依次相加得到

$$0 \leqslant S(T) - S(T') \leqslant (M - m) \sum_{i=0}^{p-1} \| T_i \|$$
$$\leqslant (M - m) p \| T \|,$$

即

$$S(T) \geqslant S(T') \geqslant S(T) - (M - m) p \| T \|.$$

同理有

$$s(T) \leqslant s(T') \leqslant s(T) + (M-m)p \parallel T \parallel . \qquad \square$$

引理 6.1.3 设 T' 与 T'' 为 $[a,b]$ 的任意两个分割，$T'+T''$ 表示将 T' 与 T'' 的所有分点合并得到的分割（重复的分点只取一次），则

$$S(T'+T'') \leqslant S(T'), \quad s(T'+T'') \geqslant s(T');$$
$$S(T'+T'') \leqslant S(T''), \quad s(T'+T'') \geqslant s(T'').$$

证明 因为 $T'+T''$ 既可看作 T' 添加新分点后得到的分割，也可看作 T'' 添加新分点后得到的分割，所以根据引理 6.1.2 立即推得上述不等式成立. $\qquad \square$

引理 6.1.4 对任意两个分割 T' 与 T''，有

$$s(T') \leqslant S(T'').$$

证明 由引理 6.1.1 与引理 6.1.3 便有

$$s(T') \leqslant s(T'+T'') \leqslant S(T'+T'') \leqslant S(T''). \qquad \square$$

由此立即有下面引理.

引理 6.1.5 $m(b-a) \leqslant \sup\limits_{T'} s(T') \leqslant \inf\limits_{T''} S(T'') \leqslant M(b-a).$

证明 由

$$m(b-a) \leqslant s(T') \leqslant S(T'') \leqslant M(b-a)$$

知

$$m(b-a) \leqslant \sup\limits_{T'} s(T') \leqslant \inf\limits_{T''} S(T'') \leqslant M(b-a),$$

故 $m(b-a) \leqslant s \leqslant S \leqslant M(b-a)$，其中 $S = \inf\limits_{T} S(T)$ 与 $s = \sup\limits_{T} s(T)$ 分别称为 $f(x)$ 在 $[a,b]$ 上的**上积分**与**下积分**. $\qquad \square$

定理 6.1.3(Darboux 定理) $\lim\limits_{\parallel T \parallel \to 0} S(T) = S, \lim\limits_{\parallel T \parallel \to 0} s(T) = s.$

证明 $\forall \varepsilon > 0$，由 S 的定义知，必有某个分割 T'，s. t.

$$S(T') < S + \frac{\varepsilon}{2}.$$

设 T' 由 p 个分点构成，对于任意另一个分割 T，$T+T'$ 至多比 T 多 p 个分点，由引理 6.1.2 与引理 6.1.3 得到

$$S(T) - (M-m)p \parallel T \parallel \leqslant S(T+T') \leqslant S(T').$$

于是，当 $\parallel T \parallel < \delta = \dfrac{\varepsilon}{2(M-m+1)p}$ 时，有

$$S \leqslant S(T) \leqslant S(T') + (M-m)p \parallel T \parallel$$

$$< S(T') + (M-m)p \cdot \frac{\varepsilon}{2(M-m+1)p}$$

$$< S(T') + \frac{\varepsilon}{2} < \left(S + \frac{\varepsilon}{2}\right) + \frac{\varepsilon}{2} = S + \varepsilon.$$

这就证明了

$$\lim_{\|T\|\to 0} S(T) = S.$$

同理，或用 $-f$ 代替 f 得到

$$\lim_{\|T\|\to 0} s(T) = s. \qquad \square$$

定义 6.1.2 设 $A \subset \mathbb{R}$，如果对 $\forall \varepsilon > 0$，存在至多可数个（有限个或可数个）开区间 $\{I_i \mid i = 1, 2, \cdots\}$，s.t.

$$A \subset \bigcup_i I_i, \text{且} \sum_i |I_i| < \varepsilon (|I_i| \text{为区间} I_i \text{的长度}),$$

则称 A 为 $\mathbb{R}$ 中的 **Lebesgue 零测集**，简称为**零测集**，也称 A 的（**Lebesgue**）测度为零。

引理 6.1.6 （1）有限集为零测集；

（2）至多可数集为零测集；

（3）零测集 A 的任何子集 B 为零测集；

（4）至多可数个零测集 $A_i (i = 1, 2, \cdots)$ 的并集仍为零测集。

证明 （1）设有限集 $A = \{a_1, a_2, \cdots, a_k\}$。对 $\forall \varepsilon > 0$，令 $I_i = \left(a_i - \dfrac{\varepsilon}{4k}, a_i + \dfrac{\varepsilon}{4k}\right)$，$i = 1, 2, \cdots, k$，则

$$A = \bigcup_{i=1}^{k} \{a_i\} \subset \bigcup_{i=1}^{k} \left(a_i - \frac{\varepsilon}{4k}, a_i + \frac{\varepsilon}{4k}\right),$$

且

$$\sum_{i=1}^{k} |I_i| = \sum_{i=1}^{k} \left[\left(a_i + \frac{\varepsilon}{4k}\right) - \left(a_i - \frac{\varepsilon}{4k}\right)\right] = \sum_{i=1}^{k} \frac{\varepsilon}{2k} = \frac{\varepsilon}{2} < \varepsilon,$$

因此，A 为零测集。

（2）设可数集 $A = \{a_1, a_2, \cdots, a_k, \cdots\}$。对 $\forall \varepsilon > 0$，令 $I_i = \left(a_i - \dfrac{\varepsilon}{2^{i+2}}, a_i + \dfrac{\varepsilon}{2^{i+2}}\right)$，$i = 1, 2, \cdots, k, \cdots$，则

$$A = \bigcup_{i=1}^{\infty} \{a_i\} \subset \bigcup_{i=1}^{\infty} \left(a_i - \frac{\varepsilon}{2^{i+2}}, a_i + \frac{\varepsilon}{2^{i+2}}\right),$$

且

$$\sum_{i=1}^{\infty} |I_i| = \sum_{i=1}^{\infty} \left[\left(a_i + \frac{\varepsilon}{2^{i+2}}\right) - \left(a_i - \frac{\varepsilon}{2^{i+2}}\right)\right] = \sum_{i=1}^{\infty} \frac{\varepsilon}{2^{i+1}}$$

$$= \frac{\varepsilon}{2} < \varepsilon.$$

因此，A 为零测集。

（3）因为 A 为零测集，故对任何 $\varepsilon > 0$，存在开区间 I_i （$i = 1, 2, \cdots$），使得

$$A \subset \bigcup_i I_i, \quad \sum_i |I_i| < \varepsilon.$$

因此,

$$B \subset A \subset \bigcup_i I_i, \quad \sum_i |I_i| < \varepsilon.$$

由此知,B 为零测集.

(4) 因为每个 A_i 为零测集,则存在开区间 I_j^i $(j=1,2,\cdots)$,使得

$$A_i \subset \bigcup_j I_j^i, \quad \text{且} \sum_j |I_j^i| < \frac{\varepsilon}{2^i}, \quad i = 1,2,\cdots.$$

于是,$\{I_j^i \mid i=1,2,\cdots; j=1,2,\cdots\}$ 为可数个开区间(依 $i+j$ 从小到大排列为 $I_1^1, I_2^1, I_1^2,$ $I_3^1, I_1^3, I_2^2, \cdots$),使得

$$\bigcup_i A_i \subset \bigcup_i \left(\bigcup_j I_j^i\right) = \bigcup_{i,j} I_j^i,$$

且

$$\sum_{i,j} |I_j^i| = \sum_i \left(\sum_j |I_j^i|\right) < \sum_i \frac{\varepsilon}{2^i} \leqslant \varepsilon,$$

所以,$\bigcup_i A_i$ 为零测集. ☐

定理 6.1.4(Riemann 可积的充要条件)　设函数 f 在 $[a,b]$ 上有界,即 $|f(x)| \leqslant M$, $\forall x \in [a,b]$,则下面结论等价.

(1) f 在 $[a,b]$ 上 Riemann 可积.

(2) f 在 $[a,b]$ 上的上积分与下积分相等,即 $S = s$.

(3) 对任何 $\varepsilon > 0$,存在 $[a,b]$ 的某个分割 T,使得

$$S(T) - s(T) = \sum_{i=1}^n \omega_i \Delta x_i < \varepsilon.$$

(4) 存在 $[a,b]$ 的分割串 $T_m, m = 1,2,\cdots$,使得

$$\lim_{m \to +\infty} [S(T_m) - s(T_m)] = 0.$$

(5) $\lim\limits_{\|T\| \to 0} [S(T) - s(T)]$.

(6) 对任何 $\varepsilon > 0$,存在 $[a,b]$ 的某个分割 T,使对任何 $\boldsymbol{\xi} = (\xi_1, \xi_2, \cdots, \xi_n), \xi_i \in [x_{i-1},$ $x_i] = \Delta_i, i = 1,2,\cdots,n$,有

$$|S(T, f, \boldsymbol{\xi}) - J| < \varepsilon.$$

(7) 对任何 $\varepsilon > 0, \eta > 0$,存在 $[a,b]$ 的某个分割 T,使得

$$\sum_{\omega_i \geqslant \varepsilon} \Delta x_i < \eta.$$

(8) (Lebesgue) f 在 $[a,b]$ 上几乎处处(a. e. 即 almost everywhere)连续,即 f 的不连续点集 $D_{\text{不}}^f$(简记为 $D_{\text{不}}$)为零测集,记作

$$\text{meas} D_{\text{不}} = 0.$$

证明　(1)$\Rightarrow$(2) 由 f 在 $[a,b]$ 上 Riemann 可积,其积分值为 J,故 $\forall \varepsilon > 0, \exists \delta > 0,$

当 $\parallel T \parallel < \delta$ 时,有

$$J - \frac{\varepsilon}{4} < \sum_{i=1}^{n} f(\xi_i) \Delta x_i < J + \frac{\varepsilon}{4},$$

于是,

$$J - \frac{\varepsilon}{4} \leqslant s(T) = \sum_{i=1}^{n} \inf_{x \in [x_{i-1}, x_i]} f(x) \Delta x_i$$

$$\leqslant \sum_{i=1}^{n} \sup_{x \in [x_{i-1}, x_i]} f(x) \Delta x_i$$

$$= S(T) \leqslant J + \frac{\varepsilon}{4},$$

$$J - \frac{\varepsilon}{4} \leqslant s = \sup_{T} s(T) \leqslant \inf_{T} S(T) = S \leqslant J + \frac{\varepsilon}{4}.$$

令 $\varepsilon \to 0^+$ 得到

$$J \leqslant s \leqslant S \leqslant J,$$
$$S = s = J.$$

(1)$\Leftarrow$(2) 设 $J = S = s$. 由 Darboux 定理得

$$\lim_{\parallel T \parallel \to 0} S(T) = \lim_{\parallel T \parallel \to 0} s(T) = J.$$

则 $\forall \varepsilon > 0$, $\exists \delta > 0$, 当 $\parallel T \parallel < \delta$ 时,满足

$$J - \varepsilon < s(T) \leqslant \sum_{i=1}^{n} f(\xi_i) \Delta x_i \leqslant S(T) < J + \varepsilon.$$

从而

$$\lim_{\parallel T \parallel \to 0} \sum_{i=1}^{n} f(\xi_i) \Delta x_i = J,$$

即 f 在 $[a, b]$ 上 Riemann 可积,且 $\int_a^b f(x) \mathrm{d}x = J$.

(2)$\Rightarrow$(3) 设 $J = S = s$. $\forall \varepsilon > 0$,由 Darboux 定理知,$\exists \delta > 0$,当 $\parallel T \parallel < \delta$ 时,

$$J - \frac{\varepsilon}{4} \leqslant s(T) \leqslant S(T) \leqslant J + \frac{\varepsilon}{4},$$

则

$$\sum_{i=1}^{n} \omega_i \Delta x_i = S(T) - s(T) \leqslant \left(J + \frac{\varepsilon}{4}\right) - \left(J - \frac{\varepsilon}{4}\right) = \frac{\varepsilon}{2} < \varepsilon.$$

(2)$\Leftarrow$(3) $\forall \varepsilon > 0$,由(3),存在 $[a, b]$ 的某个分割 T,使得

$$S(T) - s(T) < \varepsilon.$$

由

$$s(T) \leqslant s \leqslant S \leqslant S(T)$$

得到

$$0 \leqslant S - s \leqslant S(T) - s(T) < \varepsilon.$$

令 $\varepsilon \to 0^+$ 有

$$0 \leqslant S - s \leqslant 0,$$

即

$$S = s.$$

(3)⇒(4) 对任何 $m \in \mathbb{N}$,由(3),必存在$[a,b]$的某个分割 T_m,使得

$$0 \leqslant S(T_m) - s(T_m) < \frac{1}{m}.$$

由数列极限的定义或夹逼定理知,

$$\lim_{m \to +\infty} [S(T_m) - s(T_m)] = 0.$$

(3)⇐(4) 设$[a,b]$的分割 $T_m, m = 1, 2, \cdots$,使得

$$\lim_{m \to +\infty} [S(T_m) - s(T_m)] = 0,$$

则 $\forall \varepsilon > 0, \exists N \in \mathbb{N}$, s.t. 当 $m > N$ 时,有

$$S(T_m) - s(T_m) < \varepsilon.$$

令 $T = T_{N+1}$,则 T 即为所求.

(1)⇒(5) 由(1),f 在$[a,b]$上 Riemann 可积,故 $\forall \varepsilon > 0, \exists \delta > 0$,当 $\parallel T \parallel < \delta$ 时有

$$J - \frac{\varepsilon}{4} < \sum_{i=1}^{n} f(\xi_i) \Delta x_i = S(T, f, \xi) < J + \frac{\varepsilon}{4}.$$

由此得到

$$J - \frac{\varepsilon}{4} \leqslant s(T, f) \leqslant S(T, f) \leqslant J + \frac{\varepsilon}{4},$$

$$S(T, f) - s(T, f) \leqslant \left(J + \frac{\varepsilon}{4}\right) - \left(J - \frac{\varepsilon}{4}\right) = \frac{\varepsilon}{2} < \varepsilon,$$

从而

$$\lim_{\parallel T \parallel \to 0} [S(T, f) - s(T, f)] = 0.$$

(3)⇐(5) 由(5),

$$\lim_{\parallel T \parallel \to 0} [S(T, f) - s(T, f)] = 0,$$

故 $\forall \varepsilon > 0, \exists \delta > 0$,当 $\parallel T \parallel < \delta$ 时,$S(T) - s(T) < \varepsilon$.

(1)⇒(6) 显然.

(3)⇐(6) 由(6),对任何 $\varepsilon > 0$,存在$[a,b]$的某个分割 T,对任何 $\xi_i \in [x_{i-1}, x_i] = \Delta_i$, $i = 1, 2, \cdots, n$,有

$$| S(T, f, \boldsymbol{\xi}) - J | < \frac{\varepsilon}{4},$$

故

$$| S(T,f) - J | < \frac{\varepsilon}{4}, \quad | s(T,f) - J | < \frac{\varepsilon}{4}.$$

$$| S(T,f) - s(T,f) | \leqslant | S(T,f) - J | + | s(T,f) - J |$$

$$\leqslant \frac{\varepsilon}{4} + \frac{\varepsilon}{4} = \frac{\varepsilon}{2} < \varepsilon.$$

(3)$\Rightarrow$(7) $\forall \varepsilon > 0, \forall \eta > 0$,由(3),存在$[a,b]$的某个分割 T,使得

$$\sum_{i=1}^{n} \omega_i \Delta x_i < \sigma = \varepsilon\eta.$$

于是,便有

$$\varepsilon \sum_{\omega_i \geqslant \varepsilon} \Delta x_i \leqslant \sum_{\omega_i \geqslant \varepsilon} \omega_i \Delta x_i \leqslant \sum_i \omega_i \Delta x_i < \varepsilon\eta.$$

两边约去 ε 得到

$$\sum_{\omega_i \geqslant \varepsilon} \Delta x_i < \eta.$$

(3)$\Leftarrow$(7) $\forall \varepsilon > 0$,取 $\varepsilon' = \frac{\varepsilon}{2(b-a)} > 0, \eta' = \frac{\varepsilon}{2(M-m+1)} > 0$. 由(7),存在$[a,b]$的某个分割 T,使得

$$\sum_{\omega_i \geqslant \varepsilon'} \Delta x_i < \eta'.$$

于是,

$$S(T) - s(T) = \sum_i \omega_i \Delta x_i = \sum_{\omega_i \geqslant \varepsilon'} \omega_i \Delta x_i + \sum_{\omega_i < \varepsilon'} \omega_i \Delta x_i$$

$$\leqslant (M-m) \sum_{\omega_i \geqslant \varepsilon'} \Delta x_i + \varepsilon' \sum_{\omega_i < \varepsilon'} \omega_i \Delta x_i$$

$$\leqslant (M-m)\eta' + \varepsilon'(b-a)$$

$$\leqslant (M-m) \frac{\varepsilon}{2(M-m+1)} + \frac{\varepsilon}{2(b-a)}(b-a)$$

$$< \frac{\varepsilon}{2} + \frac{\varepsilon}{2} = \varepsilon.$$

(3)$\Rightarrow$(8)由(3),对任何 $\varepsilon > 0$,存在$[a,b]$的某个分割 $T_\varepsilon: a = x_0 < x_1 < \cdots < x_n = b$,使得

$$S(T_\varepsilon, f), -s(T_\varepsilon, f) < \frac{\delta}{2}\varepsilon,$$

其中 $\delta > 0$ 为任何正数. 令

$$D_\delta = \{x \in [a,b] \mid 振幅 \, \omega_f(x) = \lim_{r \to 0^+}[\sup f(x-r, x+r)$$

$$- \inf f(x-r, x+r)] \geqslant \delta\},$$

则
$$\sum_{D_\delta \cap (x_{i-1}, x_i) \neq \varnothing} \Delta x_i < \frac{\varepsilon}{2}.$$

若不然,

$$\frac{\delta}{2}\varepsilon > S(T_\varepsilon, f) - s(T_\varepsilon, f)$$

$$\geqslant \sum_{D_\delta \cap (x_{i-1}, x_i) \neq \varnothing} [\sup f(x_{i-1}, x_i) - \inf f(x_{i-1}, x_i)] \Delta x_i$$

$$\geqslant \sum_{D_\delta \cap (x_{i-1}, x_i) \neq \varnothing} \delta \Delta x_i \geqslant \delta \cdot \frac{\varepsilon}{2} = \frac{\delta}{2}\varepsilon, 矛盾.$$

显然,

$$D_\delta \subset \bigcup_{D_\delta \cap (x_{i-1}, x_i) \neq \varnothing} (x_{i-1}, x_i) \cup \bigcup_{i=0}^{n} \left(x_i - \frac{\varepsilon}{4(n+1)}, x_i + \frac{\varepsilon}{4(n+1)} \right)$$

且

$$\sum_{D_\delta \cap (x_{i-1}, x_i) \neq \varnothing} \Delta x_i + \frac{\varepsilon}{4(n+1)} \cdot 2(n+1) < \frac{\varepsilon}{2} + \frac{\varepsilon}{2} = \varepsilon,$$

所以, D_δ 为零测集. 由此推得 $D_{\pi} = \bigcup_{n=1}^{\infty} D_{\frac{1}{n}}$ 也为零测集, 即 f 在 $[a, b]$ 上几乎处处连续.

(3)⇐(8) 由(8), D_{π} 为零测集, 故对任何 $\varepsilon > 0$, 存在开区间集 $\{(\alpha_i, \beta_i) \mid i = 1, 2, \cdots\}$, 使得

$$D_{\pi} \subset \bigcup_i (\alpha_i, \beta_i), \quad 且 \sum_i (\beta_i - \alpha_i) < \frac{\varepsilon}{4M+1}.$$

由此, $\forall x \in [a, b] - \bigcup_i (\alpha_i, \beta_i)$, f 在 x 连续. 于是, 存在含 x 的开区间 I_x, 当 $u \in I_x \cap [a, b]$ 时,

$$| f(u) - f(x) | < \frac{\varepsilon}{2(b-a)}.$$

显然, $\mathscr{I} = \{(\alpha_i, \beta_i), I_x \mid i = 1, 2, \cdots; x \in [a, b] - \bigcup_i (\alpha_i, \beta_i)\}$ 为紧致集 $[a, b]$ 的一个开覆盖, 根据 Heine-Borel 有限覆盖定理, 存在 $\mathscr{I}$ 的有限子集 $\mathscr{I}' = \{(\alpha_{i_k}, \beta_{i_k}), I_{x_l} \mid k = 1, 2, \cdots, m; l = 1, 2, \cdots, n\}$ 覆盖了 $[a, b]$. 再根据 Lebesgue 数定理, 存在 Lebesgue 数 $\lambda = \lambda(\mathscr{I}') > 0$. 当 $[a, b]$ 的分割 $T: a = y_0 < y_1 < \cdots < y_l = b$, 满足 $\| T \| < \lambda$ 时, 必有

$$[y_{i-1}, y_i] \subset (\alpha_{i_k}, \beta_{i_k}) 或 I_{x_l}.$$

于是,

$$0 \leqslant S(T, f) - s(T, f)$$

$$= \sum_{i=1}^{l} [\sup f([y_{i-1}, y_i]) - \inf f([y_{i-1}, y_i])] \Delta y_i$$

$$\leqslant \sum_{[y_{i-1},y_i]\subset(\alpha_{i_k},\beta_{i_k})}^{1} [\sup f([y_{i-1},y_i]) - \inf f([y_{i-1},y_i])]\Delta y_i$$

$$+ \sum_{[y_{i-1},y_i]\subset I_{i_k}}^{2} [\sup f([y_{i-1},y_i]) - \inf f([y_{i-1},y_i])]\Delta y_i$$

$$\leqslant 2M \sum_{}^{1} \Delta y_i + \frac{\varepsilon}{2(b-a)} \sum_{}^{2} \Delta y_i$$

$$\leqslant 2M \sum_{i} (\beta_i - \alpha_i) + \frac{\varepsilon}{2(b-a)}(b-a)$$

$$< 2M \cdot \frac{\varepsilon}{4M+1} + \frac{\varepsilon}{2} < \varepsilon. \qquad \Box$$

注 6.1.1 定理 6.1.4 中的(1)⟺(8)可参阅参考文献[2]286 页定理 3.5.5.

例 6.1.1 Dirichlet 函数 $D(x) = \begin{cases} 1, x \in \mathbb{Q}, \\ 0, x \in \mathbb{R}-\mathbb{Q} \end{cases}$ 在[0,1]上非 Riemann 可积.

证法 1 参阅定理 6.1.2.

证法 2 因为

$$S(T,f) = \sum_{i} \sup D([x_{i-1},x_i])\Delta x_i = \sum_{i} 1 \cdot \Delta x_i = 1,$$

$$s(T,f) = \sum_{i} \inf D([x_{i-1},x_i])\Delta x_i = \sum_{i} 0 \cdot \Delta x_i = 0,$$

$$S = 1 \neq 0 = s,$$

所以,根据定理 6.1.4(2)知,$D(x)$在[0,1]上不是 Riemann 可积的.

证法 3 由 $S(T,f) - s(T,f) = 1-0 = 1 \not< \frac{1}{2} = \varepsilon_0$ 及定理 6.1.4(3)知,$D(x)$ 在 [0,1]上不是 Riemann 可积的.

证法 4 因为 $D_{\text{不}} = [0,1]$ 不为零测集,根据定理 6.1.4(8)知,$D(x)$ 在[0,1]上不是 Riemann 可积的. $\qquad \Box$

例 6.1.2 Riemann 函数

$$R(x) = \begin{cases} \dfrac{1}{q}, & x = \dfrac{p}{q},p 与 q 互质(互素), \\ 1, & x = 0,1, \\ 0, & x 为(0,1) 中的无理数 \end{cases}$$

在[0,1]上 Riemann 可积,且

$$\int_0^1 R(x)\mathrm{d}x = 0.$$

证法 1 由例 2.4.6 知,$R(x)$的不连续点全体为 $D_{\text{不}} = \mathbb{Q} \bigcap [0,1]$,它为可数集,因而为零测集. 根据定理 6.1.4(8)知,$R(x)$在[0,1]上 Riemann 可积,且

$$\int_0^1 R(x)\mathrm{d}x = s = \sup_T s(T,f) = \sup_T \sum_{i=1}^n \inf_{\xi} R(\xi_i)\Delta x_i$$

$$= \sup_T \sum_{i=1}^n 0\Delta x_i = 0.$$

证法 2　对任何 $\varepsilon > 0$，在 $[0,1]$ 内使 $\dfrac{1}{q} \geqslant \dfrac{\varepsilon}{2}$ 的有理点 $\dfrac{p}{q}$ 只有有限个，设它们为 $r_1, r_2, \cdots, r_k$. 现对 $[0,1]$ 作分割 $T = \{\Delta_1, \Delta_2, \cdots, \Delta_n\}$，使得 $\|T\| < \dfrac{\varepsilon}{4k+1}$，并将 T 中所有小区间分为 $\{\Delta_i' \mid i = 1,2,\cdots,m\}$ 与 $\{\Delta_i'' \mid i = 1,2,\cdots,n-m\}$ 两类，其中 $\{\Delta_i'\}$ 为含 $\{r_i \mid i = 1,2,\cdots,k\}$ 中点的所有小区间，这类小区间的个数 $m \leqslant 2k$（当所有 r_i 恰好都是 T 的分点时才有 $m = 2k$）；而 $\{\Delta_i''\}$ 为 T 中所有其余不含 $\{r_i\}$ 中点的小区间. 于是，

$$0 \leqslant \sum_{i=1}^n R(\xi_i)\Delta x_i \leqslant \sum_{i=1}^n M_i \Delta x_i \leqslant \sum_{i=1}^m 1 \cdot \Delta x_i' + \sum_{i=1}^{n-m} \frac{\varepsilon}{2}\Delta x_i''$$

$$\leqslant 2k\|T\| + \frac{\varepsilon}{2} \cdot 1 < 2k\frac{\varepsilon}{4k+1} + \frac{\varepsilon}{2} < \varepsilon,$$

所以，$R(x)$ 在 $[0,1]$ 上 Riemann 可积，且

$$\int_0^1 R(x)\mathrm{d}x = 0.$$

证法 3　由证法 2，有

$$\sum_{i=1}^n \omega_i \Delta x_i = \sum_{i=1}^m \omega_i' \Delta x_i' + \sum_{i=1}^{n-m} \omega_i'' \Delta x_i''$$

$$\leqslant \sum_{i=1}^m 1 \cdot \Delta x_i' + \sum_{i=1}^{n-m} \frac{\varepsilon}{2}\Delta x_i''$$

$$\leqslant 2k \cdot \|T\| + \frac{\varepsilon}{2} \cdot 1$$

$$\leqslant 2k \cdot \frac{\varepsilon}{4k+1} + \frac{\varepsilon}{2} < \varepsilon,$$

根据定理 6.1.4(3) 知，$R(x)$ 在 $[0,1]$ 上 Riemann 可积. 再由证法 1 有，$\displaystyle\int_0^1 R(x)\mathrm{d}x = 0$.

证法 4　$\forall \varepsilon > 0, \forall \eta > 0$，由于在 $[0,1]$ 中满足 $\dfrac{1}{q} \geqslant \varepsilon$（即 $q \leqslant \dfrac{1}{\varepsilon}$）的有理点 $\dfrac{p}{q}$ 只有有限个，设为 k 个，因此，含这类点的小区间至多 $2k$ 个，在其中 $\omega_i \geqslant \varepsilon$. 当 $\|T\| < \dfrac{\eta}{2k+1}$ 时，就能保证这些小区间的总长度为

$$\sum_{\omega_i \geqslant \varepsilon} \Delta x_i \leqslant 2k \cdot \|T\| \leqslant 2k \cdot \frac{\eta}{2k+1} < \eta.$$

根据定理 6.1.4(7)，$R(x)$ 在 $[0,1]$ 上 Riemann 可积. 再由证法 1 有，$\displaystyle\int_0^1 R(x)\mathrm{d}x = 0$.　□

我们用 4 种方法证明 Riemann 函数 $R(x)$ 在 $[0,1]$ 上 Riemann 可积,这可使读者思路开阔,此外,还可看出证法 2 的方法最好.

例 6.1.3 设 f 为 $[a,b]$ 上的连续函数,则 f 在 $[a,b]$ 上 Riemann 可积.

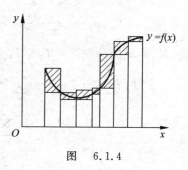

证法 1 显然 $D_{不} = \varnothing$ 为零测集,根据定理 6.1.4(8),f 在 $[a,b]$ 上 Riemann 可积.

证法 2 由于 f 在闭区间 $[a,b]$ 上连续,则 f 在 $[a,b]$ 上一致连续. 即对 $\forall \varepsilon > 0, \exists \delta > 0$,当 x', $x'' \in [a,b]$ 且 $|x' - x''| < \delta$ 时,有

$$|f(x') - f(x'')| < \frac{\varepsilon}{2(b-a)}.$$

图 6.1.4

所以,当 $[a,b]$ 的分割 $T : a = x_0 < x_1 < \cdots < x_n = b$ 满足 $\|T\| < \delta$ 时,

$$\omega_i = M_i - m_i = \sup f([x_{i-1}, x_i]) - \inf f([x_{i-1}, x_i])$$

$$= \sup_{x', x'' \in [x_{i-1}, x_i]} |f(x') - f(x'')| \leqslant \frac{\varepsilon}{2(b-a)}.$$

从而导致(见图 6.1.4)

$$\sum_{i=1}^{n} \omega_i \Delta x_i \leqslant \frac{\varepsilon}{2(b-a)} \sum_{i=1}^{n} \Delta x_i = \frac{\varepsilon}{2(b-a)}(b-a) = \frac{\varepsilon}{2} < \varepsilon.$$

根据定理 6.1.4(3),f 在 $[a,b]$ 上 Riemann 可积. $\qquad\qquad\square$

例 6.1.4 设有界函数 f 在 $[a,b]$ 上只有至多可数个不连续点,则 f 在 $[a,b]$ 上 Riemann 可积.

证明 因为 $D_{不}$ 为至多可数集,它为零测集. 根据定理 6.1.4(8) 知,f 在 $[a,b]$ 上 Riemann 可积. $\qquad\qquad\square$

例 6.1.5 设 f 为 $[a,b]$ 上只有有限个不连续点的有界函数,则 f 在 $[a,b]$ 上 Riemann 可积.

证法 1 因 $D_{不}$ 为有限集,故它为零测集. 根据定理 6.1.4(8),f 在 $[a,b]$ 上 Riemann 可积.

证法 2 设 $|f(x)| < M, \forall x \in [a,b]$,$f$ 在 $[a,b]$ 上的不连续点全体含在下面的分点内:$a = c_0 < c_1 < \cdots < c_n = b$. 对 $\forall \varepsilon > 0$,取 $[a,b]$ 的一个分割(图 6.1.5)

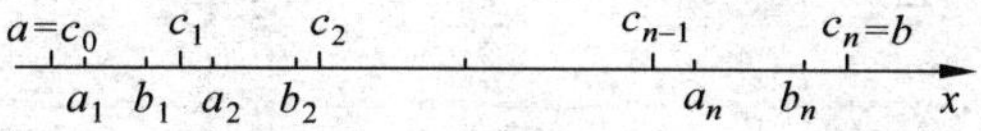

图 6.1.5

$T_0 : a = c_0 < a_1 < b_1 < c_1 < a_2 < b_2 < c_2 < \cdots < c_{n-1} < a_n < b_n < c_n = b$, s.t.

$$a_j - c_{j-1} < \frac{\varepsilon}{6nM}, \quad c_j - b_j < \frac{\varepsilon}{6nM}, \quad j = 1, 2, \cdots, n.$$

又 f 在 $[a_j, b_j]$ 内连续,$j = 1, 2, \cdots, n$,故由例 6.1.3 及定理 6.1.4(3) 知,存在 $[a_j, b_j]$ 的分割

$$T_j : a_j = x_{j_0} < x_{j_1} < \cdots < x_{j_l} = b_j, \quad \text{s. t.} \quad \sum_{i=1}^{l} \omega_{j_i} \Delta x_{j_i} < \frac{\varepsilon}{3n}.$$

于是,对 $[a, b]$ 的分割 $T = T_0 + T_1 + \cdots + T_n$,有

$$S(T, f) - s(T, f) = \sum_{j=1}^{n} \left[\sup f([c_{j-1}, a_j]) - \inf f([c_{j-1}, a_j]) \right] (a_j - c_{j-1})$$

$$+ \sum_{j=1}^{n} \left[\sup f([b_j, c_j]) - \inf f([b_j, c_j]) \right] (c_j - b_j)$$

$$+ \sum_{j=1}^{n} \left[S(T_j, f) - s(T_j, f) \right]$$

$$< 2M \cdot \frac{\varepsilon}{6nM} \cdot n + 2M \cdot \frac{\varepsilon}{6nM} \cdot n + \frac{\varepsilon}{3n} \cdot n = \varepsilon.$$

再由定理 6.1.4(3) 知,f 在 $[a, b]$ 上 Riemann 可积. □

例 6.1.6　设 $\{c_i \mid i = 1, 2, \cdots\}$ 为 f 在 $[a, b]$ 上的全体不连续点,且 f 在 $[a, b]$ 上有界. 如果 $\lim\limits_{n \to +\infty} c_n = c_0 \in [a, b]$,则 f 在 $[a, b]$ 上 Riemann 可积.

证法 1　参阅例 6.1.4 的证明.

证法 2　因 $\lim\limits_{n \to +\infty} c_n = c_0$,故 $\forall \varepsilon > 0, \exists N \in \mathbb{N}$,当 $n > N$ 时,$c_n \in \left(c_0 - \frac{\varepsilon}{4M+1}, c_0 + \frac{\varepsilon}{4M+1} \right)$,其中 $| f(x) | \leqslant M, \forall x \in [a, b]$. 由于在 $[a, b] - \left(c_0 - \frac{\varepsilon}{8M+1}, c_0 + \frac{\varepsilon}{8M+1} \right)$ 上,f 只有有限个不连续点,根据例 6.1.5 证法 2 知,f 在 $[a, b] - \left(c_0 - \frac{\varepsilon}{8M+1}, c_0 + \frac{\varepsilon}{8M+1} \right)$ 上 Riemann 可积. 根据定理 6.1.4(3),必有 $[a, b] - \left(c_0 - \frac{\varepsilon}{8M+1}, c_0 + \frac{\varepsilon}{8M+1} \right)$ 的分割 T_0,使得 $\sum\limits_{T_0} \omega_i \Delta x_i < \frac{\varepsilon}{2}$. 由 T_0 的分点构成 $[a, b]$ 的分割 T,则有

$$\sum_{T} \omega_i \Delta x_i = \sum_{T_0} \omega_i \Delta x_i + \left[\sup f \left(\left[c_0 - \frac{\varepsilon}{8M+1}, c_0 + \frac{\varepsilon}{8M+1} \right] \right) \right.$$

$$\left. - \inf f \left(\left[c_0 - \frac{\varepsilon}{8M+1}, c_0 + \frac{\varepsilon}{8M+1} \right] \right) \right] \cdot \frac{2\varepsilon}{8M+1}$$

$$< \frac{\varepsilon}{2} + 2M \cdot \frac{2\varepsilon}{8M+1} < \frac{\varepsilon}{2} + \frac{\varepsilon}{2} = \varepsilon.$$

再根据定理 6.1.4(3) 可得,f 在 $[a, b]$ 上 Riemann 可积(见图 6.1.6). □

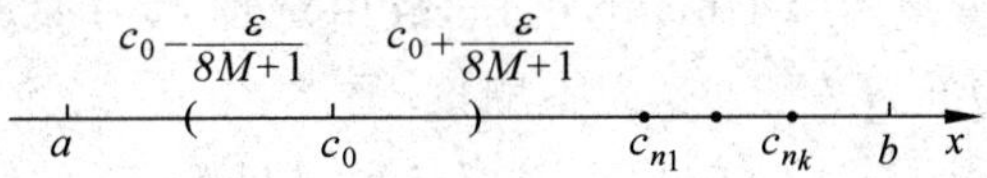

图　6.1.6

从表面上看,例 6.1.5 与例 6.1.6 中证法 1 比较简单,而证法 2 比较复杂,但实际上,如果证法 1 加进定理 6.1.4(8)的证明就不比证法 2 简单了.此外,证法 2 是为了培养读者有更强的分析能力.

例 6.1.7　设 f 为$[a,b]$上的单调函数,则 f 在$[a,b]$上 Riemann 可积.

证法 1　因 f 为$[a,b]$上的单调函数,故由定理 2.4.7 知,$D_{\text{不}}$ 为至多可数集,从而 $D_{\text{不}}$ 为零测集.由定理 6.1.4(8)可知,f 在$[a,b]$上 Riemann 可积.

证法 2　不妨设 f 为增函数.$\forall \varepsilon > 0$,取 $\delta = \dfrac{\varepsilon}{f(b)-f(a)+1}$,对$[a,b]$的分割 $T: a = x_0 < x_1 < \cdots < x_n = b$,$\|T\| < \delta$,有

$$\sum_T \omega_i \Delta x_i \leqslant \sum_{i=1}^{n} \big[f(x_i) - f(x_{i-1}) \big] \|T\|$$
$$= \big[f(b) - f(a) \big] \cdot \frac{\varepsilon}{f(b)-f(a)+1} < \varepsilon,$$

根据定理 6.1.4(3)推得 f 在$[a,b]$上 Riemann 可积.　　　　□

例 6.1.8　设$[\alpha,\beta] \subset [a,b]$,如果 f 在$[a,b]$上 Riemann 可积,则 f 在子区间$[\alpha,\beta]$上也 Riemann 可积.

证法 1　根据定理 6.1.4(8)知,f 在$[a,b]$上 Riemann 可积等价于 f 在$[a,b]$上有界且几乎处处连续.因此,f 在$[\alpha,\beta] \subset [a,b]$上有界且几乎处处连续,再根据定理 6.1.4(8),f 在$[\alpha,\beta]$上也 Riemann 可积.

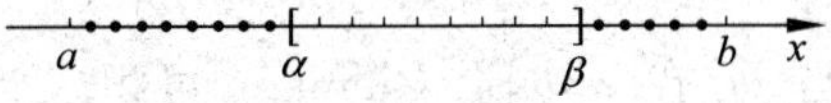

图　6.1.7

证法 2　因 f 在$[a,b]$上 Riemann 可积,故对 $\forall \varepsilon > 0$,$\exists \delta > 0$,当 $\|T\| < \delta$ 时,有 $\sum_T \omega_i \Delta x_i < \varepsilon$.因此,对$[\alpha,\beta]$上任一分割 T_0',只要 $\|T_0'\| < \delta$,必可构造$[a,b]$上的分割 T_0,它由 T_0'增加属于$[a,b]-[\alpha,\beta]$的分点得到,且 $\|T_0\| < \delta$(图 6.1.7).于是,

$$\sum_{T_0'} \omega_i \Delta x_i \leqslant \sum_{T_0} \omega_i \Delta x_i < \varepsilon.$$

由此及定理 6.1.4(3),推得 f 在$[a,b]$上 Riemann 可积.　　　　□

例 6.1.9　设 f,g 在$[a,b]$上 Riemann 可积,则$|f|$,fg 在$[a,b]$上也 Riemann 可积.

证法 1　因 f,g 在 $[a,b]$ 上 Riemann 可积,故由定理 6.1.4(8)知, D_{π}^f 与 D_{π}^g 均为零测集.再由引理 6.1.6(4)知, $D_{\pi}^f \bigcup D_{\pi}^g$ 为零测集.显然,

$$D_{\pi}^{|f|} \subset D_{\pi}^f, \quad D_{\pi}^{fg} \subset D_{\pi}^f \bigcup D_{\pi}^g.$$

根据引理 6.1.6(3)推得 $D_{\pi}^{|f|}$ 与 D_{π}^{fg} 都为零测集.再由定理 6.1.4(8), $|f|$ 与 fg 在 $[a,b]$ 上都是 Riemann 可积的.

证法 2　由于 f,g 都在 $[a,b]$ 上 Riemann 可积,从而都有界.设

$$A = \sup_{x \in [a,b]} |f(x)|, \quad B = \sup_{x \in [a,b]} |g(x)|.$$

$\forall \varepsilon > 0$,由于 f,g 在 $[a,b]$ 上均 Riemann 可积,故必分别存在 $[a,b]$ 的分割 T_1, T_2,使得

$$\sum_{T_1} \omega_i^f \Delta x_i < \frac{\varepsilon}{2B+1}, \quad \sum_{i=1} \omega_i^g \Delta x_i < \frac{\varepsilon}{2A+1}.$$

令 $T = T_1 + T_2 = \{\Delta_i\}$,它是 $[a,b]$ 的一个新分割.于是,对每个 $\Delta_i \in T$,有

$$\begin{aligned}
\omega_i^{fg} &= \sup_{x',x'' \in \Delta_i} |f(x')g(x') - f(x'')g(x'')| \\
&\leqslant \sup_{x',x'' \in \Delta_i} [|g(x')| \cdot |f(x') - f(x'')| + |f(x'')| \cdot |g(x') - g(x'')|] \\
&\leqslant B\omega_i^f + A\omega_i^g.
\end{aligned}$$

$$\begin{aligned}
\sum_T \omega_i^{fg} \Delta x_i &\leqslant \sum_T (B\omega_i^f + A\omega_i^g) \Delta x_i = B\sum_T \omega_i^f \Delta x_i + A\sum_T \omega_i^g \Delta x_i \\
&\leqslant B\sum_{T_1} \omega_i^f \Delta x_i + A\sum_{T_2} \omega_i^f \Delta x_i \leqslant B \cdot \frac{\varepsilon}{2B+1} + A \cdot \frac{\varepsilon}{2A+1} < \varepsilon.
\end{aligned}$$

此外,由于

$$\omega_i^{|f|} = \sup_{x',x'' \in \Delta_i} ||f(x')| - |f(x'')|| \leqslant \sup_{x',x'' \in \Delta_i} |f(x') - f(x'')| = \omega_i^f,$$

故

$$\sum_{T_1} \omega_i^{|f|} \Delta x_i \leqslant \sum_{T_1} \omega_i^f \Delta x_i < \frac{\varepsilon}{2B+1} < \varepsilon.$$

根据定理 6.1.4(3)知, $|f|$ 与 fg 在 $[a,b]$ 上 Riemann 可积.　　　　□

例 6.1.10　设 f 在 $[a,b]$ 上连续, φ 在 $[\alpha,\beta]$ 上 Riemann 可积, $a \leqslant \varphi(t) \leqslant b, t \in [\alpha,\beta]$.则 $f \circ \varphi$ 在 $[\alpha,\beta]$ 上仍 Riemann 可积.

如果 f,φ 都为 Riemann 可积函数,则 $f \circ \varphi$ 不一定 Riemann 可积.

如果 f Riemann 可积, φ 连续,则 $f \circ \varphi$ 也不一定 Riemann 可积.

证法 1　因为 φ 在 $[\alpha,\beta]$ 上 Riemann 可积,故 D_{π}^{φ} 为零测集.又因为 f 在 $[a,b]$ 上连续,且

$$D_{\pi}^{f \circ \varphi} \subset D_{\pi}^{\varphi},$$

根据引理 6.1.6(3)知, $D_{\pi}^{f \circ \varphi}$ 也为零测集.再由定理 6.1.4(8)推得 $f \circ \varphi$ 在 $[\alpha,\beta]$ 上 Riemann 可积.

证法 2 因为 f 在 $[a,b]$ 上连续，所以它在 $[a,b]$ 上一致连续. 于是，$\forall \varepsilon > 0$，$\exists \delta > 0$，当 $x', x'' \in [a,b]$，$|x'-x''| < \delta$ 时，有 $|f(x')-f(x'')| < \dfrac{\varepsilon}{2(\beta-\alpha)}$. 对 $[\alpha,\beta]$ 上 Riemann 可积的函数 φ 应用定理 6.1.4(7)，存在 $[\alpha,\beta]$ 的某个分割 T：$\alpha = t_0 < t_1 < \cdots < t_m = \beta$，有

$$\sum_{\omega_i^{\varphi} \geqslant \delta} \Delta t_i < \frac{\varepsilon}{4M+1},$$

其中 $M = \max\limits_{x \in [a,b]} |f(x)|$. 于是

$$\sum_{i=1}^{m} \omega_i^{f \circ \varphi} \Delta t_i = \sum_{\omega_i^{\varphi} \geqslant \delta} \omega_i^{f \circ \varphi} \Delta t_i + \sum_{\omega_i^{\varphi} < \delta} \omega_i^{f \circ \varphi} \Delta t_i$$

$$\leqslant 2M \sum_{\omega_i^{\varphi} \geqslant \delta} \Delta t_i + \frac{\varepsilon}{2(\beta-\alpha)} \sum_{\omega_i^{\varphi} < \delta} \Delta t_i$$

$$\leqslant 2M \cdot \frac{\varepsilon}{4M+1} + \frac{\varepsilon}{2(\beta-\alpha)}(\beta-\alpha) < \varepsilon.$$

根据定理 6.1.4(3)，$f \circ \varphi$ 在 $[\alpha,\beta]$ 上 Riemann 可积.

证法 3 $\forall \varepsilon > 0$，$\forall \eta > 0$，由于 f 在 $[a,b]$ 上一致连续，因此对上述的 η，$\exists \delta > 0$，当 x'，$x'' \in [a,b]$ 且 $|x'-x''| < \delta$ 时，$|f(x')-f(x'')| < \eta$.

再由 φ 在 $[\alpha,\beta]$ 上 Riemann 可积，根据定理 6.1.4(7)，存在某个分割 T，使得

$$\sum_{\omega_i^{\varphi} \geqslant \delta} \Delta t_i < \varepsilon.$$

而在其余 $\omega_i^{\varphi} < \delta$ 的小区间上必有 $\omega_i^{f \circ \varphi} < \eta$. 因此，

$$\sum_{\omega_i^{f \circ \varphi} \geqslant \eta} \Delta t_i \leqslant \sum_{\omega_i^{\varphi} \geqslant \delta} \Delta t_i < \varepsilon.$$

再根据定理 6.1.4(7) 得到 $f \circ \varphi$ 在 $[\alpha,\beta]$ 上 Riemann 可积.

反例 1 设 $f(x) = \operatorname{sgn} x = \begin{cases} 1, x > 0, \\ 0, x = 0, \\ -1, x < 0, \end{cases}$ $\varphi(t) = R(t)$（Riemann 函数），则 f, φ 都在 $[0,1]$ 上 Riemann 可积，但

$$f \circ \varphi(t) = \operatorname{sgn}(R(t)) = \begin{cases} 1, & t \text{ 为有理数}, \\ 0, & t \text{ 为无理数} \end{cases}$$
$$= D(t) \quad (\text{Dirichlet 函数})$$

在 $[0,1]$ 上不是 Riemann 可积的.

反例 2 设 $f(x) = \begin{cases} 0, & x = 0, \\ 1, & 0 < x \leqslant 1, \end{cases}$ 它是一个有界函数，且只有一个不连续点 0，根据例 6.1.5 知，f 为 $[0,1]$ 上的 Riemann 可积函数.

为构造 φ,先定义类 Cantor 集 C,在 $[0,1]$ 的中点 $\frac{1}{2}$ 处挖去一个以 $\frac{1}{2}$ 为中心,长度为 $\frac{1}{4}$ 的小区间;然后,在余下的两个区间的中点各挖去一个以该中点为中心,长度为 $\frac{1}{2\times8}$ 的小区间;再在余下的 8 个区间的中点各挖去一个以该中点为中心,长度为 $\frac{1}{2^2\times16}$ 的小区间;依此类推. 易见,挖去小区间的总长度为

$$\frac{1}{4}+2\times\frac{1}{2\times8}+2^2\times\frac{1}{2^2\times16}+\cdots=\frac{1}{4}+\frac{1}{8}+\frac{1}{16}+\cdots=\frac{\frac{1}{4}}{1-\frac{1}{2}}=\frac{1}{2}.$$

记 $[0,1]$ 在挖去上述可数个小区间后余下的集合为 C,称为**类 Cantor 集**. 应用反证法可知,C 不为零测集(在实变函数论中知道,C 的 Lebesgue 测度为 $1-\frac{1}{2}=\frac{1}{2}\neq0$). 设 $[0,1]\backslash C$ $=\bigcup_{n=1}^{\infty}(a_n,b_n)$,其中 (a_n,b_n) 彼此不相交,它们为 $[0,1]\backslash C$ 的**构成区间**. 令

$$\varphi(t)=\begin{cases}0, & t\in C,\\ \frac{1}{2}(b_n-a_n)-\left|t-\frac{1}{2}(a_n+b_n)\right|, & t\in(a_n,b_n),n\in\mathbb{N},\end{cases}$$

易见,φ 为 $[0,1]$ 上的连续函数,且

$$f\circ\varphi(t)=\begin{cases}0, & t\in C,\\ 1, & t\in[0,1]\backslash C.\end{cases}$$

它的不连续点恰为类 Cantor 集 C,即 $D_{\pi}^{f\circ\varphi}$,它不为零测集. 根据定理 6.1.4(8) 推得 $f\circ\varphi$ 在 $[0,1]$ 上不是 Riemann 可积的. $\square$

例 6.1.11 证明:$\int_a^b c\mathrm{d}x=c(b-a)$,其中 c 为常数.

证明 对 $[a,b]$ 的任何分割 $T:a=x_0<x_1<\cdots<x_n=b,\forall\xi_i\in[x_{i-1},x_i],\forall\varepsilon>0$,有

$$\sum_{i=1}^n f(\xi_i)\Delta x_i=\sum_{i=1}^n c\Delta x_i=c(b-a),$$

$$\left|\sum_{i=1}^n f(\xi_i)\Delta x_i-c(b-a)\right|=|c(b-a)-c(b-a)|=0<\varepsilon.$$

根据定义 6.1.1,可知 $\int_a^b c\mathrm{d}x=c(b-a)$. $\square$

例 6.1.12 证明:$\int_a^b x\mathrm{d}x=\frac{b^2-a^2}{2}=\frac{b+a}{2}(b-a)$.

这恰为梯形 $AabB$ 的面积(图 6.1.8).

证法 1 易见,

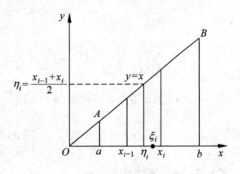

图 6.1.8

$$\sum_{i=1}^{n} \eta_i \Delta x_i = \sum_{i=1}^{n} \frac{x_{i-1}+x_i}{2}(x_i - x_{i-1})$$

$$= \frac{1}{2} \sum_{i=1}^{n} (x_i^2 - x_{i-1}^2)$$

$$= \frac{1}{2}(b^2 - a^2).$$

$\forall \varepsilon > 0$，取 $\delta = \dfrac{\varepsilon}{b-a}$，当 $[a,b]$ 的分割

$T : a = x_0 < x_1 < \cdots < x_n = b$，$\| T \| < \delta$，

$\forall \xi_i \in [x_{i-1}, x_i]$，$i = 1, 2, \cdots, n$，有

$$\left| \sum_{i=1}^{n} \xi_i \Delta x_i - \frac{1}{2}(b^2 - a^2) \right| = \left| \sum_{i=1}^{n} (\xi_i - \eta_i) \Delta x_i \right|$$

$$\leqslant \sum_{i=1}^{n} | \xi_i - \eta_i | \Delta x_i \leqslant \| T \| \sum_{i=1}^{n} \Delta x_i$$

$$< \frac{\varepsilon}{b-a}(b-a) = \varepsilon,$$

根据定义 6.1.1，可知 $\displaystyle\int_a^b x \mathrm{d}x = \frac{b^2 - a^2}{2}$.

证法 2　因为 $f(x) = x$ 连续，所以它在 $[a,b]$ 上 Riemann 可积，且

$$\int_a^b x \mathrm{d}x = \lim_{n \to +\infty} \sum_{i=1}^{n} \left[a + \frac{i}{n}(b-a) \right] \frac{b-a}{n}$$

$$= \lim_{n \to +\infty} \left[a(b-a) + \frac{(b-a)^2}{n^2} \frac{n(n+1)}{2} \right]$$

$$= a(b-a) + \frac{(b-a)^2}{2} = \frac{b^2 - a^2}{2}.$$

例 6.1.13　求在区间 $[a,b]$ 上，以抛物线 $y = x^2$ 为曲边，$y = 0$，$x = a$ 与 $x = b$ 为直边的曲边梯形的面积 S.

解　因为 $y = x^2$ 在 $[a,b]$ 上连续，所以在 $[a,b]$ 上 Riemann 可积. 于是，将 $[a,b]$ n 等分，所得分割为 $T_n : a = x_0 < x_1 < \cdots < x_n = b$，$x_i = a + \frac{i}{n}(b-a)$，$\| T_n \| = \frac{b-a}{n}$，$\xi_i = x_i$，$i = 0, 1, \cdots, n-1$. 根据定理 6.1.4(5)(图 6.1.9)，有

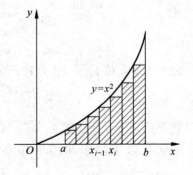

图 6.1.9

$$S = \int_a^b x^2 dx$$

$$= \lim_{n \to +\infty} \sum_{i=0}^{n-1} \left[a + \frac{i}{n}(b-a) \right]^2 \frac{b-a}{n}$$

$$= \lim_{n \to +\infty} \left[a^2(b-a) + 2a(b-a)^2 \frac{n(n-1)}{2n^2} + (b-a)^3 \frac{(n-1)n(2n-1)}{6n^3} \right]$$

$$= a^2(b-a) + a(b-a)^2 + \frac{1}{3}(b-a)^3 = \frac{b^3-a^3}{3}. \qquad \Box$$

例 6.1.14　求 $\int_a^b \sin x dx$.

解　因为 $\sin x$ 连续,所以 $\sin x$ 在 $[a,b]$ 上 Riemann 可积. 于是,将 $[a,b]$ n 等分,所得分割为 $T_n : a = x_0 < x_1 < \cdots < x_n = b, x_i = a + \frac{i}{n}(b-a), \|T_n\| = \frac{b-a}{n}, \xi_i = x_i, i = 1, 2, \cdots, n$. 根据定理 6.1.4(5) 就有

$$\int_a^b \sin x dx = \lim_{n \to +\infty} \sum_{i=1}^n \sin\left(a + i \frac{b-a}{n} \right) \cdot \frac{b-a}{n}$$

$$= \lim_{n \to +\infty} \frac{b-a}{2n \sin \frac{b-a}{2n}} \sum_{i=1}^n 2 \sin\left(a + i \frac{b-a}{n} \right) \sin \frac{b-a}{2n}$$

$$= \lim_{n \to +\infty} \frac{\frac{b-a}{2n}}{\sin \frac{b-a}{2n}} \sum_{i=1}^n \left[\cos\left(a + (2i-1) \frac{b-a}{2n} \right) \right.$$

$$\left. - \cos\left(a + (2i+1) \frac{b-a}{2n} \right) \right]$$

$$= \lim_{n \to +\infty} \frac{\frac{b-a}{2n}}{\sin \frac{b-a}{2n}} \left[\cos\left(a + \frac{b-a}{2n} \right) - \cos\left(a + \frac{2n+1}{2n}(b-a) \right) \right]$$

$$= 1 \cdot [\cos a - \cos(a + (b-a))] = \cos a - \cos b. \qquad \Box$$

注 6.1.2　对于 $[a,b]$ 上 Riemann 可积的函数 f,可选取特殊的分割和点,例如: n 等分; ξ_i 可取 x_{i-1},或 x_i,或 $\frac{x_{i-1}+x_i}{2}$,或 $\sqrt{x_{i-1}x_i}$.

从上述例 6.1.12、例 6.1.13 与例 6.1.14 可看出,用定义求 Riemann 积分的值很辛苦,甚至有时无法求出. 6.3 节将给出求 Riemann 积分值非常简单且十分有效的 Newton-Leibniz 公式 $\int_a^b f(x)dx = F(b) - F(a)$,其中 $F'(x) = f(x)$.

练习题 6.1

1. 通过对积分区间作等分分割，并取适当的点集 $\{\xi_i\}$，将 Riemann 积分视作 Riemann 和的极限。由此计算下列 Riemann 积分：

(1) $\displaystyle\int_0^1 x^3 \mathrm{d}x$；$\left(\text{提示：} \displaystyle\sum_{i=1}^n i^3 = \left[\frac{n(n+1)}{2}\right]^2\right)$；

(2) $\displaystyle\int_a^b \frac{\mathrm{d}x}{x^2}, 0 < a < b$；（提示：$\xi_i = \sqrt{x_{i-1}x_i}$）；

(3) $\displaystyle\int_a^b \mathrm{e}^x \mathrm{d}x, a < b$；（提示：$\mathrm{e}^{x_i} - \mathrm{e}^{x_{i-1}} = \mathrm{e}^{\eta_i}(x_i - x_{i-1})$）；

2. 利用 Riemann 积分的几何意义，求下列积分：

(1) $\displaystyle\int_a^b \left| x - \frac{a+b}{2} \right| \mathrm{d}x$. 　　(2) $\displaystyle\int_a^b \sqrt{(x-a)(b-x)} \mathrm{d}x$.

3. 设 $p:[a,b] \to \mathbb{R}$. 如果有分割

$$a = x_0 < x_1 < \cdots < x_n = b$$

使得在每一个子区间 $(x_{i-1}, x_i), i = 1, 2, \cdots, n$ 上，p 为常值函数，则称 p 为 $[a,b]$ 上的**阶梯函数**. 又设 f 在 $[a,b]$ 上 Riemann 可积，证明：对任何 $\varepsilon > 0$，必存在 $[a,b]$ 上的阶梯函数 p 与 q，使得在 $[a,b]$ 上有 $p \leqslant f \leqslant q$，并且

$$\int_a^b [q(x) - p(x)] \mathrm{d}x < \varepsilon.$$

4. 设 f 在 $[a,b]$ 上 Rimann 可积. 证明：对任何 $\varepsilon > 0$，必存在 $[a,b]$ 上的连续函数 p 与 q，使得在 $[a,b]$ 上有 $p \leqslant f \leqslant q$，并且

$$\int_a^b [q(x) - p(x)] \mathrm{d}x < \varepsilon.$$

5. 设函数 f 在 $[a,b]$ 上 Riemann 可积，且对 $[a,b]$ 内的任何子区间 Δ 上有 $\sup\limits_{\Delta} f \geqslant \sigma$，这里 σ 为一常数. 证明：

$$\int_a^b f(x) \mathrm{d}x \geqslant \sigma(b-a).$$

6. 设 f 与 g 在 $[a,b]$ 上都 Riemann 可积. 证明：$\max\{f(x), g(x)\}$ 与 $\min\{f(x), g(x)\}$ 在 $[a,b]$ 上也都 Riemann 可积.

7. 设 f 在 $[a,b]$ 上 Riemann 可积，且在 $[a,b]$ 上满足 $|f(x)| \geqslant m > 0$. 证明：$\dfrac{1}{f}$ 在 $[a,b]$ 上也 Riemann 可积.

8. 设

$$f(x) = \begin{cases} x, & x \text{ 为有理数}, \\ 0, & x \text{ 为无理数}. \end{cases}$$

试求：f 在 $[0,1]$ 上的上积分与下积分. 并由此及其他方法判断 f 在 $[0,1]$ 上是否 Riemann 可积.

9. 设 f 在 $[a,b]$ 上 Riemann 可积，且 $f(x) \geqslant 0, x \in [a,b]$. 试问：$\sqrt{f}$ 在 $[a,b]$ 上是否 Riemann 可积？并说明理由.

10. (1) 证明引理 6.1.2 中第二式：$s(T) \leqslant s(T') \leqslant s(T) + (M-m)p\|T\|$；

　　(2) 证明引理 6.1.3 中第二式：$\lim\limits_{\|T\| \to 0} s(T) = s$.

思考题 6.1

1. 设 $m \in \mathbb{N}$，用积分的定义证明：$\displaystyle\int_a^b x^m \mathrm{d}x = \dfrac{1}{m+1}(b^{m+1} - a^{m+1})$. $\Bigg($提示：(1) 令 $\eta_i = \left(\dfrac{x_{i-1}^{m-1} + x_{i-1}^{m-1}x_i + \cdots + x_i^m}{m+1}\right)^{\frac{1}{m}}$，$\displaystyle\sum_{i=1}^m \eta_i^m(x_i - x_{i-1}) = \dfrac{1}{m+1}\sum_{i=1}^m(x_i^{m+1} - x_{i-1}^{m+1})$；(2) 选择 $[a,b]$ 诸分点为 $a, aq, aq^2, \cdots, aq^n = b$，$q = \left(\dfrac{b}{a}\right)^{\frac{1}{n}}$. $\Bigg)$

2. 应用上题提示(2)的方法证明：$\displaystyle\int_a^b \dfrac{\mathrm{d}x}{x} = \ln\dfrac{b}{a}, 0 < a < b$.

3. 设正数列 $\{a_n\}$ 满足 $\lim\limits_{n \to +\infty} \displaystyle\int_0^{a_n} x^n \mathrm{d}x = 2$. 证明 $\lim\limits_{n \to +\infty} a_n = 1$.

4. (1) 设 f 在 $[a,b]$ 上 Riemann 可积. 证明：开区间 (a,b) 内至少有 f 的一个连续点.

(2) 设 $f \geqslant 0$ 且在 $[a,b]$ 上 Riemann 可积. 证明：

$$\int_a^b f(x)\mathrm{d}x = 0 \Leftrightarrow f \text{ 在连续点处都必取零值} \Leftrightarrow f \text{ 在} [a,b] \text{ 上几乎处处为零}.$$

(3) 设 $f \geqslant 0$，且有界，如果 f 在 $[a,b]$ 上几乎处处为零，则是否有 $\displaystyle\int_a^b f(x)\mathrm{d}x = 0$？

5. 设 f, g 均为 $[a,b]$ 上的 Riemann 可积函数，$f \overset{a,e}{\geqslant} g, x \in [a,b]$. 证明：

$$\int_a^b f(x)\mathrm{d}x = \int_a^b g(x)\mathrm{d}x \Leftrightarrow f \text{ 与 } g \text{ 在} [a,b] \text{ 上几乎处处相等，即 } f \overset{\text{a. e.}}{=\!=\!=} g, x \in [a,b].$$

6. 设 f, g 均为 $[a,b]$ 上的 Riemann 可积函数. 证明：

$$\int_a^b [f(x) - g(x)]^2 \mathrm{d}x = 0 \Leftrightarrow f \overset{\text{a. e.}}{=\!=\!=} g, x \in [a,b].$$

7. 设 f, g 均为 $[a,b]$ 上的有界函数，且仅在 $[a,b]$ 中有限个点处 $f(x) \neq g(x)$. 证明：当 f 在 $[a,b]$ 上 Riemann 可积时，g 在 $[a,b]$ 上也 Riemann 可积，且 $\displaystyle\int_a^b f(x)\mathrm{d}x = \int_a^b g(x)\mathrm{d}x$.

8. 设 f 与 g 在 $[a,b]$ 上均 Riemann 可积. 证明:

$$\lim_{\|T\|\to 0}\sum_{i=1}^{n}f(\xi_i)g(\eta_i)\Delta x_i=\int_a^b f(x)g(x)\mathrm{d}x,$$

其中 $T: a=x_0<x_1<\cdots<x_n=b$ 为 $[a,b]$ 的分割, $\xi_i,\eta_i\in[x_{i-1},x_i]$.

9. 设 f 在 $[a,b]$ 上 Riemann 可积, 直接用闭区间套原理按下面顺序逐一证明: f 在 $[a,b]$ 内必定有无限多个处处稠密的连续点.

(1) 若 T 为 $[a,b]$ 的一个分割, 使得 $S(T)-s(T)<b-a$, 则在 T 中存在某个小区间
$$\Delta_i=[x_{i-1},x_i], 使 \omega_i^f<1.$$

(2) 存在闭区间 $[a_1,b_1]\subset(a,b)$, 使得

$$\omega^f([a_1,b_1])=\sup_{x\in[a_1,b_1]}f(x)-\inf_{x\in[a_1,b_1]}f(x)<1,\quad b_1-a_1<\frac{b-a}{2}.$$

(3) 存在闭区间 $[a_2,b_2]\subset(a_1,b_1)$, 使得

$$\omega^f([a_2,b_2])=\sup_{x\in[a_2,b_2]}f(x)-\inf_{x\in[a_2,b_2]}f(x)<\frac{1}{2},\quad b_2-a_2<\frac{b-a}{2^2}.$$

(4) 继续以上方法, 求出一闭区间序列 $[a_n,b_n]\subset(a_{n-1},b_{n-1})$, 使得

$$\omega^f([a_n,b_n])=\sup_{x\in[a_n,b_n]}f(x)-\inf_{x\in[a_n,b_n]}f(x)<\frac{1}{n},\quad b_n-a_n<\frac{b-a}{2^n}.$$

根据闭区间套原理, $\exists_1 x_0\in\bigcap_{n=1}^{\infty}[a_n,b_n]$, 则 x_0 为 f 的连续点.

(5) 上面求得的 f 的连续点在 $[a,b]$ 内处处稠密.

10. 设 f 在 $[a,b]$ 上 Riemann 可积, 且处处有 $f(x)>0$. 证明: $\int_a^b f(x)\mathrm{d}x>0$.

6.2 Riemann 积分的性质、积分第一与第二中值定理

要深入研究 Riemann 积分, 仅仅停留在定义上是不行的, 必须进一步讨论其各种性质, 才能加以展开. 由 Riemann 积分定义知, $\forall a,b\in\mathbb{R}$, $a<b$, 有

$$\int_b^a c\,\mathrm{d}x=\lim_{\|T\|\to 0}\sum_{i=1}^{n}f(\xi_i)\Delta x_i=\lim_{\|T\|\to 0}\sum_{i=1}^{n}c\Delta x_i$$
$$=\lim_{\|T\|\to 0}c(b-a)=c(b-a).$$

为了方便, 我们约定

$$\int_b^a f(x)\mathrm{d}x=-\int_a^b f(x)\mathrm{d}x,\quad a<b;$$

$$\int_a^a f(x)\mathrm{d}x=0.$$

由此知, 上边等式对任何 $a,b\in\mathbb{R}$ 成立.

定理 6.2.1 设 f,g 在 $[a,b]$ 上 Riemann 可积，$\lambda,\mu\in\mathbb{R}$，则 $\lambda f,f\pm g$ 在 $[a,b]$ 上也 Riemann 可积，且

(1) $\displaystyle\int_a^b\lambda f(x)\mathrm{d}x=\lambda\int_a^b f(x)\mathrm{d}x$；

(2) $\displaystyle\int_a^b[f(x)\pm g(x)]\mathrm{d}x=\int_a^b f(x)\mathrm{d}x\pm\int_a^b g(x)\mathrm{d}x$；

两式综合表达为

$$\int_a^b[\lambda f(x)+\mu g(x)]\mathrm{d}x=\lambda\int_a^b f(x)\mathrm{d}x+\mu\int_a^b g(x)\mathrm{d}x.$$

证明 对 $\forall\varepsilon>0$，由 f,g 在 $[a,b]$ 上 Riemann 可积，$\exists\delta>0$，当 $[a,b]$ 的分割 T，$\|T\|<\delta$ 时，有

$$\left|\sum_{i=1}^n f(\xi_i)\Delta x_i-\int_a^b f(x)\mathrm{d}x\right|<\frac{\varepsilon}{|\lambda|+|\mu|+1},$$

$$\left|\sum_{i=1}^n g(\xi_i)\Delta x_i-\int_a^b g(x)\mathrm{d}x\right|<\frac{\varepsilon}{|\lambda|+|\mu|+1}.$$

于是，有

$$\left|\sum_{i=1}^n[\lambda f(\xi_i)+\mu g(\xi_i)]\Delta x_i-\left(\lambda\int_a^b f(x)\mathrm{d}x+\mu\int_a^b g(x)\mathrm{d}x\right)\right|$$

$$\leqslant|\lambda|\left|\sum_{i=1}^n f(\xi_i)\Delta x_i-\int_a^b f(x)\mathrm{d}x\right|$$

$$+|\mu|\left|\sum_{i=1}^n g(\xi_i)\Delta x_i-\int_a^b g(x)\mathrm{d}x\right|$$

$$\leqslant\frac{|\lambda|\varepsilon}{|\lambda|+|\mu|+1}+\frac{|\mu|\varepsilon}{|\lambda|+|\mu|+1}<\varepsilon,$$

即

$$\int_a^b[\lambda f(x)+\mu g(x)]\mathrm{d}x=\lim_{\|T\|\to 0}\sum_{i=1}^n[\lambda f(\xi_i)+\mu g(\xi_i)]\Delta x_i$$

$$=\lambda\int_a^b f(x)\mathrm{d}x+\mu\int_a^b g(x)\mathrm{d}x. \qquad\Box$$

定理 6.2.2 (1) 设 f 为 $[a,b]$ 上的 Riemann 可积函数，且 $f(x)\geqslant 0$，$\forall x\in[a,b]$，则 $\displaystyle\int_a^b f(x)\mathrm{d}x\geqslant 0$；

(2) 设 f,g 均为 $[a,b]$ 上的 Riemann 可积函数，且 $g(x)\leqslant f(x)$，$\forall x\in[a,b]$，则有

$$\int_a^b g(x)\mathrm{d}x\leqslant\int_a^b f(x)\mathrm{d}x.$$

(3) 在(2)中,如果 $\exists x_0 \in [a,b]$, s.t. $g(x_0) < f(x_0)$, 且 f,g 均在 x_0 连续,则

$$\int_a^b g(x)\mathrm{d}x < \int_a^b f(x)\mathrm{d}x.$$

特别当 $g = 0$ 时,$\int_a^b f(x)\mathrm{d}x > 0$.

证明 (1) 因为 $f(x) \geqslant 0$,故 $\sum_{i=1}^n f(\xi_i)\Delta x_i \geqslant 0$,从而

$$\int_a^b f(x)\mathrm{d}x = \lim_{\|T\| \to 0} \sum_{i=1}^n f(\xi_i)\Delta x_i \geqslant 0.$$

(2) 由定理 6.2.1 及 f,g 在 $[a,b]$ 上 Riemann 可积知,$g(x) - f(x)$ 在 $[a,b]$ 上也 Riemann 可积. 再由 $g(x) \leqslant f(x)$ 推得 $f(x) - g(x) \geqslant 0$. 从(1)立即得到

$$\int_a^b f(x)\mathrm{d}x - \int_a^b g(x)\mathrm{d}x = \int_a^b [f(x) - g(x)]\mathrm{d}x \geqslant 0,$$

$$\int_a^b g(x)\mathrm{d}x \leqslant \int_a^b f(x)\mathrm{d}x.$$

(3) 因为 $f - g$ 在 x_0 连续,且 $f(x_0) - g(x_0) > 0$,所以存在区间 $[\alpha, \beta]$ 含 x_0, s.t. $\forall x \in [\alpha, \beta] \bigcap [a,b] = [\bar{\alpha}, \bar{\beta}]$,有

$$f(x) - g(x) > \frac{1}{2}[f(x_0) - g(x_0)] > 0.$$

因此,

$$\int_a^b [f(x) - g(x)]\mathrm{d}x \xlongequal{\text{定理 6.2.4}} \int_a^{\bar{\alpha}} [f(x) - g(x)]\mathrm{d}x$$

$$+ \int_{\bar{\alpha}}^{\bar{\beta}} [f(x) - g(x)]\mathrm{d}x + \int_{\bar{\beta}}^b [f(x) - g(x)]\mathrm{d}x$$

$$\geqslant 0 + \int_{\bar{\alpha}}^{\bar{\beta}} \frac{1}{2}[f(x_0) - g(x_0)]\mathrm{d}x + 0$$

$$= \frac{1}{2}[f(x_0) - g(x_0)](\bar{\beta} - \bar{\alpha}) > 0,$$

于是,

$$\int_a^b g(x)\mathrm{d}x < \int_a^b f(x)\mathrm{d}x. \qquad \Box$$

定理 6.2.3 设 f 在 $[a,b]$ 上 Riemann 可积,则 $|f|$ 在 $[a,b]$ 上也 Riemann 可积,且

$$\left| \int_a^b f(x)\mathrm{d}x \right| \leqslant \int_a^b |f(x)| \mathrm{d}x.$$

证明 因 f 在 $[a,b]$ 上 Riemann 可积,根据例 6.1.9,$|f|$ 在 $[a,b]$ 上也 Riemann 可积,再由不等式

$$-|f(x)| \leqslant f(x) \leqslant |f(x)|$$

及定理 6.2.2(2) 得到

$$-\int_a^b |f(x)| \, dx \leqslant \int_a^b f(x) dx \leqslant \int_a^b |f(x)| \, dx,$$

$$\left| \int_a^b f(x) dx \right| \leqslant \int_a^b |f(x)| \, dx. \qquad \square$$

例 6.2.1   设

$$f(x) = \begin{cases} 1, & x \in \mathbb{Q}, \\ -1, & x \in \mathbb{R} \setminus \mathbb{Q}, \end{cases}$$

则类似 Dirichlet 函数可证 $f(x)$ 在 $[0,1]$ 上不是 Riemann 可积的,但 $|f(x)| = 1$ 在 $[0,1]$ 上 Riemann 可积.

定理 6.2.4   设 $c \in [a,b]$,f 为 $[a,b]$ 上的函数,则:f 在 $[a,b]$ 上 Riemann 可积 $\Leftrightarrow f$ 在 $[a,c]$ 上与 $[c,b]$ 上均 Riemann 可积. 并且,

$$\int_a^b f(x) dx = \int_a^c f(x) dx + \int_c^b f(x) dx.$$

证法 1 f 在 $[a,b]$ 上 Rieman 可积

$$\overset{\text{定理}6.1.4(8)}{\Longleftrightarrow} f \text{ 在} [a,b] \text{ 上几乎处处连续且有界}$$

$$\Leftrightarrow f \text{ 在} [a,c] \text{ 及} [c,b] \text{ 上均几乎处处连续且有界}$$

$$\overset{\text{定理}6.1.4(8)}{\Longleftrightarrow} f \text{ 在} [a,c] \text{ 与} [c,b] \text{ 上均 Riemann 可积}.$$

现在考虑 $[a,c]$ 的分割 T',$[c,b]$ 的分割 T'',则 $T = T' + T''$ 为 $[a,b]$ 的分割,c 为 T',T'',T 的分点. 于是

$$\int_a^b f(x) dx = \lim_{\|T\| \to 0} \sum_T f(\xi_i) \Delta x_i$$

$$= \lim_{\|T'\| \to 0} \sum_{T'} f(\xi_i) \Delta x_i + \lim_{\|T''\| \to 0} \sum_{T''} f(\xi_i) \Delta x_i$$

$$= \int_a^c f(x) dx + \int_c^b f(x) dx.$$

证法 2   ($\Rightarrow$)因为 f 在 $[a,b]$ 上 Riemann 可积,根据例 6.1.8,f 在 $[a,c]$ 与 $[c,b]$ 上均 Riemann 可积.

($\Leftarrow$)设 f 在 $[a,c]$ 与 $[c,b]$ 上均 Riemann 可积,则对 $\forall \varepsilon > 0$,$\exists \delta_1, \delta_2 > 0$,s. t. $\|T'\| < \delta_1$,$\|T''\| < \delta_2$,有

$$\left| \sum_{T'} f(\xi_i) \Delta x_i - \int_a^c f(x) dx \right| < \frac{\varepsilon}{3},$$

$$\left| \sum_{T''} f(\xi_i) \Delta x_i - \int_c^b f(x) dx \right| < \frac{\varepsilon}{3},$$

其中 T' 与 T'' 分别为 $[a,c]$ 与 $[c,b]$ 的分割. 令 T 为 $[a,b]$ 的分割, $\|T\| < \delta = \min\left\{\delta_1, \delta_2, \dfrac{\varepsilon}{9M+1}\right\}$, $M = \sup\limits_{x\in[a,b]} |f(x)|$. 则

$$\left| \sum_T f(\xi_i)\Delta x_i - \left[\int_a^c f(x)\mathrm{d}x + \int_c^b f(x)\mathrm{d}x\right] \right|$$

$$\leqslant \left| \sum_{T'} f(\xi_i)\Delta x_i - \int_a^c f(x)\mathrm{d}x \right| + \left| \sum_{T''} f(\xi_i)\Delta x_i - \int_c^b f(x)\mathrm{d}x \right| + 3M\|T\|$$

$$< \frac{\varepsilon}{3} + \frac{\varepsilon}{3} + 3M\cdot\frac{\varepsilon}{9M+1} < \varepsilon.$$

因而, f 在 $[a,b]$ 上 Riemann 可积, 且

$$\int_a^b f(x)\mathrm{d}x = \lim_{\|T\|\to 0} \sum_T f(\xi_i)\Delta x_i = \int_a^c f(x)\mathrm{d}x + \int_c^b f(x)\mathrm{d}x. \qquad \square$$

注 6.2.1　对于任何 $a,b,c\in\mathbb{R}$, 都有

$$\int_a^b f(x)\mathrm{d}x = \int_a^c f(x)\mathrm{d}x + \int_c^b f(x)\mathrm{d}x.$$

例如: 当 $a<b<c$ 时, f 在 $[a,c]$ 上 Riemann 可积 $\Leftrightarrow f$ 在 $[a,b]$ 与 $[b,c]$ 上均 Riemann 可积. 并由定理 6.2.4, 有

$$\int_a^c f(x)\mathrm{d}x = \int_a^b f(x)\mathrm{d}x + \int_b^c f(x)\mathrm{d}x,$$

$$\int_a^b f(x)\mathrm{d}x = \int_a^c f(x)\mathrm{d}x - \int_b^c f(x)\mathrm{d}x = \int_a^c f(x)\mathrm{d}x + \int_c^b f(x)\mathrm{d}x.$$

定理 6.2.5（积分第一中值定理）　设 f 在 $[a,b]$ 上连续, 则必存在 $\xi\in[a,b]$, 使得（图 6.2.1）

$$\int_a^b f(x)\mathrm{d}x = f(\xi)(b-a).$$

证明　由于 f 在 $[a,b]$ 上连续, 根据最值定理, f 达到最大值 M 与最小值 m, 则有

$$m \leqslant f(x) \leqslant M, \quad x\in[a,b].$$

由定理 6.2.2(2)得到

$$m(b-a) = \int_a^b m\,\mathrm{d}x$$

$$\leqslant \int_a^b f(x)\mathrm{d}x$$

$$\leqslant \int_a^b M\,\mathrm{d}x = M(b-a),$$

即

$$m \leqslant \frac{1}{b-a}\int_a^b f(x)\mathrm{d}x \leqslant M.$$

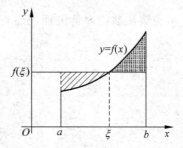

图　6.2.1

由连续函数的介值定理可知，$\exists \xi \in [a,b]$, s. t.

$$f(\xi) = \frac{1}{b-a} \int_a^b f(x) \mathrm{d}x,$$

也就是 $\int_a^b f(x) \mathrm{d}x = f(\xi)(b-a), \xi \in [a,b]$. ☐

$f(\xi) = \dfrac{1}{b-a} \displaystyle\int_a^b f(x) \mathrm{d}x$ 称为 **f 在区间 $[a,b]$ 上的平均值**，记作 $M(f)$.

定理 6.2.6（推广的积分第一中值定理） 设 f 与 g 都在 $[a,b]$ 上连续，且 $g(x)$ 在 $[a,b]$ 上不变号，则 $\exists \xi \in [a,b]$, s. t.

$$\int_a^b f(x)g(x) \mathrm{d}x = f(\xi) \int_a^b g(x) \mathrm{d}x.$$

特别地，当 $g(x) \equiv 1$ 时，它就是定理 6.2.5.

证明 不妨设 $g(x) \geqslant 0, x \in [a,b]$，此时有

$$mg(x) \leqslant f(x)g(x) \leqslant Mg(x), \quad x \in [a,b],$$

其中 M 与 m 分别为 f 在 $[a,b]$ 上的最大值与最小值. 根据定理 6.2.2(2)，

$$m \int_a^b g(x) \mathrm{d}x \leqslant \int_a^b f(x)g(x) \mathrm{d}x \leqslant M \int_a^b g(x) \mathrm{d}x.$$

(1) 若 $\displaystyle\int_a^b g(x) \mathrm{d}x = 0$，则由上式知，

$$0 \leqslant \int_a^b f(x)g(x) \mathrm{d}x \leqslant 0,$$

$$\int_a^b f(x)g(x) \mathrm{d}x = 0 = f(\xi) \cdot 0 = f(\xi) \int_a^b g(x) \mathrm{d}x, \quad \forall \xi \in (a,b).$$

(2) 若 $\displaystyle\int_a^b g(x) \mathrm{d}x > 0$，则

$$m \leqslant \frac{\displaystyle\int_a^b f(x)g(x) \mathrm{d}x}{\displaystyle\int_a^b g(x) \mathrm{d}x} \leqslant M.$$

由连续函数的介值定理，$\exists \xi \in [a,b]$, s. t.

$$f(\xi) = \frac{\displaystyle\int_a^b f(x)g(x) \mathrm{d}x}{\displaystyle\int_a^b g(x) \mathrm{d}x},$$

即

$$\int_a^b f(x)g(x) \mathrm{d}x = f(\xi) \int_a^b g(x) \mathrm{d}x. \qquad ☐$$

定理 6.2.7（积分第二中值定理） 设 f 在 $[a,b]$ 上 Riemann 可积.

(1) 如果 g 在 $[a,b]$ 上单调减，且 $g(x) \geqslant 0, x \in [a,b]$，则 $\exists \xi \in [a,b]$, s. t.

$$\int_a^b f(x)g(x)\mathrm{d}x = g(a)\int_a^\xi f(x)\mathrm{d}x;$$

(2) 如果 g 在 $[a,b]$ 上单调增,且 $g(x) \geqslant 0, x \in [a,b]$,则 $\exists \eta \in [a,b]$,s.t.

$$\int_a^b f(x)g(x)\mathrm{d}x = g(b)\int_\eta^b f(x)\mathrm{d}x.$$

证明 (1) 设

$$F(x) = \int_a^x f(t)\mathrm{d}t, \quad x \in [a,b].$$

由于 f 在 $[a,b]$ 上 Riemann 可积,故从定理 6.3.1 知,F 在 $[a,b]$ 上连续,因此,它达到最大值 M 和最小值 m.

设 $g(a) = 0$. 因 $g(x) \geqslant 0$ 且 g 单调减,必有 $g(x) \equiv 0, x \in [a,b]$,则

$$\int_a^b f(x)g(x)\mathrm{d}x = \int_a^b f(x) \cdot 0\mathrm{d}x = 0 = 0 \cdot \int_a^\xi f(x)\mathrm{d}x$$

$$= g(a)\int_a^\xi f(x)\mathrm{d}x.$$

设 $g(a) > 0$. 因 f 在 $[a,b]$ 上 Riemann 可积,根据定理 6.1.2,f 在 $[a,b]$ 上有界,设 $|f(x)| < L, x \in [a,b]$. 又因 g 单调减,故 g 在 $[a,b]$ 上 Riemann 可积,从而 $\forall \varepsilon > 0$,必有 $[a,b]$ 的分割 $T: a = x_0 < x_1 < \cdots < x_n = b$,s.t.

$$\sum_T \omega_i^g \Delta x_i < \frac{\varepsilon}{L}.$$

于是,

$$\int_a^b f(x)g(x)\mathrm{d}x = \sum_{i=1}^n \int_{x_{i-1}}^{x_i} f(x)g(x)\mathrm{d}x$$

$$= \sum_{i=1}^n \int_{x_{i-1}}^{x_i} [g(x) - g(x_{i-1})]f(x)\mathrm{d}x + \sum_{i=1}^n g(x_{i-1})\int_{x_{i-1}}^{x_i} f(x)\mathrm{d}x$$

$$\leqslant \sum_{i=1}^n \int_{x_{i-1}}^{x_i} |g(x) - g(x_{i-1})| \cdot |f(x)| \mathrm{d}x$$

$$+ \sum_{i=1}^n g(x_{i-1})[F(x_i) - F(x_{i-1})]$$

$$\leqslant L \sum_{i=1}^n \omega_i^g \Delta x_i + \sum_{i=1}^{n-1} F(x_i)[g(x_{i-1}) - g(x_i)] + F(b)g(x_{n-1})$$

$$< L \cdot \frac{\varepsilon}{L} + M \sum_{i=1}^{n-1} [g(x_{i-1}) - g(x_i)] + Mg(x_{n-1}) = \varepsilon + Mg(a).$$

类似地,有

$$\int_a^b f(x)g(x)\mathrm{d}x \geqslant - \sum_{i=1}^n \int_{x_{i-1}}^{x_i} |g(x) - g(x_{i-1})| \cdot |f(x)| \mathrm{d}x$$

$$+ \sum_{i=1}^{n} g(x_{i-1}) [F(x_i) - F(x_{i-1})]$$

$$\geqslant -L \cdot \sum_{i=1}^{n} \omega_i^g \Delta x_i + \sum_{i=1}^{n-1} F(x_i) [g(x_{i-1}) - g(x_i)] + F(b) g(x_{n-1})$$

$$> -L \cdot \frac{\varepsilon}{L} + m \sum_{i=1}^{n-1} [g(x_{i-1}) - g(x_i)] + m g(x_{n-1}) = -\varepsilon + m g(a).$$

综合上述得到

$$m g(a) - \varepsilon < \int_a^b f(x) g(x) \mathrm{d}x < M g(a) + \varepsilon.$$

令 $\varepsilon \to 0^+$，有

$$m g(a) \leqslant \int_a^b f(x) g(x) \mathrm{d}x \leqslant M g(a),$$

$$m \leqslant \frac{\int_a^b f(x) g(x) \mathrm{d}x}{g(a)} \leqslant M.$$

根据连续函数的介值定理，$\exists \xi \in [a,b]$，s. t.

$$\int_a^\xi f(x) \mathrm{d}x = F(\xi) = \frac{1}{g(a)} \int_a^b f(x) g(x) \mathrm{d}x,$$

即

$$\int_a^b f(x) g(x) \mathrm{d}x = g(a) \int_a^\xi f(x) \mathrm{d}x.$$

(2) 设

$$\widetilde{F}(x) = \int_x^b f(t) \mathrm{d}t, \quad x \in [a,b].$$

由于 f 在 $[a,b]$ 上 Riemann 可积，故从定理 6.3.1 知，$\widetilde{F}$ 在 $[a,b]$ 上连续，因此，它达到最大值 M 与最小值 m.

设 $g(b) = 0$. 因 $g(x) \geqslant 0$ 且 g 单调增，必有 $g(x) \equiv 0, x \in [a,b]$，则

$$\int_a^b f(x) g(x) \mathrm{d}x = \int_a^b f(x) \cdot 0 \mathrm{d}x = 0 = 0 \cdot \int_\eta^b f(x) \mathrm{d}x$$

$$= g(b) \int_\eta^b f(x) \mathrm{d}x.$$

设 $g(b) > 0$. 因 f 在 $[a,b]$ 上 Riemann 可积，根据定理 6.1.2，f 在 $[a,b]$ 上有界，设 $|f(x)| < L, x \in [a,b]$，又因为 g 单调增，故 g 在 $[a,b]$ 上 Riemann 可积，从而对 $\forall \varepsilon > 0$，必有 $[a,b]$ 的分割 $T: a = x_0 < x_1 < \cdots < x_n = b$，s. t.

$$\sum_T \omega_i^g \Delta x_i < \frac{\varepsilon}{L}.$$

于是，

$$\int_a^b f(x)g(x)\mathrm{d}x = \sum_{i=1}^n \int_{x_{i-1}}^{x_i} f(x)g(x)\mathrm{d}x$$

$$= \sum_{i=1}^n \int_{x_{i-1}}^{x_i} [g(x)-g(x_i)]f(x)\mathrm{d}x + \sum_{i=1}^n g(x_i)\int_{x_{i-1}}^{x_i} f(x)\mathrm{d}x$$

$$\leqslant \sum_{i=1}^n \int_{x_{i-1}}^{x_i} |g(x)-g(x_i)|\cdot|f(x)|\,\mathrm{d}x$$

$$\quad + \sum_{i=1}^n g(x_i)[\widetilde{F}(x_{i-1})-\widetilde{F}(x_i)]$$

$$\leqslant L\sum_{i=1}^n \omega_i^g \Delta x_i + g(x_1)\widetilde{F}(x_0) + \sum_{i=1}^{n-1} \widetilde{F}(x_i)[g(x_{i+1})-g(x_i)]$$

$$< L\cdot\frac{\varepsilon}{L} + Mg(x_1) + M\sum_{i=1}^{n-1}[g(x_{i+1})-g(x_i)]$$

$$< \varepsilon + Mg(x_n) = \varepsilon + Mg(b).$$

类似地,有

$$\int_a^b f(x)g(x)\mathrm{d}x \geqslant -\sum_{i=1}^n \int_{x_{i-1}}^{x_i} |g(x)-g(x_{i-1})|\cdot|f(x)|\,\mathrm{d}x$$

$$\quad + \sum_{i=1}^n g(x_i)[\widetilde{F}(x_{i-1})-\widetilde{F}(x_i)]$$

$$\geqslant -L\sum_{i=1}^n \omega_i^g \Delta x_i + g(x_1)\widetilde{F}(x_0)$$

$$\quad + \sum_{i=1}^n \widetilde{F}(x_i)[g(x_{i+1})-g(x_i)]$$

$$> -L\cdot\frac{\varepsilon}{L} + mg(x_1) + m\sum_{i=1}^{n-1}[g(x_{i+1})-g(x_i)]$$

$$> -\varepsilon + mg(b).$$

综合上述得到

$$mg(b)-\varepsilon < \int_a^b f(x)g(x)\mathrm{d}x < Mg(b)+\varepsilon.$$

令 $\varepsilon\to 0^+$,有

$$mg(b) \leqslant \int_a^b f(x)g(x)\mathrm{d}x \leqslant Mg(b),$$

$$m \leqslant \frac{\displaystyle\int_a^b f(x)g(x)\mathrm{d}x}{g(b)} \leqslant M.$$

根据连续函数的介值定理可知,$\exists\,\eta\in[a,b]$,s.t.

$$\int_{\eta}^{b} f(x)\mathrm{d}x = \widetilde{F}(\eta) = \frac{1}{g(b)}\int_{a}^{b} f(x)g(x)\mathrm{d}x,$$

即

$$\int_{a}^{b} f(x)g(x)\mathrm{d}x = g(b)\int_{\eta}^{b} f(x)\mathrm{d}x. \qquad\qquad \square$$

定理 6.2.8（一般的积分第二中值定理）　设 f 在 $[a,b]$ 上 Riemann 可积，g 为单调函数，则 $\exists\,\xi\in[a,b]$，s.t.

$$\int_{a}^{b} f(x)g(x)\mathrm{d}x = g(a)\int_{a}^{\xi} f(x)\mathrm{d}x + g(b)\int_{\xi}^{b} f(x)\mathrm{d}x.$$

证明　(1) 如果 g 单调减，令 $\widetilde{g}(x)=g(x)-g(b)$，则 $\widetilde{g}\geqslant 0$，且 $\widetilde{g}$ 仍单调减. 根据积分第二中值定理(1)，$\exists\,\xi\in[a,b]$，s.t.

$$
\begin{aligned}
\int_{a}^{b} f(x)g(x)\mathrm{d}x - g(b)\int_{a}^{b} f(x)\mathrm{d}x &= \int_{a}^{b} f(x)[g(x)-g(b)]\mathrm{d}x \\
&= \int_{a}^{b} f(x)\widetilde{g}(x)\mathrm{d}x = \widetilde{g}(a)\int_{a}^{\xi} f(x)\mathrm{d}x \\
&= [g(a)-g(b)]\int_{a}^{\xi} f(x)\mathrm{d}x.
\end{aligned}
$$

因此，

$$\int_{a}^{b} f(x)g(x)\mathrm{d}x = g(a)\int_{a}^{\xi} f(x)\mathrm{d}x + g(b)\int_{\xi}^{b} f(x)\mathrm{d}x.$$

(2) 如果 g 单调增，令 $\widetilde{g}(x)=g(x)-g(a)$，则 $\widetilde{g}\geqslant 0$，且 $\widetilde{g}(x)$ 仍单调增. 根据积分第二中值定理(2)，$\exists\,\xi\in[a,b]$，s.t.

$$
\begin{aligned}
\int_{a}^{b} f(x)g(x)\mathrm{d}x - g(a)\int_{a}^{b} f(x)\mathrm{d}x &= \int_{a}^{b} f(x)[g(x)-g(a)]\mathrm{d}x \\
&= \int_{a}^{b} f(x)\widetilde{g}(x)\mathrm{d}x = \widetilde{g}(b)\int_{\xi}^{b} f(x)\mathrm{d}x \\
&= [g(b)-g(a)]\int_{\xi}^{b} f(x)\mathrm{d}x.
\end{aligned}
$$

因此，

$$\int_{a}^{b} f(x)g(x)\mathrm{d}x = g(a)\int_{a}^{\xi} f(x)\mathrm{d}x + g(b)\int_{\xi}^{b} f(x)\mathrm{d}x.$$

或者，令 $\widetilde{g}(x)=g(b)-g(x)$，由 g 单调增，可知 $\widetilde{g}(x)$ 单调减，$\widetilde{g}\geqslant 0$. 根据积分第二中值定理(1)，$\exists\,\xi\in[a,b]$，s.t.

$$\int_{a}^{b} f(x)[g(b)-g(x)]\mathrm{d}x = [g(b)-g(a)]\int_{a}^{\xi} f(x)\mathrm{d}x,$$

$$\int_{a}^{b} f(x)g(x)\mathrm{d}x = g(a)\int_{a}^{\xi} f(x)\mathrm{d}x + g(b)\int_{\xi}^{b} f(x)\mathrm{d}x.$$

或者，因为 g 单调增，故 $-g(x)$ 单调减，由(1)知，$\exists\,\xi\in[a,b]$，s.t.

$$\int_a^b f(x)[-g(x)]\mathrm{d}x = -g(a)\int_a^\xi f(x)\mathrm{d}x + [-g(b)]\int_\xi^b f(x)\mathrm{d}x,$$

$$\int_a^b f(x)g(x)\mathrm{d}x = g(a)\int_a^\xi f(x)\mathrm{d}x + g(b)\int_\xi^b f(x)\mathrm{d}x. \qquad \Box$$

例 6.2.2　设

$$f(x) = \begin{cases} \sin x - 1, & -1 \leqslant x < 0, \\ x^2, & 0 \leqslant x \leqslant 1, \end{cases}$$

求 $\int_{-1}^1 f(x)\mathrm{d}x$.

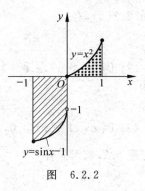

图 6.2.2

解　如图 6.2.2 所示.

$$\int_{-1}^1 f(x)\mathrm{d}x \xlongequal{\text{定理 } 6.2.4} \int_{-1}^0 f(x)\mathrm{d}x + \int_0^1 f(x)\mathrm{d}x$$

$$= \int_{-1}^0 (\sin x - 1)\mathrm{d}x + \int_0^1 x^2 \mathrm{d}x$$

$$= \cos(-1) - \cos 0 - [0 - (-1)] + \frac{1^3 - 0^3}{3}$$

$$= \cos 1 - 1 - 1 + \frac{1}{3} = \cos 1 - \frac{5}{3}. \qquad \Box$$

例 6.2.3　(1) 设 f 在 $[a,b]$ 上连续，且 $f(x) \geqslant 0$，$\int_a^b f(x)\mathrm{d}x = 0$，则 $f(x) \equiv 0, x \in [a,b]$.

(2) 设 f 在 $[a,b]$ 上 Riemann 可积，且 $f(x) \geqslant 0$，$\int_a^b f(x)\mathrm{d}x = 0$，则 $f(x)$ 在 $[a,b]$ 上几乎处处为 0，即 $\{x \mid x \in [a,b], f(x) \neq 0\}$ 为零测集，记为 $f(x) \xlongequal{\text{a. e.}} 0, x \in [a,b]$.

证明　(1)（反证）假设 $f(x) \not\equiv 0, x \in [a,b]$，则 $\exists x_0 \in [a,b]$, s. t. $f(x_0) \neq 0$，则 $f(x_0) > 0$. 根据定理 6.2.2(3)，$\int_a^b f(x)\mathrm{d}x > 0$，这与题设 $\int_a^b f(x)\mathrm{d}x = 0$ 相矛盾.

(2) 因 f 在 $[a,b]$ 上 Riemann 可积，根据定理 6.1.4(8)，f 在 $[a,b]$ 上几乎处处连续，由定理 6.2.2(3)，f 在每个连续点 x_0 处，$f(x_0) = 0$. 所以，$f(x)$ 在 $[a,b]$ 上几乎处处为 0.

$\Box$

例 6.2.4　求 $f(x) = \sin x$ 在 $[0,\pi]$ 上的平均值 $M(f)$.

解　由例 6.1.14，有

$$M(f) = \frac{1}{\pi}\int_0^\pi \sin x \, \mathrm{d}x$$

$$= \frac{1}{\pi}(\cos 0 - \cos \pi) = \frac{1}{\pi}[1 - (-1)] = \frac{2}{\pi}. \qquad \Box$$

例 6.2.5　不计算积分值比较下列积分的大小：

(1) $\displaystyle\int_0^1 x^3 \, \mathrm{d}x$ 与 $\displaystyle\int_0^1 x^2 \, \mathrm{d}x$;

(2) $\displaystyle\int_1^2 x^3 \, \mathrm{d}x$ 与 $\displaystyle\int_1^2 x^2 \, \mathrm{d}x$;

(3) $\displaystyle\int_0^1 \mathrm{e}^{x^2}(1-x) \, \mathrm{d}x$ 与 $\displaystyle\int_0^1 0 \, \mathrm{d}x$.

解　(1) 因为 $x^3 \leqslant x^2, x \in [0,1]$,且 $\left(\dfrac{1}{2}\right)^3 < \left(\dfrac{1}{2}\right)^2$, x^3 与 x^2 均连续,根据定理 6.2.2(3),有

$$\int_0^1 x^3 \, \mathrm{d}x < \int_0^1 x^2 \, \mathrm{d}x.$$

(2) 因 $x^3 \geqslant x^2, x \in [1,2]$,且 $2^3 > 2^2$, x^3 与 x^2 均连续,根据定理 6.2.2(3),有

$$\int_1^2 x^3 \, \mathrm{d}x > \int_1^2 x^2 \, \mathrm{d}x.$$

(3) 因 $\mathrm{e}^{x^2}(1-x) \geqslant 0, x \in [0,1]$,且 $\mathrm{e}^{\left(\frac{1}{2}\right)^2}\left(1-\dfrac{1}{2}\right) > 0$, $\mathrm{e}^{x^2}(1-x)$ 与 0 均连续,根据定理 6.2.2(3),有

$$\int_0^1 \mathrm{e}^{x^2}(1-x) \, \mathrm{d}x > \int_0^1 0 \, \mathrm{d}x. \qquad\qquad \square$$

例 6.2.6　证明: $\dfrac{2}{\sqrt[4]{\mathrm{e}}} < \displaystyle\int_0^2 \mathrm{e}^{x^2-x} \, \mathrm{d}x < 2\mathrm{e}^2$.

证明　令 $f(x) = \mathrm{e}^{x^2-x}$,则由 $-\dfrac{1}{4} \leqslant x^2 - x \leqslant 2, \forall x \in [0,2]$ 得到

$$\frac{1}{\sqrt[4]{\mathrm{e}}} = \mathrm{e}^{-\frac{1}{4}} \leqslant \mathrm{e}^{x^2-x} \leqslant \mathrm{e}^2, \quad \forall x \in [0,2].$$

又因为

$$\frac{1}{\sqrt[4]{\mathrm{e}}} < f(1) = 1 < \mathrm{e}^2,$$

根据定理 6.2.2(3),有

$$\frac{2}{\sqrt[4]{\mathrm{e}}} = \int_0^2 \frac{\mathrm{d}x}{\sqrt[4]{\mathrm{e}}} < \int_0^2 \mathrm{e}^{x^2-x} \, \mathrm{d}x < \int_0^2 \mathrm{e}^2 \, \mathrm{d}x = 2\mathrm{e}^2. \qquad\qquad \square$$

例 6.2.7　设 f, g 在 $[a,b]$ 上连续. 证明 Cauchy-Schwarz 不等式:

$$\left[\int_a^b f(x)g(x) \, \mathrm{d}x\right]^2 \leqslant \int_a^b f^2(x) \, \mathrm{d}x \int_a^b g^2(x) \, \mathrm{d}x,$$

其中等号当且仅当 $f = \lambda g$ 或 $g = \lambda f$ 时成立 $(\lambda \in \mathbb{R})$.

证法 1　$\forall t \in \mathbb{R}$,有

$$0 \leqslant \int_a^b [f(x) - tg(x)]^2 \, \mathrm{d}x$$

$$= \int_a^b f^2(x) \, \mathrm{d}x - 2t \int_a^b f(x)g(x) \, \mathrm{d}x + t^2 \int_a^b g^2(x) \, \mathrm{d}x.$$

(1) 如果 $\int_a^b g^2(x)\mathrm{d}x = 0$，由例 6.2.3 知，$g(x) = 0, x \in [a,b]$，故

$$\left[\int_a^b f(x)g(x)\mathrm{d}x\right]^2 = \left[\int_a^b f(x) \cdot 0\mathrm{d}x\right]^2 = 0$$

$$= \int_a^b f^2(x)\mathrm{d}x \cdot 0$$

$$= \int_a^b f^2(x)\mathrm{d}x \cdot \int_a^b g^2(x)\mathrm{d}x.$$

(2) 如果 $\int_a^b g^2(x)\mathrm{d}x > 0$，则由上述关于 t 的二次三项式非负，故其判别式

$$\Delta = 4\left[\int_a^b f(x)g(x)\mathrm{d}x\right]^2 - 4\int_a^b f^2(x)\mathrm{d}x\int_a^b g^2(x)\mathrm{d}x \leqslant 0,$$

即

$$\left[\int_a^b f(x)g(x)\mathrm{d}x\right]^2 \leqslant \int_a^b f^2(x)\mathrm{d}x \cdot \int_a^b g^2(x)\mathrm{d}x.$$

当 $f = \lambda g$ 时，显然有

$$\left[\int_a^b f(x)g(x)\mathrm{d}x\right]^2 = \left[\int_a^b \lambda g(x)g(x)\mathrm{d}x\right]^2$$

$$= \lambda^2 \left[\int_a^b g^2(x)\mathrm{d}x\right]^2$$

$$= \int_a^b [\lambda g(x)]^2\mathrm{d}x \cdot \int_a^b g^2(x)\mathrm{d}x.$$

同理，当 $g = \lambda f$ 时，等式也成立.

反之，如果 $\left[\int_a^b f(x)g(x)\mathrm{d}x\right]^2 = \int_a^b f^2(x)\mathrm{d}x \cdot \int_a^b g^2(x)\mathrm{d}x$，则

① $\int_a^b g^2(x)\mathrm{d}x = 0$，由例 6.2.2 可知，$g = 0 = 0 \cdot f$；

② $\int_a^b g^2(x)\mathrm{d}x > 0$，由

$$\Delta = 4\left[\int_a^b f(x)g(x)\mathrm{d}x\right]^2 - 4\int_a^b f^2(x)\mathrm{d}x\int_a^b g^2(x)\mathrm{d}x = 0$$

立刻知道，二次三项式

$$t^2\int_a^b g^2(x)\mathrm{d}x - 2t\int_a^b f(x)g(x)\mathrm{d}x + \int_a^b f^2(x)\mathrm{d}x$$

必有实根 λ，即

$$0 = \lambda^2\int_a^b g^2(x)\mathrm{d}x - 2\lambda\int_a^b f(x)g(x)\mathrm{d}x + \int_a^b f^2(x)\mathrm{d}x$$

$$= \int_a^b [f(x) - \lambda g(x)]^2\mathrm{d}x,$$

再由例 6.2.2 知，$f(x)-\lambda g(x)=0$，即 $f=\lambda g$.

证法 2 因 f,g 在 $[a,b]$ 上连续，故 fg,f^2,g^2 在 $[a,b]$ 上也连续. 从而它们在 $[a,b]$ 上都 Riemann 可积. 对 $[a,b]$ 的任何分割 $T:a=x_0<x_1<\cdots<x_n=b$，有 Cauchy-Schwarz 不等式：

$$\Big(\sum_{i=1}^{n}f(\xi_i)g(\xi_i)\Delta x_i\Big)^2=\Big(\sum_{i=1}^{n}f(\xi_i)\sqrt{\Delta x_i}\cdot g(\xi_i)\sqrt{\Delta x_i}\Big)^2$$

$$\leqslant\sum_{i=1}^{n}f^2(\xi_i)\Delta x_i\cdot\sum_{i=1}^{n}g^2(\xi_i)\Delta x_i.$$

令 $\|T\|\to0$ 得到

$$\Big[\int_a^b f(x)g(x)\mathrm{d}x\Big]^2\leqslant\int_a^b f^2(x)\mathrm{d}x\cdot\int_a^b g^2(x)\mathrm{d}x.\qquad\square$$

注 6.2.2 根据例 6.2.3(2)，请读者证明：

设 f,g 在 $[a,b]$ 上 Riemann 可积，则有 Cauchy-Schwarz 不等式

$$\Big[\int_a^b f(x)g(x)\mathrm{d}x\Big]^2\leqslant\int_a^b f^2(x)\mathrm{d}x\cdot\int_a^b g^2(x)\mathrm{d}x,$$

其中等号当且仅当 $f\xlongequal{\text{a.e.}}\lambda g$ 或 $g\xlongequal{\text{a.e.}}\lambda f,x\in[a,b]$ 时成立（$\lambda\in\mathbb{R}$）.

例 6.2.8 设 f 在 $[a,b]$ 上连续，且 $\int_a^b f(x)\mathrm{d}x=\int_a^b xf(x)\mathrm{d}x=0$，则在 (a,b) 内至少存在两点 x_1,x_2，使得 $f(x_1)=f(x_2)=0$.

证法 1 如果 f 在 (a,b) 内无零点，由 f 连续与零值定理，f 在 (a,b) 内恒大于 0 或恒小于 0. 不妨设 f 在 (a,b) 内恒大于 0. 再由 f 在 $[a,b]$ 上连续知，$f(x)\geqslant0,\forall x\in[a,b]$. 因此，

$$\int_a^b f(x)\mathrm{d}x>0,$$

这与题设 $\int_a^b f(x)\mathrm{d}x=0$ 相矛盾.

如果 f 在 (a,b) 内恰有一个零点 x_0，则 $f(x)$ 在 (a,x_0) 与 (x_0,b) 内严格异号，从而 $(x-x_0)f(x)$ 在 (a,x_0) 与 (x_0,b) 内必严格同号，因此，

$$\int_a^b(x-x_0)f(x)\mathrm{d}x>0\ (\text{或}<0),$$

这与题设 $\int_a^b(x-x_0)f(x)\mathrm{d}x=\int_a^b xf(x)\mathrm{d}x-x_0\int_a^b f(x)\mathrm{d}x=0-x_0\cdot0=0$ 相矛盾.

综合上述得到 f 在 (a,b) 内至少有两个零点 x_1,x_2，即 $x_1\neq x_2$，且 $f(x_1)=0=f(x_2)$.

证法 2 由 $\int_a^b f(x)\mathrm{d}x=0$ 推得 f 在 (a,b) 内必存在零点.（反证）假设 f 在 (a,b) 内只有一个零点 x_0，即 $f(x_0)=0$. 则由

$$0 = \int_a^b f(x)\,\mathrm{d}x = \int_a^{x_0} f(x)\,\mathrm{d}x + \int_{x_0}^b f(x)\,\mathrm{d}x$$

可得

$$\int_a^{x_0} f(x)\,\mathrm{d}x = -\int_{x_0}^b f(x)\,\mathrm{d}x \neq 0$$

(最后一个不等号是因为 f 在 (x_0,b) 上严格同号). 又因为 f 在 $[a,x_0]$ 与 $[x_0,b]$ 内都不变号,故由推广的积分第一中值定理可知,$\exists \xi_1, \xi_2$, s. t. $a < \xi_1 < x_0 < \xi_2 < b$,且

$$0 = \int_a^b x f(x)\,\mathrm{d}x = \int_a^{x_0} x f(x)\,\mathrm{d}x + \int_{x_0}^b x f(x)\,\mathrm{d}x$$

$$= \xi_1 \int_a^{x_0} f(x)\,\mathrm{d}x + \xi_2 \int_{x_0}^b f(x)\,\mathrm{d}x = (\xi_2 - \xi_1) \int_{x_0}^b f(x)\,\mathrm{d}x \neq 0,$$

矛盾.　　　　　　　　　　　　　　　　　　　　　　　　　　　　　　$\square$

练习题 6.2

1. 证明下列不等式:

(1) $\displaystyle\int_0^{2\pi} |\,a\cos x + b\sin x\,|\,\mathrm{d}x \leqslant 2\pi\sqrt{a^2 + b^2}$;

(2) $\displaystyle\int_0^1 x^m (1-x^n)\,\mathrm{d}x \leqslant \dfrac{m^m n^n}{(m+n)^{m+n}}, \quad m,n \in \mathbb{N}$;

(3) $\displaystyle\int_0^{10} \dfrac{x}{x^3 + 16}\,\mathrm{d}x \leqslant \dfrac{5}{6}$;　　　　(4) $1 < \displaystyle\int_0^{\frac{\pi}{2}} \dfrac{\sin x}{x}\,\mathrm{d}x < \dfrac{\pi}{2}$;

(5) $1 < \displaystyle\int_0^1 \mathrm{e}^{x^2}\,\mathrm{d}x < \mathrm{e}$;　　　　　(6) $3\sqrt{\mathrm{e}} < \displaystyle\int_{\mathrm{e}}^{4\mathrm{e}} \dfrac{\ln x}{\sqrt{x}}\,\mathrm{d}x < 6$;

(7) $\dfrac{\pi}{2} < \displaystyle\int_0^{\frac{\pi}{2}} \dfrac{\mathrm{d}x}{\sqrt{1 - \frac{1}{2}\sin^2 x}} < \dfrac{\pi}{\sqrt{2}}$.

2. 求下列极限:

(1) $\displaystyle\lim_{n\to+\infty} \int_a^b \mathrm{e}^{-nx^2}\,\mathrm{d}x, \quad 0 < a < b$;　　(2) $\displaystyle\lim_{n\to+\infty} \int_0^1 \dfrac{x^n}{1+x}\,\mathrm{d}x$.

3. 确定下列积分的正负:

(1) $\displaystyle\int_{\frac{1}{2}}^1 \mathrm{e}^x \ln^3 x\,\mathrm{d}x$;

(2) $\displaystyle\int_0^\pi f(x)\,\mathrm{d}x, \quad f(x) = \begin{cases} \dfrac{\sin x}{x}, & x \neq 0, \\ 1, & x = 0. \end{cases}$

4. 比较下列积分的大小:

(1) $\displaystyle\int_0^1 \mathrm{e}^{-x}\,\mathrm{d}x$ 与 $\displaystyle\int_0^1 \mathrm{e}^{-x^2}\,\mathrm{d}x$;　　　　(2) $\displaystyle\int_0^1 \dfrac{\sin x}{1+x}\,\mathrm{d}x$ 与 $\displaystyle\int_0^1 \dfrac{\sin x}{1+x^2}\,\mathrm{d}x$;

(3) $\displaystyle\int_0^{\frac{\pi}{2}} \frac{\sin x}{x}\mathrm{d}x$ 与 $\displaystyle\int_0^{\frac{\pi}{2}} \frac{\sin^2 x}{x^2}\mathrm{d}x$; (4) $\displaystyle\int_{-1}^0 \mathrm{e}^{-x^2}\mathrm{d}x$ 与 $\displaystyle\int_0^1 \mathrm{e}^{-x^2}\mathrm{d}x$;

(5) $\displaystyle\int_0^1 x\mathrm{d}x$ 与 $\displaystyle\int_0^1 x^2\mathrm{d}x$; (6) $\displaystyle\int_0^{\frac{\pi}{2}} x\mathrm{d}x$ 与 $\displaystyle\int_0^{\frac{\pi}{2}} \sin x\mathrm{d}x$.

5. 设函数 f 与 g 在 $[a,b]$ 上连续，且 $f(x) \leqslant g(x)$，$\forall\, x \in [a,b]$，又 $\displaystyle\int_a^b f(x)\mathrm{d}x = \int_a^b g(x)\mathrm{d}x$，证明：$f = g$.

6. 设函数 f 在 $[a,b]$ 上连续，且 $\displaystyle\int_a^b f(x)g(x)\mathrm{d}x = 0$ 对一切连续函数 g 成立. 证明：$f = 0$.

7. 证明 Dirichlet 积分

$$\int_0^\pi \frac{\sin\left(n+\frac{1}{2}\right)x}{\sin\frac{x}{2}}\mathrm{d}x = \pi, \quad n = 0,1,2,\cdots.$$

（提示：将被积函数表示为余弦函数之和，或用数学归纳法.）

8. 证明：Fejèr 积分

$$\int_0^\pi \left(\frac{\sin\frac{nx}{2}}{\sin\frac{x}{2}}\right)^2 \mathrm{d}x = n\pi, \quad n = 0,1,2,\cdots.$$

（提示：将被积函数表示为题 7 中被积函数之和.）

9. 设 f 为 $[0,1]$ 上的连续函数，且 $f > 0$. 证明：

$$\int_0^1 f(x)\mathrm{d}x \cdot \int_0^1 \frac{1}{f(x)}\mathrm{d}x \geqslant 1.$$

10. 应用 Riemann 积分 $\displaystyle\int_1^{n+1} \frac{\mathrm{d}x}{x} < \sum_{i=1}^n \frac{1}{i}$ 与 $\displaystyle\sum_{i=1}^{n-1} \frac{1}{i+1} < \int_1^n \frac{\mathrm{d}x}{x}$ 证明：

$$\ln(1+n) < 1 + \frac{1}{2} + \cdots + \frac{1}{n} < 1 + \ln n.$$

思考题 6.2

1. 证明：

$$\int_0^{\frac{\pi}{2}} \mathrm{e}^{-R\sin x}\mathrm{d}x \begin{cases} < \dfrac{\pi}{2R}(1 - \mathrm{e}^{-R}), & R > 0, \\[2mm] > \dfrac{\pi}{2R}(1 - \mathrm{e}^{-R}), & R < 0, \\[2mm] = \dfrac{\pi}{2}, & R = 0. \end{cases}$$

2. 设 f 为 $[0,\pi]$ 上的连续函数，它满足

$$\int_0^\pi f(\theta)\cos\theta\mathrm{d}\theta = \int_0^\pi f(\theta)\sin\theta\mathrm{d}\theta = 0.$$

证明：f 在 $(0,\pi)$ 内至少有两个零点.

3. (1) 设 $f(x)$ 在 $[a,b]$ 上连续，且 $\int_a^b f(x)\mathrm{d}x = 0$，$\int_a^b xf(x)\mathrm{d}x = 0$. 证明：至少存在两点 $x_1, x_2 \in (a,b)$ 使得 $f(x_1) = f(x_2) = 0$.

(2) 设 $f(x)$ 为定义在 $[a,b]$ 上的连续函数. 如果它的前 n 个矩全为 0，即

$$\int_a^b f(x)\mathrm{d}x = \int_a^b xf(x)\mathrm{d}x = \cdots = \int_a^b x^{n-1}f(x)\mathrm{d}x = 0.$$

证明：函数 $f(x)$ 或者恒为 0 或者在 (a,b) 上至少改变 n 次符号，即 f 至少有 n 个零点.

4. 设 $f(x)$ 在 $[a,b]$ 上 Riemann 可积，且它的一切矩全为 0，即

$$\int_a^b f(x)x^n\mathrm{d}x = 0, \quad n = 0,1,2,\cdots.$$

证明：f 在每一连续点处为 0. 特别当 f 连续时，$f = 0$.

5. 设函数 f 在 $[0,+\infty)$ 上连续，且 $\lim\limits_{x\to+\infty} f(x) = a$. 证明：

$$\lim_{x\to+\infty} \frac{1}{x}\int_0^x f(t)\mathrm{d}t = a.$$

6. 设函数 f 在 $[0,\pi]$ 上连续，$n \in \mathbb{N}$. 证明：

$$\lim_{n\to+\infty}\int_0^\pi f(x)\mid\sin nx\mid\mathrm{d}x = \frac{2}{\pi}\int_0^\pi f(x)\mathrm{d}x.$$

7. 设 f 是 $(-\infty,+\infty)$ 上的周期为 T 的连续函数. 证明：

$$\lim_{x\to+\infty} \frac{1}{x}\int_0^x f(t)\mathrm{d}t = \frac{1}{T}\int_0^T f(t)\mathrm{d}t.$$

8. (1) 设 f 与 g 分别为区间 $[a,b]$ 上的非负与正值连续函数. 证明：

$$\lim_{n\to+\infty} \sqrt[n]{\int_a^b g(x)[f(x)]^n\,\mathrm{d}x} = \max_{a\leqslant x\leqslant b} f(x).$$

(2) 设 f 与 g 皆为 $[a,b]$ 上的正值连续函数. 证明：

$$\lim_{n\to+\infty} \frac{\int_a^b g(x)f^{n+1}(x)\mathrm{d}x}{\int_a^b g(x)f^n(x)\mathrm{d}x} = \max_{a\leqslant x\leqslant b} f(x),$$

其中 $f^n(x) = [f(x)]^n$.

9. 进一步证明：积分第一中值定理 6.2.5 与推广积分第一中值定理 6.2.6 中，可选 ξ 使得 $\xi \in (a,b)$.

10. 设 f, g 均在 $[a,b]$ 上 Riemann 可积，$g(x)$ 在 $[a,b]$ 上不变号，$M = \sup\limits_{a\leqslant x\leqslant b} f(x)$，$m = \inf\limits_{a\leqslant x\leqslant b} f(x)$. 证明：$\exists \mu \in [m,M]$，s.t.

$$\int_a^b f(x)g(x)\mathrm{d}x = \mu \int_a^b g(x)\mathrm{d}x.$$

11. 设 f 与 g 在 $[a,b]$ 上 Riemann 可积,证明 Cauchy-Schwarz 不等式

$$\left[\int_a^b f(x)g(x)\mathrm{d}x\right]^2 \leqslant \int_a^b f^2(x)\mathrm{d}x \cdot \int_a^b g^2(x)\mathrm{d}x,$$

其中等号当且仅当 $f \xlongequal{\text{a.e.}} \lambda g$ 或 $g \xlongequal{\text{a.e.}} \lambda f, x \in [a,b]$ 时成立.

12. 应用 Cauchy-Schwarz 不等式证明:

(1) 设 f 在 $[a,b]$ 上 Riemann 可积,则

$$\left[\int_a^b f(x)\mathrm{d}x\right]^2 \leqslant (b-a)\int_a^b f^2(x)\mathrm{d}x;$$

(2) 设 f 在 $[a,b]$ 上 Riemann 可积,且 $f(x) \geqslant m > 0$,则

$$\int_a^b f(x)\mathrm{d}x \cdot \int_a^b \frac{1}{f(x)}\mathrm{d}x \geqslant (b-a)^2;$$

(3) 设 f 与 g 都在 $[a,b]$ 上 Riemann 可积,则有 Minkowski 不等式

$$\left[\int_a^b (f(x)+g(x))^2\mathrm{d}x\right]^{\frac{1}{2}} \leqslant \left[\int_a^b f^2(x)\mathrm{d}x\right]^{\frac{1}{2}} + \left[\int_a^b g^2(x)\mathrm{d}x\right]^{\frac{1}{2}}.$$

13. 设 f 为 $(0, +\infty)$ 上的连续减函数,$f(x) > 0$;又设

$$a_n = \sum_{k=1}^n f(k) - \int_1^n f(x)\mathrm{d}x.$$

证明:数列 $\{a_n\}$ 收敛.

14. 设 f 在 $[a,b]$ 上 Riemann 可积,φ 在 $[\alpha,\beta]$ 上单调且连续可导,$\varphi(\alpha) = a, \varphi(\beta) = b.$

证明:$\int_a^b f(x)\mathrm{d}x = \int_\alpha^\beta f(\varphi(t))\varphi'(t)\mathrm{d}t.$

15. 设 f 为 $[a,b]$ 上的连续函数,g 为连续可导的单调函数,试用一个比较简单的论述,证明积分第二中值定理:

$$\int_a^b f(x)g(x)\mathrm{d}x = g(a)\int_a^\xi f(x)\mathrm{d}x + g(b)\int_\xi^b f(x)\mathrm{d}x.$$

$\left(\text{提示:应用分部积分法}\int_a^b f(x)g(x)\mathrm{d}x = \int_a^b g(x)\mathrm{d}\int_a^x f(t)\mathrm{d}t,\text{以及积分第一中值定理.}\right)$

16. 设 $f(x)$ 在 $[a,b]$ 上连续可导,而

$$\Delta_n = \int_a^b f(x)\mathrm{d}x - \frac{b-a}{n}\sum_{k=1}^n f\left(a + k \cdot \frac{b-a}{n}\right).$$

证明:(1) $-\dfrac{1}{2}\left(\dfrac{b-a}{n}\right)^2 \sum_{k=1}^n M_k \leqslant \Delta_n \leqslant -\dfrac{1}{2}\left(\dfrac{b-a}{n}\right)^2 \sum_{k=1}^n m_k$,其中

$$m_k = \min\left\{f'(x) \mid a + (k-1)\frac{b-a}{n} \leqslant x \leqslant a + k\frac{b-a}{n}\right\},$$

$$M_k = \max\left\{f'(x) \mid a + (k-1)\frac{b-a}{n} \leqslant x \leqslant a + k\frac{b-a}{n}\right\}.$$

(2) $\lim\limits_{n\to+\infty} n\Delta_n = -\dfrac{b-a}{2}[f(b)-f(a)]$.

17. 设 f 为 $[a,b]$ 上的连续函数,且对任一满足 $\int_a^b g(x)\mathrm{d}x = 0$ 的连续函数 g 有 $\int_a^b f(x)g(x)\mathrm{d}x = 0$. 证明: f 为常值函数.

18. 求出满足下列条件的所有函数 $f(x)$:

(1) f 在 $[0,1]$ 上连续且非负;

(2) $\int_0^1 f(x)\mathrm{d}x = 1$;

(3) $\exists \alpha \in \mathbb{R}$, s.t.
$$\int_0^1 xf(x)\mathrm{d}x = \alpha, \quad \int_0^1 x^2 f(x)\mathrm{d}x = \alpha^2.$$

6.3 微积分基本定理、微积分基本公式

设 f 在 $[a,b]$ 上 Riemann 可积,因此 f 在 $[a,b]$ 的任一闭子区间上也 Riemann 可积. 于是,由

$$\Phi(x) = \int_a^x f(t)\mathrm{d}t, \quad x \in [a,b]$$

定义了一个以积分上限 x 为自变量的函数,称为**变上限积分**,几何上看是变动曲边梯形 $AaxB$ 的面积(图 6.3.1). 在不致混淆时,记 $\int_a^x f(t)\mathrm{d}t$ 为 $\int_a^x f(x)\mathrm{d}x$,但应注意的是积分上限的 x 是真正的变量,而 $f(x)\mathrm{d}x$ 中的 x 是积分变量,它用 $t,\theta,u,\cdots$ 表示都可以.

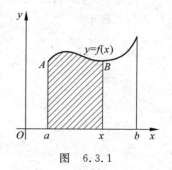

图 6.3.1

类似地,也可定义**变下限积分**

$$\Psi(x) = \int_x^b f(t)\mathrm{d}t, \quad x \in [a,b].$$

Φ 与 Ψ 统称为**变限积分**.

变限积分所定义的函数有着重要的性质. 由于

$$\int_x^b f(t)\mathrm{d}t = -\int_b^x f(t)\mathrm{d}t,$$

下面只讨论变上限积分.

定理 6.3.1 设 f 在 $[a,b]$ 上 Riemann 可积,则变上限积分

$$\Phi(x) = \int_a^x f(t)\mathrm{d}t$$

为满足 Lipschitz 条件的函数. 特别地,$\Phi(x)$ 在 $[a,b]$ 上一致连续.

证明 因为 f 在 $[a,b]$ 上 Riemann 可积,根据定理 6.1.2 知,f 在 $[a,b]$ 上必有界,即 $|f(x)| \leqslant M$,$\forall x_1, x_2 \in [a,b]$. 由定理 6.2.4 及定理 6.2.3 得到

$$| \Phi(x_1) - \Phi(x_2) | = \left| \int_a^{x_1} f(t)\,dt - \int_a^{x_2} f(t)\,dt \right| = \left| \int_{x_2}^{x_1} f(t)\,dt \right|$$

$$\leqslant \left| \int_{x_2}^{x_1} | f(t) |\,dt \right| \leqslant M | x_1 - x_2 |.$$

这就证明了 Φ 在 $[a,b]$ 上满足 Lipschitz 条件.

另一方面,$\forall \varepsilon > 0$,取 $\delta \in \left(0, \dfrac{\varepsilon}{M+1} \right)$,则当 $x_1, x_2 \in [a,b]$,$|x_1 - x_2| < \delta$ 时有

$$|\Phi(x_1) - \Phi(x_2)| \leqslant M | x_1 - x_2 | \leqslant M\delta < M \cdot \frac{\varepsilon}{M+1} < \varepsilon,$$

因此,Φ 在 $[a,b]$ 上是一致连续的. □

现在我们来研究积分学的最重要的微积分基本定理与微积分基本公式.

定理 6.3.2(微积分基本定理) 设 f 在 $[a,b]$ 上 Riemann 可积,且在 $x_0 \in [a,b]$ 连续,则

$$\Phi(x) = \int_a^x f(t)\,dt$$

在 x_0 处可导,且

$$\Phi'(x_0) = f(x_0).$$

证明 $\forall \varepsilon > 0$,因 f 在 x_0 连续,故 $\exists \delta > 0$,当 $|x - x_0| < \delta$,$x \in [a,b]$ 时,有 $|f(x) - f(x_0)| < \varepsilon$. 于是

$$\left| \frac{\Phi(x) - \Phi(x_0)}{x - x_0} - f(x_0) \right| = \left| \frac{\int_a^x f(t)\,dt - \int_a^{x_0} f(t)\,dt}{x - x_0} - f(x_0) \right|$$

$$= \left| \frac{\int_{x_0}^x f(t)\,dt - \int_{x_0}^x f(x_0)\,dt}{x - x_0} \right| = \left| \frac{\int_{x_0}^x [f(t) - f(x_0)]\,dt}{x - x_0} \right|$$

$$\leqslant \frac{\left| \int_{x_0}^x | f(t) - f(x_0) |\,dt \right|}{| x - x_0 |} < \frac{\varepsilon \left| \int_{x_0}^x dt \right|}{| x - x_0 |} = \varepsilon,$$

即 $\Phi(x)$ 在 x_0 处可导,且

$$\Phi'(x_0) = \lim_{x \to x_0} \frac{\Phi(x) - \Phi(x_0)}{x - x_0} = f(x_0). \qquad \square$$

推论 6.3.1 设 f 在 $[a,b]$ 上连续,$\Phi(x) = \int_a^x f(t)\,dt$,$x \in [a,b]$,则 $\Phi'(x) = f(x)$,即 $\Phi(x)$ 为 $f(x)$ 在 $[a,b]$ 上的一个原函数. 从而

$$\int f(x)\,dx = \Phi(x) + C = \int_a^x f(t)\,dt + C.$$

证法 1　由定理 6.3.2 推得.

证法 2　对 $\forall x\in[a,b]$,当 $\Delta x\neq 0$ 且 $x+\Delta x\in[a,b]$ 时,有

$$\frac{\Delta\Phi}{\Delta x}=\frac{\Phi(x+\Delta x)-\Phi(x)}{\Delta x}=\frac{1}{\Delta x}\int_x^{x+\Delta x}f(t)\mathrm{d}t$$

$$\xlongequal{\text{积分第一中值定理}}f(x+\theta\Delta x),\quad 0\leqslant\theta\leqslant 1.$$

由于 f 在点 x 连续,故有

$$\Phi'(x)=\lim_{\Delta x\to 0}\frac{\Delta\Phi}{\Delta x}=\lim_{\Delta x\to 0}f(x+\theta\Delta x)=f(x). \qquad \square$$

推论 6.3.2　设 f 在 $[a,b]$ 上连续,$u(x):(c,d)\to\mathbb{R}$ 与 $v(x):(c,d)\to\mathbb{R}$ 可导,$a\leqslant u(x)\leqslant b,a\leqslant v(x)\leqslant b$,则

$$\left(\int_{v(x)}^{u(x)}f(t)\mathrm{d}t\right)'=f(u(x))u'(x)-f(v(x))v'(x).$$

证明　应用复合函数求导的链规则,有

$$\left(\int_{v(x)}^{u(x)}f(t)\mathrm{d}t\right)'=\left(\int_{v(x)}^{a}f(t)\mathrm{d}t+\int_a^{u(x)}f(t)\mathrm{d}t\right)'$$

$$=\left(\int_a^{u(x)}f(t)\mathrm{d}t\right)'-\left(\int_a^{v(x)}f(t)\mathrm{d}t\right)'$$

$$=\left(\int_a^u f(t)\mathrm{d}t\right)'\Big|_{u=u(x)}\cdot u'(x)-\left(\int_a^v f(t)\mathrm{d}t\right)'\Big|_{v=v(x)}\cdot v'(x)$$

$$=f(u(x))u'(x)-f(v(x))v'(x). \qquad \square$$

定理 6.3.3（微积分基本公式或 Newton-Leibniz 公式）　设 f 在 $[a,b]$ 上连续,F 为 f 在 $[a,b]$ 上的任一原函数,即 $F'(x)=f(x),\forall x\in[a,b]$. 则

$$\int_a^b f(x)\mathrm{d}x=\int_a^b F'(x)\mathrm{d}x=F(b)-F(a)=F(x)\Big|_a^b.$$

微积分基本公式是体现导数（微分）与积分有着密切联系的重要公式.

证法 1　设 $\Phi(x)=\int_a^x f(t)\mathrm{d}t$,则由推论 6.1.1 知,

$$\Phi'(x)=f(x)=F'(x),\quad\forall x\in[a,b].$$

再根据推论 3.2.2 得到 $F(x)=\Phi(x)+C$,所以,

$$\int_a^b f(x)\mathrm{d}x=\int_a^b f(x)\mathrm{d}x-\int_a^a f(x)\mathrm{d}x=\Phi(b)-\Phi(a)$$

$$=(\Phi(b)+C)-(\Phi(a)+C)=F(b)-F(a).$$

证法 2　因为 f 在 $[a,b]$ 上连续,从而一致连续,即 $\forall\varepsilon>0,\exists\delta>0$,当 $x',x''\in[a,b]$ 且 $|x'-x''|<\delta$ 时,有

$$|f(x')-f(x'')|<\frac{\varepsilon}{b-a}.$$

对上述 $\varepsilon>0$,及 $[a,b]$ 的任一分割 $T:a=x_0<x_1<\cdots<x_n=b$,当 $\|T\|<\delta$ 与 $\forall\xi_i\in$

$[x_{i-1}, x_i]$ 时,有

$$\left| \sum_{i=1}^{n} f(\xi_i) \Delta x_i - [F(b) - F(a)] \right|$$

$$= \left| \sum_{i=1}^{n} f(\xi_i) \Delta x_i - \sum_{i=1}^{n} [F(x_i) - F(x_{i-1})] \right|$$

$$= \left| \sum_{i=1}^{n} f(\xi_i) \Delta x_i - \sum_{i=1}^{n} f(\eta_i) \Delta x_i \right|$$

$$= \left| \sum_{i=1}^{n} [f(\xi_i) - f(\eta_i)] \Delta x_i \right|$$

$$\leqslant \sum_{i=1}^{n} |f(\xi_i) - f(\eta_i)| \Delta x_i$$

$$< \frac{\varepsilon}{b-a} \sum_{i=1}^{n} \Delta x_i = \frac{\varepsilon}{b-a}(b-a) = \varepsilon,$$

其中第二个等式是应用了 Lagrange 中值定理, $\exists \eta_i \in (x_{i-1}, x_i)$, s. t.

$$F(x_i) - F(x_{i-1}) = F'(\eta_i)(x_i - x_{i-1}) = f(\eta_i) \Delta x_i.$$

由上推得 f 在 $[a,b]$ 上 Riemann 可积,且有

$$\int_a^b f(x) \mathrm{d}x = F(b) - F(a). \qquad \qquad \square$$

定理 6.3.4(推广的微积分基本公式或推广的 Newton-Leibniz 公式)   设 f 在 $[a,b]$ 上 Riemann 可积,F 在 $[a,b]$ 上连续,且在 $[a,b]$ 上除有限个点外,

$$F'(x) = f(x)$$

成立. 则

$$\int_a^b f(x) \mathrm{d}x = F(b) - F(a) = F(x) \Big|_a^b.$$

证明   作 $[a,b]$ 的分割 $T: a = x_0 < x_1 < \cdots < x_n = b$,使 $F'(x) = f(x)$ 不成立的点全在上述分点中. 所以,$F'(x) = f(x)$, $\forall x \in (x_{i-1}, x_i)$,且 F 在 $[x_{i-1}, x_i]$ 上连续. 由 Lagrange 中值定理知, $\exists \xi_i \in (x_{i-1}, x_i)$, s. t.

$$f(\xi_i) = F'(\xi_i) = \frac{F(x_i) - F(x_{i-1})}{x_i - x_{i-1}}.$$

由此推得

$$F(x_i) - F(x_{i-1}) = f(\xi_i)(x_i - x_{i-1}) = f(\xi_i) \Delta x_i.$$

于是,

$$\int_a^b f(x) \mathrm{d}x = \lim_{\|T\| \to 0} \sum_{i=1}^{n} f(\xi_i) \Delta x_i = \lim_{\|T\| \to 0} \sum_{i=1}^{n} [F(x_i) - F(x_{i-1})]$$

$$= \lim_{\|T\| \to 0} [F(b) - F(a)] = F(b) - F(a). \qquad \square$$

注 6.3.1 现在我们用定积分与 Newton-Leibniz 公式来描述匀加速运动与例 5.2.11 中的半生期问题. 关于匀加速运动有

$$v(t) = \int_{t_0}^{t} a\mathrm{d}t + v(t_0) = a(t - t_0) + v(t_0),$$

$$x(t) = \int_{t_0}^{t} [a(t - t_0) + v(t_0)]\mathrm{d}t + x(t_0)$$

$$= \frac{a}{2}(t - t_0)^2 + v(t_0)(t - t_0) + x(t_0).$$

关于半生期有

$$\frac{\mathrm{d}m}{m} = -k\mathrm{d}t,$$

$$\int_{m(0)}^{m(t)} \frac{\mathrm{d}m}{m} = \int_{0}^{t} (-k)\mathrm{d}t,$$

$$\ln \frac{m(t)}{m(0)} = -kt,$$

$$m(t) = m(0)\mathrm{e}^{-kt}.$$

例 6.3.1 已经知道,如果 $f(x)$ 连续,则变上限积分 $\int_{a}^{x} f(t)\mathrm{d}t$ 为 $f(x)$ 的一个原函数,且

$$\int f(x)\mathrm{d}x = \int_{a}^{x} f(t)\mathrm{d}t + C,$$

还有 Newton-Leibniz 公式

$$\int_{a}^{b} f(x)\mathrm{d}x = F(x)\Big|_{a}^{b} = F(b) - F(a)$$

成立,其中 $F(x) = \int_{a}^{x} f(t)\mathrm{d}t + C.$

值得注意的是,

$$f(x) = \begin{cases} \dfrac{3}{2}x^{\frac{1}{2}}\sin\dfrac{1}{x} - x^{-\frac{1}{2}}\cos\dfrac{1}{x}, & x \neq 0, \\ 0, & x = 0 \end{cases}$$

有原函数

$$F(x) = \begin{cases} x^{\frac{3}{2}}\sin\dfrac{1}{x}, & x \neq 0, \\ 0, & x = 0. \end{cases}$$

但 $f(x)$ 在 $[0,1]$ 上无界,根据定理 6.1.2 推得它在 $[0,1]$ 上不是 Riemann 可积的,从而,Newton-Leibniz 公式不成立,即

$$\int_{0}^{1} f(x)\mathrm{d}x \neq F(x)\Big|_{0}^{1}.$$

即使加上 $f(x)$ 在 $[a,b]$ 上 Riemann 可积, 推广的 Newton-Leibniz 公式也未必成立. 如

$$f(x) = 0,$$

$$F(x) = \begin{cases} 1, & x \geqslant 0, \\ 0, & x < 0, \end{cases}$$

则 $F'(x) = 0 = f(x), \forall x \neq 0$, 且 $f(x)$ 在 $[-1,1]$ 上 Riemann 可积, 但

$$\int_{-1}^{1} f(x)\mathrm{d}x = \int_{-1}^{1} 0\mathrm{d}x = 0 \neq 1 = 1 - 0 = F(1) - F(-1).$$

$F(x)$ 在 0 不连续是造成推广的 Newton-Leibniz 公式不成立的主要原因.

例 6.3.2　应用 Newton-Leibniz 公式计算下列 Riemann 积分:

(1) $\displaystyle\int_a^b x\mathrm{d}x$;　　　　(2) $\displaystyle\int_a^b x^2\mathrm{d}x$;　　　　(3) $\displaystyle\int_a^b \sin x\mathrm{d}x$;

(4) $\displaystyle\int_a^b \mathrm{e}^x\mathrm{d}x$;　　　　(5) $\displaystyle\int_0^2 x\sqrt{4-x^2}\mathrm{d}x$.

解　(1) $\displaystyle\int_a^b x\mathrm{d}x = \frac{x^2}{2}\bigg|_a^b = \frac{b^2 - a^2}{2}$.

(2) $\displaystyle\int_a^b x^2\mathrm{d}x = \frac{x^3}{3}\bigg|_a^b = \frac{b^3 - a^3}{3}$.

(3) $\displaystyle\int_a^b \sin x\mathrm{d}x = -\cos x\bigg|_a^b = \cos a - \cos b$.

(4) $\displaystyle\int_a^b \mathrm{e}^x\mathrm{d}x = \mathrm{e}^x\bigg|_a^b = \mathrm{e}^b - \mathrm{e}^a$.

(5) 由

$$\int x\sqrt{4-x^2}\mathrm{d}x = -\frac{1}{2}\int \sqrt{4-x^2}\mathrm{d}(4-x^2)$$

$$= -\frac{1}{3}(4-x^2)^{\frac{3}{2}} + C$$

得到

$$\int_0^2 x\sqrt{4-x^2}\mathrm{d}x = -\frac{1}{3}(4-x^2)^{\frac{3}{2}}\bigg|_0^2 = \frac{8}{3}. \qquad \Box$$

比较例 6.3.2(2) 与例 6.1.13, 再比较例 6.3.2(3) 与例 6.1.14 就可知道, 用 Newton-Leibniz 公式计算 Riemann 积分比用定义及定理 6.1.4 要简捷得多, 这充分显示了 Newton-Leibniz 公式的强大威力, 也显示了求原函数或求不定积分的重要性.

例 6.3.3　设 $m, n = 0, 1, 2, \cdots$, 证明:

(1) $\displaystyle\int_{-\pi}^{\pi} \cos mx \cos nx\,\mathrm{d}x = \int_{-\pi}^{\pi} \sin mx \sin nx\,\mathrm{d}x = \begin{cases} 0, & m \neq n, \\ \pi, & m = n; \end{cases}$

(2) $\displaystyle\int_{-\pi}^{\pi} \sin mx \cos nx\, \mathrm{d}x = 0.$

证明 应用 Newton-Leibniz 公式,有

(1) $\displaystyle\int_{-\pi}^{\pi} \cos mx \cos nx\, \mathrm{d}x = \frac{1}{2}\int_{-\pi}^{\pi}\big[\cos(m+n)x + \cos(m-n)x\big]\mathrm{d}x$

$$= \begin{cases} \dfrac{1}{2}\left[\dfrac{\sin(m+n)x}{m+n} + \dfrac{\sin(m-n)x}{m-n}\right]\Big|_{-\pi}^{\pi} = 0, & m \neq n, \\[3mm] \dfrac{1}{2}\left[\dfrac{\sin(m+n)x}{m+n} + x\right]\Big|_{-\pi}^{\pi} = \dfrac{1}{2}(0+2\pi) = \pi, & m = n. \end{cases}$$

$\displaystyle\int_{-\pi}^{\pi} \sin mx \sin nx\, \mathrm{d}x = \frac{1}{2}\int_{-\pi}^{\pi}\big[\cos(m-n)x - \cos(m+n)x\big]\mathrm{d}x$

$$= \begin{cases} \dfrac{1}{2}\left[\dfrac{\sin(m-n)x}{m-n} - \dfrac{\sin(m+n)x}{m+n}\right]\Big|_{-\pi}^{\pi} = 0, & m \neq n, \\[3mm] \dfrac{1}{2}\left[x - \dfrac{\sin(m+n)x}{m+n}\right]\Big|_{-\pi}^{\pi} = \dfrac{1}{2}(2\pi-0) = \pi, & m = n. \end{cases}$$

(2) $\displaystyle\int_{-\pi}^{\pi} \sin mx \cos nx\, \mathrm{d}x = \frac{1}{2}\int_{-\pi}^{\pi}\big[\sin(m+n)x + \sin(m-n)x\big]\mathrm{d}x$

$$= \begin{cases} \dfrac{1}{2}\left[-\dfrac{\cos(m+n)x}{m+n} - \dfrac{\cos(m-n)x}{m-n}\right]\Big|_{-\pi}^{\pi} = 0, & m \neq n, \\[3mm] \dfrac{1}{2}\left[-\dfrac{\cos(m+n)x}{m+n}\Big|_{-\pi}^{\pi} + 0\right] = \dfrac{1}{2}(0+0) = 0, & m = n, m+n \neq 0, \\[3mm] 0, & m = n = 0. \end{cases}$$

□

例 6.3.4 应用 Riemann 积分定义及 Newton-Leibniz 公式计算下面的数列极限:

(1) $\displaystyle\lim_{n\to+\infty} \frac{1^p + 2^p + \cdots + n^p}{n^{p+1}}$ $(p > -1)$;

(2) $\displaystyle\lim_{n\to+\infty} \frac{1}{n}\left(1 + \sec^2\frac{\pi}{4n} + \sec^2\frac{2\pi}{4n} + \cdots + \sec^2\frac{n\pi}{4n}\right)$;

(3) $\displaystyle\lim_{n\to+\infty}\left(\frac{1}{n+1} + \frac{1}{n+2} + \cdots + \frac{1}{2n}\right).$

解 (1) $\displaystyle\lim_{n\to+\infty} \frac{1^p + 2^p + \cdots + n^p}{n^{p+1}}$

$$= \lim_{n\to+\infty} \frac{1}{n}\left[\left(\frac{1}{n}\right)^p + \left(\frac{2}{n}\right)^p + \cdots + \left(\frac{n}{n}\right)^p\right]$$

$$= \int_0^1 x^p\, \mathrm{d}x = \frac{x^{p+1}}{p+1}\Big|_0^1 = \frac{1}{p+1}, \quad p > -1.$$

参阅例 1.6.3(1),它应用 Stolz 公式对 p 为自然数时求得极限值 $\dfrac{1}{p+1}$.

(2) $\displaystyle\lim_{n\to+\infty} \frac{1}{n}\left(1 + \sec^2\frac{\pi}{4n} + \sec^2\frac{2\pi}{4n} + \cdots + \sec^2\frac{n\pi}{4n}\right)$

$$= \frac{4}{\pi} \lim_{n \to +\infty} \frac{\pi}{4n} \Big(1 + \sec^2 \frac{\pi}{4n} + \sec^2 \frac{2\pi}{4n} + \cdots + \sec^2 \frac{n\pi}{4n} \Big)$$

$$= \frac{4}{\pi} \int_0^{\frac{\pi}{4}} \sec^2 x \, dx = \frac{4}{\pi} \tan x \Big|_0^{\frac{\pi}{4}} = \frac{4}{\pi} (1 - 0) = \frac{4}{\pi}.$$

(3) $\displaystyle \lim_{n \to +\infty} \Big(\frac{1}{n+1} + \frac{1}{n+2} + \cdots + \frac{1}{2n} \Big)$

$$= \lim_{n \to +\infty} \frac{1}{n} \left[\frac{1}{1 + \frac{1}{n}} + \cdots + \frac{1}{1 + \frac{n}{n}} \right]$$

$$= \int_0^1 \frac{dx}{1+x} = \ln(1+x) \Big|_0^1 = \ln 2.$$

另一方法参阅例 1.4.9(1). □

例 6.3.5 设 f 在 $[a,b]$ 上连续可导，$f(a) = 0$. 证明：

(1) $\displaystyle \max_{x \in [a,b]} f^2(x) \leqslant (b-a) \int_a^b [f'(x)]^2 dx$;

(2) $\displaystyle \int_a^b f^2(x) dx \leqslant \frac{(b-a)^2}{2} \int_a^b [f'(x)]^2 dx.$

证明 (1) 由 Cauchy-Schwarz 不等式、$f(a)=0$ 及 Newton-Leibniz 公式得到

$$f^2(x) = [f(x) - f(a)]^2 = \Big[\int_a^x f'(t) dt \Big]^2 = \Big[\int_a^x f'(t) \cdot 1 dt \Big]^2$$

$$\leqslant \int_a^x [f'(x)]^2 dx \cdot \int_a^x 1^2 dx = (x-a) \int_a^x [f'(x)]^2 dx$$

$$\leqslant (b-a) \int_a^b [f'(x)]^2 dx, \quad \forall x \in [a,b],$$

所以，

$$\max_{x \in [a,b]} f^2(x) \leqslant (b-a) \int_a^b [f'(x)]^2 dx.$$

(2) 由(1)推得了

$$f^2(x) \leqslant (x-a) \int_a^b [f'(x)]^2 dx.$$

两边积分得

$$\int_a^b f^2(x) dx \leqslant \int_a^b \Big\{ \int_a^b [f'(x)]^2 dx \cdot (x-a) \Big\} dx$$

$$= \int_a^b [f'(x)]^2 dx \cdot \int_a^b (x-a) dx$$

$$= \int_a^b [f'(x)]^2 dx \cdot \frac{(x-a)^2}{2} \Big|_a^b$$

$$= \frac{(b-a)^2}{2} \int_a^b [f'(x)]^2 dx. \qquad \square$$

例 6.3.6　设 f 在 $[0,+\infty]$ 上连续并恒取正值. 证明：

$$\varphi(x) = \frac{\displaystyle\int_0^x t f(t)\,\mathrm{d}t}{\displaystyle\int_0^x f(t)\,\mathrm{d}t}$$

是 $(0,+\infty)$ 上的严格增函数.

　　证明　由微积分基本定理得到

$$\varphi'(x) = \frac{x f(x)\displaystyle\int_0^x f(t)\,\mathrm{d}t - f(x)\displaystyle\int_0^x t f(t)\,\mathrm{d}t}{\left(\displaystyle\int_0^x f(t)\,\mathrm{d}t\right)^2}$$

$$= \frac{f(x)\displaystyle\int_0^x (x-t) f(t)\,\mathrm{d}t}{\left(\displaystyle\int_0^x f(t)\,\mathrm{d}t\right)^2} > 0$$

$(f(x)>0, x-t>0, \forall\, t\in(0,x))$，根据定理 3.5.1，$\varphi(x)$ 为 $(0,+\infty)$ 上的严格增函数.　□

　　例 6.3.7　应用微积分基本定理求下列极限：

$$(1)\ \lim_{x\to+\infty} \frac{\displaystyle\int_0^x \sqrt{1+t^4}\,\mathrm{d}t}{x^3};\qquad (2)\ \lim_{x\to+\infty} \frac{\displaystyle\int_0^x t^2 \mathrm{e}^{t^2}\,\mathrm{d}t}{\left(\displaystyle\int_0^x \mathrm{e}^{t^2}\,\mathrm{d}t\right)^2};\qquad (3)\ \lim_{x\to0} \frac{\displaystyle\int_0^x t^2 \mathrm{e}^{t^2}\,\mathrm{d}t}{\left(\displaystyle\int_0^x \mathrm{e}^{t^2}\,\mathrm{d}t\right)^2}.$$

　　解　$(1)\ \displaystyle\lim_{x\to+\infty} \frac{\displaystyle\int_0^x \sqrt{1+t^4}\,\mathrm{d}t}{x^3} \xlongequal[\text{L'Hospital 法则}]{\frac{\infty}{\infty}} \lim_{x\to+\infty} \frac{\sqrt{1+x^4}}{3x^2}$

$$= \lim_{x\to+\infty} \frac{1}{3}\sqrt{\frac{1}{x^4}+1} = \frac{1}{3}\sqrt{0+1} = \frac{1}{3}.$$

$(2)\ \displaystyle\lim_{x\to+\infty} \frac{\displaystyle\int_0^x t^2 \mathrm{e}^{t^2}\,\mathrm{d}t}{\left(\displaystyle\int_0^x \mathrm{e}^{t^2}\,\mathrm{d}t\right)^2} \xlongequal[\text{L'Hospital 法则}]{\frac{\infty}{\infty}} \lim_{x\to+\infty} \frac{x^2 \mathrm{e}^{x^2}}{2\left(\displaystyle\int_0^x \mathrm{e}^{t^2}\,\mathrm{d}t\right)\cdot \mathrm{e}^{x^2}}$

$$= \lim_{x\to+\infty} \frac{x^2}{2\displaystyle\int_0^x \mathrm{e}^{t^2}\,\mathrm{d}t} = \lim_{x\to+\infty} \frac{2x}{2\mathrm{e}^{x^2}}$$

$$= \lim_{x\to+\infty} \frac{x}{\mathrm{e}^{x^2}} = \lim_{x\to+\infty} \frac{1}{2x\mathrm{e}^{x^2}} = 0.$$

$(3)\ \displaystyle\lim_{x\to0} \frac{\displaystyle\int_0^x t^2 \mathrm{e}^{t^2}\,\mathrm{d}t}{\left(\displaystyle\int_0^x \mathrm{e}^{t^2}\,\mathrm{d}t\right)^2} \xlongequal[\text{L'Hospital 法则}]{\frac{0}{0}} \lim_{x\to0} \frac{x^2 \mathrm{e}^{x^2}}{2\left(\displaystyle\int_0^x \mathrm{e}^{t^2}\,\mathrm{d}t\right)\cdot \mathrm{e}^{x^2}}$

$$= \lim_{x\to0} \frac{x^2}{2\displaystyle\int_0^x \mathrm{e}^{t^2}\,\mathrm{d}t} = \lim_{x\to0} \frac{x}{\mathrm{e}^{x^2}} = \frac{0}{\mathrm{e}^0} = 0.\qquad □$$

　　例 6.3.8　设函数 f 连续可导，$f(1)=1$，且当 $x\geqslant 1$ 时，有

$$f'(x) = \frac{1}{x^2 + f^2(x)}.$$

证明：$\lim\limits_{x \to +\infty} f(x)$ 存在，且 $\lim\limits_{x \to +\infty} f(x) \leqslant 1 + \dfrac{\pi}{4}$.

证明 由于 $f'(x) = \dfrac{1}{x^2 + f^2(x)} > 0$，所以 f 在 $[1, +\infty)$ 上严格增；且当 $x \geqslant 1$ 时，有 $f(x) > f(1) = 1$，于是，由 Newton-Leibniz 公式得到

$$f(x) = f(1) + \int_1^x f'(t)\mathrm{d}t = 1 + \int_1^x \frac{\mathrm{d}t}{t^2 + f^2(t)}$$

$$< 1 + \int_1^x \frac{\mathrm{d}t}{1 + t^2} = 1 + \arctan x - \arctan 1$$

$$< 1 + \frac{\pi}{2} - \frac{\pi}{4} = 1 + \frac{\pi}{4}.$$

当 $x \to +\infty$ 时，f 递增且有上界 $1 + \dfrac{\pi}{4}$. 因此，$\lim\limits_{x \to \infty} f(x)$ 存在有限，并且

$$\lim\limits_{x \to \infty} f(x) \leqslant 1 + \frac{\pi}{4}. \qquad \Box$$

例 6.3.9 设 f 连续可导，且 $f(0) = 0, f(1) = 1$. 求证：

$$\int_0^1 | f(x) - f'(x) | \, \mathrm{d}x \geqslant \frac{1}{\mathrm{e}}.$$

证明 从 $\mathrm{e}^{-x} \leqslant 1$，$\forall x \in [0, 1]$ 得到

$$\int_0^1 | f(x) - f'(x) | \, \mathrm{d}x \geqslant \int_0^1 \mathrm{e}^{-x} | f(x) - f'(x) | \, \mathrm{d}x$$

$$\geqslant \int_0^1 \mathrm{e}^{-x} [f'(x) - f(x)] \mathrm{d}x = \int_0^1 [\mathrm{e}^{-x} f(x)]' \mathrm{d}x$$

$$\xlongequal{\text{Newton-Leibniz 公式}} \mathrm{e}^{-x} f(x) \Big|_0^1 = \mathrm{e}^{-1} \cdot 1 - \mathrm{e}^{-0} \cdot 0 = \frac{1}{\mathrm{e}}. \qquad \Box$$

例 6.3.10 设 f 在 $[0, 1]$ 上有连续的 1 阶导数，$f(0) = 0$，并且 $0 \leqslant f'(x) \leqslant 1$. 求证：

$$\int_0^1 f^3(x)\mathrm{d}x \leqslant \left(\int_0^1 f(x)\mathrm{d}x \right)^2.$$

证明 令 $F(t) = \left(\int_0^t f(x)\mathrm{d}x \right)^2 - \int_0^t f^3(x)\mathrm{d}x$，则 $F(0) = 0$，

$$F'(t) = 2f(t) \int_0^t f(x)\mathrm{d}x - f^3(t)$$

$$= f(t) \left[2\int_0^t f(x)\mathrm{d}x - f^2(t) \right] = f(t)G(t),$$

其中

$$G(t) = 2\int_0^t f(x)\mathrm{d}x - f^2(t), \quad G(0) = 0 - f^2(0) = 0,$$

$$G'(t) = 2f(t) - 2f(t)f'(t) = 2f(t)[1 - f'(t)] \geqslant 0$$

（因为 $f'(t) \geqslant 0$，$f(t)$ 单调增，$f(t) \geqslant f(0) = 0$），因此，G 单调增，$G(t) \geqslant G(0) = 0$. 由此可知，$F'(t) = f(t)G(t) \geqslant 0$. 这又得出 F 单调增. 特别有

$$\left(\int_0^1 f(x) \mathrm{d}x \right)^2 - \int_0^1 f^3(x) \mathrm{d}x = F(1) \geqslant F(0) = 0,$$

$$\int_0^1 f^3(x) \mathrm{d}x \leqslant \left(\int_0^1 f(x) \mathrm{d}x \right)^2. \qquad \square$$

例 6.3.11 证明：$\displaystyle\lim_{n \to +\infty} \int_0^1 \frac{x^n}{1+x} \mathrm{d}x = 0$.

证法 1 因

$$0 \leqslant \int_0^1 \frac{x^n}{1+x} \mathrm{d}x \leqslant \int_0^1 x^n \mathrm{d}x \xrightarrow{\text{Newton-Leibniz 公式}} \frac{x^{n+1}}{n+1} \Big|_0^1$$

$$= \frac{1}{n+1} \to 0 (n \to +\infty),$$

故由夹逼定理知，

$$\lim_{n \to +\infty} \int_0^1 \frac{x^n}{1+x} \mathrm{d}x = 0.$$

证法 2 $\forall \varepsilon > 0$，取 $\delta = \min \left\{ \dfrac{\varepsilon}{2}, 1 \right\}$. 固定 δ，因 $\displaystyle\lim_{n \to +\infty} (1-\delta)^n = 0$，故 $\exists N \in \mathbb{N}$，当 $n > N$ 时，有 $(1-\delta)^{n+1} < \dfrac{\varepsilon}{2}$. 于是，

$$0 \leqslant \int_0^1 \frac{x^n}{1+x} \mathrm{d}x = \int_0^{1-\delta} \frac{x^n}{1+x} \mathrm{d}x + \int_{1-\delta}^1 \frac{x^n}{1+x} \mathrm{d}x$$

$$\leqslant \int_0^{1-\delta} x^n \mathrm{d}x + \int_{1-\delta}^1 \mathrm{d}x$$

$$< (1-\delta)^n (1-\delta) + [1 - (1-\delta)] = (1-\delta)^{n+1} + \delta$$

$$< \frac{\varepsilon}{2} + \frac{\varepsilon}{2} = \varepsilon,$$

所以，

$$\lim_{n \to +\infty} \int_0^1 \frac{x^n}{1+x} \mathrm{d}x = 0.$$

证法 3 $\displaystyle\int_0^1 \frac{x^n}{1+x} \mathrm{d}x$

$$= \begin{cases} \displaystyle\int_0^1 \left(x^{n-1} - x^{n-2} + x^{n-3} - \cdots + x^2 - x + 1 - \frac{1}{1+x} \right) \mathrm{d}x, & n \text{ 为奇数}, \\ \displaystyle\int_0^1 \left(x^{n-1} - x^{n-2} + x^{n-3} - \cdots + x - 1 + \frac{1}{1+x} \right) \mathrm{d}x, & n \text{ 为偶数}, \end{cases}$$

$$= \begin{cases} \dfrac{1}{n} - \dfrac{1}{n-1} + \dfrac{1}{n-2} - \cdots + \dfrac{1}{3} - \dfrac{1}{2} + 1 - \ln 2, & n \text{ 为奇数}, \\ \dfrac{1}{n} - \dfrac{1}{n-1} + \dfrac{1}{n-2} - \cdots + \dfrac{1}{2} - 1 + \ln 2, & n \text{ 为偶数}. \end{cases}$$

再根据例 4.1.5 立即推得

$$\lim_{n \to +\infty} \int_0^1 \frac{x^n}{1+x} \mathrm{d}x = 0.$$

注 6.3.2 读者仔细检查下面的证明是否正确.

$$\lim_{n \to +\infty} \int_0^1 \frac{x^n}{1+x} \mathrm{d}x = \int_0^1 \lim_{n \to +\infty} \frac{x^n}{1+x} \mathrm{d}x = 0,$$

其中

$$\lim_{n \to +\infty} \frac{x^n}{1+x} = \begin{cases} 0, & 0 \leqslant x < 1, \\ \dfrac{1}{2}, & x = 1. \end{cases}$$

疑问之处是极限号与积分号为什么能交换. 似乎没有足够的理由. 但是, 这样做得到的答案也为 0, 也许是一种巧合. 为此, 我们举出极限号与积分号不可交换的例子.

例 6.3.12 设

$$f_n(x) = \begin{cases} 4n^2 x, & 0 \leqslant x \leqslant \dfrac{1}{2n}, \\ -4n^2 x + 4n, & \dfrac{1}{2n} < x \leqslant \dfrac{1}{n}, \\ 0, & x > \dfrac{1}{n}, \end{cases}$$

则 $f(x) = \lim\limits_{n \to +\infty} f_n(x) = 0$. 于是,

$$\lim_{n \to +\infty} \int_0^1 f_n(x) \mathrm{d}x = \lim_{n \to +\infty} \frac{1}{2} \cdot 2n \cdot \frac{1}{n} = 1 \neq 0 = \int_0^1 0 \mathrm{d}x$$

$$= \int_0^1 \lim_{n \to +\infty} f_n(x) \mathrm{d}x \, (\text{图 } 6.3.2).$$

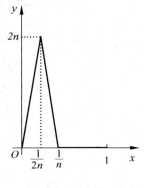

图 6.3.2

为了确保极限号与积分号可交换, 我们必须引进函数列一致收敛的概念.

定义 6.3.1 设 $X \subset \mathbb{R}$, $f_n: X \to \mathbb{R}$, $n = 1, 2, \cdots$ 为一个函数列, $f: X \to \mathbb{R}$, 如果 $\forall \varepsilon > 0$, $\exists N = N(\varepsilon) \in \mathbb{N}$ ($N(\varepsilon)$ 只与 ε 有关, 而与 $x \in X$ 无关), 当 $n > N = N(\varepsilon)$ 时, 有

$$|f_n(x) - f(x)| < \varepsilon, \quad \forall x \in X,$$

则称 $f_n(x)$ 在 X 上一致收敛于 $f(x)$, 记作 $f_n(x) \rightrightarrows f(x) \, (n \to +\infty)$, $x \in X$.

定理 6.3.5 设 $f_n(x) \rightrightarrows f(x) \, (n \to +\infty)$, $x \in X$, 如果 $f_n(x)$ 在 $x_0 \in X$ 连续, $n = 1, 2, \cdots$, 则 $f(x)$ 在 x_0 也连续. 特别当 $f_n(x)$ 在 X 上为连续函数时, $f(x)$ 在 X 上也为连续函数.

证明 因 $f_n(x) \rightrightarrows f(x)\,(n \to +\infty)$，$x \in X$，故 $\exists\, N = N(\varepsilon) \in \mathbb{N}$，当 $n > N$ 时，有 $|f_n(x) - f(x)| < \dfrac{\varepsilon}{3}$，$\forall\, x \in X$. 于是，对 $N+1$，由 $f_{N+1}(x)$ 在 $x_0 \in X$ 连续知，$\exists\, \delta > 0$，当 $x \in X$，$|x - x_0| < \delta$ 时，有

$$|f_{N+1}(x) - f_{N+1}(x_0)| < \frac{\varepsilon}{3}.$$

因此，

$$|f(x) - f(x_0)| \leqslant |f(x) - f_{N+1}(x)| + |f_{N+1}(x) - f_{N+1}(x_0)|$$
$$+ |f_{N+1}(x_0) - f(x_0)|$$
$$< \frac{\varepsilon}{3} + \frac{\varepsilon}{3} + \frac{\varepsilon}{3} = \varepsilon,$$

即 $\lim\limits_{x \to x_0} f(x) = f(x_0)$，$f$ 在 x_0 连续. $\qquad\square$

定理 6.3.6 设 $f_n(x)$ 在 $[a,b]$ 上 Riemann 可积，$f_n(x) \rightrightarrows f(x)\,(n \to +\infty)$，$x \in [a,b]$，则 $f(x)$ 在 $[a,b]$ 上也 Riemann 可积，且

$$\lim_{n \to +\infty} \int_a^b f_n(x)\,\mathrm{d}x = \int_a^b \lim_{n \to +\infty} f_n(x)\,\mathrm{d}x = \int_a^b f(x)\,\mathrm{d}x.$$

证明 因为 $f_n(x)$ 在 $[a,b]$ 上 Riemann 可积，根据定理 6.1.2 与定理 6.1.4(8)，$f_n(x)$ 在 $[a,b]$ 上有界且几乎处处连续，即 $D_{\pi}^{f_n}$ 为零测集. 又因为 $f_n(x) \rightrightarrows f(x)\,(n \to +\infty)$，$x \in [a,b]$，根据定理 6.3.5 知，$D_{\pi}^{f} \subset \bigcup\limits_{n=1}^{\infty} D_{\pi}^{f_n}$，再由引理 6.1.6(4) 及 (2) 立即推得 D_{π}^{f} 为零测集.

对 $\forall\, \varepsilon > 0$，因 $f_n(x) \rightrightarrows f(x)\,(n \to +\infty)$，$x \in [a,b]$，故 $\exists\, N = N(\varepsilon) \in \mathbb{N}$，当 $n > N = N(\varepsilon)$ 时，有

$$|f_n(x) - f(x)| < \frac{\varepsilon}{b-a}, \quad \forall\, x \in [a,b].$$

于是，

$$f_{N+1}(x) - \frac{\varepsilon}{b-a} < f(x) < f_{N+1}(x) + \frac{\varepsilon}{b-a},$$

$f(x)$ 在 $[a,b]$ 上有界. 从定理 6.1.4(8) 得到 f 在 $[a,b]$ 上 Riemann 可积，进而，有

$$\left| \int_a^b f_n(x)\,\mathrm{d}x - \int_a^b f(x)\,\mathrm{d}x \right| = \left| \int_a^b [f_n(x) - f(x)]\,\mathrm{d}x \right|$$

$$\leqslant \int_a^b |f_n(x) - f(x)|\,\mathrm{d}x < \frac{\varepsilon}{b-a} \cdot (b-a) = \varepsilon,$$

$$\lim_{n \to \infty} \int_a^b f_n(x)\,\mathrm{d}x = \int_a^b f(x)\,\mathrm{d}x = \int_a^b \lim_{n \to \infty} f_n(x)\,\mathrm{d}x. \qquad\square$$

回顾注 6.3.2,由于

$$f(x) = \lim_{n \to +\infty} \frac{x^n}{1+x} = \begin{cases} 0, & 0 \leqslant x < 1, \\ \dfrac{1}{2}, & x = 1 \end{cases}$$

在 $x=1$ 不连续,因此,从定理 6.3.5 及反证法可以推断 $f_n(x) = \dfrac{x^n}{1+x}$ 在 $[0,1]$ 上不一致收敛于 $f(x)$. 由此知,对上述的 f_n, f 不能应用定理 6.3.6. 而 $\lim\limits_{n \to +\infty} \displaystyle\int_0^1 \frac{x^n}{1+x} \mathrm{d}x = \displaystyle\int_0^1 \lim_{n \to +\infty} \frac{x^n}{1+x} \mathrm{d}x$ 只是一种巧合.

例 6.3.12 中,$f_n(x)$ 在 $[0,1]$ 上连续,而 $f(x) \equiv 0$ 在 $[0,1]$ 上也连续,这不能对 $f_n(x)$ 在 $[0,1]$ 上是否一致收敛于 $f(x) \equiv 0$ 给出任何信息. 但是,由 $\lim\limits_{n \to +\infty} \displaystyle\int_0^1 f_n(x) \mathrm{d}x \neq \displaystyle\int_0^1 \lim_{n \to +\infty} f_n(x) \mathrm{d}x$ 与定理 6.3.6 表明 $f_n(x)$ 在 $[0,1]$ 上不一致收敛于 $f(x) = 0$.

练习题 6.3

1. 应用 Newton-Leibniz 公式计算下列 Riemann 积分:

(1) $\displaystyle\int_{-1}^1 \frac{x^2}{1+x^2} \mathrm{d}x$;　　　　　　(2) $\displaystyle\int_0^1 \frac{x^n}{1+x} \mathrm{d}x$;

(3) $\displaystyle\int_1^4 \frac{x+1}{\sqrt{x}} \mathrm{d}x$;　　　　　　(4) $\displaystyle\int_0^{\frac{\pi}{2}} \cos mx \sin nx \, \mathrm{d}x$,　$m, n \in \mathbb{Z}$;

(5) $\displaystyle\int_e^{e^2} \frac{\mathrm{d}x}{x \ln x}$;　　　　　　(6) $\displaystyle\int_0^1 \frac{\mathrm{e}^x - \mathrm{e}^{-x}}{2} \mathrm{d}x$;

(7) $\displaystyle\int_0^{\frac{\pi}{3}} \tan^2 x \, \mathrm{d}x$;　　　　　　(8) $\displaystyle\int_4^9 \left(\sqrt{x} + \frac{1}{\sqrt{x}}\right) \mathrm{d}x$;

(9) $\displaystyle\int_{\frac{1}{e}}^e \frac{1}{x} (\ln x)^2 \mathrm{d}x$.

2. 利用 Riemann 积分求下列极限:

(1) $\lim\limits_{n \to +\infty} \dfrac{1}{n} \sum\limits_{k=1}^n \sin \dfrac{k\pi}{n}$;　　(2) $\lim\limits_{n \to +\infty} \dfrac{1}{n^4} (1 + 2^3 + \cdots + n^3)$;

(3) $\lim\limits_{n \to +\infty} n \left[\dfrac{1}{(n+1)^2} + \dfrac{1}{(n+2)^2} + \cdots + \dfrac{1}{(n+n)^2} \right]$;

(4) $\lim\limits_{n \to +\infty} \left(\dfrac{n}{n^2 + 1^2} + \dfrac{n}{n^2 + 2^n} + \cdots + \dfrac{n}{n^2 + n^2} \right)$;

(5) $\lim\limits_{n \to +\infty} \left(\dfrac{1}{\sqrt{n^2}} + \dfrac{1}{\sqrt{n(n+1)}} + \cdots + \dfrac{1}{\sqrt{n(2n-1)}} \right)$.

3. 证明:

(1) $\displaystyle\int_0^1 \frac{(1+x)^4}{1+x^2}\mathrm{d}x = \frac{22}{3} - \pi$;

(2) $\displaystyle\int_0^1 \frac{x^4(1-x)^4}{1+x^2}\mathrm{d}x = \frac{22}{7} - \pi$.

4. 设 f 为 $[0,+\infty)$ 上的连续函数,且它满足 $\displaystyle\int_0^x f(t)\mathrm{d}t = \frac{1}{2}xf(x)$,$x>0$. 证明:$f = cx$,其中 c 为常数.

5. 设 f 为 $(0,+\infty)$ 上的连续函数,且对 $\forall a > 0$ 有
$$g(x) = \int_x^{ax} f(t)\mathrm{d}t \equiv 常数, \quad x \in (0, +\infty).$$
证明:$f(x) = \dfrac{c}{x}$,$x \in (0,+\infty)$,c 为常数.

6. 应用微积分基本定理求下列极限:

(1) $\displaystyle\lim_{x\to 0} \frac{1}{x}\int_0^x \cos t^2\,\mathrm{d}t$;

(2) $\displaystyle\lim_{x\to+\infty} \frac{\left(\int_0^x \mathrm{e}^{t^2}\,\mathrm{d}t\right)^2}{\int_0^x \mathrm{e}^{2t^2}\,\mathrm{d}t}$.

7. 设 f 为连续可导的函数,试求
$$\frac{\mathrm{d}}{\mathrm{d}x}\int_a^x (x-t)f'(t)\mathrm{d}t.$$

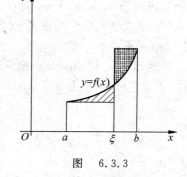

图 6.3.3

8. 设 $y = f(x)$ 为 $[a,b]$ 上严格增的连续曲线(图 6.3.3). 试分别用(1)积分第二中值定理,(2)连续函数($F(x) = f(a)(x-a) + (b-x)f(b)$)的介值定理,证明:存在 $\xi \in (a,b)$,使得图 6.3.3 中两阴影部分面积相等.

9. 设 f 在 $[a,b]$ 上连续且单调增,
$$F(x) = \begin{cases} \dfrac{1}{x-a}\displaystyle\int_a^x f(t)\mathrm{d}t, & x \in (a,b], \\ f(a), & x = a. \end{cases}$$
证明:F 为 $[a,b]$ 上的增函数.

10. 应用微积分基本定理证明:连续的奇函数的一切原函数皆为偶函数;连续的偶函数的原函数中只有一个是奇函数(比较练习题 5.1 中题 5 与题 6).

11. 设 f 在 $[a,b]$ 上连续,且 $f(x) > 0$. 证明:
$$F(x) = \int_a^x f(t)\mathrm{d}t - \int_x^b \frac{\mathrm{d}t}{f(t)}$$
在 (a,b) 内有一根且仅有一根.

思考题 6.3

1. 设函数 f 在 $(-\infty, +\infty)$ 上连续, 并且 $g(x) = f(x)\displaystyle\int_0^x f(t)\mathrm{d}t$ 为 $(-\infty, +\infty)$ 上的减函数. 证明: $f(x) \equiv 0$.

2. 求出所有 $[0, +\infty)$ 上的正值连续函数 $g(x)$, 使得对 $\forall x > 0$ 有

$$\frac{1}{2}\int_0^x [g(t)]^2 \mathrm{d}t = \frac{1}{x}\left(\int_0^x g(t)\mathrm{d}t\right)^2.$$

6.4　Riemann 积分的换元与分部积分

Newton-Leibniz 公式给了我们计算 Riemann 积分的简捷办法, 它的关键在于求出原函数. 换元 (变量代换) 与分部积分是求原函数或不定积分的两个重要方法. 用它们先求原函数再应用 Newton-Leibniz 公式计算 Riemann 积分, 但有时应用起来不免有些繁琐. 这里将要介绍的是不先求原函数, 而是套用换元与分部积分的方法与步骤直接计算 Riemann 积分.

定理 6.4.1(Riemann 积分的换元 (变量代换))　设 $f(x)$ 在 $[a, b]$ 上连续, $x = \varphi(t)$ 在 $[\alpha, \beta]$ 上连续可导, 且 $\varphi([\alpha, \beta]) \subset [a, b], \varphi(\alpha) = a, \varphi(\beta) = b$, 则

$$\int_a^b f(x)\mathrm{d}x = \int_\alpha^\beta f(\varphi(t))\varphi'(t)\mathrm{d}t = \int_\alpha^\beta f \circ \varphi(t)\varphi'(t)\mathrm{d}t.$$

证明　因为 f 在 $[a, b]$ 上连续, 根据微积分基本定理知, f 在 $[a, b]$ 上有原函数 F, 即 $F'(x) = f(x)$, 所以,

$$[F(\varphi(t))]' = F'(\varphi(t)) \cdot \varphi'(t) = f(\varphi(t)) \cdot \varphi'(t).$$

再根据 Newton-Leibniz 公式得到

$$\int_\alpha^\beta f(\varphi(t))\varphi'(t)\mathrm{d}t = F(\varphi(t))\Big|_\alpha^\beta = F(\varphi(\beta)) - F(\varphi(\alpha))$$

$$= F(b) - F(a) = \int_a^b f(x)\mathrm{d}x. \qquad\qquad \square$$

如果在定理 6.4.1 中, 当 t 从 α 变到 β 时, $\varphi(t)$ 严格增地从 a 变到 b, 则我们有不同特色的另一证明.

定理 6.4.1′(Riemann 积分的换元 (变量代换))　设 $f(x)$ 在 $[a, b]$ 上连续, $x = \varphi(t)$ 在 $[\alpha, \beta]$ 上连续可导, 且当 t 从 α 到 β 时, $\varphi(t)$ 严格递增地从 a 变到 b, 则有

$$\int_a^b f(x)\mathrm{d}x = \int_\alpha^\beta f(\varphi(t))\varphi'(t)\mathrm{d}t = \int_\alpha^\beta f \circ \varphi(t)\varphi'(t)\mathrm{d}t.$$

证明　由于上式两边的被积函数都是连续的, 因此, Riemann 积分都存在.

作 $[\alpha, \beta]$ 上的分割 $W: \alpha = t_0 < t_1 < \cdots < t_n = \beta$. 令 $x_i = \varphi(t_i), i = 0, 1, \cdots, n$. 这就产生了

$[a,b]$ 的一个分割 $T:a=x_0<x_1<\cdots<x_n=b$. 由 Lagrange 中值定理,我们有

$$\Delta x_i=x_i-x_{i-1}=\varphi(t_i)-\varphi(t_{i-1})=\varphi'(\tau_i)(t_i-t_{i-1})=\varphi'(\tau_i)\Delta t_i,$$

其中 $\tau_i\in(t_{i-1},t_i),i=1,2,\cdots,n$. 设 K 为 $|\varphi'|$ 在 $[\alpha,\beta]$ 上的一个上界,便有

$$\Delta x_i\leqslant K\Delta t_i,\quad i=1,2,\cdots,n.$$

由此可知 $\|T\|\leqslant K\|W\|$. 所以,$\|W\|\to0$ 蕴涵着 $\|T\|\to0$.

令 $\xi_i=\varphi(\tau_i),i=1,2,\cdots,n$,则易见 $x_{i-1}=\varphi(t_{i-1})<\xi_i=\varphi(\tau_i)<\varphi(t_i)=x_i$,即 $\xi_i\in(x_{i-1},x_i),i=1,2,\cdots,n$. 于是,

$$\int_a^b f(x)\mathrm{d}x=\lim_{\|T\|\to0}\sum_{i=1}^n f(\xi_i)\Delta x_i=\lim_{\|W\|\to0}\sum_{i=1}^n f(\varphi(\tau_i))\varphi'(\tau_i)\Delta t_i.$$

$$=\int_\alpha^\beta f\circ\varphi(t)\varphi'(t)\mathrm{d}t.\qquad\qquad\square$$

定理 6.4.1″ 在定理 6.4.1′ 中,如果将 $f(x)$ 在 $[a,b]$ 上"连续"改为"Riemann 可积",则结论仍正确.

证明 $\forall\varepsilon>0$,因为 $\varphi'(t)$ 连续,故 $\exists\delta_1>0$,当 $t',t''\in[\alpha,\beta]$,$|t'-t''|<\delta_1$ 时,$|\varphi'(t')-\varphi'(t'')|<\dfrac{\varepsilon}{3M+1}$,其中 $M=\sup\limits_{x\in[a,b]}|f(x)|$. 又因为 f 在 $[a,b]$ 上 Riemann 可积,故 $\exists\delta_2>0$,当 $[a,b]$ 的分割 T,$\|T\|<\delta_2$ 时,$\sum\limits_{i=1}^n\omega_i^f\Delta x_i<\dfrac{\varepsilon}{3}$,且

$$\left|\sum_{i=1}^n f(\xi_i)\Delta x_i-\int_a^b f(x)\mathrm{d}x\right|<\frac{\varepsilon}{3},\quad \xi_i\in[x_{i-1},x_i].$$

于是,对 $[\alpha,\beta]$ 的任一分割 $W:\alpha=t_0<t_1<\cdots<t_n=\beta$,$\forall\tilde{\tau}_i\in[t_{i-1},t_i]$,令 $x_i=\varphi(t_i)$,$x_i-x_{i-1}=\varphi(t_i)-\varphi(t_{i-1})=\varphi'(\tau_i)(t_i-t_{i-1})$,当 $\|W\|<\delta=\min\left\{\delta_1,\dfrac{\delta_2}{K+1}\right\}$ 时,有 $\|T\|\leqslant K\|W\|<K\cdot\dfrac{\delta_2}{K+1}<\delta_2$,其中 K 为 $|\varphi'|$ 在 $[\alpha,\beta]$ 上的一个上界.

$$\left|\sum_{i=1}^n f(\varphi(\tilde{\tau}_i))\varphi'(\tilde{\tau}_i)\Delta t_i-\int_a^b f(x)\mathrm{d}x\right|$$

$$\leqslant\sum_{i=1}^n|f(\varphi(\tilde{\tau}_i))|\cdot|\varphi'(\tilde{\tau}_i)-\varphi'(\tau_i)|\Delta t_i$$

$$+\sum_{i=1}^n|f(\varphi(\tilde{\tau}_i))-f(\varphi(\tau_i))|\varphi'(\tau_i)\Delta t_i$$

$$+\left|\sum_{i=1}^n f(\varphi(\tau_i))\varphi'(\tau_i)\Delta t_i-\int_a^b f(x)\mathrm{d}x\right|$$

$$\leqslant M\frac{\varepsilon}{3M+1}+\sum_{i=1}^n\omega_i^f\Delta x_i+\left|\sum_{i=1}^n f(\xi_i)\Delta x_i-\int_a^b f(x)\mathrm{d}x\right|$$

$$<\frac{\varepsilon}{3}+\frac{\varepsilon}{3}+\frac{\varepsilon}{3}=\varepsilon.$$

$$\int_a^\beta f(\varphi(t))\varphi'(t)\mathrm{d}t = \lim_{\|W\|\to 0}\sum_{i=1}^n f(\varphi(\tilde{\tau}_i))\varphi'(\tilde{\tau}_i)\Delta t_i = \int_a^b f(x)\mathrm{d}x. \qquad \square$$

定理 6.4.2(Riemann 积分的分部积分)　设 $u(x),v(x)$ 为 $[a,b]$ 上的连续可导函数,则有 Riemann 积分的分部积分公式

$$\int_a^b u(x)v'(x)\mathrm{d}x = u(x)v(x)\Big|_a^b - \int_a^b u'(x)v(x)\mathrm{d}x,$$

即

$$\int_a^b u(x)\mathrm{d}v(x) = u(x)v(x)\Big|_a^b - \int_a^b v(x)\mathrm{d}u(x).$$

证法 1　$\displaystyle\int_a^b u(x)v'(x)\mathrm{d}x$

$$\xlongequal{\text{Newton-Leibniz 公式}} \left[u(x)v(x) - \int u'(x)v(x)\mathrm{d}x\right]\Big|_a^b$$

$$= u(x)v(x)\Big|_a^b - \left[\int u'(x)v(x)\mathrm{d}x\right]\Big|_a^b$$

$$= u(x)v(x)\Big|_a^b - \int_a^b u'(x)v(x)\mathrm{d}x.$$

证法 2　因为 uv 为 $uv'+u'v$ 在 $[a,b]$ 上的一个原函数,故

$$\int_a^b u(x)v'(x)\mathrm{d}x + \int_a^b u'(x)v(x)\mathrm{d}x$$

$$= \int_a^b [u(x)v'(x) + u'(x)v(x)]\mathrm{d}x$$

$$\xlongequal{\text{Newton-Leibniz}} u(x)v(x)\Big|_a^b,$$

从而

$$\int_a^b u(x)v'(x)\mathrm{d}x = u(x)v(x)\Big|_a^b - \int_a^b u'(x)v(x)\mathrm{d}x. \qquad \square$$

进而,有下面的定理.

定理 6.4.3　设 $u(x),v(x)$ 在 $[a,b]$ 上具有 $n+1$ 阶连续导数,则有

$$\int_a^b u(x)v^{(n+1)}(x)\mathrm{d}x = \left[u(x)v^{(n)}(x) - u'(x)v^{(n-1)}(x) + \cdots + (-1)^n u^{(n)}(x)v(x)\right]\Big|_a^b$$

$$+ (-1)^{n+1}\int_a^b u^{(n+1)}(x)v(x)\mathrm{d}x, \quad n = 0,1,2,\cdots.$$

证明　$\displaystyle\int_a^b u(x)v^{(n+1)}(x)\mathrm{d}x = u(x)v^{(n)}(x)\Big|_a^b - \int_a^b u'(x)v^{(n)}(x)\mathrm{d}x$

$$= u(x)v^{(n)}(x)\Big|_a^b - u'(x)v^{(n-1)}(x)\Big|_a^b$$

$$+ \int_a^b u''(x)v^{(n-1)}(x)\mathrm{d}x$$

$$= \cdots$$
$$= \big[u(x)v^{(n)}(x) - u'(x)v^{(n-1)}(x) + \cdots$$
$$+ (-1)^n u^{(n)}(x)v(x) \big] \Big|_a^b$$
$$+ (-1)^{(n+1)} \int_a^b u^{(n+1)}(x)v(x)\,\mathrm{d}x. \qquad \square$$

例 6.4.1 Taylor 公式的积分型余项.

设函数 f 在点 x_0 的某开邻域 $U(x_0)$ 内有 $n+1$ 阶连续导数. 令 $x \in U(x_0)$，$u(t) = (x-t)^n$，$v(t) = f(t)$，$t \in [x_0, x]$（或 $t \in [x, x_0]$）. 根据定理 6.4.3，有

$$\int_{x_0}^x (x-t)^n f^{(n+1)}(t)\,\mathrm{d}t$$

$$= \big[(x-t)^n f^{(n)}(t) + n(x-t)^{n-1} f^{(n-1)}(t) + \cdots + n! f(t) \big] \Big|_{x_0}^x + \int_{x_0}^x 0 \cdot f(t)\,\mathrm{d}t$$

$$= n! f(x) - n! \Big[f(x_0) + f'(x_0)(x-x_0) + \cdots + \frac{f^{(n)}(x_0)}{n!}(x-x_0)^n \Big]$$

$$= n! R_n(x),$$

由此求得

$$R_n(x) = \frac{1}{n!} \int_{x_0}^x f^{(n+1)}(t)(x-t)^n\,\mathrm{d}t,$$

并称它为 Taylor 公式的**积分型余项**.

由于 $f^{(n+1)}(t)$ 连续，$(x-t)^n$ 在 $[x_0, x]$（或 $[x, x_0]$）上保持同号，因此，由推广的积分第一中值定理，有

$$R_n(x) = \frac{1}{n!} \int_{x_0}^x f^{(n+1)}(t)(x-t)^n\,\mathrm{d}t$$

$$= \frac{1}{n!} f^{(n+1)}(\xi) \int_{x_0}^x (x-t)^n\,\mathrm{d}t$$

$$= \frac{1}{n!} f^{(n+1)}(\xi) \frac{-(x-t)^{n+1}}{n+1} \Big|_{x_0}^x$$

$$= \frac{f^{(n+1)}(\xi)}{(n+1)!}(x-x_0)^{n+1}, \quad \xi \in (x_0, x)（或 (x, x_0)），$$

其中 $\xi = x_0 + \theta(x - x_0)$，$0 < \theta < 1$、这就是熟悉的 Taylor 公式的 Lagrange 型余项.

如果直接应用积分第一中值定理，就得到 Taylor 公式的 Cauchy 余项

$$R_n(x) = \frac{1}{n!} \int_{x_0}^x f^{(n+1)}(t)(x-t)^n\,\mathrm{d}t$$

$$= \frac{1}{n!} f^{(n+1)}(\xi)(x-\xi)^n \int_{x_0}^x \mathrm{d}t$$

$$= \frac{1}{n!} f^{(n+1)}(\xi)(x-\xi)^n(x-x_0)$$

$$= \frac{1}{n!} f^{(n+1)} (x + \theta(x - x_0))(1 - \theta)^n (x - x_0)^{n+1},$$

其中 $\xi = x_0 + \theta(x - x_0)$，$x - \xi = (x - x_0) - \theta(x - x_0) = (1 - \theta)(x - x_0)$.

例 6.4.2　求下列 Riemann 积分：

$$(1) \int_0^1 \sqrt{1 - x^2} \, dx; \quad (2) \int_0^{\frac{\pi}{2}} \sin t \cos^2 t \, dt; \quad (3) \int_1^e x^2 \ln x \, dx.$$

解　(1) $\displaystyle\int_0^1 \sqrt{1 - x^2} \, dx \xlongequal{x = \sin t} \int_0^{\frac{\pi}{2}} \sqrt{1 - \sin^2 t} \cos t \, dt$

$$= \int_0^{\frac{\pi}{2}} \cos^2 t \, dt = \frac{1}{2} \int_0^{\frac{\pi}{2}} (1 + \cos 2t) \, dt$$

$$= \frac{1}{2} \left(t + \frac{1}{2} \sin 2t \right) \bigg|_0^{\frac{\pi}{2}} = \frac{\pi}{4}.$$

或者由下面的例 6.4.5 的结论，得

$$\int_0^1 \sqrt{1 - x^2} \, dx = \int_0^{\frac{\pi}{2}} \cos^2 t \, dt = \frac{1}{2} \cdot \frac{\pi}{2} = \frac{\pi}{4}.$$

$$(2) \int_0^{\frac{\pi}{2}} \sin t \cos^2 t \, dt \xlongequal{x = \cos t} \int_1^0 x^2 (-dx) = -\frac{x^3}{3} \bigg|_1^0 = \frac{1}{3}.$$

或者

$$\int_0^{\frac{\pi}{2}} \sin t \cos^2 t \, dt = \int_0^{\frac{\pi}{2}} \sin t (1 - \sin^2 t) \, dt$$

$$= \int_0^{\frac{\pi}{2}} \sin t \, dt - \int_0^{\frac{\pi}{2}} \sin^3 t \, dt = -\cos t \bigg|_0^{\frac{\pi}{2}} - \frac{2!!}{3!!} = 1 - \frac{2}{3} = \frac{1}{3}.$$

$$(3) \int_1^e x^2 \ln x \, dx \xlongequal{\text{升幂}} \int_1^e \ln x \, d\left(\frac{x^3}{3} \right)$$

$$\xlongequal{\text{分部积分}} \frac{1}{3} \left(x^3 \ln x \bigg|_1^e - \int_1^e x^3 \cdot \frac{1}{x} \, dx \right)$$

$$= \frac{1}{3} \left(e^3 - \frac{x^3}{3} \bigg|_1^e \right) = \frac{1}{3} \left(e^3 - \frac{e^3}{3} + \frac{1}{3} \right) = \frac{1}{9} (2e^3 + 1). \qquad \square$$

例 6.4.3　求 $\displaystyle\int_0^1 \frac{\ln(1 + x)}{1 + x^2} \, dx$.

解法 1　$\displaystyle\int_0^1 \frac{\ln(1 + x)}{1 + x^2} \, dx \xlongequal{x = \tan t} \int_0^{\frac{\pi}{4}} \frac{\ln(1 + \tan t)}{1 + \tan^2 t} \sec^2 t \, dt$

$$= \int_0^{\frac{\pi}{4}} \ln \frac{\cos t + \sin t}{\cos t} \, dt = \int_0^{\frac{\pi}{4}} \ln \frac{\sqrt{2} \cos\left(\frac{\pi}{4} - t \right)}{\cos t} \, dt$$

$$= \int_0^{\frac{\pi}{4}} \ln \sqrt{2} \, dt + \int_0^{\frac{\pi}{4}} \ln \cos\left(\frac{\pi}{4} - t \right) \, dt - \int_0^{\frac{\pi}{4}} \ln \cos t \, dt$$

$$\xlongequal{u=\frac{\pi}{4}-t} \frac{\pi}{8}\ln2 + \int_{\frac{\pi}{4}}^{0}\ln\cos u(-\mathrm{d}u) - \int_{0}^{\frac{\pi}{4}}\ln\cos t\mathrm{d}t$$

$$= \frac{\pi}{8}\ln2 + \int_{0}^{\frac{\pi}{4}}\ln\cos t\mathrm{d}t - \int_{0}^{\frac{\pi}{4}}\ln\cos t\mathrm{d}t = \frac{\pi}{8}\ln2.$$

上述计算的妙处在于套用了换元的方法与步骤并利用定理 6.4.1 导致两个 Riemann 积分 $\int_{0}^{\frac{\pi}{4}}\ln\cos u\mathrm{d}u$ 与 $\int_{0}^{\frac{\pi}{4}}\ln\cos t\mathrm{d}t$ 相消,从而得到 $\int_{0}^{1}\frac{\ln(1+x)}{1+x^2}\mathrm{d}x = \frac{\pi}{8}\ln2$. 但是,无法用同样的换元来求出 $\int\frac{\ln(1+x)}{1+x^2}\mathrm{d}x$,当然也无法用 Newton-Leibniz 公式.

解法 2 令

$$I(\alpha) = \int_{0}^{1}\frac{\ln(1+\alpha x)}{1+x^2}\mathrm{d}x,$$

其中 x 为积分变量,α 为参变量. 则

$$I'(\alpha) = \int_{0}^{1}\left(\frac{\ln(1+\alpha x)}{1+x^2}\right)_{\alpha}'\mathrm{d}x = \int_{0}^{1}\frac{x}{(1+\alpha x)(1+x^2)}\mathrm{d}x$$

$$= \frac{1}{1+\alpha^2}\int_{0}^{1}\left(\frac{-\alpha}{1+\alpha x} + \frac{x+\alpha}{1+x^2}\right)\mathrm{d}x$$

$$= \frac{1}{1+\alpha^2}\left[-\ln(1+\alpha x) + \frac{1}{2}\ln(1+x^2) + \alpha\arctan x\right]\Big|_{0}^{1}$$

$$= -\frac{\ln(1+\alpha)}{1+\alpha^2} + \frac{\ln2}{2(1+\alpha^2)} + \frac{\pi\alpha}{4(1+\alpha^2)}.$$

因此,

$$\int_{0}^{1}\frac{\ln(1+x)}{1+x^2}\mathrm{d}x = I(1) = I(1) - I(0)$$

$$\xlongequal{\text{Newton-Leibniz 公式}} \int_{0}^{1}I'(\alpha)\mathrm{d}\alpha$$

$$= -\int_{0}^{1}\frac{\ln(1+\alpha)}{1+\alpha^2}\mathrm{d}\alpha + \frac{\ln2}{2}\int_{0}^{1}\frac{\mathrm{d}\alpha}{1+\alpha^2} + \frac{\pi}{4}\int_{0}^{1}\frac{\alpha}{1+\alpha^2}\mathrm{d}\alpha$$

$$= -\int_{0}^{1}\frac{\ln(1+x)}{1+x^2}\mathrm{d}x + \frac{\ln2}{2}\arctan\alpha\Big|_{0}^{1} + \frac{\pi}{8}\ln(1+\alpha^2)\Big|_{0}^{1}$$

$$= -\int_{0}^{1}\frac{\ln(1+x)}{1+x^2}\mathrm{d}x + \frac{\pi\ln2}{8} + \frac{\pi}{8}\ln2,$$

移项化简后得到

$$\int_{0}^{1}\frac{\ln(1+x)}{1+x^2}\mathrm{d}x = \frac{1}{2}\cdot\frac{\pi}{4}\ln2 = \frac{\pi}{8}\ln2. \qquad \square$$

这个方法的妙处在于等号右边出现了 $-\int_{0}^{1}\frac{\ln(1+x)}{1+x^2}\mathrm{d}x$,从而可解出 $\int_{0}^{1}\frac{\ln(1+x)}{1+x^2}\mathrm{d}x$.

但是，遗憾的是

$$I'(\alpha) = \int_0^1 \left(\frac{\ln(1 + \alpha x)}{1 + x^2} \right)'_\alpha \mathrm{d}x,$$

即求导与积分号可变换，这里没有足够的理由，读者学会了参变量积分求导的定理后再来检验它，这等式确实是成立的.

我们给出解法 2，是为了告诉读者除了解法 1 外还有一个很巧妙的方法，还想告诉读者要思路开阔、大胆设想、不要受到束缚，当然也不要忘了严格论证.

例 6.4.4 求 $\int_0^\pi \frac{x\sin x}{1 + \cos^2 x} \mathrm{d}x$.

解 $\int_0^\pi \frac{x\sin x}{1 + \cos^2 x} \mathrm{d}x \xrightarrow{x = \pi - t} \int_\pi^0 \frac{(\pi - t)\sin(\pi - t)}{1 + \cos^2(\pi - t)} \mathrm{d}(\pi - t)$

$$= \int_0^\pi \frac{\pi\sin t}{1 + \cos^2 t} \mathrm{d}t + \int_0^\pi \frac{-t\sin t}{1 + \cos^2 t} \mathrm{d}t,$$

移项化简得到

$$\int_0^\pi \frac{x\sin x}{1 + \cos^2 x} \mathrm{d}x = \frac{\pi}{2} \int_0^\pi \frac{\sin x}{1 + \cos^2 x} \mathrm{d}x = -\frac{\pi}{2} \int_0^\pi \frac{\mathrm{d}\cos x}{1 + \cos^2 x}$$

$$= -\frac{\pi}{2} \arctan(\cos x) \Big|_0^\pi = -\frac{\pi}{2} (\arctan(\cos\pi) - \arctan(\cos 0))$$

$$= -\frac{\pi}{2} \left(-\frac{\pi}{4} - \frac{\pi}{4} \right) = \frac{\pi^2}{4}. \qquad \square$$

例 6.4.5 证明：

(1) Wallis 公式

$$\int_0^{\frac{\pi}{2}} \sin^n x \, \mathrm{d}x = \int_0^{\frac{\pi}{2}} \cos^n x \, \mathrm{d}x = \begin{cases} \dfrac{(n-1)!!}{n!!} \dfrac{\pi}{2}, & n \text{ 为偶数}, \\[2mm] \dfrac{(n-1)!!}{n!!}, & n \text{ 为奇数}; \end{cases}$$

(2) $\dfrac{\pi}{2} = \lim\limits_{m \to +\infty} \left[\dfrac{(2m)!!}{(2m-1)!!} \right]^2 \cdot \dfrac{1}{2m+1}$，其中

$$(2m)!! = (2m) \cdot (2m-2) \cdots 2,$$
$$(2m-1)!! = (2m-1)(2m-3) \cdots 3 \cdot 1.$$

证明 (1) $I_n = \int_0^{\frac{\pi}{2}} \sin^n x \, \mathrm{d}x = -\int_0^{\frac{\pi}{2}} \sin^{n-1} x \, \mathrm{d}\cos x$

$$\xlongequal{\text{分部积分}} -\sin^{n-1} x \cos x \Big|_0^{\frac{\pi}{2}} + \int_0^{\frac{\pi}{2}} (n-1)\sin^{n-2} x \cos^2 x \, \mathrm{d}x$$

$$= (n-1) \int_0^{\frac{\pi}{2}} \sin^{n-2} x (1 - \sin^2 x) \, \mathrm{d}x$$

$$= (n-1) I_{n-2} - (n-1) I_n,$$

移项整理后得到递推公式

$$I_n = \frac{n-1}{n}I_{n-2} \quad (n \geqslant 2).$$

由于

$$I_0 = \int_0^{\frac{\pi}{2}} \sin^0 x \, \mathrm{d}x = \int_0^{\frac{\pi}{2}} \mathrm{d}x = \frac{\pi}{2},$$

$$I_1 = \int_0^{\frac{\pi}{2}} \sin x \, \mathrm{d}x = -\cos x \Big|_0^{\frac{\pi}{2}} = \cos 0 - \cos \frac{\pi}{2} = 1 - 0 = 1.$$

重复应用递推公式便得

$$\begin{aligned}
I_{2m} &= \frac{2m-1}{2m}I_{2m-2} = \frac{2m-1}{2m} \cdot \frac{2m-3}{2m-2}I_{2m-4} \\
&= \cdots \\
&= \frac{2m-1}{2m} \cdot \frac{2m-3}{2m-2} \cdots \frac{1}{2}I_0 \\
&= \frac{(2m-1)!!}{(2m)!!} \frac{\pi}{2}, \\
I_{2m-1} &= \frac{2m-2}{2m-1}I_{2m-3} = \frac{2m-2}{2m-1} \cdot \frac{2m-4}{2m-3}I_{2m-5} \\
&= \cdots \\
&= \frac{2m-2}{2m-1} \cdot \frac{2m-4}{2m-3} \cdots \frac{2}{3}I_1 \\
&= \frac{(2m-2)!!}{(2m-1)!!}.
\end{aligned}$$

而

$$\begin{aligned}
\int_0^{\frac{\pi}{2}} \cos^n x \, \mathrm{d}x &\xlongequal{x = \frac{\pi}{2} - t} -\int_{\frac{\pi}{2}}^0 \cos^n\left(\frac{\pi}{2} - t\right)\mathrm{d}t \\
&= \int_0^{\frac{\pi}{2}} \sin^n t \, \mathrm{d}t = \int_0^{\frac{\pi}{2}} \sin^n x \, \mathrm{d}x \\
&= \begin{cases} \dfrac{(n-1)!!}{n!!} \cdot \dfrac{\pi}{2}, & n \text{ 为偶数}, \\[2mm] \dfrac{(n-1)!!}{n!!}, & n \text{ 为奇数}. \end{cases}
\end{aligned}$$

或类似 $\int_0^{\frac{\pi}{2}} \sin^n x \, \mathrm{d}x$,应用分部积分法得到递推公式求得上述公式.

（2）因为

$$\int_0^{\frac{\pi}{2}} \sin^{2m+1} x \, \mathrm{d}x < \int_0^{\frac{\pi}{2}} \sin^{2m} x \, \mathrm{d}x < \int_0^{\frac{\pi}{2}} \sin^{2m-1} x \, \mathrm{d}x.$$

所以由(1),上式就是

$$\frac{(2m)!!}{(2m+1)!!} < \frac{(2m-1)!!}{(2m)!!} \cdot \frac{\pi}{2} < \frac{(2m-2)!!}{(2m-1)!!}.$$

由此得到

$$A_m = \frac{1}{2m+1}\left[\frac{(2m)!!}{(2m-1)!!}\right]^2 < \frac{\pi}{2}$$

$$< \left[\frac{(2m)!!}{(2m-1)!!}\right]^2 \cdot \frac{1}{2m} = B_m.$$

因为

$$0 < B_m - A_m = \left[\frac{(2m)!!}{(2m-1)!!}\right]^2 \left(\frac{1}{2m} - \frac{1}{2m+1}\right)$$

$$= \left[\frac{(2m)!!}{(2m-1)!!}\right]^2 \frac{1}{2m(2m+1)} < \frac{1}{2m} \cdot \frac{\pi}{2} \to 0 \quad (m \to +\infty),$$

故由夹逼定理立即有

$$\lim_{m \to +\infty} (B_m - A_m) = 0.$$

再由 $0 < \frac{\pi}{2} - A_m < B_m - A_m \to 0 (m \to +\infty)$ 得到

$$\lim_{m \to +\infty}\left(\frac{\pi}{2} - A_m\right) = 0,$$

$$\lim_{m \to +\infty}\left[\frac{(2m)!!}{(2m-1)!!}\right]^2 \frac{1}{2m+1} = \lim_{m \to +\infty} A_m = \lim_{m \to +\infty}\left[\frac{\pi}{2} - \left(\frac{\pi}{2} - A_m\right)\right]$$

$$= \frac{\pi}{2} - 0 = \frac{\pi}{2}. \qquad \Box$$

例 6.4.6　计算 $I(m,n) = \int_0^{\frac{\pi}{2}} \cos^m x \sin^n x \, dx.$

解　$I(m,n) = \frac{1}{n+1}\int_0^{\frac{\pi}{2}} \cos^{m-1} x \, d\sin^{n+1} x$

$$= \frac{1}{n+1}\left[\cos^{m-1} x \sin^{n+1} x \Big|_0^{\frac{\pi}{2}} - \int_0^{\frac{\pi}{2}} (m-1)\cos^{m-2} x (-\sin^{n+2} x) \, dx\right]$$

$$= \frac{m-1}{n+1}\int_0^{\frac{\pi}{2}} \cos^{m-2} x \sin^n x (1 - \cos^2 x) \, dx$$

$$= \frac{m-1}{n+1}\left[I(m-2,n) - I(m,n)\right],$$

移项化简得

$$I(m,n) = \frac{m-1}{m+n} I(m-2,n)$$

$$= \begin{cases} \dfrac{(m-1)(m-3)\cdots 1}{(m+n)(m+n-2)\cdots(n+2)} I(0,n), & m \text{ 为偶数} \\[3mm] \dfrac{(m-1)(m-3)\cdots 2}{(m+n)(m+n-2)\cdots(n+3)} I(1,n), & m \text{ 为奇数} \end{cases}$$

$$= \begin{cases} \dfrac{(m-1)!!(n-1)!!}{(m+n)!!} \dfrac{\pi}{2}, & m \text{ 与 } n \text{ 均为偶数} \\[3mm] \dfrac{(m-1)!!(n-1)!!}{(m+n)!!}, & m \text{ 与 } n \text{ 中有一个奇数.} \end{cases} \qquad \square$$

例 6.4.7 求 $\lim\limits_{n \to +\infty} \left[\left(1 + \dfrac{1}{n}\right)\left(1 + \dfrac{2}{n}\right)\cdots\left(1 + \dfrac{n}{n}\right) \right]^{\frac{1}{n}}$.

解 因为

$$\lim_{n \to +\infty} \frac{1}{n} \sum_{k=1}^{n} \left[\ln\left(1 + \frac{k}{n}\right) \right] = \int_0^1 \ln(1+x)\,\mathrm{d}x = \int_0^1 \ln(1+x)\,\mathrm{d}(1+x)$$

$$\xrightarrow{\text{分部积分}} (1+x)\ln(1+x) \Big|_0^1 - \int_0^1 (1+x) \cdot \frac{1}{1+x}\,\mathrm{d}x$$

$$= 2\ln 2 - \int_0^1 \mathrm{d}x = 2\ln 2 - 1,$$

所以

$$\lim_{n \to +\infty} \left[\left(1 + \frac{1}{n}\right)\left(1 + \frac{2}{n}\right) + \cdots + \left(1 + \frac{n}{n}\right) \right]^{\frac{1}{n}}$$

$$= \exp\left[\lim_{n \to +\infty} \frac{1}{n} \sum_{k=1}^{n} \ln\left(1 + \frac{k}{n}\right) \right] = \mathrm{e}^{2\ln 2 - 1} = \frac{\mathrm{e}^{\ln 4}}{\mathrm{e}} = \frac{4}{\mathrm{e}}. \qquad \square$$

例 6.4.8 计算 $\int_0^{\frac{\pi}{4}} \dfrac{\mathrm{d}x}{\cos x}$.

解
$$\int_0^{\frac{\pi}{4}} \frac{\mathrm{d}x}{\cos x} = \int_0^{\frac{\pi}{4}} \frac{\mathrm{d}\sin x}{1 - \sin^2 x} \xrightarrow{t = \sin x} \int_0^{\frac{\sqrt{2}}{2}} \frac{\mathrm{d}t}{1 - t^2}$$

$$= \frac{1}{2} \int_0^{\frac{\sqrt{2}}{2}} \left(\frac{1}{1+t} + \frac{1}{1-t} \right) \mathrm{d}t$$

$$= \frac{1}{2} \ln \frac{1+t}{1-t} \Big|_0^{\frac{\sqrt{2}}{2}} = \frac{1}{2} \ln \frac{1 + \frac{\sqrt{2}}{2}}{1 - \frac{\sqrt{2}}{2}} = \ln(\sqrt{2} + 1). \qquad \square$$

例 6.4.9 (1) 设 f 为连续的奇函数,则对 $\forall a \in \mathbb{R}$,有
$$\int_{-a}^{a} f(x)\,\mathrm{d}x = 0;$$

(2) 设 f 为连续的偶函数,则对 $\forall a \in \mathbb{R}$,有
$$\int_{-a}^{a} f(x)\,\mathrm{d}x = 2\int_0^a f(x)\,\mathrm{d}x;$$

（3）设 f 是周期为 T 的连续函数，则对 $\forall a \in \mathbb{R}$ ，有

$$\int_a^{a+T} f(x)\mathrm{d}x = \int_0^T f(x)\mathrm{d}x.$$

证明　（1）$\displaystyle\int_{-a}^a f(x)\mathrm{d}x = \int_{-a}^0 f(x)\mathrm{d}x + \int_0^a f(x)\mathrm{d}x \xrightarrow{x=-t} \int_a^0 f(-t)\mathrm{d}(-t) + \int_0^a f(x)\mathrm{d}x$

$$= \int_0^a -f(t)\mathrm{d}t + \int_0^a f(x)\mathrm{d}x = 0.$$

（2）$\displaystyle\int_{-a}^a f(x)\mathrm{d}x = \int_{-a}^0 f(x)\mathrm{d}x + \int_0^a f(x)\mathrm{d}x$

$$\xrightarrow{x=-t} \int_a^0 f(-t)\mathrm{d}(-t) + \int_0^a f(x)\mathrm{d}x$$

$$= \int_0^a f(t)\mathrm{d}t + \int_0^a f(x)\mathrm{d}x = 2\int_0^a f(x)\mathrm{d}x.$$

（3）因为

$$\int_T^{a+T} f(x)\mathrm{d}x \xrightarrow{x=t+T} \int_0^a f(t+T)\mathrm{d}(t+T) = \int_0^a f(t)\mathrm{d}t$$

$$= \int_0^a f(x)\mathrm{d}x,$$

所以

$$\int_a^{a+T} f(x)\mathrm{d}x = \int_a^0 f(x)\mathrm{d}x + \int_0^T f(x)\mathrm{d}x + \int_T^{a+T} f(x)\mathrm{d}x$$

$$= -\int_0^a f(x)\mathrm{d}x + \int_0^T f(x)\mathrm{d}x + \int_0^a f(x)\mathrm{d}x$$

$$= \int_0^T f(x)\mathrm{d}x. \qquad\qquad \square$$

注 6.4.1　在例 6.4.9 中，如果将 f "连续"改为"Riemann 可积"，则其结论仍正确. 只需应用 Riemann 积分定义证明：

（1）$\displaystyle\int_0^a f(x)\mathrm{d}x = -\int_{-a}^0 f(x)\mathrm{d}x$;　　　（2）$\displaystyle\int_0^a f(x)\mathrm{d}x = \int_{-a}^0 f(x)\mathrm{d}x$;

（3）$\displaystyle\int_T^{a+T} f(x)\mathrm{d}x = \int_0^a f(x)\mathrm{d}x.$

或者应用定理 6.4.1″ 及例 6.4.9 中的方法.

练习题 6.4

1. 证明：$\displaystyle\lim_{n\to+\infty} \prod_{k=1}^n \left(1+\frac{k}{n}\right)^{\frac{k}{n^2}} = \mathrm{e}^{\frac{1}{4}}.$

　　（提示：$\displaystyle\lim_{n\to+\infty} \frac{1}{n}\sum_{k=1}^n \frac{k}{n}\ln\left(1+\frac{k}{n}\right) = \int_0^1 x\ln(1+x)\mathrm{d}x.$）

2. 求下列极限：

(1) $\lim\limits_{n\to+\infty}\sin\dfrac{\pi}{n}\sum\limits_{k=1}^{n}\left(2+\cos\dfrac{k\pi}{n}\right)^{-1}$;　　　(2) $\lim\limits_{n\to+\infty}\sum\limits_{i=1}^{n}\dfrac{i}{n^2}\sin\left(\dfrac{i\pi}{2n}\right)^2$.

3. 求下列 Riemann 积分：

(1) $\displaystyle\int_0^1 x(2-x^2)^{\frac{1}{2}}\mathrm{d}x$;　　　(2) $\displaystyle\int_0^{\frac{\pi}{2}}\dfrac{\mathrm{d}x}{1+\varepsilon\cos x}$.

4. 证明：$\displaystyle\int_{\mathrm{e}^{-2n\pi}}^1\left|\left[\cos\left(\ln\dfrac{1}{x}\right)\right]'\right|\mathrm{d}x=4n,n\in\mathbb{N}$.

5. 设 I 为一个开区间，函数 f 在 I 内连续，$a<b$ 且 $a,b\in I$. 证明：

$$\lim\limits_{h\to0}\dfrac{1}{h}\int_a^b[f(x+h)-f(x)]\mathrm{d}x=f(b)-f(a).$$

（提示：先作换元 $t=x+h$，再应用积分中值定理.）

6. 计算下列 Riemann 积分：

(1) $\displaystyle\int_0^\pi\sin^3x\mathrm{d}x$;　　　　　　　(2) $\displaystyle\int_{-\pi}^\pi x^2\cos x\mathrm{d}x$;

(3) $\displaystyle\int_0^{\sqrt{3}}x\arctan x\mathrm{d}x$;　　　　　(4) $\displaystyle\int_0^3\dfrac{x}{1+\sqrt{1+x}}\mathrm{d}x$;

(5) $\displaystyle\int_{-1}^0(2x+1)\sqrt{1-x-x^2}\mathrm{d}x$;　(6) $\displaystyle\int_{\mathrm{e}^{-1}}^{\mathrm{e}}|\ln x|\mathrm{d}x$;

(7) $\displaystyle\int_0^5[x]\sin\dfrac{\pi x}{5}\mathrm{d}x$;　　　　(8) $\displaystyle\int_0^a x^2\sqrt{a^2-x^2}\mathrm{d}x$;

(9) $\displaystyle\int_0^{\ln2}\sqrt{\mathrm{e}^x-1}\mathrm{d}x$;　　　　(10) $\displaystyle\int_0^1 x^n\ln x\mathrm{d}x$,　$n\in\mathbb{N}$;

(11) $\displaystyle\int_0^{\frac{\pi}{2}}\dfrac{\cos x\sin x}{a^2\sin^2x+b^2\cos^2x}\mathrm{d}x$,　$ab\neq0$;

(12) $\displaystyle\int_0^a\ln(x+\sqrt{a^2+x^2})\mathrm{d}x$,　$a>0$.

7. 证明：$\lim\limits_{n\to+\infty}\displaystyle\int_0^{\frac{\pi}{2}}\sin^nx\mathrm{d}x=0$. 由此推证

(1) $\lim\limits_{n\to+\infty}\dfrac{(2n)!!}{(2n+1)!!}=0$;　　(2) $\lim\limits_{n\to+\infty}\dfrac{(2n-1)!!}{(2n)!!}=0$.

8. 设 f 为连续函数，证明：

(1) $\displaystyle\int_0^{\frac{\pi}{2}}f(\cos x)\mathrm{d}x=\int_0^{\frac{\pi}{2}}f(\sin x)\mathrm{d}x$;

(2) $\displaystyle\int_0^\pi xf(\sin x)\mathrm{d}x=\dfrac{\pi}{2}\int_0^\pi f(\sin x)\mathrm{d}x$.

并由 (2) 证明 $\displaystyle\int_0^\pi\dfrac{x\sin x}{1+\cos^2x}\mathrm{d}x=\dfrac{\pi^2}{4}$.

9. 计算下列 Riemann 积分：

（1）$\displaystyle\int_0^{\frac{\pi}{2}} \frac{\cos^2 x}{\cos x + \sin x}\mathrm{d}x$；　　　（2）$\displaystyle\int_0^{\frac{\pi}{2}} \frac{\sin^2 x}{\cos x + \sin x}\mathrm{d}x$.

10. 设 f 在 $[a,b]$ 上连续可导，应用分部积分证明：

（1）$\displaystyle\lim_{\lambda \to +\infty}\int_a^b f(x)\cos\lambda x\,\mathrm{d}x = 0$；　　（2）$\displaystyle\lim_{\lambda \to +\infty}\int_a^b f(x)\sin\lambda x\,\mathrm{d}x = 0$.

　　若将 f 放宽成"在 $[a,b]$ 上 Riemann 可积"，则结论仍然正确. 那就是著名的 Riemann 引理. 本书第 3 册中将讨论它.

11. 设 f 在 $[0,1]$ 上 2 阶连续可导，证明：
$$\int_0^1 f(x)\mathrm{d}x = \frac{1}{2}\Big[f(0) + f(1) - \int_0^1 x(1-x)f''(x)\mathrm{d}x\Big].$$

12. 应用分部积分证明：$\displaystyle\int_0^{2\pi}\Big(\int_x^{2\pi}\frac{\sin t}{t}\mathrm{d}t\Big)\mathrm{d}x = 0$.

13. 设 f 在 $[a, +\infty)$ 中连续，对 $\forall\, a > 0$，证明：
$$\int_0^a\Big(\int_0^x f(t)\mathrm{d}t\Big)\mathrm{d}x = \int_0^a f(x)(a-x)\mathrm{d}x.$$

14. 计算下列 Riemann 积分：

（1）$\displaystyle\int_0^{\frac{\pi}{2}}\cos^5 x\sin 2x\,\mathrm{d}x$；　　　　（2）$\displaystyle\int_0^1\sqrt{4 - x^2}\,\mathrm{d}x$；

（3）$\displaystyle\int_0^a x^2\sqrt{a^2 - x^2}\,\mathrm{d}x\,(a > 0)$；　（4）$\displaystyle\int_0^1\frac{\mathrm{d}x}{(x^2 - x + 1)^{3/2}}$；

（5）$\displaystyle\int_0^1\frac{\mathrm{d}x}{\mathrm{e}^x + \mathrm{e}^{-x}}$；　　　　　（6）$\displaystyle\int_0^{\frac{\pi}{2}}\frac{\cos x}{1 + \sin^2 x}\mathrm{d}x$；

（7）$\displaystyle\int_0^1\arcsin x\,\mathrm{d}x$；　　　　　（8）$\displaystyle\int_0^{\frac{\pi}{2}}\mathrm{e}^x\sin x\,\mathrm{d}x$；

（9）$\displaystyle\int_0^1\mathrm{e}^{\sqrt{x}}\,\mathrm{d}x$；　　　　　　（10）$\displaystyle\int_0^a x^2\sqrt{\frac{a-x}{a+x}}\,\mathrm{d}x$；

（11）$\displaystyle\int_0^{\frac{\pi}{2}}\frac{\cos\theta}{\sin\theta + \cos\theta}\mathrm{d}\theta$.

思考题 6.4

1. 设 $m,n \in \mathbb{N}$，$B(m,n) = \displaystyle\sum_{k=0}^n \mathrm{C}_n^k\frac{(-1)^k}{m+k+1}$. 证明：

（1）$B(m,n) = \displaystyle\int_0^1 x^m(1-x)^n\mathrm{d}x$；　　（2）$B(m,n) = B(n,m)$；

（3）$B(m,n) = \dfrac{m!\,n!}{(m+n+1)!}$.

2. 对于 $\alpha \in (0,1]$,定义 $f_\alpha(x) = \left[\dfrac{\alpha}{x}\right] - \alpha\left[\dfrac{1}{x}\right]$. 证明:

$$\int_0^1 f_\alpha(x)\,\mathrm{d}x = \alpha\ln\alpha.$$

(提示: $f_\alpha(x) = -\left(\dfrac{\alpha}{x} - \left[\dfrac{\alpha}{x}\right]\right) + \alpha\left(\dfrac{1}{x} - \left[\dfrac{1}{x}\right]\right)$,对积分 $\displaystyle\int_0^\alpha \left(\dfrac{\alpha}{x} - \left[\dfrac{\alpha}{x}\right]\right)\mathrm{d}x$ 作换元 $x = \alpha t$.);

3. 设 $I(m,n) = \displaystyle\int_0^{\frac{\pi}{2}} \cos^m x \sin^n x\,\mathrm{d}x \ (m,n \in \mathbb{N})$. 证明:

$$I(m,n) = \frac{m-1}{m+n}I(m-2,n) = \frac{n-1}{m+n}I(m,n-2).$$

并求 $I(2m,2n)$.

4. 设 $x > 0$,证明不等式:

$$\left|\int_x^{x+c} \sin t^2\,\mathrm{d}t\right| < \frac{1}{x}, \quad \text{其中 } c > 0.$$

6.5　广　义　积　分

在 Riemann 积分中,积分区间是一个有限的闭区间,而且 Riemann 可积函数必为有界函数. 但是,对于许多来自数学本身以及其他学科的问题,这两条限制显得过于苛刻,因此,有必要推广已有的积分概念. 如果说将已经详细讨论过的 Riemann 积分称作**正常积分**,那么,下面要推广的积分统称为**广义积分**或**反常积分**.

广义积分大致可以分为两大类,一类是积分区间无界,简称为无穷积分,另一类是无界函数的积分,称为瑕积分.

定义 6.5.1　设函数 f 在无穷区间 $[a, +\infty)$ 上有定义,且在任何有限区间 $[a, u]$ 上 Riemann 可积. 如果存在极限

$$\lim_{u \to +\infty} \int_a^u f(x)\,\mathrm{d}x = J,$$

则称此极限 J 为函数 f 在 $[a, +\infty)$ 上的**无穷积分**,记作

$$J = \lim_{u \to +\infty} \int_a^u f(x)\,\mathrm{d}x = \int_a^{+\infty} f(x)\,\mathrm{d}x.$$

几何上,它为 x 轴,直线 $x = a$ 与曲线 $y = f(x)$ 所围图形的开口面积(图 6.5.1).

如果 J 为实数,我们就称无穷积分 $\displaystyle\int_a^{+\infty} f(x)\,\mathrm{d}x$

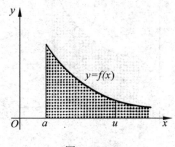

图　6.5.1

收敛;否则,称 $\int_a^{+\infty} f(x)\mathrm{d}x$ **发散**.

类似地,可定义

$$\int_{-\infty}^{b} f(x)\mathrm{d}x = \lim_{v \to -\infty} \int_{v}^{b} f(x)\mathrm{d}x.$$

$$\int_{-\infty}^{+\infty} f(x)\mathrm{d}x = \int_{-\infty}^{a} f(x)\mathrm{d}x + \int_{a}^{+\infty} f(x)\mathrm{d}x$$

$$= \lim_{v \to -\infty} \int_{v}^{a} f(x)\mathrm{d}x + \lim_{u \to +\infty} \int_{a}^{u} f(x)\mathrm{d}x,$$

其中 a 为任一实数,f 在任何有限区间 $[v,u] \subset (-\infty, +\infty)$ 上 Riemann 可积. 则当且仅当右边两个无穷积分都收敛时它才是收敛的.

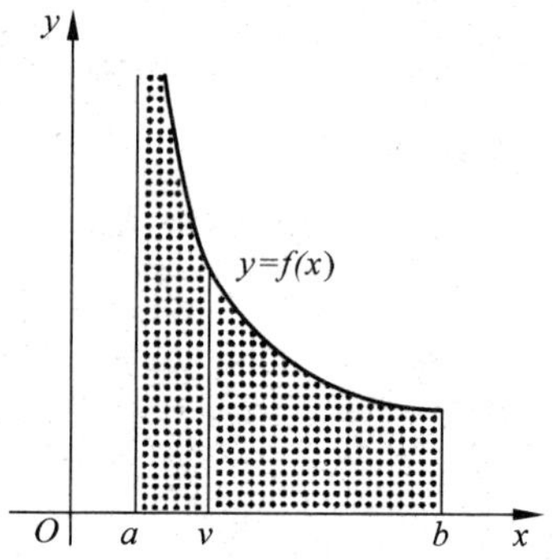

易见,无穷积分 $\int_{-\infty}^{+\infty} f(x)\mathrm{d}x$ 的收敛性与收敛的值都与实数 a 的选取无关.

定义 6.5.2　设函数 f 在区间 $(a,b]$ 上有定义,在点 a 的任一右开邻域内无界,但在任何内闭区间 $[v,b] \subset (a,b]$ 上 Riemann 可积. 如果存在极限

$$\lim_{v \to a^+} \int_{v}^{b} f(x)\mathrm{d}x = J,$$

则称此极限 J 为无界函数 f 在 $(a,b]$ 上的**瑕积分**,记作

$$J = \lim_{v \to a^+} \int_{v}^{b} f(x)\mathrm{d}x = \int_{a}^{b} f(x)\mathrm{d}x.$$

几何上,它为 x 轴,直线 $x=b, x=a$ 与曲线 $y=f(x)$ 所围成图形的开口面积(图 6.5.2).

图 6.5.2

如果 J 为实数,则称 $\int_a^b f(x)\mathrm{d}x$ **收敛**;否则,称 $\int_a^b f(x)\mathrm{d}x$ **发散**. 上述点 a 称为 f 的**瑕点**.

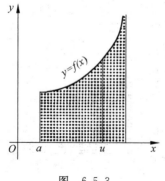

图 6.5.3

类似地,可定义瑕点为 b 的瑕积分:

$$\int_{a}^{b} f(x)\mathrm{d}x = \lim_{u \to b^-} \int_{a}^{u} f(x)\mathrm{d}x,$$

其中 f 在 $[a,b)$ 上有定义,在点 b 的任何左开邻域内无界,但在任何内闭区间 $[a,u] \subset [a,b)$ 上 Riemann 可积(图 6.5.3).

如果 f 的瑕点 $c \in (a,b)$,则定义瑕积分为

$$\int_{a}^{b} f(x)\mathrm{d}x = \int_{a}^{c} f(x)\mathrm{d}x + \int_{c}^{b} f(x)\mathrm{d}x$$

$$= \lim_{u \to c^-} \int_{a}^{u} f(x)\mathrm{d}x + \lim_{v \to c^+} \int_{v}^{b} f(x)\mathrm{d}x,$$

其中 f 在 $[a,c) \bigcup (c,b]$ 上有定义，在点 c 的任一开邻域内无界，但在任何 $[a,u] \subset [a,c)$ 与 $[v,b] \subset (c,b]$ 上都 Riemann 可积. 当且仅当上面右边两个瑕积分都收敛时，左边的瑕积分才是收敛的.

又若 a,b 两点都是 f 的瑕点，而 f 在任何内闭区间 $[u,v] \subset (a,b)$ 上 Riemann 可积，则瑕积分定义为

$$\int_a^b f(x) \mathrm{d}x = \int_a^c f(x) \mathrm{d}x + \int_c^b f(x) \mathrm{d}x$$
$$= \lim_{v \to a^+} \int_v^c f(x) \mathrm{d}x + \lim_{u \to b^-} \int_c^u f(x) \mathrm{d}x,$$

其中，c 为 (a,b) 内任一实数. 同样，当且仅当上面右边两个瑕积分都收敛时，左边的瑕积分才是收敛的.

显然，该瑕积分的收敛性和积分值与 c 的选取无关.

如果 a,b 中有 $-\infty$ 或 $+\infty$，且 (a,b) 中还有有限个瑕点，则可将 (a,b) 分成有限部分，使在每一部分中只含瑕点、$-\infty$、$+\infty$ 之一，则当且仅当每一部分的积分收敛时，$\int_a^b f(x) \mathrm{d}x$ 才是收敛的.

关于广义积分，同样有 Newton-Leibniz 公式，变量代换公式及分部积分公式.

定理 6.5.1　设函数 f 在 $[a,+\infty)$ 上有定义，在任何内闭区间 $[a,u]$ 上 Riemann 可积，f 有原函数 F，且 $F(+\infty) = \lim_{u \to +\infty} F(u)$ 存在，则

$$\int_a^{+\infty} f(x) \mathrm{d}x = F(+\infty) - F(a).$$

证明　$\int_a^{+\infty} f(x) \mathrm{d}x = \lim_{u \to +\infty} \int_a^u f(x) \mathrm{d}x = \lim_{u \to +\infty} [F(u) - F(a)]$
$$= F(+\infty) - F(a). \qquad \square$$

其他公式读者可自行给出.

例 6.5.1　讨论无穷积分

$$\int_1^{+\infty} \frac{\mathrm{d}x}{x^p}$$

的敛散性.

解　$\int_1^{+\infty} \frac{\mathrm{d}x}{x^p} = \lim_{u \to +\infty} \int_1^u \frac{\mathrm{d}x}{x^p} = \begin{cases} \lim\limits_{u \to +\infty} \dfrac{1}{1-p}(u^{1-p} - 1), & p \neq 1, \\ \lim\limits_{u \to +\infty} \ln u, & p = 1 \end{cases}$

$$= \begin{cases} \dfrac{1}{p-1}, & p > 1, \text{收敛}, \\ +\infty, & p \leqslant 1, \text{发散}. \end{cases}$$

上述极限过程也可简单表达为

$$\int_1^{+\infty} \frac{\mathrm{d}x}{x^p} = \begin{cases} \dfrac{1}{1-p}(u^{1-p}-1)\Big|_1^{+\infty}, & p \neq 1, \\ \ln u\Big|_1^{+\infty}, & p = 1 \end{cases}$$

$$= \begin{cases} \dfrac{1}{p-1}, & p > 1, \\ +\infty, & p \leqslant 1. \end{cases}$$

例 6.5.2 讨论下列无穷积分的敛散性.

(1) $\displaystyle\int_2^{+\infty} \frac{\mathrm{d}x}{x(\ln x)^p}$;　　(2) $\displaystyle\int_{-\infty}^{+\infty} \frac{\mathrm{d}x}{1+x^2}$.

解 由于无穷积分是通过变限积分的极限来定义的,因此有关 Riemann 积分的换元与分部积分法一般都可用到广义(反常)积分(无穷积分与瑕积分)中来(请思考理由).

(1) $$\int_2^{+\infty} \frac{\mathrm{d}x}{x(\ln x)^p} = \int_2^{+\infty} \frac{\mathrm{d}(\ln x)}{(\ln x)^p} \xlongequal{t=\ln x} \int_{\ln 2}^{+\infty} \frac{\mathrm{d}t}{t^p},$$

从例 6.5.1 知,当 $p > 1$ 时收敛;当 $p \leqslant 1$ 时发散.

(2) $$\int_{-\infty}^{+\infty} \frac{\mathrm{d}x}{1+x^2} = \int_{-\infty}^0 \frac{\mathrm{d}x}{1+x^2} + \int_0^{+\infty} \frac{\mathrm{d}x}{1+x^2}$$

$$= \lim_{v \to -\infty} \int_v^0 \frac{\mathrm{d}x}{1+x^2} + \lim_{u \to +\infty} \int_0^u \frac{\mathrm{d}x}{1+x^2}$$

$$= \lim_{v \to -\infty}(\arctan 0 - \arctan v) + \lim_{u \to +\infty}(\arctan u - \arctan 0)$$

$$= -\left(-\frac{\pi}{2}\right) + \frac{\pi}{2} = \pi.$$

上述描述很烦琐,简化如下:

$$\int_{-\infty}^{+\infty} \frac{\mathrm{d}x}{1+x^2} = \arctan x\Big|_{-\infty}^{+\infty} = \frac{\pi}{2} - \left(-\frac{\pi}{2}\right) = \pi.$$

例 6.5.3 求极限 $\displaystyle\lim_{n \to +\infty} \sin\frac{\pi}{n} \sum_{k=1}^n \frac{1}{3+\sin\frac{k\pi}{n}}$.

解 $$\lim_{n \to +\infty} \sin\frac{\pi}{n} \sum_{k=1}^n \frac{1}{3+\sin\frac{k\pi}{n}} = \lim_{n \to +\infty} \frac{\sin\frac{\pi}{n}}{\frac{\pi}{n}} \frac{\pi}{n} \sum_{k=1}^n \frac{1}{3+\sin\frac{k\pi}{n}}$$

$$= \int_0^\pi \frac{\mathrm{d}x}{3+\sin x} \xlongequal{u=\tan\frac{x}{2}} \int_0^{+\infty} \frac{\frac{2\,\mathrm{d}u}{1+u^2}}{3+\frac{2u}{1+u^2}} = 2\int_0^{+\infty} \frac{\mathrm{d}u}{3+2u+3u^2}$$

$$= \frac{2}{3}\int_0^{+\infty}\frac{\mathrm{d}\left(u+\frac{1}{3}\right)}{\left(u+\frac{1}{3}\right)^2+\frac{8}{9}} = \frac{2}{3}\cdot\frac{3}{2\sqrt{2}}\arctan\frac{u+\frac{1}{3}}{\frac{2\sqrt{2}}{3}}\bigg|_0^{+\infty}$$

$$= \frac{1}{\sqrt{2}}\left(\frac{\pi}{2}-\arctan\frac{1}{2\sqrt{2}}\right).$$

例 6.5.4 证明：$\displaystyle\int_0^{+\infty}\frac{\mathrm{d}x}{1+x^4}=\frac{\pi}{2\sqrt{2}}$.

证法 1 由例 3.3.7,有

$$\int_0^{+\infty}\frac{\mathrm{d}x}{1+x^4}=\frac{1}{4\sqrt{2}}\ln\frac{x^2+\sqrt{2}x+1}{x^2-\sqrt{2}x+1}\bigg|_0^{+\infty}+\frac{1}{2\sqrt{2}}\big[\arctan(\sqrt{2}x+1)$$

$$+\arctan(\sqrt{2}x-1)\big]\bigg|_0^{+\infty}$$

$$=\frac{1}{2\sqrt{2}}\left(\frac{\pi}{2}+\frac{\pi}{2}-\frac{\pi}{4}+\frac{\pi}{4}\right)=\frac{\pi}{2\sqrt{2}}.$$

证法 2 $\displaystyle\int_0^{+\infty}\frac{\mathrm{d}x}{1+x^4}\xlongequal[x=\left(\frac{1}{t}-1\right)^{\frac{1}{4}}]{t=\frac{1}{1+x^4}}\int_1^0 t\cdot\frac{1}{4}\left(\frac{1}{t}-1\right)^{-\frac{3}{4}}\cdot\frac{-1}{t^2}\mathrm{d}t$

$$=\frac{1}{4}\int_0^1 t^{-\frac{1}{4}}(1-t)^{-\frac{3}{4}}\mathrm{d}t=\frac{1}{4}\int_0^1 t^{\frac{3}{4}-1}(1-t)^{\frac{1}{4}-1}\mathrm{d}t=\frac{1}{4}\mathrm{B}\left(\frac{3}{4},\frac{1}{4}\right)$$

$$=\frac{1}{4}\frac{\Gamma\left(\frac{3}{4}\right)\Gamma\left(\frac{1}{4}\right)}{\Gamma\left(\frac{3}{4}+\frac{1}{4}\right)}=\frac{1}{4}\Gamma\left(\frac{3}{4}\right)\Gamma\left(\frac{1}{4}\right)\xlongequal{\text{余元公式}}\frac{\pi}{4\sin\frac{\pi}{4}}=\frac{\pi}{2\sqrt{2}}.$$

注：这里为了给出一种新的计算方法,我们不得不借用第 3 册中的 B 函数与 Γ 函数的公式：

$$\mathrm{B}(p,q)=\int_0^1 t^{p-1}(1-t)^{q-1}\mathrm{d}t,$$

$$\Gamma(s)=\int_0^{+\infty}t^{s-1}\mathrm{e}^{-t}\mathrm{d}t,\quad \Gamma(s+1)=s!,\quad \Gamma(1)=1,$$

$$\mathrm{B}(p,q)=\frac{\Gamma(p)\Gamma(q)}{\Gamma(p+q)},\quad \text{余元公式}\ \Gamma(s)\Gamma(1-s)=\frac{\pi}{\sin s\pi}.$$

例 6.5.5 计算 $I=\displaystyle\int_0^{+\infty}\sin ax\,\mathrm{e}^{-bx}\mathrm{d}x,\ J=\int_0^{+\infty}\cos ax\,\mathrm{e}^{-bx}\mathrm{d}x,\ a>0,b>0$.

解 $I=\displaystyle\int_0^{+\infty}\sin ax\,\mathrm{e}^{-bx}\mathrm{d}x=\int_0^{+\infty}\sin ax\,\mathrm{d}\left(-\frac{\mathrm{e}^{-bx}}{b}\right)$

$$= \frac{-1}{b} \sin ax \, \mathrm{e}^{-bx} \Big|_0^{+\infty} + \frac{a}{b} \int_0^{+\infty} \cos ax \, \mathrm{e}^{-bx} \, \mathrm{d}x$$

$$= \frac{a}{b} \int_0^{+\infty} \cos ax \, \mathrm{d}\left(-\frac{\mathrm{e}^{-bx}}{b} \right)$$

$$= \frac{a}{b^2} \left(-\cos ax \, \mathrm{e}^{-bx} \Big|_0^{+\infty} - a \int_0^{+\infty} \sin ax \, \mathrm{e}^{-bx} \, \mathrm{d}x \right),$$

$$= \frac{a}{b^2} \left(1 - a \int_0^{+\infty} \sin ax \, \mathrm{e}^{-bx} \, \mathrm{d}x \right) = \frac{a}{b^2} - \frac{a^2}{b^2} I,$$

$$I = \frac{\dfrac{a}{b^2}}{1 + \dfrac{a^2}{b^2}} = \frac{a}{a^2 + b^2},$$

$$J = \frac{b}{a} I = \frac{b}{a^2 + b^2}. \qquad \square$$

例 6.5.6 求 Poisson 积分$(0 < r < 1)$

$$\int_{-\pi}^{\pi} \frac{1 - r^2}{1 - 2r\cos x + r^2} \, \mathrm{d}x.$$

解　$\displaystyle \int_{-\pi}^{\pi} \frac{1 - r^2}{1 - 2r\cos x + r^2} \, \mathrm{d}x$

$$\xrightarrow{t = \tan\frac{x}{2}} \int_{-\infty}^{+\infty} \frac{1 - r^2}{1 - 2r \dfrac{1 - t^2}{1 + t^2} + r^2} \frac{2\mathrm{d}t}{1 + t^2}$$

$$= \int_{-\infty}^{+\infty} \frac{2(1 - r^2)}{(1 - r)^2 + (1 + r)^2 t^2} \, \mathrm{d}t = 2\arctan\frac{1 + r}{1 - r} t \Big|_{-\infty}^{+\infty}$$

$$= 2\left[\frac{\pi}{2} - \left(-\frac{\pi}{2} \right) \right] = 2\pi. \qquad \square$$

例 6.5.7 证明：Euler-Poisson 积分

$$\int_0^{+\infty} \mathrm{e}^{-x^2} \, \mathrm{d}x = \frac{\sqrt{\pi}}{2}$$

(此积分在概率统计中非常重要).

证明　令 $\varphi(x) = \mathrm{e}^{-x^2} - (1 - x^2)$, 则 $\varphi'(x) = 2x(1 - \mathrm{e}^{-x^2}) > 0 \, (x > 0)$, φ 严格增, 故 $\mathrm{e}^{-x^2} - (1 - x^2) = \varphi(x) > \varphi(0) = 0$, $\mathrm{e}^{-x^2} > 1 - x^2 \, (x > 0)$. 于是, $\mathrm{e}^{-nx^2} > (1 - x^2)^n$, $x \in (0, 1)$. 此外, 由

$$\mathrm{e}^{x^2} > 1 + x^2, \quad \mathrm{e}^{-x^2} < \frac{1}{1 + x^2}, \quad \mathrm{e}^{-nx^2} < \frac{1}{(1 + x^2)^n}, \quad x \in (0, +\infty),$$

得到

$$\frac{(2n)!!}{(2n+1)!!} = \int_0^{\frac{\pi}{2}} \cos^{2n+1} t \, \mathrm{d}t \xrightarrow{x = \sin t} \int_0^1 (1 - x^2)^n \, \mathrm{d}x$$

$$< \int_0^1 e^{-nx^2} dx < \int_0^{+\infty} e^{-nx^2} dx < \int_0^{+\infty} \frac{dx}{(1+x^2)^n}$$

$$\xrightarrow{x = \tan t} \int_0^{\frac{\pi}{2}} \cos^{2n-2} t \, dt = \frac{(2n-3)!!}{(2n-2)!!} \cdot \frac{\pi}{2},$$

再由 $\int_0^{+\infty} e^{-nx^2} dx \xrightarrow{x = \frac{t}{\sqrt{n}}} \int_0^{+\infty} e^{-t^2} \frac{dt}{\sqrt{n}}$ 得到

$$n \left[\frac{(2n)!!}{(2n+1)!!} \right]^2 < \left(\int_0^{+\infty} e^{-x^2} dx \right)^2 < n \left[\frac{(2n-3)!!}{(2n-2)!!} \right]^2 \cdot \frac{\pi^2}{4}.$$

根据 Wallis 公式及例 6.4.5(2)推得

$$\lim_{n \to +\infty} n \left[\frac{(2n)!!}{(2n+1)!!} \right]^2 = \lim_{n \to +\infty} \frac{n}{2n+1} \left[\frac{(2n)!!}{(2n-1)!!} \right]^2 \cdot \frac{1}{2n+1}$$

$$= \frac{1}{2} \cdot \frac{\pi}{2} = \frac{\pi}{4},$$

$$\lim_{n \to +\infty} n \left[\frac{(2n-3)!!}{(2n-2)!!} \right]^2 \cdot \frac{\pi^2}{4} = \lim_{n \to +\infty} \frac{n \cdot (2n)^2}{(2n+1)(2n-1)^2} \left[\frac{(2n-1)!!}{(2n)!!} \right]^2 (2n+1) \cdot \frac{\pi^2}{4}$$

$$= \frac{1}{2} \cdot \frac{2}{\pi} \cdot \frac{\pi^2}{4} = \frac{\pi}{4}.$$

由夹逼定理知

$$\left(\int_0^{+\infty} e^{-x^2} dx \right)^2 = \frac{\pi}{4}, \quad \int_0^{+\infty} e^{-x^2} dx = \frac{\sqrt{\pi}}{2}.$$

以后应用二重积分或 Γ 函数的余元公式也可推得 $\int_0^{+\infty} e^{-x^2} dx = \frac{\sqrt{\pi}}{2}.$ □

例 6.5.8 计算瑕积分:

(1) $\int_0^1 \frac{dx}{\sqrt{1-x^2}}$; (2) $\int_0^1 \frac{x^n dx}{\sqrt{1-x^2}}$, $n \in \mathbb{N}$.

解 (1) 被积函数 $f(x) = \frac{1}{\sqrt{1-x^2}}$ 在$[0,1)$上连续,从而在任何$[0,u] \subset [0,1)$上 Riemann 可积,$x = 1$ 为其瑕点. 因此

$$\int_0^1 \frac{dx}{\sqrt{1-x^2}} = \lim_{u \to 1^-} \int_0^u \frac{dx}{\sqrt{1-x^2}}$$

$$= \lim_{u \to 1^-} (\arcsin u - \arcsin 0) = \arcsin 1 = \frac{\pi}{2}.$$

简单表达为

$$\int_0^1 \frac{dx}{\sqrt{1-x^2}} = \arcsin x \bigg|_0^1 = \frac{\pi}{2} - 0 = \frac{\pi}{2}.$$

(2) $x = 1$ 为瑕点. 作变换 $x = \sin t$,则有

$$\int_0^1 \frac{x^n \, \mathrm{d}x}{\sqrt{1-x^2}} = \int_0^{\frac{\pi}{2}} \frac{\sin^n t \cos t}{\sqrt{1-\sin^2 t}} \mathrm{d}t = \int_0^{\frac{\pi}{2}} \sin^n t \, \mathrm{d}t$$

$$= \begin{cases} \dfrac{(n-1)!!}{n!!} \dfrac{\pi}{2}, & n \text{ 为偶数}, \\[3mm] \dfrac{(n-1)!!}{n!!}, & n \text{ 为奇数}. \end{cases}$$ □

例 6.5.9   讨论瑕积分 $\displaystyle\int_0^1 \frac{\mathrm{d}x}{x^p}$ 的敛散性.

解   当 $p \leqslant 0$ 时,这是正常积分,视作是收敛的.

当 $p > 0$ 时,被积函数 $\dfrac{1}{x^p}$ 在 $(0,1]$ 上连续,$x=0$ 为其瑕点,于是,

$$\int_0^1 \frac{\mathrm{d}x}{x^p} = \begin{cases} \dfrac{1}{1-p} x^{-p+1} \Big|_0^1 = \dfrac{1}{1-p}, & 0 < p < 1, \\[3mm] \dfrac{1}{1-p} x^{-p+1} \Big|_0^1 = +\infty, & p > 1, \\[3mm] \ln x \Big|_0^1 = +\infty, & p = 1 \end{cases}$$

$$= \begin{cases} \dfrac{1}{1-p}, & 0 < p < 1, \quad \text{收敛}, \\[3mm] +\infty, & p \geqslant 1, \quad \text{发散}. \end{cases}$$ □

类似地,$\displaystyle\int_a^b \frac{\mathrm{d}x}{(x-a)^p}$ 与 $\displaystyle\int_a^b \frac{\mathrm{d}x}{(b-x)^p}$ 当 $p < 1$ 时收敛;当 $p \geqslant 1$ 时发散.

考察广义积分

$$\int_0^{+\infty} \frac{\mathrm{d}x}{x^p} = \int_0^1 \frac{\mathrm{d}x}{x^p} + \int_1^{+\infty} \frac{\mathrm{d}x}{x^p},$$

当且仅当 $p < 1$ 时,$\displaystyle\int_0^1 \frac{\mathrm{d}x}{x^p}$ 收敛;当且仅当 $p > 1$ 时,$\displaystyle\int_1^{+\infty} \frac{\mathrm{d}x}{x^p}$ 收敛.因此,右边两个积分对任何 p 不能同时收敛,故 $\displaystyle\int_0^{+\infty} \frac{\mathrm{d}x}{x^p}$ 对任何实数 p 都是发散的.

如果只停留在数学概念上,那么肯定学不深,钻不透,也走不远.因此,我们有必要来讨论广义积分的一些性质与各种收敛判别法则.

定理 6.5.2(无穷积分收敛的 Cauchy 准则)   无穷积分 $\displaystyle\int_a^{+\infty} f(x)\mathrm{d}x$ 收敛 $\Leftrightarrow \forall \varepsilon > 0$,$\exists \Delta > \max\{a, 0\}$,当 $u_1, u_2 > \Delta$ 时,便有

$$\left| \int_a^{u_1} f(x)\mathrm{d}x - \int_a^{u_2} f(x)\mathrm{d}x \right| = \left| \int_{u_1}^{u_2} f(x)\mathrm{d}x \right| < \varepsilon.$$

证明   令 $F(u) = \displaystyle\int_a^u f(x)\mathrm{d}x$,则

$$\int_a^{+\infty} f(x)\mathrm{d}x \text{ 收敛} \Leftrightarrow \lim_{u \to +\infty} \int_a^u f(x)\mathrm{d}x = \lim_{u \to +\infty} F(u) \text{ 存在且有限}$$

$$\underset{\underset{\text{定理2.1.4}}{\text{函数收敛的Cauchy准则}}}{\Longleftrightarrow} \forall \varepsilon > 0, \exists \Delta > \max\{a, 0\}, \text{当} u_1, u_2 > \Delta \text{ 时,便有}$$

$$\left| \int_{u_1}^{u_2} f(x)\mathrm{d}x \right| = | F(u_1) - F(u_2) | < \varepsilon. \qquad \square$$

引理 6.5.1 设 $\int_a^{+\infty} f(x)\mathrm{d}x$ 与 $\int_a^{+\infty} g(x)\mathrm{d}x$ 都收敛,λ, μ 为任意实常数,则 $\int_a^{+\infty} [\lambda f(x) + \mu g(x)]\mathrm{d}x$ 也收敛,且

$$\int_a^{+\infty} [\lambda f(x) + \mu g(x)]\mathrm{d}x = \lambda \int_a^{+\infty} f(x)\mathrm{d}x + \mu \int_a^{+\infty} g(x)\mathrm{d}x.$$

证明
$$\int_a^{+\infty} [\lambda f(x) + \mu g(x)]\mathrm{d}x = \lim_{u \to +\infty} \int_a^u [\lambda f(x) + \mu g(x)]\mathrm{d}x$$
$$= \lim_{u \to +\infty} \left[\lambda \int_a^u f(x)\mathrm{d}x + \mu \int_a^u g(x)\mathrm{d}x \right]$$
$$= \lambda \int_a^{+\infty} f(x)\mathrm{d}x + \mu \int_a^{+\infty} g(x)\mathrm{d}x. \qquad \square$$

引理 6.5.2 设 f 在任何有限区间 $[v, u]$ 上 Riemann 可积,$a < b$. 则 $\int_a^{+\infty} f(x)\mathrm{d}x$ 与 $\int_b^{+\infty} f(x)\mathrm{d}x$ 同敛散. 如果收敛,则

$$\int_a^{+\infty} f(x)\mathrm{d}x = \int_a^b f(x)\mathrm{d}x + \int_b^{+\infty} f(x)\mathrm{d}x,$$

其中 $\int_a^b f(x)\mathrm{d}x$ 为 Riemann 积分.

证明 设 $a < b < u$,则由定理 6.2.4,有
$$\int_a^u f(x)\mathrm{d}x = \int_a^b f(x)\mathrm{d}x + \int_b^u f(x)\mathrm{d}x.$$

因此,$\lim_{u \to +\infty} \int_a^u f(x)\mathrm{d}x$ 与 $\lim_{u \to +\infty} \int_b^u f(x)\mathrm{d}x$ 同时存在或同时不存在,故 $\int_a^{+\infty} f(x)\mathrm{d}x$ 与 $\int_b^{+\infty} f(x)\mathrm{d}x$ 同敛散. 当它们收敛时,有

$$\int_a^{+\infty} f(x)\mathrm{d}x = \lim_{u \to +\infty} \int_a^u f(x)\mathrm{d}x = \lim_{u \to +\infty} \left[\int_a^b f(x)\mathrm{d}x + \int_b^u f(x)\mathrm{d}x \right]$$
$$= \int_a^b f(x)\mathrm{d}x + \int_b^{+\infty} f(x)\mathrm{d}x. \qquad \square$$

引理 6.5.3 设 f 在任何有限区间 $[a, u]$ 上 Riemann 可积,且 $\int_a^{+\infty} | f(x) | \mathrm{d}x$ 收敛,则 $\int_a^{+\infty} f(x)\mathrm{d}x$ 也收敛,且有

$$\left| \int_a^{+\infty} f(x)\mathrm{d}x \right| \leqslant \int_a^{+\infty} | f(x) | \mathrm{d}x.$$

证明   由 $\int_a^{+\infty} \mid f(x) \mid \mathrm{d}x$ 收敛,根据无穷积分的收敛准则(定理 6.5.2)的必要性,

$\forall \varepsilon > 0, \exists \Delta > \max\{a,0\}$,当 $u_2 \geqslant u_1 > \Delta$ 时,总有

$$\left| \int_{u_1}^{u_2} \mid f(x) \mid \mathrm{d}x \right| = \int_{u_1}^{u_2} \mid f(x) \mid \mathrm{d}x < \varepsilon.$$

于是,

$$\left| \int_{u_1}^{u_2} f(x)\mathrm{d}x \right| \leqslant \int_{u_1}^{u_2} \mid f(x) \mid \mathrm{d}x < \varepsilon.$$

再由无穷积分的收敛准则(定理 6.5.2)的充分性推得 $\int_a^{+\infty} f(x)\mathrm{d}x$ 收敛.

又因为

$$\left| \int_a^u f(x)\mathrm{d}x \right| \leqslant \int_a^u \mid f(x) \mid \mathrm{d}x \quad (u > a),$$

令 $u \to +\infty$,得到

$$\left| \int_a^{+\infty} f(x)\mathrm{d}x \right| \leqslant \int_a^{+\infty} \mid f(x) \mid \mathrm{d}x. \qquad \square$$

定义 6.5.3   设 f 在任何有限区间 $[a,u]$ 上 Riemann 可积,如果 $\int_a^{+\infty} \mid f(x) \mid \mathrm{d}x$ 收敛,则称 $\int_a^{+\infty} f(x)\mathrm{d}x$ **绝对收敛**.

引理 6.5.3 指出,若 $\int_a^{+\infty} f(x)\mathrm{d}x$ 绝对收敛,则 $\int_a^{+\infty} f(x)\mathrm{d}x$ 也收敛,但反之不成立.

反例:设

$$f(x) = \begin{cases} \dfrac{x}{2^{n-2}} - \dfrac{n}{2^{n-3}}, & 2n \leqslant x < 2n + \dfrac{1}{2}, \\[2mm] -\dfrac{x}{2^{n-2}} + \dfrac{2n+1}{2^{n-2}}, & 2n + \dfrac{1}{2} \leqslant x < 2n + \dfrac{3}{2}, \\[2mm] \dfrac{x}{2^{n-2}} - \dfrac{n+1}{2^{n-3}}, & 2n + \dfrac{3}{2} \leqslant x < 2n + 2, \end{cases}$$

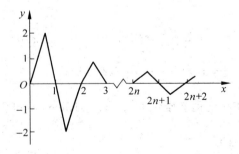

图   6.5.4

由图 6.5.4 立刻知道，$\int_0^{+\infty} f(x)\mathrm{d}x = 0$，$\int_0^{+\infty} |f(x)|\mathrm{d}x = 2\sum_{n=1}^{\infty}\frac{1}{n} = +\infty$，即 $\int_0^{+\infty} f(x)\mathrm{d}x$

收敛，但 $\int_0^{+\infty} |f(x)|\mathrm{d}x$ 发散.我们称这种收敛但非绝对收敛的无穷积分为**条件收敛**.

定理 6.5.3（无穷积分的比较判别法） 设定义在 $[a,+\infty)$ 上的两个函数 f 与 g 都在任何有限区间 $[a,u]$ 上 Riemann 可积，且满足

$$|f(x)| \leqslant g(x), \quad x \in [a,+\infty).$$

则

（1）当 $\int_a^{+\infty} g(x)\mathrm{d}x$ 收敛时，$\int_a^{+\infty} |f(x)|\mathrm{d}x$ 必收敛，当然 $\int_a^{+\infty} f(x)\mathrm{d}x$ 也收敛；

（2）当 $\int_a^{+\infty} |f(x)|\mathrm{d}x$ 发散时，$\int_a^{+\infty} g(x)\mathrm{d}x$ 必发散.

（简单说即是，大的收敛，小的也收敛；小的发散，大的也发散.）

证明 因为 $0 \leqslant |f(x)| \leqslant g(x)$，所以 $\int_a^u |f(x)|\mathrm{d}x$ 与 $\int_a^u g(x)\mathrm{d}x$ 都为 u 的增函数.

（1）如果 $\int_a^{+\infty} g(x)\mathrm{d}x$ 收敛，则 $\forall u \in [a,+\infty)$，有 $\int_a^u g(x)\mathrm{d}x \leqslant M$(常数)，从而

$$\int_a^u |f(x)|\mathrm{d}x \leqslant \int_a^u g(x)\mathrm{d}x \leqslant M, \quad \forall u \in [a,+\infty).$$

因此，$\int_a^{+\infty} |f(x)|\mathrm{d}x = \lim_{u\to+\infty}\int_a^u |f(x)|\mathrm{d}x$ 存在且有限，这就证明了 $\int_a^{+\infty} |f(x)|\mathrm{d}x$ 收敛.

根据引理 6.5.3，$\int_a^{+\infty} f(x)\mathrm{d}x$ 也收敛.

（2）如果 $\int_a^{+\infty} |f(x)|\mathrm{d}x$ 发散，则 $\lim_{u\to+\infty}\int_a^u |f(x)|\mathrm{d}x = +\infty$.再由

$$\int_a^u |f(x)|\mathrm{d}x \leqslant \int_a^u g(x)\mathrm{d}x$$

得到

$$+\infty = \lim_{u\to+\infty}\int_a^u |f(x)|\mathrm{d}x \leqslant \lim_{u\to+\infty}\int_a^u g(x)\mathrm{d}x = \int_a^{+\infty} g(x)\mathrm{d}x,$$

即

$$\int_a^{+\infty} g(x)\mathrm{d}x = +\infty,$$

是发散的. $\square$

由无穷积分的比较判别法可派生出用起来更方便的比较判别法的极限形式.

定理 6.5.3′（无穷积分的比较判别法的极限形式） 设 f,g 在任何有穷区间 $[a,u]$ 上 Riemann 可积，$g(x) > 0$，且

$$\lim_{x\to+\infty}\frac{|f(x)|}{g(x)} = c,$$

则有

(1) 当 $0 < c < +\infty$ 时，$\int_a^{+\infty} |f(x)| \, dx$ 与 $\int_a^{+\infty} g(x) \, dx$ 同敛散；

(2) 当 $c = 0$ 时，$\int_a^{+\infty} g(x) \, dx$ 收敛蕴涵着 $\int_a^{+\infty} |f(x)| \, dx$ 也收敛；

(3) 当 $c = +\infty$ 时，$\int_a^{+\infty} g(x) \, dx$ 发散蕴涵着 $\int_a^{+\infty} |f(x)| \, dx$ 也发散.

证明　(1) 因为 $\lim\limits_{x \to +\infty} \dfrac{|f(x)|}{g(x)} = c \in (0, +\infty)$，所以 $\exists \Delta > \max\{a, 0\}$，当 $x > \Delta$ 时，有

$$\frac{3c}{2} = c + \frac{c}{2} > \frac{|f(x)|}{g(x)} > c - \frac{c}{2} = \frac{c}{2} > 0,$$

$$\frac{3c}{2} g(x) > |f(x)| > \frac{c}{2} g(x).$$

再由定理 6.5.3 知，$\int_a^{+\infty} |f(x)| \, dx$ 与 $\int_a^{+\infty} g(x) \, dx$ 同敛散.

(2) 当 $c = 0$ 时，由于 $\lim\limits_{x \to +\infty} \dfrac{|f(x)|}{g(x)} = c = 0$，故对 $\varepsilon_0 = 1$，$\exists \Delta > \max\{a, 0\}$，当 $x > \Delta$ 时，有

$$\frac{|f(x)|}{g(x)} < \varepsilon_0 = 1,$$

故

$$|f(x)| < g(x).$$

根据定理 6.5.3(1) 知，$\int_a^{+\infty} g(x) \, dx$ 收敛蕴涵着 $\int_a^{+\infty} |f(x)| \, dx$ 收敛.

(3) 当 $c = +\infty$ 时，由于 $\lim\limits_{x \to +\infty} \dfrac{|f(x)|}{g(x)} = c = +\infty$，故对 $A_0 = 1$，$\exists \Delta > \max\{a, 0\}$，当 $x > \Delta$ 时，有

$$\frac{|f(x)|}{g(x)} > A_0 = 1,$$

故

$$|f(x)| > g(x).$$

根据定理 6.5.3(2) 知，$\int_a^{+\infty} g(x) \, dx$ 发散蕴涵着 $\int_a^{+\infty} |f(x)| \, dx$ 发散.　　　　□

推论 6.5.1　$\left(\text{与} \int_a^{+\infty} \dfrac{dx}{x^p} \text{比较}\right)$ 设函数 f 定义于 $[a, +\infty)(a > 0)$ 上，且在任何有限区间 $[a, u]$ 上 Riemann 可积，则有

(1) 当 $|f(x)| \leqslant \dfrac{1}{x^p}$，$x \in [a, +\infty)$，且 $p > 1$ 时，$\int_a^{+\infty} |f(x)| \, dx$ 收敛；

(2) 当 $|f(x)| \geqslant \dfrac{1}{x^p}, x \in [a, +\infty)$，且 $p \leqslant 1$ 时，$\displaystyle\int_a^{+\infty} |f(x)| \, \mathrm{d}x$ 发散.

证明　由定理 6.5.3 与例 6.5.1 可立即推得.　　　　　　　　　□

推论 6.5.1$'$ $\left(\text{与} \displaystyle\int_a^{+\infty} \dfrac{\mathrm{d}x}{x^p} \text{ 比较的极限形式}\right)$　设 f 定义于 $[a, +\infty)(a > 0)$ 上,且在任何有限区间 $[a, u]$ 上 Riemann 可积,且

$$\lim_{x \to +\infty} x^p |f(x)| = \lim_{x \to +\infty} \frac{|f(x)|}{\dfrac{1}{x^p}} = \lambda.$$

则有

(1) 当 $p > 1, 0 \leqslant \lambda < +\infty$ 时,$\displaystyle\int_a^{+\infty} |f(x)| \, \mathrm{d}x$ 收敛;

(2) 当 $p \leqslant 1, 0 < \lambda \leqslant +\infty$ 时,$\displaystyle\int_a^{+\infty} |f(x)| \, \mathrm{d}x$ 发散.

证明　由定理 6.5.3$'$ 与例 6.5.1 可立即推得.　　　　　　　　□

例 6.5.10　讨论 $\displaystyle\int_a^{+\infty} \dfrac{\sin x}{1 + x^2} \mathrm{d}x$ 的敛散性.

解　由 $\left| \dfrac{\sin x}{1 + x^2} \right| \leqslant \dfrac{1}{1 + x^2}, x \in [0, +\infty)$ 以及 $\displaystyle\int_0^{+\infty} \dfrac{\mathrm{d}x}{1 + x^2} = \dfrac{\pi}{2}$ 收敛,根据比较判别法知,$\displaystyle\int_a^{+\infty} \dfrac{\sin x}{1 + x^2}$ 绝对收敛.　　　　　　　　　□

例 6.5.11　讨论下列无穷积分的敛散性:

(1) $\displaystyle\int_1^{+\infty} x^a e^{-x} \mathrm{d}x$;　　　(2) $\displaystyle\int_0^{+\infty} \dfrac{x^2}{\sqrt{x^5 + 1}} \mathrm{d}x$.

解　上面两个无穷积分中的被积函数都是非负的,故收敛就是绝对收敛.

(1) 因为

$$\lim_{x \to +\infty} \frac{x^a e^{-x}}{\dfrac{1}{x^2}} = \lim_{x \to +\infty} \frac{x^{a+2}}{e^x} \xrightarrow{\text{L}'\text{Hospital 法则}} 0,$$

所以,由推论 6.5.1$'$(1) 及 $\displaystyle\int_1^{+\infty} \dfrac{\mathrm{d}x}{x^2}$ 收敛推得对任何实数 a,$\displaystyle\int_1^{+\infty} x^a e^{-x} \mathrm{d}x$ 收敛.

(2) 因为

$$\lim_{x \to +\infty} \frac{\dfrac{x^2}{\sqrt{x^5 + 1}}}{\dfrac{1}{x^{\frac{1}{2}}}} = \lim_{x \to +\infty} \frac{x^{\frac{5}{2}}}{\sqrt{x^5 + 1}} = \lim_{x \to +\infty} \frac{1}{\sqrt{1 + \dfrac{1}{x^5}}} = \frac{1}{\sqrt{1 + 0}} = 1,$$

所以,由推论 6.5.1$'$(2) 及 $\displaystyle\int_1^{+\infty} \dfrac{\mathrm{d}x}{x^{\frac{1}{2}}}$ 发散推得 $\displaystyle\int_0^{+\infty} \dfrac{x^2}{\sqrt{x^5 + 1}} \mathrm{d}x$ 是发散的.　　□

关于 $\displaystyle\int_{-\infty}^{b} \mid f(x)\mid \mathrm{d}x$ 的比较判别法也可类似讨论.

下面介绍关于 $\displaystyle\int_{a}^{+\infty} f(x)g(x)\mathrm{d}x$ 敛散性的 Dirichlet 判别法与 Abel 判别法.

定理 6.5.4(无穷积分的 Dirichlet 判别法) 如果函数 f,g 满足:

(1) g 在 $[a,+\infty)$ 上单调,且 $\displaystyle\lim_{x\to+\infty} g(x)=0$;

(2) $F(u)=\displaystyle\int_{a}^{u} f(x)\mathrm{d}x$ 在 $[a,+\infty)$ 上有界.

则 $\displaystyle\int_{a}^{+\infty} f(x)g(x)\mathrm{d}x$ 收敛.

证明 设 $\left|\displaystyle\int_{a}^{u} f(x)\mathrm{d}x\right| < M, \forall u > a$.

$\forall \varepsilon > 0$,由于 $\displaystyle\lim_{x\to+\infty} g(x)=0$,则 $\exists \Delta > \max\{a,0\}$,当 $u_2 > u_1 > \Delta$ 时,有

$$\mid g(u_2)\mid < \frac{\varepsilon}{4M}, \qquad \mid g(u_1)\mid < \frac{\varepsilon}{4M}.$$

因此,由一般积分第二中值定理可知,$\exists \xi \in [u_1,u_2]$,s. t.

$$\left|\int_{u_1}^{u_2} f(x)g(x)\mathrm{d}x\right| = \left| g(u_1)\int_{u_1}^{\xi} f(x)\mathrm{d}x + g(u_2)\int_{\xi}^{u_2} f(x)\mathrm{d}x\right|$$

$$\leqslant \mid g(u_1)\mid \cdot \left|\int_{u_1}^{\xi} f(x)\mathrm{d}x\right| + \mid g(u_2)\mid \cdot \left|\int_{\xi}^{u_2} f(x)\mathrm{d}x\right|$$

$$= \mid g(u_1)\mid \cdot \left|\int_{a}^{\xi} f(x)\mathrm{d}x - \int_{a}^{u_1} f(x)\mathrm{d}x\right|$$

$$+ \mid g(u_2)\mid \cdot \left|\int_{a}^{u_2} f(x)\mathrm{d}x - \int_{a}^{\xi} f(x)\mathrm{d}x\right|$$

$$< 2M \cdot \frac{\varepsilon}{4M} + 2M \cdot \frac{\varepsilon}{4M} = \varepsilon.$$

根据无穷积分的 Cauchy 收敛准则,$\displaystyle\int_{a}^{+\infty} f(x)g(x)\mathrm{d}x$ 收敛. □

定理 6.5.5(无穷积分的 Abel 判别法) 如果函数 f,g 满足:

(1) g 在 $[a,+\infty)$ 上单调有界;

(2) $\displaystyle\int_{a}^{+\infty} f(x)\mathrm{d}x$ 收敛.

则 $\displaystyle\int_{a}^{+\infty} f(x)g(x)\mathrm{d}x$ 收敛.

证法 1 设 $\mid g(x)\mid < M, \forall x \in [a,+\infty)$.

$\forall \varepsilon > 0$,因为 $\displaystyle\int_{a}^{+\infty} f(x)\mathrm{d}x$ 收敛,故 $\exists \Delta > \max\{a,0\}$,当 $u_2 > u_1 > \Delta$ 时,有

$$\left|\int_{u_1}^{u_2} f(x)\mathrm{d}x\right| < \frac{\varepsilon}{2M}.$$

因此,由一般积分第二中值定理可知,$\exists \xi \in [u_1, u_2]$,s. t.

$$\left| \int_{u_1}^{u_2} f(x)g(x)\mathrm{d}x \right| = \left| g(u_1)\int_{u_1}^{\xi} f(x)\mathrm{d}x + g(u_2)\int_{\xi}^{u_2} f(x)\mathrm{d}x \right|$$

$$\leqslant |g(u_1)| \cdot \left| \int_{u_1}^{\xi} f(x)\mathrm{d}x \right| + |g(u_2)| \cdot \left| \int_{\xi}^{u_2} f(x)\mathrm{d}x \right|$$

$$< M \cdot \frac{\varepsilon}{2M} + M \cdot \frac{\varepsilon}{2M} = \varepsilon.$$

根据无穷积分的 Cauchy 收敛准则,$\int_a^{+\infty} f(x)g(x)\mathrm{d}x$ 收敛.

证法 2 因 $\int_a^{+\infty} f(x)\mathrm{d}x$ 收敛,故 $\int_a^u f(x)\mathrm{d}x$ 在 $[a, +\infty)$ 上有界. 又因为 $g(x) - g(+\infty)$ 在 $[a, +\infty)$ 上单调趋于 $0(x \rightarrow +\infty)$,根据 Dirichlet 判别法知,

$$\int_a^{+\infty} f(x)[g(x) - g(+\infty)]\mathrm{d}x$$

收敛. 因此,

$$\int_a^{+\infty} f(x)g(x)\mathrm{d}x = \int_a^{+\infty} f(x)[g(x) - g(+\infty)]\mathrm{d}x$$
$$+ g(+\infty)\int_a^{+\infty} f(x)\mathrm{d}x$$

也收敛.   □

例 6.5.12 讨论 $\int_1^{+\infty} \frac{\sin x}{x^p}\mathrm{d}x$ 与 $\int_1^{+\infty} \frac{\cos x}{x^p}\mathrm{d}x$ 的敛散性.

解 (1) 当 $p > 1$ 时,因为

$$\left| \frac{\sin x}{x^p} \right| \leqslant \frac{1}{x^p}, \quad x \in [1, +\infty),$$

而 $\int_1^{+\infty} \frac{\mathrm{d}x}{x^p}$ 当 $p > 1$ 时收敛,根据比较判别法知,$\int_1^{+\infty} \left| \frac{\sin x}{x^p} \right| \mathrm{d}x$ 收敛,从而 $\int_1^{+\infty} \frac{\sin x}{x^p}\mathrm{d}x$ 绝对收敛.

(2) 当 $0 < p \leqslant 1$ 时,因为 $\forall u \geqslant 1$,有

$$\left| \int_1^u \sin x\mathrm{d}x \right| = |\cos 1 - \cos u| = 2,$$

而 $\frac{1}{x^p}$ 当 $p > 0$ 时单调趋于 $0(x \rightarrow +\infty)$,故由 Dirichlet 判别法推得无穷积分 $\int_1^{+\infty} \frac{\sin x}{x^p}\mathrm{d}x$ 当 $p > 0$ 时总是收敛的.

另一方面,由于

$$\left| \frac{\sin x}{x^p} \right| \geqslant \frac{\sin^2 x}{x} = \frac{1 - \cos 2x}{2x} = \frac{1}{2x} - \frac{\cos 2x}{2x}, \quad x \in [1, +\infty),$$

其中 $\displaystyle\int_1^{+\infty}\frac{\cos 2x}{2x}\mathrm{d}x\xrightarrow{\ t=2x\ }\frac{1}{2}\int_2^{+\infty}\frac{\cos t}{t}\mathrm{d}t$ 满足 Dirichlet 判别法的条件,它是收敛的. 而

$\displaystyle\int_1^{+\infty}\frac{\mathrm{d}x}{2x}=\frac{1}{2}\ln x\Big|_1^{+\infty}=+\infty$ 发散. 因此,当 $0<p\leqslant 1$ 时,由于 $\displaystyle\int_1^{+\infty}\Big[\frac{1}{2x}-\frac{\cos 2x}{2x}\Big]\mathrm{d}x$ 发散,

因而 $\displaystyle\int_1^{+\infty}\Big|\frac{\sin x}{x^p}\Big|\mathrm{d}x$ 发散. 故 $\displaystyle\int_1^{+\infty}\frac{\sin x}{x^p}\mathrm{d}x$ 当 $0<p\leqslant 1$ 时是条件收敛的.

(3) 当 $p\leqslant 0$ 时,$\forall n\in\mathbb{N}$,有

$$\Big|\int_{2n\pi}^{2n\pi+\pi}\frac{\sin x}{x^p}\mathrm{d}x\Big|=\int_{2n\pi}^{2n\pi+\pi}\frac{\sin x}{x^p}\mathrm{d}x\geqslant\int_0^\pi\sin x\,\mathrm{d}x=2>1=\varepsilon_0.$$

综合以上讨论可知,$\displaystyle\int_1^{+\infty}\frac{\sin x}{x^p}\mathrm{d}x$ 当 $p>1$ 时绝对收敛;当 $0<p\leqslant 1$ 时条件收敛;当

$p\leqslant 0$ 时发散.

类似地可证 $\displaystyle\int_1^{+\infty}\frac{\cos x}{x^p}\mathrm{d}x$ 当 $p>1$ 时绝对收敛;当 $0<p\leqslant 1$ 时条件收敛;当 $p\leqslant 0$ 时

发散. □

例 6.5.13 证明下列无穷积分都是条件收敛的.

(1) $\displaystyle\int_1^{+\infty}\sin x^2\,\mathrm{d}x$; (2) $\displaystyle\int_1^{+\infty}\cos x^2\,\mathrm{d}x$; (3) $\displaystyle\int_1^{+\infty}x\sin x^4\,\mathrm{d}x$.

证明 由

$$\int_1^{+\infty}\sin x^2\,\mathrm{d}x\xrightarrow{\ t=x^2\ }\int_1^{+\infty}\frac{\sin t}{2\sqrt{t}}\mathrm{d}t,$$

$$\int_1^{+\infty}\cos x^2\,\mathrm{d}x\xrightarrow{\ t=x^2\ }\int_1^{+\infty}\frac{\cos t}{2\sqrt{t}}\mathrm{d}t,$$

$$\int_1^{+\infty}x\sin x^4\,\mathrm{d}x\xrightarrow{\ t=x^4\ }\int_1^{+\infty}t^{\frac{1}{4}}\sin t\cdot\frac{\mathrm{d}t}{4t^{\frac{3}{4}}}=\int_1^{+\infty}\frac{\sin t}{4\sqrt{t}}\mathrm{d}t$$

及例 6.5.12 立即推得它们都是条件收敛的. □

以上例 6.5.13 中三个无穷积分,当 $x\to$ $+\infty$ 时,被积函数并不趋于 0,甚至是无界的(如 $x\sin x^4$),但无穷积分收敛. 因此,我们有必要研究 $\displaystyle\int_a^{+\infty}f(x)\mathrm{d}x$ 收敛与 $\displaystyle\lim_{x\to+\infty}f(x)=0$ 的关系问题.

例 6.5.14 设 $\displaystyle\int_a^{+\infty}f(x)\mathrm{d}x$ 收敛,且 $\displaystyle\lim_{x\to+\infty}f(x)=A\in\mathbb{R}$,则 $A=0$.

证明 (反证)假设 $A\neq 0$,不妨设 $\displaystyle\lim_{x\to+\infty}f(x)=$ $A>0$,则 $\exists\Delta>\max\{a,0\}$,当 $x>\Delta$ 时,$f(x)>A$ $-\dfrac{A}{2}=\dfrac{A}{2}$,从而对 $u>\Delta$(图 6.5.5)有

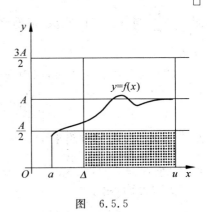

图 6.5.5

$$\int_a^u f(x)\mathrm{d}x = \int_a^\Delta f(x)\mathrm{d}x + \int_\Delta^u f(x)\mathrm{d}x > \int_a^\Delta f(x)\mathrm{d}x + \int_\Delta^u \frac{A}{2}\mathrm{d}x$$

$$= \int_a^\Delta f(x)\mathrm{d}x + \frac{A}{2}(u-\Delta) \to +\infty(u \to +\infty),$$

所以,

$$\int_a^{+\infty} f(x)\mathrm{d}x = \lim_{u\to+\infty}\int_a^u f(x)\mathrm{d}x = +\infty.$$

这与 $\int_a^{+\infty} f(x)\mathrm{d}x$ 收敛相矛盾. $\qquad\square$

例 6.5.15 设 $\int_a^{+\infty} f(x)\mathrm{d}x$ 收敛,f 在 $[a,+\infty)$ 中一致连续,则 $\lim\limits_{x\to+\infty} f(x) = 0$.

证明 (反证)假设 $\lim\limits_{x\to+\infty} f(x) \neq 0$,则 $\exists \varepsilon_0 > 0$,s. t. $\forall \Delta > 0$,$\exists x_1 > \Delta$,有 $|f(x_1)| \geqslant \varepsilon_0$. 又因为 $f(x)$ 在 $[a,+\infty)$ 上一致连续,故 $\exists \delta > 0$,当 $|x'-x''| < \delta$ 时,有

$$|f(x') - f(x'')| < \frac{\varepsilon_0}{2}.$$

于是,当 $x \in [x_1, x_1+\delta)$ 时,

$$|f(x)| = |f(x_1) - [f(x_1) - f(x)]| \geqslant |f(x_1)| - |f(x_1) - f(x)|$$

$$> \varepsilon_0 - \frac{\varepsilon_0}{2} = \frac{\varepsilon_0}{2}.$$

并且 $f(x)$ 与 $f(x_1)$ 同号(否则,$|f(x)-f(x_1)| > |f(x_1)| \geqslant \varepsilon_0$ 与 $|f(x)-f(x_1)| < \frac{\varepsilon_0}{2}$ 矛盾). 如果 $f(x_1) > 0$,则 $f(x) > 0$,从而

$$f(x) > \frac{\varepsilon_0}{2}.$$

故

$$\left|\int_{x_1}^{x_1+\delta} f(x)\mathrm{d}x\right| \geqslant \frac{\varepsilon_0}{2}\int_{x_1}^{x_1+\delta}\mathrm{d}x = \frac{\varepsilon_0}{2}\delta.$$

同理,如果 $f(x_1) < 0$,则 $f(x) < 0$,也有

$$\left|\int_{x_1}^{x_1+\delta} f(x)\mathrm{d}x\right| = \int_{x_1}^{x_1+\delta} |f(x)|\mathrm{d}x \geqslant \frac{\varepsilon_0}{2}\int_{x_1}^{x_1+\delta} = \frac{\varepsilon_0}{2}\delta.$$

这就证明了,对于 $\frac{\varepsilon_0}{2}\delta > 0$,$\forall \Delta > 0$,$\exists x_1+\delta > x_1 > \Delta$,s. t.

$$\left|\int_{x_1}^{x_1+\delta} f(x)\mathrm{d}x\right| \geqslant \frac{\varepsilon_0}{2}\delta.$$

根据无穷积分的 Cauchy 准则,$\int_a^{+\infty} f(x)\mathrm{d}x$ 发散,这与题设 $\int_a^{+\infty} f(x)\mathrm{d}x$ 收敛矛盾. $\qquad\square$

例 6.5.16 设 $\int_a^{+\infty} f(x)\mathrm{d}x$ 收敛,f 在 $[a,+\infty)$ 上连续,且 $f(x) \geqslant 0$,$x \in [a,+\infty)$. 问:是否有 $\lim\limits_{x\to+\infty} f(x) = 0$?

解　不一定有 $\lim\limits_{x\to+\infty} f(x) = 0$.

反例：令

$$f(x) = \begin{cases} n^2 \cdot 2^n \left[x - \left(n - \dfrac{1}{2^n n} \right) \right], & x \in \left[n - \dfrac{1}{2^n n}, n \right], \\[3mm] -n^2 \cdot 2^n \left[x - \left(n + \dfrac{1}{2^n n} \right) \right], & x \in \left[n, n + \dfrac{1}{2^n n} \right], \\[3mm] 0, & x \text{ 为} [0, +\infty) \text{ 中的其他点.} \end{cases}$$

则 $f(x) \geqslant 0$，且 $\lim\limits_{n\to+\infty} f(n) = \lim\limits_{n\to+\infty} n = +\infty$，故 $\lim\limits_{x\to+\infty} f(x) \neq 0$，但

$$\int_a^{+\infty} f(x)\mathrm{d}x = \sum_{n=1}^{\infty} \frac{1}{2^n} = 1,$$

收敛（图 6.5.6）.

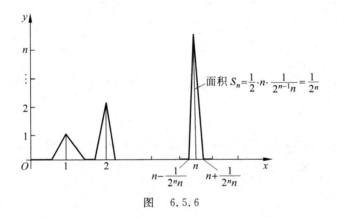

图　6.5.6

类似无穷积分，关于瑕积分有相应的性质与判别法.

定理 6.5.6（瑕积分收敛的 Cauchy 准则）　瑕积分 $\displaystyle\int_a^b f(x)\mathrm{d}x$（$a$ 为瑕点）收敛 $\Leftrightarrow \forall \varepsilon > 0$，$\exists \delta > 0$，当 $v_1, v_2 \in (a, a+\delta)$ 时，便有

$$\left| \int_{v_1}^b f(x)\mathrm{d}x - \int_{v_2}^b f(x)\mathrm{d}x \right| = \left| \int_{v_1}^{v_2} f(x)\mathrm{d}x \right| < \varepsilon.$$

证明　设 $F(v) = \displaystyle\int_v^b f(x)\mathrm{d}x$，则

$$\int_a^b f(x)\mathrm{d}x \text{ 收敛} \Leftrightarrow \lim_{v\to a^+} \int_v^b f(x)\mathrm{d}x = \lim_{v\to a^+} F(v) \text{ 存在且有限}$$

$$\xLongrightarrow{\text{函数收敛的Cauchy准则}} \forall \varepsilon > 0, \exists \delta > 0, \text{当 } v_1, v_2 \in (a, a+\delta) \text{ 时，便有}$$

$$\left| \int_{v_1}^{v_2} f(x)\mathrm{d}x \right| = \left| \int_a^{v_2} f(x)\mathrm{d}x - \int_a^{v_1} f(x)\mathrm{d}x \right|$$

$$= | F(v_2) - F(v_1) | < \varepsilon.$$

引理 6.5.4 设函数 f,g 的瑕点同为 a, λ 与 μ 为常数, 如果瑕积分 $\int_a^b f(x)\mathrm{d}x$ 与 $\int_a^b g(x)\mathrm{d}x$ 都收敛, 则瑕积分 $\int_a^b [\lambda f(x)+\mu g(x)]\mathrm{d}x$ 也收敛(此时它也许为正常积分, a 未必为瑕点, 如 $k_1 = k_2 = 0$, 而正常积分视作收敛), 并有

$$\int_a^b [\lambda f(x)+\mu g(x)]\mathrm{d}x = \lambda \int_a^b f(x)\mathrm{d}x + \mu \int_a^b g(x)\mathrm{d}x.$$

证明
$$\int_a^b [\lambda f(x)+\mu g(x)]\mathrm{d}x = \lim_{v\to a^+}\int_v^b [\lambda f(x)+\mu g(x)]\mathrm{d}x$$
$$= \lim_{v\to a^+}\left[\lambda \int_v^b f(x)\mathrm{d}x + \mu \int_v^b g(x)\mathrm{d}x\right]$$
$$= \lambda \int_a^b f(x)\mathrm{d}x + \mu \int_a^b g(x)\mathrm{d}x. \qquad \Box$$

引理 6.5.5 设函数 f 的瑕点为 a, 则瑕积分 $\int_a^b f(x)\mathrm{d}x$ 与 $\int_a^c f(x)\mathrm{d}x$ $(c\in(a,b))$ 同敛散. 如果收敛, 则

$$\int_a^b f(x)\mathrm{d}x = \int_a^c f(x)\mathrm{d}x + \int_c^b f(x)\mathrm{d}x,$$

其中 $\int_c^b f(x)\mathrm{d}x$ 为 Riemann 积分.

证明 设 $a < v < c$, 则

$$\int_v^b f(x)\mathrm{d}x = \int_v^c f(x)\mathrm{d}x + \int_c^b f(x)\mathrm{d}x.$$

因此, $\lim\limits_{v\to a^+}\int_v^b f(x)\mathrm{d}x$ 与 $\lim\limits_{v\to a^+}\int_v^c f(x)\mathrm{d}x$ 同时存在或同时不存在. 故瑕积分 $\int_a^b f(x)\mathrm{d}x$ 与 $\int_a^c f(x)\mathrm{d}x$ 同敛散. 当它们收敛时, 有

$$\int_a^b f(x)\mathrm{d}x = \lim_{v\to a^+}\int_v^b f(x)\mathrm{d}x = \lim_{v\to a^+}\left[\int_v^c f(x)\mathrm{d}x + \int_c^b f(x)\mathrm{d}x\right]$$
$$= \int_a^c f(x)\mathrm{d}x + \int_c^b f(x)\mathrm{d}x. \qquad \Box$$

引理 6.5.6 设函数 f 的瑕点为 a, f 在 $(a,b]$ 的任一内闭区间 $[u,b]$ 上 Riemann 可积, 则当 $\int_a^b |f(x)|\mathrm{d}x$ 收敛时, $\int_a^b f(x)\mathrm{d}x$ 也必收敛, 并有

$$\left|\int_a^b f(x)\mathrm{d}x\right| \leqslant \int_a^b |f(x)|\,\mathrm{d}x.$$

证明 由 $\int_a^b |f(x)|\mathrm{d}x$ 收敛, 根据瑕积分收敛的 Cauchy 准则的必要性知, $\forall \varepsilon > 0$, $\exists \delta > 0$, 当 $a < v_1 < v_2 < a+\delta$ 时, 总有

$$\left|\int_{v_1}^{v_2} |f(x)|\,\mathrm{d}x\right| = \int_{v_1}^{v_2} |f(x)|\,\mathrm{d}x < \varepsilon.$$

于是,

$$\left|\int_{v_1}^{v_2} f(x)\mathrm{d}x\right| \leqslant \int_{v_1}^{v_2} |f(x)|\,\mathrm{d}x < \varepsilon.$$

再由瑕积分收敛的 Cauchy 准则的充分性推得 $\int_a^{+\infty} f(x)\mathrm{d}x$ 收敛.

又因为

$$\left|\int_v^b f(x)\mathrm{d}x\right| \leqslant \int_v^b |f(x)|\,\mathrm{d}x \quad (a<v\leqslant b),$$

令 $v \to a^+$,得到

$$\left|\int_a^b f(x)\mathrm{d}x\right| \leqslant \int_a^b |f(x)|\,\mathrm{d}x. \qquad\qquad \square$$

定义 6.5.4 设 f 在任何内闭区间 $[v,b] \subset (a,b)$ 上 Riemann 可积,a 为其瑕点,如果 $\int_a^b |f(x)|\,\mathrm{d}x$ 收敛,则称 $\int_a^b f(x)\mathrm{d}x$ **绝对收敛**.引理 6.5.6 指出 $\int_a^{+\infty} f(x)\mathrm{d}x$ 也收敛,但反之不成立.读者可仿照定义 6.5.3 中的反例构造瑕积分的反例.

我们称收敛而非绝对收敛的瑕积分为**条件收敛**的.

定理 6.5.7(瑕积分的比较判别法) 设定义在 $(a,b]$ 上的两个函数 f 与 g,其瑕点同为 a,在任何内闭区间 $[v,b] \subset (a,b]$ 上都 Riemann 可积,且满足

$$|f(x)| \leqslant g(x), \quad x \in (a,b].$$

则

(1) 当 $\int_a^b g(x)\mathrm{d}x$ 收敛时,$\int_a^b |f(x)|\,\mathrm{d}x$ 必收敛,当然 $\int_a^b f(x)\mathrm{d}x$ 也收敛;

(2) 当 $\int_a^b |f(x)|\,\mathrm{d}x$ 发散时,$\int_a^b g(x)\mathrm{d}x$ 必发散.

(简单说即是:大的收敛,小的也收敛;小的发散,大的也发散.)

证明 因为 $0 \leqslant |f(x)| \leqslant g(x)$,所以 $\int_v^b |f(x)|\,\mathrm{d}x$ 与 $\int_v^b g(x)\mathrm{d}x$ 都为 v 当 $v \to a^+$ 时的增函数.

(1) 如果 $\int_a^b g(x)\mathrm{d}x$ 收敛,则 $\forall v \in (a,b]$,有 $\int_v^b g(x)\mathrm{d}x \leqslant M$(常数),从而

$$\int_v^b |f(x)|\,\mathrm{d}x \leqslant \int_v^b g(x)\mathrm{d}x \leqslant M, \quad \forall v \in (a,b],$$

$\int_a^b |f(x)|\,\mathrm{d}x = \lim_{v\to a^+}\int_v^b |f(x)|\,\mathrm{d}x$ 存在且有限,即 $\int_a^b |f(x)|\,\mathrm{d}x$ 收敛.

(2) 如果 $\int_a^b |f(x)|\,\mathrm{d}x$ 发散,则 $\lim_{v\to a^+}\int_v^b |f(x)|\,\mathrm{d}x = \int_a^b |f(x)|\,\mathrm{d}x = +\infty$,则由

$$\int_v^b |f(x)|\,\mathrm{d}x \leqslant \int_v^b g(x)\mathrm{d}x$$

得到

$$+\infty = \lim_{v \to a^+} \int_v^b \mid f(x) \mid \mathrm{d}x \leqslant \lim_{v \to a^+} \int_v^b g(x)\mathrm{d}x = \int_a^b g(x)\mathrm{d}x,$$

即

$$\int_a^b g(x)\mathrm{d}x = +\infty,$$

发散. □

定理 6.5.7′(瑕积分的比较判别法的极限形式) 设 f,g 在任何有限区间 $[v,b] \subset (a,b]$ 上都 Riemann 可积,$g(x) > 0$,且

$$\lim_{x \to a^+} \frac{\mid f(x) \mid}{g(x)} = c.$$

则有

(1) 当 $0 < c < +\infty$ 时,$\int_a^b \mid f(x) \mid \mathrm{d}x$ 与 $\int_a^b g(x)\mathrm{d}x$ 同敛散;

(2) 当 $c = 0$ 时,$\int_a^b g(x)\mathrm{d}x$ 收敛蕴涵着 $\int_a^b \mid f(x) \mid \mathrm{d}x$ 也收敛;

(3) 当 $c = +\infty$ 时,$\int_a^b g(x)\mathrm{d}x$ 发散蕴涵着 $\int_a^b \mid f(x) \mid \mathrm{d}x$ 也发散.

证明 (1) 因为 $\lim\limits_{x \to a^+} \dfrac{\mid f(x) \mid}{g(x)} = c \in (0, +\infty)$,故 $\exists \delta > 0$,当 $x \in (a, a+\delta)$ 时,有

$$\frac{3c}{2} = c + \frac{c}{2} > \frac{\mid f(x) \mid}{g(x)} > c - \frac{c}{2} = \frac{c}{2} > 0,$$

$$\frac{3c}{2}g(x) > \mid f(x) \mid > \frac{c}{2}g(x).$$

再由定理 6.5.7 知,$\int_a^b \mid f(x) \mid \mathrm{d}x$ 与 $\int_a^b g(x)\mathrm{d}x$ 同敛散.

(2) 当 $c = 0$ 时,由 $\lim\limits_{x \to a} \dfrac{\mid f(x) \mid}{g(x)} = c = 0$,故对 $\varepsilon_0 = 1$,$\exists \delta > 0$,当 $x \in (a, a+\delta)$ 时,有

$$\frac{\mid f(x) \mid}{g(x)} < 1,$$

故

$$\mid f(x) \mid < g(x).$$

于是,根据定理 6.5.7(1) 知,$\int_a^b g(x)\mathrm{d}x$ 收敛蕴涵着 $\int_a^b \mid f(x) \mid \mathrm{d}x$ 也收敛.

(3) 当 $c = +\infty$ 时,由于 $\lim\limits_{x \to a^+} \dfrac{\mid f(x) \mid}{g(x)} = c = +\infty$,故对 $A_0 = 1$,$\exists \delta > 0$,当 $x \in (a, a+\delta)$ 时,有

$$\frac{\mid f(x) \mid}{g(x)} > A_0 = 1,$$

故

$$\mid f(x) \mid > g(x).$$

于是,根据定理 6.5.7(2) 知,$\int_a^b g(x)\mathrm{d}x$ 发散蕴涵着 $\int_a^b |f(x)|\,\mathrm{d}x$ 也发散. □

推论 6.5.2$\left(\text{与}\int_a^b \dfrac{\mathrm{d}x}{(x-a)^p}\text{ 比较}\right)$　设 f 定义于 $(a,b]$,a 为其瑕点,且在任何内闭区间 $[u,b]\subset(a,b]$ 上 Riemann 可积.则有

(1) 当 $|f(x)|\leqslant\dfrac{1}{(x-a)^p}$ 且 $p<1$ 时,$\int_a^b |f(x)|\,\mathrm{d}x$ 收敛;

(2) 当 $|f(x)|\geqslant\dfrac{1}{(x-a)^p}$,且 $p\geqslant1$ 时,$\int_a^b |f(x)|\,\mathrm{d}x$ 发散.

证明　由定理 6.5.7 与例 6.5.9 可立即推得. □

推论 6.5.2′$\left(\text{与}\int_a^b \dfrac{\mathrm{d}x}{(x-a)^p}\text{ 比较的极限形式}\right)$　设 f 定义于 $(a,b]$,a 为其瑕点,且在任何内闭区间 $[u,b]\subset(a,b]$ 上 Riemann 可积.如果

$$\lim_{x\to a^+}(x-a)^p|f(x)|=\lim_{x\to a^+}\frac{|f(x)|}{\dfrac{1}{(x-a)^p}}=\lambda,$$

则有

(1) 当 $p<1,0\leqslant\lambda<+\infty$ 时,$\int_a^b |f(x)|\,\mathrm{d}x$ 收敛;

(2) 当 $p\geqslant1,0<\lambda\leqslant+\infty$ 时,$\int_a^b |f(x)|\,\mathrm{d}x$ 发散.

证明　由定理 6.5.7′ 与例 6.5.9 可立即推得. □

类似于定理 6.5.4 与定理 6.5.5,可讨论相应于瑕积分的 Dirichlet 判别法与 Abel 判别法.

例 6.5.17　讨论广义积分

$$\int_0^{+\infty}\frac{\ln(1+x)}{x^p}\mathrm{d}x$$

的敛散性.

解　$\displaystyle\int_0^{+\infty}\frac{\ln(1+x)}{x^p}\mathrm{d}x=\int_0^1\frac{\ln(1+x)}{x^p}\mathrm{d}x+\int_1^{+\infty}\frac{\ln(1+x)}{x^p}\mathrm{d}x$

$$=I_1+I_2.$$

首先讨论 $I_1=\displaystyle\int_0^1\frac{\ln(1+x)}{x^p}\mathrm{d}x$ 的敛散性,$x=0$ 疑似瑕点.

因为 $\dfrac{\ln(1+x)}{x^p}\sim\dfrac{x}{x^p}=\dfrac{1}{x^{p-1}}$　$(x\to0^+)$,所以,根据推论 6.5.2′,当 $p-1<1$,即 $p<2$ 时,I_1 收敛;当 $p-1\geqslant1$,即 $p\geqslant2$ 时发散.

再来讨论 $I_2=\displaystyle\int_1^{+\infty}\frac{\ln(1+x)}{x^p}\mathrm{d}x$ 的敛散性.

当 $p \leqslant 1$ 时,由 $\lim\limits_{x \to +\infty} \dfrac{\ln(1+x)}{x^p} \Big/ \dfrac{1}{x^p} = \lim\limits_{x \to +\infty} \ln(1+x) = +\infty$ 及推论 6.5.1$'$(2) 知,I_2 发散.

当 $p > 1$ 时,令 $p = 1 + 2\delta$,则 $\delta > 0$,于是,

$$\lim_{x \to +\infty} \frac{\ln(1+x)}{x^p} \Big/ \frac{1}{x^{1+\delta}} = \lim_{x \to +\infty} \frac{\ln(1+x)}{x^\delta} = \lim_{x \to +\infty} \frac{1}{\delta x^{\delta-1}(1+x)} = 0.$$

再由 $\displaystyle\int_1^{+\infty} \dfrac{\mathrm{d}x}{x^{1+\delta}}$ 收敛及推论 6.5.1$'$(1) 立刻知道,I_2 收敛.

综合上述讨论,当且仅当 $1 < p < 2$ 时,$\displaystyle\int_0^{+\infty} \dfrac{\ln(1+x)}{x^p}\mathrm{d}x$ 收敛. $\square$

例 6.5.18 证明:瑕积分 $\displaystyle\int_0^{\frac{\pi}{2}} \ln\sin x\,\mathrm{d}x$ 与 $\displaystyle\int_0^{\frac{\pi}{2}} \ln\cos x\,\mathrm{d}x$ 均收敛,且

$$\int_0^{\frac{\pi}{2}} \ln\sin x\,\mathrm{d}x = \int_0^{\frac{\pi}{2}} \ln\cos x\,\mathrm{d}x = -\frac{\pi}{2}\ln 2.$$

证法 1 $\displaystyle\int_0^{\frac{\pi}{2}} \ln\cos x\,\mathrm{d}x \xlongequal{t = \frac{\pi}{2} - x} \int_{\frac{\pi}{2}}^0 \ln\sin t\,(-\mathrm{d}t) = \int_0^{\frac{\pi}{2}} \ln\sin t\,\mathrm{d}t$

$$= \int_0^{\frac{\pi}{2}} \ln\left(2\sin\frac{t}{2}\cos\frac{t}{2}\right)\mathrm{d}t = \int_0^{\frac{\pi}{2}} \left(\ln 2 + \ln\sin\frac{t}{2} + \ln\cos\frac{t}{2}\right)\mathrm{d}t$$

$$\xlongequal{u = \frac{t}{2}} \frac{\pi}{2}\ln 2 + 2\left(\int_0^{\frac{\pi}{4}} \ln\sin u\,\mathrm{d}u + \int_0^{\frac{\pi}{4}} \ln\cos u\,\mathrm{d}u\right)$$

$$\xlongequal{v = \frac{\pi}{2} - u} \frac{\pi}{2}\ln 2 + 2\left[\int_0^{\frac{\pi}{4}} \ln\sin u\,\mathrm{d}u + \int_{\frac{\pi}{2}}^{\frac{\pi}{4}} \ln\sin v\,(-\mathrm{d}v)\right]$$

$$= \frac{\pi}{2}\ln 2 + 2\int_0^{\frac{\pi}{2}} \ln\sin t\,\mathrm{d}t,$$

移项化简得

$$\int_0^{\frac{\pi}{2}} \ln\cos x\,\mathrm{d}x = \int_0^{\frac{\pi}{2}} \ln\sin x\,\mathrm{d}x = -\frac{\pi}{2}\ln 2.$$

证法 2 由证法1,有

$$\int_0^{\frac{\pi}{2}} \ln\sin x\,\mathrm{d}x = \frac{1}{2}\int_0^{\frac{\pi}{2}} (\ln\sin x + \ln\cos x)\,\mathrm{d}x$$

$$= \frac{1}{2}\int_0^{\frac{\pi}{2}} \ln\left(\frac{1}{2}\sin 2x\right)\mathrm{d}x$$

$$= -\frac{1}{2}\ln 2 \cdot \frac{\pi}{2} + \frac{1}{2}\int_0^{\frac{\pi}{2}} \ln\sin 2x\,\mathrm{d}x$$

$$\xlongequal{u = 2x} -\frac{\pi}{4}\ln 2 + \frac{1}{2}\int_0^{\pi} \ln\sin u\,\mathrm{d}\frac{u}{2}$$

$$= -\frac{\pi}{4}\ln 2 + \frac{1}{4}\int_0^{\frac{\pi}{2}}\ln\sin u\,\mathrm{d}u + \frac{1}{4}\int_{\frac{\pi}{2}}^{\pi}\ln\sin u\,\mathrm{d}u$$

$$\xlongequal{u=\pi-x} -\frac{\pi}{4}\ln 2 + \frac{1}{4}\int_0^{\frac{\pi}{2}}\ln\sin x\,\mathrm{d}x + \frac{1}{4}\int_{\frac{\pi}{2}}^{0}\ln\sin x(-\,\mathrm{d}x)$$

$$= -\frac{\pi}{4}\ln 2 + \frac{1}{2}\int_0^{\frac{\pi}{2}}\ln\sin x\,\mathrm{d}x,$$

移项化简得

$$\int_0^{\frac{\pi}{2}}\ln\sin x\,\mathrm{d}x = -\frac{\pi}{2}\ln 2.$$ □

例 6.5.19 设 f 在 $[0,+\infty)$ 上连续，$0<a<b$. 证明：

(1) 如果 $\lim\limits_{x\to+\infty} f(x)=k$，则

$$\int_0^{+\infty}\frac{f(ax)-f(bx)}{x}\mathrm{d}x = [f(0)-k]\ln\frac{b}{a};$$

(2) 如果 $\int_0^{+\infty}\dfrac{f(x)}{x}\mathrm{d}x$ 收敛，则

$$\int_0^{+\infty}\frac{f(ax)-f(bx)}{x}\mathrm{d}x = f(0)\ln\frac{b}{a}.$$

证明　(1) $\displaystyle\int_{\varepsilon}^{A}\frac{f(ax)-f(bx)}{x}\mathrm{d}x$

$$= \int_{\varepsilon}^{A}\frac{f(ax)}{x}\mathrm{d}x - \int_{\varepsilon}^{A}\frac{f(bx)}{x}\mathrm{d}x$$

$$\xlongequal[t=bx]{t=ax} \int_{a\varepsilon}^{aA}\frac{f(t)}{\dfrac{t}{a}}\frac{\mathrm{d}t}{a} - \int_{b\varepsilon}^{bA}\frac{f(t)}{\dfrac{t}{b}}\frac{\mathrm{d}t}{b} = \int_{a\varepsilon}^{aA}\frac{f(t)}{t}\mathrm{d}t - \int_{b\varepsilon}^{bA}\frac{f(t)}{t}\mathrm{d}t$$

$$= \int_{a\varepsilon}^{b\varepsilon}\frac{f(t)}{t}\mathrm{d}t - \int_{aA}^{bA}\frac{f(t)}{t}\mathrm{d}t$$

$$\xlongequal[t=Au]{t=\varepsilon u} \int_a^b\frac{f(\varepsilon u)}{\varepsilon u}\varepsilon\,\mathrm{d}u - \int_a^b\frac{f(Au)}{Au}A\,\mathrm{d}u$$

$$= \int_a^b\frac{f(\varepsilon u)-f(Au)}{u}\mathrm{d}u$$

$$\xlongequal[\exists\xi\in[a,b]]{\text{积分第一中值定理}} [f(\varepsilon\xi)-f(A\xi)]\int_a^b\frac{\mathrm{d}u}{u}$$

$$= [f(\varepsilon\xi)-f(A\xi)]\ln\frac{b}{a}.$$

于是，

$$\int_0^{+\infty}\frac{f(ax)-f(bx)}{x}\mathrm{d}x = \lim_{\substack{\varepsilon\to0^+\\ A\to+\infty}}\int_{\varepsilon}^{A}\frac{f(ax)-f(bx)}{x}\mathrm{d}x$$

$$= \lim_{\substack{\varepsilon \to 0^+ \\ A \to +\infty}} \left[f(\varepsilon\xi) - f(A\xi) \right] \ln \frac{b}{a} = \left[f(0) - f(+\infty) \right] \ln \frac{b}{a}$$

$$= (f(0) - k) \ln \frac{b}{a}.$$

(2) 由于 $\displaystyle\int_0^{+\infty} \frac{f(x)}{x} \mathrm{d}x$ 收敛,故对 $\forall \varepsilon > 0$,有

$$\int_\varepsilon^{+\infty} \frac{f(ax)}{x} \mathrm{d}x \xlongequal{t=ax} \int_{\varepsilon a}^{+\infty} \frac{f(t)}{\dfrac{t}{a}} \frac{\mathrm{d}t}{a} = \int_{\varepsilon a}^{+\infty} \frac{f(t)}{t} \mathrm{d}t.$$

于是,

$$\int_\varepsilon^{+\infty} \frac{f(ax) - f(bx)}{x} \mathrm{d}x = \int_{\varepsilon a}^{+\infty} \frac{f(t)}{t} \mathrm{d}t - \int_{\varepsilon b}^{+\infty} \frac{f(t)}{t} \mathrm{d}t$$

$$= \int_{\varepsilon a}^{\varepsilon b} \frac{f(t)}{t} \mathrm{d}t \xlongequal{t=\varepsilon x} \int_a^b \frac{f(\varepsilon x)}{\varepsilon x} \varepsilon \mathrm{d}x = \int_a^b \frac{f(\varepsilon x)}{x} \mathrm{d}x$$

$$\xlongequal[\exists \xi \in [a,b]]{\text{积分第一中值定理}} f(\varepsilon\xi) \int_a^b \frac{\mathrm{d}x}{x} = f(\varepsilon\xi) \ln \frac{b}{a}.$$

再令 $\varepsilon \to 0^+$,得到

$$\int_0^{+\infty} \frac{f(ax) - f(bx)}{x} \mathrm{d}x = \lim_{\varepsilon \to 0^+} \int_\varepsilon^{+\infty} \frac{f(ax) - f(bx)}{x} \mathrm{d}x$$

$$= \lim_{\varepsilon \to 0^+} f(\varepsilon\xi) \ln \frac{b}{a} = f(0) \ln \frac{b}{a}. \qquad \square$$

练习题 6.5

1. 证明:$\displaystyle\lim_{n \to +\infty} \frac{\sqrt[n]{n!}}{n} = \frac{1}{\mathrm{e}}$.

(提示:(1) 参阅例 1.4.11;(2) 对 $\dfrac{\displaystyle\sum_{k=1}^n (\ln k - \ln n)}{n}$ 应用 Stolz 公式;(3) $\displaystyle\lim_{n \to +\infty} \frac{1}{n} \sum_{k=1}^n \ln \frac{k}{n}$ $= \displaystyle\int_0^1 \ln x \mathrm{d}x.$)

2. 在 $[-1, +\infty)$ 上定义函数

$$f(x) = \int_{-1}^x \frac{\mathrm{e}^{\frac{1}{t}}}{t^2 (1 + \mathrm{e}^{\frac{1}{t}})^2} \mathrm{d}t,$$

试写出函数 f 的简单表达式.

3. 计算下列无穷积分:

(1) $\displaystyle\int_2^{+\infty} \frac{\mathrm{d}x}{x (\ln x)^p}, \quad p > 1;$　　　　　(2) $\displaystyle\int_0^{+\infty} \mathrm{e}^{-\sqrt{x}} \mathrm{d}x;$

(3) $\int_{-\infty}^{0} x e^{x} dx$;

(4) $\int_{0}^{+\infty} x^{5} e^{-x^{2}} dx$;

(5) $\int_{1}^{+\infty} \dfrac{dx}{x(1+x)}$;

(6) $\int_{0}^{+\infty} \dfrac{dx}{1+x^{3}}$;

(7) $\int_{-\infty}^{+\infty} \dfrac{dx}{x^{2}+2x+2}$;

(8) $\int_{-\infty}^{+\infty} \dfrac{dx}{(x^{2}+x+1)^{2}}$;

(9) $\int_{0}^{+\infty} x^{n-1} e^{-x} dx, \ n \in \mathbb{N}$;

(10) $\int_{0}^{+\infty} \dfrac{dx}{(x^{2}+a^{2})^{n}}, \ n \in \mathbb{N}$;

(11) $\int_{0}^{+\infty} x^{2n-1} e^{-x^{2}} dx, \ n \in \mathbb{N}$;

(12) $\int_{0}^{+\infty} e^{-ax} \cos bx \, dx$, 其中 a,b 为常数, $a > 0$;

(13) $\int_{0}^{+\infty} \dfrac{1+x^{2}}{1+x^{4}} dx$;

(14) $\int_{2}^{+\infty} \dfrac{x \ln x}{1-x^{2}} dx$;

(15) $\int_{0}^{+\infty} x e^{-x^{2}} dx$;

(16) $\int_{-\infty}^{+\infty} x e^{-x^{2}} dx$;

(17) $\int_{0}^{+\infty} \dfrac{dx}{\sqrt{e^{x}}}$;

(18) $\int_{0}^{+\infty} e^{-x} \sin x \, dx$;

(19) $\int_{1}^{+\infty} \dfrac{dx}{x^{2}(1+x)}$;

(20) $\int_{-\infty}^{+\infty} \dfrac{dx}{4x^{2}+4x+5}$.

4. 判断下列无穷积分的敛散性:

(1) $\int_{1}^{+\infty} \dfrac{dx}{\sqrt[3]{x^{4}+1}}$;

(2) $\int_{1}^{+\infty} \dfrac{x}{1-e^{x}} dx$;

(3) $\int_{0}^{+\infty} \dfrac{dx}{1+\sqrt{x}}$;

(4) $\int_{1}^{+\infty} \dfrac{x \arctan x}{1+x^{3}} dx$;

(5) $\int_{1}^{+\infty} \dfrac{\ln(1+x)}{x^{n}} dx$;

(6) $\int_{0}^{+\infty} \dfrac{x^{m}}{1+x^{n}} dx$;

(7) $\int_{1}^{+\infty} \dfrac{dx}{x(1+x)^{\frac{1}{3}}}$;

(8) $\int_{0}^{+\infty} \dfrac{\cos x}{1+x^{2}} dx$;

(9) $\int_{0}^{+\infty} \dfrac{x^{3}}{\sqrt{1+x^{7}}} dx$;

(10) $\int_{1}^{+\infty} \dfrac{x^{2}}{\sqrt{1+x^{6}}} dx$.

5. 讨论下列无穷积分是绝对收敛还是条件收敛:

(1) $\int_{1}^{+\infty} \dfrac{\sin \sqrt{x}}{x} dx$;

(2) $\int_{0}^{+\infty} \dfrac{\operatorname{sgn}(\sin x)}{1+x^{2}} dx$;

(3) $\int_{0}^{+\infty} \dfrac{\sqrt{x} \cos x}{100+x} dx$;

(4) $\int_{e}^{+\infty} \dfrac{\ln(\ln x)}{\ln x} \sin x \, dx$.

6. 计算下列瑕积分:

(1) $\int_{-1}^{1} \dfrac{dx}{\sqrt{1-x^{2}}}$;

(2) $\int_{-1}^{1} \dfrac{\arcsin x}{\sqrt{1-x^{2}}} dx$;

(3) $\displaystyle\int_0^1 \frac{\mathrm{d}x}{(2-x)\sqrt{1-x}}$;

(4) $\displaystyle\int_{-1}^1 \frac{\mathrm{d}x}{(2-x^2)\sqrt{1-x^2}}$;

(5) $\displaystyle\int_0^1 \frac{\arcsin\sqrt{x}}{\sqrt{x(1-x)}}\mathrm{d}x$;

(6) $\displaystyle\int_0^1 (\ln x)^n \mathrm{d}x$, $n\in\mathbf{N}$;

(7) $\displaystyle\int_0^1 \frac{(1-x)^n}{\sqrt{x}}\mathrm{d}x$, $n\in\mathbf{N}$;

(8) $\displaystyle\int_0^1 \frac{x^n}{\sqrt{1-x}}\mathrm{d}x$, $n\in\mathbf{N}$.

7. 讨论下列瑕积分的敛散性：

(1) $\displaystyle\int_0^2 \frac{\mathrm{d}x}{(x-1)^2}$;

(2) $\displaystyle\int_0^\pi \frac{\sin x}{x^{\frac{3}{2}}}\mathrm{d}x$;

(3) $\displaystyle\int_0^1 \frac{\mathrm{d}x}{\sqrt{x}\ln x}$;

(4) $\displaystyle\int_0^1 \frac{\ln x}{1-x}\mathrm{d}x$;

(5) $\displaystyle\int_0^1 \frac{\arctan x}{1-x^3}\mathrm{d}x$;

(6) $\displaystyle\int_0^{\frac{\pi}{2}} \frac{1-\cos x}{x^m}\mathrm{d}x$;

(7) $\displaystyle\int_0^1 \frac{1}{x^a}\sin\frac{1}{x}\mathrm{d}x$;

(8) $\displaystyle\int_0^{\frac{\pi}{2}} \mathrm{e}^{-x}\ln x\mathrm{d}x$;

(9) $\displaystyle\int_0^1 \frac{\mathrm{d}x}{\sqrt{1-x^4}}$;

(10) $\displaystyle\int_0^1 \frac{\mathrm{d}x}{\ln x}$;

(11) $\displaystyle\int_0^1 \ln x\mathrm{d}x$;

(12) $\displaystyle\int_0^1 \frac{\mathrm{d}x}{x(\ln x)^p}$.

8. 判断下列广义积分的敛散性：

(1) $\displaystyle\int_0^{+\infty} \frac{|\sin x|}{x^{\frac{4}{3}}}\mathrm{d}x$;

(2) $\displaystyle\int_0^{+\infty} \frac{\mathrm{d}x}{\mathrm{e}^x\sqrt{x}}$.

9. (1) 设函数 f 在 $[0,+\infty)$ 上连续且 $f\geqslant 0$，$\displaystyle\int_0^{+\infty} f(x)\mathrm{d}x=0$. 证明：$f=0$.

(2) 设函数 f 在任何 $[0,A]\subset[0,+\infty)$ 上 Riemann 可积且 $f\geqslant 0$，$\displaystyle\int_0^{+\infty} f(x)\mathrm{d}x=0$.

证明：$f\overset{\mathrm{a.e.}}{=\!=\!=}0$, $x\in[0,+\infty)$.

10. 设函数 f 在 $[0,+\infty)$ 上一致连续，且 $f\geqslant 0$，$\displaystyle\int_0^{+\infty} f(x)\mathrm{d}x$ 收敛. 证明：$\displaystyle\lim_{x\to+\infty} f(x)=0$.

（此题比例 6.5.15 多了条件 $f\geqslant 0$，因此要求给出比例 6.5.15 更简单的论述.）

11. 设 $\displaystyle\int_0^{+\infty} f(x)\mathrm{d}x$ 收敛，且 $|f'(x)|<M$(常数)，$x>0$. 证明：$\displaystyle\lim_{x\to+\infty} f(x)=0$.

12. 设 f 与 g 为定义在 $[a,+\infty)$ 上的函数，对 $\forall u>a$，它们在 $[a,u]$ 上都 Riemann 可积. 证明：如果 $\displaystyle\int_a^{+\infty} f^2(x)\mathrm{d}x$ 与 $\displaystyle\int_a^{+\infty} g^2(x)\mathrm{d}x$ 收敛，则 $\displaystyle\int_a^{+\infty} f(x)g(x)\mathrm{d}x$ 与 $\displaystyle\int_a^{+\infty} [f(x)+g(x)]^2\mathrm{d}x$ 也都收敛.

13. 设 f,g,h 为定义在 $[a,+\infty)$ 上的三个连续函数，且 $h(x)\leqslant f(x)\leqslant g(x)$. 证明：

(1) 若 $\displaystyle\int_a^{+\infty} h(x)\mathrm{d}x$ 与 $\displaystyle\int_a^{+\infty} g(x)\mathrm{d}x$ 都收敛,则 $\displaystyle\int_a^{+\infty} f(x)\mathrm{d}x$ 也收敛;

(2) 若 $\displaystyle\int_a^{+\infty} h(x)\mathrm{d}x = \int_a^{+\infty} g(x)\mathrm{d}x = A$,则 $\displaystyle\int_a^{+\infty} f(x)\mathrm{d}x = A.$

14. 证明: (1) $\displaystyle\int_0^{+\infty} \frac{1-\mathrm{e}^{-x^2}}{x^2}\mathrm{d}x = \sqrt{\pi}$;

(2) $\displaystyle\int_0^1 \left[\int_x^{\sqrt{x}} \frac{\sin t}{t}dt\right]\mathrm{d}x = 1 - \sin 1$;

(3) $\displaystyle\int_{\frac{\pi}{4}}^{\frac{\pi}{2}} \frac{1+\sin x}{1+\cos x}\mathrm{e}^x\mathrm{d}x = \mathrm{e}^{\frac{\pi}{2}} - (\sqrt{2}-1)\mathrm{e}^{\frac{\pi}{4}}$;

(4) $\displaystyle\int_0^1 \left(\ln\frac{1}{x}\right)^{\frac{1}{2}}\mathrm{d}x = \frac{\sqrt{\pi}}{2}.$ $\left(\text{提示: 作变换 } u = \left(\ln\frac{1}{x}\right)^{\frac{1}{2}}.\right)$

思考题 6.5

1. 计算下列两个积分的比值:
$$\int_0^1 \frac{\mathrm{d}t}{\sqrt{1-t^4}}, \quad \int_0^1 \frac{\mathrm{d}t}{\sqrt{1+t^4}}.$$

2. 令 $\displaystyle\varphi(x) = -\int_0^x \ln\cos t\,dt$, $|x| \leqslant \frac{\pi}{2}$. 证明:
$$\varphi(x) = -x\ln 2 + 2\varphi\left(\frac{\pi}{4} + \frac{x}{2}\right) - 2\varphi\left(\frac{\pi}{4} - \frac{x}{2}\right).$$

并计算 $\varphi\left(\dfrac{\pi}{2}\right)$. 再计算下列积分:

(1) $\displaystyle\int_0^{\frac{\pi}{2}} \ln\sin x\mathrm{d}x$;   (2) $\displaystyle\int_0^{\pi} x\ln\sin x\mathrm{d}x$;

(3) $\displaystyle\int_0^{\frac{\pi}{2}} x\cot x\mathrm{d}x$;   (4) $\displaystyle\int_0^1 \frac{\ln x}{\sqrt{1-x^2}}\mathrm{d}x$;

(5) $\displaystyle\int_0^1 \frac{\arcsin x}{x}\mathrm{d}x.$

3. 分别作变换 $x = \tan t$ 与 $x = \dfrac{1}{u}$,计算无穷积分
$$\int_0^{+\infty} \frac{\mathrm{d}x}{(1+x^2)(1+x^a)}, \quad \alpha \in \mathbb{R}.$$

4. 应用 $\displaystyle\int_0^{\frac{\pi}{2}} \ln\sin x\mathrm{d}x = \int_0^{\frac{\pi}{2}} \ln\cos x\mathrm{d}x = -\frac{\pi}{2}\ln 2$,证明:

(1) $\displaystyle\int_0^{\pi} \theta\ln\sin\theta\mathrm{d}\theta = -\frac{\pi^2}{2}\ln 2$;   (2) $\displaystyle\int_0^{\pi} \frac{\theta\sin\theta}{1-\cos\theta}\mathrm{d}\theta = 2\pi\ln 2.$

5. 举例说明：$\displaystyle\int_a^{+\infty} f(x)\mathrm{d}x$ 收敛时，$\displaystyle\int_a^{+\infty} f^2(x)\mathrm{d}x$ 不一定收敛；$\displaystyle\int_a^{+\infty} f(x)\mathrm{d}x$ 绝对收敛时，$\displaystyle\int_a^{+\infty} f^2(x)\mathrm{d}x$ 也不一定收敛.

6. 证明：若 $\displaystyle\int_a^{+\infty} f(x)\mathrm{d}x$ 绝对收敛，且 $\displaystyle\lim_{x\to+\infty} f(x)=0$，则 $\displaystyle\int_a^{+\infty} f^2(x)\mathrm{d}x$ 必定收敛.

7. 证明：f 为 $[a,+\infty)$ 上的单调函数，且 $\displaystyle\int_a^{+\infty} f(x)\mathrm{d}x$ 收敛，则 $\displaystyle\lim_{x\to+\infty} f(x)=0$，且 $f(x)=o\left(\dfrac{1}{x}\right),x\to+\infty$.

8. 举例说明：瑕积分 $\displaystyle\int_a^b f(x)\mathrm{d}x$ 收敛时，$\displaystyle\int_a^b f^2(x)\mathrm{d}x$ 不一定收敛；$\displaystyle\int_a^b f(x)\mathrm{d}x$ 绝对收敛时，$\displaystyle\int_a^b f^2(x)\mathrm{d}x$ 也不一定收敛.

9. 证明：若 f 在 $[a,+\infty)$ 上可导，且 $\displaystyle\int_a^{+\infty} f(x)\mathrm{d}x$ 与 $\displaystyle\int_a^{+\infty} f'(x)\mathrm{d}x$ 都收敛，则 $\displaystyle\lim_{x\to+\infty} f(x)=0$.

6.6 Riemann 积分与广义积分的应用

Riemann 积分与广义积分来源于几何问题与物理问题. 由此我们建立了一整套的积分理论与计算积分的方法. 这一节主要研究一些具体的实例.

1. 平面图形的面积

(1) 由连续曲线 $y=f(x)\geqslant 0$，直线 $x=a,x=b(a<b)$ 与 x 轴所围的曲边梯形面积为

$$S=\int_a^b f(x)\mathrm{d}x.$$

如果 $y=f(x)$ 为 $[a,b]$ 上的一般连续曲线，则所围的面积为

$$S=\int_a^b |f(x)|\,\mathrm{d}x.$$

而

$$\int_a^b f(x)\mathrm{d}x$$

为所围面积的代数和，其中 x 轴上方图形的面积为正，下方图形的面积为负.

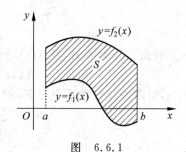

图 6.6.1

更一般地，由上、下两条连续曲线 $y=f_2(x)$ 与 $y=f_1(x)$ 以及两条直线 $x=a$ 与 $x=b(a<b)$ 所围图形的面积(图 6.6.1)计算公式为

$$S=\int_a^b |f_2(x)-f_1(x)|\,\mathrm{d}x.$$

（2）如果曲线 C 由极坐标方程

$$r=r(\theta)，\quad \theta\in[\alpha,\beta]$$

给出，其中 $r(\theta)$ 在 $[\alpha,\beta]$ 上连续，$\beta-\alpha\leqslant 2\pi$. 由曲线 C 与两条射线 $\theta=\alpha,\theta=\beta$ 所围图形（扇形）的面积（图形 6.6.2）计算公式为

$$S=\lim_{\|T\|\to 0}\sum_{i=1}^{n}\frac{1}{2}r^2(\xi_i)\Delta\theta_i=\frac{1}{2}\int_{\alpha}^{\beta}r^2(\theta)\mathrm{d}\theta.$$

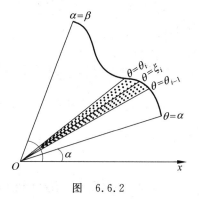

其中 $T:\alpha=\theta_0<\theta_1<\cdots<\theta_n=\beta$ 为 $[\alpha,\beta]$ 的一个分割，而射线 $\theta=\theta_i(i=1,\cdots,n-1)$ 将扇形分成 n 个小扇形. 第 i 个小扇形面积近似为 $\frac{1}{2}r^2(\xi_i)\Delta\theta_i$，$\xi_i\in[\theta_{i-1},\theta_i]$.

图　6.6.2

（3）如果曲线 C 由参数方程

$$\begin{cases}x=x(t)\\y=y(t),\end{cases}\quad t\in[\alpha,\beta]$$

给出，其中 $x=x(t),y=y(t)$ 在 $[\alpha,\beta]$ 上连续可导. 记 $a=x(\alpha),b=x(\beta)(a<b$ 或 $b<a)$，则由曲线 C 与直线 $x=a,x=b$ 及 x 轴所围图形的面积公式为（请证之）

$$S=\int_{\alpha}^{\beta}\mid y(t)x'(t)\mid\mathrm{d}t$$

或

$$S=\int_{\alpha}^{\beta}\mid x(t)y'(t)\mid\mathrm{d}t.$$

如果由参数方程

$$\begin{cases}x=x(t)\\y=y(t),\end{cases}\quad \alpha\leqslant t\leqslant\beta$$

所表示的曲线是封闭的，且 $x(t),y(t)$ 在 $[\alpha,\beta]$ 上连续可导，即有

$$(x(\alpha),y(\alpha))=(x(\beta),y(\beta)),$$

且在 (α,β) 内曲线自身不再相交，则由曲线自身所围图形的面积计算公式为

$$S=\left|\int_{\alpha}^{\beta}y(t)x'(t)\mathrm{d}t\right|$$

或

$$S=\left|\int_{\alpha}^{\beta}x(t)y'(t)\mathrm{d}t\right|.$$

例 6.6.1　求由抛物线 $y^2=x$ 与直线 $x-2y-3=0$ 所围图形的面积.

解法 1　易见抛物线 $y^2=x$ 与直线 $x-2y-3=0$ 的交点为 $(1,-1)$ 与 $(9,3)$. 于是，所围图形的面积为（图 6.6.3）

$$S = \int_{-1}^{3} [(2y+3) - y^2] \mathrm{d}y = \left(y^2 + 3y - \frac{y^3}{3} \right) \Big|_{-1}^{3}$$

$$= (9+9-9) - \left(1-3+\frac{1}{3} \right) = \frac{32}{3}.$$

解法 2 $S = S_1 + S_2$

$$= \int_0^1 [\sqrt{x} - (-\sqrt{x})] \mathrm{d}x + \int_1^9 \left(\sqrt{x} - \frac{x-3}{2} \right) \mathrm{d}x$$

$$= 2\int_0^1 \sqrt{x} \mathrm{d}x + \int_1^9 \left(\sqrt{x} - \frac{x-3}{2} \right) \mathrm{d}x$$

$$= \frac{4}{3} x^{\frac{3}{2}} \Big|_0^1 + \left(\frac{2}{3} x^{\frac{3}{2}} - \frac{x^2}{4} + \frac{3}{2}x \right) \Big|_1^9 = \frac{32}{3}. \qquad \Box$$

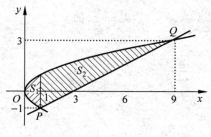

图 6.6.3

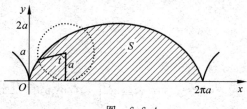

图 6.6.4

例 6.6.2 求由摆线

$$\begin{cases} x = a(t - \sin t), \\ y = a(1 - \cos t), \end{cases} \quad (a > 0)$$

的一拱与 x 轴所围图形的面积 S(图 6.6.4).

解 $S = \int_0^{2\pi a} y(x) \mathrm{d}x$

$$\xrightarrow[y = a(1-\cos t)]{x = a(t - \sin t)} \int_0^{2\pi} a(1-\cos t) \cdot a(1-\cos t) \mathrm{d}t$$

$$= a^2 \int_0^{2\pi} \left(1 - 2\cos t + \frac{1+\cos 2t}{2} \right) \mathrm{d}t$$

$$= a^2 \left(\frac{3}{2}t - 2\sin t + \frac{\sin 2t}{4} \right) \Big|_0^{2\pi}$$

$$= a^2 \left(\frac{3}{2} \cdot 2\pi - 0 - 0 \right) = 3\pi a^2. \qquad \Box$$

例 6.6.3 求椭圆 $\dfrac{x^2}{a^2} + \dfrac{y^2}{b^2} = 1$ 所围图形的面积 $S(a>0, b>0)$.

解法 1 椭圆的参数方程为

$$\begin{cases} x = a\cos t \\ y = b\sin t, \end{cases} \quad t \in [0, 2\pi].$$

于是，

$$S= \left| \int_0^{2\pi} b\sin t \cdot (a\cos t)' \mathrm{d}t \right| = ab \int_0^{2\pi} \sin^2 t\, \mathrm{d}t$$

$$= ab \int_0^{2\pi} \frac{1-\cos 2t}{2} \mathrm{d}t = \frac{ab}{2}\left(t - \frac{\sin 2t}{2}\right)\bigg|_0^{2\pi} = \frac{ab}{2}(2\pi - 0) = \pi ab.$$

解法 2 $S \xlongequal{\text{对称性}} 4 \int_0^a b\sqrt{1-\frac{x^2}{a^2}}\, \mathrm{d}x$

$$\xlongequal{x = a\sin t} 4b \int_0^{\frac{\pi}{2}} \sqrt{1-\sin^2 t}\,(a\cos t)\, \mathrm{d}t$$

$$= 4ab \int_0^{\frac{\pi}{2}} \cos^2 t\, \mathrm{d}t = 4ab \cdot \frac{1}{2} \cdot \frac{\pi}{2} = \pi ab.$$

解法 3   椭圆 $\dfrac{x^2}{a^2} + \dfrac{y^2}{b^2} = 1$ 的极坐标方程为 $\dfrac{r^2\cos^2\theta}{a^2} + \dfrac{r^2\sin^2\theta}{b^2} = 1$，即

$$r^2 = r^2(\theta) = \frac{1}{\dfrac{\cos^2\theta}{a^2} + \dfrac{\sin^2\theta}{b^2}}.$$

于是，

$$S = \frac{1}{2} \int_0^{2\pi} r^2(\theta)\, \mathrm{d}\theta = \frac{1}{2} \int_0^{2\pi} \frac{\mathrm{d}\theta}{\dfrac{\cos^2\theta}{a^2} + \dfrac{\sin^2\theta}{b^2}}$$

$$= 2\int_0^{\frac{\pi}{2}} \frac{\mathrm{d}\tan\theta}{\dfrac{1}{a^2} + \dfrac{1}{b^2}\tan^2\theta} \xlongequal{u = \tan\theta} 2a^2 b^2 \int_0^{+\infty} \frac{\mathrm{d}u}{b^2 + a^2 u^2}$$

$$= 2ab\arctan\frac{au}{b}\bigg|_0^{+\infty} = 2ab \cdot \frac{\pi}{2} = \pi ab. \qquad \square$$

例 6.6.4   求双纽线 $(x^2+y^2)^2 = a^2(x^2-y^2)$ 所围图形的面积 S.

解   双纽线的极坐标方程为

$$r^4 = a^2 r^2(\cos^2\theta - \sin^2\theta) = a^2 r^2 \cos 2\theta, \qquad r^2 = a^2 \cos 2\theta.$$

因为 $r^2 \geqslant 0$，故 $\cos 2\theta \geqslant 0$，且 θ 的取值范围为 $\left[-\dfrac{\pi}{4}, \dfrac{\pi}{4}\right]$ 与 $\left[\dfrac{3\pi}{4}, \dfrac{5\pi}{4}\right]$. 再由图形的对称性

（图 6.6.5）立即有

$$S = 4 \cdot \frac{1}{2} \int_0^{\frac{\pi}{4}} r^2(\theta)\, \mathrm{d}\theta = 2\int_0^{\frac{\pi}{4}} a^2 \cos 2\theta\, \mathrm{d}\theta$$

$$= a^2 \sin 2\theta \bigg|_0^{\frac{\pi}{4}} = a^2. \qquad \square$$

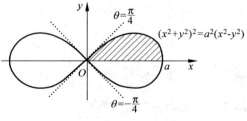

图 6.6.5

2. 平行截面间立体的体积

设 Ω 为 $\mathbb{R}^3$ 中一个立体，它夹在垂直于 x 轴的两平面 $x = a$ 与 $x = b$ 之间

$(a < b)$,并称 Ω 为位于 $[a,b]$ 上的立体. 记 $S(x)$ 为 $x \in [a,b]$ 点处垂直于 x 轴的平面截 Ω 的截面面积函数,如果它连续,则立体 Ω 的体积公式为

$$V = \int_a^b S(x)\mathrm{d}x.$$

事实上,设 $T : a = x_0 < x_1 < \cdots < x_n = b$ 为 $[a,b]$ 的一个分割,过各个分点作垂直于 x 轴的平面 $x = x_i$, $i = 1,2,\cdots,n$,它们将 Ω 切成 n 个薄片(就如切萝卜片). 设 $S(x)$ 在每个小区间 $\Delta_i = [x_{i-1}, x_i]$ 上的最大值与最小值分别为 M_i 与 m_i,则每一薄片的体积 ΔV_i 满足

$$m_i \Delta x_i \leqslant \Delta V_i \leqslant M_i \Delta x_i,$$

因此,

$$\sum_{i=1}^n m_i \Delta x_i \leqslant \sum_{i=1}^n \Delta V_i \leqslant \sum_{i=1}^n M_i \Delta x_i.$$

从而

$$V = \lim_{\|T\| \to 0} \sum_{i=1}^n M_i \Delta x_i = \lim_{\|T\| \to 0} \sum_{i=1}^n m_i \Delta x_i = \int_a^b S(x)\mathrm{d}x.$$

或者

$$V = \lim_{\|T\| \to 0} \sum_{i=1}^n S(\xi_i) \Delta x_i = \int_a^b S(x)\mathrm{d}x,$$

其中 $\xi_i \in [x_{i-1}, x_i]$, $i = 1,2,\cdots,n$(图 6.6.6). $\qquad\square$

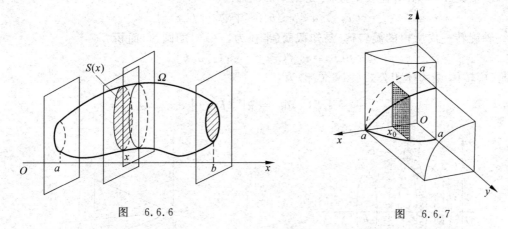

图 6.6.6 $\qquad\qquad$ 图 6.6.7

例 6.6.5 求由两个圆柱面 $x^2 + y^2 = a^2$, $z^2 + x^2 = a^2$ 所围立体的体积 V.

解 由对称性(图 6.6.7),有

$$V = 8 \int_0^a S(x)\mathrm{d}x$$

$$= 8 \int_0^a \sqrt{a^2 - x^2} \cdot \sqrt{a^2 - x^2}\,\mathrm{d}x = 8 \int_0^a (a^2 - x^2)\mathrm{d}x$$

$$= 8 \left(a^2 x - \frac{x^3}{3}\right)\Big|_0^a = \frac{16}{3} a^3. \qquad\square$$

例 6.6.6 求由椭球面 $\dfrac{x^2}{a^2}+\dfrac{y^2}{b^2}+\dfrac{z^2}{c^2}=1$ 所围椭球体的体积.

解 以平面 $x=x_0(\,|\,x_0\,|\leqslant a)$ 截椭球面得椭圆(它在 yOz 平面上的正投影)为

$$\frac{y^2}{b^2\left(1-\dfrac{x_0^2}{a^2}\right)}+\frac{z^2}{c^2\left(1-\dfrac{x_0^2}{a^2}\right)}=1.$$

根据例 6.6.3 知,该截面(椭圆片)的面积为

$$S(x)=\pi\left(b\sqrt{1-\frac{x^2}{a^2}}\right)\left(c\sqrt{1-\frac{x^2}{a^2}}\right)=\pi bc\left(1-\frac{x^2}{a^2}\right),\quad x\in[-a,a].$$

于是,椭球体体积为

$$V=\int_{-a}^{a}S(x)\mathrm{d}x=\int_{-a}^{a}\pi bc\left(1-\frac{x^2}{a^2}\right)\mathrm{d}x$$

$$=\pi bc\left(x-\frac{x^3}{3a^2}\right)\Big|_{-a}^{a}=\frac{4}{3}\pi abc.$$

当 $a=b=c$ 时,椭球体就为球体,其体积为 $V=\dfrac{4}{3}\pi a^3$. □

3. 旋转体的体积

设 f 为 $[a,b]$ 上的连续函数,Ω 是由平面图形

$$\{(x,y)\,|\,a\leqslant x\leqslant b,0\leqslant|y|\leqslant|f(x)|\}$$

绕 x 轴旋转一周所得的旋转体.易知截面(半径为 $|f(x)|$ 的圆片)面积

$$S(x)=\pi[f(x)]^2,\quad x\in[a,b].$$

于是,旋转体 Ω 的体积公式(图 6.6.8)为

$$V=\int_{a}^{b}S(x)\mathrm{d}x=\pi\int_{a}^{b}[f(x)]^2\mathrm{d}x.$$

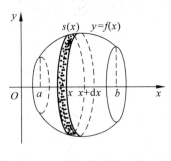
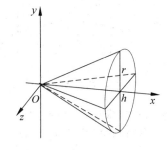

图 6.6.8   图 6.6.9

例 6.6.7 证明:高为 h,底半径为 r 的圆锥体的体积 $V=\dfrac{1}{3}\pi r^2 h$.

证明 设正圆锥的高为 h,底圆半径为 r(见图 6.6.9).该正圆锥体可由平面图形

$\{(x,y)\,|\,0{\leqslant}x{\leqslant}h,0{\leqslant}|y|{\leqslant}\frac{r}{h}x\}$ 绕 x 轴旋转一周得到, 所以其体积为

$$V = \pi\int_0^h \left(\frac{r}{h}x\right)^2 \mathrm{d}x = \pi\,\frac{r^2}{h^2}\,\frac{x^3}{3}\,\Big|_0^h = \frac{1}{3}\pi r^2 h.$$

进而, 任一高为 h, 底半径为 r 的(正或斜)的圆锥, 它们在相同高处的截面为半径相同的圆片, 则其体积恒为 $\frac{1}{3}\pi r^2 h$. □

上述只是一个特殊结果, 更一般的结果是截面面积相等则体积也相等的原理(图 6.6.10): 设 Ω_A, Ω_B 为位于同一区间 $[a,b]$ 上的两个立体, 其体积分别为 V_A, V_B. 如果在 $[a,b]$ 上它们的截面函数 $S_A(x)$ 与 $S_B(x)$ 皆连续, 且 $S_A(x)=S_B(x)$. 则

$$V_A = \int_a^b S_A(x)\mathrm{d}x = \int_a^b S_B(x)\mathrm{d}x = V_B.$$

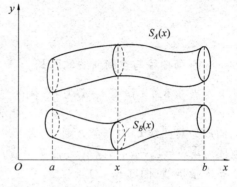

图 6.6.10

这个原理早已为我国齐梁时代的数学家祖暅(祖冲之(429—500)之子, 生卒年代约在公元 5 世纪末至 6 世纪初)在计算球的体积时所发现. 17 世纪意大利数学家 Cavalieri(1598—1647)也提出了类似的原理, 但要比祖暅晚 1100 多年.

例 6.6.8 求由圆 $x^2+(y-R)^2{\leqslant}r^2(0{<}r{<}R)$ 绕 x 轴旋转一周所得环状立体(称为圆环体, 其边界为圆环面(如救生圈))的体积(图 6.6.11).

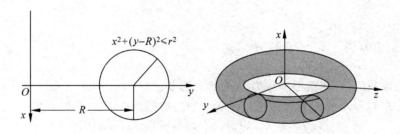

图 6.6.11

解 如图 6.6.11 所示, 圆 $x^2+(y-R)^2=r^2$ 的上、下半圆分别为

$$y = f_2(x) = R + \sqrt{r^2 - x^2},$$
$$y = f_1(x) = R - \sqrt{r^2 - x^2}, \quad |x| {\leqslant} r.$$

故圆环体的截面面积函数为

$$S(x) = \pi\{[f_2(x)]^2 - [f_1(x)]^2\} = 4\pi R\sqrt{r^2 - x^2}, \quad x \in [-r,r],$$

于是，圆环体的体积为

$$V = V_1 - V_2 = \int_{-r}^{r} \pi [f_2(x)]^2 \mathrm{d}x - \int_{-r}^{r} \pi [f_1(x)]^2 \mathrm{d}x$$

$$\xlongequal{\text{对称性}} 8\pi R \int_0^r \sqrt{r^2 - x^2}\, \mathrm{d}x$$

$$\xlongequal{x = r\sin\theta} 8\pi R \int_0^{\frac{\pi}{2}} \sqrt{r^2 - r^2\sin^2\theta}\, r\cos\theta \mathrm{d}\theta$$

$$= 8\pi R r^2 \int_0^{\frac{\pi}{2}} \cos^2\theta \mathrm{d}\theta = 8\pi R r^2 \cdot \frac{1}{2} \cdot \frac{\pi}{2}$$

$$= 2\pi^2 r^2 R. \qquad\qquad \square$$

4. 平面曲线与空间曲线的弧长

定义 6.6.1 设 $C = \overset{\frown}{AB}$ 为 $\mathbb{R}^3$ 中的空间曲线，在 C 上依次从 A 到 B 取分点

$$A = P_0,\ P_1,\ \cdots,\ P_{n-1},\ P_n = B,$$

它们成为对曲线 C 的一个分割，记为 T. 然后，用线段连结 T 中每相邻两点得到 C 的 n 条弦 $\overline{P_{i-1}P_i}\,(i=1,\cdots,n)$，这 n 条弦又组成 C 的一条内接折线(图 6.6.12). 记

$$\|T\| = \max_{1 \leqslant i \leqslant n} |P_{i-1}P_i|,$$

$$s_T = \sum_{i=1}^{n} |P_{i-1}P_i|,$$

它们分别表示最长弦的长度与折线的总长度.

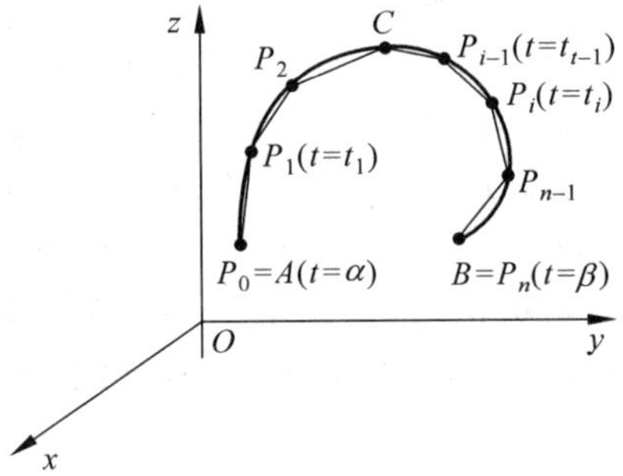

如果

$$\lim_{\|T\| \to 0} s_T = s,$$

即 $\forall \varepsilon > 0, \exists \delta > 0$，当 $\|T\| < \delta$ 时，有

$$|s_T - s| < \varepsilon,$$

图 6.6.12

则称 C 是**可求长**的，并将极限 s 称为曲线 C 的**弧长**.

定理 6.6.1(可求长的充分条件) 设 $\mathbb{R}^3$ 中的空间曲线 C 由参数方程

$$(x,y,z) = (x(t), y(t), z(t)), \quad t \in [\alpha, \beta]$$

给出，并且它为一条 C^1 光滑的正则曲线(即 $x(t), y(t), z(t)$ 均连续可导，且 $x'^2(t) + y'^2(t) + z'^2(t) \neq 0$，满足此条件的曲线 C 的点称为**正则点**)，则 C 是可求长的，且弧长为

$$s = \int_\alpha^\beta \sqrt{x'^2(t) + y'^2(t) + z'^2(t)}\, \mathrm{d}t.$$

证明 设

$$T': \alpha = t_0 < t_1 < \cdots < t_{n-1} < t_n = \beta$$

为区间 $[\alpha, \beta]$ 的一个分割，相应于曲线 C 的一个分割为

$$T = \{P_0, P_1, \cdots, P_n\},$$

其中 $P_i=(x(t_i),y(t_i),z(t_i))$，$i=0,1,\cdots,n$（图 6.6.12）. 在 T' 所属的每个小区间 $[t_{i-1},t_i]$ 上，由 Lagrange 中值定理得

$$\Delta x_i=x(t_i)-x(t_{i-1})=x'(\xi_i)\Delta t_i,\quad \xi_i\in[t_{i-1},t_i],$$
$$\Delta y_i=y(t_i)-y(t_{i-1})=y'(\eta_i)\Delta t_i,\quad \eta_i\in[t_{i-1},t_i],$$
$$\Delta z_i=z(t_i)-z(t_{i-1})=z'(\zeta_i)\Delta t_i,\quad \zeta_i\in[t_{i-1},t_i].$$

又因为 C 为光滑曲线，当 $x'(t)\neq 0$ 时，在 t 的某开邻域内 $x=x(t)$ 有连续的反函数，故当 $\Delta x\to 0$ 时 $\Delta t\to 0$；类似地，当 $y'(t)\neq 0$ 或 $z'(t)\neq 0$ 时，也能从 $\Delta y\to 0$ 或 $\Delta z\to 0$ 推知 $\Delta t\to 0$. 所以，

$$|P_{i-1}P_i|=\sqrt{\Delta x_i^2+\Delta y_i^2+\Delta z_i^2}\to 0\Leftrightarrow\Delta t\to 0.$$

由此知，当曲线 C 为光滑曲线时，

$$\|T\|\to 0\Leftrightarrow\|T'\|\to 0.$$

由于 $\sqrt{x'^2(t)+y'^2(t)+z'^2(t)}$ 在 $[\alpha,\beta]$ 上连续，从而 Riemann 可积，所以 $\forall\varepsilon>0$，$\exists\delta_1>0$，当 $\|T'\|<\delta_1$ 时，

$$\Big|\sum_{i=1}^n\sqrt{x'^2(\xi_i)+y'^2(\xi_i)+z'^2(\xi_i)}\Delta t_i$$
$$-\int_\alpha^\beta\sqrt{x'^2(t)+y'^2(t)+z'^2(t)}\,\mathrm{d}t\Big|<\frac{\varepsilon}{2}.$$

又因 $y(t),z(t)$ 在 $[\alpha,\beta]$ 上连续，故一致连续. 从而 $\exists\delta\in(0,\delta_1)$，当 $\|T'\|<\delta$ 时，有

$$\Big|\sqrt{x'^2(\xi_i)+y'^2(\eta_i)+z'^2(\zeta_i)}-\sqrt{x'^2(\xi_i)+y'^2(\xi_i)+z'^2(\xi_i)}\Big|$$
$$\leqslant\frac{|y'(\eta_i)+y'(\xi_i)||y'(\eta_i)-y'(\xi_i)|+|z'(\zeta_i)+z'(\xi_i)||z'(\zeta_i)-z'(\xi_i)|}{\sqrt{x'^2(\xi_i)+y'^2(\eta_i)+z'^2(\zeta_i)}+\sqrt{x'^2(\xi_i)+y'^2(\xi_i)+z'^2(\xi_i)}}$$
$$\leqslant|y'(\eta_i)-y'(\xi_i)|+|z'(\zeta_i)-z'(\xi_i)|<\frac{\varepsilon}{2(\beta-\alpha)}.$$

于是

$$\Big|s_T-\int_\alpha^\beta\sqrt{x'^2(t)+y'^2(t)+z'^2(t)}\,\mathrm{d}t\Big|$$
$$=\Big|\sum_{i=1}^n\sqrt{\Delta x_i^2+\Delta y_i^2+\Delta z_i^2}-\int_\alpha^\beta\sqrt{x'^2(t)+y'^2(t)+z'^2(t)}\,\mathrm{d}t\Big|$$
$$=\Big|\sum_{i=1}^n\sqrt{x'^2(\xi_i)+y'^2(\eta_i)+z'^2(\zeta_i)}\Delta t_i-\int_\alpha^\beta\sqrt{x'^2(t)+y'^2(t)+z'^2(t)}\,\mathrm{d}t\Big|$$
$$\leqslant\sum_{i=1}^n\Big|\sqrt{x'^2(\xi_i)+y'^2(\eta_i)+z'^2(\zeta_i)}-\sqrt{x'^2(\xi_i)+y'^2(\xi_i)+z'^2(\xi_i)}\Big|\Delta t_i$$
$$+\Big|\sum_{i=1}^n\sqrt{x'^2(\xi_i)+y'^2(\xi_i)+z'^2(\xi_i)}-\int_\alpha^\beta\sqrt{x'^2(t)+y'^2(t)+z'^2(t)}\,\mathrm{d}t\Big|$$
$$<\frac{\varepsilon}{2(\beta-\alpha)}(\beta-\alpha)+\frac{\varepsilon}{2}=\varepsilon,$$

即

$$\lim_{\|T\|\to 0} s_T = \int_a^\beta \sqrt{x'^2(t) + y'^2(t) + z'^2(t)}\, dt. \qquad\qquad \square$$

如果空间曲线 C 以直角坐标 x 为参数, 即

$$(x,y,z) = (x, y(x), z(x)),$$

且 $y(x), z(x)$ 在 $[a,b]$ 上连续可导, 则弧长公式为

$$s = \int_a^b \sqrt{1 + y'^2(x) + z'^2(x)}\, dx.$$

类似上面讨论, 或在上述公式中令 $z(t) = 0$, 则有平面曲线的弧长公式为

$$s = \int_a^\beta \sqrt{x'^2(t) + y'^2(t)}\, dt.$$

如果直角坐标 x 为参数, 即 $(x,y) = (x, y(x))$, 且 $y(x)$ 在 $[a,b]$ 上连续可导, 则弧长公式为

$$s = \int_a^b \sqrt{1 + y'^2(x)}\, dx.$$

如果平面曲线 C 由极坐标方程

$$r = r(\theta), \quad \theta \in [\alpha, \beta]$$

给出, $r(\theta)$ 连续可导,

$$(x,y) = (r(\theta)\cos\theta, r(\theta)\sin\theta),$$

且

$$\begin{aligned}
& x'^2(\theta) + y'^2(\theta) \\
&= [r'(\theta)\cos\theta - r(\theta)\sin\theta]^2 + [r'(\theta)\sin\theta + r(\theta)\cos\theta]^2 \\
&= r^2(\theta) + r'^2(\theta) \neq 0,
\end{aligned}$$

则弧长公式为

$$s = \int_a^\beta \sqrt{x'^2(\theta) + y'^2(\theta)}\, d\theta = \int_a^\beta \sqrt{r^2(\theta) + r'^2(\theta)}\, d\theta.$$

注 6.6.1 易见, 从曲线 C 上定点 $P_0 = (x(\alpha), y(\alpha), z(\alpha))$ 到动点 $P = (x(t), y(t), z(t))$ 的弧长为

$$s(t) = \int_a^t \sqrt{x'^2(\tau) + y'^2(\tau) + z'^2(\tau)}\, d\tau.$$

由于被积函数是连续的, 根据微积分基本定理, 有

$$\frac{ds}{dt} = \sqrt{x'^2(t) + y'^2(t) + z'^2(t)},$$

$$\begin{aligned}
ds &= \sqrt{x'^2(t) + y'^2(t) + z'^2(t)}\, dt \\
&= \sqrt{dx^2 + dy^2 + dz^2},
\end{aligned}$$

并称 $s(t)$ 的微分 ds 为**弧长元**或**弧微分**(图 6.6.13).

特别当参数 t 为弧长 s 时, 有

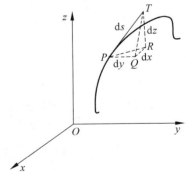

图　6.6.13

$$s(s) = \int_\alpha^\beta \sqrt{x'^2(\tau) + y'^2(\tau) + z'^2(\tau)} \, \mathrm{d}\tau,$$

则

$$1 = \frac{\mathrm{d}s}{\mathrm{d}s}$$

$$= \sqrt{x'^2(s) + y'^2(s) + z'^2(s)}$$

$$= \| (x'(s), y'(s), z'(s)) \|,$$

即 $(x'(s), y'(s), z'(s))$ 为沿曲线 C 的单位切向量场.

5. 旋转曲面的面积

平面 C^1 光滑正则曲线 C(参数方程为 $x = x(t), y = y(t), t \in [\alpha, \beta], y(t) \geqslant 0$)绕 x 轴旋转所得旋转曲面的面积公式为

$$S = \lim_{\|T\| \to 0} \sum_{i=1}^n 2\pi y(\xi_i) \cdot \sqrt{x'^2(\xi_i) + y'^2(\xi_i)} \Delta t_i$$

$$= \int_\alpha^\beta 2\pi y(t) \sqrt{x'^2(t) + y'^2(t)} \, \mathrm{d}t = \int_\alpha^\beta 2\pi y \mathrm{d}s.$$

如果直角坐标 x 为参数,$y(x)$ 为连续可导的函数,则上述公式就成为

$$S = \int_a^b 2\pi y(x) \sqrt{1 + y'^2(x)} \, \mathrm{d}x.$$

例 6.6.9 求摆线 $(x, y) = (a(t - \sin t), a(1 - \cos t)), a > 0$ 的一拱的弧长 s.

解 $s = \int_0^{2\pi} \sqrt{x'^2(t) + y'^2(t)} \, \mathrm{d}t$

$$= \int_0^{2\pi} \sqrt{a^2(1 - \cos t)^2 + a^2 \sin^2 t} \, \mathrm{d}t$$

$$= \int_0^{2\pi} \sqrt{2a^2(1 - \cos t)} \, \mathrm{d}t = 2a \int_0^{2\pi} \sin \frac{t}{2} \, \mathrm{d}t$$

$$= -4a \cos \frac{t}{2} \Big|_0^{2\pi} = 8a. \qquad \Box$$

例 6.6.10 求悬链线 $y = \dfrac{\mathrm{e}^x + \mathrm{e}^{-x}}{2}$ 从 $x = 0$ 到 $x = a > 0$ 那一段的弧长 s.

解 $s = \int_0^a \sqrt{1 + y'^2(x)} \, \mathrm{d}x = \int_0^a \sqrt{1 + \left(\dfrac{\mathrm{e}^x - \mathrm{e}^{-x}}{2}\right)^2} \, \mathrm{d}x$

$$= \int_0^a \sqrt{\left(\frac{\mathrm{e}^x + \mathrm{e}^{-x}}{2}\right)^2} \, \mathrm{d}x = \int_0^a \frac{\mathrm{e}^x + \mathrm{e}^{-x}}{2} \, \mathrm{d}x$$

$$= \frac{\mathrm{e}^x - \mathrm{e}^{-x}}{2} \Big|_0^a = \frac{\mathrm{e}^a - \mathrm{e}^{-a}}{2}. \qquad \Box$$

例 6.6.11 求心脏线(或心形线)$r = a(1 + \cos\theta), a > 0, 0 \leqslant \theta \leqslant 2\pi$ 的周长 s (图 6.6.14).

解 $S = \displaystyle\int_0^{2\pi} \sqrt{r^2(\theta) + r'^2(\theta)}\,\mathrm{d}\theta$

$= \displaystyle\int_0^{2\pi} \sqrt{a^2(1+\cos\theta)^2 + a^2(-\sin\theta)^2}\,\mathrm{d}\theta$

$\xlongequal{\text{对称性}} 2a\displaystyle\int_0^{\pi} \sqrt{2(1+\cos\theta)}\,\mathrm{d}\theta = 4a\displaystyle\int_0^{\pi} \cos\frac{\theta}{2}\,\mathrm{d}\theta$

$= 8a\sin\dfrac{\theta}{2}\Big|_0^{\pi} = 8a.$ □

例 6.6.12 计算圆 $x^2 + y^2 = R^2$ 在 $[x_1,x_2] \subset [-R,R]$ 上的弧段绕 x 轴旋转所得球带的面积 S(图 6.6.15).

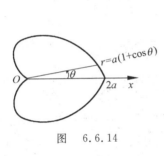

图 6.6.14

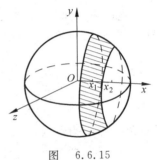

图 6.6.15

解 圆 $x^2 + y^2 = R^2$ 在 $[x_1,x_2] \subset [-R,R]$ 上弧段的显函数表达式为

$$y = f(x) = \sqrt{R^2 - x^2},$$

则

$$y' = f'(x) = \frac{-x}{\sqrt{R^2 - x^2}}.$$

于是所求面积为

$S = \displaystyle\int_{x_1}^{x_2} 2\pi f(x)\sqrt{1 + f'^2(x)}\,\mathrm{d}x$

$= 2\pi\displaystyle\int_{x_1}^{x_2} \sqrt{R^2 - x^2}\sqrt{1 + \frac{x^2}{R^2 - x^2}}\,\mathrm{d}x$

$= 2\pi R\displaystyle\int_{x_1}^{x_2} \mathrm{d}x = 2\pi R(x_2 - x_1).$

特别地,当 $x_1 = -R, x_2 = R$ 时,所得球带的表面积为 $4\pi R^2$. □

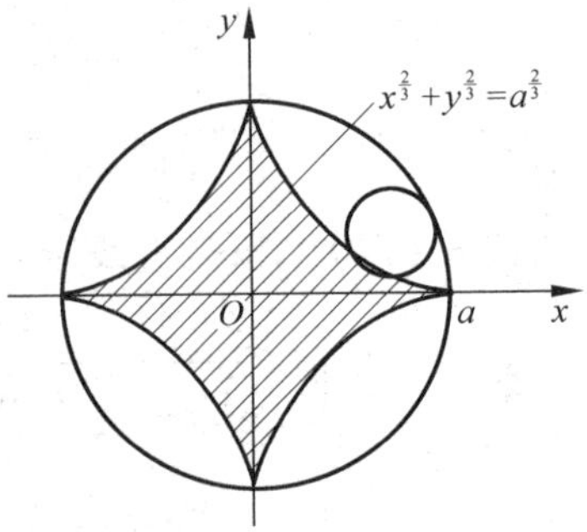

例 6.6.13 计算由内摆线 $x^{\frac{2}{3}} + y^{\frac{2}{3}} = a^{\frac{2}{3}}$(其参数表示为 $(x,y) = (a\cos^3 t, a\sin^3 t)$)绕 x 轴旋转所得旋轴曲面的面积 S(图 6.6.16).

图 6.6.16

解 $S \xlongequal{\text{对称性}} 4\pi\displaystyle\int_0^{\frac{\pi}{2}} y(t)\sqrt{x'^2(t) + y'^2(t)}\,\mathrm{d}t$

$$= 4\pi \int_0^{\frac{\pi}{2}} a\sin^3 t \sqrt{(-3a\cos^2 t\sin t)^2 + (3a\sin^2 t\cos t)^2}\,\mathrm{d}t$$

$$= 12\pi a^2 \int_0^{\frac{\pi}{2}} \sin^4 t\cos t\,\mathrm{d}t = 12\pi a^2 \left.\frac{\sin^5 t}{5}\right|_0^{\frac{\pi}{2}} = \frac{12}{5}\pi a^2.$$

例 6.6.14 证明：圆柱螺线 $\boldsymbol{r}(t) = (x(t), y(t),$ $z(t)) = (a\cos t, a\sin t, bt)$，$t \in \mathbb{R}$，$(x^2(t) + y^2(t) = a^2)$ 在每一点处的切向量 $\boldsymbol{r}'(t) = (x'(t), y'(t), z'(t))$ 与 z 轴交成定角 θ. 求出圆柱螺线的弧长公式,讨论弧长 s 与 t 之间的关系(图 6.6.17).

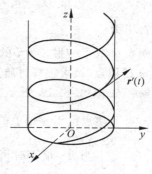

图 6.6.17

解 $\boldsymbol{r}'(t) = (x'(t), y'(t), z'(t)) = (-a\sin t, a\cos t, b)$，单位切向量为

$$\frac{\boldsymbol{r}'(t)}{\|\boldsymbol{r}'(t)\|} = \frac{(-a\sin t, a\cos t, b)}{\sqrt{(-a\sin t)^2 + (a\cos t)^2 + b^2}}$$

$$= \frac{1}{\sqrt{a^2 + b^2}}(-a\sin t, a\cos t, b).$$

于是,

$$\cos\theta = \frac{\boldsymbol{r}'(t)}{\|\boldsymbol{r}(t)\|} \cdot (0, 0, 1) = \frac{b}{\sqrt{a^2 + b^2}}.$$

$$\theta = \arccos \frac{b}{\sqrt{a^2 + b^2}}$$

为一个定角,它的弧长公式为

$$s = \int_0^t \|\boldsymbol{r}'(t)\|\,\mathrm{d}t = \int_0^t \sqrt{x'^2(t) + y'^2(t) + z'^2(t)}\,\mathrm{d}t$$

$$= \frac{1}{\sqrt{a^2 + b^2}}\int_0^t \mathrm{d}t = \frac{t}{\sqrt{a^2 + b^2}},$$

$$t = \sqrt{a^2 + b^2}\,s.$$

6. 液体静压力

例 6.6.15 图 6.6.18 所示为一管道的圆形闸门(半径为 3m).问水平面齐及直径时,闸门所受到的水的静压力为多大?

解 为方便起见,取 x 轴和 y 轴如图,此时圆的方程为

$$x^2 + y^2 = 9.$$

由于在相同深度处水的静压强相同,其值等于水的密度 ν 与深度 x 的乘积,故当 Δx 很小时,闸门上从深度 x 到

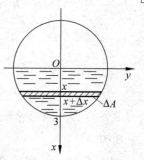

图 6.6.18

$x+\Delta x$ 这一狭条 ΔA 上所受的静压力为

$$\Delta P \approx \mathrm{d}P = 2\nu x \sqrt{9-x^2}\,\mathrm{d}x.$$

从而闸门上所受的总压力为

$$P = \int_0^3 2\nu x \sqrt{9-x^2}\,\mathrm{d}x = 18\nu.$$

7. 引力

例 6.6.16 一根长为 l 的均匀细杆,质量为 M,在其中垂线上相距细杆 a 处有一质量为 m 的质点. 试求细杆对质点的万有引力.

解 如图 6.6.19 所示,细杆位于 x 轴上的 $\left[-\dfrac{l}{2}, \dfrac{l}{2}\right]$,质点位于 y 轴上的点 a. 任取 $[x, x+\mathrm{d}x]$ $\subset \left[-\dfrac{l}{2}, \dfrac{l}{2}\right]$,当 $\mathrm{d}x$ 很小时可把这一小段细杆看作一个质点,其质量为 $\mathrm{d}M = \dfrac{M}{l}\mathrm{d}x$. 于是它对质点 m 的引力为

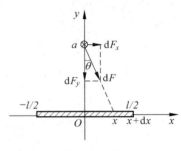

图 6.6.19

$$\mathrm{d}F = \frac{km\,\mathrm{d}M}{r^2} = \frac{km}{a^2+x^2} \cdot \frac{M}{l}\mathrm{d}x.$$

由于细杆上各点对质点 m 的引力方向各不相同,因此不能直接对 $\mathrm{d}F$ 进行积分(不符合代数可加的条件). 为此,将 $\mathrm{d}F$ 分解到 x 轴和 y 轴两个方向上,得到

$$\mathrm{d}F_x = \mathrm{d}F \cdot \sin\theta, \quad \mathrm{d}F_y = -\mathrm{d}F \cdot \cos\theta.$$

由于质点 m 位于细杆的中垂线上,必使水平合力为零,即

$$F_x = \int_{-\frac{l}{2}}^{\frac{l}{2}} \mathrm{d}F_x = 0.$$

又由 $\cos\theta = \dfrac{a}{\sqrt{a^2+x^2}}$,得垂直方向合力为

$$F_y = \int_{-\frac{l}{2}}^{\frac{l}{2}} \mathrm{d}F_y = -2\int_0^{\frac{l}{2}} \frac{kmMa}{l}(a^2+x^2)^{-\frac{3}{2}}\,\mathrm{d}x$$

$$= -\frac{2kmMa}{l} \cdot \frac{1}{a^2} \cdot \frac{x}{\sqrt{a^2+x^2}}\Bigg|_0^{\frac{l}{2}}$$

$$= -\frac{2kmM}{a\sqrt{4a^2+l^2}},$$

负号表示合力方向与 y 轴方向相反.

8. 功

例 6.6.17 一圆锥形水池,池口直径 30m,深 10m,池中盛满了水. 试求将全部池水抽出池外需做的功.

解 为方便起见,取坐标轴如图 6.6.20 所示.由于抽出相同深度处单位体积的水需做相同的功(等于水的密度 $\nu \times$ 深度),因此首先考虑将池中深度为 x 到 $x+\Delta x$ 的一薄层水 $\Delta\Omega$ 抽至池口需做的功 ΔW.当 Δx 很小时,把这一薄层水的深度都看作 x,并作 $\Delta\Omega$ 的体积

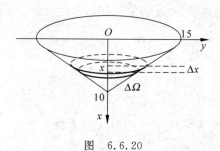

图 6.6.20

$$\Delta V \approx \pi\left[15\left(1-\frac{x}{10}\right)\right]^2 \Delta x,$$

这时有

$$\Delta W \approx \mathrm{d}W = \pi\nu x\left[15\left(1-\frac{x}{10}\right)\right]^2 \mathrm{d}x.$$

从而将全部池水抽出池外需做的功为

$$W = 225\pi\nu\int_0^{10} x\left(1-\frac{x}{10}\right)^2 \mathrm{d}x = 1875\pi\nu. \qquad \Box$$

例 6.6.18 (第二宇宙速度)在地球表面垂直向上发射火箭,要使火箭克服地球引力无限远离地球.试问:初速度 v_0 至少要多大?

解 根据万有引力定律,在距地心 $x(\geqslant R)$ 处火箭所受的引力为

$$F = \frac{GMm}{x^2} = \frac{mgR^2}{x^2},$$

其中 G 为引力常数,M 为地球的质量,m 为火箭质量,R 为地球半径,g 为重力加速度.因此,在地球表面有 $\dfrac{GMm}{R^2}=mg$,$GM=gR^2$.

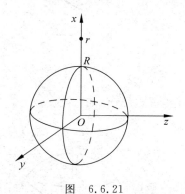

图 6.6.21

于是,火箭从地面上升到距离地心为 $r(>R)$ 处需做的功为(图 6.6.21)

$$\int_R^r \frac{mgR^2}{x^2}\mathrm{d}x.$$

从而火箭无限远离地球需做的功为

$$\begin{aligned} W &= \lim_{r\to+\infty}\int_R^r \frac{mgR^2}{x^2}\mathrm{d}x \\ &= \int_R^{+\infty} \frac{mgR^2}{x^2}\mathrm{d}x \\ &= -\frac{mgR^2}{x}\Big|_R^{+\infty} = \frac{mgR^2}{R} = mgR. \end{aligned}$$

再根据机械能守恒定律可求得初速度 v_0 至少应使

$$\frac{1}{2}mv_0^2 = mgR,$$

$$\begin{aligned} v_0 &= \sqrt{2gR} = \sqrt{2\times 9.81(\mathrm{m/s^2})\times 6.371\times 10^6(\mathrm{m})} \\ &\approx 11.2(\mathrm{km/s}). \end{aligned}$$

我们称上述 v_0 为第二宇宙速度. 　　　　　　　　　　　　　　　　　　□

练习题 6.6

1. 求由抛物线 $y = x^2$ 与 $y = 2 - x^2$ 所围图形的面积.

2. 求由曲线 $y = |\ln x|$ 与直线 $x = \dfrac{1}{10}, x = 10, y = 0$ 所围图形的面积.

3. 抛物线 $y^2 = 2x$ 将圆片 $x^2 + y^2 \leqslant 8$ 分成两部分,求这两部分的面积之比.

4. 求两椭圆 $\dfrac{x^2}{a^2} + \dfrac{y^2}{b^2} = 1$ 与 $\dfrac{x^2}{b^2} + \dfrac{y^2}{a^2} = 1 (a > 0, b > 0)$ 所围公共部分的面积.

5. 求内摆线 $x = a\cos^3 t, y = a\sin^3 t (a > 0$,即 $x^{\frac{2}{3}} + y^{\frac{2}{3}} = a^{\frac{2}{3}})$ 所围图形(图 6.6.16)的面积.

6. 求心形(脏)线 $r = a(1 + \cos\theta)(a > 0$,图 6.6.14) 所围图形的面积.

7. 求三叶形曲线 $r = a\sin 3\theta (a > 0)$ 所围图形的面积.

8. 求由曲线 $\sqrt{\dfrac{x}{a}} + \sqrt{\dfrac{y}{b}} = 1 (a, b > 0)$ 与坐标轴所围图形的面积.

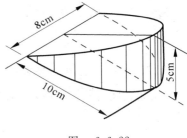

9. 求两曲线 $r = \sin\theta$ 与 $r = \sqrt{3}\cos\theta$ 所围公共部分的面积.

10. 求由曲线 $x = t - t^3, y = 1 - t^4$ 所围图形的面积.

11. 如图 6.6.22 所示,直椭圆柱体被通过底面短轴的斜平面所截.试求截得楔形体的体积.

图　6.6.22

12. 求下列平面曲线绕所给坐标轴旋转所围成立体的体积:

(1) $y = \sin x, 0 \leqslant x \leqslant \pi$,绕 x 轴;

(2) $x = a(t - \sin t), y = a(1 - \cos t)(a > 0), 0 \leqslant t \leqslant 2\pi$,绕 x 轴;

(3) $r = a(1 + \cos\theta)(a > 0)$,绕极轴;

(4) $\dfrac{x^2}{a^2} + \dfrac{y^2}{b^2} = 1$,绕 y 轴.

13. 求曲线 $x = a\cos^3 t, y = a\sin^3 t$ 所围平面图形(图 6.6.16)绕 x 轴旋转所得立体的体积.

14. 求 $0 \leqslant y \leqslant \sin x, 0 \leqslant x \leqslant \pi$ 所示平面图形分别绕 x 轴和 y 轴旋转所得立体的体积.

15. 导出曲边梯形 $0 \leqslant y \leqslant f(x), a \leqslant x \leqslant b$ 绕 y 轴旋转所得立体的体积公式

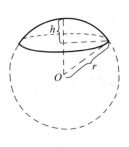

图　6.6.23

$$V = 2\pi \int_a^b x f(x) \, dx.$$

16. 设球的半径为 r，证明：高为 h 的球缺（图 6.6.23）体积

$$V = \pi h^2 \left(r - \frac{h}{3} \right), h \leqslant r.$$

17. 求下列曲线的弧长：

(1) $y = x^{\frac{3}{2}}, 0 \leqslant x \leqslant 4$；

(2) $\sqrt{x} + \sqrt{y} = 1$；

(3) $x = a\cos^3 t, y = a\sin^3 t, 0 \leqslant t \leqslant 2\pi$，其中 $a > 0$；

(4) $x = e^t \cos t, y = e^t \sin t, 0 \leqslant t \leqslant 2\pi$；

(5) $x = a(\cos t + t\sin t), y = a(\sin t - t\cos t), 0 \leqslant t \leqslant 2\pi$，其中 $a > 0$；

(6) $x = \dfrac{c^2}{a^2}\cos^3 t, y = \dfrac{c^2}{b^2}\sin^3 t, 0 \leqslant t \leqslant 2\pi$，其中常数 $a > b > 0$，且 $c^2 = a^2 - b^2$；

(7) $y^2 = 2px, 0 \leqslant x \leqslant a$，其中 $p > 0$；

(8) $y = \ln\cos x, x \in \left[0, \dfrac{\pi}{3}\right]$；

(9) $y = \sqrt{25 - x^2}, x \in \left[0, \dfrac{5\sqrt{2}}{2}\right]$；

(10) $r = a\sin^3 \dfrac{\theta}{3}, 0 \leqslant \theta \leqslant 3\pi$，其中 $a > 0$；

(11) $r = a\theta, 0 \leqslant \theta \leqslant 2\pi$，其中 $a > 0$；

(12) $x = t, y = 3t^2, z = 6t^3, 0 \leqslant t \leqslant 2$；

(13) $x = \sin t, y = t, z = 1 - \cos t, 0 \leqslant t \leqslant 2\pi$.

18. 求 a, b 的值，使椭圆 $x = a\cos t, y = b\sin t$ 的周长等于正弦曲线 $y = \sin x$ 在 $0 \leqslant x \leqslant 2\pi$ 上一段的长.

19. 证明：半径为 a 的球的表面积为 $4\pi a^2$.

20. 求下列平面曲线绕指定轴旋转所得旋转曲面的面积：

(1) $y^2 = x, 0 \leqslant x \leqslant 1$，绕 x 轴；

(2) $y = \sin x, 0 \leqslant x \leqslant \pi$，绕 x 轴；

(3) $\dfrac{x^2}{a^2} + \dfrac{y^2}{b^2} = 1$，绕 y 轴；

(4) $x^2 + (y - a)^2 = r^2 (r < a)$，绕 x 轴；

(5) $x = a(t - \sin t), y = a(1 - \cos t), 0 \leqslant t \leqslant 2\pi$，绕 x 轴，其中 $a > 0$.

21. 设平面 C^1（连续可导）光滑正则曲线由极坐标方程

$$r = r(\theta), \alpha \leqslant \theta \leqslant \beta \quad ([\alpha, \beta] \subset [0, \pi], r(\theta) \geqslant 0)$$

给出. 试求它绕极轴旋转所得旋转曲面的面积计算公式.

22. 求下列极坐标曲线绕极轴旋转所得旋转曲面的面积：

(1) 心形(脏)线 $r = a(1 + \cos\theta)$，其中 $a > 0$；

(2) 双纽线 $r^2 = 2a^2\cos2\theta$，其中 $a > 0$.

23. 有一等腰梯形闸门，它的上、下两条底边各长为 10m 与 6m，高为 20m. 计算当水面与上底边相齐时闸门一侧所受的静压力.

24. 边长为 a 与 b 的矩形薄板，与液面成 $\alpha(0 < \alpha < 90°)$ 角斜沉于液体中. 设 $a > b$，长边平行于液面，上沿位于深 h 处，液体的密度为 ν. 试求薄板每侧所受的静压力.

25. 直径为 6m 的一个球浸入水中，其球心在水平面下 10m 处，求球面上所受的静压力.

26. 设在坐标系的原点有一质量为 m 的质点，在区间 $[a, a+l]$ $(a > 0)$ 上有一质量为 M 的均匀细杆. 试求质点与细杆之间的万有引力.

27. 设有两条各长为 l 的均匀细杆在同一直线上，中间离开距离 c，每根细杆的质量为 M. 试求它们之间的万有引力.

28. 一个半球形(直径为 20m)的容器内盛满了水. 试问：将水抽尽需做多少功？

29. 长 10m 的铁索下垂于矿井中，已知铁索每米的质量为 8kg. 问：将此铁索提出地面需做多少功？

30. 一物体在某介质中按 $x = ct^3$ 作直线运动，介质的阻力与速度 $\dfrac{\mathrm{d}x}{\mathrm{d}t}$ 的平方成正比. 计算物体由 $x = 0$ 移至 $x = a$ 时克服介质阻力所做的功.

31. 半径为 r 的球体沉入水中，其比重与水相同. 试问：将球体从水中捞出需做多少功？

复 习 题 6

1. (1) 设 f 在 $[a, b]$ 上 2 阶可导，且 $f''(x) > 0$. 证明：

$$f\left(\frac{a+b}{2}\right) \leqslant \frac{1}{b-a}\int_a^b f(x)\mathrm{d}x \leqslant \frac{f(a)+f(b)}{2};$$

(2) 若 $f(x) \leqslant 0, x \in [a, b]$，则有

$$f(x) \geqslant \frac{2}{b-a}\int_a^b f(x)\mathrm{d}x, \quad x \in [a, b];$$

(3) 设 φ 在 $[0, a]$ 上连续，$f(x)$ 2 阶可导，且 $f''(x) \geqslant 0$，证明：

$$\frac{1}{a}\int_0^a f(\varphi(t))\mathrm{d}t \geqslant f\left(\frac{1}{a}\int_0^a \varphi(t)\mathrm{d}t\right).$$

(4) 设 f 在 $[a, b]$ 上连续，且 $f(x) > 0$，则

$$\ln\left(\frac{1}{b-a}\int_a^b f(x)\mathrm{d}x\right) \geqslant \frac{1}{b-a}\int_a^b \ln f(x)\mathrm{d}x.$$

2. 设 $f(x)$ 在 $[a,b]$ 上具有 1 阶导函数，$f(a) = f(b) = 0$. 证明：

(1) $\exists \xi \in (a,b)$, s. t.

$$|f'(\xi)| \geqslant \frac{4}{(b-a)^2}\left|\int_a^b f(x)\mathrm{d}x\right|.$$

(2) $\exists \xi \in (a,b)$, s. t.

$$|f'(\xi)| > \frac{4}{(b-a)^2}\int_a^b |f(x)|\mathrm{d}x \geqslant \frac{4}{(b-a)^2}\left|\int_a^b f(x)\mathrm{d}x\right|.$$

(3) 设 $f(x)$ 在 $[a,b]$ 上具有 1 阶导函数，$f(a) = f(b) = 0$, 且 $f(x) \not\equiv 0$, 则 $\exists \xi \in (a,b)$, s. t.

$$|f'(\xi)| > \frac{4}{(b-a)^2}\left|\int_a^b f(x)\mathrm{d}x\right|$$

等价于设 $F(x)$ 在 $[a,b]$ 上 2 阶可导，$F'(a) = F'(b) = 0$, 且 $F(x) \not\equiv$ 常数，则 $\exists \xi \in (a,b)$, s. t.

$$|F''(\xi)| > \frac{4}{(b-a)^2}|F(b) - F(a)|.$$

3. (1) 设 f 在 $[a,b]$ 上可导，$f\left(\frac{a+b}{2}\right) = 0$. 证明：$\exists \xi \in (a,b)$, s. t.

$$|f'(\xi)| \geqslant \frac{4}{(b-a)^2}\int_a^b |f(x)|\mathrm{d}x \geqslant \frac{4}{(b-a)^2}\left|\int_a^b f(x)\mathrm{d}x\right|.$$

(2) 设 f 在 $[a,b]$ 上可导，$f\left(\frac{a+b}{2}\right) = 0$, $f(x) \not\equiv 0$. 证明：$\exists \xi \in (a,b)$, s. t.

$$|f'(\xi)| > \frac{4}{(b-a)^2}\left|\int_a^b f(x)\mathrm{d}x\right|.$$

举例说明：$|f'(\xi)| > \dfrac{4}{(b-a)^2}\displaystyle\int_a^b |f(x)|\mathrm{d}x$ 未必成立.

(3) 上述(2)$\Leftrightarrow$ 设 $F(x)$ 在 $[a,b]$ 上 2 阶可导，$F'\left(\dfrac{a+b}{2}\right) = 0$, $F(x) \not\equiv$ 常数，则 $\exists \xi \in (a,b)$, s. t.

$$|F''(\xi)| > \frac{4}{(b-a)^2}|F(b) - F(a)|.$$

4. 设 $a,b > 0$, f 在 $[-a,b]$ 上连续. 又设 $f > 0$ 且 $\displaystyle\int_{-a}^b xf(x)\mathrm{d}x = 0$. 证明：

$$\int_{-a}^b x^2 f(x)\mathrm{d}x \leqslant ab\int_{-a}^b f(x)\mathrm{d}x.$$

5. 证明：不等式

$$\int_{-1}^{1}(1-x^2)^n\,\mathrm{d}x \geqslant \frac{4}{3\sqrt{n}}, \quad n \in \mathbb{N}.$$

且当 $n \geqslant 2$ 时严格不等号成立.

6. 证明：$\int_{0}^{\pi}\cos nx\cos^n x\,\mathrm{d}x = \frac{\pi}{2^n}, n = 0,1,2,\cdots$

7. 设 f 在 $[0,1]$ 上连续，并且 $\int_{0}^{1}x^k f(x)\,\mathrm{d}x = 0, k = 0,1,2,\cdots,n-1, \int_{0}^{1}x^n f(x)\,\mathrm{d}x = 1$. 证明：$\exists\, \xi \in (0,1), \mathrm{s.\,t.}\ |\,f(\xi)\,| \geqslant 2^n(n+1)$.

8. 设函数 f 在 $[a,b]$ 上连续、非负且严格单调增，由积分中值定理，$\forall\, n \in \mathbb{N}, \exists_1 x_n \in [a,b], \mathrm{s.\,t.}$

$$f^n(x_n) = \frac{1}{b-a}\int_{a}^{b}f^n(t)\,\mathrm{d}t.$$

证明：$\lim\limits_{n\to+\infty} x_n = b$.

9. 设 f 是一个 n 次多项式，且满足 $\int_{0}^{1}x^k f(x)\,\mathrm{d}x = 0, k = 1,2,\cdots,n$. 证明：

$$\int_{0}^{1}f^2(x)\,\mathrm{d}x = (n+1)^2\left(\int_{0}^{1}f(x)\,\mathrm{d}x\right)^2.$$

10. 设函数 f 在区间 $[0,+\infty)$ 上单调增，证明：$\varphi(x) = \int_{0}^{x}f(t)\,\mathrm{d}t$ 在 $[0,+\infty)$ 上为凸函数.

如果 f 在区间 $[0,+\infty]$ 上单调增且连续，试用简单方法证明之.

11. 设 $f(x)2$ 阶连续可导，$f \geqslant 0, f'' \leqslant 0$. 证明：$\forall\, c \in [a,b]$，有

$$f(c) \leqslant \frac{2}{b-a}\int_{a}^{b}f(x)\,\mathrm{d}x.$$

12. 对 $n \in \mathbb{N}$，定义 $I_n = \int_{0}^{\frac{\pi}{2}}\frac{\sin^2 nt}{\sin t}\,\mathrm{d}t$，求极限 $\lim\limits_{n\to+\infty}\frac{I_n}{\ln n}$.

13. 设 f 在 $[a,b]$ 上连续，若 $\int_{a}^{b}f(x)g(x)\,\mathrm{d}x = 0$ 对 $[a,b]$ 上一切满足条件 $g(a) = g(b) = 0$ 的连续函数 g 成立. 证明：在 $[a,b]$ 上，$f(x) \equiv 0$.

14. 设函数 f 在 $[-1,1]$ 上可导，$M = \sup|\,f'\,|$. 如果 $\exists\, a \in (0,1), \mathrm{s.\,t.}\ \int_{-a}^{a}f(x)\,\mathrm{d}x = 0$. 证明：

$$\left|\int_{-1}^{1}f(x)\,\mathrm{d}x\right| \leqslant M(1-a^2).$$

15. 设 f 在 $[a,b]$ 上连续可导. 证明：

$$\max_{a \leqslant x \leqslant b}|\,f(x)\,| \leqslant \frac{1}{b-a}\left|\int_{a}^{b}f(x)\,\mathrm{d}x\right| + \int_{a}^{b}|\,f'(x)\,|\,\mathrm{d}x.$$

16. 设 f 在 $(0,+\infty)$ 上连续，且 $\forall\, x > 0$ 有

$$\int_x^{x^2} f(t)\,\mathrm{d}t = \int_1^x f(t)\,\mathrm{d}t,$$

试求出满足上述条件的一切函数 f.

17. 设 f 在 $[0,1]$ 上 2 阶连续可导,$f(0)=f(1)=0$,且当 $x\in(0,1)$ 时,$f(x)\neq 0$. 证明:

$$\int_0^1 \left|\frac{f''(x)}{f(x)}\right|\,\mathrm{d}x \geqslant 4.$$

18. 设 f 在 $[a,b]$ 上连续、单调增. 证明:

$$\int_a^b x f(x)\,\mathrm{d}x \geqslant \frac{a+b}{2}\int_a^b f(x)\,\mathrm{d}x.$$

(提示:令 $F(t)=\displaystyle\int_a^t x f(x)\,\mathrm{d}x - \frac{a+t}{2}\int_a^t f(x)\,\mathrm{d}x$.)

19. 设 $b>a>0$,证明不等式:

$$\ln\frac{b}{a} > \frac{2(b-a)}{a+b}.$$

(提示:对 $f(x)=-\dfrac{1}{x}$ 应用题 18 的结果.)

20. 设函数 f 在 $[0,1]$ 上 2 阶连续可导,且 $f(0)=f(1)=f'(0)=0, f'(1)=1$. 证明:

$$\int_0^1 [f''(x)]^2\,\mathrm{d}x \geqslant 4.$$

指出式中等号成立的条件.

21. 设函数 f 在 $[0,1]$ 上 Riemann 可积,且有正数 m 与 M,使得 $m\leqslant f(x)\leqslant M, \forall x\in[0,1]$. 证明:

$$1 \leqslant \int_0^1 f(x)\,\mathrm{d}x \int_0^1 \frac{\mathrm{d}x}{f(x)} \leqslant \frac{(m+M)^2}{4mM}.$$

22. 设 $x(t)$ 在 $[0,a]$ 上连续且满足

$$|x(t)| \leqslant M + k\int_0^t |x(t)|\,\mathrm{d}t,$$

这里 M 与 k 为正常数. 证明:$|x(t)|\leqslant M e^{kt}, t\in[0,a]$.

23. 设 f 为 $[-1,1]$ 上的连续函数,且对 $[-1,1]$ 上的任何偶函数 g,积分 $\displaystyle\int_{-1}^1 f(x)g(x)\,\mathrm{d}x = 0$. 证明:$f$ 在 $[-1,1]$ 上为奇函数.

24. 设 $a,b,n\in\mathbb{N}$,令 $f(x)=\dfrac{x^n(a-bx)^n}{n!}$. 证明:

(1) $f\left(\dfrac{a}{b}-x\right)=f(x)$;

(2) $f^{(k)}(x)(0\leqslant k\leqslant 2n)$ 当 $x=0, x=\dfrac{a}{b}$ 时取得值为整数;

(3) 假设 π 为有理数,即 $\pi=\dfrac{a}{b}$,a 与 b 为既约正整数. 则可证 $\displaystyle\int_0^\pi f(x)\sin x\,\mathrm{d}x$ 为整数. 由

此证明 π 不可能为有理数,即 π 为无理数.

25. 设函数 f 在 $[0,2]$ 上连续可导,$f(0)=f(2)=1$,且 $|f'|\leqslant 1$. 证明:$1\leqslant\int_0^2 f(x)\mathrm{d}x\leqslant 3$.

26. 证明:$\int_0^x \mathrm{e}^{xt-t^2}\mathrm{d}t = \mathrm{e}^{\frac{x^2}{4}}\int_0^x \mathrm{e}^{-\frac{t^2}{4}}\mathrm{d}t$.

27. 证明:(1) $\forall n\in\mathbb{N}$,积分

$$I_n = \int_0^1 \frac{1}{x}\left[\left(\ln x + \ln\frac{1+x}{1-x}\right)^n - \ln^n x\right]\mathrm{d}x$$

是收敛的;

(2) 当 n 为偶数时,$I_n = 0$.

28. 证明:$\int_0^{+\infty}\left(\frac{\sin x}{x}\right)^2\mathrm{d}x = \int_0^{+\infty}\frac{\sin x}{x}\mathrm{d}x$.

29. 计算积分:

$\quad$ (1) $\int_0^{+\infty}\frac{\ln x}{(1+x)\sqrt{x}}\mathrm{d}x$; $\qquad\qquad$ (2) $\int_0^{\frac{\pi}{2}}\frac{\mathrm{d}x}{1+\tan^{100}x}$;

$\quad$ (3) $\int_1^{+\infty}\left(\frac{1}{[x]}-\frac{1}{x}\right)\mathrm{d}x$; $\qquad\qquad$ (4) $\int_0^{+\infty}\frac{\mathrm{e}^{-x^2}}{\left(x^2+\frac{1}{2}\right)^2}\mathrm{d}x$.

30. 设 f 为 $[-1,1]$ 上的连续函数. 证明:

$$\lim_{h\to 0^+}\int_{-1}^1 \frac{h}{h^2+x^2}f(x)\mathrm{d}x = \pi f(0).$$

31. 设 f 为 $[-1,1]$ 上的连续函数. 证明:

$$\lim_{\lambda\to 0^+}\frac{1}{2\lambda}\int_{-1}^1 f(x)\mathrm{e}^{-\frac{|x|}{\lambda}}\mathrm{d}x = f(0).$$

32. 设 f 在 $[0,\pi]$ 上 Riemann 可积. 证明:不能同时有

$$\int_0^\pi |f(x)-\sin x|^2\mathrm{d}x \leqslant \frac{3}{4}, \quad \int_0^\pi |f(x)-\cos x|^2\mathrm{d}x \leqslant \frac{3}{4}.$$

33. 设 f 在 $[a,b]$ 上 2 阶连续可导. 证明:$\exists\xi\in(a,b)$,s.t.

$$\int_a^b f(x)\mathrm{d}x = (b-a)f\left(\frac{a+b}{2}\right) + \frac{(b-a)^3}{24}f''(\xi).$$

34. 设 $F(x) = \begin{cases} \int_0^x \cos\dfrac{1}{t}\mathrm{d}t, & x\neq 0, \\ 0, & x=0. \end{cases}$ $\quad$ 求 $F'(0)$.

35. 函数 u 在 $[0,+\infty)$ 上满足积分-微分方程

$$\begin{cases} u'(t) = u(t) + \displaystyle\int_0^1 u(x)\mathrm{d}x, \\ u(0) = 1. \end{cases}$$

试确定函数 u.

参 考 文 献

1 Γ. M. 菲赫金哥尔茨. 微积分学教程(共 3 卷 8 分册). 北京：高等教育出版社, 1957
2 徐森林. 实变函数论. 合肥：中国科学技术大学出版社, 2002
3 裴礼文. 数学分析中的典型问题与方法. 北京：高等教育出版社, 1993
4 徐利治, 冯克勤, 方兆本, 徐森林. 大学数学解题法诠释. 合肥：安徽教育出版社, 1999
5 徐森林, 薛春华. 流形. 北京：高等教育出版社, 1991
6 何琛, 史济怀, 徐森林. 数学分析. 北京：高等教育出版社, 1985
7 邹应. 数学分析. 北京：高等教育出版社, 1995
8 汪林. 数学分析中的问题和反例. 昆明：云南科技出版社, 1990
9 孙本旺, 汪浩. 数学分析中的典型例题和解题方法. 长沙：湖南科学技术出版社, 1985